collection
PACES

Approche physique du transport de la matière dans les milieux biologiques

2e édition

Wladimir URBACH
(Professeur à l'université Paris Descartes)
Marie-Claude FAURÉ
(Maître de conférences à l'université Paris Descartes)
Benoît C. FORGET
(Professeur à l'université Paris Descartes)
Jacqueline BERGÈS
(Maître de conférences à l'université Paris Descartes)
Nicolas TAULIER
(Chargé de recherche au CNRS)

ellipses

Dans la collection *PACES*

UE1 : Atomes, biomolécules, génome, bioénergétique, métabolisme

- *Annales de Chimie générale (UE1). QROC et QCM corrigés et commentés*, F. Launay et A. Gédéon
- *Biochimie : cours et QCM*, S. Allouche (dir.)
- Biochimie. 600 QCM corrigés et commentés, S. Andre
- *Biochimie métabolique – 2e édition*, J. Borg et A. Reeber
- *Biologie cellulaire, moléculaire et génétique en 1001 QCM (La)*, M. Ghorbal
- Biologie moléculaire. 400 QCM corrigés et commentés, S. André
- *Chimie générale. Cours et QCM corrigés et commentés*, J. Golebiowski, P. Aplincourt
- *Chimie générale en 1001 QCM (La)*, J. Bonin, D. Marchal
- *Chimie générale en UE1 (La). Fiches et QCM (corrigés et commentés)*, A. Gédéon et F. Launay
- *Chimie organique et isométrie. QCM, exercices et problèmes corrigés*, S. Rubio
- *Considérations moléculaire, métabolique et physiopathologique de la nutrition humaine*, C. Perier
- *Cours de Chimie générale – 2e édition*, A. Gédéon
- *Cours de Chimie générale – QCM d'entraînement*, A. Gédéon
- *Cours de Chimie organique*, O. Thomas et S. Antoniotti
- *Exercices et annales de Chimie générale corrigés et commentés. Nouveau programme L1 santé*, A. Gédéon
- *Éléments de bioénergétique organismique et tissulaire*, A. Schaefer
- *Exercices de chimie organique*, O. Thomas et S. Antoniotti
- *QCM de biologie moléculaire*, I. Crevaux et L. Blanchon
- *QCM de Chimie organique*, J.-P. Bouillon et F. Estour

UE2 : La cellule et les tissus

- *900 QCM de biologie cellulaire, histologie et embryologie*, M. Ghorbal
- *Bases cellulaires et moléculaires du développement. Méthodes et exercices – 2e édition*, C. Chanoine
- *Biologie cellulaire en 1001 QCM et QROC (La) – 2e édition*, J.-C. Cailliez
- *Biologie cellulaire et moléculaire de la cellule eucaryote*, C. Chanoine et F. Charbonnier
- *Biologie de la reproduction et du développement*, Collège Hospitalo-Universitaire de biologie et médecine du développement et de la reproduction
- *Biotechnologies et applications (génie génétique)*, F. Perrin-Schmidt
- *Exercices corrigés et commentés de biologie cellulaire – 4e édition*, P. Cau
- *QCM et exercices corrigés et commentés d'histologie et d'embryologie, nouvelle édition*, D. Heymann (coord.) et M. Berreur

UE3 : Organisation des appareils et systèmes : aspects fonctionnels et méthodes d'études

- *Approche physique du transport de la matière dans les milieux biologiques*, W. Urbach, M.-C. Fauré, B. C. Forget, J. Bergès et N. Taulier
- *Biophysique : magnétostatique, radiofréquences, résonance magnétique, nucléaire*, D. Morvan
- *Biophysique : cours et QCM*, F. Giammarile, C. Houzard, et A. Charrie
- Biophysique en 1001 QCM, A. Durand, J.-M. Escanye, A. Naoun
- *Cours de Physique*, B. Clerjaud, P. Vincent
- *Physique. Cours, exercices et annales corrigés*, D. Benredjem et G. Kesperski
- *Physique. Nouveau programme L1 santé*, C. Lavelle
- *Physique et biophysique. Rappels de cours, exercices et QCM corrigés*, J.-M. Escanye et A. Durand
- *Physique et biophysique. Rappel de cours, exercices et QCM corrigés (volume 2)*, J.-M. Escanye et A. Durand
- *Physique médicale*, E. Hakiki Nour
- *Les clés pour réussir l'UE3*, J. Pradère
- Introduction à la circulation des fluides physiologiques. Cours et exercices corrigés, Ch. Letellier

UE4 : Évaluation des méthodes d'analyses appliquées aux sciences de la vie et de la santé

- *Techniques de raisonnement statistique et applications aux sciences de la vie*, P. D'Athis
- *Mathématiques UE4*, V. Latocha
- *Biostatistique. Rappels de cours et QCM corrigés – 2e édition*, J.-L. Golmard
- *Éléments de statistique à l'usage des étudiants en médecine et biologie, cours et exercices – 2e édition*, F. Kohler, B. Legras
- *Biostatistique et probabilités – 2e édition*, M. Mercier
- *Exercices de statistiques médicales et biologiques*, F. Borsali
- *Manuel de statistiques – 2e édition. Nouveau programme L1 santé*, G. Forzy
- *Statistiques médicales et biologiques*, F. Borsali

UE5 : Organisation des appareils et systèmes : aspects morphologiques et fonctionnels généraux

- *320 QCM clés d'Anatomie*, P. Trouilloud, O. Trost, N. Cheynel
- *Anatomie en 1001 QCM (L') – 2e édition*, G. Biette
- *Anatomie. Tête, cou, nerfs crâniens et organes des sens*, P. Trouilloud, O. Trost
- *Introduction à l'Anatomie*, P. Trouilloud, O. Trost
- *Manuel d'Anatomie*, S. Dupont, P. Sèbe et C. Boistier
- *Manuel d'Anatomie générale*, F. De Peretti et B. Maes
- *QCM illustrés d'Anatomie*, F. De Perreti et B. Maes

ISBN 978-2-7298-65191

32, rue Bargue 75740 Paris cedex 15

www.editions-ellipses.fr

AVANT-PROPOS

Quel que soit le domaine envisagé, les méthodes et les concepts de la physique prennent une place de plus en plus importante en médecine et en biologie. Ainsi, les concours d'entrée aux grandes écoles de biologie, de sciences vétérinaires, d'agronomie et de kinésithérapie, etc. sélectionnent leurs élèves sur un programme de physique aussi imposant que celui de biologie. Ce fait, souvent ignoré par certains enseignants des sciences de la vie conduit à une formation incomplète des étudiants.

La physique tournée vers le vivant constitue une démarche essentielle pour aborder les problèmes des sciences de la vie. A l'interface entre deux approches du monde en apparence différentes, elle bénéficie d'un courant d'échanges permanents entre les concepts de la biologie et l'universalité des lois de la Physique dont dépendent celles du vivant.

Ce livre (deuxième édition), consacré à l'étude des phénomènes des échanges de la matière en biologie s'adresse à des étudiants du premier cycle de toutes les formations à l'interface entre la physique et la biologie (ingénierie biomédicale, études de la santé, licences des sciences du vivant et de biophysique). Il reflète l'expérience acquise au cours de nombreuses années d'enseignement à l'Université Paris Descartes, enseignement dispensé aux étudiants préparant une licence des sciences du vivant ou le concours de médecine. Il a été construit dans l'esprit d'assurer une cohérence entre les sujets traités car un catalogue de données apprises par cœur, sans connaissance des principes généraux, a peu de chances d'être correctement assimilé, utilisé et surtout adapté à des situations nouvelles.

Les connaissances de physique requises pour aborder ce livre sont modestes. Nous avons repris les notions acquises dans l'enseignement secondaire et nécessaires à la compréhension des idées introduites dans cet ouvrage. Le bagage mathématique nécessaire à la compréhension du cours est minimal. Excepté quelques notions, il relève en grande partie de l'enseignement secondaire. Afin que vous ne soyez pas arrêtés par les différents éléments de mathématiques utilisés, ceux-ci sont présentés en annexes de manière synthétique, faciles d'emploi.

Le premier chapitre de ce livre est consacré à l'écoulement des fluides. Le deuxième introduit la diffusion de particules neutres dans un milieu infini. Le troisième aborde les échanges transmembranaires de la matière neutre. Enfin, le quatrième est consacré au transport des particules chargées. Après un rappel d'électrostatique et des lois de circuits simples ce dernier chapitre débouche sur la modélisation de la propagation du potentiel électrique le long d'une fibre nerveuse inspirée du modèle de Hodgkin-Katz.

Dans ce livre, chaque chapitre est constitué d'un cours (30%) et d'exercices d'application (70%). Ces exercices sont classés en quatre groupes : des exercices de compréhension pour vérifier vos connaissances, des questions à choix simple (QCS), des problèmes et des exercices complémentaires. Tous les exercices ont leur solution. Les corrigés des problèmes sont entièrement rédigés et présentent toutes les étapes du raisonnement. Ceux des exercices complémentaires indiquent les étapes principales du raisonnement et les résultats finaux.

Nous restons convaincus que la résolution des problèmes reste la meilleure méthode d'apprentissage. Le test qui vous permet de vérifier si vous avez compris et assimilé une notion est votre capacité à résoudre les problèmes correspondant à cette notion. La lecture est un passage obligé de l'apprentissage, mais il est insuffisant. Il est indispensable de consacrer beaucoup de temps à la résolution des problèmes et des exercices. Cela explique le grand nombre de problèmes et d'exercices présents dans ce livre.

Les approches que vous devriez toujours appliquer lorsque vous résolvez un exercice sont les suivantes :

1. Faire un schéma.

"Un bon dessin vaut mieux qu'un long discours". Indiquez clairement les forces, longueurs, masses, concentrations, etc.

2. Ecrire ce que vous savez et ce que vous cherchez.

Cela semble superflu lorsque l'exercice est simple mais se révèlera bien utile si vous résolvez un problème plus compliqué. Par exemple, si vous avez trois inconnues à trouver et que vous n'avez écrit que deux relations, vous avez probablement oublié quelque chose.

3. Résoudre littéralement.

Voici pourquoi :

- Cela évite les erreurs. Il est rare de confondre deux notations littérales (par exemple v et C), alors qu'il est fréquent de taper un chiffre à la place d'un autre.
- Vous pourrez voir comment votre réponse dépend de certaines variables. Par exemple vous pourrez constater que le résultat décroît quand les quantités a et b augmentent. Il y a bien plus d'informations dans les réponses littérales que dans les réponses numériques.
- La calculatrice ne sera utilisée qu'une fois l'expression littérale finale obtenue.

4. Vérifier l'homogénéité d'une formule et les unités d'un résultat numérique.

- Dans une loi physique les deux termes de part et d'autre de l'égalité doivent avoir les mêmes dimensions. Vous devez le vérifier chaque fois que vous obtenez un résultat.
- Un résultat sans unité n'a pas de signification physique et est toujours considéré comme nul.

5. Considérer les cas aux limites.

Cela est très important. N'oubliez pas de vérifier comment se comporte votre solution en faisant tendre une variable vers la ou les limites du problème (par exemple vers zéro ou infini). Vous devez le faire chaque fois que vous obtenez un résultat.

6. Si vous obtenez une réponse numérique, assurez-vous qu'elle est "raisonnable".

Si vous obtenez un débit égal à la quantité d'eau contenue dans tous les océans de la Terre vous saurez immédiatement qu'il y a une erreur quelque part.

Il est souvent possible d'estimer (à un facteur 10 près) l'ordre de grandeur attendu.

Les erreurs proviennent souvent de "l'oubli" de certaines puissances de 10 (par exemple en convertissant des millimètres en mètres) ou en multipliant un facteur au lieu de le diviser.

Si vous peinez à résoudre un problème, évitez de regarder sa solution. Il est préférable de l'abandonner et d'y revenir plus tard. C'est sans aucun doute la meilleure manière d'apprendre. Si vous lisez la solution à la première difficulté vous aurez gaspillé le problème et vous n'aurez pas progressé. Batailler pour résoudre un problème et emprunter de fausses pistes fait partie de l'apprentissage. Pour comprendre il ne suffit pas de savoir ce qui est correct, il faut aussi savoir ce qui est faux. Apprendre demande un effort sérieux, beaucoup d'erreurs et pas mal de peine. Il n'y a pas d'autres moyens d'appréhender la Physique.

Nous remercions les lecteurs de la première édition de ce livre, de nous avoir signalé des erreurs présentes dans l'ouvrage malgré nos nombreuses relectures. Aux futurs lecteurs, toutes vos remarques seront accueillies avec reconnaissance sur le site web prochainement ouvert : http://www.physbio.fr. Les corrections et améliorations nécessaires seront prises en compte et disponibles sur ce site. Il n'est pas exclu que des exercices supplémentaires y soient également proposés.

Comme chaque livre d'enseignement celui-ci profite de fructueuses discussions avec nos collègues. Nous remercions tous ceux qui ont contribué d'une manière ou d'une autre à la mise en forme et à l'amélioration de certains exercices. Nous tenons également à remercier tous les étudiants qui par leurs questions et critiques nous ont permis de créer cet ouvrage.

Les auteurs

TABLE DES MATIERES

CHAPITRE I

Introduction à la mécanique des fluides

La mécanique des fluides se divise en hydrostatique (fluides immobiles) et dynamique des fluides (fluides en mouvement). La résolution d'un problème d'hydrostatique consistera le plus souvent dans le calcul de la pression ou la détermination d'un équilibre entre deux pressions différentes. Tandis qu'en dynamique des fluides, on s'attachera à calculer diverses propriétés d'un fluide (par exemple sa vitesse, la pression, la masse volumique…) en fonction de l'espace et du temps. Dans ce dernier cas, nous présenterons quelques notions simples permettant l'étude des mouvements des fluides, qu'ils soient liquides ou gaz, où nous nous intéresserons à des grandeurs indépendantes du temps. Les axiomes fondamentaux dont nous ferons l'usage sont les lois de conservation des masses, d'énergie et de la quantité de mouvement (2e loi de Newton).

1. Description des fluides

Les fluides sont des substances qui s'écoulent et peuvent facilement changer de forme pour adopter celle des récipients qui les contiennent, comme illustré sur la figure I.1 ci-dessous.

Figure I.1. Exemples de récipient de différentes formes – le contenu fluide adopte la forme du contenant.

Les fluides peuvent être divisés en deux catégories : les liquides et les gaz. Cette distinction est basée sur la notion de compressibilité. Notons que la définition utilisée pour les fluides permet aussi de considérer les milieux granulaires comme des fluides. Cependant nous n'en parlerons pas ici.
Un liquide occupe un volume bien défini quel que soit le contenant et peut présenter une interface bien définie : les liquides sont traités comme des fluides incompressibles (ou quasi-incompressibles).
Un gaz de masse donnée se détend pour occuper le volume total du contenant qui l'enferme : les gaz doivent être traités comme des fluides compressibles.

1.1. Volume élémentaire d'un fluide

En hydrodynamique lorsque le fluide s'écoule, à une vitesse v, il n'est pas aisé de définir et d'identifier une quantité fixe de masse, contrairement au cas de la mécanique des corps solides rigides pour lequel ce système est facilement défini. On isolera par la pensée un volume élémentaire d'étude dV, de masse dm, qui se déplace avec l'écoulement du fluide à la vitesse v (figure I.2). Ce volume sera choisi judicieusement, en fonction de la géométrie du récipient contenant le fluide (parallélépipède, cylindre, etc.). Ce volume, "petit" par rapport au volume du système contient un très grand nombre de molécules du fluide, constant en moyenne (les molécules peuvent sortir ou rentrer dans ce volume). On ne s'intéressera pas aux mouvements individuels de chacune de ces molécules mais à un mouvement d'ensemble, la vitesse du fluide v représente donc une vitesse moyenne. Pour résoudre un problème de mécanique des fluides on commencera souvent par considérer les forces qui s'appliquent sur ce volume élémentaire.

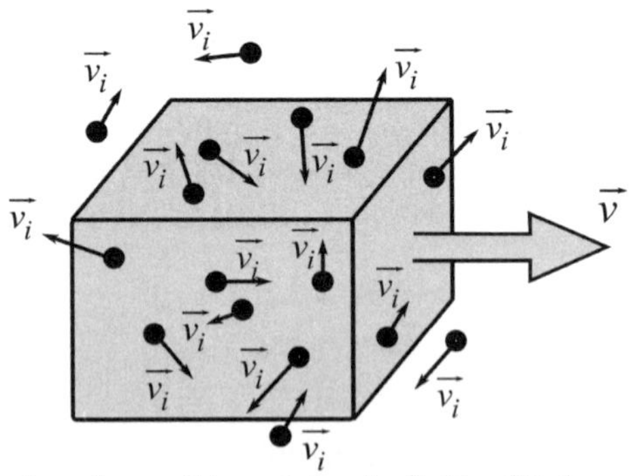

Figure I.2. Exemple de volume élémentaire de fluide dV, de masse dm, qui s'écoule avec une vitesse $\vec{v}$. Cette vitesse n'est pas égale aux vitesses des molécules qui peuvent entrer et sortir de dV. Le nombre de molécules enfermées dans dV est suffisant pour y définir une pression P et une température T.

1.2. Masse volumique

On définit la masse volumique ρ comme la masse d'une substance homogène occupant un volume donné; la masse dm d'un volume élémentaire dV est donc $dm = \rho dV$. La masse volumique s'exprime dans le système international d'unités en kg/m^3.
On définit aussi la densité comme étant le rapport entre deux masses volumiques : celle du fluide considéré et celle de l'air pour les gaz ($d = \rho/\rho_{\text{air}}$) ou de l'eau pour les liquides ($d = \rho/\rho_{H_2O}$). C'est une grandeur sans dimensions.

Quelques valeurs de masse volumique et de densité sont données dans le tableau ci-dessous à température ambiante :

Milieu	masse volumique ρ (kg/m^3)	densité d
Eau	1000	1
Sang	1059	1,059
Mercure	13600	13,6
Air	1,204	1
Azote	1,25	1,038

1.3. Forces en présence

Les forces qui s'appliquent sur le volume élémentaire sont de deux types : les forces de volume et les forces de surface.

1.3.1. Les forces de volume

Ce sont des forces proportionnelles à la masse ou au volume du fluide. Ces forces agissent sans contact et caractérisent des actions à distance. Par exemple, la force de gravitation agissant sur un volume V (donc de masse ρV) est $\rho V g$, où la constante de gravitation terrestre vaut $g = 9{,}81$ m.s^{-2}.

1.3.2. Les forces de surface

Ces forces agissent par contact direct et sont proportionnelles à l'aire A d'une paroi du volume élémentaire considéré. On définit la contrainte f comme la force de surface par unité d'aire de la surface considérée. Soit $\overrightarrow{dF}$ la force qui s'exerce sur un élément de surface dS : $\vec{f} = \overrightarrow{dF}/dS$. On décompose les contraintes en composantes tangentielles $\vec{\tau}$ (cisaillement) et composante normale $\vec{\sigma}$ à la surface considérée (figure I.3).

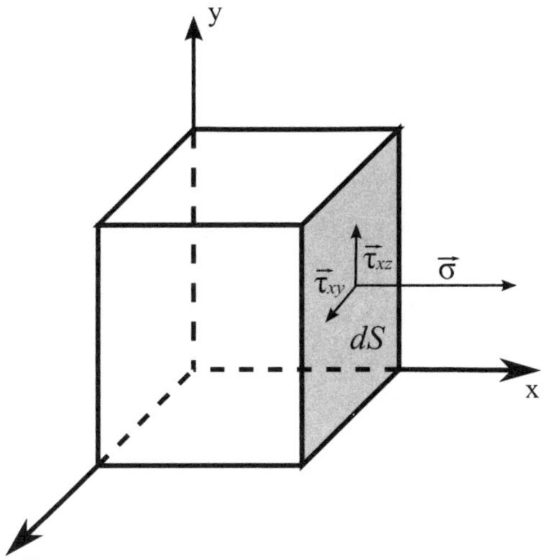

Figure I.3. Représentation des contraintes normale $\vec{\sigma}$ et tangentielles $\vec{\tau}_{xy}$ et $\vec{\tau}_{xz}$ s'exerçant sur une des faces, de surface dS, du volume élémentaire.

2. Hydrostatique

2.1. Pression hydrostatique

Dans un fluide au repos l'accélération et la vitesse du volume élémentaire de fluide sont nulles. Dans ces conditions les contraintes tangentielles doivent être nulles, sinon il existerait une force sur la surface qui déplacerait le fluide, ce qui est contraire à l'hypothèse. Il ne reste que la contrainte normale $\vec{\sigma} = -p\vec{n}$, où $\vec{n}$ est un vecteur unitaire perpendiculaire en tout point à la surface qui délimite le volume élémentaire de fluide, et dirigé vers l'extérieur du volume élémentaire (figure I.4). Le facteur p est la pression exercée en tout point de cette surface, c'est donc le module d'une force par unité de surface. Si $\|\vec{F}\|$ est la norme de la force qui s'exerce sur une surface dS, alors $p = \|\vec{F}\| / dS$. C'est une grandeur scalaire. La pression s'exprime en N/m^2, ou en pascal (Pa).

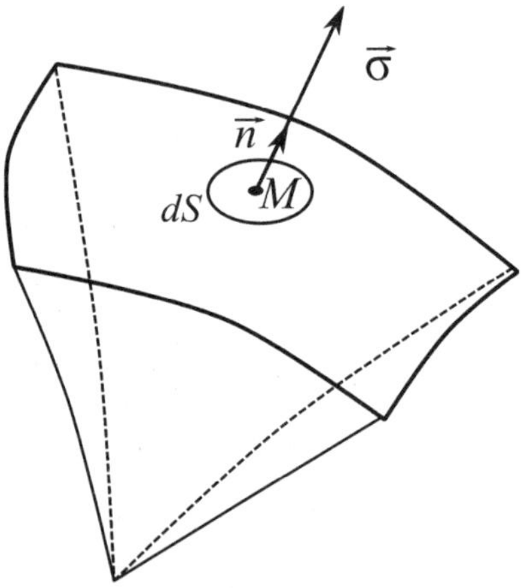

Figure I.4. Représentations d'un petit volume dV et d'un vecteur unitaire $\vec{n}$ perpendiculaire au point M à la surface délimitant le volume dV, et dirigé vers l'extérieur de dV. $\vec{\sigma}$ est la contrainte normale s'exerçant sur la surface élémentaire dS autour du point M.

2.2. Relation fondamentale de l'hydrostatique : Pression dans un fluide en équilibre

2.2.1. Expression différentielle de la pression

- On néglige la gravité

En l'absence d'autres forces (en particulier de la force de pesanteur), la pression est uniforme dans tout le volume de fluide, et par conséquent indépendante de l'orientation des surfaces délimitant le volume élémentaire de fluide considéré (voir problème 1). Considérons le volume élémentaire de fluide de la figure I.5 et les forces de pression F_1 et F_2 selon un seul axe (axe Δ). L'équilibre de ce volume impose $F_1 = F_2$. Ce raisonnement doit s'appliquer dans les 3 directions perpendiculaires du volume considéré, ce qui implique que les forces de pression s'annulent deux à deux. Ceci étant vrai quel que soit le volume considéré (aussi petit soit-il) nous permet de conclure qu'un fluide au repos transmet la pression.

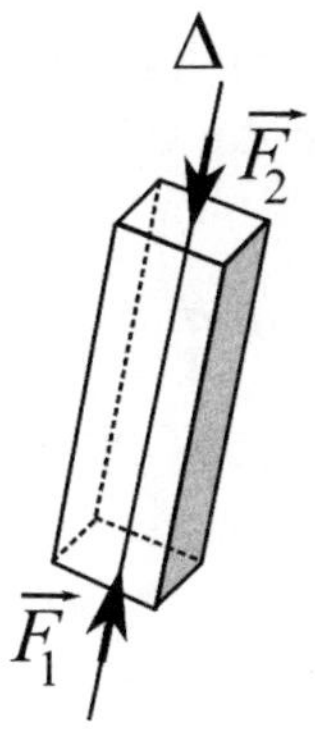

Figure I.5. Forces de pression sur un volume élémentaire de fluide et dans la direction de l'axe Δ.

- En présence de la gravité

a) Démonstration rapide

Choisissons d'abord un volume élémentaire d'étude $dV = dx\,dy\,dz$ de forme cubique enfermant une masse dm (figure I.6).

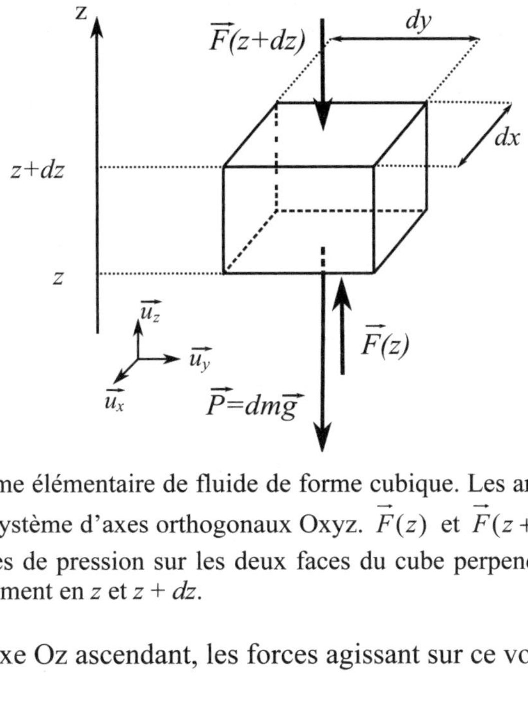

Figure I.6. Volume élémentaire de fluide de forme cubique. Les arêtes du cube sont colinéaires à un système d'axes orthogonaux Oxyz. $\vec{F}(z)$ et $\vec{F}(z+dz)$ représentent les vecteurs forces de pression sur les deux faces du cube perpendiculaires à Oz et situées respectivement en *z* et *z* + *dz*.

En définissant un axe Oz ascendant, les forces agissant sur ce volume *dV* sont :

- le poids :

$$\vec{P} = dm\,\vec{g} = -\rho\, g\, dx\, dy\, dz\, \vec{u_z}$$

où $\vec{u_z}$ est le vecteur unitaire suivant z,

- la force de pression en *z* sur la face dont l'aire est égale à *dxdy* :

$$\vec{F}(z) = p(z)\, dx\, dy\, \vec{u_z}\ ,$$

- la force de pression en *z* + *dz* sur la face dont l'aire est égale à *dxdy* :

$$\vec{F}(z+dz) = -p(z+dz)\, dx\, dy\, \vec{u_z}\ .$$

La deuxième loi de Newton appliquée au volume élémentaire immobile s'écrit :

$$\vec{F}(z) + \vec{F}(z+dz) + \vec{P} = \vec{0}\ ,$$

$$\left[p(z) - p(z+dz)\right] dx\, dy - \rho\, g\, dx\, dy\, dz = 0 .$$

En utilisant le développement de Taylor de la fonction $p(z)$ au voisinage de z (voir annexe 2), on obtient :

$$\left[-\frac{dp}{dz} dz\right] dx\, dy - \rho\, g\, dx\, dy\, dz = 0 .$$

En simplifiant cette expression, on obtient la relation fondamentale de l'hydrostatique pour un fluide :

$$dp = -\rho\, g\; dz .$$

Remarques

- Dans un fluide où l'accélération des particules de fluide est nulle, la pression est constante dans un plan orthogonal au champ de force.
- La relation précédente a été établie avec un axe Oz ascendant ($\vec{g} = -g\,\overrightarrow{u_z}$). Cette relation généralisée s'écrit :

$$dp = \vec{g} \cdot \overrightarrow{u_z}\, \rho dz .$$

b) Démonstration complète (Elle peut être omise en première lecture)
Nous allons établir une relation entre un champ de gravité et la pression au sein d'un fluide.
Comme précédemment, choisissons un volume élémentaire d'étude $dV = dx\,dy\,dz$ de forme cubique enfermant une masse dm (figure I.7). On note p la pression au centre du cube.

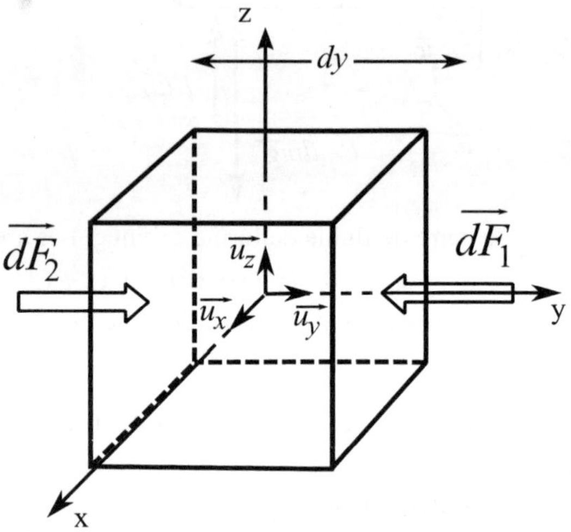

Figure I.7. Volume élémentaire de fluide de forme cubique. Les arêtes du cube sont colinéaires à Ox, Oy ou Oz. $\overrightarrow{dF_1}$ et $\overrightarrow{dF_2}$ représentent les vecteurs forces de pression sur les deux faces du cube perpendiculaires à Oy et situées respectivement en $y = dy/2$ et $y = -dy/2$.

Chaque force de pression s'exprime comme un produit de trois termes : la pression, l'aire de la face sur laquelle s'exerce cette pression et le vecteur unitaire indiquant la direction de la force.

Sur le cube représenté ci-dessus, $d\overrightarrow{F_1}$ *est le vecteur force de pression s'exerçant sur la face qui intercepte l'axe Oy en* $y = dy/2$ *et dont l'aire est égale à dxdz. On aura donc :*

$$d\overrightarrow{F_1} = p\left(\frac{dy}{2}\right)\cdot(dx\,dz)\cdot\left(-\overrightarrow{u_y}\right).$$

En utilisant un développement de Taylor au voisinage de 0 à l'ordre 1 (voir annexe *2)*

$$p\left(\frac{dy}{2}\right) = p(0) + \frac{\partial p}{\partial y}\left(\frac{dy}{2}\right) = p + \frac{\partial p}{\partial y}\frac{dy}{2}.$$

D'où

$$d\overrightarrow{F_1} = \left(p + \frac{\partial p}{\partial y}\frac{dy}{2}\right)\cdot(dx\,dz)\cdot\left(-\overrightarrow{u_y}\right),$$

$d\overrightarrow{F_2}$ *est le vecteur force de pression s'exerçant sur la face qui intercepte l'axe Oy en* $y = -dy/2$ *et dont l'aire est égale à dxdz. On aura donc :*

$$d\overrightarrow{F_2} = \left(p - \frac{\partial p}{\partial y}\frac{dy}{2}\right)\cdot(dx\,dz)\cdot\left(\overrightarrow{u_y}\right).$$

Le vecteur force résultante $d\overrightarrow{F_S}$ *est obtenu en combinant toutes les forces élémentaires s'exerçant sur chacune des six faces du cube élémentaire :*

$$\begin{aligned} d\overrightarrow{F_S} = &\left(p - \frac{\partial p}{\partial x}\frac{dx}{2}\right)(dy\,dz)\left(\overrightarrow{u_x}\right) + \left(p + \frac{\partial p}{\partial x}\frac{dx}{2}\right)(dy\,dz)\left(-\overrightarrow{u_x}\right) \\ &+\left(p - \frac{\partial p}{\partial y}\frac{dy}{2}\right)(dx\,dz)\left(\overrightarrow{u_y}\right) + \left(p + \frac{\partial p}{\partial y}\frac{dy}{2}\right)(dx\,dz)\left(-\overrightarrow{u_y}\right) \\ &+\left(p - \frac{\partial p}{\partial z}\frac{dz}{2}\right)(dx\,dy)\left(\overrightarrow{u_z}\right) + \left(p + \frac{\partial p}{\partial z}\frac{dz}{2}\right)(dx\,dy)\left(-\overrightarrow{u_z}\right). \end{aligned}$$

Ce qui donne après simplification :

$$d\overrightarrow{F_S} = -\left(\frac{\partial p}{\partial x}\vec{u}_x + \frac{\partial p}{\partial x}\vec{u}_y + \frac{\partial p}{\partial x}\vec{u}_z\right)dx\,dy\,dz\,.$$

Le terme entre parenthèses représente ***le vecteur gradient*** *de p(x,y,z) (voir* annexe *3)*

$$\overrightarrow{grad}\,p \equiv \vec{\nabla}\,p = \frac{\partial p}{\partial x}\overrightarrow{u_x} + \frac{\partial p}{\partial y}\overrightarrow{u_y} + \frac{\partial p}{\partial z}\overrightarrow{u_z} = \left(\frac{\partial}{\partial x}\overrightarrow{u_x} + \frac{\partial}{\partial y}\overrightarrow{u_y} + \frac{\partial}{\partial z}\overrightarrow{u_z}\right)p.$$

On écrit donc :

$$d\overrightarrow{F_s} = -\vec{\nabla}\,p\;dx\,dy\,dz\,.$$

La force résultante $d\vec{F}$ *appliquée au cube s'écrit :*

$$d\vec{F} = d\overrightarrow{F_v} + d\overrightarrow{F_s} = \left(\rho\vec{g} - \vec{\nabla}\,p\right)dx\,dy\,dz\,.$$

Et par unité de volume :

$$\frac{d\vec{F}}{dx\,dy\,dz} = \rho\vec{g} - \vec{\nabla}\,p\,.$$

La deuxième loi de Newton appliquée au volume élémentaire immobile s'écrit :

$$d\vec{F} = \vec{a}\, dm = \vec{a}\, \rho dV = \vec{0},$$

et par unité de volume :

$$\rho\vec{g} - \vec{\nabla} p = \vec{0}.$$

La relation précédente est la loi fondamentale de l'hydrostatique pour un fluide soumis à un champ de pesanteur.

- *Le premier terme du membre de gauche représente la force de volume, par unité de volume.*
- *Le deuxième terme du membre de gauche représente la force de pression, par unité de volume.*

Cette équation vectorielle se décompose en trois équations qui doivent être vérifiées. Ainsi :

$$-\frac{\partial p}{\partial x} + \rho g_x = 0 \quad \text{selon Ox,}$$

$$-\frac{\partial p}{\partial y} + \rho g_y = 0 \quad \text{selon Oy,}$$

$$-\frac{\partial p}{\partial z} + \rho g_z = 0 \quad \text{selon Oz.}$$

En choisissant un repère où l'axe Oz est orienté selon $\vec{g}$: $\vec{g} = g_z \vec{u_z} = -g\vec{u_z}$ *(g > 0), les équations deviennent :*

$$-\frac{\partial p}{\partial x} = 0 \;\; ; \;\; -\frac{\partial p}{\partial y} = 0 \;\; ; \;\; -\frac{\partial p}{\partial z} - \rho g = 0.$$

Les deux premières relations permettent de conclure que p ne dépend que de z :
Dans un liquide où l'accélération des particules de fluide est nulle la pression est constante dans un plan orthogonal au champ de force.
La dernière des trois équations s'écrit :

$$-\frac{dp}{dz} = \rho g \quad ou \quad dp = -\rho g\, dz.$$

On retrouve l'équation différentielle établie au paragraphe 2.2.1.a dans la démonstration rapide.

2.2.2. Intégration de l'équation différentielle sur la pression

L'équation $dp = -\rho g\, dz$ s'intègre facilement dans deux cas : lorsque ρ est une fonction linéaire de p et lorsque ρ est constant. Nous allons considérer successivement ces deux cas.

1) Cas des gaz : ρ fonction linéaire de p.

Lorsque la masse volumique ne peut pas être considérée constante, ρ doit être reliée à p par une équation d'état du fluide. Par exemple pour un gaz parfait :

$$pV = nRT,$$

où n est le nombre de moles contenues dans le volume V, T est la température absolue (en Kelvin) et R est la constante des gaz parfaits ($R = 8{,}32\ \text{J.K}^{-1}.\text{mol}^{-1}$).

Si M est la masse molaire du gaz, sa masse volumique s'écrit $\rho = nM/V$. En remplaçant cette dernière relation dans celle des gaz parfaits, on obtient l'équation reliant la pression p et la masse volumique ρ :

$$\rho = \frac{n}{V} M = \frac{p M}{R T}.$$

Et l'équation $\frac{dp}{dz} = -\rho g$ devient :

$$\frac{dp}{dz} = -p \frac{g M}{R T}.$$

Si T est constant, $p(z)$ s'obtient facilement :

$$\int_{p_1}^{p_2} \frac{dp}{p} = -\int_{z_1}^{z_2} \frac{M g}{RT} dz \Rightarrow \ln p = -\frac{M g}{R T} z + cte.$$

En posant la condition $p(z=0) \equiv p_0$:

$$p(z) = p_0 e^{-\frac{M g}{R T} z}.$$

Remarque

$p(z)$ s'exprime en fonction de la masse des molécules de gaz, m. En effet :

$$\frac{M}{R T} = \frac{m N_A}{R T} = \frac{m}{\frac{R}{N_A} T} = \frac{m}{k_B T},$$

où $k_B = R / N_A$ est la constante de Boltzmann, N_A le nombre d'Avogadro et m la masse d'une molécule, la relation précédente se réécrit de la façon suivante :

$$p(z) = p_0 e^{-\frac{m g z}{k_B T}}.$$

Cette relation fait intervenir le rapport entre l'énergie potentielle de pesanteur de la molécule de gaz (terme mgz) et son énergie d'agitation thermique (terme $k_B T$).
Puisque :

$$p = n \frac{RT}{V},$$

on a

$$n(z) = n(0) e^{-\frac{m g z}{k_B T}},$$

qui fournit la densité des molécules à la cote z. C'est une loi de distribution de Boltzmann.

2) Cas des fluides incompressibles : $\rho = cte$.

Pour ρ constant, l'intégration de l'équation différentielle conduit à :

$$\int_{p(z_0)}^{p(z)} dp = -\rho g \int_{z_0}^{z} dz.$$

Soit :

$$p(z)-p(z_0)=\rho g(z_0-z).$$

Ou encore :

$$p(z)+\rho g z=cte \quad \forall z.$$

2.3. Energie emmagasinée dans un fluide incompressible au repos

Dans l'expression

$$p(z)+\rho g z=cte,$$

$\rho g z$ est l'énergie potentielle de pesanteur par unité de volume. Puisque la relation est homogène (tous les termes de la relation ont les mêmes dimensions), $p(z)$ doit aussi avoir la dimension d'une énergie par unité de volume.

Ainsi $p(z)+\rho g z$ est l'énergie potentielle par unité de volume du fluide à la côte z. La relation précédente exprime que l'énergie totale d'un fluide immobile (son énergie cinétique est nulle) est conservée.

2.4. Unités dérivées de pression

L'unité S.I. de la pression est le Pascal (1 Pa = 1 N/m^2), mais il existe plusieurs unités dérivées de pression selon les disciplines. Les météorologistes par exemple utilisent le millibar ou l'hectopascal.

Hauteur d'une colonne de liquide

Torricelli est connu pour avoir en 1644, inventé le baromètre à tube de mercure qui porte son nom. Il a montré que la pression de l'air peut à elle seule équilibrer la pression de la colonne de mercure. Il prit pour son expérience un bac et un tube d'environ un mètre de long fermé à une extrémité. Il remplit le tube de mercure et déposa ensuite l'extrémité ouverte dans le bac lui-même rempli de mercure (figure I.8). Il observa alors que le tube se vidait partiellement et que le niveau de mercure se stabilisait à une hauteur d'environ 760 mm au-dessus de la surface du mercure dans le bac.

Soit A un point à la surface du mercure dans le bac et soit B un point à la surface du mercure dans le tube après que celui-ci se soit vidé partiellement. L'équation fondamentale d'hydrostatique pour un liquide s'écrit :

$$p_A+\rho g z_A=p_B+\rho g z_B.$$

La pression p_A est égale à la pression atmosphérique p_0. Elle peut être mesurée par la dénivellation z_B-z_A du liquide dans le tube puisque la pression en z_B est nulle (interface mercure/vide en B). On a donc :

$$p_0=\rho g(z_B-z_A).$$

La pression atmosphérique est donc égale à la pression exercée par une colonne de mercure de 760 mm de hauteur.

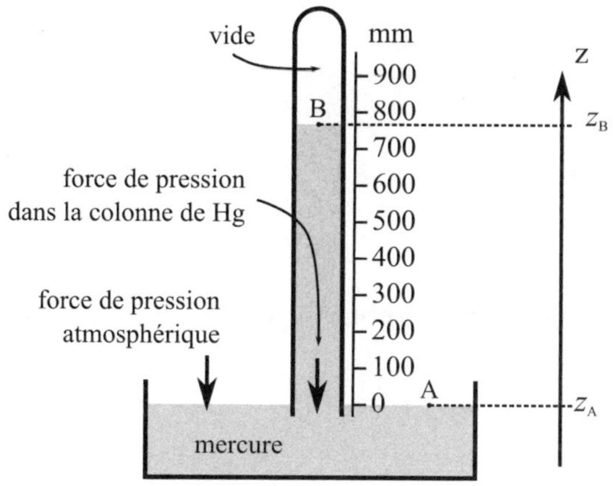

Figure I.8. Expérience de Torricelli : le bac est rempli de mercure, et un tube fermé à une extrémité et rempli de mercure est renversé dans le bac. Le tube se vide alors partiellement et le niveau de mercure se stabilise à une hauteur d'environ 760 mm au-dessus de la surface du mercure dans le bac.

Une unité de pression, le **torr**, est dédiée à Torricelli. Elle correspond à la pression d'un millimètre de mercure soit : $\rho_{Hg}\ g\ h = 13600 \times 9{,}81 \times 10^{-3} = 133{,}4\,\text{Pa}$.

L'**atmosphère** (symbole **atm**) est une unité de pression qui n'appartient pas au système international (SI). Elle correspond à la pression d'une hauteur de 760 mm de mercure à 0°C (soit 101 325 Pa.) sous l'accélération normale de la pesanteur (9,80665 m/s²). Cette valeur représente la pression atmosphérique moyenne au niveau moyen de la mer sur la latitude de Paris.

2.5. La poussée d'Archimède

La genèse du traité des corps flottants d'Archimède est bien connue : c'est en observant des objets flotter au bain public qu'il constate que des objets de volume identique n'ont pas le même poids apparent. Il expose ainsi son principe : **un corps immergé reçoit une poussée dirigée de bas en haut et dont l'intensité est égale au poids du volume de fluide déplacé.**

Afin de le démontrer considérons un fluide au repos de masse volumique ρ_f. On isole par la pensée un volume élémentaire de ce fluide (figure I.9). La somme des forces (la résultante des forces de pression et la force de gravité) qui agissent sur ce volume élémentaire est nulle.

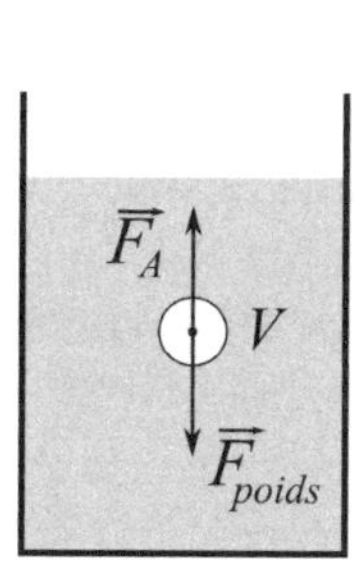

Figure I.9. Bilan des forces agissant sur un volume élémentaire V de fluide au repos, isolé par la pensée du reste du fluide. Ce volume est en équilibre : $\vec{F}_{poids} + \vec{F}_a = \vec{0}$.

On peut écrire :

$$\vec{F}_{poids} + \vec{F}_{surface} = \vec{0}\,.$$

Or :

$$\vec{F}_{poids} = \rho_f\, V\, \vec{g}\,.$$

D'où :

$$\vec{F}_{surface} = -\rho_f\, V\, \vec{g}\,.$$

C'est cette force qui constitue la poussée d'Archimède. Elle est toujours dirigée dans le sens contraire à $\vec{g}$:

$$\vec{F}_{surface} \equiv \vec{F}_A = -\rho_f\, V\, \vec{g}\,.$$

Imaginons maintenant que l'on puisse par la pensée retirer ce volume élémentaire et le remplacer par un volume égal de même surface (même forme) d'un corps différent, c'est-à-dire de masse volumique différente $\rho_S \neq \rho_f$. La résultante des forces de pression qui s'exerce sur ce corps n'a pas changé et la résultante des forces s'écrit :

$$\vec{R} = \vec{F}_P + \vec{F}_A = \left(\rho_S - \rho_f\right) V\, \vec{g}\,.$$

Si $\rho_S > \rho_f$: les vecteurs $\vec{R}$ et $\vec{g}$ sont de même sens, donc le solide tombe (sédimente)

Si $\rho_S < \rho_f$: les vecteurs $\vec{R}$ et $\vec{g}$ sont de sens opposé, le solide monte (flocule)

si $\rho_S = \rho_f$: le solide reste en équilibre.

1. Introduction à la dynamique des fluides

1.1. Définitions

Afin de caractériser les fluides en mouvement il convient d'abord de définir quelques notions.

- Un écoulement est **stationnaire** si en chaque point la vitesse v est indépendante du temps $\left(\partial v / \partial t = 0\right)$.

- Un écoulement est **uniforme** si le vecteur vitesse est le même dans tout le fluide. Ceci implique qu'il en est de même pour d'autres quantités (pression, masse volumique, etc.). Par opposition, un écoulement non uniforme est un écoulement pour lequel ces quantités varient dans l'espace.

- Les **lignes de courant** sont des lignes imaginaires tracées dans le fluide pour indiquer la direction de son mouvement (figure I.10). La tangente en tout point à cette ligne représente la direction instantanée de la vitesse d'une particule du fluide en ce point. Puisqu'il n'y a pas de composante de $\vec{v}$ perpendiculaire à la ligne de courant, il n'y a pas d'écoulement perpendiculaire à cette ligne.

Un **tube de courant** représente une portion élémentaire de fluide en écoulement délimitée par des lignes de courant (figure I.10).

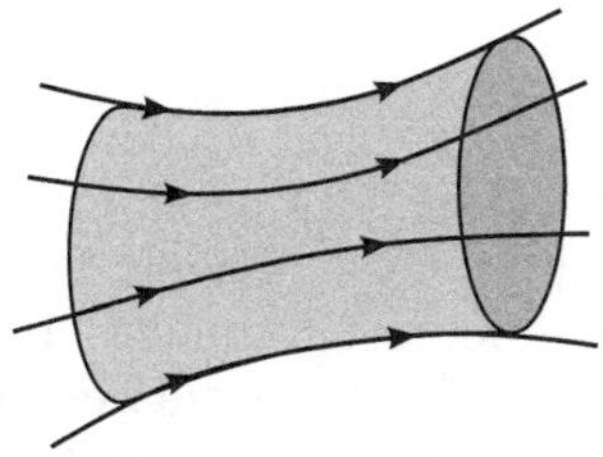

Figure I.10. Représentation des lignes de courant dans un fluide (lignes courbes orientées) et du tube de courant délimité par ces lignes de courant.

3.2. Equation de continuité, ou de conservation de la masse

Cette équation traduit que, pour un écoulement stationnaire et pendant un temps dt, une même masse de fluide dM passe par toutes les sections d'un tube de courant. Soit deux points du fluide 1 et 2 (figure I.11). Les valeurs des vitesses en ces points sont respectivement v_1 et v_2. Soit S_1 et S_2 deux sections d'un même tube de courant en 1 et en 2. Durant un intervalle de temps dt, un volume élémentaire de fluide autour du point 1 (resp. 2), de masse volumique ρ_1 (resp. ρ_2) se déplace sur une distance $v_1\,dt$ (resp. $v_2\,dt$). Par conséquent, le volume de fluide qui traverse S_1 (resp. S_2) pendant dt est $S_1\,v_1\,dt$ (resp. $S_2\,V_2\,dt$), et la masse de fluide traversant S_1 (resp. S_2) est $\rho_1\,S_1\,v_1\,dt$ (resp. $\rho_2\,S_2\,V_2\,dt$). L'équation de continuité s'écrira donc :

$$dM = \rho_1\,S_1\,v_1\,dt = \rho_2\,S_2\,v_2\,dt\,.$$

Ou encore

$$\rho\,S\,v = cte \quad \text{en tout point du fluide.}$$

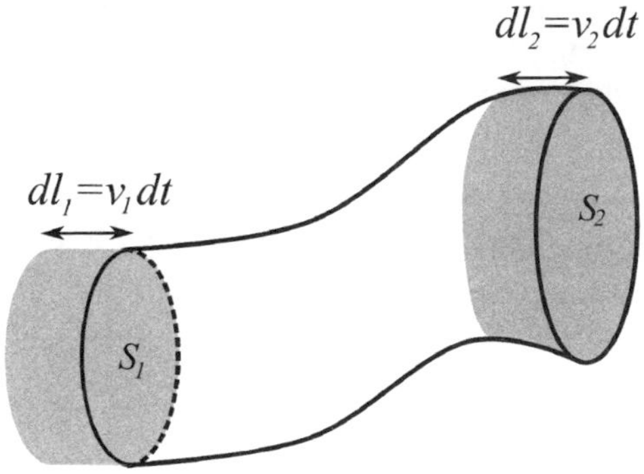

Figure I.11. Représentation d'un tube de courant et des masses de fluide traversant respectivement les sections S_1 et S_2 du tube pendant dt.

Compte tenu de ce qui précède :

$$dV = Svdt\,.$$

On appelle débit volumique de liquide, noté J_V, le volume dV qui traverse une section S par unité de temps :

$$J_V = \frac{dV}{dt} = S\,v \qquad \text{(unités S.I. de } J_V : \text{m}^3.\text{s}^{-1}\text{).}$$

La conservation de la masse implique la conservation du débit pour un fluide incompressible ($\rho = cte$) : $J_V = S\,v = cte\,.$

3.3. La viscosité

L'absence de mouvement relatif (et donc de déformation) implique l'absence de contrainte de cisaillement. Par contre, lorsque le fluide est en mouvement les forces de cisaillement peuvent être présentes. Lorsque la vitesse d'écoulement devient importante, l'écoulement du fluide est turbulent (figure I.12) et ces forces sont difficiles à calculer. Nous allons considérer des vitesses d'écoulement suffisamment faibles pour que l'écoulement soit laminaire (figure I.12). Cela signifie que si par exemple on jette dans le fluide des particules de limaille d'aluminium pour visualiser l'écoulement, celles-ci suivent des lignes de courant qui ne se croisent pas.

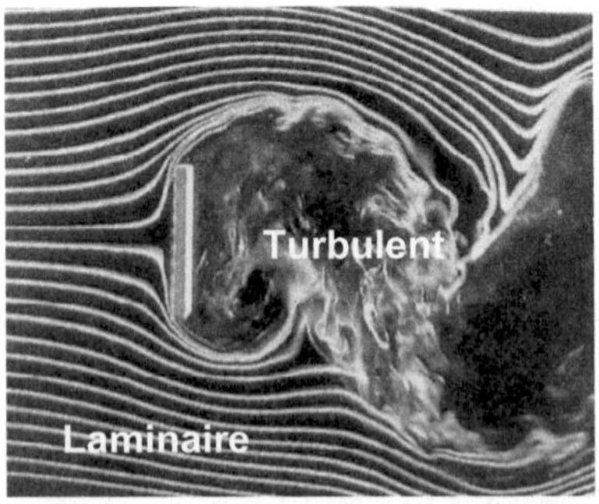

Figure I.12. Ecoulements laminaire et turbulent. Les filets de fluide sont visualisés par l'injection des particules réfléchissantes aux différents endroits du fluide. Chaque filet de fluide est issu d'un injecteur situé à gauche de cette figure (non représenté sur la figure).

Considérons l'écoulement permanent d'un liquide dans une conduite horizontale de section circulaire constante (figure I.13). Soit Ox la direction de l'écoulement et un axe Or perpendiculaire à l'axe Ox. La variation de vitesse entre différentes couches de fluide (les couches sont des cylindres concentriques d'épaisseur dr) se traduit par l'existence d'un gradient de vitesses dv_x/dr dans la direction perpendiculaire à l'écoulement. Il existe donc une force de frottement entre les filets de fluide adjacents.

Trois paramètres déterminent cette force entre deux couches voisines de fluide :

- La surface S de contact entre les deux couches,
- La différence de vitesse entre les deux couches $dv_x(r)/dr$, r étant la direction perpendiculaire au mouvement,
- La nature du fluide, décrit par un coefficient appelé viscosité η.

On écrira donc, en module :

$$\left|F_\eta\right| = \eta S \left|\frac{dv_x(r)}{dr}\right|.$$

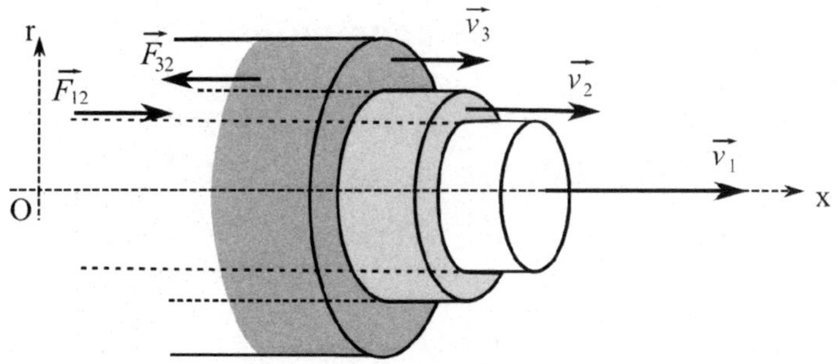

Figure I.13. Ecoulement laminaire permanent d'un liquide dans une conduite horizontale de section circulaire constante. 3 couches cylindriques adjacentes de fluide sont représentées, de vitesses respectives $\vec{v}_1$, $\vec{v}_2$ et $\vec{v}_3$ ($\|\vec{v}_1\| > \|\vec{v}_2\| > \|\vec{v}_3\|$). $\vec{F}_{12}$ (resp. $\vec{F}_{32}$) est la force de frottement qu'exerce la couche de liquide se déplaçant à la vitesse $\vec{v}_1$ (resp. $\vec{v}_3$) sur celle se déplaçant à la vitesse $\vec{v}_2$. Comme $\|\vec{v}_1\| > \|\vec{v}_2\| > \|\vec{v}_3\|$, la couche « 2 » est entraînée par la couche « 1 » et freinée par la couche « 3 ».

Remarques

- A partir de l'analyse dimensionnelle (annexe 6), la relation précédente nous permet de déterminer les unités du coefficient de viscosité :

$$[\eta] = \frac{[F]\,[dr]}{[S]\,[dv]} = \frac{(M\,L\,T^{-2})\,(L)}{(L^2)\,(L\,T^{-1})} = M\,L^{-1}\,T^{-1}.$$

En unités S.I., la viscosité s'exprime en Pa.s ou Poiseuille.

- La vitesse du fluide en contact avec une paroi étant celle de la paroi (condition d'adhérence), la vitesse du fluide en contact avec la conduite cylindrique (immobile) est nulle.

- Le signe de la composante de $\vec{F}_\eta$ doit être analysé avec soin : la force de frottement exercée par une couche de fluide plus lente sur une couche plus rapide doit toujours freiner cette dernière. Tandis que la couche plus rapide entraîne la couche plus lente. Par exemple, dans le cas illustré sur la figure I.13, la couche à la vitesse $\vec{v}_2$ est freinée par la couche adjacente se déplaçant à la vitesse $\vec{v}_3$ (d'où $\vec{F}_{32}$ en sens contraire de l'écoulement) alors qu'elle est entraînée par la couche contiguë se déplaçant à la vitesse $\vec{v}_1$ (d'où $\vec{F}_{12}$ dans le sens de l'écoulement).

- Quelques ordres de grandeur de viscosité de différents fluides sont donnés dans le tableau ci-dessous.

Fluide	η (10^{-3} Pa s)
H_2O à 10°C à 20°C	 1,3 1,0
Air	17,8 10^{-3}
H_2	8 10^{-3}
sang	4
Hg	1,5
Ketchup	50 10^{3}

3.4. Equation du mouvement pour un écoulement laminaire et stationnaire

3.4.1. Fluide incompressible non visqueux ($\eta = 0$)

L'énergie cinétique d'une masse m de fluide se déplaçant le long d'une ligne de courant avec une vitesse v est $m\,v^2 / 2$, soit par unité de volume : $\rho\, v^2 / 2$.
Lors de l'écoulement, il n'y a pas de pertes d'énergie causées par le frottement. L'énergie, appelée aussi charge, est donc conservée et on peut écrire, entre deux points 1 et 2 d'une ligne de courant :

$$\frac{\rho v_1^2}{2} + p_1 + \rho g z_1 = \frac{\rho v_2^2}{2} + p_2 + \rho g z_2 = cte$$

Ou encore :

$$\frac{\rho v^2}{2} + p + \rho g z = cte$$

C'est l'équation de Bernoulli pour un fluide dont on peut négliger la viscosité.

3.4.2. Fluide incompressible visqueux ($\eta \neq 0$) – Ecoulement de Poiseuille

Considérons une conduite cylindrique de rayon intérieur R constant et d'axe x'x, dans laquelle circule un fluide visqueux dont l'écoulement est laminaire, horizontal selon x'x et stationnaire. Puisqu'au voisinage de la paroi de la conduite, la vitesse du fluide est nulle, elle est maximale au centre de la conduite. On admettra donc que $v = v(r)$ avec les conditions que $v(r = R) = 0$ et $v(r = 0) = v_{max}$.
Pour des raisons de symétrie les filets de fluide (en grisés sur la figure I.14) sont cylindriques et la vitesse de chaque filet dépend de sa distance r au centre de la conduite.

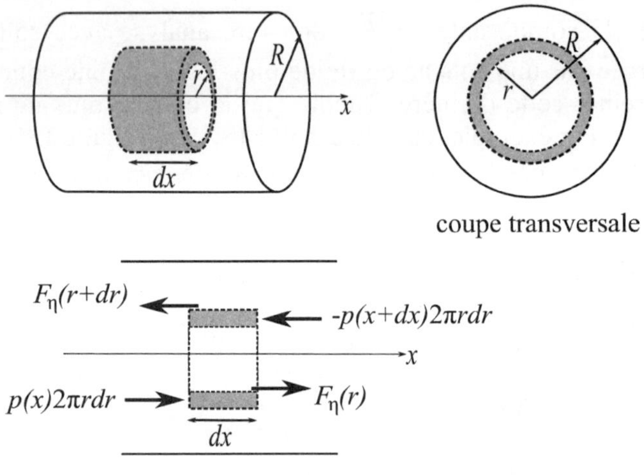

coupe longitudinale

Figure I.14. Vue et coupes transversale et longitudinale d'un volume élémentaire de fluide compris entre deux cylindres, l'un de rayon r et l'autre de rayon $r + dr$, et de longueur dx (anneau de fluide). Représentation des forces agissant sur ce volume de fluide : les forces de pression sur les surfaces transversales $2\,\pi\, r\, dr$ et les forces de frottement $F_\eta(r)$ (> 0) et $F_\eta(r + dr)$ (< 0) sur les surfaces latérales respectivement $2\,\pi\, r\, dx$ et $2\,\pi\,(r + dr)\,dx$.

Profil de vitesse du fluide *v(r)* dans la conduite

On se propose de déterminer l'expression de $v(r)$ en fonction du rayon de la conduite, R, du gradient de pression, dp/dx, et de la viscosité du fluide, η positive. Pour cela nous allons considérer comme volume élémentaire d'étude un anneau de fluide de rayon r, de longueur dx et d'épaisseur dr, dont les vues en coupes sont représentées sur la figure I.14. La surface transversale de cet élément de fluide est $dS = 2\ \pi\ r\ dr$. Nous allons expliciter les forces s'exerçant sur cet anneau de fluide. On choisit pour sens positif de l'axe x'x celui de l'écoulement.

- Les forces de pression

Sur la surface droite en amont (à gauche) : $p(x)\,2\pi r\,dr$.

Sur la surface droite en aval (à droite) :

$$-p(x+dx)\,2\pi r\,dr = -\left(p(x)+\frac{dp}{dx}dx\right)2\pi r\,dr.$$

Dans le cas où dx est très petit :

$$F_P = dS\,\Delta p = 2\pi\,r\,dr\left[p(x)-p(x+dx)\right] = 2\pi\,r\,dr\left[-\frac{dp}{dx}dx\right].$$

- Les forces de frottement

Sur la face externe de l'anneau (cylindre de rayon $r + dr$), cette force est exercée par le filet de fluide immédiatement adjacent (de rayon $r + dr + \varepsilon$, où ε est aussi petit que l'on veut) qui se déplace avec une vitesse inférieure à celle de l'anneau. Ce filet freine donc l'anneau et la force $\overrightarrow{F_\eta}(r+dr)$ exercée sur l'anneau est dirigée dans le sens contraire à celui de l'écoulement (c'est-à-dire du vecteur vitesse $\vec{v}$). On a donc $\overrightarrow{F_\eta}(r+dr) = F_\eta(r+dr)\,\overrightarrow{u_x}$ avec $F_\eta(r+dr) < 0$. Sachant que la vitesse $v(r)$ décroît lorsque r croit de 0 à R, c'est-à-dire que $dv/dr < 0$, on écrira :

$$F_\eta(r+dr) = \eta\,dS_{r+dr}\left.\frac{dv}{dr}\right|_{r+dr} < 0,$$

où $dS_{r+dr} = 2\pi\ (r\ +\ dr)\ dx\ (> 0)$ est la surface extérieure de l'anneau. Par convention, la barre verticale dans la formule précédente indique qu'il convient de calculer la dérivée de v par rapport à r, puis dans la relation obtenue de remplacer r par $(r + dr)$.

Sur la face interne de l'anneau (cylindre de rayon), la force de frottement est exercée par le filet de fluide immédiatement adjacent (de rayon $r - \varepsilon$ où ε est aussi petit que l'on veut) qui se déplace avec une vitesse supérieure à celle de l'anneau. Ce filet entraîne donc l'anneau dans le sens de l'écoulement. La force $\overrightarrow{F_\eta}(r)$ exercée sur l'anneau par ce filet de fluide est dirigée dans le sens de $\vec{v}$. On a donc $\overrightarrow{F_\eta}(r) = F_\eta(r)\,\overrightarrow{u_x}$ avec $F_\eta(r) > 0$. Sachant que $dv/dr < 0$, on écrira :

$$F_\eta(r) = -\eta\,dS_r\left.\frac{dv}{dr}\right|_r,$$

où $dS_r = 2\ \pi\ r\ dx\ (> 0)$ est la surface intérieure de l'anneau.

Puisque l'écoulement est stationnaire, on a $dv/dt = 0$ et la deuxième loi de Newton projetée sur Ox s'écrit donc :

$$F_p + F_\eta(r+dr) + F_\eta(r) = 0.$$

On encore :

$$-2\pi\, dx\, r\, dr \frac{dp}{dx} + 2\pi\, dx\, \eta (r + dr) \left.\frac{dv}{dr}\right|_{r+dr} - 2\pi\, dx\, \eta\, r \left.\frac{dv}{dr}\right|_{r} = 0 .$$

En remplaçant $\left.\dfrac{dv}{dr}\right|_{r+dr}$ par son développement de Taylor :

$$\left.\frac{dv}{dr}\right|_{r+dr} = \left.\frac{dv}{dr}\right|_{r} + \left.\frac{d^2v}{dr^2}\right|_{r} dr ,$$

on obtient :

$$dr\left[-r\frac{dp}{dx} + \eta r \frac{d^2v}{dr^2} + \eta \frac{dv}{dr}\right] + \eta\, dr^2 \frac{d^2v}{dr^2} = 0 .$$

En négligeant le terme $(dr)^2$, infiniment petit d'ordre 2, devant dr, on obtient :

$$\frac{1}{\eta}\frac{dp}{dx} = \frac{d^2v}{dr^2} + \frac{1}{r}\frac{dv}{dr} .$$

Pour obtenir le profil de vitesse du fluide $v(r)$ dans la conduite, il ne reste plus qu'à intégrer cette dernière équation. Le terme de droite peut être réécrit de la manière suivante :

$$\frac{d^2v}{dr^2} + \frac{1}{r}\frac{dv}{dr} = \frac{1}{r}\frac{d}{dr}\left(r\frac{dv}{dr}\right).$$

Par conséquent, l'équation devient :

$$\frac{d}{dr}\left(r\frac{dv}{dr}\right) = \frac{r}{\eta}\frac{dp}{dx} ,$$

et son l'intégrale est :

$$\int \frac{d}{dr}\left(r\frac{dv}{dr}\right) dr = \frac{1}{\eta}\frac{dp}{dx}\int r\, dr$$

$$r\frac{dv}{dr} = \frac{r^2}{2\eta}\frac{dp}{dx} + K_1 ,$$

Où K_1 est une constante d'intégration.
Soit encore :

$$\frac{dv}{dr} = \frac{r}{2\eta}\frac{dp}{dx} + \frac{K_1}{r} .$$

Une seconde intégration donne :

$$\int \frac{dv}{dr} dr = \int\left(\frac{r}{2\eta}\frac{dp}{dx} + \frac{K_1}{r}\right) dr$$

$$v(r) = \frac{r^2}{4\eta}\frac{dp}{dx} + K_1 \ln(r) + K_2 ,$$

Où K_2 est une constante d'intégration.

Il ne reste plus qu'à déterminer les constantes K_1 et K_2.
D'abord nous savons que $v(r)$ est maximale pour $r = 0$, donc :

$$\left.\frac{dv}{dr}\right|_{r=0} = 0 \Rightarrow K_1 = 0\,.$$

Ensuite la condition $v(R) = 0$ (le fluide est immobile sur les parois de la conduite cylindrique) impose :

$$K_2 = -\frac{R^2}{4\eta}\frac{dp}{dx}\,.$$

Finalement on obtient :

$$v(r) = -\frac{dp}{dx}\frac{1}{4\eta}\left(R^2 - r^2\right).$$

La valeur de la vitesse est positive étant donné que $R > r$ et que nous avons supposé que le fluide s'écoulait de la gauche vers la droite donc $p(x) > p(x + dx)$ et $dp/dx < 0$.

Le profil de vitesse est donc parabolique dans une conduite cylindrique horizontale (figure I.15).

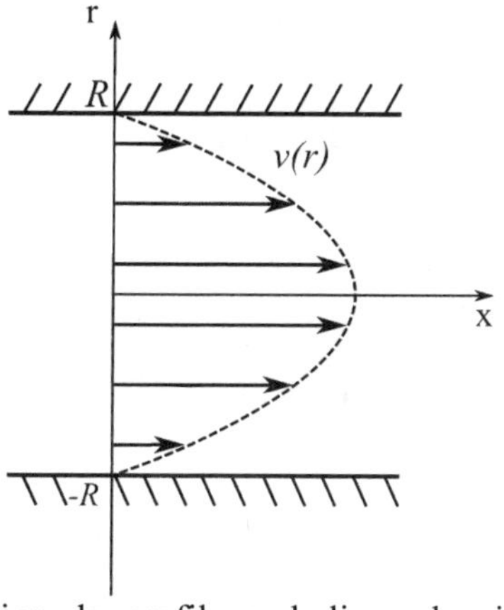

Figure I.15. Représentation du profil parabolique de vitesse d'écoulement d'un liquide visqueux dans une conduite cylindrique horizontale.

Remarque

Si et seulement si $\frac{dp}{dx} = cte$ on peut remplacer $\frac{dp}{dx}$ par $\frac{p_2 - p_1}{x_2 - x_1}$. En effet, en nommant a cette constante :

$$\int_{p_1}^{p_2} dp = a \int_{x_1}^{x_2} dx\,.$$

Autrement dit :

$$\frac{p_2 - p_1}{x_2 - x_1} = a = \frac{dp}{dx}\,.$$

Dans cette expression $x_2 - x_1 = \Delta x$ positif représente une longueur de conduite, et $p_2 - p_1$ est négatif si l'écoulement est de x_1 vers x_2.

Parfois on pose une grandeur Δp positive. Si l'écoulement est de x_1 vers x_2, alors $\Delta p = p_1 - p_2$.

On aura donc : $(p_2 - p_1)/(x_2 - x_1) = dp/dx = -\Delta p/\Delta x$. En remplaçant dp/dx par $-\Delta p/\Delta x$ dans l'expression précédente de $v(r)$, on obtient :

$$v(r) = \frac{\Delta p}{\Delta x}\frac{R^2}{4\eta}\left(1 - \frac{r^2}{R^2}\right).$$

Débit du fluide dans la conduite cylindrique

La vitesse du fluide n'étant pas constante sur la section S de la conduite cylindrique, on commence par exprimer le débit du fluide à travers la section dS de l'élément de fluide compris entre deux cylindres, l'un de rayon r et l'autre de rayon $r + dr$ (figure I.16). On aura alors $dS = 2\pi r dr$. L'élément dr est choisi suffisamment petit pour que la vitesse $v(r)$ soit considérée comme constante sur dS, le débit élémentaire s'écrit alors :

$$dJ_v = v(r)\, dS .$$

Le débit total est obtenu en intégrant cette relation :

$$J_v = \int_S v(r)\, dS = \int_0^R v(r) 2\pi r\, dr .$$

En remplaçant $v(r)$ par son expression on obtient :

$$J_v = \frac{\pi \Delta p}{2\eta \Delta x}\int_0^R \left(R^2 - r^2\right) r\, dr .$$

L'intégration de cette relation pour r compris entre 0 et R donne :

$$J_v = \frac{\pi \Delta p}{2\eta \Delta x}\left[\frac{R^2}{2} r^2 - \frac{1}{4} r^4\right]_0^R = \frac{\pi R^4}{8\eta}\frac{\Delta p}{\Delta x}.$$

Soit

$$\frac{\Delta p}{\Delta x} = \frac{8\,\eta J_v}{\pi R^4}.$$

Cette relation, appelée loi de Poiseuille, exprime la variation de pression ou la perte de charge dans une conduite cylindrique de section constante dans un fluide de viscosité η et pour un écoulement laminaire et permanent.

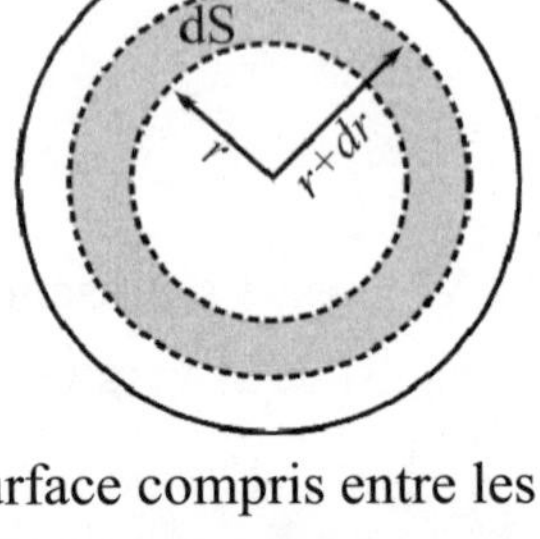

Figure I.16. Elément de surface compris entre les cercles de r et $r + dr$.

Vitesse moyenne du fluide sur la surface *S*

Par définition :

$$\langle v \rangle = \bar{v} = \frac{1}{S}\int_S v\, dS = \frac{1}{S}\int_S j_v\, dS = \frac{J_v}{S}.$$

Avec $S = \pi R^2$, on obtient :

$$\langle v \rangle = \frac{R^2}{8\eta}\frac{\Delta p}{\Delta x}.$$

Ce sera par définition la vitesse d'écoulement d'un fluide à travers un pore d'une membrane.

Exercices d'application du chapitre I

Questions de compréhension

Question 1

Calculer le nombre de molécules d'eau contenues dans un volume $dV = 1$ mm^3.

Réponse

La masse d'eau dm correspondante est :

$$dm = \rho\, dV = 10^3 \times 10^{-9} = 10^{-6}\,\text{kg} = 10^{-3}\,\text{g}.$$

La masse d'une molécule d'eau est :

$$m = \frac{\text{Masse Molaire}}{\text{Nombre d'Avogadro}} = \frac{M}{N_A} \simeq \frac{18}{6 \times 10^{23}} = 3.10^{-23}\,g.$$

Donc le nombre de molécules d'eau est :

$$N = \frac{dm}{m} = \frac{10^{-3}}{3 \times 10^{-23}} = 3{,}3.10^{19}\ \text{molécules}.$$

Question 2

Une cannette, de rayon r = 3 cm, contient une boisson gazeuse. Le gaz contenu dans la cannette induit une surpression de 1 atm. Quelle est la valeur de la force agissant sur les bases circulaires de la cannette?

Réponse

$$F = P.S = 10^5 \times \left[\pi \times \left(3 \times 10^{-2}\right)^2\right] \simeq 283\,\text{N}.$$

Question 3

Sachant qu'à la surface de l'océan la pression vaut p_0 = 1 atm, calculer la valeur de la pression à une profondeur de 10 m.

Réponse

La différence de pression entre une profondeur de 10 mètres et la surface de l'océan vaut :

$$p_A - p_0 = \rho g h.$$

Avec $p_0 = 1\,\text{atm} = 10^5\,\text{Pa}$, $g = 10\,\text{m.s}^{-2}$, $\rho = 10^3\,\text{kg.m}^{-3}$ et $h = 10\,\text{m}$, on a :

$$p_A \simeq 1000 \times 10 \times 10 + 10^5 = 2.10^5\,\text{Pa} = 2\,p_0.$$

Question 4

Considérons trois récipients dont les fonds présentent une même surface A. Ces trois récipients sont remplis jusqu'à une même hauteur h du même liquide (en grisé sur la figure) de masse volumique ρ.

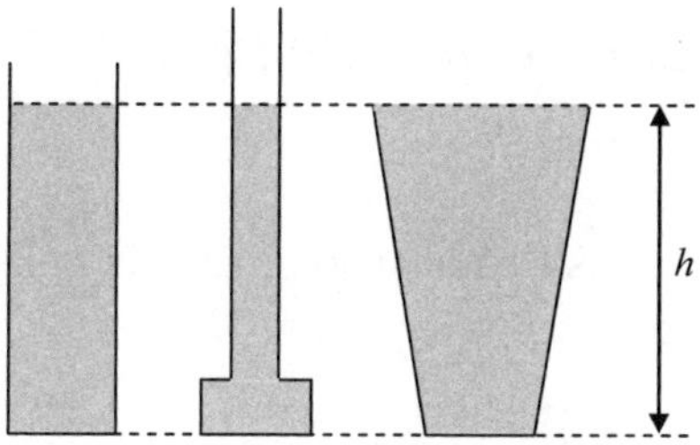

Comparer la force de pression exercée par le liquide sur le fond de chacun de ces récipients.

Réponse

La force de pression F exercée par tout le liquide sur le fond d'un récipient est indépendante de sa forme et ne dépend que de l'aire du fond, A, de la masse volumique ρ et de la hauteur h du liquide qu'il contient :

$$F = A(p - p_0) = A \rho g h,$$

où p est la pression au fond de chaque récipient et p_0 la pression atmosphérique qui règne à la surface libre. Dans les trois récipients précédents A, ρ et h sont identiques : la force de pression F est donc la même !

Question 5

La surface de l'océan subit une pression inhomogène de la part de l'atmosphère. Une partie de cette surface sera considérée comme une zone de basse pression si la pression exercée est de 50 mm de mercure (Hg) plus basse que la pression s'exerçant à une distance très éloignée de la zone de basse pression. De combien l'eau va s'élever dans une zone de basse pression par rapport à la surface d'une zone qui lui est très éloignée ?

Réponse

La différence de pression entre une zone basse pression (en un point A) et une zone éloignée (en un point B) vaut :

$$p_A - p_B = \rho g h,$$

où la masse volumique de l'eau vaut $\rho = 1000$ kg.m^{-3} et h est l'élévation entre les points A et B. Cette différence doit être au moins égale à une pression de 50 mm de Hg :

$$p_A - p_B = \rho g h = \rho_{Hg} g h_{Hg},$$

où $h_{Hg} = 50$ mm $= 0{,}05$ m et la masse volumique du mercure vaut $\rho_{Hg} = 13600$ kg.m^{-3}. Par conséquent l'eau s'élèvera de :

$$h = h_{Hg} \frac{\rho_{Hg}}{\rho} = 0{,}05 \times 13{,}6 = 0{,}68 \text{ m}.$$

Question 6

Le tyran Hiéron II de Syracuse (306-214) aurait demandé à son conseiller scientifique Archimède de vérifier si sa couronne était bel et bien en or.

a) La couronne est immergée dans l'eau. Elle subit une poussée de 4,58 N. Quel est son volume V ?
b) Cette couronne pèse environ 7465 g. Déterminer si cette couronne est en or, en argent ou dans un alliage or-argent.

On donne $\rho_{Au} = 19,3$ g.cm^{-3} et $\rho_{Ag} = 10,5$ g.cm^{-3}.

Réponse

a) La couronne immergée dans l'eau est soumise à la poussée d'Archimède :

$$F_A = \rho_{H_2O} V g .$$

Donc : $$V = \frac{F_A}{\rho_{H_2O} g} \simeq \frac{4,58}{10^3 \times 10} \simeq 0,46 \times 10^{-3} \text{ m}^3 = 460 \text{ cm}^3 .$$

b) La masse d'une couronne en or est :

$$m = \rho_{Au} V = 19,3 \times 460 = 8878 \text{ g} ,$$

et la masse d'une couronne en argent est :

$$m = \rho_{Ag} V = 10,5 \times 460 = 4830 \text{ g} .$$

Donc la couronne est un alliage !

Question 7

Quel est le pourcentage du volume immergé d'un glaçon flottant sur l'eau, sachant que la densité de la glace est 920 kg/m^3 ?

Réponse

La force d'Archimède est proportionnelle au poids d'eau déplacé par le volume immergé V du glaçon. On peut écrire $V = a V_T$, où V_T est le volume total du glaçon et a une constante de proportionnalité. Le glaçon flotte en équilibre, par conséquent la force d'Archimède contrebalance le poids du glaçon :

$$\rho_g V_T g = \rho_f a V_T g \Rightarrow a = \frac{\rho_g}{\rho_f} = 0,92 ,$$

où ρ_g est la masse volumique du glaçon et ρ_f la masse volumique de l'eau sous forme liquide.
Donc 92% du glaçon est immergé.

Question 8

L'eau s'écoule dans une conduite cylindrique de rayon r = 6 cm avec une vitesse v = 4 m.s^{-1}. Calculer son débit J_v.

Réponse

Par définition :

$$J_v = \frac{dV}{dt} = S v = \pi r^2 v .$$

Puisque r = 0,06 m et v = 4 m.s^{-1}, on trouve que :

$$J_v = \pi \times (0,06)^2 \times 4 = 0,045 \text{m}^3.\text{s}^{-1} .$$

Question 9

Dans un système circulatoire humain le sang est éjecté du cœur dans l'aorte. Cette artère est elle-même connectée avec environ 10^{10} capillaires. Le rayon de l'aorte est de 1,3 cm environ ($\simeq 4/3$ cm) et le rayon moyen d'un capillaire de l'ordre de

10^{-6} m. Sachant que la vitesse du sang dans l'aorte est de 0,3 m.s^{-1}, calculer la vitesse du sang dans les capillaires.

Réponse

Le débit reste le même dans le système circulatoire, on a par conséquent l'équation de continuité suivante :

$$S_a v_a = S v_c ,$$

où S_a et S sont respectivement la section de l'aorte et la somme des sections des capillaires connectés à l'aorte; v_a et v_c sont respectivement les vitesses du sang dans l'aorte et dans les capillaires.

La section de l'aorte vaut $S_a = \pi r_a^2$ avec r_a = 0,013 m. La somme des sections de tous les capillaires est égale à $S = n \times S_c = n \times \pi r_c^2$, où n est le nombre de capillaires (= 10^{10}) et r_c le rayon d'un capillaire (= 10^{-6} m).

On obtient la vitesse v_c dans un capillaire à partir de l'équation de continuité ci-dessus :

$$v_c = \frac{S_a}{S} v_a = \frac{\left(\frac{4}{3}\times 10^{-2}\right)^2}{10^{10}\times\left(10^{-6}\right)^2} \times 0,3 \simeq 5,3.10^{-3} \text{ m.s}^{-1} .$$

Question 10

La recommandation pour la prise d'un médicament par injection par voie veineuse est de 0,03 mL.kg^{-1} par minute. Le médicament est solubilisé dans une solution qui s'écoule dans un tube, appelé cathéter, dont le diamètre vaut 2 mm. Une aiguille, d'un diamètre de 0,2 mm, se trouve au bout du tube. Si le patient pèse 50 kg, quelle est la vitesse d'écoulement de la solution dans le tube ? Dans l'aiguille ? On négligera la viscosité.

Réponse

Le débit préconisé pour ce patient est :

$$J_v = \frac{0,03\times 10^{-6}}{60} \times 50 = 2,5\times 10^{-8} \text{m}^3.\text{s}^{-1} .$$

La vitesse dans le cathéter vaut :

$$v_c = \frac{J_v}{S_c} = \frac{J_v}{\pi r_c^2} \simeq 8\times 10^{-3} \text{m.s}^{-1} \text{ avec } r_c = 10^{-3} \text{m} .$$

Le rayon de l'aiguille vaut $r_a = 10^{-4}$ m. Il est 10 fois plus petit que celui du tube. La vitesse de la solution sera donc 100 plus rapide dans l'aiguille que dans le tube :

$$\frac{v_a}{v_c} = \left(\frac{r_c}{r_a}\right)^2 = 100 \text{ soit } \qquad v_a \simeq 0,8 \text{m.s}^{-1} .$$

Questions à choix simple (une seule bonne réponse)

(Réponses p 49 à 51)

QCS 1

Dans des conditions normales, le cœur exerce sur le sang dans l'aorte une surpression p_c égale à 120 mm de mercure. La masse volumique du sang ρ_s est égale à 1050 kg/m^3 et on négligera la vitesse d'écoulement sanguin. On note $g = 9{,}8\,\text{m.s}^{-2}$ la valeur de l'accélération de la pesanteur. La densité du mercure est égale à 13,6.

1. La valeur de cette surpression en Pascals est :
   a) $1{,}6.10^4$ Pa ; b) $1{,}6.10^7$ Pa ; c) 16 Pa.
2. La tension artérielle p_p (surpression) au niveau des pieds (situés à une distance h égale à 140 cm sous le niveau du cœur) est obtenue à partir de la formule suivante :
   a) $p_p = p_c + \rho_{Hg}\, g h$; b) $p_p = p_c + \rho_s\, g h$; c) $p_p = \rho_s\, g h$.
3. Sa valeur est de :
   a) 1540 mm Hg ; b) 228 mm Hg ; c) 109 mm Hg.
4. La surpression dans le cerveau (40 cm plus haut que le cœur) du même patient est de :
   a) $1{,}19.10^4$ Pa ; b) 2.10^4 Pa ; c) 4.10^4 Pa.

QCS 2

Les océans recouvrent environ 361 millions de km^2 (soit 70,8 %) de la surface du globe. Leur volume total atteint 1,37 milliard de km^3 et leur profondeur moyenne est de l'ordre de 3700 à 3800 mètres. La masse volumique ρ_e de l'eau de mer se situe entre 1020 et 1035 kg/m^3.

Sensible aux saisons, la banquise du pôle nord évolue au cours du temps : d'une épaisseur de 4 m, elle se réduit comme peau de chagrin à cause du réchauffement climatique. Soit ρ_g la masse volumique de la glace.

1. La relation entre la masse totale de glace du pôle nord m_g (avant la fonte) et la masse d'eau provenant de sa fonte totale m_e est :
   a) $m_g > m_e$; b) $m_g = m_e$; c) $m_g < m_e$.
2. Si V_g est le volume total de la glace et V est le volume de la glace immergée avant la fonte, l'expression de la poussée d'Archimède P_A s'exerçant sur ce volume est de la forme :
   a) $P_A = \rho_g V g$; b) $P_A = \rho_g V_g g$; c) $P_A = \rho_e V g$.
3. La relation entre V et V_g est :
   a) $V = V_g$; b) $V = V_g \dfrac{\rho_e}{\rho_g}$; c) $V = V_g \dfrac{\rho_g}{\rho_e}$.
4. A la fin de l'été 2005, la banquise ne s'étendait plus que sur 5,5 millions de km^2. Lorsqu'elle aura totalement fondu, de combien le niveau des océans s'élèvera-t-il ?
   a) 1 m ; b) 20 cm ; c) 0 m.

QCS 3

La fosse des Mariannes est la fosse océanique la plus profonde actuellement connue, et l'endroit le plus profond de la croûte terrestre. Elle est située dans la partie nord-ouest de l'océan Pacifique, à l'est des Îles Mariannes à proximité de l'île de Guam. La fosse se situe sur une frontière de plaques tectoniques, dans une zone de subduction où la plaque pacifique passe sous la plaque philippine. Le point le plus bas se situe à environ 11000 mètres de profondeur.
Inventé par le professeur Auguste Piccard, un bathyscaphe est constitué d'une lourde cabine sphérique en acier, de rayon extérieur de 2 mètres pouvant accueillir deux ou trois passagers. Il permet l'exploration des « *grands fonds marins* ».

1. Le volume d'une sphère de rayon r est donné par l'expression :

   a) $\frac{4}{3}\pi r^3$; b) $4\pi r^2$; c) $\frac{2}{3}\pi r^3$.

2. Pour assurer la résistance aux pressions abyssales, l'épaisseur de la coque sphérique constituant le bathyscaphe est de 9 cm. La masse volumique de l'acier est de 7850 kg/m^3, la masse du bathyscaphe est :

   a) 263056 kg ; b) 33938 kg ; c) 24 kg.

3. Le bathyscaphe descend par gravitation en remplissant ses réservoirs d'eau de mer et remonte en lâchant du lest. La masse d'eau déplacée, sachant que la masse volumique de l'eau de mer est 1025 kg/m^3, est :

   a) 42,55.10^3 kg ; b) 580,12 kg ; c) 34348 kg.

4. Le volume minimum des réservoirs de ballast pour que le bathyscaphe puisse plonger à 11000 m est :

   a) 400 L ; b) 3,1 m^3 ; c) 5,5.10^{-2} m^3.

QCS 4

Un jet d'eau vertical atteint une hauteur de 190 m. L'eau est considérée comme un fluide parfait incompressible et l'écoulement est laminaire. On note $g = 9{,}8\,\text{m.s}^{-2}$ la valeur de l'accélération de la pesanteur.

1. La vitesse v_A du jet à sa base est :

   a) $3{,}7\ \text{m.s}^{-1}$; b) $152{,}4\ \text{m.s}^{-1}$; c) $61\ \text{m.s}^{-1}$.

2. La vitesse v_c du jet en un point C situé à 100 mètres de sa base est :

   a) $42\ \text{m.s}^{-1}$; b) $37{,}6\ \text{m.s}^{-1}$; c) $109{,}7\ \text{m.s}^{-1}$.

3. Sachant que le débit du jet est de 30000 L.min^{-1}, l'aire de la section droite S_A du jet à sa base est :

   a) $120\ \text{mm}^2$; b) $0{,}028\ \text{m}^2$; c) $82\ \text{cm}^2$.

4. L'aire de la section droite S_C du jet à la hauteur de 100 m est :

   a) $0{,}012\ \text{m}^2$; b) $45\ \text{cm}^2$; c) $343\ \text{mm}^2$.

Problèmes

(Réponses p 51 à 58)

Problème 1

Montrer que si dans un fluide en équilibre on considère un volume élémentaire prismatique, la valeur de la pression est indépendante de l'orientation de la surface sur laquelle elle s'exerce. Pour cela on considérera un volume élémentaire prismatique (schéma ci-dessous). $\overrightarrow{F_1}$, $\overrightarrow{F_2}$ et $\overrightarrow{F_3}$ représentent les forces appliquées respectivement sur les faces ABGD, AEFD, et BGFE du prisme.

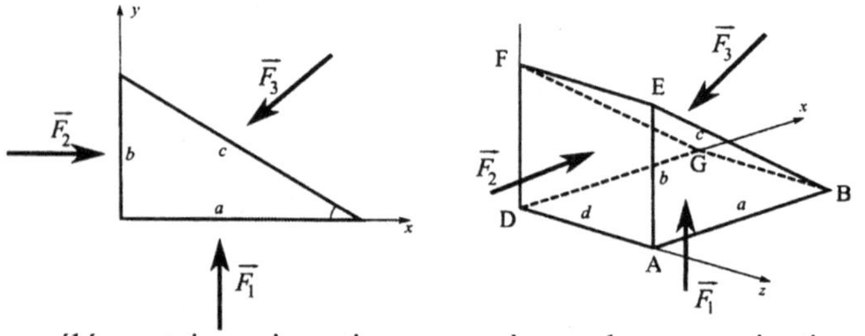

Figure : Volume élémentaire prismatique avec à gauche, sa projection dans le plan xOy.

Problème 2 (extrait du concours PCEM 2007 de l'université Paris Descartes)

Une sonde est introduite dans la partie supérieure de la trachée d'un patient. Cette sonde est reliée à une trompe à eau qui permet d'aspirer les sécrétions maintenant ainsi la liberté des voies aériennes supérieures du patient.

On rappelle :

- Force de viscosité sur un élément de fluide cylindrique de surface latérale S :

$$\left\|\vec{F}\right\| = S\,\eta\left|\frac{\partial v}{\partial r}\right|$$

où η est la viscosité du fluide et $\dfrac{\partial v}{\partial r}$ représente les variations du module de la vitesse du liquide dans la direction radiale du cylindre.

Données

Pression de jauge = pression effective : $p = P - P_0$

$P_0 = 10^5$ Pa = 760 mm Hg

Diamètre du robinet d'eau : $d_C = 15$ mm

Diamètre de la trompe à eau en B = $d_B = 5$ mm

$H = 20$ cm ; $h = 15$ cm ; $d = 4$ mm ; $L = 2$ m ; $\eta = 10^{-3}$ Poiseuille ; $g = 10$ m.s^{-2} ; $\rho \cong \rho_0 = 10^3$ kg.m^{-3} ; $\alpha = 60°$.

Partie A : Etude de la trompe à eau

La figure 1 schématise le principe de la trompe à eau. Celle-ci est raccordée à un robinet de section circulaire duquel s'écoule de l'eau de masse volumique ρ_0. On suppose que l'eau est un fluide parfait incompressible en écoulement laminaire et permanent. L'eau en provenance du robinet s'écoule à travers un tube vertical, ouvert à son extrémité inférieure A. Le point C de la surface reliée au robinet est situé à une distance H du point A. Le tube présente un rétrécissement en I et la section circulaire en un point B de cette partie situé à une hauteur h au dessus de A

est la même qu'au point A. On note d_B le diamètre de cette partie. La section du tube en C est celle du robinet et l'on note d_C le diamètre de celle-ci. Soit Q_v le débit d'eau sortant du robinet. On note P_A, P_B et P_C, les pressions sur une ligne de courant respectivement en A, B et C.
Au niveau du point B est soudée une petite conduite qui permet de relier la sonde à la trompe à eau. Cette petite conduite est munie d'une vanne V. Dans cette partie de l'exercice, on considère que cette vanne est fermée.
On note P_0 la pression atmosphérique.

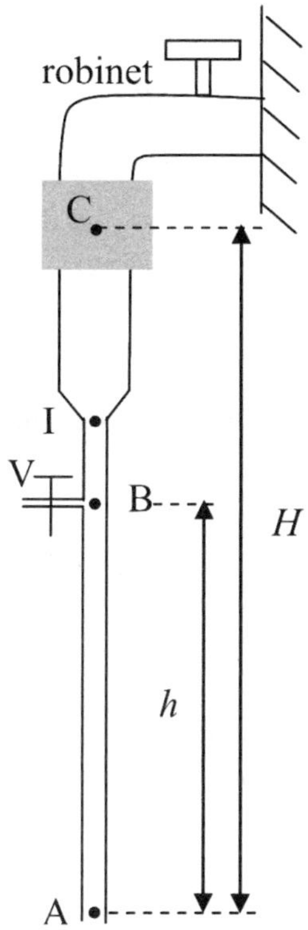

Figure 1

1. Déterminer l'expression de la pression en B en fonction de Q_v, d_B, d_C, P_C, ρ_0, g, h et H.
2. Déterminer la condition sur le débit du robinet pour que la pression en B soit inférieure à celle à la sortie du robinet en C ?
3. Calculer le débit minimal à partir duquel P_B devient inférieure à P_C.

Partie B : Aspiration des sécrétions

La sonde introduite dans la trachée T du malade est fixée sur la conduite latérale de la trompe à eau. On ouvre le robinet R. La pression en B est maintenue constante.
La sonde est un tuyau cylindrique de longueur L et de section circulaire constante de rayon R et de diamètre d. Elle est inclinée d'un angle α par rapport à l'horizontale (figure 2). Les sécrétions aspirées dans la sonde sont assimilées à un fluide réel incompressible de masse volumique ρ et de viscosité η. On considère que l'écoulement est permanent et laminaire. Il est induit par un gradient de pression dans la direction Ox et le sens de $\overrightarrow{u_x}$, dont l'expression est :

$$\frac{dp}{dx} = cte = -\frac{\Delta p}{\Delta x},$$

où $\Delta p > 0$ représente la différence de pression entre un point en amont et un point en aval de l'écoulement distants de $\Delta x > 0$.

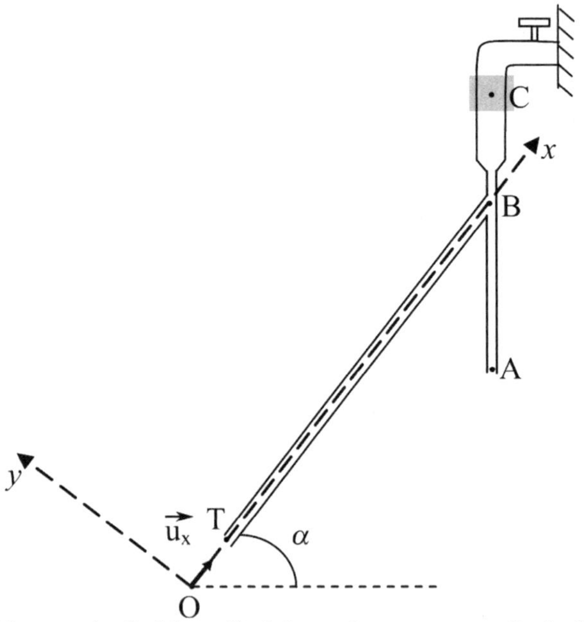

Figure 2

Soit un élément de fluide cylindrique de rayon $r < R$, de longueur dx et de masse dm (figure 3).

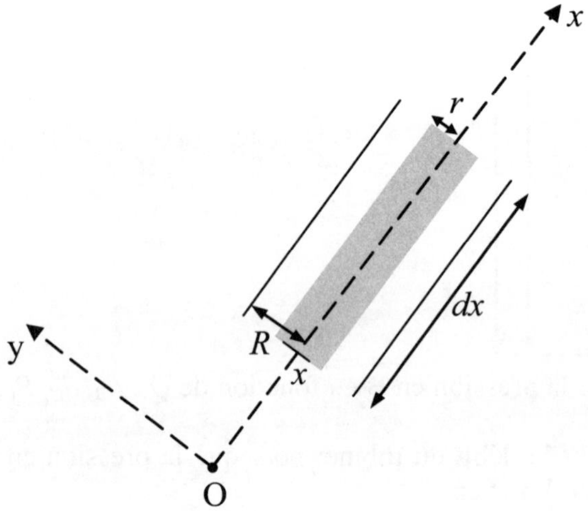

Figure 3

1. Faire un bilan des forces s'exerçant sur cet élément de fluide.
2. La vitesse d'une particule de fluide $\vec{v}$ ne dépend que de r. En projetant la relation précédente dans la direction du mouvement, déterminer une équation entre les données du problème.
3. En déduire que la valeur de la vitesse $v(r)$ vérifie la relation :

$$dv(r) = \frac{1}{2\eta}\left(\rho g \sin\alpha - \frac{\Delta p}{L}\right) r\,dr$$

avec $\Delta p = p_T - p_B$.

4. Déterminer le profil de vitesse $v(r)$ en fonction de r, α, L, ρ, g, Δp, η et R.
5. Montrer que le débit de fluide J_v dans la conduite s'écrit :

$$J_v = \frac{\pi d^4}{128\eta}\left(\frac{\Delta p}{L} - \rho g \sin(\alpha)\right)$$

avec $\Delta p = p_T - p_B$.

6. La pression de jauge ou pression effective au niveau de la trachée p_T est égale à 40 mm Hg. Quelle doit être la pression effective en B pour que le flux de sécrétions aspirées soit égal à 1 $L.mn^{-1}$. On donnera cette pression en mm Hg.
7. Justifier pourquoi la petite conduite latérale de la trompe à eau constitue une prise d'aspiration.
8. En déduire la valeur de Q_v pour imposer cette pression p_B sachant que l'eau à la sortie du robinet a une pression de 2.10^5 Pa.
9. Quelles seraient alors la vitesse et la pression effective de l'eau à la sortie de la trompe à eau ?
10. Quel phénomène se produit entraînant une modification du résultat précédent ?

Problème 3 (extrait du concours blanc PCEM 2007 de l'université Paris Descartes)

La coutume de recueillir la sève de l'érable et de la faire bouillir pour en obtenir du sirop nous vient des Amérindiens. Pratiquant une entaille rudimentaire à l'aide d'un tomahawk, ils fixaient au bas de cette entaille un copeau de bois qui acheminait l'eau d'érable (= sève) vers un récipient d'écorce. Ils faisaient ensuite bouillir la sève ainsi recueillie dans des contenants d'argile pour obtenir du sirop d'érable dont ils appréciaient la valeur énergétique et nutritive.

La récolte

La sève recueillie est acheminée par gravité jusqu'à la cabane à sucre (où se fait la fabrication du sirop d'érable) à l'aide d'une conduite installée en pente. Cette conduite, représentée sur le schéma suivant, est parallélépipédique et rectangulaire, de longueur L, de largeur d et de hauteur $2H$, telle que H soit très petit devant d. La sève est assimilée à un fluide réel incompressible de viscosité ρ. On considère que l'écoulement de la sève est permanent et laminaire.

I- Dans un premier temps, on considère la conduite horizontale.

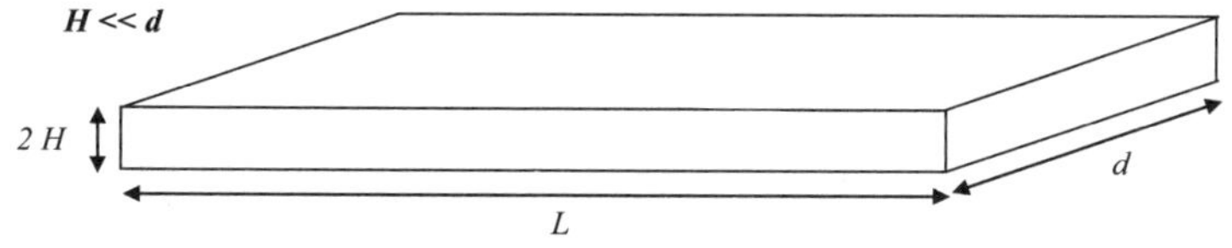

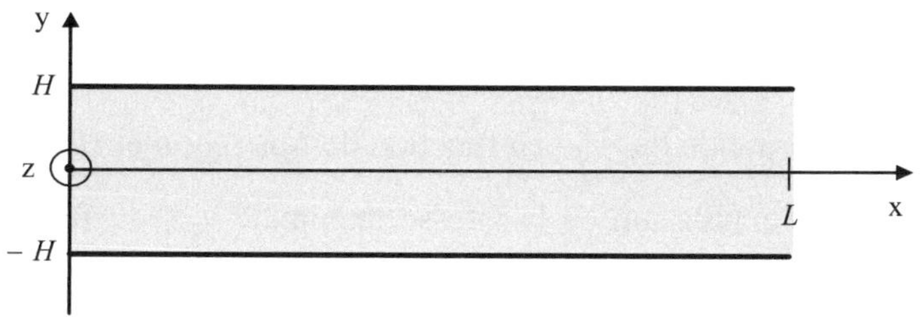

L'écoulement est induit par un gradient de pression dans la direction x, dont l'expression est :

$$\frac{dp}{dx} = cte = -\frac{\Delta p}{\Delta x}.$$

L'écoulement se faisant dans la direction des x croissants, ce gradient de pression est négatif. $\Delta p = p_1 - p_2$ ($\Delta p > 0$) représente la différence de pression entre un

point 1 en amont et un point 2 en aval de l'écoulement distants de $\Delta x = x_2 - x_1$ ($\Delta x > 0$).
On considère une particule de fluide de forme parallélépipédique et de dimensions dx, dy et dz, représentée sur la figure ci-dessous.

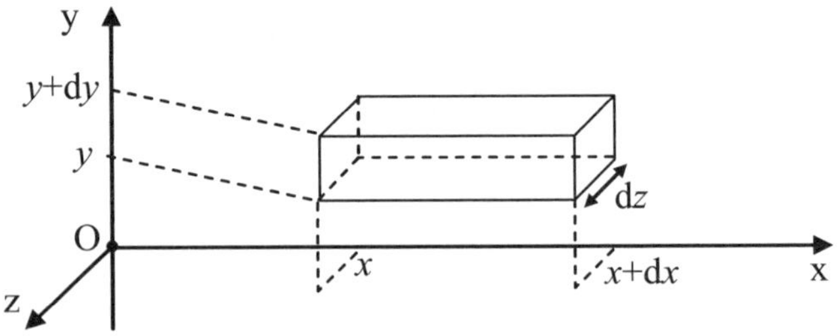

1. a) Donner l'expression des composantes suivant Ox des forces de pression s'exerçant sur cet élément de fluide.

b) La composante résultante des forces de viscosité sur cet élément de fluide s'écrit :

$$f_\eta = f_{1x} + f_{2x}$$

$$f_\eta = \eta\, dx\, dz \left.\frac{d\, v_x(y)}{d\, y}\right|_{y+dy} - \eta\, dx\, dz \left.\frac{d\, v_x(y)}{d\, y}\right|_{y} .$$

$$f_\eta \approx \eta \frac{d^2\, v_x}{d\, y^2}\, dx\, dy\, dz$$

Représenter les forces de pression déterminées à la question précédente ainsi que $\vec{f_1}$ et $\vec{f_2}$ sur le schéma ci-dessus en justifiant le sens de chacune des forces.

2. Déterminer l'équation vérifiée par $v_x(y)$ en écoulement permanent.
3. Montrer que le profil de vitesses du fluide dans cette conduite est parabolique, donné par l'équation : $v_x(y) = \dfrac{\Delta p}{\Delta x}\dfrac{1}{2\eta}\left(H^2 - y^2\right)$.
4. Exprimer le débit de liquide dJ_V à travers une section rectangulaire de largeur dz et de hauteur dy.
5. Justifier l'expression du débit de liquide par unité de largeur de conduite dans la direction Ox : $\dfrac{J_V}{d} = \displaystyle\int_{y_1}^{y_2} v_x(y)\, dy$. Préciser les bornes d'intégration y_1 et y_2.
6. Déterminer l'expression de $\dfrac{J_V}{d}$ en fonction de Δp, Δx , η et H.
7. a) Déterminer l'expression de la vitesse maximale v_{max} du fluide en fonction des données.

b) On définit la vitesse moyenne $\bar{v}$ de l'écoulement dans la conduite par $J_V = S\,\bar{v}$, où S est la section droite de conduite traversée par le fluide. Déterminer $\bar{v}$ en fonction de v_{max}.

II-La conduite précédente est maintenant inclinée d'un angle α = 60° par rapport à l'horizontale (schéma ci-dessous).

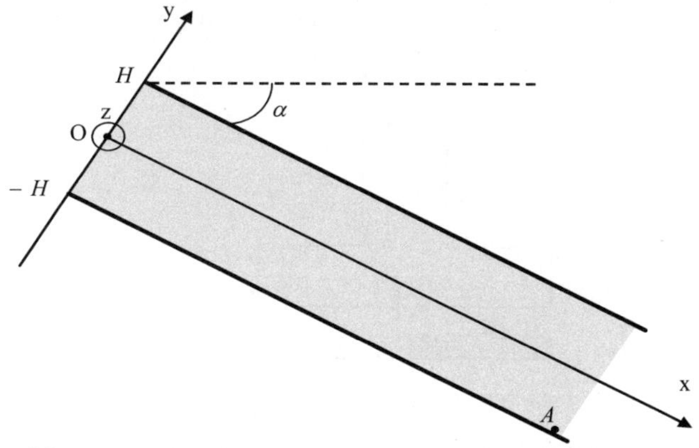

Le débit de liquide par unité de largeur de conduite dans la direction Oz a pour expression :

$$\frac{J_V}{d}=\frac{\Delta \tilde{p}}{\Delta x}\frac{2}{3\eta}H^3$$

où $\tilde{p}=p-\rho\,\vec{g}\cdot\vec{r}$ en un point M du fluide tel que $\vec{r}=\overrightarrow{OM}$, ρ est la masse volumique de l'eau d'érable et g l'accélération de la pesanteur.

Données

viscosité de la sève : η = 1,5.10^{-1} Poiseuille ; g = 10 m.s^{-2} ; masse volumique de la sève : ρ = 10^3 kg.m^{-3} ; H = 5 mm; point A(x_A, y_A, z_A) tel que x_A = 100 m.

1. Exprimer $\tilde{p}_O$ au point O (origine du système d'axes Oxyz), ainsi que $\tilde{p}_A$ au point A (x_A, $y_A = H$, z_A).

2. On considère que l'on est en régime de Poiseuille tel que $\frac{J_V}{d}=6\,\mathrm{m}^2.\mathrm{h}^{-1}$.

Calculer $\frac{\Delta \tilde{p}}{\Delta x}$.

3. La pression en O vaut $p_O = 10^5$ Pa. Etablir l'expression de p_A en fonction de $\frac{\Delta \tilde{p}}{\Delta x}$, p_O, η, g, x_A et H.

4. Calculer p_A.

Exercices complémentaires

(Eléments de réponses p 59 à 64)

Exercice 1

Un flacon à fond plat de section S = 18 cm² et de hauteur h = 6 cm est surmonté d'un col ouvert à l'air libre de section s = 1 cm² et de hauteur H = 15 cm.

1. Montrer que la pression, force par unité de surface, est homogène à une énergie par unité de volume.

2. On remplit totalement le flacon avec de l'eau. Calculer la résultante des forces de pression qui s'exercent sur le fond du flacon. Comparer avec le poids de l'eau. Conclure.

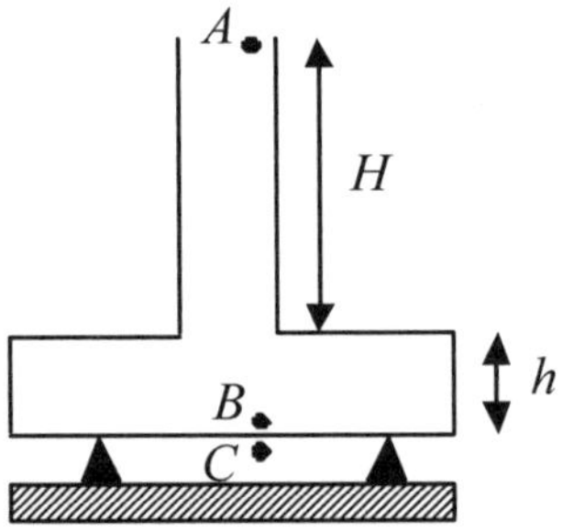

Exercice 2

Une cloche à plongée est constituée d'une cuve de hauteur d : elle permet de conserver un volume d'air lorsqu'elle pénètre dans l'eau.

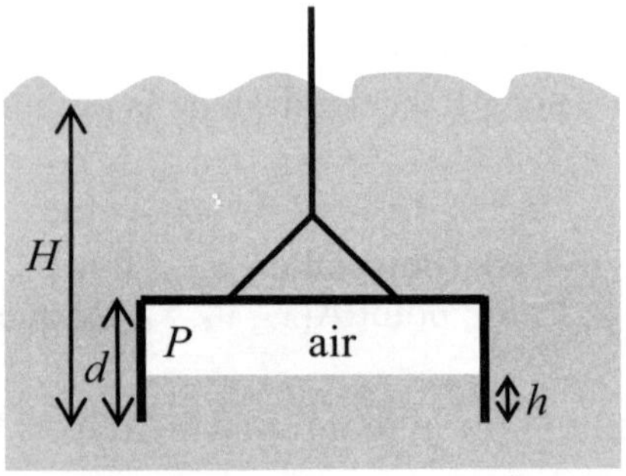

Lorsque la cloche est à une profondeur H, l'air emprisonné est à la pression P et l'eau est montée d'une hauteur h dans la cuve. Un espace de hauteur $d - h$ est donc disponible pour que les plongeurs viennent y respirer. On considère que l'air emprisonné se comporte comme un gaz parfait à la pression atmosphérique $P_0 = 1$ atm) et que sa température ne varie pas.

1. Exprimer H en fonction de h, P_0, g, d, et de ρ la masse volumique de l'eau.
2. A quelle profondeur limite H peut-on placer la cuve, si $d = 1$ m et si l'on veut disposer d'un espace de 50 cm pour respirer ?

On prendra $\rho = 10^3$ kg.m^{-3} et $g = 10$ m.s^{-2}.

Exercice 3

Le dispositif de la figure ci-dessous permet de déterminer la vitesse d'écoulement d'un fluide de masse volumique ρ_1 par mesure de la pression. On introduit un tube coudé dans la canalisation où s'écoule le fluide dont on veut connaître la vitesse. L'une des branches est orientée face au courant, en B ($z_B = 0$). L'autre possède une ouverture en A (avec $z_A \approx z_B$). En B le fluide est à l'arrêt, et en A il a la vitesse V_A. On désigne par h l'écart des niveaux du liquide de masse ρ_1 (tel que $\rho_2 >> \rho_1$) dans les deux branches du tube coudé. En O ($z_0 = 0$), loin du tube, le fluide de masse volumique ρ_1 à la pression P_0 s'écoule à la vitesse V_0.

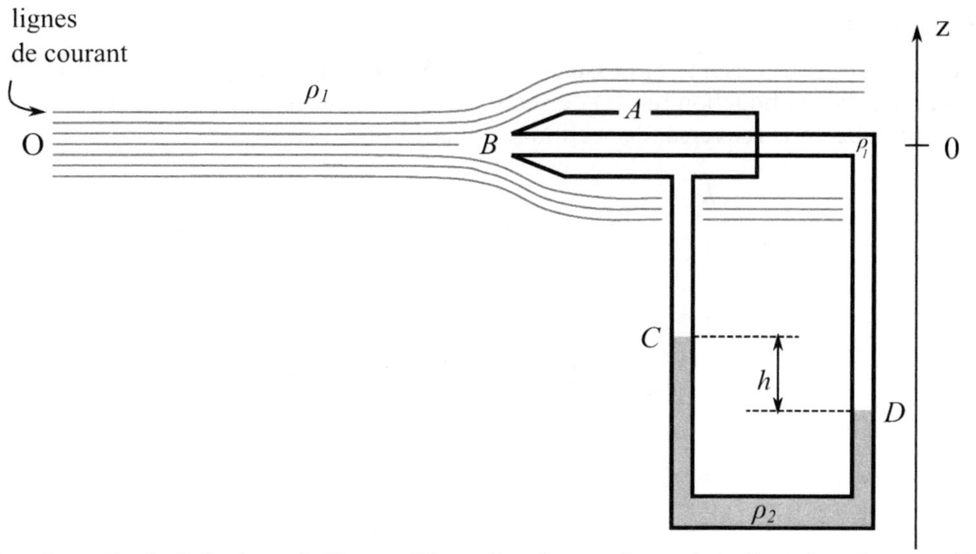

1. A partir du théorème de Bernoulli appliqué entre les points O et A puis entre O et B, donner une expression de $P_B - P_A$ en fonction de V_A.
2. Exprimer la différence de pression hydrostatique entre A et B en fonction de h.
3. En déduire la vitesse en A en fonction de ρ_1, ρ_2, g, et h.

Exercice 4

Le sang, de masse volumique constante ρ et de coefficient de viscosité moyen η est éjecté de l'aorte, de rayon moyen r_0, avec une vitesse moyenne v_m et un débit D constant.

1. A la sortie de l'aorte, le sang s'écoule dans trois artères de rayon $r_0^{'} = \frac{r_0}{\sqrt{2}}$.

Exprimer le débit D' du sang dans une artère en fonction de D. En déduire la vitesse v'_m du sang dans une artère en fonction de v_m.

2. Que devient le rayon de l'aorte quand le sang y circule à la vitesse v'_m ? Comment appelle-t-on le phénomène observé ?

3. a) Une sténose est un rétrécissement d'un vaisseau sanguin. Soit r_s le rayon en un point S où l'une des artères est rétrécie. Que peut-on dire de la vitesse du sang v_s en ce point ?

b) Cette anomalie devient localisable à l'auscultation quand le nombre de Reynolds calculé dans la sténose $Re_s = v_s \, 2r_s \, \rho / \eta$ est supérieur ou égal au nombre de Reynolds critique Re_c. Donner l'expression de r_s en fonction de D et de Re_c.

Exercice 5

Soit le dispositif présenté ci-dessous, composé d'une cuve remplie d'eau et fermée à sa base par un bouchon (en B) de section s ($s << S_A$ avec S_A = section de la cuve) et d'un tube en U renversé, de section s, qui constitue un siphon.

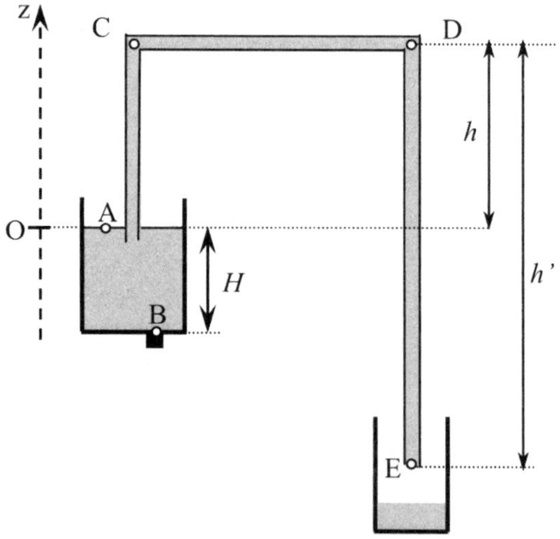

Partie A

Dans un premier temps, on ne considère que la cuve dans laquelle la hauteur H ($H = z_A - z_B$,), reste pratiquement constante. On enlève le bouchon en B.

1. En appliquant le théorème de Bernoulli, trouver une relation entre V_A, V_B, H et g.
2. Démontrer que si $s << S_A$, $V_B = \sqrt{2gH}\left(1+\dfrac{\varepsilon^2}{2}\right)$, expression dans laquelle on définira ε.

On rappelle qu'au premier ordre, $(1+\varepsilon)^n \approx 1 + n\varepsilon$ lorsque ε tend vers 0.

Partie B

On considère le dispositif complet avec la cuve remplie d'une hauteur H d'eau, fermée par le bouchon en B et reliée au tube en U.

1. Donner l'expression de la vitesse en E.
2. En déduire une condition de fonctionnement du siphon.
3. Quelle est la valeur maximale de h' pour que le siphon fonctionne correctement ?
4. Donner l'expression du débit maximal J_{Vmax} du siphon.

Exercice 6 (extrait du concours PCEM 2008 de l'université Paris Descartes)

L'écoulement laminaire d'un fluide réel incompressible de viscosité η et de masse volumique ρ peut être représenté par des couches stratifiées glissant parallèlement les unes sur les autres, dans une conduite parallélépipédique et rectangulaire de dimensions L (suivant Ox), ℓ (suivant Oz) et a (suivant Oy) tels que $L >> a$ et $\ell >> a$. Dans les parties A et B de cet exercice, on considère que l'écoulement se produit dans la direction Ox, entre deux plans horizontaux et parallèles (longueur L, largeur ℓ et hauteur a tels que $L >> a$ et $\ell >> a$), placées en $y = -a/2$ et $y = a/2$ (vue du plan xOy sur le schéma ci-dessous). La composante $V(y,t)$ suivant Ox de la vitesse du sang est une fonction du temps t et de la coordonnée y.

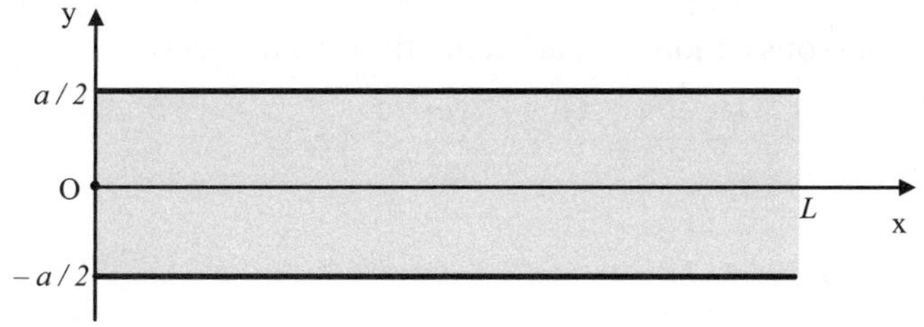

Partie A

Dans cette partie, le plan en $y=-a/2$ est maintenu fixe, celui en $y=a/2$ se déplace parallèlement à elle-même à une vitesse constante V_0 suivant la direction et le sens Ox. Le fluide est alors entraîné par le mouvement du plan, et s'écoule. On dit qu'il y a cisaillement dans la direction Ox.

1. On considère l'élément de volume de fluide représenté sur le schéma ci-dessous, de forme parallélépipédique, de longueur dx et limité par les deux plans (parallèles à xOz) de surface S et de cotes y et $y+dy$.

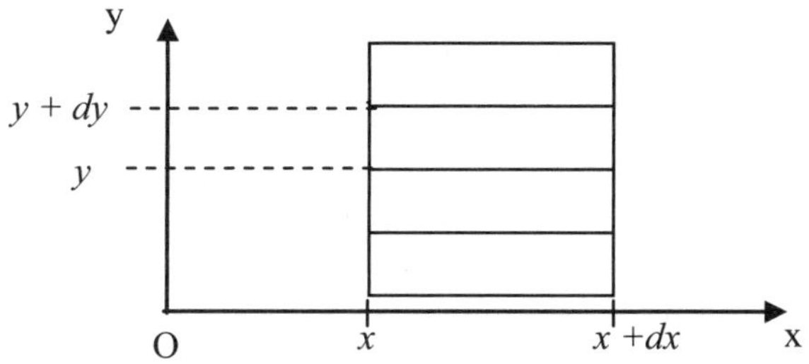

Soit $\vec{F}_\eta(y)$ la force de viscosité qui s'exerce sur la surface S de cet élément de fluide en y. Représenter sur le schéma ci-dessus les différentes forces de viscosité pour l'élément de volume considéré. Justifier le sens et la direction de chacune de ces forces.

2. En écrivant le bilan des forces de viscosité exercées sur l'élément de volume précédent, montrer que la force résultante sur ce volume s'écrit :

$$F_\eta^{résultante} = \eta S \frac{\partial^2 V(y,t)}{\partial y^2} dy .$$

3. En appliquant la deuxième loi de Newton à l'élément de volume précédent, montrer que :

$$\frac{\partial V(y,t)}{\partial t} = \frac{\eta}{\rho} \frac{\partial^2 V(y,t)}{\partial y^2} \qquad \text{(E)}$$

4. Déterminer la dimension du facteur $\frac{\eta}{\rho}$. Commenter ce résultat.

5. Que représente l'équation (E) pour la vitesse ?

Partie B

Dans cette partie, les deux plans sont maintenant immobiles et constituent deux des faces d'une conduite parallélépipédique de dimensions L, ℓ et a comme définies au début de cet exercice. L'écoulement du sang est induit par un gradient de pression $\frac{dp}{dx}$ dans la direction Ox.

1. A partir du bilan des forces exercées sur un élément de fluide de forme parallélépipédique et de dimensions *dx*, *dy* et *dz*, situé dans le demi-espace Oxyz (voir schéma ci-dessous), montrer que l'équation (E) devient :

$$\frac{\partial V(y,t)}{\partial t}=\frac{\eta}{\rho}\frac{\partial^2 V(y,t)}{\partial y^2}-\frac{1}{\rho}\frac{dp}{dx} \qquad (E').$$

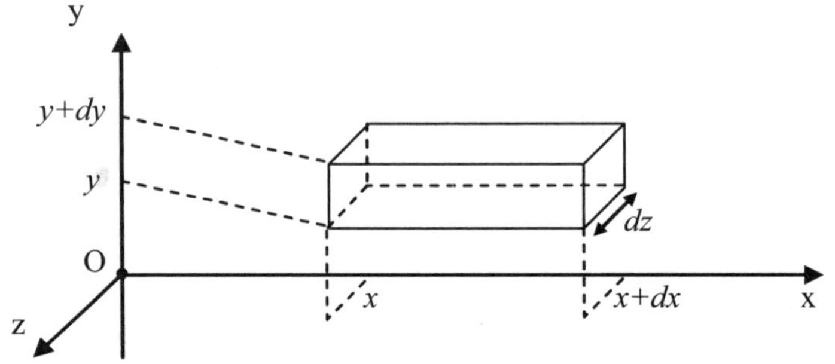

2. On suppose que la pression varie linéairement en fonction de x dans le sang et on pose :

$$\frac{\partial V(y,t)}{\partial t}+\frac{1}{\rho}\frac{\text{dp}}{\text{dx}}=K_1 \text{ où } K_1 \text{ est une constante.}$$

a. Vérifier que : $V(y,t)=\dfrac{K_1\rho}{2\eta}y^2+K_2\,y+K_3$ est solution de l'équation (E'), où K_1, K_2 sont des constantes.

b. On appelle V_{max} la vitesse maximale du sang dans la conduite à l'instant t. Déterminer K_1, K_2 et K_3 en fonction de V_{max}, a, ρ et η. En déduire une nouvelle expression de $V(y,t)$.

3. Le fluide est constitué d'entités de masses différentes. On s'intéresse à quatre d'entre elles, leurs masses respectives sont telles que $m_1 > m_2 > m_3 > m_4$. On suppose qu'à une position x l'énergie cinétique est identique pour les quatre entités. En déduire la répartition des différentes entités sur les différentes couches du fluide en partant du centre. Faire un schéma de la répartition des particules m_i (i = 1, 2, 3 et 4) sur une section perpendiculaire à écoulement.

Exercice 7 (extrait du concours PCEM 2006 de l'université Paris Descartes)

On considère un viscosimètre (figure 1) constitué d'un capillaire de rayon R_1 et de longueur L surmonté d'un récipient cylindrique de rayon R_2. L'ensemble est rempli d'un liquide de masse volumique ρ et de viscosité η. Les plans (1) et (3) sont distants de h.

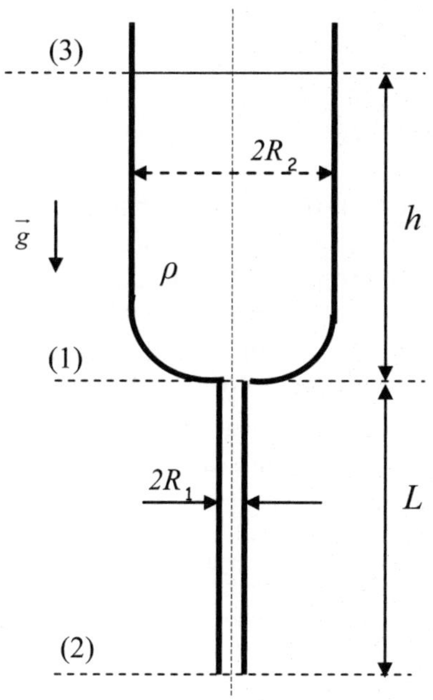

<u>**figure 1**</u>

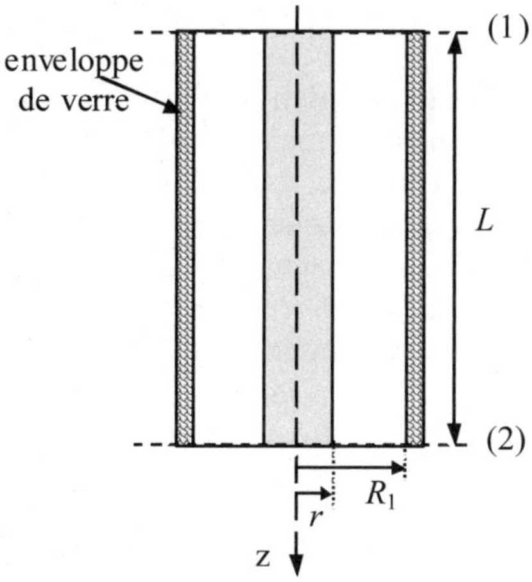

<u>**figure 2**</u>

Partie A : le capillaire

La figure 2 représente précisément le capillaire agrandi. Le liquide s'y écoule verticalement, c'est-à-dire depuis le plan (1) vers le plan (2). On suppose l'écoulement permanent. L'axe Oz est un axe vertical descendant.

On s'intéresse à une portion de liquide (représentée en grisé dans la figure 2) contenue dans un cylindre de rayon r ($r < R_1$), comprise entre les plans (1) et (2) distants de L. On rappelle que sur la surface latérale S de ce cylindre de rayon r s'exerce une force de viscosité ici parallèle à Oz et dont la norme est $\left\|\vec{F}\right\| = S\,\eta\left|\frac{\partial v}{\partial r}\right|$, où v est le module de la vitesse du liquide. On notera P_1 et P_2 les pressions dans les plans (1) et (2).

On rappelle que le volume du cylindre de rayon r et de hauteur L s'écrit $V = \pi\, r^2\, L$ et la surface latérale $S = 2\,\pi\, r\, L$.

1. Faire un bilan des forces s'exerçant sur la portion cylindrique de rayon r, lors de cet écoulement permanent.
2. On admettra que la vitesse ne dépend que de r. Déduire de la question précédente une équation de la forme $\frac{dv}{dr} = kr$ où k s'exprime en fonction de L, P_1, P_2, ρ, η et du module g du champ de pesanteur. Donner le signe de k.
3. En déduire l'expression de $v(r)$ en fonction de k en précisant la constante d'intégration, d'après la condition d'adhérence.
4. En déduire, en fonction de P_1, P_2, ρ, g, L, η, R_1, r et dr, le débit volumique élémentaire dJ_v s'écoulant à travers une couronne de rayons compris entre r et $r{+}dr$, c'est-à-dire de surface $dS = 2\,\pi\, r\, dr$.
5. Montrer que le débit total de volume J_v à travers le capillaire est :

$$J_V = \frac{\pi R_1^4}{8\eta} \frac{P_1 - P_2 + \rho g L}{L}$$

Partie B : le récipient cylindrique supérieur

1. On considère maintenant le viscosimètre rempli du liquide considéré depuis le début du problème, dans lequel les sections (2) et (3) sont à l'air libre à la pression P_0. On supposera que les résultats obtenus en régime permanent dans le capillaire restent valables. Sachant que le rayon R_2 du récipient cylindrique est beaucoup plus grand que le rayon R_1 du capillaire, on peut négliger l'écoulement dans le cylindre supérieur. On appelle P_3 la pression dans le plan (3). Exprimer la différence de pression $P_1 - P_3$ en fonction des données indiquées sur la figure 1.
2. Réécrire, en fonction de h, l'expression de J_v donnée à la question 5 de la partie A.
3. La vitesse de variation de niveau $\frac{dh}{dt}$ étant la quantité représentant la baisse de niveau en fonction du temps, donner son signe et exprimer le débit J_V en fonction de cette quantité et de R_2.
4. En déduire l'équation différentielle vérifiée par la hauteur $h(t)$ de liquide à l'instant t.
5. Résoudre cette équation sachant que $h\ (t = 0) = h_0$. On fera apparaître un temps τ caractéristique de l'écoulement dont on donnera l'expression.
6. Soit ν la viscosité cinématique du liquide telle que $\nu = \frac{\eta}{\rho}$. Déterminer son équation aux dimensions et en déduire son unité dans le système d'unités international.
7. Calculer ν, sachant qu'il a fallu 6 minutes, à partir de l'instant initial $t = 0$, pour que le niveau baisse de 5 cm.

On donne : $g = 10\ \text{m/s}^2$; $R_1 = 1$ mm ; $L = 10$ cm ; $R_2 = 5$ cm; $h_0 = 10$ cm.

Corrigés des exercices d'application du chapitre I

Corrigés des QCS

QCS 1

1. Réponse a

On sait que $p_c(\text{en Pa}) = \rho_{Hg} g\, h_{Hg}$ avec $h_{Hg} = 120$ mm Hg.

Ce qui donne, sachant que $\rho_{Hg} = 13600$ kg/m^3 :

$$p_c = 13600 \times 9{,}8 \times 0{,}12 = 1{,}6.10^4 \text{ Pa}.$$

2. Réponse b

Si on prend un axe z ascendant, la pression au niveau des pieds est donnée par :

$$p_p + \rho_s\, g\, z_p = p_c + \rho_s g\, z_c \Rightarrow p_p = p_c + \rho_s\, g\, h.$$

3. Réponse b

La différence de pression entre les pieds et le cœur peut être mesurée en termes de dénivellation de mercure :

$$p_p - p_c = \rho_s\, g\, h = \rho_{Hg}\, g\, h'_{Hg}$$

Ce qui donne, sachant que $\rho_{Hg} = 13600$ kg/m^3, $h = 1{,}40$ m et $\rho_S = 1050$ kg/m^3 :

$$h'_{Hg} = \frac{\rho_s}{\rho_{Hg}} h = 108{,}1 \text{ mm}.$$

Par conséquent :

$$p_p = 120 + 108{,}1 \simeq 228 \text{ mm Hg}.$$

Remarque : on peut calculer directement p_p en pascal :

$$p_p = p_c + \rho_s\, g\, h$$

$$p_p = 1{,}6.10^4 + 1050 \times 9{,}8 \times 1{,}40 \simeq 3{,}04.10^4 \text{ Pa}.$$

4. Réponse a

Au considère à présent la tête du patient, on écrit :

$$p_c + \rho_s\, g\, z_c = p_t + \rho_s\, g\, z_t \Rightarrow p_t = p_c + \rho_s\, g\left(z_c - z_t\right),$$

avec $\left(z_c - z_t\right) = -40 \text{ cm} = -0{,}4 \text{ cm}$.

La surpression au niveau du cerveau est donc égale :

$$p_t = 1{,}6.10^4 - 1050 \times 9{,}8 \times 0{,}40 \simeq 1{,}19.10^4 \text{ Pa}.$$

QCS 2

1. Réponse b

La masse totale de la glace du pôle nord m_g et la masse provenant de sa fonte m_e sont égales.

2. Réponse c

Avant la fonte la glace flotte sur l'océan. Soit V le volume immergé de glace avant la fonte. La force d'Archimède s'exerçant sur ce volume s'écrit :

$$P_A = \rho_e V g.$$

3. Réponse c

Avant la fonte la glace flotte sur l'océan. Le volume immergé V est obtenu en égalant la force d'Archimède P_A au poids de la glace $\rho_g V_g g$, d'où :

$$V = V_g \frac{\rho_g}{\rho_e}.$$

4. Réponse c

D'après la question 1 on peut écrire :

$$m_g = m_e \Leftrightarrow V_g \rho_g = V_e^{'} \rho_e,$$

où V'_e représente le volume d'eau provenant de la fonte totale de la glace et V_g est le volume totale de la glace. ρ_e et ρ_g sont respectivement les masses volumiques de l'eau de mer sous forme liquide et sous forme de glace. On a donc :

$$V_e^{'} = V_g \frac{\rho_g}{\rho_e}.$$

C'est exactement le volume V'_e qu'occupera la glace fondue. Le niveau des océans restera donc inchangé !

QCS 3

1. Réponse a

Le volume d'une sphère de rayon r est :

$$V = \frac{4}{3}\pi r^3.$$

2. Réponse b

Si $\rho_{acier} = 7850$ kg.m^{-3} est la masse volumique de l'acier et V_{acier} est le volume d'acier du bathyscaphe, alors la masse de ce dernier est égale à :

$$m_b = \rho_{acier} V_{acier}$$

$$m_b = 7850 \times \frac{4}{3} \times \pi \times \left[2^3 - (1{,}91)^3 \right] = 33938 \text{ kg}.$$

3. Réponse c

La masse d'eau déplacée par le bathyscaphe de volume V_b vaut :

$$m = V_b \rho_e = \left(\frac{4}{3} \times \pi \times 2^3 \right) \times 1025 = 34348 \text{ kg}.$$

4. Réponse a

Pour pouvoir plonger il faut que la masse du bathyscaphe soit égale ou légèrement supérieure à la masse d'eau déplacée. La masse additionnelle nécessaire pour plonger est donc $\Delta m = 34348 - 33938 = 410$ kg Les réservoirs du bathyscaphe doivent donc être capables d'emmagasiner 410 kg d'eau de mer, soit un volume de :

$$V = \frac{\Delta m}{\rho_e} = \frac{410}{1025} = 0{,}40 \text{ m}^3.$$

QCS 4

1. Réponse c

L'application de l'équation de Bernoulli appliquée entre la base (point A) et le point le plus haut du jet d'eau (point B) donne :

$$\frac{\rho v_A^2}{2} + p_A + \rho g z_A = \frac{\rho v_B^2}{2} + p_B + \rho g z_B = cte.$$

Au point le plus haut du jet, $v_B = 0$. De plus on peut considérer que $p_A \approx p_B$, donc :

$$\frac{\rho v_A^2}{2} = \rho g(z_B - z_A).$$

Ce qui permet de calculer la vitesse v_A du jet à sa base sachant que $z_B - z_A = 190$ m :

$$v_A = \sqrt{2g(z_B - z_A)} = \sqrt{2 \times 9{,}8 \times 190} = 61 \text{ m.s}^{-1}.$$

2. <u>Réponse a</u>

On applique l'équation de Bernoulli entre la base A et un point C situé à 100 mètres du point A, on obtient :

$$\frac{\rho v_A^2}{2} = \frac{\rho v_C^2}{2} + \rho g(z_C - z_A)$$

où $z_C - z_A = 100$ m. La vitesse au point C vaut alors :

$$v_C = \sqrt{v_A^2 - 2g(z_C - z_A)}$$

$$v_C = \sqrt{2 \times 9{,}8 \times (190 - 100)} = 42 \text{ m.s}^{-1}.$$

3. <u>Réponse c</u>

Il est donné que le débit J_v vaut 30000 L.min^{-1}, ce qui correspond en unité SI à 0,5 m^3.s^{-1}. Ce débit est conservé le long du jet. L'équation de continuité appliquée à sa base donne l'aire de la section droite du jet à sa base :

$$S_A = \frac{J_v}{v_A} = \frac{0{,}5}{61} = 8{,}2.10^{-3} \text{ m}^2.$$

4. <u>Réponse a</u>

L'aire de la section droite du jet à la hauteur de 100 mètres par rapport à sa base vaut :

$$S_C = \frac{J_v}{v_C} = \frac{0{,}5}{42} \simeq 0{,}012 \text{ m}^2.$$

On a $S_C > S_A$. Le jet s'est donc élargi à 100 m de hauteur par rapport à sa base.

Corrigés des problèmes

Problème 1

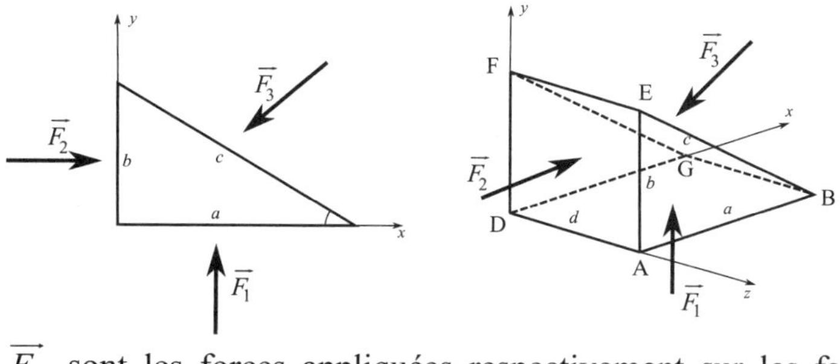

$\vec{F_1}$, $\vec{F_2}$ et $\vec{F_3}$ sont les forces appliquées respectivement sur les faces ABGD, AEFD, et BGFE du prisme. A l'équilibre la somme de toutes ces forces doit être nulle. On admettra, pour simplifier, l'absence des forces de volume. Les normes des vecteurs forces $\overrightarrow{F_1}$, $\overrightarrow{F_2}$ et $\overrightarrow{F_3}$ sont respectivement $F_1 = p_1 \times a \times d$, $F_2 = p_2 \times b \times d$ et $F_3 = p_3 \times c \times d$, où *a*, *b*, *c* et *d* sont les longueurs des côtés du prisme. La figure de gauche montre ce que l'obtient après une projection sur les axes Ox et Oy :

$$F_1 - F_3 \times \cos(a,c) = p_1 \times a \times d - p_3 \times c \times d \times \cos(a,c)$$

$$F_2 - F_3 \times \cos(b,c) = p_2 \times b \times d - p_3 \times c \times d \times \cos(b,c).$$

Puisque $a = c \times \cos(a,c)$ et $b = c \times \cos(b,c)$, on a $p_1 - p_3 = 0$ et $p_2 - p_3 = 0$. Par conséquent :

$$p_1 = p_2 = p_3$$

Cette relation ne dépend pas de la dimension du prisme ni de son orientation dans l'espace. Si le volume du prisme devient infiniment petit, l'équation précédente montre que la pression en A est bien indépendante de l'orientation de la surface sur laquelle elle s'exerce.

Problème 2

A.1. En appliquant l'équation de Bernoulli entre les points B et C d'une ligne de courant :

$$P_B + \rho\, g\, z_B + \frac{1}{2}\rho\, {v_B}^2 = P_C + \rho\, g\, z_C + \frac{1}{2}\rho\, {v_C}^2.$$

Ce qui donne :

$$P_B = P_C + \rho_0 g(H-h) + \frac{1}{2}\rho_0\left(v_C^2 - v_B^2\right).$$

Par ailleurs, la conservation du débit donne :

$$Q_V = S_B\, v_B = S_C\, v_C.$$

Ce qui permet d'écrire :

$${v_B}^2 = \frac{{Q_v}^2}{{S_B}^2} \quad \text{et} \quad {v_C}^2 = \frac{{Q_v}^2}{{S_C}^2}.$$

En introduisant ces deux termes dans l'équation de Bernoulli, on obtient :

$$P_B = P_C + \rho_0\, g\,(H-h) + \frac{1}{2}\rho_0\, {Q_v}^2\left(\frac{1}{{S_C}^2} - \frac{1}{{S_B}^2}\right).$$

Comme les sections valent $S_C = \pi/4 \times d_C^2$ et $S_B = \pi/4 \times d_B^2$:

$$P_B = P_C + \rho_0\, g\,(H-h) + \frac{8}{\pi^2}\rho_0\, {Q_v}^2\left(\frac{1}{{d_C}^4} - \frac{1}{{d_B}^4}\right).$$

A.2. L'équation obtenue précédemment donne :

$$(P_B - P_C) = \rho_0\, g\,(H-h) + \frac{8}{\pi^2}\rho_0\, {Q_v}^2\left(\frac{1}{{d_C}^4} - \frac{1}{{d_B}^4}\right).$$

D'après cette équation on a $(P_B - P_C) < 0$ à condition que :

$$Q_v^{\,2} > \pi^2\ \frac{g\left(H-h\right)}{8}\ \frac{d_B^{\,4}\cdot d_C^{\,4}}{d_C^{\,4}-d_B^{\,4}}\,,$$

ou encore :

$$Q_v > \frac{\pi}{2}\sqrt{\frac{g\left(H-h\right)}{2}}\ \frac{d_B^{\,2}\cdot d_C^{\,2}}{\sqrt{d_C^{\,4}-d_B^{\,4}}}\,.$$

A.3. Le débit minimum $Q_{v_{\min}}$ pour lequel P_B devient inférieure à P_C apparaît quand $\left(P_B - P_C\right) = 0$, c'est-à-dire lorsque :

$$Q_{v_{\min}} = \frac{\pi}{4}\sqrt{2\ g\left(H-h\right)}\frac{d_B^{\,2}\ d_C^{\,2}}{\sqrt{d_C^{\,4}-d_B^{\,4}}}\,.$$

Numériquement cela donne :

$$Q_{v_{\min}} = \frac{\pi}{4}\sqrt{2\times 10\times 5\times 10^{-2}}\ \frac{\left(5\times 10^{-3}\right)^2\ (0{,}015)^2}{\sqrt{(0{,}015)^4-\left(5\times 10^{-3}\right)^4}}$$

$$Q_{v_{\min}} \simeq 20.10^{-6}\ \text{m}^3.\text{s}^{-1}.$$

B.1. L'écoulement est permanent, la somme des forces est donc nulle :

$$\vec{P}+\overrightarrow{F_1}+\overrightarrow{F_2}+\overrightarrow{F_\eta}=\vec{0}$$

où :

- $\vec{P}$ = force de pesanteur
- $\overrightarrow{F_\eta}$ = force de viscosité
- $\overrightarrow{F_1}$ = force de pression sur le disque d'abscisse x
- $\overrightarrow{F_2}$ = force de pression sur le disque d'abscisse $x+dx$.

B.2. On projette l'équation précédente sur l'axe Ox :

$$P_x + F_{1x} + F_{2x} + F_{\eta x} = 0\,.$$

En développant chaque terme :

$$-dm\,g\sin\left(\alpha\right) + p(x)\pi r^2 - p(x+dx)\,\pi r^2$$
$$+\eta 2\pi r\,\mathrm{d}x\frac{d\ v(r)}{d r} = 0$$

Cela se simplifie en tenant compte du fait que $\frac{dp}{dx} = -\frac{\Delta p}{\Delta x}$:

$$-dm\,g\sin\left(\alpha\right) + \frac{\Delta p}{\Delta x}dx\,\pi r^2 + \eta 2\pi r\,dx\frac{d\,v(r)}{d r} = 0\,.$$

B.3. L'équation précédente se réécrit comme :

$$d\,v(r) = \frac{1}{2\eta}\left(\frac{dm\,g\sin\left(\alpha\right)}{\pi r^2\,dx} - \frac{dp}{dx}\right) r\,dr\,.$$

Or on a :

$$\frac{d\,p}{d\,x} = cte = -\frac{\Delta p}{\Delta x},$$

avec $\Delta p = p_T - p_B$ et $\Delta x = x_B - x_t = L - 0 = L$,
ainsi que :

$$\frac{dm}{\pi r^2\, dx} = \rho\,.$$

D'où :

$$dJ_v = v(r)\, 2\pi r\, dr$$

$$dJ_v = \frac{1}{4\eta}\left(\frac{\Delta p}{L} - \rho\, g \sin\alpha\right)\left(R^2 - r^2\right) 2\pi r\, dr.$$

$$d\,v(r) = \frac{1}{2\eta}\left(\rho\, g \sin(\alpha) - \frac{\Delta p}{L}\right) r\, dr\,.$$

B.4. En intégrant l'équation ci-dessus :

$$\int dv(r) = \int \frac{1}{2\eta}\left(\rho\, g \sin(\alpha) - \frac{\Delta p}{L}\right) r\, dr\,.$$

on obtient :

$$v(r) = \frac{1}{2\eta}\left(\rho\, g \sin(\alpha) - \frac{\Delta p}{L}\right)\frac{r^2}{2} + Cte$$

La constante est déterminée à partir de la valeur de la vitesse en $r = R$. Puisque $v(r = R) = 0$, il s'ensuit que :

$$Cte = -\frac{1}{2\eta}\left(\rho\, g \sin(\alpha) - \frac{\Delta p}{L}\right)\frac{R^2}{2}\,.$$

Finalement :

$$v(r) = \frac{1}{4\eta}\left(\frac{\Delta p}{L} - \rho\, g \sin(\alpha)\right)\left(R^2 - r^2\right).$$

B.5. Le flux de solvant à travers une couronne comprise entre les disques de rayons r et r + dr vaut :

$$dJ_v = v(r)\, 2\pi r\, dr\,.$$

En remplaçant $v(r)$ par sa valeur trouvée précédemment :

$$dJ_v = \frac{1}{4\eta}\left(\frac{\Delta p}{L} - \rho\, g \sin\alpha\right)\left(R^2 - r^2\right) 2\pi r\, dr\,.$$

Le flux de solvant à travers le disque de rayon R vaut :

$$J_v = \int_0^R dJ_v = \int_0^R v(r)\, 2\pi r\, dr\,.$$

Soit :

$$J_v = \frac{\pi}{2\eta}\left(\frac{\Delta p}{L} - \rho\, g \sin(\alpha)\right)\int_0^R \left(R^2 - r^2\right) r\, dr\,.$$

L'intégration donne :

$$J_v = \frac{\pi}{2\eta}\left(\frac{\Delta p}{L} - \rho g \sin(\alpha)\right)\left[R^2\frac{r^2}{2} - \frac{r^4}{4}\right]_0^R.$$

Ou encore :

$$J_v = \frac{\pi d^4}{128\eta}\left(\frac{\Delta p}{L} - \rho g \sin(\alpha)\right).$$

B.6. En réécrivant l'équation ci-dessus, on a :

$$p_B = p_T - L\left(\frac{128\eta J_v}{\pi D^4} + \rho g \sin(\alpha)\right).$$

Sachant que $p_T = \frac{40}{760} \times 10^5$ Pa, on obtient la valeur numérique de p_B :

$$p_B \simeq -1{,}73.10^4\ Pa.$$

Ou encore :

$$p_B \simeq -\frac{1{,}73.10^4}{10^5} \times 760 \text{ mm Hg} = -130 \text{ mm Hg}.$$

B. 7. On vient de calculer que $p_B < p_T$. Ceci montre que l'ouverture du robinet R entraîne une aspiration des sécrétions.

B.8. On a vu dans la question A.1. que :

$$P_B = P_C + \rho_0\, g\,(H - h) + \frac{8}{\pi^2}\rho_0\, Q_v^2\left(\frac{1}{d_C^4} - \frac{1}{d_B^4}\right).$$

Cela donne :

$$Q_v = \frac{\pi \cdot d_B^2 \cdot d_C^2}{2\sqrt{2}}\sqrt{\frac{(P_B - P_C) - \rho_0\, g\,(H - h)}{\rho_0\left(d_B^4 - d_C^4\right)}},$$

Puisque $P_B = p_B + P_0 = -1{,}73.10^4 + 10^5 = 8{,}27.10^4\ Pa$, on obtient :

$$Q_v = \frac{\pi \times 5^2 \times 15^2 \times 10^{-12}}{2 \times \sqrt{2}}\sqrt{\frac{8{,}27 \times 10^4 - 2 \times 10^5 - 5 \times 10^2}{\left(5^4 - 15^4\right) \times 10^{-9}}}.$$

$$Q_v \simeq 18 \text{ L.mn}^{-1}$$

B. 9.

Vitesse en A

$$v_A = \frac{Q_V}{S_A} = \frac{4Q_V}{\pi\, d_A^2} \simeq \frac{4 \times 3 \times 10^{-4}}{\pi \times 5^2 \times 10^{-6}} = 16{,}7 \text{ m.s}^{-1}.$$

Pression en A

L'application de l'équation de Bernoulli sur une ligne de courant entre A et B donne :

$$P_B + \rho\, g\, z_B + \frac{1}{2}\rho\, v_B^{\,2} = P_A + \rho\, g\, z_A + \frac{1}{2}\rho\, v_A^{\,2}.$$

Par ailleurs :

$$\left.\begin{array}{l} S_B = S_A \\ Q_V = S_B\, v_B = S_A\, v_A \end{array}\right\} \Rightarrow v_B = v_A,$$

$$p_A = p_B + \rho_0\, g\, h$$

$$p_A = -1,73\times 10^4 + 10^3 \times 10 \times 15 \times 10^{-2} = -1,6.10^4 \text{ Pa}.$$

B.10. $P_A < P_0$ donc des bulles d'air pénètrent par l'extrémité inférieure de la trompe à eau. Il se produit un phénomène de cavitation qui modifie P_A.

Problème 3

Partie I

1.a) La somme des composantes des forces de pressions sur les faces latérales de surface $dy\, dz$ vaut :

$$F_{1x} + F_{2x} = \left[-p(x+dx) + p(x)\right] dy\, dz.$$

Puisque la longueur dx est petite on peut écrire :

$$F_{1x} + F_{2x} \approx -\frac{d\,p}{d\,x} dx\, dy\, dz = \frac{\Delta p}{\Delta x} dx\, dy\, dz.$$

1.b) - Le fluide exerce sur la particule de fluide des forces de pression dirigées vers l'intérieur du volume $dV = dx\ dy\ dz$.

Sur la face latérale située en x : $\overrightarrow{F_2}$ est dans le sens de Ox

Sur la face latérale située en $x + dx$: $\overrightarrow{F_1}$ est dans le sens inverse de Ox.

- Dans le demi-espace Oxyz, $v_x(y)$ diminue quand y augmente ($\Rightarrow \frac{d\, v_x(y)}{d\, y} < 0$),

donc :

la face parallèle à Oxz et d'abscisse y est entraînée par la couche inférieure, par conséquent $\overrightarrow{f_2}$ est dans le sens de Ox ;

la face parallèle à Oxz et d'abscisse $y + dy$ est freinée par la couche supérieure, par conséquent $\overrightarrow{f_1}$ est dans le sens inverse de Ox.

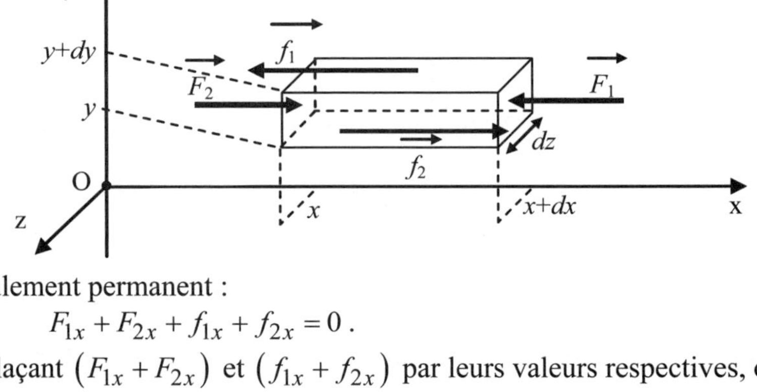

2. Ecoulement permanent :

$$F_{1x} + F_{2x} + f_{1x} + f_{2x} = 0.$$

En remplaçant $\left(F_{1x} + F_{2x}\right)$ et $\left(f_{1x} + f_{2x}\right)$ par leurs valeurs respectives, on a :

$$\frac{\Delta p}{\Delta x}dx\,dy\,dz+\eta\frac{d^2v_x}{dy^2}dx\,dy\,dz=0\,.$$

Une simplification donne :

$$\frac{d^2v_x}{dy^2}=-\frac{1}{\eta}\frac{\Delta p}{\Delta x}\,.$$

3. On intègre une première fois l'expression précédente :

$$\frac{d^2v_x}{dy^2}=-\frac{1}{\eta}\frac{\Delta p}{\Delta x}\Rightarrow\frac{dv_x}{dy}=-\frac{1}{\eta}\frac{\Delta p}{\Delta x}y+C_1\,.$$

Une deuxième intégration donne :

$$v_x(y)=-\frac{1}{2\eta}\frac{\Delta p}{\Delta x}y^2+C_1y+C_2\,.$$

Pour déterminer les constantes C_1 et C_2, nous utilisons les conditions aux bords $v_x(y=H)=0$ et $v_x(y=-H)=0$:

$$\Rightarrow\begin{cases}-\dfrac{1}{2\eta}\dfrac{\Delta p}{\Delta x}H^2+C_1H+C_2=0\\-\dfrac{1}{2\eta}\dfrac{\Delta p}{\Delta x}H^2-C_1H+C_2=0\end{cases}\Rightarrow\begin{cases}C_1=0\\C_2=\dfrac{1}{2\eta}\dfrac{\Delta p}{\Delta x}H^2\end{cases}.$$

D'où :

$$v_x(y)=\frac{\Delta p}{\Delta x}\frac{1}{2\eta}\left(H^2-y^2\right).$$

4. Le débit de liquide dJ_v est :

$$dJ_V=v_x(y)dy\,dz=\frac{\Delta p}{\Delta x}\frac{1}{2\eta}\left(H^2-y^2\right)dy\,dz\,.$$

5. Après une 1ère intégration :

$$J_V=\int_{-H}^{H}v_x(y)\,dy\int_0^d dz=d\cdot\int_{-H}^{H}\frac{\Delta p}{\Delta x}\frac{1}{2\eta}\left(H^2-y^2\right)dy$$

$$\Rightarrow\frac{J_V}{d}=\int_{-H}^{H}v_x(y)dy\,.$$

6. On obtient enfin le débit à travers la conduite :

$$\frac{J_V}{d}=\frac{\Delta p}{\Delta x}\frac{1}{2\eta}\int_{-H}^{H}\left(H^2-y^2\right)dy=\frac{\Delta p}{\Delta x}\frac{1}{2\eta}\left[H^2y-\frac{y^3}{3}\right]_{-H}^{H},$$

soit :

$$\frac{J_V}{d}=\frac{\Delta p}{\Delta x}\frac{2}{3\eta}H^3\,.$$

7.a) La vitesse est maximale quand le débit est le plus important, c'est-à-dire à $y=H$. Donc :

$$v_{\max}=v_x(y=0)=\frac{\Delta p}{\Delta x}\frac{1}{2\eta}H^2\,.$$

7.b) La vitesse moyenne est définie par : $J_V = S\,\bar{v}$ où la section de conduite traversée par le fluide est $S = d \times 2H$. On a aussi calculé à la question 6 que $J_V = \frac{\Delta p}{\Delta x}\frac{2}{3\eta}H^3\,d$.

En identifiant ces deux expressions on obtient pour la vitesse moyenne :

$$\bar{v} = \frac{\Delta p}{\Delta x}\frac{H^2}{3\eta} = \frac{2}{3}v_{\max}.$$

Partie II

1. Au point O :

$$\tilde{p}_O = p_O.$$

Au point A (x_A, $y_A = H$, z_A) :

$$\tilde{p}_A = p_A - \rho\left(g\sin 60 \cdot x_A - g\cos 60 \cdot y_A\right) = p_A - \frac{\sqrt{3}\,\rho\,g}{2}x_A - \frac{\rho\,g\,H}{2}.$$

2. D'après la question 6 de la partie I, on peut écrire :

$$\frac{J_V}{d} = \frac{\Delta\tilde{p}}{\Delta x}\frac{2}{3\eta}H^3 \Leftrightarrow \frac{\Delta\tilde{p}}{\Delta x} = \frac{J_V}{d}\frac{3\eta}{2H^3}.$$

Numériquement, cela donne :

$$\frac{\Delta\tilde{p}}{\Delta x} = \frac{6}{3600}\frac{3\times 1{,}5\times 10^{-1}}{2\times\left(5\times 10^{-3}\right)^3} \simeq 3.10^3 \text{ Pa.m}^{-1}.$$

3. On a :

$$\frac{\Delta\tilde{p}}{\Delta x} = \frac{\tilde{p}_O - \tilde{p}_A}{x_A}.$$

D'après la question 1 de la partie II :

$$\frac{\Delta\tilde{p}}{\Delta x} = \frac{p_O - p_A + \frac{\sqrt{3}\,\rho\,g}{2}x_A + \frac{\rho\,g\,H}{2}}{x_A}.$$

Ce qui donne finalement :

$$p_A = p_O + \left[-\frac{\Delta\tilde{p}}{\Delta x} + \frac{\sqrt{3}\,\rho\,g}{2}\right]x_A + \frac{\rho\,g\,H}{2}.$$

4. Numériquement, on obtient :

$$p_A = 10^5 + \left[-3\times 10^3 + \frac{\sqrt{3}\times 10^3\times 10}{2}\right]\times 100 + \frac{10\times 5}{2}$$

$$p_A \simeq 6{,}66.10^5\ Pa.$$

Eléments de réponses exercices complémentaires

Exercice 1

1. L'équation aux dimensions donne :

$$\left[E_{Volumique}\right]=\left[\frac{E}{V}\right]=ML^{-1}T^{-2}=\left[\frac{F}{S}\right]=[P].$$

2. Puisque le flacon est rempli totalement avec de l'eau, on a au point B :

$$\left\|\vec{F}\right\|=\rho g S(H+h)\simeq 3{,}78\ N.$$

Et pour le poids de l'eau :

$$\left\|\vec{P}\right\|=mg=\rho g V=\rho g(hS+Hs)=1{,}23\ N.$$

Donc :

$$\left\|\vec{P}\right\|<\left\|\vec{F}\right\|.$$

Commentaire

On constate que H intervient dans l'expression de la force pressante F mais pas s. Le tube peut donc avoir une section très faible, seule sa hauteur compte dans l'expression de F.

Exercice 2

1. D'après la loi de l'hydrostatique :

$$P=P_0+\rho g(H-h).$$

La loi des gaz parfaits pour l'air emprisonné à T constant donne :

$$P=\frac{P_0\,d}{(d-h)}.$$

En identifiant ces deux relations, on obtient :

$$H=h+\frac{P_0\,h}{\rho g(d-h)}.$$

2. Pour $d-h=0{,}5\,\text{m}$, on obtient $H=10{,}5\,\text{m}$.

Exercice 3

1. L'application du théorème de Bernoulli sur une ligne de courant qui va de 0 à A, et sur une autre ligne qui va de 0 à B nous permet d'obtenir :

$$P_B-P_A=\frac{1}{2}\rho_1 V_A^2.$$

2. En appliquant le théorème fondamental de l'hydrostatique entre les points C et D, on obtient :

$$P_B-P_A=(\rho_2-\rho_1)g\,h.$$

3. En identifiant les deux relations précédentes, on obtient :

$$V_A=\sqrt{2gh\frac{\rho_2-\rho_1}{\rho_1}}\approx\sqrt{2gh\frac{\rho_2}{\rho_1}}.$$

Exercice 4

1. Il y a conservation du débit entre l'aorte et les 3 artères, donc :

$$D' = \frac{D}{3}.$$

Etant donné que $r_0' = r_0/\sqrt{2}$, on en déduit que :

$$v_m' = \frac{2}{3} v_m.$$

2. Le nouveau rayon de l'aorte est :

$$r_0' = r_0 \sqrt{3}/\sqrt{2} > r_0.$$

Dans ce cas, il y aurait l'amorce d'un anévrisme.

3. a) Le débit est conservé dans l'artère donc $D' = v_s \pi r_s^2$ avec $r_s < r_0/\sqrt{2}$. On en conclut que $v_s > v'_m$.

b) On trouve alors : $r_s \leq \dfrac{2D\rho}{3\pi\eta \mathrm{Re}_c}$.

Remarque

Re_s est associé à un régime turbulent qui devient audible, la limite étant pour $Re_c = 2000$.

Exercice 5

Partie A

1. L'application de la loi de Bernoulli sur une ligne de courant allant de A à B donne :

$$V_A^2 + 2gH = V_B^2.$$

2. La conservation du débit donne :

$$\frac{s}{S_A} = \frac{V_A}{V_B} = \varepsilon << 1.$$

Cela permet de réécrire l'équation de la question 1 ($\varepsilon \to 0$) :

$$V_B \approx \sqrt{2gH}\left(1 + \frac{\varepsilon^2}{2}\right).$$

Partie B

1. L'application du théorème de Bernoulli entre A et E donne :

$$V_E = \sqrt{2g(h'-h)}.$$

2. D'après la relation ci-dessus, V_E existe si $h' > h$. Il faut donc que le point E soit en dessous de A.

3. L'application du théorème de Bernoulli entre D et E donne :

$$h' = \frac{P_0 - P_D}{\rho g}.$$

P_0, ρ et g étant des constantes, si h' augmente alors P_D diminue. Quand $P_D = 0$, il se produit alors des phénomènes de cavitation (cf. expérience De Torricelli), donc :

$$h'_{\max} = \frac{P_0}{\rho g}.$$

4. La section en E étant constante, le débit maximal $J_{V\max}$ est atteint quand :

$$V_E = V_{E\max} = \sqrt{2g\left(h'_{\max} - h\right)}\,.$$

Remarque

On peut en général considérer que $h << h'_{max}$, ce qui donne :

$$V_{E\max} = \sqrt{\frac{2P_0}{\rho}} \quad \text{et} \quad J_{V_{E\max}} = s\sqrt{\frac{2P_0}{\rho}}\,.$$

Exercice 6

Partie A

1. Les forces de viscosité sont tangentes aux surfaces de contact S donc dans un plan parallèle à xOz. En $y = -a/2$, $V = 0$, et en $y = a/2$, $V = V_0$ = cte, donc $V(y) \nearrow$ quand $y \nearrow$. Par conséquent la couche en contact avec le plan de cote y freine ce plan : elle exerce une force $\overrightarrow{F_1} = \overrightarrow{F_\eta}(y)$ dans le sens contraire de celui de l'axe Ox. Au contraire, la couche en contact avec le plan de cote $y+dy$ entraîne ce plan : elle exerce une force $\overrightarrow{F_2} = -\overrightarrow{F_\eta}(y+dy)$ dans le sens de l'axe Ox.

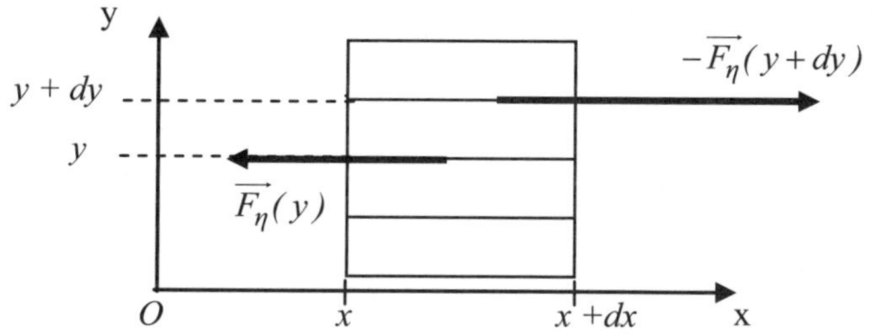

2. $\dfrac{\partial V(y,t)}{\partial y} > 0$, d'où :

$$\vec{F}_1 = \vec{F}_\eta(y) = -\eta\, S\, \frac{\partial V(y,t)}{\partial y}\,\vec{u}_y,$$

et :

$$\vec{F}_2 = -\vec{F}_\eta(y+dy) = \eta\, S\, \frac{\partial V(y+dy,t)}{\partial y}\,\vec{u}_y.$$

Par conséquent, en utilisant un développement limité au 1e ordre :

$$F_\eta^{résultante} = \eta\, S\, \frac{\partial^2 V_x(y,t)}{\partial y^2}\,dy\,.$$

3. Puisqu'il n'y a pas de forces de pression :

$$\eta S \frac{\partial^2 V\left(y,t\right)}{\partial y^2}\,dy = \rho\, S\, dy \frac{\partial V\left(y,t\right)}{\partial t}$$

$$\Leftrightarrow \frac{\partial V\left(y,t\right)}{\partial t} = \frac{\eta}{\rho}\frac{\partial^2 V\left(y,t\right)}{\partial y^2}$$

4. $\dfrac{[vitesse]}{[temps]} = \left[\dfrac{\eta}{\rho}\right]\dfrac{[vitesse]}{[longueur]^2} \Rightarrow \left[\dfrac{\eta}{\rho}\right] = L^2.T^{-1}.$

C'est la dimension d'une constante de diffusion.

5. C'est l'équivalent d'une équation de diffusion.

Partie B

1.

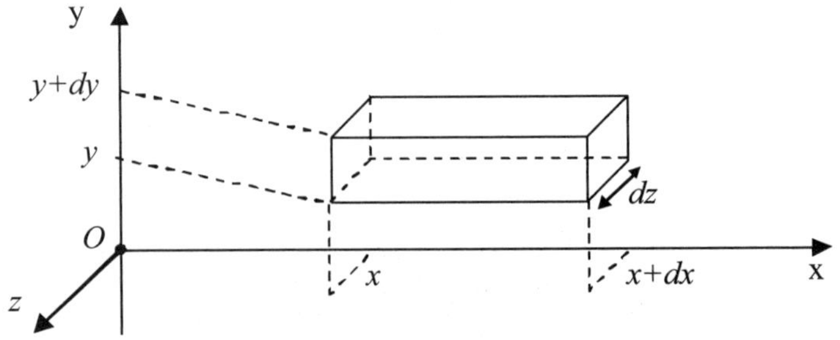

Aux forces de viscosité exercées sur les surfaces S précédentes, il faut ajouter les forces de pression suivantes sur les faces latérales de surface $dy\,dz$:

$$[-p(x+dx)+p(x)]dy\,dz \approx -\frac{d\,p}{d\,x}S\,dy\,.$$

On obtient alors l'équation (E') :

$$\frac{\partial V(y,t)}{\partial t}=\frac{\eta}{\rho}\frac{\partial^2 V(y,t)}{\partial y^2}-\frac{1}{\rho}\frac{dp}{dx}\,.$$

2. a. On considère $V(y,t)=\dfrac{K_1\rho}{2\eta}y^2+K_2\,y+K_3$ et on calcule $\dfrac{\partial^2 V(y,t)}{\partial y^2}$ pour le remplacer dans (E'), on obtient :

$$\frac{\partial V(y,t)}{\partial t}+\frac{1}{\rho}\frac{dp}{dx}=K_1 \quad \text{soit } K_1=K_1\,.$$

b. On utilise les conditions $V_{max}=V(y=0,t)$ et $V_x(y=\pm\frac{a}{2},t)=0$ pour déterminer :

$$\begin{cases} K_1=-\dfrac{8\eta}{\rho a^2}V_{max} \\ K_2=0 \\ K_3=V_{max}\,. \end{cases}$$

D'où :

$$V(y,t)=-\frac{4}{a^2}V_{max}\;y^2+V_{max}\,.$$

3. $\frac{1}{2}m_iV_i^2=cte \Rightarrow quand\ m_i \searrow\ alors\ V_i \nearrow$.

Sur une section perpendiculaire à l'écoulement, l'entité de masse la plus faible se trouve en y = 0, puis les entités sont réparties de part et d'autre de y = 0, plus la masse d'une entité est élevée, plus celle-ci est éloignée de l'axe des x. D'où le schéma suivant :

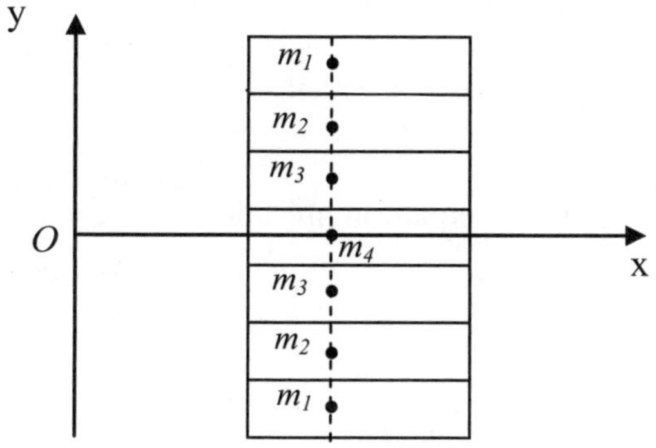

Exercice 7

Partie A

1. On a un écoulement permanent donc :

$$\vec{P} + \vec{F_1} + \vec{F_2} + \vec{F_\eta} = \vec{0},$$

où $\vec{P}$ est la force de pesanteur ; $\vec{F_\eta}$ est la force de frottement ; $\vec{F_1}$ et $\vec{F_2}$ sont les forces de pression s'exerçant dans les plans (1) et (2).

2. En projetant la relation vectorielle précédente sur l'axe Oz, on obtient :

$$m g + P_1 \pi r^2 - P_2 \pi r^2 + 2\pi r L \eta \frac{dv}{dr} = 0.$$

Donc :

$$\frac{dv}{dr} = -\frac{\rho L g + (P_1 - P_2)}{2\eta L} r = k r,$$

avec $k = -\dfrac{\rho L g + (P_1 - P_2)}{2 L \eta} < 0$.

3. En intégrant et sachant que $v\,(r = R_1) = 0$, on obtient :

$$v = k \frac{r^2 - R_1^2}{2}.$$

4. $dJ_v = v(r) 2\pi r\, dr = -\dfrac{\rho L g + (P_1 - P_2)}{2L\eta}(r^2 - R_1^2)\pi r\, dr$

5. En intégrant r de 0 à R_1, on obtient J_v :

$$J_v = \frac{\pi R_1^4}{8\eta} \frac{P_1 - P_2 + \rho g L}{L}.$$

Partie B

1. $P_1 - P_3 = \rho g h = P_1 - P_0$.

2. $P_1 - P_2 = P_1 - P_0 = \rho g h \Rightarrow J_v = \dfrac{\pi R_1^4}{8\eta} \dfrac{\rho g h + \rho g L}{L}$ (1).

3. $\dfrac{dh}{dt} < 0$.

$dV = -\pi R_2^2\, dh$ et $J_v = \dfrac{dV}{dt} = -\pi R_2^2 \dfrac{dh}{dt}$ (2)

4. En combinant les équations (1) et (2), on obtient :

$$\frac{dh}{dt} + \left[\frac{R_1^4 \rho g}{8\eta R_2^2 L}\right] h = -\frac{R_1^4}{8\eta R_2^2}\rho g .$$

5. En posant $\tau = \frac{8R_2^2}{\rho g R_1^4}\eta L$, l'équation précédente se réécrit :

$$\frac{dh}{dt} + \frac{h}{\tau} = -\frac{L}{\tau}.$$

On obtient alors : $h(t) = A\exp(-\frac{t}{\tau}) - L$.

Sachant que $h(t=0) = h_0$, on trouve :

$$h(t) = \left(h_0 + L\right)\exp(-\frac{t}{\tau}) - L .$$

6. $\left[\frac{\eta}{\rho}\right] = \frac{ML^{-1}T^{-1}}{ML^{-3}} = L^2 T^{-1}$. Unités S.I. de η : m²/s.

7. $h(t) = \left(h_0 + L\right)\exp(-\frac{t}{\tau}) - L \Rightarrow \tau = \frac{t}{\ln\frac{h_0 + L}{h + L}}$.

En remplaçant τ par son expression, on obtient :

$$\frac{\eta}{\rho} = \frac{g R_1^4 t}{8 L R_2^2 \ln\left(\frac{h_0 + L}{h + L}\right)}.$$

Soit numériquement : $\frac{\eta}{\rho} = 6.10^{-6}$ m^2.s^{-1}.

CHAPITRE II

Transport de particules neutres dans un milieu infini

Nous nous intéressons dans ce chapitre aux déplacements dans une solution de particules neutres de soluté (molécules de glucose, de O_2, protéines, colloïdes, etc.). On assimilera cette solution à un milieu infini dans lequel il n'existe pas d'obstacle sur le trajet des particules. On parlera alors de transport libre. Nous verrons que ces transports de matière peuvent être de nature différente. A l'échelle microscopique, il peut s'agir du mouvement de chaque particule dû à l'agitation thermique. Cela peut aussi être le mouvement d'ensemble des particules de soluté dû à l'existence d'un gradient de concentration dans la solution (diffusion dans une direction privilégiée). Il peut également s'agir d'une migration de ces particules sous l'action d'une force extérieure telle que la force de pesanteur ou sous l'effet d'un gradient de pression provoquant l'écoulement du solvant.

1 Définitions

Solution

On rappelle qu'une solution est un mélange d'au moins deux substances. Dans le cas des liquides, la substance majoritaire est appelé solvant, par exemple l'eau, le sang, l'huile. Les substances minoritaires se nomment les solutés tels qu'un sel (NaCl), un sucre comme le glucose, des protéines ou des particules telles que des grains de sable ou des agrégats de dimensions n'excédant pas une dizaine de micromètres.

Concentration C

La concentration d'un soluté peut s'exprimer de plusieurs façons.

- Si dN est le nombre de particules de soluté dans un volume dV, alors $C = dN/dV$ est la **concentration particulaire** ou **concentration en nombre** de soluté.

Les dimensions de C sont alors : $[C]$ = L^{-3}, et ses unités dans le Système International (S.I.) sont : $[C] = m^{-3}$.

- Si dn est le nombre de moles de soluté dans le volume dV, alors $C = dn/dV$ est la **concentration molaire** de soluté.

Les dimensions de C sont alors : $[C] = L^{-3}$, et ses unités S.I. sont : $[C] = mol.m^{-3}$.

- Si dm est la masse de soluté dans le volume dV, alors : $C = dm/dV$ est la **concentration massique** de l'espèce.

Les dimensions de C sont alors : $[C] = M\,L^{-3}$, et ses unités S.I. sont : $[C] = kg.m^{-3}$.

Exemple de conversion

On prépare une solution de glucose en ajoutant 30 g de glucose (masse molaire $M = 180$ g.mol^{-1}) dans 1 litre d'eau. En déduire les concentrations moléculaire, molaire et massique.

$C = 30$ g.L^{-1} = 30 kg.m^{-3}

$C = 30/180 = 0{,}1667$ mol.L^{-1} = 166,7 mol.m^{-3}

$C = 0{,}1667 \times 6{,}02 \times 10^{23}$ molécules.L^{-1} = $1{,}0.10^{26}$ molécules.m^{-3}.

Solution diluée

On appelle solution diluée une solution dans laquelle le nombre de particules de soluté est très inférieur au nombre de molécules de solvant, soit : $N_{\text{soluté}} << N_{\text{solvant}}$. Dans ce cas les particules de soluté sont suffisamment éloignées les unes des autres pour qu'elles n'interagissent quasiment pas entre elles. Chaque molécule de soluté interagit principalement avec les molécules de solvant, un peu comme dans un gaz parfait où les molécules du gaz interagissent essentiellement avec les parois du récipient.

Dans ce livre, nous considèrerons toujours des solutions diluées.

2 Diffusion et marche au hasard

L'agitation thermique d'un fluide à l'équilibre induit le déplacement des molécules. A. Einstein a démontré que ce déplacement peut être modélisé par une marche au hasard. On parle aussi de diffusion. Plus tard J. Perrin a montré expérimentalement que les idées d'Einstein s'appliquent aussi aux particules colloïdales (i.e. dont le rayon est de l'ordre de quelques micromètres)

Nous allons ci-dessous, en s'inspirant des travaux de Einstein et de Perrin, établir la relation entre la distance parcourue par une particule et le temps de parcours.

Pour ce faire on suppose que :

- La solution est homogène.
- La solution est diluée.
- Les particules interagissent essentiellement avec les molécules du solvant. Entre deux collisions avec des molécules du solvant, le mouvement d'une particule est rectiligne.
- La nouvelle direction du déplacement de la particule après les chocs est aléatoire, en ce sens qu'on ne peut la prévoir. En effet, alors que le choc entre une particule et une molécule de solvant est régi par les lois de conservation de la quantité de mouvement des chocs élastiques, il apparaît une indétermination, conséquence des chocs successifs que subit la particule avec un grand nombre de molécules de solvant. Autrement dit, il n'y a pas d'effet mémoire : après un choc, la direction de déplacement de la particule apparaît totalement indépendante de celle avant le choc.
- On néglige l'effet de la pesanteur et on considère qu'aucune force extérieure n'agit sur la particule.
- On est à l'équilibre thermodynamique et on étudie le déplacement d'un grand nombre de particules, et par conséquent un grand nombre de chocs.

Si nous ne pouvons pas décrire précisément le devenir de chaque particule, nous pouvons néanmoins obtenir des résultats statistiques sur le mouvement de chacune d'entre elles comme par exemple la valeur moyenne de la distance qu'elle parcourt.

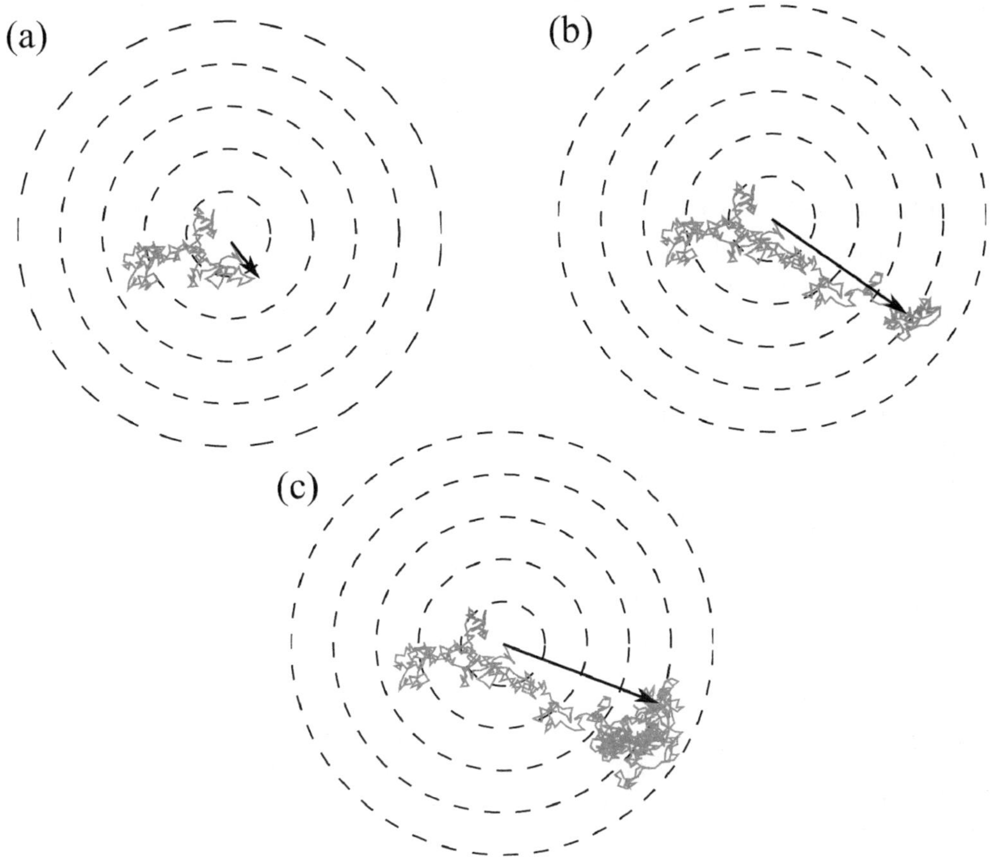

Figure II.1. Chemin parcouru par une particule de soluté pendant des temps t_1 (schéma a), $2t_1$ (schéma b) et $4t_1$ (schéma c). La flèche présente sur chaque schéma indique la distance « efficace », c'est-à-dire la distance reliant la position initiale de la particule et sa position finale après les temps t_1, $2t_1$ et $4t_1$.

Distance parcourue en moyenne par une particule ayant subi un grand nombre de chocs

L'expérience décrite dans ce paragraphe est très simple et réalisable chez vous. Lorsque l'on dépose une goutte de colorant (encre, sauce soja, etc.) au fond d'un récipient à fond plat rempli d'une mince couche d'eau, on observe un étalement isotrope de la goutte en fonction du temps. Chaque molécule de colorant a un parcours différent, mais après un temps t correspondant à n collisions (n grand), la direction et le sens de la diffusion des molécules de colorant sont en moyenne isotropes, autrement dit, la goutte colorée occupe un disque de rayon r. Toutes les particules de colorant n'ont pas nécessairement parcouru une distance r, cette grandeur est une **distance parcourue en moyenne** après n chocs.

On se propose de trouver la relation qui existe entre r et le nombre de collisions n. Pour cela, considérons une particule de colorant partant d'un point origine "O" et arrivant après n collisions au point P situé à la distance ℓ de O (figure II.2).

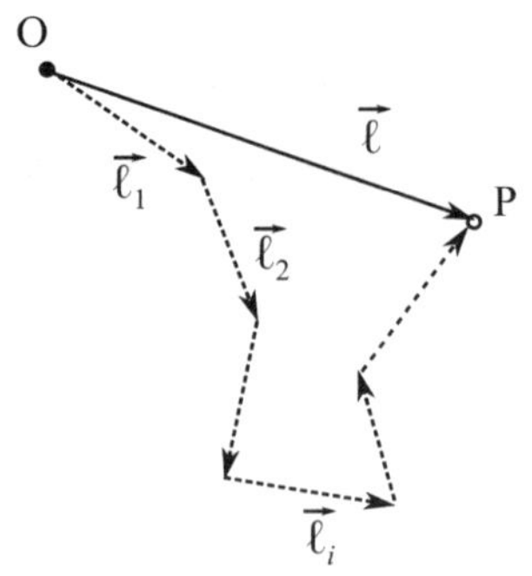

Figure II.2. Illustration de la trajectoire d'une particule de soluté. On note $\vec{\ell_i}$ le vecteur représentant le chemin parcouru par la particule pendant le temps t_i sans avoir subi de choc et $\vec{\ell}$ le vecteur représentant son chemin « efficace » après n chocs, c'est-à-dire le vecteur joignant l'origine (ici le point O) à l'extrémité d'une trajectoire (ici le point P) après les n chocs.

Si on détaille le trajet de la particule, elle parcourt une longueur ℓ_1 avant d'entrer une première fois en collision avec une molécule de solvant après un temps t_1. Elle change alors de direction. Elle parcourt une distance ℓ_2 pendant un temps t_2 avant d'entrer à nouveau en collision avec une molécule de solvant. Soit $\vec{\ell_i}$ le vecteur représentant le chemin parcouru par la particule pendant le temps t_i sans avoir subi de choc. Après un temps t durant lequel la particule a subi n chocs, celle-ci se retrouve au point P situé à la distance ℓ de O. Le vecteur $\vec{\ell}$ représente donc son chemin « efficace » après n chocs.
Comme chaque changement de direction et la distance parcourue entre deux chocs sont aléatoires, l'étude d'une seule trajectoire n'apporte pas d'information pertinente. Il faut faire une analyse statistique de plusieurs trajectoires indépendantes obtenue, soit en répétant un grand nombre de fois l'expérience du « lâché » de la particule en O (expérience de pensée), soit en s'intéressant aux trajectoires d'un grand nombre de particules. Pour une solution à l'équilibre thermodynamique, il est alors équivalent de déterminer la valeur moyenne d'un paramètre à partir d'un grand nombre d'expériences (moyenne spatiale) ou à partir d'une expérience réalisée sur un temps t suffisamment long, c'est-à-dire pour un grand nombre de chocs (moyenne temporelle). La figure II.3 représente la trajectoire de six particules et leur chemin efficace après 5 chocs ($n = 5$).

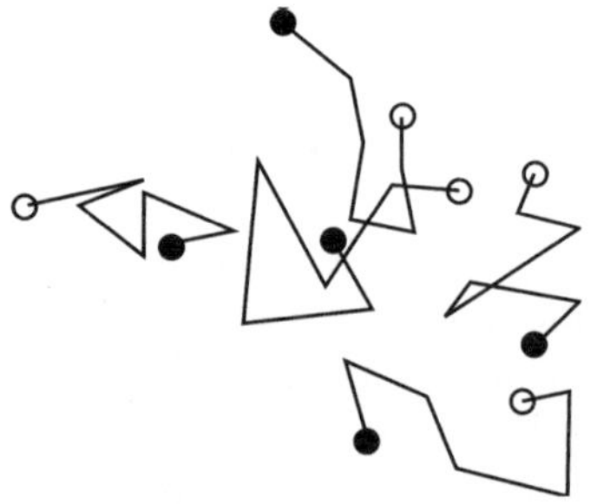

Figure II.3. Illustration de la diffusion : représentation des trajectoires de 6 particules de soluté ayant subi chacune 5 chocs successifs ($n = 5$) à partir de points origine arbitraires (c'est-à-dire que ces chemins peuvent être enregistrés à des instants différents). Les ronds pleins et creux représentent les positions initiales et finales des trajectoires.

En translatant l'ensemble des six trajectoires représentées sur la figure II.3 afin de confondre leur point origine au point O, on obtient la figure II.4.a. Si on trace des disques concentriques de centre O et de différents rayons R_i, on peut représenter une fonction de distribution qui indique le nombre de particules ayant diffusé sur une distance R_i après n chocs. Dans notre exemple, après cinq chocs, une particule a diffusé sur un disque de rayon R_2, quatre sur un disque de rayon R_3 et une sur un disque de rayon R_5 (figure II.4.b). La distance, sur laquelle a diffusé la particule (par rapport à l'origine O arbitrairement choisie pour toutes les trajectoires) peut donc être analysée statistiquement. La figure II.5 représente une fonction de distribution des distances « efficaces » de diffusion ℓ déduite de l'analyse d'un grand nombre de trajectoires après un grand nombre de chocs. On constate qu'après n chocs la majorité des particules se trouvent sur le cercle de rayon r qui représente la valeur moyenne de toutes les distances « efficaces » de diffusion :

$$r = \langle \ell \rangle .$$

La distance r est appelé distance moyenne de diffusion.
Dans l'illustration précédente, la distance moyenne de diffusion r est égale à R_3.

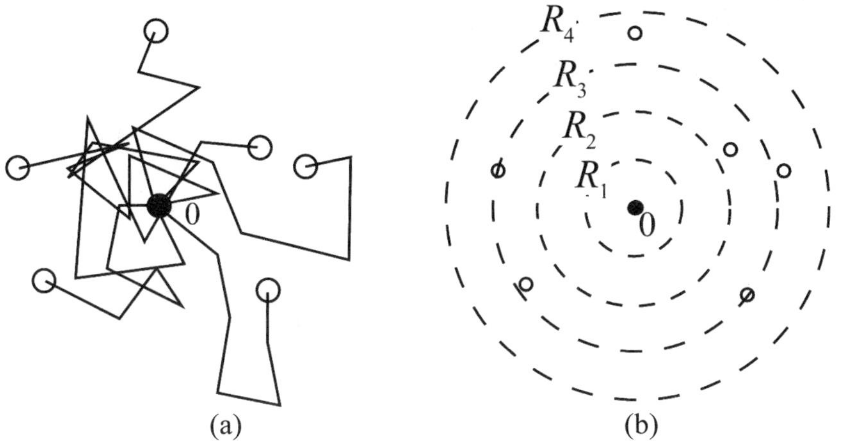

Figure II.4. a) Superposition des six chemins de la figure II.3 c'est-à-dire parcourus par six particules ayant subi cinq chocs. b) Après n chocs (ici n = 5) la plupart des particules se trouvent sur l'anneau de rayon $r = R_3$ qui représente la valeur moyenne de toutes les distances "efficaces" de diffusion.

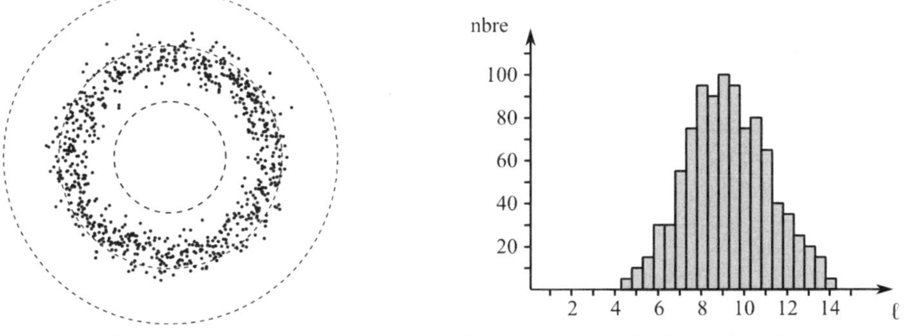

Figure II.5. Distribution des distances « efficaces » de diffusion ℓ de 960 particules après un grand nombre de chocs. Elle indique le nombre de particules ayant diffusé sur une distance ℓ après n chocs.

Calcul de la distance moyenne de diffusion $r = \langle \ell \rangle$

Intermède mathématique : sur la sommation $\sum$.

Afin de comprendre les écritures à venir pour le calcul de r, familiarisons-nous avec le signe mathématique « somme ». Soit un vecteur $\vec{\ell}$, somme vectorielle de trois vecteurs $\overrightarrow{\ell_1}$, $\overrightarrow{\ell_2}$ et $\overrightarrow{\ell_3}$, on écrira :

$$\vec{\ell} = \overrightarrow{\ell_1} + \overrightarrow{\ell_2} + \overrightarrow{\ell_3} \quad où \quad \vec{\ell} = \sum_{i=1}^{3} \overrightarrow{\ell_i}.$$

Le carré de la norme de $\vec{\ell}$ s'écrira alors :

$$\ell^2 = \vec{\ell} \cdot \vec{\ell} = \left(\overrightarrow{\ell_1} + \overrightarrow{\ell_2} + \overrightarrow{\ell_3}\right)\left(\overrightarrow{\ell_1} + \overrightarrow{\ell_2} + \overrightarrow{\ell_3}\right) = \left(\sum_{i=1}^{3} \overrightarrow{\ell_i}\right) \cdot \left(\sum_{j=1}^{3} \overrightarrow{\ell_j}\right).$$

En développant ce produit de deux sommes vectorielles, on peut distinguer deux sommes de produits scalaires :

$$\ell^2 = \left(\overrightarrow{\ell_1} \cdot \overrightarrow{\ell_1} + \overrightarrow{\ell_2} \cdot \overrightarrow{\ell_2} + \overrightarrow{\ell_3} \cdot \overrightarrow{\ell_3}\right)$$
$$+ \left(\overrightarrow{\ell_1} \cdot \overrightarrow{\ell_2} + \overrightarrow{\ell_1} \cdot \overrightarrow{\ell_3} + \overrightarrow{\ell_2} \cdot \overrightarrow{\ell_1} + \overrightarrow{\ell_2} \cdot \overrightarrow{\ell_3} + \overrightarrow{\ell_3} \cdot \overrightarrow{\ell_1} + \overrightarrow{\ell_3} \cdot \overrightarrow{\ell_2}\right).$$

Dans l'expression précédente :

- *la première somme entre parenthèses regroupe les termes de même indice (i = j) et peut se réécrire :*

$$\overrightarrow{\ell_1} \cdot \overrightarrow{\ell_1} + \overrightarrow{\ell_2} \cdot \overrightarrow{\ell_2} + \overrightarrow{\ell_3} \cdot \overrightarrow{\ell_3} = \sum_{i=1}^{3} \left(\overrightarrow{\ell_i} \cdot \overrightarrow{\ell_i}\right),$$

Ou encore :

$$\ell_1^2 + \ell_2^2 + \ell_3^2 = \sum_{i=1}^{3} \ell_i^{\,2}.$$

- *la deuxième somme entre parenthèses regroupe les termes dits « croisés » ($i \neq j$) et peut se réécrire :*

$$\overrightarrow{\ell_1} \cdot \overrightarrow{\ell_2} + \overrightarrow{\ell_1} \cdot \overrightarrow{\ell_3} + \overrightarrow{\ell_2} \cdot \overrightarrow{\ell_1} + \overrightarrow{\ell_2} \cdot \overrightarrow{\ell_3} + \overrightarrow{\ell_3} \cdot \overrightarrow{\ell_1} + \overrightarrow{\ell_3} \cdot \overrightarrow{\ell_2}$$
$$= \sum_{i=1}^{3} \sum_{j \neq i}^{3} \left(\overrightarrow{\ell_i} \cdot \overrightarrow{\ell_j}\right).$$

Ou encore, en développant chaque produit scalaire :

$$\ell_1 \ell_2 \cos\theta_{12} + \ell_1 \ell_3 \cos\theta_{13} + \ell_2 \ell_1 \cos\theta_{21} +$$
$$\ell_2 \ell_3 \cos\theta_{23} + \ell_3 \ell_1 \cos\theta_{31} + \ell_3 \ell_2 \cos\theta_{32}$$
$$= \sum_{i=1}^{3} \sum_{j \neq i}^{3} \left(\ell_i . \ell_j . \cos\theta_{ij}\right).$$

Par conséquent, on a :

$$\ell^2 = \left(\sum_{i=1}^{3} \overrightarrow{\ell_i}\right) \cdot \left(\sum_{j=1}^{3} \overrightarrow{\ell_j}\right) = \sum_{i=1}^{3} \left(\overrightarrow{\ell_i} \cdot \overrightarrow{\ell_i}\right) + \sum_{i=1}^{3} \sum_{j \neq i}^{3} \left(\overrightarrow{\ell_i} \cdot \overrightarrow{\ell_j}\right)$$

$$= \sum_{i=1}^{3} \ell_i^2 + \sum_{i=1}^{3} \sum_{j \neq i}^{3} \left(\ell_i . \ell_j . \cos\theta_{ij}\right).$$

Calcul de r $= \langle \ell \rangle$

Le vecteur $\vec{\ell}$, qui représente la distance séparant la particule du point O après n chocs, est par conséquent la somme de tous les vecteurs $\overrightarrow{\ell_i}$:

$$\vec{\ell} = \overrightarrow{\ell_1} + \overrightarrow{\ell_2} + \ldots + \overrightarrow{\ell_n} = \sum_{i=1}^{n} \overrightarrow{\ell_i}.$$

La première analyse statistique que l'on peut envisager est de déterminer la valeur moyenne de la position de la particule après n chocs. Il est aisé de se convaincre que l'étude de cette position moyenne n'apportera aucune information ; en effet, chaque particule « a autant de chances » de se retrouver à gauche, à droite, au dessus ou en dessous de la position d'origine ; la valeur moyenne du vecteur position après n chocs est donc nulle : $\vec{r} = \langle \vec{\ell} \rangle = \vec{0}$.

Intéressons nous au carré de la norme de $\vec{\ell}$ (soit $\|\vec{\ell}\|^2 = \ell^2$), qui elle, va nous donner une information sur le parcours de la particule :

$$\ell^2 = \vec{\ell} \cdot \vec{\ell} = \sum_{i=1}^{n} \overrightarrow{\ell_i} \cdot \sum_{j=1}^{n} \overrightarrow{\ell_j}$$

où les indices i et j représentent les numéros de la collision. En développant la relation précédente, on a :

$$\ell^2 = \sum_{i=1}^{n} \left(\overrightarrow{\ell_i} \cdot \overrightarrow{\ell_i}\right) + \sum_{i=1}^{n} \sum_{j \neq i}^{n} \left(\overrightarrow{\ell_i} \cdot \overrightarrow{\ell_j}\right)$$

$$= \sum_{i=1}^{n} \ell_i^2 + \sum_{i=1}^{n} \sum_{j \neq i}^{n} \left(\ell_i . \ell_j . \cos\theta_{ij}\right).$$

où θ_{ij} est l'angle entre les vecteurs $\overrightarrow{\ell_i}$ et $\overrightarrow{\ell_j}$.

Le carré de la **distance moyenne de diffusion**, soit r^2, est alors obtenu en réitérant le raisonnement précédent pour un grand nombre de particules de soluté et en prenant la valeur moyenne des différentes valeurs obtenues pour ℓ^2. Autrement dit :

$$r^2 = \left\langle \ell^2 \right\rangle = \left\langle \sum_{i=1}^{n} \ell_i^{\,2} \right\rangle + \left\langle \sum_{i=1}^{n} \sum_{j \neq i}^{n} \left(\ell_i . \ell_j . \cos\theta_{ij} \right) \right\rangle$$

$$= \sum_{i=1}^{n} \left\langle \ell_i^{\,2} \right\rangle + \sum_{i=1}^{n} \sum_{j \neq i}^{n} \left\langle \ell_i . \ell_j . \cos\theta_{ij} \right\rangle$$

Posons :

$$\lambda^2 = \frac{1}{n} \sum_{i=1}^{n} \left\langle \ell_i^{\,2} \right\rangle,$$

On en déduit alors :

$$r^2 = n\lambda^2 + \sum_{i=1}^{n} \sum_{j \neq i}^{n} \left\langle \ell_i . \ell_j . \cos\theta_{ij} \right\rangle.$$

Lorsque les particules ont subi un grand nombre de collisions, c'est-à-dire lorsque n tend vers l'infini, θ_{ij} peut prendre toutes les valeurs comprises entre 0 et 2π avec une égale probabilité. Autrement dit, dans la double somme précédente, il y a autant de termes où le facteur $\cos\left(\theta_{ij}\right)$ prend des valeurs positives que de termes où il prend des valeurs négatives. Par conséquent, le terme en cosinus devient négligeable par rapport au terme $n\lambda^2$ dans l'expression précédente. On peut donc écrire :

$$\sum_{i=1}^{n} \sum_{j \neq i}^{n} \left\langle \ell_i . \ell_j . \cos\theta_{ij} \right\rangle << n\lambda^2 \quad \text{quand } n \to \infty .$$

Par conséquent :

$$r^2 \underset{n \to \infty}{\to} n\lambda^2 \Rightarrow r \underset{n \to \infty}{\to} \lambda\sqrt{n} .$$

λ est la distance moyenne parcourue par une particule entre deux chocs.

Relation entre *r* et le temps de diffusion *t*

Soit t un temps pendant lequel la particule a subi n collisions. Si t est multiplié par 2, le nombre de collisions, n, va doubler donc t est proportionnel à n et on peut écrire :

$$n = t/\tau ,$$

où τ représente la durée **moyenne** qui sépare deux collisions ou le temps moyen après lequel la particule change de direction. Par exemple, si en une seconde la particule a subi 1000 collisions alors τ est égal à une milliseconde.

Après un grand nombre de collisions, on a donc :

$$r^2 = \lambda^2 n = \frac{\lambda^2}{\tau} t .$$

Constante de diffusion *D*

Le carré de la distance moyenne de diffusion r^2 est proportionnel au temps de diffusion t.

Une étude plus détaillée permettrait de relier λ^2/τ à la dimension d de l'espace dans lequel se fait la diffusion, à la taille et à la forme de la particule et à la viscosité du milieu environnant. Ainsi on écrit :

$$\lambda^2 = 2d\,D\tau\,,$$

où D caractérise le mouvement de la particule dans le solvant. Cette constante est toujours positive et ses dimensions sont :

$$[D] = \mathrm{L}^2\,\mathrm{T}^{-1}\ (\mathrm{m}^2.\mathrm{s}^{-1}\ \text{en SI}).$$

On obtient par conséquent :

$$r^2 = 2d\,Dt\,.$$

Remarques

- A partir de la relation $r^2 = 2d\,Dt$, on déduit que les particules diffusent :

à une dimension ($d = 1$), sur un segment de droite de longueur r tel que :

$$r^2 = 2Dt\ ;$$

à deux dimensions ($d = 2$), sur un disque de rayon r tel que :

$$r^2 = 4Dt\ ;$$

à trois dimensions ($d = 3$), sur une sphère de rayon r tel que :

$$r^2 = 6Dt\,.$$

- On obtient une expression de la distance moyenne de diffusion r et non pas la valeur moyenne du vecteur $\vec{r}$ qui est égal au vecteur nul. En effet, on rappelle que lorsque l'on réalise un très grand nombre d'expériences sur une particule ou que l'on étudie la diffusion d'un très grand nombre de particules, la direction et le sens de la diffusion après un temps t sont en moyenne isotropes.

- Dans le cas de la mécanique classique, la distance r parcourue par une particule est proportionnelle au temps t nécessaire pour la parcourir, le coefficient de proportionnalité étant égal à la vitesse moyenne v :

$$r = v \cdot t\,.$$

Dans le cas de l'agitation thermique, on vient de voir que la distance moyenne r sur laquelle diffuse une particule pendant le temps t varie comme la racine carré de t :

$$r = \sqrt{2d\,D \cdot t}\,.$$

Cette variation temporelle, plus lente, est due au caractère aléatoire de ce transport diffusif.

3 Flux et densité de flux

- La notion de flux a déjà été introduite au paragraphe 3.2 du chapitre I. Le débit ou flux volumique de fluide J_v représente le volume de fluide transporté par unité de temps à travers une surface S. Ses unités dans le système international sont les mètres cube par seconde ($m^3.s^{-1}$). Plus généralement, un **flux** est une "quantité" transportée par unité de temps à travers une surface *S*. Cette surface peut être réelle ou imaginaire. Les dimensions du flux sont [Flux] = ["quantité"] T^{-1}. Les symboles les plus souvent utilisés sont *J*, *I*, *Q* ou *Φ*.

Exemples de flux

J_v : Le flux volumique ou débit = volume de fluide qui s'écoule à travers une surface *S* par unité de temps. $[J_v] = L^3\ T^{-1}$ (SI : $m^3.s^{-1}$).

J : Le flux de particules (ou de moles) = nombre total de particules (ou de moles) transportées par unité de temps à travers une surface *S*. $[J] = T^{-1}$ (S.I. : s^{-1}).

I : Le flux de charges électriques (ou intensité) = charge électrique totale par unité de temps qui traverse une surface *S*. $[I]$ = [charge] T^{-1} (S.I. : $C.s^{-1}$ ou A).

- La **densité de flux** (*j*) est la "quantité" transportée par unité de temps à travers une surface unitaire imaginaire (orientée). Elle est représentée par un vecteur $\vec{j}$ dirigé dans le sens du déplacement du flux.

Ses dimension sont $[j] = [J] / [S]$ = ["quantité"] $L^{-2}\ T^{-1}$.

Si $\vec{j}$ n'est pas uniforme sur la surface *S* on écrit $\int_S \vec{j} \cdot \overrightarrow{dS}$ et on détermine *J* en suivant une démarche analogue à celle entreprise pour le calcul du débit dans une conduite cylindrique (voir le paragraphe 3.4.2. du chapitre I).

Le tableau ci-dessous regroupe quelques exemples de flux et densités de flux.

	j		*J*	
quantité	unités	nom	unités	nom
particules	$m^{-2}.s^{-1}$	densité de flux des particules ou de moles	s^{-1}	flux de particules ou de moles
masse	$kg.m^{-2}.s^{-1}$	densité de flux de masse	$kg.s^{-1}$	flux de masse
charge électrique	$C.m^{-2}.s^{-1}$ ou $A.m^{-2}$	densité de courant	$C.s^{-1}$ ou A	intensité du courant
énergie	$J.m^{-2}.s^{-1}$ ou $W.m^{-2}$	densité de flux d'énergie	$J.s^{-1}$ ou W	flux d'énergie ou puissance
liquide	$m.s^{-1}$	densité de flux volumique	$m^3.s^{-1}$	débit ou flux volumique

4 Flux de particules de soluté

4.1 Flux d'entraînement de particules de soluté sous l'action d'une force extérieure

On considère dans ce paragraphe une solution dans laquelle la concentration de particules de soluté est uniforme (pas de flux net de diffusion).

Vitesse d'entraînement v_e

Les particules de soluté, différentes des molécules du solvant, auront un comportement différent lorsqu'elles sont soumises aux mêmes forces (par exemple la force de gravité si leur masse est différente de celle des molécules de solvant).

Lorsque les molécules de soluté sont soumises à une force $\vec{F}$ uniforme et constante dans le temps, les particules acquièrent alors une vitesse $\vec{v}$ **dans la direction de cette force**. D'après la loi de composition des vitesses, à cette vitesse $\vec{v}$ se superpose au vecteur "vitesse" de la marche au hasard (figure II.6). On cherche à déterminer la **valeur moyenne** après un grand nombre de chocs, de la résultante du vecteur vitesse de la particule. Ce vecteur vitesse moyenne est appelée **vitesse d'entraînement** $\vec{v_e}$. Pour ce faire, nous devons considérer deux aspects :

- D'abord, la particule change de direction à chaque choc. Ce changement de direction est isotrope c'est-à-dire que la particule a autant de chance d'être déviée vers le haut, vers le bas, vers la gauche ou vers la droite. Ce qui revient à dire que le vecteur vitesse « moyenne » de la marche au hasard, calculé sur un grand nombre de collisions, est nul. On peut ne pas tenir compte de cet effet dans la suite du raisonnement. Autrement dit il suffit de considérer la valeur moyenne de $\vec{v_e}$ due à $\vec{F}$.
- Entre deux chocs consécutifs le mouvement de la particule est uniformément accéléré. L'accélération entre deux chocs successifs est égale en moyenne à F/m. Soit v_i la composante suivant la direction de $\vec{F}$ de la vitesse atteinte par une particule entre deux chocs. La valeur moyenne sur un grand nombre de chocs des composantes v_i nous permet d'obtenir la composante v_e de la vitesse d'entraînement :

$$v_e = \langle v_i \rangle = \frac{F}{m}\tau = \omega F ,$$

où τ est la durée moyenne entre deux chocs et $\omega = \tau/m$ représente la mobilité mécanique de la particule de masse m. Noter que la vitesse d'entraînement est proportionnelle à la force. Quelle que soit F, on définit toujours la mobilité mécanique ω comme le rapport F / v_e.

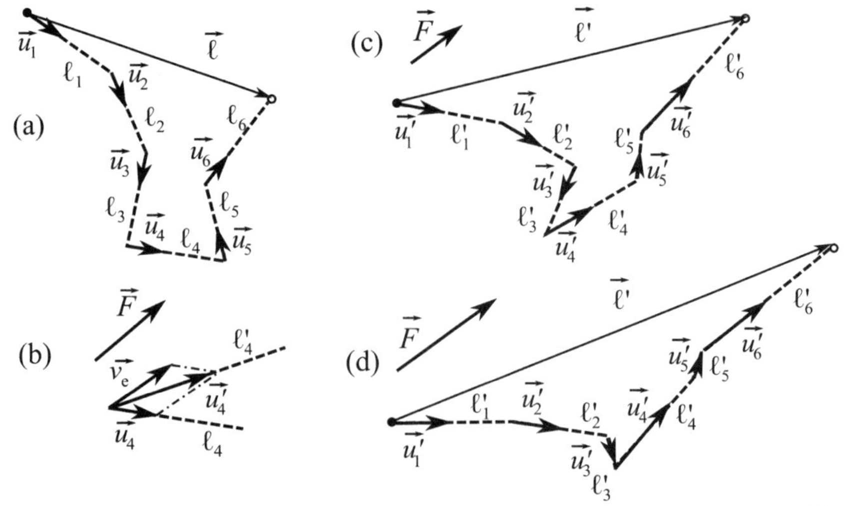

Figure II.6. Modification de la trajectoire d'une particule induite par la force $\vec{F}$.
(a) : Représentation de la trajectoire de la particule en l'absence de $\vec{F}$. ℓ_i est le chemin parcouru par une particule entre les chocs $i-1$ et i. $\vec{u_i}$ est le vecteur « vitesse » de la particule après le $(i-1)^{\text{ième}}$ choc. $\vec{\ell}$ est le chemin « efficace » parcouru par la particule après 5 chocs.
(b) et (c) : En présence de $\vec{F}$, la vitesse de la particule est modifiée. Après le $(i-1)^{\text{ième}}$ choc, il faut ajouter à $\vec{u_i}$ la vitesse d'entraînement $\vec{v_e} = \left(\vec{F}/m\right)\tau$. La vitesse résultante $\vec{u'_i} = \vec{u_i} + \vec{v_e}$ n'est pas colinéaire à $\vec{u_i}$. ℓ'_i est le chemin parcouru par une particule entre les $(i-1)^{\text{ième}}$ et $i^{\text{ème}}$ chocs. Sur la figure (b), tout ceci est illustré pour $i = 4$. Sur la figure (c), les modifications liées à la présence de $\vec{F}$ sont appliquées à l'ensemble de la trajectoire de la figure (a). $\vec{\ell}'$ est alors le chemin « efficace » parcouru par la particule après les 5 chocs. Par rapport à $\vec{\ell}$, on constate que $\vec{\ell}'$ est dévié vers $\vec{F}$. Ce vecteur $\vec{\ell}'$ sera colinéaire à $\vec{F}$ pour un nombre de chocs tendant vers l'infini.
(d) : idem au schéma (c) mais pour une force $\vec{F}$ d'intensité plus importante.

Remarque

Signification de τ

Lors de l'étude de la marche au hasard, τ a été définie comme étant la durée moyenne entre deux chocs. Et il a été également admis qu'après un choc la direction du déplacement de la particule était aléatoire. On peut donc dire de manière équivalente que τ est le temps nécessaire pour que la particule de soluté « oublie » la direction acquise lors du choc précédent. Cependant, lorsque ces particules sont plus lourdes que les molécules du solvant, on peut imaginer qu'il faille plus d'un choc pour faire perdre à la particule la « mémoire de sa direction ». Le temps τ représente alors un temps d'oubli plus long que le temps séparant deux chocs consécutifs.

Autre raisonnement pour déterminer l'expression de $\vec{v_e}$

On peut se représenter chaque particule comme étant soumise à un bombardement incessant par des molécules de fluide. En l'absence de force extérieure ce bombardement est isotrope : le nombre de chocs subits par la particule provenant d'un coté est en moyenne égal à celui de ceux provenant de l'autre coté. Ce n'est plus le cas en présence d'une force extérieure $\vec{F}$. En effet, dans ce cas les particules acquièrent une vitesse dans la direction de cette force. La répartition des chocs entre la particule et les molécules de solvant n'est plus isotrope (figure II.7). Imaginez vous courant dans une direction donnée au milieu d'une foule où chacun se déplace dans une direction quelconque : le nombre de chocs que vous subirez « de face » est plus grand que celui que vous subirez « de dos ». Il est aisé de se convaincre que plus l'on court vite, plus le nombre de chocs subis « de face » est important.

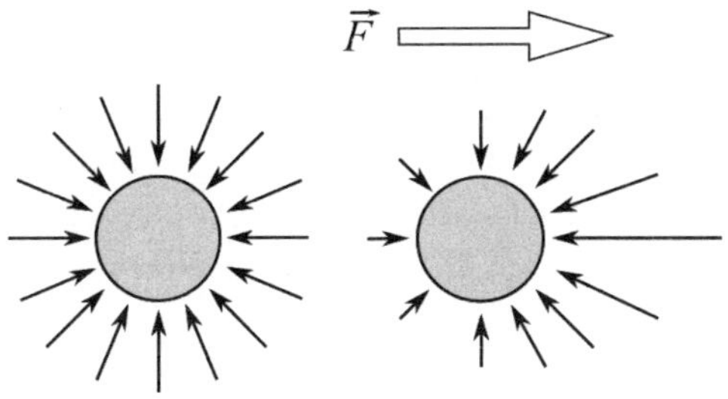

Figure II.7. La longueur des flèches représentées sur ce schéma est proportionnelle au nombre de chocs subis par la particule. En l'absence de force extérieure (schéma de gauche) la particule soumise à des chocs des molécules de solvant se déplace au hasard. Son vecteur vitesse moyenne sur un grand nombre de chocs est nul. En présence d'une force extérieure $\vec{F}$ (schéma de droite) la particule acquiert une vitesse $v(t)$ colinéaire à $\vec{F}$. Cela provoque une augmentation du nombre de chocs frontaux. Imaginons, pour fixer les idées, que pendant un intervalle de temps considéré, le nombre de chocs à l'arrière de la particule soit égal à 50 tandis que le nombre de chocs frontaux est égal à 75. Parmi ces chocs frontaux, 50 permettent "d'équilibrer" les chocs postérieurs et de tenir ainsi compte de l'agitation thermique (répartition isotrope des chocs). L'ensemble de ces 100 chocs (50 à l'avant et 50 à l'arrière) rend compte de la force d'agitation thermique dont la moyenne est nulle. Les 25 chocs restants ne sont pas compensés. Ils sont à l'origine d'une force f qui s'oppose au mouvement de la particule.

Ce déséquilibre des chocs est à l'origine d'une force f qui **s'oppose** au mouvement de la particule. Il est raisonnable de penser que cette force est proportionnelle à la vitesse. En première approximation elle s'écrit :

$$\vec{f} = -\alpha\, \vec{v}(t)$$

où α dépend de la viscosité de la solution et de la géométrie de la particule. Le signe – indique de $\vec{f}$ est dans le sens contraire à $\vec{v}$.

L'équation du mouvement de la particule s'écrit :

$$\vec{F} + \vec{f} = m\frac{d\vec{v}(t)}{dt} \Leftrightarrow \vec{F} - \alpha\, \vec{v}(t) = m\frac{d\vec{v}(t)}{dt}.$$

avec la condition initiale : $v(t = 0) = 0$, c'est à dire à l'instant où la force $\vec{F}$ est appliquée.

Sous l'action de la force $\vec{F}$, la valeur de la vitesse $v(t)$ augmente avec le temps jusqu'à ce que $\vec{F} - \alpha\, \vec{v} = \vec{0}$. On a alors $d\vec{v}/dt = \vec{0}$, la vitesse atteint donc une valeur limite v_e constante :

$$\overrightarrow{v_e} = \frac{\vec{F}}{\alpha} = \overrightarrow{cte}.$$

Puisque $\overrightarrow{v_e} = \omega \vec{F} = \vec{F}/\alpha$, on en déduit que $\alpha = 1/\omega$.

α est donc exprimé en fonction de la masse de la particule et du temps τ qui lui est nécessaire pour "oublier" la direction acquise lors du choc précédent.

- Autre expression de α

Pour des solutions diluées de particules assimilables à des sphères dures de rayon R :

Si τ est grand, c'est-à-dire $\lambda << R$, Stockes a montré que $\alpha = 6\pi\eta R$, où η est la viscosité du solvant ($\eta_{eau} = 10^{-3}$ S.I.) ;

si τ est petit, c'est-à-dire $\lambda > R$, $\alpha = \pi\eta R(R/\lambda)$, soit $\alpha \propto R^2$.

- Ecoulement de la solution

Si les particules de soluté sont entraînées par l'écoulement du solvant à la vitesse $\vec{v}_{solvant}$, alors :

$$\overrightarrow{v_e} = \vec{v}_{solvant}.$$

Flux d'entraînement des particules de soluté

Considérons une solution uniforme dans laquelle les particules de soluté se déplacent à la vitesse $\overrightarrow{v_e}$ sous l'action de la force $\vec{F}$. Le nombre de particules traversant un plan de section S perpendiculaire à la direction de $\overrightarrow{v_e}$ pendant l'intervalle de temps Δt est :

$$\Delta N = C(v_e \Delta t)S,$$

où C est la concentration en nombre.

Le flux d'entraînement à travers S dans la direction de la force $\vec{F}$ s'écrit :

$$J = \frac{\Delta N}{\Delta t} = C v_e S,$$

et la densité de flux d'entraînement correspondante :

$$j = C v_e.$$

Remarque

Les grandeurs J et j sont **algébriques**.

4.2 Flux diffusif de particules de soluté - 1re loi de Fick

Lorsque la distribution de particules n'est pas uniforme dans l'espace, nous allons montrer dans cette partie qu'il existe un flux net J de particules de soluté dirigé selon les concentrations décroissantes. Par souci de simplicité, on considèrera que les particules ne peuvent se déplacer que suivant l'axe x. Le sens du déplacement est aléatoire. On comptera positivement les particules qui se déplacent dans le sens positif de l'axe des x et négativement celles qui se déplacent dans le sens inverse. On considère deux éléments de volume de longueur λ dans la direction Ox et limité chacun par deux plans perpendiculaires à Ox et de surface S (figure II.8). Soit $C(x)$

le nombre des particules par unité de volume comprises dans l'élément de volume centré en x. Soit $C(x + \lambda)$ le nombre des particules par unité de volume comprises dans l'élément de volume centré en $x + \lambda$.

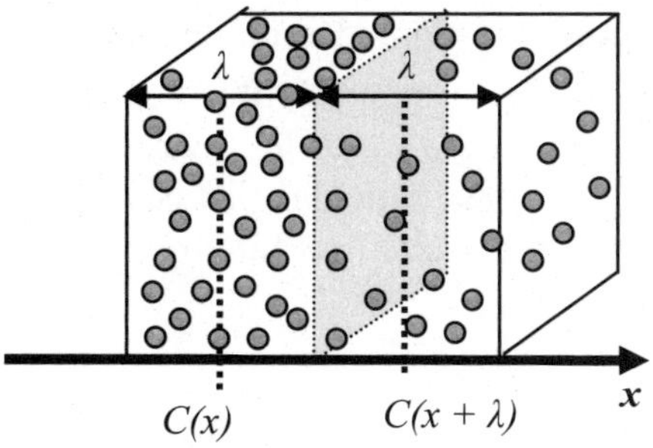

Figure II.8. : Représentation schématique de 2 volumes de longueur λ (distance moyenne parcourue par une particule entre deux chocs) et de surface S. Les concentrations de particules de soluté, respectivement dans les volumes de gauche et de droite sont $C(x)$ et $C(x + \lambda)$. On s'intéresse au flux de particules de soluté à travers le plan de surface S hachuré en gris.

Un volume de longueur λ et de section S contient $\left[C(x)S\lambda\right]$ particules. Le sens de propagation étant aléatoire, le nombre de particules qui traverse en moyenne la surface S (représentée en gris sur le schéma ci-dessus) pendant le temps τ et dans la direction des $x > 0$ est égal à $\left[C(x)S\lambda/2\right]$. De même $\left[C(x+\lambda)S\lambda/2\right]$ est le nombre de particules qui traverse la surface S pendant le temps τ dans la direction des $x < 0$. Le flux suivant l'axe Ox s'écrit alors :

$$J = \frac{1}{2}S\frac{\lambda}{\tau}\left[C(x) - C(x+\lambda)\right]$$

Pour une longueur λ petite, on peut développer la fonction $C(x)$ au voisinage de x en série de Taylor (voir annexe 2) et écrire :

$$C(x) - C(x+\lambda) = C(x) - [C(x) + \frac{dC}{dx}\lambda]$$

L'expression de J devient :

$$J = -\frac{1}{2}S\frac{\lambda^2}{\tau}\frac{dC}{dx}.$$

et la densité de flux suivant l'axe x s'écrit :

$$j = -\frac{1}{2}\frac{\lambda^2}{\tau}\frac{dC}{dx}.$$

En introduisant dans l'équation précédente l'expression de la constante de diffusion définie au paragraphe 2, $D = \frac{\lambda^2}{2\tau}$, nous obtenons la 1e loi de Fick :

$$j = -D\frac{dC}{dx}.$$

Remarques

- L'équation précédente montre bien que si la concentration de particules est la même selon la direction Ox ($C(x)$ constant), il n'y a pas de flux **net** bien qu'il y ait diffusion des particules due à l'agitation thermique. Autrement dit, le nombre de particules qui traverse S dans le sens des $x < 0$ est égal au nombre de particules qui traverse S dans le sens des $x > 0$ et par conséquent $J = 0$.

- Le signe "moins" dans l'expression précédente indique que le flux de particules est dirigé dans le sens des concentrations décroissantes. Si $dC/dx > 0$ alors j est dans le sens inverse de l'axe Ox. Le système évolue vers un état d'équilibre.
- Nous avons ci-dessus considéré que les particules se déplacent toutes parallèlement à l'axe des x. Pour des particules diffusant librement dans l'espace à trois dimensions, une analyse plus détaillée montrerait que la composante de j suivant l'axe des x s'écrit :

$$j_x = -\frac{1}{3}\frac{\lambda^2}{\tau}\frac{dC}{dx}.$$

- Substituons λ par $(v\,\tau)$ et τ par $(\omega\, m)$ dans l'expression précédente :

$$j_x = -\frac{1}{3} m v^2 \omega \frac{dC}{dx}$$

Maxwell et Boltzmann ont montré que :

$$\frac{1}{2} m v^2 = \frac{3}{2} k_B T,$$

ce qui donne : $j_x = -k_B T\,\omega \dfrac{dC}{dx}$.

En introduisant la relation entre la constante de diffusion d'une particule D et sa mobilité mécanique ω : $D = \omega k_B T$ (relation établie par Einstein et toujours valable quel que soit l'objet qui diffuse – voir question 3 de compréhension), on retrouve l'équation :

$$j_x = -D\frac{dC}{dx}.$$

- Pour des solutions diluées de particules assimilables à des sphères dures de rayon R (R est supérieure à la taille caractéristique des molécules de solvant) se déplaçant dans un solvant de viscosité η, Stokes a montré que la mobilité s'écrit : $v/F = \omega = 1/\alpha = 1/(6\pi\eta r)$. En introduisant l'expression de ω dans la relation d'Einstein précédente, on obtient la loi de Stokes-Einstein :

$$D = \frac{k_B T}{6\pi\eta r}.$$

- Nous avons raisonné en considérant que les grandeurs physiques, comme la concentration ou le flux de particules, étaient indépendantes du temps, ce qui revient à se placer en régime permanent. En général, la distribution des particules n'est pas uniforme ni dans l'espace, ni dans le temps. Cela signifie que les grandeurs physiques dépendent aussi de la variable temporelle t. La première loi de Fick à une dimension s'écrit alors :

$$j_x(x,t) = -D\frac{\partial C(x,t)}{\partial x}.$$

- Généralisation : s'il existe une inhomogénéité de concentration dans les trois directions de l'espace, la relation précédente devient dans la base $(\overrightarrow{u_x}, \overrightarrow{u_y}, \overrightarrow{u_z})$:

$$\vec{j}(x,y,z,t) = j_x(x,y,z,t)\overrightarrow{u_x} + j_y(x,y,z,t)\overrightarrow{u_y} + j_z(x,y,z,t)\overrightarrow{u_z},$$

Soit :

$$\vec{j}(\vec{r},t) = -D\left(\frac{\partial C(x,y,z,t)}{\partial y}\overrightarrow{u_x} + \frac{\partial C(x,y,z,t)}{\partial y}\overrightarrow{u_y}\right.$$
$$\left. + \frac{\partial C(x,y,z,t)}{\partial z}\overrightarrow{u_z}\right)$$

La quantité entre parenthèses représentant le gradient de la fonction $C(x,y,z,t)$, on peut également écrire :

$$\vec{j}(\vec{r},t) = -D\ \overrightarrow{grad}\ C(\vec{r},t) = -D\vec{\nabla}C .$$

4.3 Flux de particules de soluté – Loi de Fick généralisée

Loi de Fick généralisée

Considérons une solution diluée dans laquelle la concentration de particules de soluté est inhomogène (existence d'un gradient de concentration). Si de plus, les particules de soluté sont soumises à une force extérieure $\vec{F}$, alors le vecteur de densité de flux total de particules de soluté obéit au principe de superposition :

$$\vec{j}(\vec{r},t) = \overrightarrow{j_d}(\vec{r},t) + \overrightarrow{j_e}(\vec{r},t),$$

où $\overrightarrow{j_d}(\vec{r},t)$ est le vecteur de densité de flux diffusif et $\overrightarrow{j_e}(\vec{r},t)$ le vecteur densité de flux d'entraînement de particules de soluté.

Si la force $\vec{F}$ est orientée dans la direction de l'axe des x et que la concentration de particules de soluté ne dépend que de x, on obtient la loi de Fick généralisée :

$$\vec{j}(x,t) = -D\frac{\partial C(x,t)}{\partial x}\overrightarrow{u_x} + C(x,t)\ v(t)\ \overrightarrow{u_x}$$

où $v(t)$ est la composante suivant l'axe des x de la vitesse d'entraînement des particules.

Loi de variation de la concentration C(x) à l'équilibre

Considérons que le régime permanent est atteint ($\vec{v}(t) = \overrightarrow{v_e} = \omega\vec{F}$) et supposons que la force F puisse être ajustée de manière à ce que la densité de flux totale soit nulle, c'est-à-dire que **le système a atteint un équilibre**. On a donc :

$$j(x) = j_d(x) + j_e(x) = 0 .$$

Ce qui donne :

$$D\frac{dC(x)}{dx} = C(x)\ v_e .$$

On encore, avec $v_e = \omega F$,

$$D\frac{dC(x)}{dx} = C(x)\omega F .$$

On montre en mécanique que le travail d'une force $\vec{F}$ telle que le poids ou la force électrique entre deux charges ponctuelles ne dépend pas du chemin suivi par le point d'application de la force. On dit alors que la force $\vec{F}$ est conservative et qu'elle dérive d'une énergie potentielle U telle que :

$$F = -\frac{dU}{dx},$$

si F est la composante de la force selon l'axe des x.
Avec cette notation :

$$-D\frac{dC(x)}{dx} = C\,\omega\frac{dU(x)}{dx}.$$

En introduisant la relation d'Einstein $D = \omega k_B T$, et en intégrant la relation précédente, on obtient :

$$C(x) = C_0\, e^{-\frac{U(x)}{k_B T}}$$

C'est exactement ce que nous apprend la mécanique statistique : Boltzmann a montré que la probabilité de trouver une particule en x est proportionnelle à $\exp\left(-U(x)/k_B T\right)$, où $U(x)$ est l'énergie potentielle de la particule en x et $k_B T$ est l'énergie d'agitation thermique en ce point.

Remarques

- La relation précédente est identique à celle obtenue au paragraphe 2.2.2. du chapitre 1 et qui exprime l'évolution de la pression hydrostatique dans un gaz parfait en équilibre isotherme.
- A l'équilibre, la densité de flux totale est nulle ($j(x) = 0$). Cela ne signifie pas qu'il n'y a pas de mouvement des particules. Les particules se déplacent mais le nombre de ces particules qui passe de gauche à droite d'un plan est le même que ce celui qui traverse le même plan dans la direction opposée.

4.4 Équation de continuité ou de conservation de la matière (à 1 dimension)

Etablissement de l'équation de continuité

Elle est établie dans le cas d'un nombre total de particules constant dans la solution.
Soit $N(x,t)$ le nombre de particules de soluté comprises dans le volume $S\ dx$ représenté sur la figure II.9.

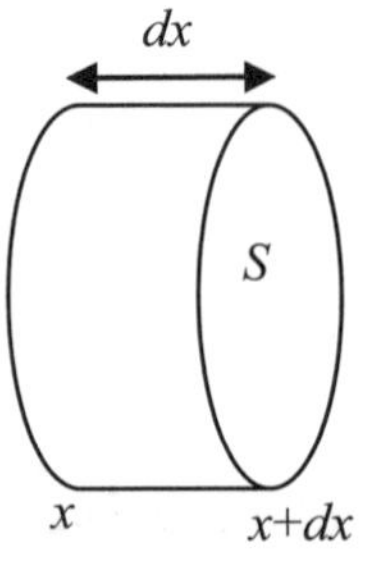

Figure II.9. : Représentation schématique d'un volume cylindrique de solution de section S et de longueur dx.

dN représente la variation de ce nombre pendant un temps dt. Si $j(x,t)$ est orienté dans le sens des valeurs $x > 0$:
dN = (nb. de particules qui entrent en x) – (nb. de particules qui sortent en $x + dx$).
C'est-à-dire :

$$dN = S\,dt[j(x,t) - j(x+dx,t)].$$

Pour dx petit :

$$j(x+dx,t) = j(x,t) + \frac{\partial j(x,t)}{\partial x}dx.$$

Et

$$dN = -\frac{\partial\, j(x,t)}{\partial\, x}dx\ S\ dt.$$

Or la variation pendant dt du nombre de particules de soluté comprises dans le volume $S\,dx$ est par définition :
dN = (nb. de partic. dans le volume $S\,dx$ à $t + dt$) – (nb. de partic. dans le volume $S\,dx$ à t).
C'est-à-dire :

$$dN = N(x,t+dt) - N(x,t) = \frac{\partial\, N(x,t)}{\partial\, t}dt.$$

Soit

$$\frac{\partial\, N(x,t)}{\partial\, t} = -S\,dx\frac{\partial\, j(x,t)}{\partial\, x}.$$

Et

$$\frac{1}{S\,dx}\frac{\partial\, N(x,t)}{\partial\, t} = \frac{\partial}{\partial\, t}\left(\frac{N(x,t)}{S\,dx}\right) = \frac{\partial\, C(x,t)}{\partial\, t}.$$

Par conséquent

$$\frac{\partial\, j(x,t)}{\partial\, x} = -\frac{\partial C(x,t)}{\partial\, t}.$$

Cette dernière équation s'appelle équation de continuité. Elle traduit la conservation du nombre de particules dans le système.

Remarques

- L'équation de continuité généralisée à trois dimensions s'écrit :

$$\frac{\partial\, j(x,y,z,t)}{\partial\, x} + \frac{\partial\, j(x,y,z,t)}{\partial\, y} + \frac{\partial\, j(x,y,z,t)}{\partial\, z} = -\frac{\partial\, C(x,y,z,t)}{\partial\, t}.$$

La somme des trois termes à gauche de l'égalité représentant la divergence de la fonction $j(x,y,z,t)$, on peut également écrire :

$$div\ j(\vec{r},t) + \frac{\partial\, C(\vec{r},t)}{\partial\, t} = 0.$$

(voir l'annexe 3 pour l'opérateur divergence « div »)

- En dérivant la première loi de Fick $j_x(x,t) = -D\dfrac{\partial C(x,t)}{\partial x}$ par rapport à x et en remplaçant l'expression obtenue dans l'équation de continuité, on obtient la deuxième loi de Fick :

$$D\frac{\partial^2 C(x,t)}{\partial x^2} = \frac{\partial C(x,t)}{\partial t}.$$

Exemples d'application de la 1e loi de Fick et de l'équation de continuité

On considère deux compartiments remplis d'une solution diluée de particules de soluté maintenue à des concentrations constantes et inégales, respectivement C_1 et C_2. On s'intéresse à la région des x compris entre x_1 et x_2 où les flux ne sont pas nuls (figure II.10).

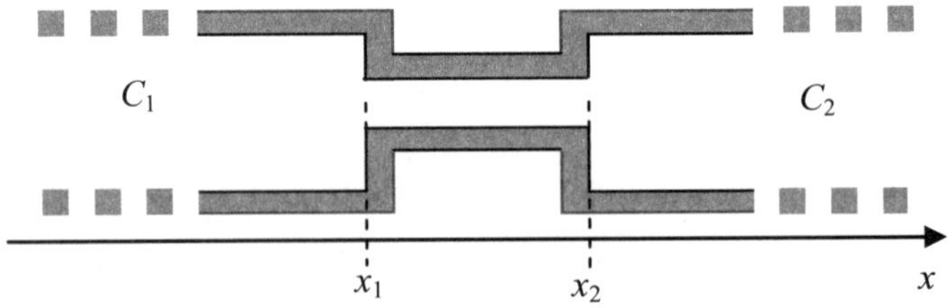

Figure II.10. : Deux compartiments remplis d'une solution diluée de particules de soluté maintenue à des concentrations constantes et inégales, C_1 et C_2. Les flux de particules ne sont pas nuls dans la conduite reliant les deux compartiments et comprise entre x_1 et x_2.

On se place en régime permanent et on cherche à déterminer :

a) L'expression de la densité de flux total de molécules de soluté $j(x)$ dans la région $[x_1, x_2]$.

b) L'expression de $C(x)$ dans la région $[x_1, x_2]$ lorsque solvant est supposé immobile et les molécules de soluté ne sont soumises à aucune force extérieure).

c) L'expression de $C(x)$ dans la région $[x_1, x_2]$ en présence d'un flux d'entraînement (vitesse d'entraînement v_e).

d) L'expression de $C(x)$ dans les deux cas limites correspondant à une diffusion prédominante ou négligeable.

a) Intéressons nous à l'évolution, en régime permanent, de la densité de flux total de molécules de soluté $j(x)$ dans la région $[x_1, x_2]$.

En régime permanent :

$$\frac{\partial C}{\partial t} = 0 \Leftrightarrow C(x,t) = C(x) \quad \text{et} \quad j(x,t) = j(x).$$

L'équation de continuité :

$$\frac{\partial C(x)}{\partial t} = -\frac{\partial j(x)}{\partial x} \Rightarrow \frac{\partial j(x)}{\partial x} = 0$$

En régime permanent, $j = cte$ (indépendant de t et de x).

b) Déterminons l'expression de $C(x)$ dans la région $[x_1, x_2]$ en régime permanent et dans le cas d'une diffusion libre (c'est-à-dire que le solvant est supposé immobile et les molécules de soluté ne sont soumises à aucune force extérieure).
La densité de flux de particules de soluté se réduit à un terme diffusif dont l'expression est donnée par la première loi de Fick. En régime permanent, celle-ci s'écrit :

$$j = cte = -D\,\frac{dC(x)}{dx}.$$

En intégrant cette relation (j est constant), on obtient :

$$C(x) = -\frac{j}{D}x + b.$$

La concentration de particules de soluté varie linéairement avec x dans le canal.
En appliquant les conditions aux limites, on peut déterminer les constantes j et b. Dans cet exemple, les solutions sont maintenues à des concentrations constantes et inégales, C_1 et C_2 dans les compartiments respectivement de gauche et de droite. On peut donc faire l'hypothèse que la concentration en x_1 (resp. x_2) est égale à C_1 (resp. C_2). On obtient alors :

$$\begin{cases} C(x = x_1) = C_1 \\ C(x = x_2) = C_2 \end{cases} \Rightarrow \begin{cases} j = -D\dfrac{C_2 - C_1}{x_2 - x_1} \\ b = \dfrac{C_1 x_2 - C_2 x_1}{x_2 - x_1} \end{cases}.$$

Finalement :

$$C(x) = \frac{C_2 - C_1}{x_2 - x_1}x + \frac{C_1 x_2 - C_2 x_1}{x_2 - x_1}.$$

Les évolutions de C et de j pour tout x sont représentées sur la figure II.11.

En résumé, on vient de montrer qu'en régime permanent et dans les régions des x où les flux ne sont pas nuls :

- $j = cte$ (conséquence de l'équation de continuité),
- $C(x)$ varie linéairement dans le cas d'une diffusion libre (conséquence de l'équation de continuité et de la première loi de Fick). Puisque $dC/dx = cte = k$, alors on peut aussi écrire $\Delta C/\Delta x = k$. Attention ! ici ΔC a la signification classique, i.e. C_2-C_1 contraire à celle imposée dans les remarques à la fin du paragraphe 3.4.1 du chapitre I.

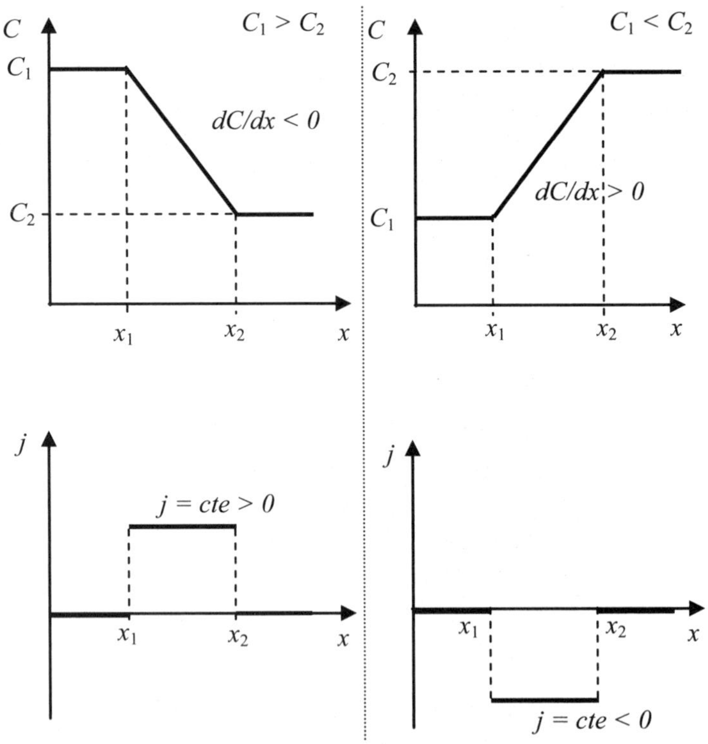

Figure II.11. Allures des courbes représentatives des fonctions $C(x)$ et $j(x)$ si $C_2 < C_1$ (courbes à gauche) et $C_1 < C_2$ (courbes à droite).

c) Déterminons l'expression de $C(x)$ dans la région $[x_1, x_2]$ en régime permanent en présence d'un flux d'entraînement (vitesse d'entraînement v_e).
En régime permanent, la densité de flux total est $j = j_d(x) + j_e(x) = cte$.
Ou encore :

$$-D\frac{dC(x)}{dx} + C(x)\, v_e = j = cte$$

Pour obtenir l'expression de $C(x)$ il faut résoudre l'équation différentielle précédente. La solution générale de cette équation (voir annexe 5) est la somme de :
la solution générale de l'équation sans 2nd membre ($j = 0$) : $C_h(x) = A e^{v_e x/D}$ où A est une constante,
et de la solution particulière de l'équation complète : $C_p = j/v_e$.
En posant $h = D/v_e$, on obtient finalement la relation :

$$C(x) = \frac{j}{v_e} + A e^{(x/h)}.$$

h a la dimension d'une longueur. C'est la distance sur laquelle la diffusion est importante. Si $v_e = 0$, la diffusion est importante partout.
Les constantes A et j sont déterminées en appliquant une fois encore les conditions aux limites en faisant à nouveau l'hypothèse que la concentration en x_1 (resp. x_2) est égale à C_1 (resp. C_2):

$$\begin{cases} C(x=x_1)=C_1 \\ C(x=x_2)=C_2 \end{cases} \Rightarrow \begin{cases} \dfrac{j}{v_\ell}+Ae^{x_1/h}=C_1 \\ \dfrac{j}{v_\ell}+Ae^{x_2/h}=C_2 \end{cases}.$$

Soit :

$$\begin{cases} A=\dfrac{C_1-C_2}{e^{x_1/h}-e^{x_2/h}} \\ j=v_\ell\dfrac{C_2e^{x_1/h}-C_1e^{x_2/h}}{e^{x_1/h}-e^{x_2/h}} \end{cases}.$$

Finalement on trouve que :

$$C(x)=\frac{C_2e^{x_1/h}-C_1e^{x_2/h}+(C_1-C_2)e^{x/h}}{e^{x_1/h}-e^{x_2/h}}.$$

$C(x)$ est de la forme :

$$C(x)=K_1\,e^{x/h}+K_2$$

avec

$$K_1=\frac{(C_1-C_2)}{e^{x_1/h}-e^{x_2/h}} \quad \text{et} \quad K_2=\frac{C_2e^{x_1/h}-C_1e^{x_2/h}}{e^{x_1/h}-e^{x_2/h}}.$$

d) Etudions les deux cas limites correspondant à une diffusion prédominante (h grand c'est-à-dire v_e tendant vers 0) ou négligeable (h tendant vers 0 c'est-à-dire v_e grand).

- Si la diffusion prédomine alors $h=D/v_e$ est grand et on peut dire que les rapports x_1/h, x_2/h et x/h tendent vers 0.

En utilisant le développement limité au premier ordre de e^X au voisinage de $X=0$, c'est-à-dire $e^X \approx 1+X$ (voir annexe 2), on obtient :

$$C(x)=\frac{C_2-C_1}{x_2-x_1}x+\frac{C_1x_2-C_2x_1}{x_2-x_1}.$$

On retrouve le résultat du point b) (diffusion libre), à savoir que $C(x)$ varie linéairement.

- Si la diffusion est négligeable alors $h=D/v_e$ tend vers 0 et l'on peut dire que les rapports x_1/h, x_2/h et x/h tendent vers l'infini.

En mettant en facteur le terme $e^{x_2/h}$ dans les expressions de K_1 *et* K_2, on obtient :

$$K_1=\frac{(C_1-C_2)}{e^{x_1/h}-e^{x_2/h}}=\frac{(C_1-C_2)}{e^{x_2/h}\left(e^{\left(\frac{x_1-x_2}{h}\right)}-1\right)}.$$

Soit :

$$K_1 e^{x/h} = (C_1 - C_2) \frac{e^{\left(\frac{x-x_2}{h}\right)}}{e^{\left(\frac{x_1-x_2}{h}\right)} - 1} \to 0$$

car $x_1 - x_2 < 0$ et $x - x_2 < 0$

et

$$K_2 = \frac{C_2 e^{x_1/h} - C_1 e^{x_2/h}}{e^{x_1/h} - e^{x_2/h}} = \frac{C_2\, e^{\left(\frac{x_1-x_2}{h}\right)} - C_1}{e^{\left(\frac{x_1-x_2}{h}\right)} - 1} \to C_1 \quad .$$

car $x_1 - x_2 < 0$

Autrement dit :

$$C(x) = K_1 e^{x/h} + K_2 \to C_1$$

quand h tend vers 0 c'est-à-dire v_e est grand.

Ce résultat implique $C(x = x_2) = C_1$, ce qui est en contradiction avec l'hypothèse $C(x = x_2) = C_2$ puisque C_2 est différent de C_1. Physiquement, $h = D/v_e$ peut être très faible mais pas nulle lorsque la diffusion est négligeable devant l'entraînement. Pour x compris entre x_1 et x_2, la courbe $C(x)$ sera donc tangente à C_1 pour décroître (si $C_1 > C_2$) ou croître (si $C_1 < C_2$) au voisinage de x_2 et atteindre C_2 en $x = x_2$ (voir tracé de la figure II.12). Si la vitesse v_e est vraiment très importante et que l'on peut écrire que h tend vers 0 (ou $\Delta x / h = (x_2 - x) / h$ tend vers l'infini) alors l'hypothèse $C(x = x_2) = C_2$ n'est pas valable. La courbe $C(x)$ sera donc tangente à C_1 pour décroître (si $C_1 > C_2$) ou croître (si $C_1 < C_2$) au voisinage de x_2 jusqu'à atteindre C_2 en $x > x_2$. C'est le cas de l'embouchure d'Amazone où l'on trouve de l'eau douce dans la mer. Le volume d'eau douce déversé dans l'océan Atlantique est si élevé que la salinité de l'eau de mer est modifiée jusqu'à 300 km des côtes.

Les allures des graphes de la fonction $C(x)$ pour x compris entre x_1 et x_2 et pour différentes valeurs du rapport x / h (où $h = D/v_e$) sont représentées sur la figure II.12 ci-dessous. Ces tracés correspondent au cas $C_1 > C_2$.

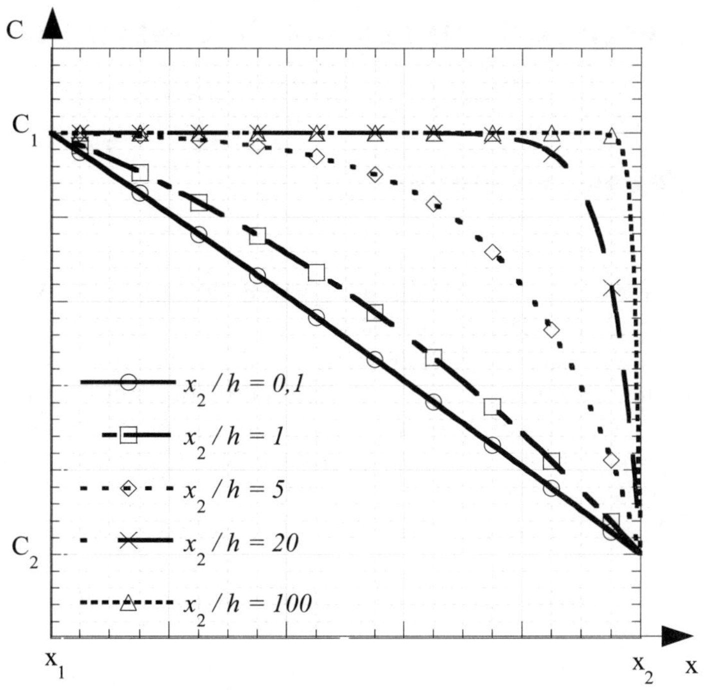

Figure II.12. Allures des graphes de la fonction $C(x)$ pour x compris entre x_1 et x_2 et pour un rapport x_2 / h (où $h = D/v_e$) égal à : 0,1 (diffusion prédominante – symboles = cercles), 1 (symboles = carrés), 5 (symboles = losanges), 20 (symboles = croix), 100 (diffusion négligeable – symboles = triangles). Ces tracés correspondent au cas $C_1 > C_2$.

Exercices d'application du chapitre II

Questions de compréhension

Question 1

On considère un réservoir contenant un nombre de particules N_0 soumises à l'agitation thermique et subissant des chocs.
Soit $N(x)$ le nombre de particules ayant parcouru une distance x sans avoir subi de chocs. Pendant le parcours postérieur d'une courte distance dx, la probabilité qu'une particule entre en collision avec une autre est proportionnelle à dx. Le coefficient de proportionnalité K est supposé indépendant de la vitesse de la particule.
1. Exprimer dN_{chocs}, le nombre de particules ayant subi des chocs, en fonction de dx, K et $N(x)$.
2. Soit $N(x+dx)$ le nombre de particules ayant parcouru la distance $x+dx$ sans collision. En déduire que $N(x)$ doit être solution de l'équation différentielle suivante :

$$\frac{d\,N(x)}{d\,x}+K\,N(x)=0$$

3. Résoudre l'équation précédente et donner l'expression de $N(x)$ en tenant compte des conditions initiales.
4. On appelle λ, la valeur moyenne de x. Elle est calculée à partir de l'expression suivante :

$$\lambda=\overline{x}=\frac{1}{N_0}\int_0^\infty x\,K\,N(x)\,dx\,.$$

La valeur de λ correspond à la distance moyenne parcourue par une particule sans subir de choc. Donner son expression.
5. En déduire l'expression de la loi de distribution des distances $N(x)$ en fonction de λ.

Réponse

1. D'après l'énoncé, la probabilité pour qu'une particule subisse un choc est égale à Kdx. Puisque la distance dx est petite devant x, seules les particules n'ayant pas encore subi de chocs ont une probabilité d'en subir un. Par conséquent :

$$dN_{chocs} = K\,dx\,N(x).$$

2. Parmi le nombre $N(x)$ de particules qui n'auront pas subi de chocs pendant une distance x, il y en aura dN_{chocs} qui en auront subi un après une distance $x+dx$, c'est-à-dire :

$$N(x+dx) = N(x) - dN_{chocs}.$$

Puisque $dN(x) = N(x+dx) - N(x)$ et $dN_{chocs} = K\,dx\,N(x)$ d'après le 1), on a :

$$\frac{d\,N\left(x\right)}{d\,x}+K\,N\left(x\right)=0\,.$$

3. La solution de cette équation est $N(x)=Ae^{-Kx}$. La constante A est donnée par les conditions initiales donc $A = N_0$.
4. On remplace $N(x)$ dans :

$$\lambda = \overline{x} = \frac{1}{N_0} \int_0^\infty x K N(x) dx = \frac{1}{N_0} \int_0^\infty x K N_0 e^{-Kx} dx,$$

que l'on intègre par parties (voir annexe 4) : $u = x$ et $dv = e^{-Kx} dx$. On trouve que $\lambda = \dfrac{1}{K}$.

5. On a donc $N(x) = N_0 e^{-\frac{x}{\lambda}}$, c'est une loi de décroissance exponentielle analogue celle d'une décroissance radioactive.

Question 2

Reprendre l'exercice précédent en considérant *N*(*t*), le nombre de particules n'ayant pas subi de chocs pendant le temps *t*, et *dN*(*t*), le nombre n'ayant pas subi de chocs pendant l'intervalle de temps *dt*. On note *K'* le coefficient de proportionnalité (noté *K* dans l'exercice précédent).

1. Quelle est alors l'expression de la loi *N*(*t*) en fonction de τ le temps moyen entre deux collisions ?
2. Donner la relation entre τ, λ (la distance moyenne parcourue par une particule sans subir de choc) et la vitesse moyenne $\overline{v}$ des particules.
3. La vitesse moyenne est déterminée à partir de la loi de distribution des vitesses de Maxwell ; la distance moyenne parcourue par une particule sans subir de choc dépend de la concentration en particules et donc de la pression dans la solution.

On considère des particules sphériques de rayon 0,15 nm dans une solution à la température $T = 293$ K et dont la vitesse moyenne est de 460 m.s^{-1}.

Calculer les valeurs de τ pour une distance moyenne parcourue entre deux chocs λ égale à :

a) 1,1.10^{-5} cm sous une pression de 1atm ;
b) 8,4.10^{-3} cm sous une pression de 1 torr (1 mmHg).

Réponse

1. Par analogie avec le problème précédent, le nombre de particules n'ayant pas subi de collisions pendant un temps *t* vaut $N(t) = Ae^{-Kt}$, et le temps moyen entre deux collisions s'écrit :

$$\tau = \overline{t} = \frac{1}{N_0} \int_0^\infty t K' N(t) dt = \frac{1}{N_0} \int_0^\infty t K N_0 e^{-Kt} dt.$$

Comme à la question 1.4, l'intégration de cette équation donne $\tau = \dfrac{1}{K'}$ et on obtient finalement que :

$$N(t) = N_0 e^{-\frac{x}{\tau}}.$$

2. La distance moyenne λ parcourue en un temps moyen τ est obtenue pour un mouvement uniforme de vitesse moyenne $\overline{v}$, soit :

$$\lambda = \overline{v}\tau.$$

3.

a) Pour une distance moyenne parcourue entre deux collisions λ de $1,1.10^{-5}$ cm sous une pression de 1atm, on obtient :

$$\tau = \frac{\lambda}{\overline{v}} = \frac{1,1 \times 10^{-7}}{460} = 2,4.10^{-11}\,\mathrm{s}.$$

b) Pour une distance moyenne parcourue entre deux collisions λ de $8,4.10^{-3}$ cm sous une pression de 1 torr (1 mmHg), on obtient :

$$\tau' = \frac{\lambda'}{\overline{v}} = \frac{8,4 \times 10^{-5}}{460} = 1,8.10^{-7}\,\mathrm{s}.$$

Question 3

Dans un récipient rempli de fluide, on introduit localement des molécules marquées. Ces molécules vont peu à peu se répartir de façon homogène dans le récipient. Ce phénomène, appelé « diffusion », est contrôlé par les chocs entre les molécules introduites et les molécules du fluide contenues dans le récipient dans le cas de solutions diluées (à laquelle on peut appliquer la loi des gaz parfaits). Soit $C(x)$ la concentration en un point x. Pour une diffusion à 3 dimensions on montre que :

$$j_d = -\frac{\overline{v}\,\lambda}{3}\frac{dC}{dx}$$

où $D \equiv \overline{v}\lambda/3$ est la constante de diffusion des molécules introduites.

1. Sachant que l'énergie cinétique de la molécule d'un gaz est :

$$\frac{m < v^2 >}{2} = \frac{3}{2} k_B T\,,$$

où m est sa masse, T la température absolue et k_B la constante de Boltzmann, montrer que $D = \omega\, k_B T$ où ω est la mobilité des molécules considérées.

2. Soit $U(x)$ l'énergie potentielle d'une molécule dans un milieu quelconque. Dans une situation d'équilibre où la probabilité de trouver une molécule en x est proportionnelle à $\exp[-U(x)/k_B T]$, on peut écrire la concentration de molécules dans un volume V sous la forme $C(x) = C_0 \exp[-U(x)/k_B T]\, C(x)$, C_0 étant la concentration en $x = 0$. Il existe dans ce milieu un gradient de concentration qui induit une densité de flux de diffusion j_D. En régime stationnaire, j_D s'écrit : $j_d = -D(dC/dx)$. Réécrire cette expression en fonction de dU/dx et de $k_B T$.

3. On applique un champ de force $\vec{F}$ parallèle à l'axe x. Les molécules sont soumises à des forces de frottement $\vec{f} = -\alpha\vec{v}$. A l'équilibre exprimer la vitesse d'entraînement des molécules en fonction du module F de la force $\vec{F}$. En déduire la densité de flux d'entraînement résultant j_e en fonction de α puis de la mobilité mécanique $\omega = 1/\alpha$.

4. Donner l'expression de la densité de flux total des molécules d'après le principe d'additivité. Quelle est sa valeur quand l'équilibre thermodynamique est atteint ? En déduire que $D = \omega\, k_B\, T$.

Réponse

1) Sachant que $D \equiv \overline{v}\,\lambda/3$, et en considérant la vitesse moyenne $\overline{v} = \sqrt{<v^2>}$ et que $\lambda = \overline{v}\,\tau$, on obtient :

$$D = \frac{\overline{v}\,\lambda}{3} = \frac{<v^2>\tau}{3} = \frac{\tau}{m}\left(\frac{2}{3} \times \frac{m<v^2>}{2}\right) = \frac{\tau}{m} k_B T\,.$$

En posant $\frac{\tau}{m} = \omega$, on en déduit que :

$$D = \omega k_B T\,.$$

2) Comme $j_d = -D\frac{dC}{dx}$ et $C(x) = C_0 \exp\left[-U(x)/k_B T\right]$, on obtient que :

$$j_d = -D C_0 \frac{1}{k_B T}\left(-\frac{dU}{dx}\right)\exp\left[-\frac{U(x)}{k_B T}\right].$$

$$j_d = \frac{D}{k_B T}\left(\frac{dU}{dx}\right)C(x)$$

3) Equilibre des forces : $\vec{F} - \alpha\vec{v} = \vec{0} \Rightarrow \vec{v} = \frac{\vec{F}}{\alpha} = \omega\vec{F}$.

Par ailleurs $j_e = C(x)\cdot v$.

Finalement : $j_e = C(x)\cdot\omega\cdot F$.

4) Densité de flux total : $j = j_d + j_e$. A l'équilibre thermodynamique $j = 0$. D'où :

$$\frac{D}{k_B T}\left(\frac{dU}{dx}\right)C(x) + C(x)\cdot\omega\cdot F = 0\,.$$

Or : $F = -\frac{dU}{dx}$. Donc on retrouve : $D = \omega k_B T$.

Questions à choix simple (une seule bonne réponse)

(Réponses p 115 à 123)

QCS 1 (extrait du concours PCEM 2009 de l'université Paris Descartes)

L'imagerie par résonance magnétique de diffusion de l'eau (IRMd) repose sur le principe selon lequel les molécules d'eau sont animées de mouvements aléatoires dans toutes les directions de l'espace. La structure et l'organisation géométrique des tissus avoisinants modifient ces mouvements. Les mesures réalisées par cette méthode ont permis de montrer que l'activation cérébrale provoquait une légère baisse du coefficient de diffusion des molécules d'eau, conséquence d'un petit gonflement des cellules activées. Par ailleurs cette technique s'est montrée efficace pour la détection précoce de l'infarctus cérébral ainsi que d'autres affections du système nerveux central.

Le mouvement aléatoire des molécules d'eau est caractérisé par le coefficient de diffusion D. Une certaine quantité caractéristique du mouvement (que l'on notera Z

pour l'instant) varie linéairement en fonction du temps avec un facteur de proportionnalité : $Z = 2pD$, où p est le nombre de dimensions (1, 2 ou 3) de l'espace dans lequel la molécule se déplace.

Partie A : Description à l'échelle de la molécule unique (expérience de pensée).
Imaginons que l'on puisse concevoir un système permettant d'observer la trajectoire d'une molécule unique d'eau dans une tranche fine (considérée comme une surface) de tissu biologique. Ce système enregistre la position de la molécule d'eau toutes les 0,2 millisecondes. On fera l'hypothèse qu'entre deux positions successives la molécule se déplace en ligne droite. Le graphe ci-après présente la trajectoire obtenue à partir de 11 positions. On a choisi comme origines (temps et espace) celles correspondant à la position initiale de la molécule.

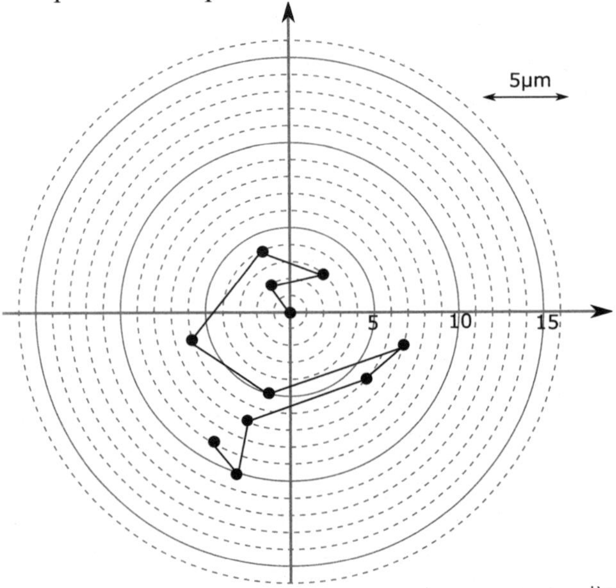

On notera r_n la distance par rapport à l'origine à l'instant de la n^{ième} mesure et Δ_n la distance qu'elle a parcourue entre les (n-1)^{ième} et n^{ième} mesures (la position initiale correspond à $n = 0$).

1. Quelles sont les dimensions de la quantité Z ? (L : longueur, T : temps)

   a) L ; b) $L \times T$; c) L^2.

2. Que vaut explicitement la quantité Z ?

   a) $Z = r_n^2$; b) $Z = r_n$; c) $Z = r_n t$.

3. D'après la figure ci-dessus, le coefficient de diffusion D de la molécule est égale à :

   a) $3.10^{-10}\,\text{m}^2.\text{s}^{-1}$; b) $9.10^{-9}\,\text{m}^2.\text{s}^{-1}$; c) $6.10^{-8}\,\text{m}^2.\text{s}^{-1}$.

Partie B : Approche macroscopique.
La précision de la mesure effectuée précédemment laisse à désirer parce qu'elle repose sur un trop faible nombre de positions de la molécule. Il faudrait répéter cette expérience un grand nombre de fois pour améliorer le résultat, ce qui peut s'avérer fastidieux.
Une solution alternative est de déposer une petite goutte d'eau colorée sur la tranche de tissu et d'observer son étalement en fonction du temps. A titre exemple,

les figures ci-dessous montrent la goutte étalée (en gris) à trois instants différents (de gauche à droite, le temps écoulé augmente).

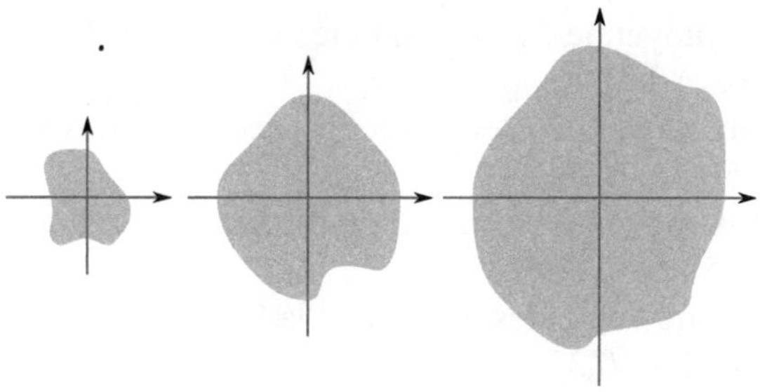

4. Quelle équation régit la diffusion responsable de l'étalement de la goutte ?

a) $D = 2Zt$; b) $D = \dfrac{Z}{2t}$; c) $D = \dfrac{Z}{4t}$.

5. La valeur du coefficient de diffusion calculée à partir de la figure ci-dessous obtenue au bout de 2 mn est :

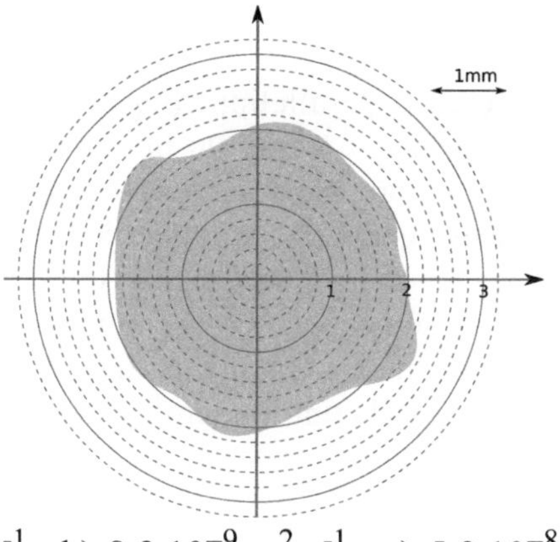

a) $2,3.10^{-10}\,m^2.s^{-1}$; b) $8,3.10^{-9}\,m^2.s^{-1}$; c) $5,3.10^{-8}\,m^2.s^{-1}$.

QCS 2

Le jour d'un départ en vacances la gendarmerie nationale installe deux postes aux points A et B d'une autoroute à 3 voies. Entre A et B on ne peut ni entrer sur l'autoroute, ni en sortir.

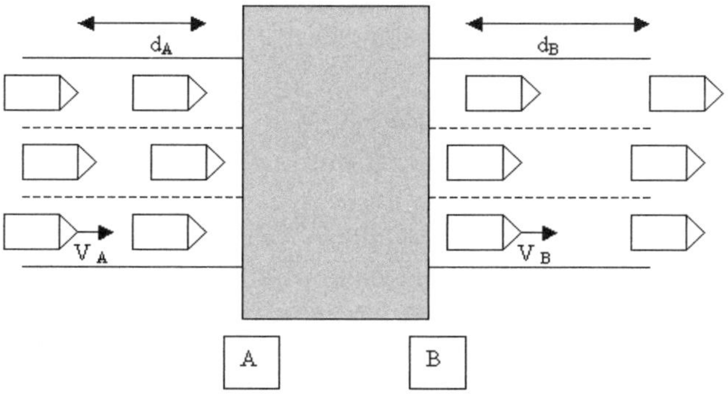

Les observations effectuées par les postes A et B sont les suivantes :

A : trafic régulier sur les trois voies, vitesse moyenne des véhicules v_A = 50 km/h, distance moyenne entre les véhicules d_A = 25 m.

B : trafic régulier, vitesse moyenne $v_B = 75$ km/h, distance moyenne $d_B = 50$ m.

1. La concentration moyenne C_A en véhicules/voie/m en A vaut :
   a) 4.10^{-2} ; b) 4.10^{2} ; c) 4.
2. La concentration moyenne C_B en véhicules/voie/m en B vaut :
   a) 10^{2} ; b) 0,5 ; c) 2.10^{-2}.
3. La densité de flux moyenne j_A en véhicules/sec/voie en A vaut :
   a) 0,35 ; b) 0,56 ; c) 0,76.
4. La densité de flux moyenne j_B en véhicules/sec/voie en B vaut :
   a) 0,24 ; b) 0,65 ; c) 0,42.
5. le flux J_A, nombre de véhicules traversant la ligne A par seconde vaut :
   a) 1,67 ; b) 20,34 ; c)0,32.
6. le flux J_B, nombre de véhicules traversant la ligne B par seconde vaut :
   a) 21,76 ; b) 0,45 ; c) 1,25.
7. le taux de changement (véhicules/s) du nombre de véhicules situés entre A et B :
   a) 0, 42 ; b) 2,92 ; c) 10,43.

QCS 3

On considère une cellule creuse parallélipidèdique dont l'intérieur possède une hauteur $h = 1$ mm et une largeur $l = 1$ cm. On fait circuler une solution contenant des agents de contraste ultrasonore dans cette cellule avec une vitesse de $v = 2$ cm.s^{-1} suivant un axe Ox. Ces agents ont tous un diamètre d'un micromètre. Cette cellule est traversée par un faisceau d'ondes ultrasonores perpendiculairement à l'axe Ox On dispose d'un système de mesure optique dans la zone A de cette cellule. Dans des conditions normales les agents de contraste sont séparés par une distance moyenne $d = 250$ µm, et ils ont la même vitesse (module et direction) que celles de l'écoulement de la solution.

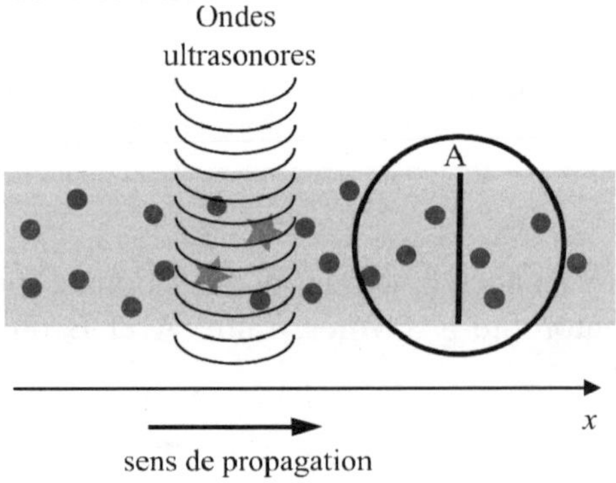

1. La concentration de particules en A est de :
   a) 1233 agents/mm^3 ; b) 0,4 agents/mm^3 ; c) 64 agents/mm^3.
2. Le flux de particules en A est de :
   a) 12800 agents.s^{-1} ; b) 25480 agents.s^{-1} ; c) 56800 agents.s^{-1}.
3. Avant le point A, on applique un champ ultrasonore qui détruit un agent sur cinq, sans changer la propagation des agents restants. Le nouveau flux mesuré en A est égal à :
   a) 20384 agents.s^{-1} ; b) 10240 agents.s^{-1} ; c) 45440 agents.s^{-1}.

QCS 4

On considère une molécule de soluté supposée sphérique diffusant librement dans un volume d'eau.

1. Cette molécule parcourt en moyenne une distance de 1 cm en 6 h. Son coefficient de diffusion D dans l'eau vaut :

   a) $1{,}7.10^{-15}$ $m^2.s^{-1}$; b) $4{,}7.10^{-5}$ $m^2.s^{-1}$; c) $7{,}7.10^{-10}$ $m^2.s^{-1}$.

2. On rappelle que pour des particules sphériques de rayon r, D a pour expression $D = kT/6\pi\eta r$ dans laquelle $k = 1{,}38.10^{-23}$ $J.K^{-1}$ est la constante de Boltzmann, η est la viscosité du milieu et T la température. Dans l'eau $\eta = 10^{-3}$ Poiseuille. Le rayon r de la particule de soluté dans l'eau à $T = 300K$ est égale à :

   a) $2{,}2.10^{-14}$ m ; b) $1{,}6.10^{-18}$; c) $2{,}8.10^{-10}$ m.

3. La masse volumique ρ d'une molécule de soluté est égale à 1,1 $g.cm^{-3}$. Sachant que $N_A = 6{,}02.10^{23}$ mol^{-1}, sa masse molaire est égale à :

   a) 60 g/mol ; b) 600 g/mol ; c) 120 g/mol.

QCS 5

Soit un cristallisoir de section circulaire $S = 20$ cm^2. Le fond du cristallisoir est rempli d'une couche mince d'eau (film d'eau bidimensionnel). A l'aide d'une micro-seringue, on dépose à la surface de l'eau et au centre du cristallisoir une goutte de solution de virus. Le coefficient de diffusion du virus dans l'eau est $D = 30$ $\mu m^2.s^{-1}$. Le temps t nécessaire aux virus pour diffuser sur tout le fond du cristallisoir après le dépôt de la goutte est de l'ordre de :

a) 23 jours ; b) 245 jours ; c) 62 jours.

QCS 6

On considère une macromolécule dont le coefficient de diffusion dans l'eau est $D = 10^{-6}\,\text{cm}^2/\text{s}$.

1. On considère une macromolécule initialement située au centre d'une cellule qui est assimilée à une sphère de rayon $R = 1$ µm et remplie essentiellement d'eau. Le temps nécessaire à cette macromolécule pour atteindre par diffusion la membrane de la cellule est égal à :

   a) 6 ms ; b) 1,7 ms ; c) 0,3 ms.

2. La température T de la solution est de 37°C et la viscosité de l'eau η est égale à 10^{-3} Pa.s. La constante de Boltzmann k étant égale à $1{,}38.10^{-23}$ $J.K^{-1}$, le rayon r de la macromolécule vaut :

   a) $r = 2{,}27$ µm ; b) $r = 227$ Å ; c) $r = 2{,}27$ nm.

3. Sachant que la membrane est imperméable aux macromolécules, la valeur maximale du rayon a d'un pore de membrane doit être :

   a) $a < r$; b) $a = 0$; c) $a > r$.

QCS 7

Transfert du dioxygène et du dioxyde de carbone entre les capillaires sanguins et les alvéoles pulmonaires.

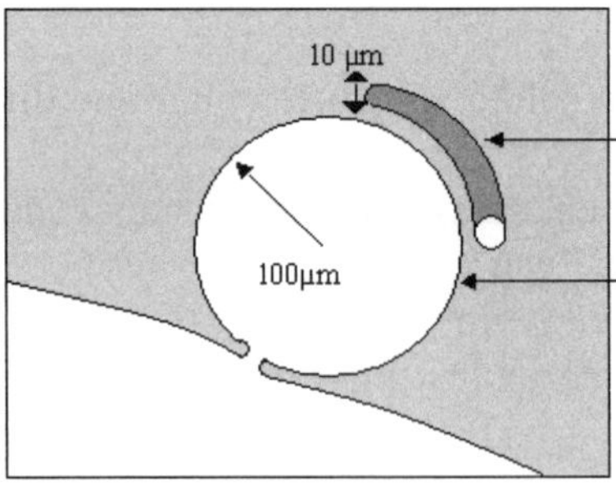

On modélise une alvéole pulmonaire par une sphère de rayon r_a égal à 100 µm remplie d'air et un capillaire sanguin par un cylindre de rayon r_c égal à 5 µm rempli d'eau. Ces deux objets sont en contact sur une distance ℓ_c égale à 100 µm. On donne les coefficients de diffusion suivants :

Gaz	Milieu	D ($cm^2.s^{-1}$)
O_2	air	0,18
CO_2	air	0,14
O_2	eau	10^{-5}
CO_2	eau	$0{,}9.10^{-5}$

On considère que la diffusion dans l'alvéole et le capillaire se fait à trois dimensions.

1. Le temps nécessaire à une molécule de dioxygène pour diffuser du centre de l'alvéole vers la périphérie est de :
   a) 93 µs ; b) 233 ns ; c) 47 ms.
2. L'épaisseur de la membrane séparant l'alvéole du capillaire étant de quelques fractions de micron, on néglige son effet sur la diffusion. Le temps nécessaire à la molécule pour parvenir ensuite au centre du capillaire vaut :
   a) $4{,}17.10^{-3}$ s; b) $2{,}09.10^{-1}$ s; c) $7{,}43.10^{-5}$ s.
3. Le temps de transit de cette molécule est alors de :
   a) $2{,}31.10^{-1}$ s ; b) $7{,}12.10^{-5}$ s ; c) $4{,}26.10^{-3}$ s.
4. Le temps de transit pour la molécule de dioxyde de carbone vaut :
   a) $3{,}32.10^{-2}$ s ; b) $4{,}75.10^{-3}$ s ; c) $0{,}15.10^{-3}$ s.
5. La vitesse moyenne du sang dans un capillaire est $v_s = 10^{-1}$ $cm.s^{-1}$. Le temps de transit du sang dans ce capillaire est égal à :
   a)10,1 s ; b) 1,0 s ; c) 0,1 s.

QCS 8

On a constaté que des macromolécules étaient complètement arrêtées par une membrane dont le diamètre moyen des pores est de 2 nm, en solution aqueuse. Par contre elles traversent une membrane dont le diamètre moyen des pores est de 2,5 nm.

Les macromolécules sont supposées sphériques de rayon r. On rappelle que dans ce cas, le coefficient de diffusion de ces particules dans un milieu de viscosité η, à la température T (exprimée en K) a pour expression $D = \dfrac{kT}{6\pi\eta r}$, où k est la constante de Boltzmann ($k = 1{,}38.10^{-23}$ $Joule.K^{-1}$).

Pour une solution à une température de 20°C, sachant que la viscosité de l'eau est égale à 10^{-3} Poiseuille, les valeurs limites du coefficient de diffusion dans l'eau de ces molécules sont :

a) $0,18.10^{-5}\,\text{cm}^2.\text{s}^{-1} \leq D < 0,22.10^{-5}\,\text{cm}^2.\text{s}^{-1}$;

b) $0,18.10^{-9}\,\text{cm}^2.\text{s}^{-1} \leq D \leq 0,22.10^{-9}\,\text{cm}^2.\text{s}^{-1}$;

c) $0,18.10^{-5}\,\text{m}^2.\text{s}^{-1} \leq D \leq 0,22.10^{-5}\,\text{m}^2.\text{s}^{-1}$.

QCS 9 (extrait du concours PAES 2011 de l'université Paris Descartes)

Gel microbicide

L'incidence élevée de l'infection par le VIH, notamment dans les pays en voie de développement, et en l'absence d'un vaccin prophylactique ou d'une distribution à large échelle des molécules anti rétrovirales renforcent la nécessité et le caractère urgent du développement de microbicides vaginaux agissant comme barrières physiques et chimiques.

L'utilisation de microbicides à usage vaginal permettrait d'une part de limiter la transmission sexuelle du VIH et d'autre part de fournir à la femme la maîtrise de sa protection contre le VIH, ce qui n'est pas toujours le cas avec l'usage du préservatif.

On s'intéresse dans ce problème à la barrière physique. On souhaite développer un modèle de diffusion 1D du transport du VIH, par diffusion dans le sperme et dans un gel microbicide. Le but de ce type d'étude est d'optimiser les paramètres de la couche de gel (épaisseur, viscosité et coefficient de diffusion), afin de modifier la dynamique du transport du VIH et de réduire ainsi de façon significative la probabilité d'infection, par exemple en laissant plus de temps aux molécules anti rétrovirales pour agir (voir par exemple : B.E. Lai *et al*, *Biophysical Journal*, vol. **97** (2009), 2379-2387 ; la figure ci-dessous de cet article).

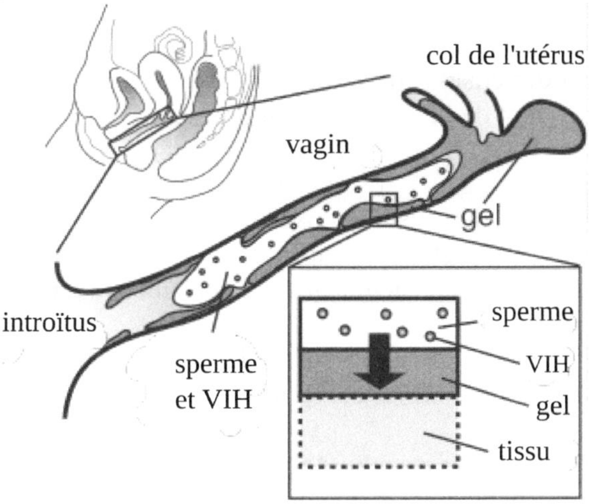

Relations utiles

Pour décrire le transport de particules neutres par diffusion (pour une géométrie 1D) :

Loi de Fick : $\vec{j} = -D\dfrac{\partial C}{\partial x}\vec{u}_x$

Equation de continuité (conservation de la matière) : $\frac{\partial C}{\partial t} = -\frac{\partial j}{\partial x}$

où C est la concentration en particules, D est le coefficient de diffusion et j la densité de flux de particules.

Données :

Coefficient du diffusion de VIH dans le sperme : $3{,}6.10^{-8}$ cm²/s

Surface interne du vagin : 100 cm²

Diffusion d'un virus unique dans le sperme

Dans un premier temps on considère la diffusion d'un seul virus (considéré comme une particule unique) dans le sperme sans la présence d'un gel microbicide. Après l'éjaculation, on considère que le sperme est réparti uniformément sur la surface interne du vagin (= surface du tissu) et qu'il forme une couche d'épaisseur e_s. On considère une diffusion selon un axe x orienté du sperme vers le tissu.

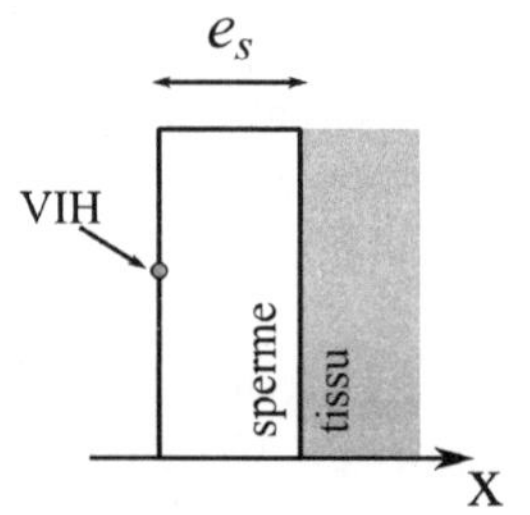

1. Donner l'expression du temps t_s que mettra un virus pour traverser une couche de sperme d'épaisseur e_s en fonction du coefficient de diffusion du virus dans le sperme D_s, de l'épaisseur e_s de la couche de sperme et d'un facteur n qui dépend de la géométrie du problème.

    a) $t_s = e_s n D_s$; b) $t_s = \frac{e_s^2}{nD_s}$; c) $t_s = \sqrt{nD_s e_s}$; d) $t_s = \sqrt{\frac{e_s}{nD_s}}$;

    e) Aucune de ces réponses n'est exacte.

2. Quelles sont les dimensions du facteur n ?

    a) Elles dépendent de la géométrie du problème ;

    b) $[n] = \left[T^2 L^{-3}\right]$; c) $[n] = \left[T^3 L^{-3}\right]$; d) $[n] = \left[T^{-1} L^{-1}\right]$;

    e) Aucune de ces réponses n'est exacte.

3. Sachant que le sperme est réparti uniformément sur la surface interne du vagin et que la valeur numérique du facteur n est 2, calculer le temps t_s pour un volume de sperme de 3,6 mL.

    a) 5 heures ; b) 5 minutes ; c) 5 secondes ; d) 10 secondes ;

    e) Aucune de ces réponses n'est exacte.

Diffusion en présence d'une couche de gel microbicide

On s'intéresse maintenant à la diffusion en présence du gel. Le gel forme une « zone tampon » entre le sperme où la concentration initiale en VIH est homogène et notée C_0 et la surface du tissu où la concentration initiale est nulle (voir la figure ci-dessous). On considère un régime stationnaire.

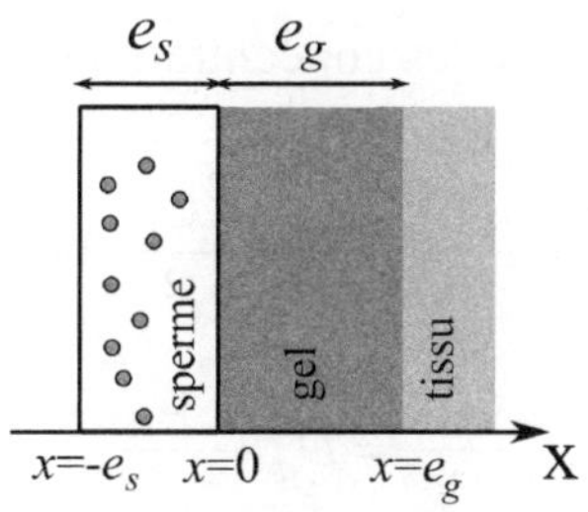

4. On considère d'abord que le gel est appliqué uniformément sur la surface interne du vagin et qu'il forme une couche dont l'épaisseur e_g est de 400 μm. Sachant que $C_0 = 5.10^4$ virus/mL et que le coefficient de diffusion du VIH dans le gel est un dixième de celui dans le sperme, soit $D_g = 0{,}1\, D_s$, quel est le flux J de virus arrivant sur la surface du tissu ?

   a) $J = 27000$ virus/min ; b) $J = 270$ virus/min ; c) $J = 27$ virus/min ;

   d) $J = 0{,}27$ virus/min ; e) Aucune de ces réponses n'est exacte.

En pratique, la couche de gel n'est pas uniforme. On propose le modèle suivant : sur une fraction χ de la surface du tissu le gel forme bien une couche d'épaisseur e_g alors que sur le reste de la surface l'épaisseur de la couche n'est que $e_g/2$. Le flux de virus atteignant la surface du tissu est maintenant noté J'.

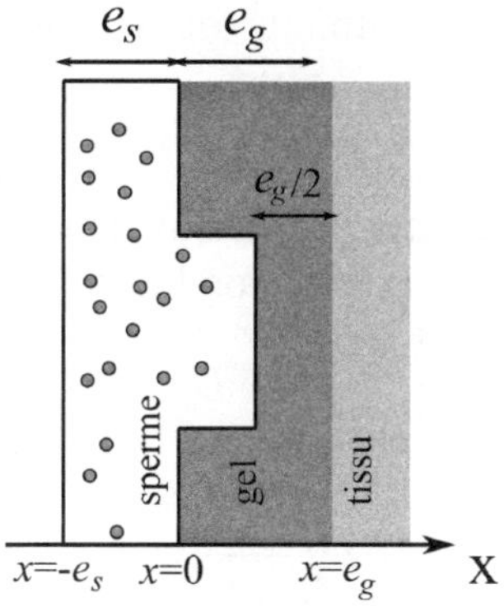

5. Exprimer le flux J' en fonction χ et du flux J défini à la question 4.

   a) $J' = \dfrac{(1+\chi)}{2} J$; b) $J' = (2+\chi)J$; c) $J' = (2-\chi)J$; d) $J' = \dfrac{(1-\chi)}{2} J$;

   e) Aucune de ces réponses n'est exacte.

Soit e'_g l'épaisseur d'une couche de gel de même coefficient D_g, répartie uniformément sur la même surface de tissu et qui donnerait, pour le flux de virus atteignant la surface du tissu, la même valeur J' que celle exprimée à la question précédente.

6. Déterminer l'expression de e'_g.

   a) $e'_g = (2-\chi)e_g$; b) $e'_g = (2+\chi)e_g$; c) $e'_g = \dfrac{(1+\chi)}{2} e_g$;

   d) $e'_g = \dfrac{(1-\chi)}{2} e_g$; e) Aucune de ces réponses n'est exacte.

Evolution spatio-temporelle de la concentration en virus

En combinant la première loi de Fick et l'équation de continuité, on obtient les équations de diffusion (seconde loi de Fick) suivantes qui permettent de déterminer les évolutions spatio-temporelles des concentrations en virus dans le sperme $C_s(x,t)$ et dans le gel $C_g(x,t)$:

dans le sperme : $$\frac{\partial C_s}{\partial t} = D_s \frac{\partial^2 C_s}{\partial x^2} \text{ ; pour } -e_s \le x \le 0$$

dans le gel : $$\frac{\partial C_g}{\partial t} = D_g \frac{\partial^2 C_g}{\partial x^2} \text{ ; pour } 0 \le x \le e'_g .$$

Pour résoudre ce système de deux équations il faut poser des conditions de continuité à l'interface entre la couche de sperme et la couche de gel, soit en $x = 0$.

On note la position de cette interface $x = 0^-$ si on se place dans le sperme, ou $x = 0^+$ si on se place dans le gel.

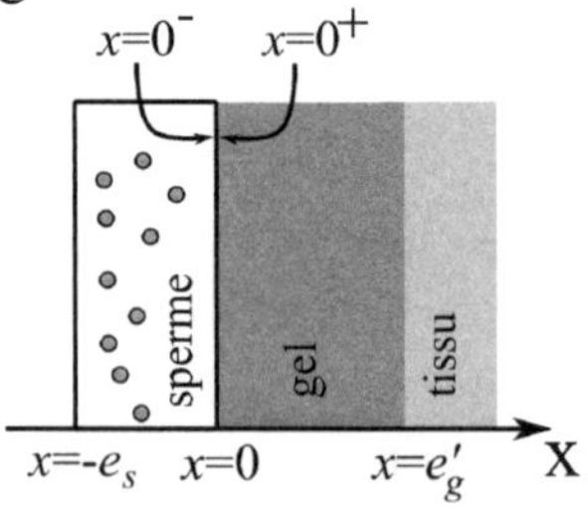

La première condition est la continuité de la concentration à l'interface. Elle s'exprime comme suit :

$$C_s(x=0^-,t) = C_g(x=0^+,t)$$

La deuxième condition est la continuité du flux de virus à l'interface.

7. Comment s'exprime cette deuxième condition ?

a) $D_g \left.\frac{\partial C_g}{\partial x}\right|_{x=0^+} = D_s \left.\frac{\partial C_s}{\partial x}\right|_{x=0^-}$; b) $D_g \left.\frac{\partial C_g}{\partial x}\right|_{x=0^+} = -D_s \left.\frac{\partial C_s}{\partial x}\right|_{x=0^-}$;

c) $\left.\frac{\partial C_g}{\partial x}\right|_{x=0^+} = \left.\frac{\partial C_s}{\partial x}\right|_{x=0^-}$; d) $D_g \left.\frac{\partial C_g}{\partial t}\right|_{x=0^+} = D_s \left.\frac{\partial C_s}{\partial t}\right|_{x=0^-}$;

e) Aucune de ces réponses n'est exacte.

On choisit un gel dans lequel le coefficient de diffusion du virus est plus faible que celui dans le sperme : $D_g < D_s$ et on étudie la concentration de virus à un temps donné $t = t_0 > 0$. On note $C(x, t_0)$ cette concentration ; on a donc :

$C(x,t_0) = C_s(x,t_0)$ pour $-e_s \le x \le 0$ et $C(x,t_0) = C_g(x,t_0)$ pour $0 \le x \le e'_g$.

8. Parmi les représentations graphiques suivantes des concentrations en virus $C(x,t_0)$, laquelle (ou lesquelles) est (sont) compatible(s) avec les conditions de continuité imposées. (Remarque : aucune de ces courbes ne correspond à la variation de la concentration réellement observée)

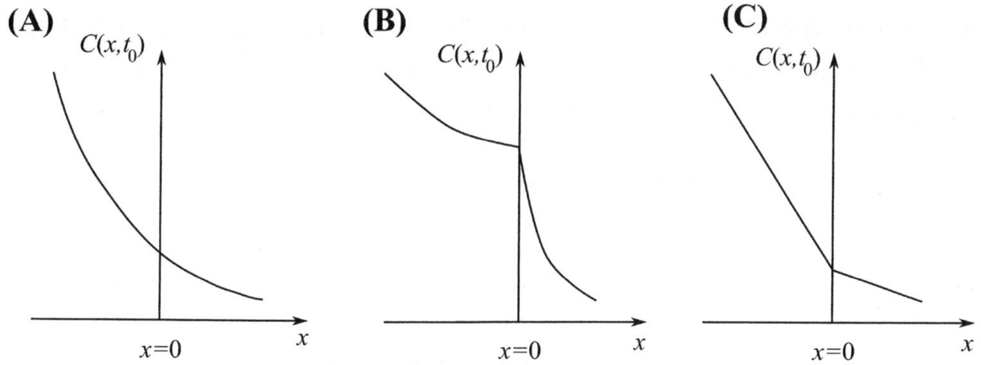

a) Seule la première (A) est compatible ;
b) Seule la deuxième (B) est compatible ;
c) Seule la troisième (C) est compatible ;
d) Toutes sont compatibles ;
e) Aucune de ces réponses n'est exacte.

Modèle du milieu équivalent

On modélise maintenant la superposition de la couche de sperme et de la couche de gel par un milieu équivalent d'épaisseur $e_s + e'_g$, caractérisé par un coefficient de diffusion équivalent D_e.

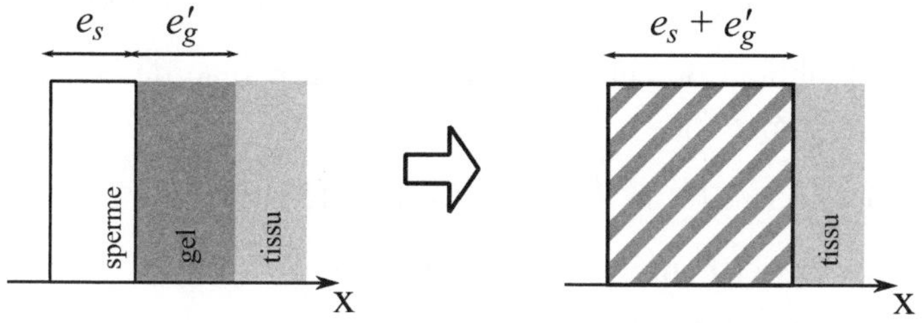

Le coefficient de diffusion équivalent D_e sera déterminé de la façon suivante : le temps nécessaire pour qu'un virus traverse par diffusion l'épaisseur $e_s + e'_g$ doit être égal au temps total pour qu'un virus traverse d'abord la couche de sperme puis la couche de gel.

9. Déterminer l'expression du coefficient diffusion de équivalent D_e caractéristique du milieu formé par les deux couches.

a) $D_e = \dfrac{D_s D_g \left(e_s + e'_g\right)^2}{D_s\, e_s^2 + D_g\, e'^2_g}$; b) $D_e = \dfrac{D_s D_g}{D_s + D_g}$; c) $D_e = \dfrac{D_s D_g \left(e_s + e'_g\right)^2}{D_s\, e'^2_g + D_g\, e_s^2}$;

d) $D_e = \dfrac{D_s + D_g}{2}$; e) Aucune de ces réponses n'est exacte.

L'expression analytique exacte de la distribution spatiotemporelle de la concentration en virus n'est pas une fonction simple. On peut toutefois montrer que la fonction suivante en est une bonne approximation :

$$C(x,t) = C_0 \frac{e^{-\lambda(t)x}}{e^{-\lambda(t)x} + 1}$$

où C_0 est la concentration initiale en virus dans le sperme et $\lambda(t)$ est une fonction qui dépend du temps et du coefficient de diffusion équivalent D_e. La fonction $C(x,t)$ est tracée ci-dessous pour différentes valeurs de t.

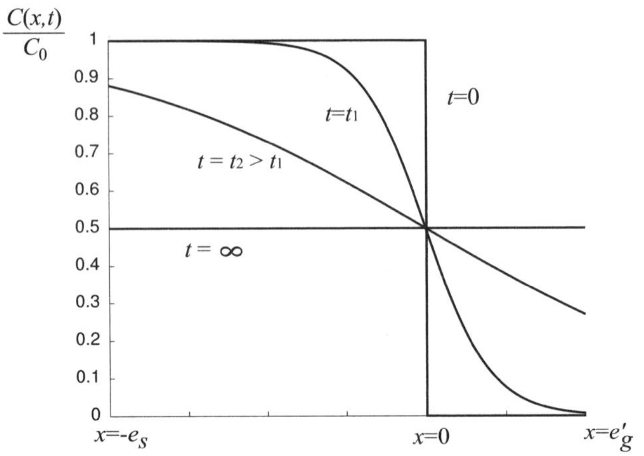

On cherche à déterminer le temps $t_{1\%}$ pour lequel la concentration en virus au niveau du tissus sera égale à 1% de la concentration initiale dans le sperme soit : $C(e'_g, t_{1\%}) = 0,01C_0$.

10. Sachant que l'épaisseur équivalente e'_g de gel est de 200 μm, pour quelle valeur de $\lambda(t_{1\%})$ obtient on cette concentration au niveau de la surface du tissu ? On donne : $\ln 10 \approx 2,3$.

a) $\lambda(t_{1\%}) \approx 1,15 \times 10^{-2}\ \text{m}^{-1}$; b) $\lambda(t_{1\%}) \approx 1,15 \times 10^{2}\ \text{m}^{-1}$;

c) $\lambda(t_{1\%}) \approx 2,3 \times 10^{2}\ \text{m}^{-1}$; d) $\lambda(t_{1\%}) \approx 2,3 \times 10^{4}\ \text{m}^{-1}$;

e) Aucune de ces réponses n'est exacte.

On montre facilement que :

$$\frac{\partial C(x,t)}{\partial x} = -C_0 \lambda(t) \frac{e^{-\lambda(t)x}}{\left(e^{-\lambda(t)x} + 1\right)^2}.$$

En étudiant cette dérivée partielle par rapport à x en $x = 0$, en particulier sur les courbes tracées ci-dessus pour $t = 0$ et $t = \infty$, on peut obtenir une information sur la forme de la fonction $\lambda(t)$.

11. A partir de cette étude de la dérivée partielle, quelle est parmi les fonctions suivantes une forme possible pour $\lambda(t)$? Note : β et γ sont des constantes non nulles.

a) $\lambda(t) = \dfrac{\pi}{2\sqrt{D_e t}}$; b) $\lambda(t) = \dfrac{\pi}{2\sqrt{D_e t}} + \beta$; c) $\lambda(t) = \dfrac{\pi}{2\sqrt{D_e t + \gamma}}$;

d) Toutes ces fonctions sont possibles ;

e) Aucune de ces réponses n'est exacte.

Problèmes

(Réponses p 123 à 135)

Problème 1

On rappelle qu'à une dimension et lorsque le régime stationnaire est établi, la densité de flux de particules en présence d'une force extérieure et d'un gradient de concentration s'écrit :

$$j(x) = -D\frac{dC(x)}{dx} + \frac{D}{kT} f\, C(x) \quad (1)$$

où $C(x)$ est la concentration de particules de soluté à l'abscisse x dans la solution, D est le coefficient de diffusion des particules dans la solution, T est la température absolue de la solution, k est la constante de Boltzmann et f est un facteur dimensionné.

On donne $T = 300$ K, la constante des gaz parfaits $R = 8{,}31$ J.mol^{-1}.K^{-1}, $g = 10$ m.s^{-2}.
Dans ce problème, les valeurs de k et du nombre d'Avogadro N_A sont supposées inconnues.

Questions préliminaires

a) Donner la signification physique de chaque terme dans l'expression de $j(x)$.
b) Montrer que le facteur f a la dimension d'une force.

Problème

Soit un cylindre vertical rempli d'une solution dont la masse volumique moyenne est ρ. Soit m et ρ_p ($\rho_p > \rho$), respectivement la masse et la masse volumique de chaque macromolécule présente dans la solution. L'axe du cylindre est Ox (de vecteur unitaire $\vec{u}_x$), l'origine O étant prise au fond du récipient.

Chaque macromolécule est soumise à la force de pesanteur, à la poussée d'Archimède et à une force de frottement proportionnelle à sa vitesse $\vec{v}$, soit $\vec{F}_v = -\alpha\vec{v}$ (α = cte > 0).

La vitesse limite atteinte par chaque macromolécule s'écrit $\vec{v}_{\lim} = v_\ell \cdot \vec{u}_x$.

1. Déterminer l'expression de v_ℓ en fonction des données. On rappelle que $\alpha = kT/D$. Préciser le signe de v_ℓ.
2. En déduire l'expression du vecteur force $\vec{f}$ qui s'exerce sur chaque macromolécule en fonction de m, ρ, ρ_p, g et $\vec{u}_x$.
3. Réécrire $j(x)$.
4. Montrer qu'à l'équilibre la concentration $C(x)$ s'écrit $C(x) = C(0)\,e^{-x/h}$ où $C(0)$ est la concentration en $x = 0$ et h une constante que l'on déterminera. Préciser la dimension de h.
5. Soit des macromolécules de masse molaire M. Exprimer h en fonction de M et de la constante des gaz parfaits R.
6. Estimer la valeur de h pour des macromolécules telles que : 10 g.mol^{-1} < M < 10^4 g.mol^{-1} et pour $\left(1-\frac{\rho}{\rho_p}\right) \approx \frac{1}{6}$.
7. Cette expérience permet-elle de déterminer la masse molaire des macromolécules précédentes ? Justifier.

8. En 1914, J. Perrin a utilisé des sphères de latex pour déterminer la valeur du nombre d'Avogadro N_A. Une fois l'équilibre établi, il a estimé, à l'aide d'un microscope, le nombre relatif de sphères à diverses valeurs de x. On note $N(x) = C(x)/C(0)$ ce nombre exprimé en pourcents. Les résultats sont indiqués dans le tableau ci-joint :

x (µm)	Nombre relatif des particules N (%)	ln(N)
5	100	4,6
35	47	3,8
65	22.6	3,1
95	12	2,5

Tracer ln(N) en fonction de x puis en déduire la valeur de h.

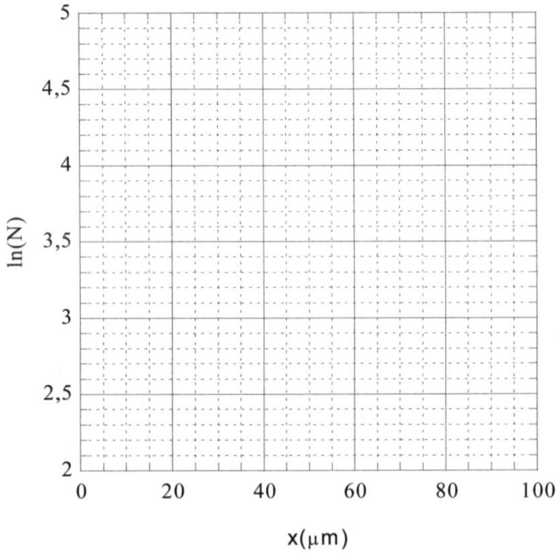

9. Calculer N_A sachant que le rayon des sphères de latex est $a = 2{,}1.10^{-5}$ cm, et leur masse volumique $\rho_p = 1{,}2$ g.cm^{-3}. On donne $\left(1 - \rho/\rho_p\right) \approx 1/6$.

Problème 2 (extrait du concours blanc PCEM 2006 de l'université Paris Descartes)

L'ultracentrifugation est une technique utilisée pour séparer des macromolécules biologiques (protéines, acides nucléiques) et pour mesurer des masses moléculaires. La technique consiste à remplir un tube d'une solution constituée d'un solvant de masse volumique constante ρ_0 (solvant incompressible), de particules de soluté de masse m et de masse volumique ρ_p, puis à le placer dans une centrifugeuse dont la vitesse de rotation ω est constante.

Données numériques : $\omega = 1000$ s^{-1}, $g = 10$ m.s^{-2}, $\eta = 10^{-3}$ Poiseuille, $\rho_0 = 10^3$ kg.m^{-3}, $N_A = 6{,}02.10^{23}$ mol^{-1}, $k = 1{,}38.10^{23}$ J/K.

Dans le tube, le solvant est au repos tandis que les particules de soluté ont un mouvement supposé uniquement radial. On désigne par $\overrightarrow{u_r}$ le vecteur unitaire selon un rayon de la centrifugeuse.

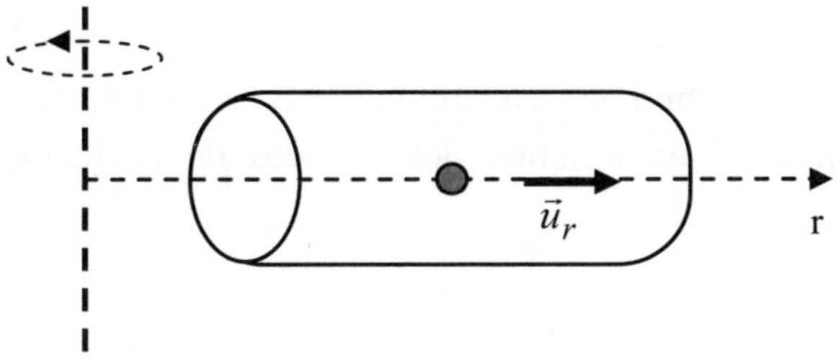

La rotation crée une pesanteur effective pour les particules de soluté dont l'expression dépend de la distance r à l'axe de rotation : $\overrightarrow{G(r)} = \omega^2 r\, \overrightarrow{u_r}$. Une particule de masse m a donc un poids effectif : $\overrightarrow{F_G} = m\,\overrightarrow{G(r)}$.

Elle subit de plus une force de frottement fluide de la part du solvant : $\overrightarrow{F_v} = -\alpha\, v\, \overrightarrow{u_r}$,

où α est une constante positive caractéristique du solvant et de la forme des particules de soluté, et v la projection du vecteur vitesse des particules selon l'axe (Or)

et une poussée d'Archimède dont l'expression est :

$$\overrightarrow{F_A} = -\rho_0 V\, \overrightarrow{G(r)},$$

V étant le volume d'une particule de soluté, supposée de forme sphérique (de rayon a).

A. Mouvement des particules de soluté

1. Justifier que l'on peut négliger l'effet de la pesanteur terrestre g devant celle due à la rotation $G(r)$. On prendra pour le calcul $r = 5$ cm.
2. Montrer qu'à l'équilibre, la vitesse limite acquise par les particules de soluté peut s'écrire :

$$\overrightarrow{v_{\text{lim}}} = s\,\omega^2\, r\, \overrightarrow{u_r} = v_{\text{lim}}\overrightarrow{u_r} \quad \text{avec} \quad s = \frac{m}{\alpha}\left(1 - \frac{\rho_0}{\rho_P}\right).$$

3. Pour des particules de soluté de masse volumique ρ_p = 3 kg/L, indiquer le sens de leur mouvement. Le temps caractéristique pour atteindre la vitesse limite étant très faible, on peut considérer que celle-ci est instantanément atteinte. On a donc : $v = v_{lim}$

B. Etude du régime permanent

On se place en régime permanent, la concentration en particules de soluté ne dépend que de la distance r à l'axe de rotation : $C = C(r)$. Soit D le coefficient de diffusion des particules de soluté dans la solution, $D = \dfrac{kT}{\alpha} = \dfrac{kT}{6\pi\eta a}$.

1. Calculer le coefficient de diffusion D pour les particules de soluté précédentes de rayon $a = 0{,}28$ nm, à la température $T = 20$°C, en précisant bien l'unité.
2. Donner l'expression de $\overrightarrow{j_d}$ (vecteur densité de flux de diffusion de soluté) en régime permanent en fonction de $C(r)$. Préciser son sens en le justifiant.
3. Déterminer l'expression de $\overrightarrow{j_e}$ (vecteur densité de flux d'entraînement de soluté) et préciser son sens en le justifiant.
4. Exprimer le vecteur densité de flux total de soluté $\vec{j}$ en fonction des données du problème.
5. Que vaut la densité de flux total à l'équilibre ?

6. $C(r) = A e^{\frac{r^2}{2\lambda^2}}$ est solution de l'équation obtenue à l'équilibre, avec λ et A deux constantes. Déterminer λ en fonction des données du problème. Quelle est sa dimension ?

Problème 3

Dans un tube cylindrique horizontal de très faible diamètre, de section S et d'axe x'x, s'écoule de l'eau à la vitesse constante $\vec{v} = v\,\overrightarrow{u_x}$ ($v > 0$). Au point O, d'abscisse $x = 0$, on injecte du glucose avec un débit tel que la concentration molaire C_0 de soluté en ce point reste constante (figure ci-dessous).

Soit $C(x,t)$ la concentration de glucose à l'instant t dans une section du tube d'abscisse x. On note $\overrightarrow{j_d}(x,t)$ le vecteur densité de flux dû à la diffusion du glucose dans l'eau, et $\overrightarrow{j_e}(x,t)$ le vecteur densité de flux convectif dû à l'entraînement du soluté par l'écoulement de l'eau. On appelle D le coefficient de diffusion du glucose dans l'eau.

On étudie le phénomène de transport du soluté dans le sens contraire de l'écoulement, c'est à dire en tout point défini par une abscisse $x < 0$, et lorsque le régime permanent est établi. On rappelle qu'en régime permanent, la concentration ne dépend pas du temps t.

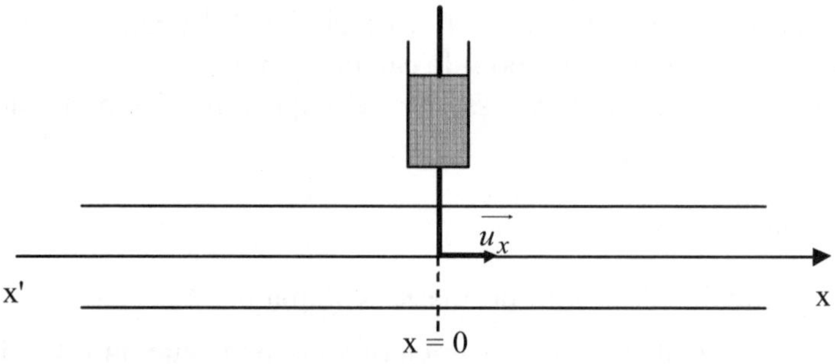

Les molécules de glucose sont supposées sphériques de rayon $r = 3{,}1$ Å. On rappelle que dans ce cas, le coefficient de diffusion de ces particules dans un milieu de viscosité η à la température T a pour expression $D = kT/6\pi\eta r$, où k est la constante de Boltzmann ($k = 1{,}38.10^{-23}$ Joule.K^{-1}). On donne la température de la solution $T = 19$°C et la viscosité de l'eau $\eta = 10^{-3}$ kg.m^{-1}.s^{-1}.

1. Déterminer les unités S.I. du coefficient D.
2. Calculer D.
3. Enoncer la 1e loi de Fick. En déduire l'expression de $\overrightarrow{j_d}$ en régime permanent et préciser, en le justifiant, son sens.
4. Déterminer l'expression de $\overrightarrow{j_e}$ et préciser, en le justifiant, son sens.
5. La convection se fait donc dans le sens de $\vec{u}_x$. Exprimer le vecteur densité de flux total de soluté $\vec{j}$ en fonction des données du problème.
6. Que vaut la densité de flux total à l'équilibre ?
7. Donner l'expression de x_0, sachant qu'à l'équilibre, la concentration en glucose $C(x)$ vérifie la relation suivante : $C(x) = K e^{x/x_0}$. Justifier que x_0 est homogène à une longueur et déterminer la constante K.

8. Calculer C_A la concentration en glucose en un point A du tube situé en $x_A = -d$ avant le point d'injection sachant que $d = 10$ cm, $C_0 = 2$ mol.L^{-1} et $v = 0{,}1$ µm.s^{-1}.

Problème 4 (extrait du concours PCEM 2006 de l'université Paris Descartes)

On s'intéresse dans cet exercice au transport à travers des capillaires, de bulles d'air dispersées dans du sang de viscosité η maintenu à une température T constante. On considère un tube cylindrique de rayon a et de longueur d reliant deux réservoirs 1 et 2 de volume infini (voir figure ci-après).

Dans les réservoirs 1 et 2, les pressions sont respectivement P_1 et P_2 (avec $P_1 > P_2$) et les concentrations en bulles C_1 et C_2 ($C_2 = 0$). Toutes les bulles sont supposées sphériques et contiennent le même nombre de molécules d'air. On suppose que l'air obéit à la loi des gaz parfaits. On note r_1 ($r_1 << a$) le rayon des bulles dans le réservoir 1.

Dans le tube reliant les deux réservoirs, les bulles ont une taille variable. On note $C(x), P(x), r(x)$ respectivement la concentration en bulles, la pression et le rayon des bulles dans le plan d'abscisse x.

On néglige l'action de la pesanteur. On supposera que a << longueur de diffusion.

On s'intéresse uniquement aux écoulements permanents horizontaux.

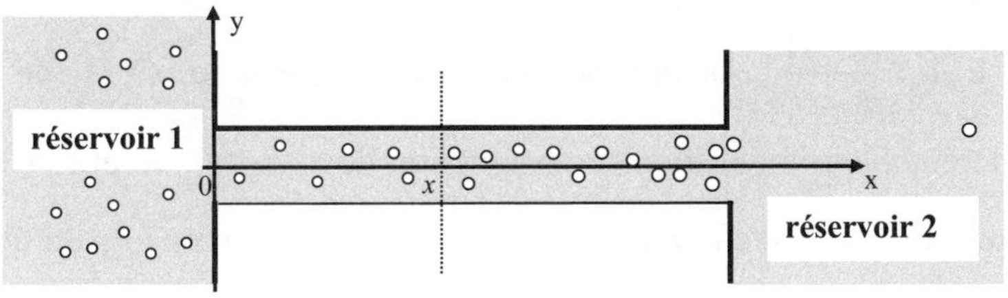

Rappel des résultats établis dans le cours de physique et nécessaires pour résoudre l'exercice

- Constante de diffusion d'une particule sphérique de rayon r dans un fluide de viscosité η :

$$D = \frac{k_B T}{6\pi \eta r}$$

où k_B est la constante de Boltzmann et T la température du fluide.

- Loi des gaz parfaits :

$$PV = N k_B T$$

N est le nombre de molécules contenues dans le volume V à la pression P.

- Vitesse moyenne d'un fluide réel incompressible de viscosité η dans une conduite cylindrique horizontale de diamètre a constant et de longueur d dans le cas d'un écoulement laminaire et permanent :

$$v = \frac{a^2 \, \Delta P}{8\eta d}.$$

ΔP est la perte de charge dans la conduite

- On rappelle que dans le cas d'un écoulement permanent d'un fluide réel incompressible, la pression varie linéairement dans une conduite cylindrique horizontale.

- Equation locale de continuité :

$$\frac{\partial C(x,t)}{\partial t} = -\frac{\partial j(x,t)}{\partial x}$$

où $C(x,t)$ est la concentration de soluté et $j(x,t)$ est la densité de flux de soluté.

1. Exprimer $P(x)$ en fonction de x, d, P_1 et $\Delta P = P_1 - P_2$.
2. Etablir l'expression donnant $r(x)$ en fonction $P(x)$, $r(0) = r_1$ et P_1.
3. Exprimer la constante de diffusion $D(x)$ des bulles d'air dans le sang en fonction de $D(0) = D_1$, $r(x)$, et $r(0) = r_1$.
4. Exprimer la densité de flux d'entraînement de bulles j_E en fonction de v et $C(x)$, puis en fonction de $C(x)$, a, η, d, P_1 et $\Delta P = P_1 - P_2$.
5. On pose : $\varepsilon = \frac{\Delta P}{P_1}$. Exprimer la densité de flux de diffusion de bulles j_D en fonction de $\frac{dC(x)}{dx}$, x, d, $D(0) = D_1$ et ε.
6. Ecrire l'équation donnant la densité de flux de bulles j en fonction de $C(x)$, $\frac{dC(x)}{dx}$, D_1, x, d, v et ε.
7. Donner en la justifiant l'équation de continuité vérifiée par $C(x)$.
8. Montrer que j est constant.
9. On pose $\alpha = \frac{a^2 P_1}{8\eta D_1}$. Déterminer la solution générale $C(x)$ de l'équation différentielle établie à la question 6 en fonction de x, d, v, j, α et ε. (On rappelle que la primitive de la fonction $(1+bx)^\gamma$ est $\frac{1}{b(\gamma+1)}(1+bx)^{\gamma+1}$; on cherchera la solution de l'équation différentielle sans second membre puis une solution particulière de l'équation différentielle complète).
10. Donner l'expression de j satisfaisant aux conditions aux limites du problème en fonction de C_1, v, α et ε.
11. Donner en fonction de d, D_1 et C_1 une expression approchée de j lorsque $\varepsilon << 1$ et $\alpha\varepsilon << 1$.
12. On se place dans la situation où les approximations précédentes sont justifiées. Quelle est leur signification physique ?
13. Les micro-bulles d'air dans le sang sont utilisées en imagerie médicale ultrasonore pour augmenter le contraste. Toujours dans le cadre des hypothèses des deux questions précédentes, et sachant que le seuil de visibilité en imagerie ultrasonore correspond, pour le diamètre des microbulles utilisées, à une concentration $C_{seuil} = 10^{-10}\ \text{m}^{-3}$, calculer la concentration initiale C_1 à l'entrée d'un capillaire pour que celui-ci soit observable à l'imagerie sur les 9/10 de sa longueur. On suppose qu'à la sortie du capillaire, la concentration en microbulles vaut $C_2 = 0$.

Problème 5 (extrait du concours blanc PCEM 2006 de l'université Paris Descartes)

On observe au microscope le mouvement de chute d'une gouttelette de glycérine

de masse m entre les deux plaques horizontales, A et B, d'un condensateur plan.
L'atmosphère gazeuse, de viscosité η, exerce sur la gouttelette sphérique de rayon r une force de frottement donnée par la relation de Stokes : $\vec{f} = -6\pi\eta r\,\vec{v}$ où $\vec{v}$ est la vitesse de la gouttelette. L'irradiation par les rayons X permet de charger électriquement la gouttelette.
Dans tout le problème, on néglige la poussée d'Archimède exercée par l'air sur la gouttelette.
On donne : $\eta = 1{,}8\ .10^{-5}$ Pl, $g = 9{,}8$ m.s^{-2}

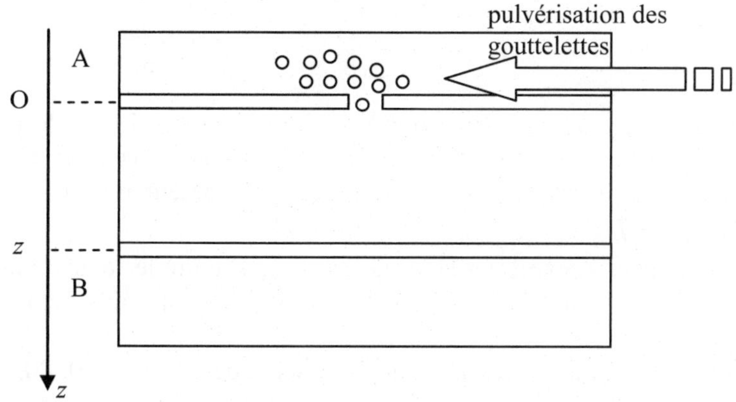

Dans tout le problème, pour les projections, on considère un axe (Oz) vertical *descendant.*

A : Le condensateur n'est pas chargé

1. Montrer que le mouvement de la gouttelette de glycérine de masse m est régi par l'équation différentielle suivante : $\frac{d\vec{v}}{dt} + \frac{1}{\tau}\vec{v} = \vec{g}$ où τ est une constante à déterminer.
2. La vitesse initiale de la gouttelette est nulle. Après une durée très brève, la gouttelette tombe suivant un mouvement rectiligne uniforme de vitesse : $v_1 = 392$ µm.s^{-1}.

a) Exprimer cette vitesse limite v_1 en fonction de g et de τ, puis de m, g, r et η.
b) Calculer τ.
c) Déterminer le rayon r de la gouttelette de glycérine de masse volumique ρ en fonction de η, ρ et τ. Calculer r. On donne : $\rho = 810$ kg.m^{-3}.
d) Résoudre l'équation différentielle. On fera apparaître les constantes v_1 et τ dans l'expression de $v(t)$.

B : Le condensateur est chargé

La gouttelette ayant atteint sa vitesse limite v_1, on établit la différence de potentiel $U = V_A - V_B = 8000$ V entre les deux armatures A et B du condensateur distantes de $d = 2$ cm. On constate que la gouttelette remonte et atteint une nouvelle vitesse limite, notée v_2.

1. Représenter le champ électrique régnant dans le condensateur. Quelle est sa norme ? Quel est le signe de la charge électrique portée par la gouttelette ?
2. Montrer que la vitesse v de la gouttelette, projection du vecteur vitesse $\vec{v}$ sur l'axe (Oz) descendant, vérifie l'équation différentielle :

$$m\frac{dv}{dt} + 6\pi\,\eta\,r\,v = mg + q\,\frac{U}{d}.$$

3. Exprimer la nouvelle vitesse limite v_2 en fonction de q, U, d, r, η, m et g, puis en fonction de q, U, d, r, η, et v_1.

4. On constate que $|v_2|$ ($v_2 < 0$) ne prend que des valeurs discrètes :

80 µm.s^{-1}, 175 µm.s^{-1}, 270 µm.s^{-1}, 365 µm.s^{-1}, 460 µm.s^{-1}, etc.

En déduire que la charge variable de la gouttelette correspond à un nombre entier de charges élémentaires e.

Problème 6

On considère deux compartiments remplis d'une solution diluée de particules de soluté maintenue à des concentrations inégales, respectivement C_0 et C_1. En présence d'un flux d'entraînement (vitesse d'entraînement v_ℓ), la densité de flux totale est $j = j_d + j_e$.

En régime stationnaire, exprimer la variation de $C(x)$ entre les deux compartiments, c'est-à-dire dans la zone $[0,\ x_1]$ où les flux ne sont pas nuls (voir schéma ci-dessous).

On pose $h = D/v_\ell$. Tracer $C(x/x_1)$ pour des valeurs de x_1 / h = 100, 20, 1 et 0,1. On prendra C_0 = 1 mmol.L^{-1} et C_1 = 0,5 mmol.L^{-1}.

Exercices complémentaires

(Eléments de réponses p 135 à 138)

Exercice 1

La décantation est une méthode permettant de séparer sous l'effet de la gravitation des particules en suspension dans l'eau. On considère un bassin à décanter de hauteur h et de surface S dans lequel des particules sphériques de rayon r, de volume V et de densité d ($d > 1$), sont immergées dans de l'eau. Chaque particule est soumise à la poussée d'Archimède, à son poids et la force de frottement fluide qu'on supposera obéir à la loi de Stockes $\vec{f}_v = -6\pi\,\eta\,r\,\vec{v}$, où η est la viscosité de l'eau et $\vec{v}$ est la vitesse de la particule. On note $\vec{v} = v\vec{u}_z$, où $\vec{u}_z$ est le vecteur unitaire sur l'axe vertical ascendant (Oz).

Données : viscosité de l'eau à 20°C : η = 10^{-3} Pa.s, g = 9,8 m.s^{-2}, masse volumique de l'eau : ρ_e = 1 kg.L^{-1} et température T = 20°C.

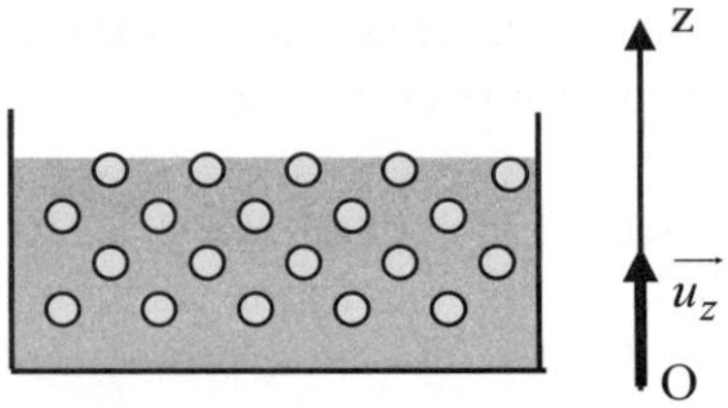

1. Donner les expressions du poids et de la poussée d'Archimède subie par une particule en fonction de V, d, ρ_e, g et $\vec{u}_z$ puis en fonction de r, d, ρ_e, g et $\vec{u}_z$.

2. A partir du principe fondamental de la dynamique (2e loi de Newton) pour une particule de masse m, en déduire que les particules atteignent une vitesse limite $\vec{v} = v_\ell \vec{u}_z$ telle que :

$$v_\ell = -\frac{2g}{9\eta}\rho_e(d-1)r^2.$$

Commenter le signe de v_ℓ.

3. Calculer la <u>norme</u> de la vitesse limite de décantation de grains de sable de rayons r =100 µm, 10 µm et 1 µm et de densité d = 2,6. Quel temps leur est nécessaire pour parcourir 1 m ? Selon vous pour quels types de particules cette méthode est-t-elle le mieux adaptée ? Justifier votre réponse.

4. On veut étudier pour quelle condition le processus de diffusion peut être négligé. A t = 0, la concentration volumique $C(z, t = 0) = C_0$ de particules est uniforme (constante). Ecrire le vecteur densité de flux d'entraînement $\vec{j}_E$, en régime permanent, en fonction de la concentration volumique de particules à l'altitude z, soit $C(z)$, de v_ℓ et de $\vec{u}_z$. S'il n'y a pas de diffusion, décrire brièvement comment varie la concentration de particules en fonction du temps, à une hauteur donnée $z > 0$. (On prendra l'origine de l'axe (Oz) au fond du récipient)

5. On ne néglige plus le phénomène de diffusion. En régime permanent, écrire le vecteur densité de flux de diffusion $\vec{j}_D$ puis le vecteur densité de flux total $\vec{j}$, en fonction de $C(z)$, de D (le coefficient de diffusion des particules dans l'eau) et de v_ℓ.

6. Que vaut la densité de flux total lorsque l'équilibre est atteint ? En déduire l'équation différentielle satisfaite par $C(z)$.

7. Vérifier que l'expression de $C(z)$ est de la forme $C(z) = Ke^{-z/z_c}$ où z_c est une hauteur caractéristique que l'on déterminera en fonction de D et v_ℓ.

8. Exprimer z_c en fonction de k, T, d, ρ_e, g et r. On rappelle la relation d'Einstein $D = kT/6\pi\eta r$. Calculer z_c pour un grain de sable de rayon 1 µm.

9. En écrivant que le nombre de particules entre les instants initial et final se conserve, montrer que $K = hDC_0/v_\ell$ (on supposera que z_c est petit devant h et par conséquent, que la concentration $C(z = h) \simeq 0$).

Exercice 2

On vaccine un sujet en sous-cutané, une molécule du vaccin est transportée jusqu'aux tissus cellulaires cibles. En première étape elle traverse une partie de l'épaisseur du muscle, en deuxième étape elle est transportée par le sang. On s'intéresse dans ce problème au transport des molécules actives du vaccin une fois dans le sang. On considère que les phénomènes de transport se font suivant la direction x'Ox, de vecteur unitaire $\overrightarrow{u_x}$. On suppose que les molécules gagnent le milieu sanguin en x = 0 et que leur concentration en ce point reste constante et égale à C_0. <u>On néglige l'effet de la pesanteur et on considère que le régime permanent est établi</u>. On note $C(x)$ la concentration des molécules actives et $\vec{v} = v\,\vec{u}_x$ (où v est constante et positive) le vecteur vitesse du sang.

1. Décrire les processus de transport auxquels sont soumises les molécules actives une fois dans le sang.

2. Donner les expressions des vecteurs densité de flux de diffusion $\overrightarrow{j_d}$ et de la densité de flux d'entraînement $\overrightarrow{j_e}$ des molécules actives en fonction des données. Préciser leurs sens en le justifiant et en distinguant les deux régions $x > 0$ et $x < 0$. Les représenter sur le schéma ci-dessous.

3. Exprimer le vecteur $\vec{j}$, densité de flux totale des molécules actives.

4. On rappelle qu'en régime permanent, $\vec{j}$ est un vecteur constant. Dans quelle(s) région(s) ($x > 0$, $x < 0$ où pour tout x), peut-on avoir un état d'équilibre ? Justifiez votre réponse.

5. La résolution de l'équation obtenue à la question 3 permet de déterminer la loi de variation de la concentration $C(x)$ en régime permanent, soit :

$$C(x) = \frac{j}{v} + A\,e^{\frac{x}{\ell}}$$

où ℓ est une longueur caractéristique et A une constante.

a) Déterminer ℓ et A en fonction des constantes C_0, D, j et v. Réécrire l'expression de $C(x)$.

b) Que devient la loi $C(x)$ à l'équilibre ?

6. Calculer ℓ sachant que le coefficient de diffusion dans le sang d'une molécule active est égal à $0{,}8.10^{-5}$ cm^2.s^{-1} et $v = 0{,}1$ cm.s^{-1}.

Exercice 3

Les particules de soluté se déplacent dans un solvant immobile, sous l'action de la force extérieure f_e dans la direction Oz, indépendante du temps et de l'espace. Le solvant exerce sur les particules une force de frottement opposé à leur vitesse : $\vec{f_v} = -\alpha\vec{v}$, où α est le coefficient de frottement (> 0) tel que $\alpha = 1/\omega$.

1. Rappeler le principe fondamental de la dynamique et montrer que la composante de la vitesse d'une particule dans la direction Oz s'écrit : $v(t) = v_\ell\left(1 - e^{-t/\tau}\right)$.

2. Calculer τ en sachant qu'il s'agit d'une solution aqueuse d'urée ($M = 60$ g.mol^{-1}) sédimentant dans un champ de pesanteur. On admettra que la molécule d'urée est une sphère de rayon $r = 3$ Å, donc $\alpha = 6\pi\eta r$ où la viscosité de l'eau est $\eta = 10^{-3}$ Poiseuille.

3. On se place au temps $t \gg \tau$. Donner l'expression de $C(z)$ lorsque l'équilibre est atteint.

4. Sachant qu'à l'équilibre $C(z)$ suit la distribution de Boltzmann, montrer la relation d'Einstein $D = k_B T/\alpha$.

5. Une particule sphérique de rayon $r = 10$ Å diffuse dans l'eau à 20°C. Calculer la valeur de la constante de diffusion D.

Corrigés des exercices d'application du chapitre II

Corrigés des QCS

QCS 1.

1. Réponse c

La diffusion de la molécule d'eau se fait sur une surface. Donc Z varie linéairement en fonction du temps avec un facteur de proportionnalité égale à 2 :

$$2pD \Rightarrow Z = 2pDt$$

Donc :

$$[Z]=[p][D][t]=L^2 \times T^{-1} \times T = L^2$$

2. Réponse a

Z est une caractéristique du mouvement des molécules d'eau et puisque sa dimension est celle d'une longueur au carré, elle doit être égale au carré d'une longueur caractéristique qui ne peut être que r_n :

$$Z = r_n^2$$

Noter que l'on a aussi :

$$Z = \vec{r_n} \cdot \vec{r_n} = \sum_{i=1}^{11} \overrightarrow{\Delta_i} \cdot \sum_{j=1}^{11} \overrightarrow{\Delta_j}$$

3. Réponse b

On vient de voir à la question précédente que $Z = r_n^2$. On peut donc mesurer sur la figure donnée dans l'énoncé du QCS 1, la distance r_n, par rapport à l'origine, à l'instant de la n^{ième} mesure pour n variant de 1 à 10. Rappelons que la position de la molécule d'eau est enregistrée toutes les 0,2 millisecondes. On obtient le tableau de valeurs :

t (ms)	0,2	0,4	0,6	0,8	1	1,2	1,4	1,6	1,6	2,0
$Z = r_n^2$ (μm^2)	4	9	16	36	25	49	36	49	100	81

Reportons alors sur le graphe suivant l'évolution de la quantité Z en fonction du temps. Z varie linéairement avec t, d'où l'ajustement effectué (droite en trait plein). La molécule d'eau diffusant à deux dimensions, on a :

$$Z = 2pDt = 4Dt \text{ car } p = 2$$

Le coefficient directeur de la droite ajustant au mieux les données expérimentales vaut donc :

$$4D = \frac{\Delta Z}{\Delta t}.$$

On en déduit donc la valeur du coefficient de diffusion D de la molécule d'eau :

$$D = \frac{1}{4}\frac{\Delta Z}{\Delta t} = \frac{1}{4}\frac{72 \times 10^{-12}}{2 \times 10^{-3}} = 9.10^{-9}\ \text{m}^2.\text{s}^{-1}.$$

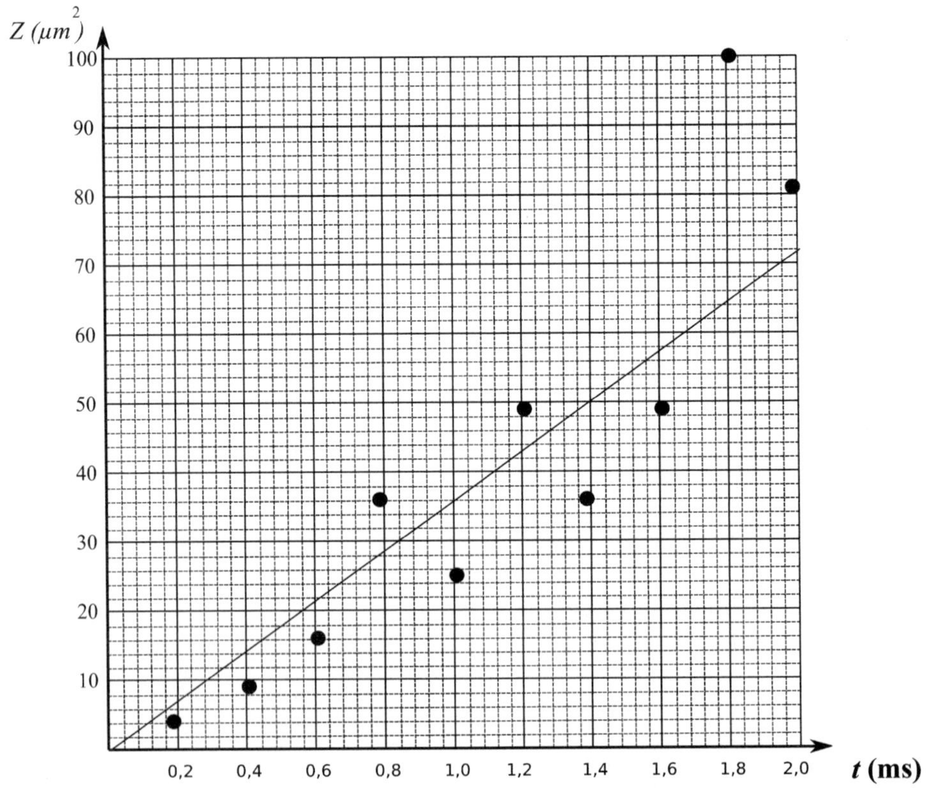

4. Réponse c

D'après la question 1, $p = 2$ et $Z = 4\ D\ t$. On détermine alors le coefficient de diffusion à partir de la relation :

$$D = \frac{Z}{4t}.$$

5. Réponse b

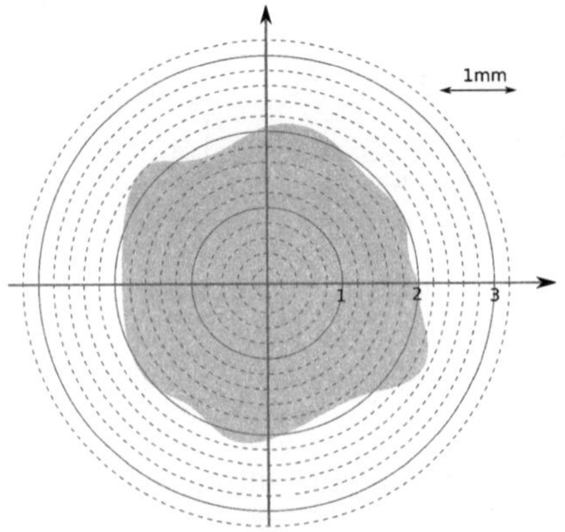

D'après la figure ci-dessus, au bout de 2 mn les molécules d'eau ont diffusées en moyenne sur 2 mm (donc $Z = 4\,\text{mm}^2$), par conséquent :

$$D = \frac{Z}{4t} = \frac{4\times10^{-6}}{4\times2\times60} = \frac{1}{12}\times10^{-7} \simeq 8{,}3.10^{-9}\ \text{m}^2.\text{s}^{-1}.$$

QCS 2

1. Réponse a

Il a été mesuré, en A, 1 véhicule tous les 25 m sur chaque voie. La concentration moyenne de véhicule en A est de :

$$C_A = \frac{1}{d_A} = \frac{1}{25} = 4.10^{-2} \text{ véhicule/voie/m}$$

2. Réponse c

En B, la concentration de véhicule est de :

$$C_B = \frac{1}{d_B} = \frac{1}{50} = 2.10^{-2} \text{ véhicule/voie/m}$$

3. Réponse b

La densité de flux de véhicules en A, j_A, est le nombre de véhicules qui, sur une voie, traversent le poste A par seconde. Pendant un temps Δt, les véhicules qui sont à une distance inférieure ou égale à $\ell_A = v_A \Delta t$ vont traverser le poste A sur une voie. Sur une voie, il y a $C_A = 1/d_A$ véhicules/m, donc sur une distance ℓ_A, il y a $C_A \ell_A$ véhicules. Par conséquent le nombre de véhicules traversant le poste A, par voie et pendant Δt est :

$$C_A \ell_A = \frac{1}{d_A} v_A \Delta t .$$

La densité de flux en A est donc :

$$j_A = \frac{C_A \ell_A}{\Delta t} = \frac{v_A}{d_A} .$$

Soit numériquement :

$$j_A = \frac{50 \times 10^3}{3600} \frac{1}{25} = 0,56 \text{ véhicule / s / voie} .$$

4. Réponse c

En utilisant un raisonnement similaire à celui de la question 3, on obtient la densité de flux de véhicules en B :

$$j_B = \frac{v_B}{d_B} = \frac{75 \times 10^3}{3600} \frac{1}{50} = 0,42 \text{ véhicule / s / voie} .$$

5. Réponse a

Le nombre de véhicules traversant la ligne A par seconde est par définition le flux de véhicules en A et vaut : $J_A = 3\, j_A$ car il y a 3 voies. Cela donne numériquement :

$$J_A = 3\,\frac{5}{9} = \frac{5}{3} = 1,67 \text{ véhicule/s} .$$

6. Réponse c

De même que précédemment :

$$J_B = 3\, j_B = 3\frac{5}{12} = \frac{5}{4} = 1,25 \text{ véhicule/s}$$

7. Réponse a

Le taux de changement de voitures situées entre A et B est :

$$\tau = \left| J_A - J_B \right| = 1,67 - 1,25 = 0,42 \text{ véhicule/s} .$$

QCS 3

1. Réponse c

Les agents de contraste sont séparés par une distance moyenne d = 250 µm. La concentration en nombre est donc $C = 1 / d^3$. Soit numériquement :

$$C = 1 / (250 \times 10^{-6})^3 \approx 64.10^9 \text{ agents/m}^3 = 64 \text{ agents/mm}^3.$$

2. Réponse a

La densité de flux d'agents de contraste est $j = C\, v = v / d^3$.

Soit $S = h\, l$ l'aire de la section transverse de la cellule en A. Le flux d'agents de contraste est par conséquent égal à :

$$J = j\, S = (\, v\, h\, l\,) / d^3 = 12800 \text{ agents.s}^{-1}.$$

3. Réponse b

La concentration est multipliée par 4/5, ce qui donne un flux :

$$j = (\, 4\, v\, h\, l\,) / (5\, d^3) = 10240 \text{ agents.s}^{-1}.$$

QCS 4

1. Réponse c

A 3 dimensions, on a $l^2 = 6\, D\, t$, donc :

$$D = \frac{l^2}{6t} = \frac{10^{-4}}{6 \times 6 \times 3600} = 7{,}7.10^{-10} \text{ m}^2.\text{s}^{-1}.$$

2. Réponse c

Le rayon de la molécule vaut :

$$r = \frac{kT}{6\pi\eta D} = \frac{1{,}38 \times 10^{-23} \times 300}{6\pi \times 10^{-3} \times 7{,}7 \times 10^{-10}} = 2{,}8.10^{-10} \text{ m}.$$

3. Réponse a

Une mole de soluté occupe un volume :

$$V = \frac{4}{3}\pi r^3 N_A$$

$$V = \frac{4}{3}\pi \times 2{,}8^3 \times 10^{-30} \times 6{,}02 \times 10^{23} = 55{,}3.10^{-6} \text{ m}^3 = 55{,}3 \text{ cm}^3$$

Donc la masse molaire du soluté est $M = \rho\, V = 55{,}3 \times 1{,}1 = 60{,}8$ g/mol.

C'est la masse molaire de l'urée (M = 60 g/mol).

QCS 5

Réponse c

Au bout d'un temps, les virus ont parcouru en moyenne une distance d telle que : $d^2 = 4Dt$ (diffusion à 2 dimensions), soit $t = d^2/4D$. Or $S = \pi d^2$, d'où :

$$t = \frac{S}{4\pi D}.$$

A.N. : $t = \dfrac{20 \times 10^{-4}}{4 \times \pi \times 30 \times 10^{-12}} = 5{,}3.10^6 \text{ s} \Leftrightarrow t \cong 62 \text{ jours}.$

QCS 6

1. Réponse b

La macromolécule diffuse dans un espace à 3 dimensions, par conséquent pendant un temps t elle aura diffusé sur une distance dont la valeur au carré vaut $\ell^2 = 6Dt$. Pour atteindre la membrane de la cellule la macromolécule doit diffuser sur une distance $\ell = R$. Elle mettra donc un temps :

$$t = \frac{R^2}{6D} = \frac{10^{-12}}{6\times 10^{-10}} = 1{,}7\,\text{ms}$$

2. Réponse c

En utilisant la relation d'Einstein on trouve que le rayon de la macromolécule est :

$$r = \frac{kT}{6\pi\eta D} = \frac{1{,}38\times 10^{-23}\times 310}{6\times\pi\times 10^{-3}\times 10^{-10}}\,\text{m} = 2{,}27\,\text{nm}$$

3. Réponse a

La membrane est imperméable à la macromolécule donc la taille d'un pore doit être inférieure au rayon de la macromolécule :

$$a < r = 2{,}27\ \text{nm}.$$

QCS 7

1. Réponse a

On rappelle qu'une molécule diffusant dans un espace à trois dimension parcourt en un temps t une distance r telle que: $r^2 = 6Dt$. Le temps nécessaire à une molécule de O_2 pour diffuser du centre de l'alvéole vers la périphérie, c'est-à-dire parcourir r_a (rayon de l'alvéole), est :

$$t_1 = \frac{r_a^2}{6D_{O_2/air}}.$$

Puisque $D_{O_2/air} = 0{,}18\,\text{cm}^2.\text{s}^{-1} = 1{,}8.10^{-5}\,\text{m}^2.\text{s}^{-1}$ et $r_a = 10^{-4}$ m, on obtient :

$$t_1 = \frac{\left(10^{-4}\right)^2}{6\times 1{,}8\times 10^{-5}} = 9{,}3.10^{-5}\,\text{s} = 93\,\mu\text{s}.$$

2. Réponse a

Nous sommes toujours dans le cas d'une diffusion à 3D. Le temps nécessaire à une molécule de O_2, pour diffuser de la périphérie de l'alvéole jusqu'au centre du capillaire, c'est-à-dire pour parcourir r_c (rayon du capillaire), est :

$$t_2 = \frac{r_c^2}{6D_{O_2/eau}},$$

ce qui donne numériquement :

$$t_2 = \frac{\left(5\times 10^{-6}\right)^2}{6\times 10^{-9}} = \frac{25\times 10^{-3}}{6} = 4{,}17.10^{-3}\,\text{s} = 4{,}17\,\text{ms}.$$

3. Réponse c

Le temps de transit de la molécule de O_2 est donc :

$$t_{transit\,O_2} = t_1 + t_2 = \left(0{,}093 + 4{,}17\right)\text{ms} = 4{,}26\,\text{ms}.$$

4. Réponse b

De même, on obtient le temps de transit de la molécule de CO_2 :

$$t_{transit\,CO_2} = t_{CO_2/air} + t_{CO_2/eau} = \frac{r_a^2}{6\,D_{CO_2/air}} + \frac{r_c^2}{6\,D_{CO_2/eau}}.$$

Ce qui donne numériquement :

$$t_{transit\,CO_2} = \frac{10^{-8}}{6\times 0{,}14\times 10^{-4}} + \frac{\left(5\times 10^{-6}\right)^2}{6\times 0{,}9\times 10^{-9}} = 4{,}75\,\text{ms}.$$

5. <u>Réponse c</u>

Le temps de transit du sang dans le capillaire vaut :

$$t_{transit\,sang} = \frac{\ell_c}{v_s} = \frac{10^{-4}}{10^{-3}} = 0{,}1\,\text{s}.$$

Remarque : le temps de transit du sang dans le capillaire est environ 15 fois plus important que le temps de diffusion des molécules de O_2 et de CO_2, donc les échanges d'O_2 et de CO_2 ont largement le temps de se faire.

QCS 8

<u>Réponse a</u>

Les macromolécules sont arrêtées par une membrane dont le diamètre des pores est 20Å, et traversent une membrane dont le diamètre des pores est 25Å, c'est-à-dire :

$$10\text{ Å} < r \leq 12{,}5\text{ Å}.$$

D'après l'équation d'Einstein $D = kT/6\pi\eta r \Leftrightarrow r = kT/6\pi\eta D$, on peut écrire :

$$10\text{Å} < r = \frac{kT}{6\pi\eta_{eau}D} \leq 12{,}5\text{Å}.$$

Ou encore :

$$\frac{kT}{6\pi\eta_{eau}\times 12{,}5\times 10^{-10}} \leq D < \frac{kT}{6\pi\eta_{eau}\times 10^{-9}},$$

Ce qui donne numériquement :

$$\frac{1{,}38\times 10^{-23}\times 300}{6\times\pi\times 10^{-3}\times 12{,}5\times 10^{-10}} \leq D < \frac{1{,}38\times 10^{-23}\times 300}{6\times\pi\times 10^{-3}\times 10^{-9}},$$

avec D exprimé en $m^2.s^{-1}$.

Soit :

$$0{,}18.10^{-9}\,\text{m}^2.\text{s}^{-1} \leq D \leq 0{,}22.10^{-9}\,\text{m}^2.\text{s}^{-1}$$

ou encore :

$$0{,}18.10^{-5}\,\text{cm}^2.\text{s}^{-1} \leq D \leq 0{,}22.10^{-5}\,\text{cm}^2.\text{s}^{-1}.$$

QCS 9

1. <u>Réponse b</u>

En diffusion : distance $\propto \sqrt{\text{temps}} \quad \rightarrow \quad$ temps $\propto$ distance^2

A d dimension :

$$e_s^2 = 2\,d\,D_s\;t_s.$$

Soit :

$$t_s = \frac{e_s^2}{2\,d\,D_s} = \frac{e_s^2}{n\,D_s}$$

avec $n = 2\,d$.

2. Réponse e

D'après la question 1 :

$$[T] = \frac{\left[L^2\right]}{[n]\left[L^2T^{-1}\right]} \Rightarrow [n] = 1\,.$$

Donc le facteur n est ans dimension.

3. Réponse a

Numériquement :

$$e_s = \frac{\text{volume de sperme}}{\text{surface interne du vagin}} = \frac{3{,}6\times10^{-6}}{10^{-2}} = 3{,}6\times10^{-4}\,\text{m}\,.$$

Et par conséquent :

$$t_s = \frac{e_s^2}{2D} = \frac{3{,}6\times3{,}6\times10^{-8}}{2\times3{,}6\times10^{-12}} = 1{,}8\times10^4\,\text{s} = 5\text{h}\,.$$

4. Réponse c

En régime permanent, la densité de flux j de virus arrivant sur la surface du tissu s'écrit :

$$j = -D_g\,\frac{dC}{dx} = cte\,.$$

En intégrant sur l'épaisseur de la couche de gel séparant le sperme et la surface du tissu :

$$-\frac{j}{D_g}\int_0^{e_g} dx = \int_{C_0}^{0} dC$$

$$\frac{j}{D_g}e_g = C_0$$

$$j = D\frac{\Delta C}{e} = D_g\,\frac{C_0}{e_g}\,.$$

D'où le flux de virus arrivant sur cette surface S :

$$J = S\,D_g\,\frac{C_0}{e_g} = S\cdot 0{,}1\,D_s\cdot\frac{C_0}{e_g}$$

$$J = 10^{-2}\times3{,}6\times10^{-13}\times\frac{5\times10^4\times10^6}{4\times10^{-4}} = 0{,}45\ \text{virus.s}^{-1}$$

$$J = 27\,\text{virus.min}^{-1}.$$

5. Réponse c

Avec ce nouveau modèle pour la couche de gel, le flux de virus J' arrivant sur la surface S s'écrit :

$$J' = \chi S D_g \frac{C_0}{e_g} + (1-\chi) S D_g \frac{C_0}{e_g / 2} = S\left[2(1-\chi) + \chi\right] D_g \frac{C_0}{e_g}$$

$$J' = (2-\chi) J.$$

1. <u>Réponse e</u>

D'une part :

$$J' = D_g \frac{C_0}{e'_g}.$$

D'autre part, on vient de montrer à la question précédente que :

$$J' = (2-\chi) D_g \frac{C_0}{e_g}.$$

Par identification, on obtient :

$$e'_g = \frac{e_g}{2-\chi}.$$

2. <u>Réponse a</u>

La continuité du flux de virus à l'interface s'écrit :

$$J_g(x=0^+) = J_s(x=0^-).$$

Soit encore :

$$D_g \left.\frac{\partial C_g}{\partial x}\right|_{x=0^+} = D_s \left.\frac{\partial C_s}{\partial x}\right|_{x=0^-}.$$

3. <u>Réponse b</u>

On peut déduire de la question précédente :

$$\left.\frac{\partial C_g}{\partial x}\right|_{x=0^+} = \frac{D_s}{D_g} \left.\frac{\partial C_s}{\partial x}\right|_{x=0^-}.$$

Or $D_s > D_g$, donc :

$$\left.\frac{\partial C_g}{\partial x}\right|_{x=0^+} < \left.\frac{\partial C_s}{\partial x}\right|_{x=0^-},$$

car les pentes de la concentration en virus en $x = 0^+$ et $x = 0^-$ sont négatives.

4. <u>Réponse c</u>

On cherche t tel que :

$$t = t_s + t_g = \frac{e_s^2}{2D_s} + \frac{e_g'^2}{2D_g} = \frac{\left(e_s + e'_g\right)^2}{2D_e}$$

Ce qui donne :

$$D_e = \frac{D_s D_g \left(e_s + e'_g\right)^2}{D_s e_g'^2 + D_g e_s^2}.$$

5. <u>Réponse d</u>

On cherche à déterminer λ tel que $C\left(e'_g, t_{1\%}\right) = 0,01 C_0$. Ce qui équivaut à :

$$0,01 = \frac{e^{-\lambda(t)e'_g}}{e^{-\lambda(t)e'_g} + 1} \Leftrightarrow 0,99 \times e^{-\lambda(t)e'_g} = 0,01 \Leftrightarrow e^{-\lambda(t)e'_g} \approx 0,01.$$

Et par conséquent :

$$\lambda(t) \approx \frac{2\ln 10}{2\times 10^{-4}} \approx 2,3\times 10^{4}\ \text{m}^{-1}.$$

11. <u>Réponse a</u>
On nous donne :

$$\frac{\partial C(x,t)}{\partial x} = -C_0\lambda(t)\frac{e^{-\lambda(t)x}}{\left(e^{-\lambda(t)x}+1\right)^2}.$$

On a donc :

$$\frac{\partial C(x=0,t=0)}{\partial x} = -\frac{C_0\,\lambda(t=0)}{4} \text{ et } \frac{\partial C(x=0,t=\infty)}{\partial x} = -\frac{C_0\,\lambda(t=\infty)}{4}.$$

Or on peut déduire des courbes proposées que :

$$\frac{\partial C(x=0,t=0)}{\partial x} = -\infty \text{ et } \frac{\partial C(x=0,t=\infty)}{\partial x} = 0.$$

On en déduit donc :

$$\lambda(t=0) = +\infty \text{ et } \lambda(t=\infty) = 0.$$

Seule la fonction $\lambda(t) = \dfrac{\pi}{2\sqrt{D_e t}}$ vérifie ces conditions.

Corrigés des problèmes

Problème 1

Questions préliminaires

a) Le terme $j_D(x) = -D\left[dC(x)/dx\right]$ représente la densité de flux diffusif de particules. Il est lié à l'existence d'un gradient de concentration en particules dans la solution.
Le terme $j_E(x) = (D/kT)\,f\,C(x)$ représente la densité de flux d'entraînement. Il est lié à l'existence d'une force extérieure.
b) A partir de l'équation 1, on obtient l'équation aux dimensions suivante :

$$[D]\frac{[C(x)]}{[x]} + \frac{[D]}{[kT]}[f][C(x)] = 0.$$

Une simplification donne que :

$$[f] = \frac{[kT]}{[x]}.$$

On voit donc que la dimension de f est le rapport d'un travail sur une longueur, f est donc une force.

Problème

1. Puisque chaque macromolécule a atteint sa vitesse limite, on a $\sum \vec{F}=\vec{0}$, c'est-à-dire :

$$\vec{P}+\vec{F}_a+\vec{F}_v=\vec{0} \quad \Leftrightarrow \quad m\vec{g}-\rho\frac{m}{\rho_P}\vec{g}-\alpha\,\vec{v}_{\lim}=\vec{0}$$

Sur l'axe des x, l'équation s'écrit :

$$-m g\vec{u}_x+\rho\frac{m}{\rho_P}g\vec{u}_x-\alpha\, v_\ell\,\vec{u}_x=\vec{0}$$

$$\Leftrightarrow \left\{-m g\left(1-\frac{\rho}{\rho_P}\right)-\alpha\, v_\ell\right\}\vec{u}_x=\vec{0}.$$

On obtient finalement que :

$$v_\ell=-\frac{m g}{\alpha}\left(1-\frac{\rho}{\rho_P}\right),$$

ou encore en remplaçant α par sa valeur :

$$v_\ell=-\frac{m g D}{kT}\left(1-\frac{\rho}{\rho_P}\right)$$

Il a été posé que $\rho_p > \rho$. En prenant ceci en compte dans l'équation ci-dessus on a donc $v_\ell<0$.

2. Dans un régime permanent on a $j_E(x)=C(x)\,v_\ell$, et si on remplace la vitesse limite par sa valeur obtenue précédemment :

$$j_E(x)=C(x)v_\ell=-\frac{m g D}{kT}\left(1-\frac{\rho}{\rho_P}\right)C(x).$$

Or d'après l'équation 1 on doit aussi avoir :

$$j_E(x)=\frac{D}{kT}f\,C(x).$$

Par identification des deux expressions on obtient :

$$f=-m g\left(1-\frac{\rho}{\rho_P}\right).$$

3. En remplaçant dans l'équation 1, la valeur de f trouvée dans la question 2 on obtient :

$$j(x)=-D\left\{\frac{dC(x)}{dx}+\frac{m g}{kT}\left(1-\frac{\rho}{\rho_P}\right)C(x)\right\}.$$

4. A l'équilibre la densité de flux sera nulle : $j(x)=0$, c'est-à-dire :

$$\frac{dC(x)}{dx}+\frac{m g}{kT}\left(1-\frac{\rho}{\rho_P}\right)C(x)=0$$

$$\Leftrightarrow \frac{dC(x)}{C(x)}=-\frac{m g}{kT}\left(1-\frac{\rho}{\rho_P}\right)dx.$$

La solution de cette équation est $C(x)=C(0)\exp\left[-\frac{m g}{kT}\left(1-\frac{\rho}{\rho_p}\right)x\right]$. On voit donc que $C(x)$ est de la forme : $C(x)=C(0)\,e^{-x/h}$ avec $h=\dfrac{kT}{mg\left(1-\dfrac{\rho}{\rho_p}\right)}$.

h a la dimension d'une longueur car :

$$[h]=\frac{[kT]}{[mg]}=\frac{[\text{énergie}]}{[\text{force}]}=\frac{[\text{force}]\times[\text{longueur}]}{[\text{force}]}=L.$$

5. On sait que $(1\text{ mole})\times R=(N_a\text{ molécules})\times k$ et que $M=N_a\times m$. On en tire que :

$$k=\frac{R}{N_a}=R\frac{m}{M}.$$

En remplaçant cette valeur de k dans l'expression de h donnée précédemment, on obtient :

$$h=\frac{RT}{Mg\left(1-\dfrac{\rho}{\rho_p}\right)}$$

6. On a d'abord :

$$h=\frac{RT}{Mg\dfrac{1}{6}}.$$

Puis en remplaçant R, T, M et g par leur valeur respective on obtient :

$$\frac{8{,}31\times 300}{10\times 10\times\dfrac{1}{6}}\le h\le\frac{8{,}31\times 300}{10\times 10^{-3}\times\dfrac{1}{6}},$$

soit :

$$150\text{ m}\le h\le 150\text{ km}.$$

7. Les hauteurs caractéristiques h sont bien trop grandes pour pouvoir déterminer la masse molaire des macromolécules par cette expérience.

8. On reporte les valeurs de $\ln(N(x))$ en fonction de x sur le graphe suivant.

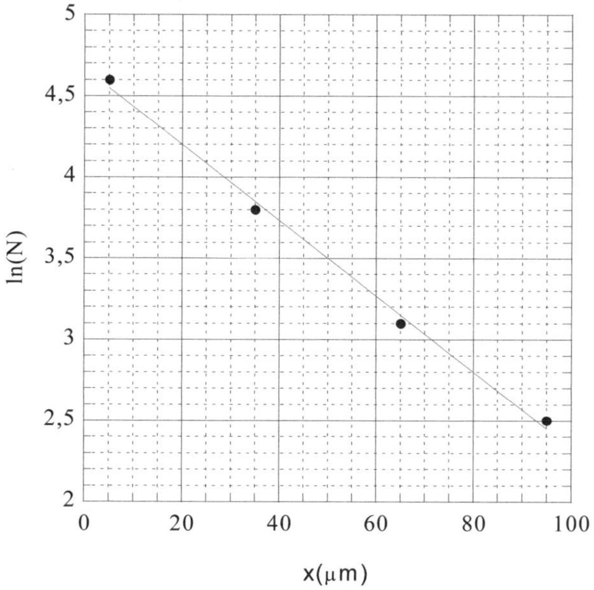

On a :

$$C(x)=C(0)\,\mathrm{e}^{-x/h}\Rightarrow\frac{C(x)}{C(0)}=e^{-x/h}\Rightarrow\ln N(x)=-\frac{x}{h}.$$

$-\dfrac{1}{h}$ est la pente de la droite $N = f(x)$. On peut la déterminer à partir de deux points, par exemple $-\dfrac{1}{h}=\dfrac{2{,}8-4{,}2}{80-20}$, soit :

$$h=\frac{60}{1{,}4}=\frac{30}{0{,}7}\approx 43\ \mu\text{m}.$$

9. Nous avons montré précédemment que :

$$h=\frac{RT}{Mg\left(1-\dfrac{\rho}{\rho_p}\right)},$$

ou encore :

$$h=\frac{RT}{mN_a g\left(1-\dfrac{\rho}{\rho_p}\right)}.$$

Si les particules de latex sont des sphères de rayon a alors :

$$m=\rho_p\times V_p=\rho_p\times\frac{4}{3}\pi a^3$$

En utilisant les deux dernières équations on a :

$$N_a=\frac{RT}{\rho_p\dfrac{4}{3}\pi a^3 hg\left(1-\dfrac{\rho}{\rho_p}\right)}.$$

L'application numérique donne :

$$N_a=\frac{8{,}31\times 300}{1{,}2\times10^3\times\dfrac{4}{3}\times\pi\times\left(2{,}1\times10^{-7}\right)^3\times 43\times10^{-6}\times10\times\dfrac{1}{6}}$$

soit :

$$N_a\approx 7{,}5.10^{23}\ \text{molécules.mole}^{-1}.$$

Problème 2

A. Mouvement des particules de soluté

1. On compare l'effet des deux pesanteurs pour $r = 5$ cm :

$$\frac{mg}{mG(r)}=\frac{g}{\omega^2 r}=\frac{10}{(10^3)^2\times 5.10^{-2}}=2.10^{-4}\ll 1.$$

On a donc $g \ll G$: l'effet de la pesanteur terrestre est négligeable devant celle due à la rotation.

2. A l'équilibre la somme totale des forces est nulle, soit :

$$\overrightarrow{F_A}+\overrightarrow{F_v}+\overrightarrow{F_G}=\vec{0}\Leftrightarrow-\rho_0 V\overrightarrow{G(r)}-\alpha\,\overrightarrow{v_{\lim}}+m\overrightarrow{G(r)}=\vec{0}.$$

Dans cette équation le volume V peut-être remplacé par les données du problème : $V=\dfrac{m}{\rho_P}$, et on sait que $\overrightarrow{G(r)}=\omega^2 r\overrightarrow{u_r}$, donc :

$$-m\frac{\rho_0}{\rho_p}\omega^2 r\,\overrightarrow{u_r}-\alpha\,\overrightarrow{v_{\text{lim}}}+m\omega^2 r\,\overrightarrow{u_r}=\vec{0}\ ,$$

d'où :

$$\left(-m\frac{\rho_0}{\rho_p}\omega^2 r+m\omega^2 r\right)\overrightarrow{u_r}=\alpha\,\overrightarrow{v_{\text{lim}}}\ ,$$

soit :

$$\overrightarrow{v_{\text{lim}}}=\left[\frac{m}{\alpha}(1-\frac{\rho_0}{\rho_p})\right]\omega^2 r\,\overrightarrow{u_r}=s\omega^2 r\,\overrightarrow{u_r}=v_{\text{lim}}\overrightarrow{u_r}\ .$$

3. Puisque ρ = 3 kg/L on a $\rho_P > \rho_0$. En prenant compte de cette comparaison dans l'équation précédent on obtient que $v_{\text{lim}} > 0$: les particules de soluté se dirigent vers la périphérie (elles se situent au niveau de r le plus grand).

B. Etude du régime permanent

1. $D=\dfrac{kT}{6\pi\eta a}=\dfrac{1{,}38\times10^{-23}\times293}{6\pi\times10^{-3}\times2{,}8\times10^{-10}}=7{,}7.10^{-10}\,\text{m}^2.\text{s}^{-1}$.

2. Lorsque le régime permanent est établi, les grandeurs physiques sont indépendantes du temps. On en déduit d'après le 1[ière] loi de Fick que :

$$\vec{j}_d=-\ D\cdot\frac{dC(r)}{dr}\cdot\vec{u}_r\ .$$

La diffusion se fait dans le sens contraire de $\vec{u}_r$, de la zone la plus concentrée vers la moins concentrée en particules de soluté.

3. $\vec{j}_e$ est le vecteur densité de flux d'entraînement de molécules de soluté. En régime permanent, ce flux est relié à la vitesse limite des molécules : $\vec{j}_c = C(r)\cdot\overrightarrow{v_{\text{lim}}}$. Ce qui donne :

$$\vec{j}_e = C(r)\cdot s\omega^2 r\,\overrightarrow{u_r}\ .$$

$\vec{j}_e$ est dans le sens du vecteur $\vec{u}_r$.

4. La densité de flux totale est : $\vec{j}=\vec{j}_d+\vec{j}_e$. En remplaçant chaque terme par leurs valeurs trouvées précédemment on obtient :

$$\vec{j}=\left[-D\frac{dC}{dr}+C(r)s\omega^2 r\right]\overrightarrow{u_r}\ .$$

5. A l'équilibre $\vec{j}=\vec{0}$, donc d'après ce qui précède :

$$D\frac{dC}{dr}-s\omega^2 rC(r)=0\ .$$

6. $C(r)=Ae^{\frac{r^2}{2\lambda^2}}$ est la solution de l'équation précédente. En dérivant cette solution, on obtient :

$$\frac{dC}{dr}=\frac{r}{\lambda^2}C(r)\ .$$

Par identification on trouve :

$$\frac{r}{\lambda^2} = \frac{s\omega^2 r}{D},$$

soit :

$$\lambda = \sqrt{\frac{D}{s\omega^2}}.$$

Puisque l'argument de l'exponentielle doit être sans dimension, λ doit avoir la dimension d'une longueur.

Problème 3

1. L'équation aux dimensions est :

$$[D] = \frac{[kT]}{[\eta]\times[r]} = \frac{[énergie]}{\left(M\times L^{-1}\times T^{-1}\right)\times L}$$

$$D = \frac{[force \times longueur]}{M\times T^{-1}} = \frac{M\times L\times T^{-2}\times L}{M\times T^{-1}} = L^2\times T^{-1}$$

En unités S.I. : $[D] = m^2.s^{-1}$.

2. On calcule que :

$$D = \frac{kT}{6\pi\eta r} = \frac{1{,}38\times10^{-23}\times 292}{6\times\pi\times10^{-3}\times 3{,}1\times10^{-10}}.$$

$$D \approx 0{,}69.10^{-9}\ \mathrm{m}^2.\mathrm{s}^{-1}$$

3. $\vec{j}_d$ est le vecteur densité de flux diffusif de molécules de glucose. Il est lié à l'existence d'un gradient de concentration en protéines dans la solution.

$\vec{j}_d$ est donné par la 1re loi de Fick :

$$\vec{j}_d = -\ D\cdot\frac{\partial C(x,t)}{\partial x}\cdot\vec{u}_x.$$

Lorsque le régime permanent est établi, les grandeurs physiques sont indépendantes du temps. On en déduit :

$$\vec{j}_d = -\ D\cdot\frac{dC(x)}{dx}\cdot\vec{u}_x.$$

Si on étudie les phénomènes de transport pour les $x < 0$, alors la diffusion se fait dans le sens contraire de $\vec{u}_x$, de la zone la plus concentrée ($x = 0$) vers la moins concentrée ($x < 0$) en particules de soluté.

4. $\vec{j}_e$ est le vecteur densité de flux d'entraînement de molécules de glucose. Ce flux est associé à l'écoulement du solvant. En régime permanent, la vitesse des molécules de glucose est donc celle de l'eau. On a donc :

$$\vec{j}_e = C(x)\cdot\vec{v} = C(x)\cdot v\cdot\vec{u}_x.$$

L'entraînement se fait donc dans le sens de $\vec{u}_x$.

5. La densité de flux totale est $\vec{j} = \vec{j}_d + \vec{j}_e$, soit :

$$\vec{j}=\left(-D\cdot\frac{dC(x)}{dx}+v\cdot C(x)\right)\cdot\vec{u}_x .$$

6. A l'équilibre : $\vec{j}=\vec{0}$ donc l'équation trouvée à la question 5 donne :

$$\frac{dC(x)}{dx}-\frac{v}{D}C(x)=0 .$$

7. La concentration de glucose vérifie l'expression $C(x)=K\,e^{\frac{x}{x_0}}$, vérifions si elle est solution de $\frac{dC(x)}{dx}-\frac{v}{D}C(x)=0$. La dérivée de $C(x)$ étant $\frac{dC(x)}{dx}=\frac{K}{x_0}e^{\frac{x}{x_0}}$, on obtient :

$$\frac{K}{x_0}e^{\frac{x}{x_0}}-\frac{v}{D}K\,e^{\frac{x}{x_0}}=0 \quad\Leftrightarrow\quad x_0=\frac{D}{v} .$$

<u>Dimension de x_0</u>

$$[x_0]=\frac{[D]}{[v]}=\frac{\left[j_{particules}\right]\times[x]}{[C]}\times\frac{1}{[v]}$$

$$[x_0]==\frac{L^{-2}\times T^{-1}\times L}{L^{-3}}\times\frac{1}{L\times T^{-1}}=L$$

x_0 est homogène à une longueur.

<u>Détermination de K</u>

$$C(x=0)=C_0 \quad\Leftrightarrow\quad K=C_0 \text{ d'où } C(x)=C_0\;e^{\frac{v}{D}x} .$$

8. On se place au point A ($x_A=-d$), la concentration en glucose y est égale à :

$$C_A=C(x=-d)=C_0\;e^{-d\frac{v}{D}} ,$$

soit,

$$C_A=2\times e^{\left(-0{,}1\times\frac{0{,}1\times10^{-6}}{0{,}69\times10^{-9}}\right)}\cong 10^{-6}\ \text{mol.L}^{-1} .$$

Problème 4

1. La pression varie linéairement avec x dans une conduite :

$$P(x)=a+b\,x$$

Il faut que $P(0)=P_1$ et $P(d)=P_2$. C'est vrai si $b=\frac{\Delta P}{d}$. D'où :

$$P(x)=P_1-\frac{x}{d}\Delta P$$

2. On a $P(x)V(x)=P_1V_1$, en exprimant les volumes en termes de rayon et après simplification on obtient : $P(x)r^3(x)=P_1r_1^3$, d'où $r(x)=\left(\frac{P_1}{P(x)}\right)^{1/3}r_1$.

3. Par définition $D = \dfrac{k_B T}{6\pi \eta\, r}$, donc $D(x) r(x) = \dfrac{k_B T}{6\pi \eta}$. Puisque ce terme est constant :

$$D(x) r(x) = D_1\, r_1 \text{ ou encore } D(x) = \frac{r_1}{r(x)} D_1 \ .$$

4. Par définition $j_E = C(x) v$ et dans un écoulement laminaire et permanent on a $v = \dfrac{a^2\, \Delta P}{8\eta d}$, donc :

$$j_E(x) = \frac{a^2\, \Delta P}{8\eta d} C(x) \ .$$

5. Par définition $j_D = -D(x) \dfrac{dC(x)}{dx}$.

Sachant que $D(x) r(x) = D_1\, r_1$ et $P(x) r^3(x) = P_1 r_1^3$ (questions 2 et 3) :

$$j_D = -D_1 \left(\frac{P(x)}{P_1} \right)^{\frac{1}{3}} \frac{dC(x)}{dx},$$

ou encore :

$$j_D = -D_1 \left(\frac{P_1 - \dfrac{\Delta P}{d} x}{P_1} \right)^{\frac{1}{3}} \frac{dC}{dx},$$

ce qui donne finalement :

$$j_D = -D_1 \left(1 - \frac{x}{d} \varepsilon \right)^{\frac{1}{3}} \frac{dC(x)}{dx}.$$

6. En tenant compte des deux questions précédentes, le flux de bulle est :

$$j = j_D + j_E = -D_1 \left(1 - \frac{x}{d} \varepsilon \right)^{\frac{1}{3}} \frac{dC(x)}{dx} + v C(x).$$

7. L'équation de continuité du cours s'applique pour des particules de masse constante. C'est le cas des bulles d'air qui contiennent le même nombre de molécules :

$$\frac{\partial C(x,t)}{\partial t} = -\frac{\partial j(x,t)}{\partial x}.$$

8. En régime permanent $C(x,t) = C(x)\ , \forall t$ et $j(x,t) = j(x), \forall t$.

Donc :

$$\frac{dC(x)}{dt} = 0 = -\frac{dj(x)}{dx},$$

j est donc constant.

9. On commence par chercher la solution de l'équation homogène :

$$-D_1 \left(1 - \frac{x}{d} \varepsilon \right)^{1/3} \frac{d\bar{C}}{dx} + v \bar{C}(x) = 0 \ ,$$

Elle se réécrit comme :

$$\frac{d\bar{C}}{\bar{C}(x)} = \frac{v}{D_1}\left(1-\frac{x}{d}\varepsilon\right)^{-1/3} dx\,,$$

La solution de cette équation est :

$$\ln\frac{\bar{C}}{A} = -\frac{3}{2}\frac{v\,d}{\varepsilon D_1}\left(1-\frac{x}{d}\varepsilon\right)^{2/3}\,.$$

Par ailleurs on a : $v = \dfrac{a^2\,\Delta P}{8\eta d}$ et $\alpha = \dfrac{a^2\,P_1}{8\eta D_1} = \dfrac{v\,d}{\varepsilon D_1}$, donc :

$$\bar{C}(x) = Ae^{-\frac{3}{2}\alpha\left(1-\frac{x}{d}\varepsilon\right)^{2/3}}\,.$$

La solution de l'équation particulière est $C_0 = \dfrac{j}{v}$.

Finalement la solution générale est :

$$C(x) = \bar{C}(x)+C_0 = Ae^{-\frac{3}{2}\alpha\left(1-\frac{x}{d}\varepsilon\right)^{2/3}} + \frac{j}{v}\,.$$

10. Les conditions aux limites sont $C(0) = C_1$ et $C(d) = 0$. En utilisant l'expression de C trouvée précédemment ces conditions donnent :

$$C(d) = Ae^{-\frac{3}{2}\alpha(1-\varepsilon)^{2/3}} + \frac{j}{v} = 0\,,$$

d'où

$$A = -e^{\frac{3}{2}\alpha(1-\varepsilon)^{2/3}}\,\frac{j}{v}\,,$$

et :

$$C(0) = C_1 = Ae^{-\frac{3}{2}\alpha} + \frac{j}{v}.$$

En remplaçant A par sa valeur, on a :

$$C_1 = -e^{\frac{3}{2}\alpha(1-\varepsilon)^{2/3}}\,\frac{j}{v}e^{-\frac{3}{2}\alpha} + \frac{j}{v}$$

$$C_1 = (-e^{\frac{3}{2}\alpha(1-\varepsilon)^{2/3}-\frac{3}{2}\alpha})\frac{j}{v} + \frac{j}{v}$$

11. En utilisant les questions 6 et 10 on obtient :

$$j = \frac{C_1\,v}{1-e^{\frac{3}{2}\alpha\left[(1-\varepsilon)^{2/3}-1\right]}}$$

Comme $\varepsilon << 1$, on peu écrire que $\left[(1-\varepsilon)^{2/3}-1\right] \simeq -\frac{2}{3}\varepsilon$. Et puisque on a aussi $\alpha\varepsilon$ $<< 1 : 1-e^{\frac{3}{2}\alpha\left[-\frac{2}{3}\varepsilon\right]} = 1-e^{-\alpha\varepsilon} \simeq \alpha\varepsilon$. L'expression de j se simplifie donc : $j = \frac{C_1 v}{\alpha\varepsilon}$.

Or on rappelle que $v = \frac{a^2 \Delta P}{8\eta d}$ et $\alpha = \frac{a^2 P_1}{8\eta D_1}$, donc :

$$j = \frac{C_1 D_1}{d}$$

12. Le mécanisme dominant est la diffusion puisque j ne dépend pas de la différence des pressions.

13. Dans ce cas, la concentration en bulle varie linéairement avec la distance :

$$C(x) = C_1 - \frac{x}{d}C_1 = C_1(1-\frac{x}{d}).$$

Donc $C_1 = \frac{C(x)}{(1-\frac{x}{d})} = \frac{10^{10}}{(1-\frac{9}{10})} = 10^{11}\ \text{m}^{-3}$.

Problème 5

A : Le condensateur n'est pas chargé

1. La relation fondamentale de la dynamique appliquée à une gouttelette de glycérine conduit à :

$$\vec{P} + \vec{f} = m\vec{a} \iff m\vec{g} - 6\pi\eta r\vec{v} = m\frac{\vec{dv}}{dt},$$

soit en divisant par m :

$$\frac{\vec{dv}}{dt} + \frac{6\pi\eta r}{m}\vec{v} = \vec{g}.$$

En posant $\tau = \frac{m}{6\pi\eta r}$, on obtient bien $\frac{\vec{dv}}{dt} + \frac{1}{\tau}\vec{v} = \vec{g}$

2. a) L'équation précédente donne par projection sur un <u>**axe vertical descendant**</u> (voir figure) :

$$\frac{dv}{dt} + \frac{1}{\tau}v = g.$$

Après une durée très brève, $v \to v_1 = \text{cte}$ et $\frac{dv}{dt} = 0$. L'équation différentielle donne alors :

$$\frac{1}{\tau}v_1 = g, \text{ soit } v_1 = g\,\tau = \frac{mg}{6\pi\eta r}.$$

b) On a $\tau = \frac{v_1}{g} = \frac{392\times10^{-6}}{9{,}8} = 4{,}0.10^{-5}\ \text{s}$.

c) On a $r = \dfrac{m}{6\pi\eta\tau}$ où $m = \dfrac{4}{3}\pi r^3 \rho$ d'où $r = \sqrt{\dfrac{9\eta\tau}{2\rho}}$.

Le rayon de la gouttelette vaut donc :

$$r = \sqrt{\frac{9 \times 1{,}8 \times 10^{-5} \times 4{,}0 \times 10^{-5}}{2 \times 810}} = 2{,}0.10^{-6}\,\text{m}\ .$$

3. La solution générale de l'équation homogène est de la forme :

$$v_h(t) = A\exp\left(-\frac{t}{\tau}\right),$$

et une solution particulière est :

$$v_P = \text{cte} = v_1.$$

D'où la solution générale de l'équation différentielle totale :

$$v(t) = Ae^{-t/\tau} + v_1\,.$$

On sait que $v\,(t = 0) = 0$, donc $A+v_1 = 0$ et $v(t) = v_1\,(1 - e^{-t/\tau})$.

B : Le condensateur est chargé

1. Le champ électrique est dirigé dans le sens des potentiels décroissants, donc de l'armature A vers l'armature B ($V_A > V_B$) et il est perpendiculaire aux armatures planes du condensateur. La norme du champ électrique est : $|E| = U/d = 4.10^5$ V/m.

La force électrique s'exerçant sur la gouttelette est : $\overrightarrow{F_e} = q\vec{E}$.

Le fait que la gouttelette remonte indique que $\overrightarrow{F_e}$ s'oppose au poids de la gouttelette et que la direction de $\overrightarrow{F_e}$ est dans le sens opposé du champ électrique : c'est-à-dire que $q < 0$.

2. On a : $\vec{P} + \vec{f} + q\vec{E} = m\vec{a} \iff m\vec{g} - 6\pi\eta r\,\vec{v} + q\vec{E} = m\dfrac{d\vec{v}}{dt}$.

En projetant sur l'axe vertical descendant (Oz) on obtient :

$$m.\frac{dv}{dt} + 6\pi\eta r\,v = mg + q\frac{U}{d} \quad \text{avec } q < 0.$$

3. La nouvelle vitesse limite est atteinte quand $v = v_2$ et $\dfrac{dv}{dt} = 0$, en prenant en compte ceci dans l'équation différentielle trouvée précédemment on a :

$$mg + q\frac{U}{d} = 6\pi\eta r\,v_2,$$

ou encore :

$$v_2 = \frac{m}{6\pi\eta r}g + q\frac{U}{6\pi\eta r d},$$

que l'on réécrit comme (voir question 2.a) :

$$v_2 = v_1 + q\frac{U}{6\pi\eta r d} \quad \text{avec } v_1 = g\tau = \frac{mg}{6\pi\eta r}.$$

4. L'équation précédente donne $q = (v_2 - v_1)\dfrac{6\pi\eta r d}{U}$ et puisque q < 0 :

$$|q| = -q = \frac{6\pi\eta r d}{U}(v_1 - v_2)\,.$$

Numériquement cela donne :

$$|q| = \frac{6\,\pi \times 1{,}8.10^{-5}.2.10^{-6}.2.10^{-2}}{8000}(\,392.10^{-6} - v_2\,).$$

Et puisque $v_2 < 0$ on a $|v_2| = -v_2$ et :

$$|q| = 6{,}65.10^{-19} + 1{,}7.10^{-15}|v_2|.$$

On calcule alors :

$v_{2i}(10^{-6}\text{m.s}^{-1})$	$\|q\|_i\,(C)$
80	$8{,}0.10^{-19}$
175	$9{,}6.10^{-19}$
270	11.10^{-19}
365	13.10^{-19}
460	14.10^{-19}

On remarque que :

$$\frac{|q|_1}{5} = \frac{|q|_2}{6} = \frac{|q|_3}{7} = \frac{|q|_4}{8} = \frac{|q|_5}{9} = e = 1{,}6.10^{-19}\text{ C.}$$

Donc la charge de la gouttelette est un multiple entier de la charge élémentaire *e*.

Problème 6

En régime stationnaire toutes les variables sont indépendantes du temps et l'équation de continuité permet d'écrire :

$$-D\frac{d\,C(x)}{d\,x} + C(x)\,v_\ell = j = cte$$

Pour trouver l'expression de $C(x)$ il faut intégrer la relation précédente :

La solution générale de l'équation sans 2nd membre ($j = 0$) est $C(x) = A\,e^{v_\ell x/D}$.

La solution particulière de l'équation complète est : $C = \dfrac{j}{v_\ell}$.

Finalement : $C(x) = \dfrac{j}{v_\ell} + A\,e^{(x/h)}$ où $h = \dfrac{D}{v_\ell}$; $[h] = L$

h est la distance sur laquelle la diffusion est importante. Si $v = 0$ la diffusion est importante partout.

Pour déterminer les constantes j et A, on utilise les conditions $C(x = 0) = C_0$ et $C(x = x_1) = C_1$:

$$\begin{cases} \dfrac{j}{v_\ell} + A = C_0 \\[2mm] \dfrac{j}{v_\ell} + A\,e^{x_1/h} = C_1 \end{cases} \Rightarrow \begin{cases} A = \dfrac{C_1 - C_0}{e^{x_1/h} - 1} \\[2mm] j = v_\ell\,\dfrac{C_1 - C_o e^{x_1/h}}{1 - e^{x_1/h}} \end{cases}.$$

Finalement on trouve que :

$$C(x) = \frac{C_o(e^{x_1/h} - e^{x/h}) + C_1(e^{x/h} - 1)}{e^{x_1/h} - 1}$$

Avec $C_0 = 1$ mmol.L^{-1} et $C_1 = 0,5$ mmol.L^{-1}, l'expression précédente devient :

$$C(x) = 1 - 0,5\frac{1 - e^{x/h}}{1 - e^{x_1/h}} \quad \text{pour } x \text{ compris entre 0 et } x_1.$$

- Pour x_1 / h très petit (diffusion prédominante) $\Rightarrow x / h \to 0$.

En utilisant le développement limité au premier ordre de e^X au voisinage de $X = 0$, c'est-à-dire $e^X \approx 1 + X$ (annexe 2), on obtient :

$$C(x) = 1 - 0,5\frac{x}{x_1}.$$

On retrouve le résultat de l'application 1 (diffusion libre), à savoir que $C(x)$ varie linéairement.
- Pour x_1 / h très grand (diffusion négligeable) $\Rightarrow x / h \to \infty$.

$$\frac{1 - e^{x/h}}{1 - e^{x_1/h}} = e^{\left(\frac{x - x_1}{h}\right)} \frac{1 - \dfrac{1}{e^{x/h}}}{1 - \dfrac{1}{e^{x_1/h}}} \approx e^{\left(\frac{x - x_1}{h}\right)} \to 0$$

car $x - x_1 < 0$

On obtient donc :

$$C(x) = 1 = C_0.$$

On en déduit la représentation graphique de $C(x/x_1)$:

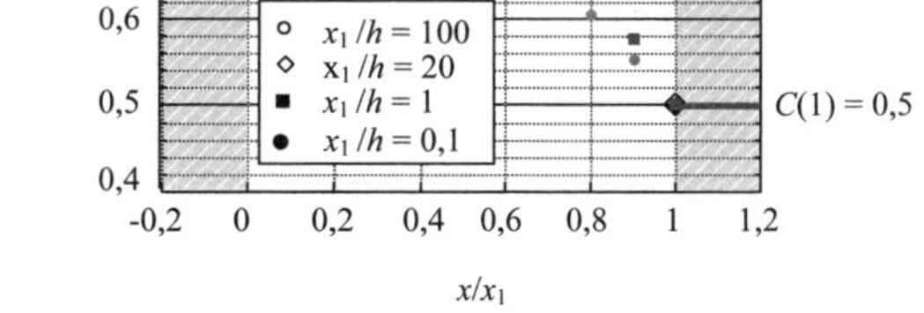

Eléments de réponses exercices complémentaires

Exercice 1

1. Le poids est $\overrightarrow{P} = m\overrightarrow{g} = -\frac{4\pi}{3}r^3 d\rho_e g \overrightarrow{u_z}$,

et la poussée d'Archimède $\overrightarrow{P_A} = -\rho_e V \vec{g} = \frac{4\pi}{3} r^3 \rho_e g \overrightarrow{u_z}$.

2. 2ième loi de Newton : $\vec{P} + \vec{P}_A + \vec{f}_v = m\frac{d\vec{v}}{dt}$ où $m = \frac{4\pi}{3} r^3 \rho_e d$.

En projetant sur l'axe (Oz) et sachant que $\frac{dv}{dt} = 0$, on obtient :

$$v_\ell = -\frac{2g}{9\eta} \rho_e (d-1) r^2$$

Puisque les particules sont plus denses que l'eau ($d > 1$) la vitesse est négative : les particules se déplacent vers le fond.

3. La norme de la vitesse limite vaut :

$$v_\ell(r) = -\frac{2 \times 9.8}{9 \times 10^{-3}} 10^3 (2,6-1) r^2 = 3,5.10^6 r^2 .$$

A.N :

$$v_\ell(100 \mu\text{m}) = 3,5.10^{-2} \text{ms}^{-1} \ ; v_\ell(10 \mu\text{m}) = 3,5.10^{-4} \text{ms}^{-1} \ ;$$

$$v_\ell(1 \mu\text{m}) = 3,5.10^{-6} \text{ms}^{-1} .$$

Pour traverser 1 m il faut respectivement un temps de 2,86 s pour les particules de 100 µm, 2860 s pour 10 µm et $2,86.10^5$ s pour 1 µm (de l'ordre de 3 jours).
La décantation n'est adaptée que pour des particules dont le rayon est supérieur à la dizaine de micromètre. Sinon la décantation est beaucoup trop lente.

4. $\vec{j}_E = C v_\ell \vec{u}_z$.

S'il n'y a pas de diffusion toutes les particules sont animées de la même vitesse $\vec{v}$: l'ensemble des particules descend en même temps. A la hauteur z, la concentration reste C_0 pendant un temps $t = (h-z)/|v_\ell|$, et s'annule au delà. Toutes les particules se sont accumulées au fond du bassin au bout du temps $h/|v_\ell|$.

5. $\vec{j} = \vec{j}_E + \vec{j}_D = -D\frac{\partial C}{\partial z}\vec{u}_z + v_\ell C \vec{u}_z$.

6. A l'équilibre C ne dépend plus du temps et du fait de l'équation de continuité: $\vec{j} = \vec{0}$. D'où :

$$-D\frac{dC}{dz} + v_\ell C = 0 .$$

7. La fonction $C(z) = Ke^{-z/z_c}$ est une solution de l'équation différentielle précédente à la condition que $z_c = -\frac{D}{v_\ell}$.

8. $z_c = \frac{3kT}{4\pi(d-1)\rho_e g} \frac{1}{r^3}$.

Pour un grain de sable de rayon 1 μm : $z_c = 6,1.10^{-8}$ m.

9. Nombre de particules à l'instant initial : $N = C_0 S h$.

Nombre de particules à l'instant final (équilibre) :

$$N = S\int_0^h C(z)dz = S K \frac{v_\ell}{D} .$$

Puisque ce nombre n'a pas varié au cours du temps, une identification des deux expressions donne $K = \dfrac{hDC_0}{v_\ell}$.

Exercice 2

1. Les molécules actives sont entraînées par le sang. Elles sont également transportées par diffusion puisqu'il existe un gradient de concentration dans le sang.
2. Le vecteur densité de flux diffusif de molécules actives est :

$$\vec{j}_d = -D \cdot \frac{dC(x)}{dx} \cdot \vec{u}_x .$$

La diffusion se fait :
- dans le sens de $\vec{u}_x$ dans la région des $x > 0$,
- dans le sens contraire de $\vec{u}_x$ dans la région des $x < 0$.

Le vecteur densité de flux d'entraînement de molécules actives est :

$$\vec{j}_e = C(x) \cdot \vec{v} = C(x) \cdot v \cdot \vec{u}_x \quad \forall x .$$

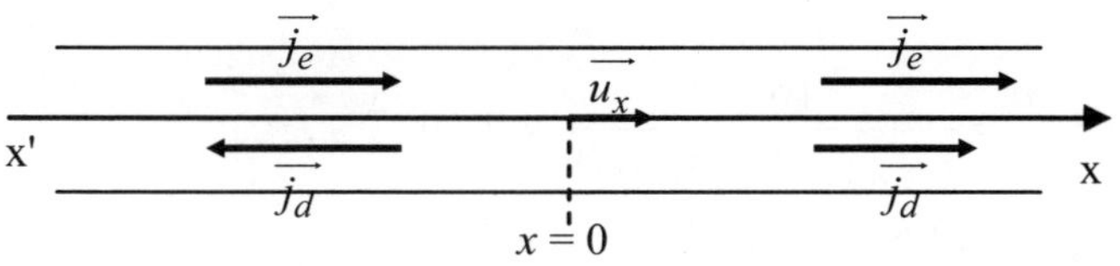

3. La densité de flux totale s'écrit :

$$\vec{j} = \left(-D \cdot \frac{dC(x)}{dx} + v \cdot C(x) \right) \cdot \vec{u}_x .$$

4. A l'équilibre on a $\vec{j} = \vec{0}$. Ceci est impossible dans la région $x > 0$ car $\vec{j}_d$ et $\vec{j}_e$ sont dans le même sens. L'équilibre n'est possible que si $x < 0$ car $\vec{j}_d$ et $\vec{j}_e$ sont de sens contraire.

5. a) Si on remplace $C(x) = \dfrac{j}{v} + A\, e^{\frac{x}{\ell}}$ et sa dérivée dans la relation établie à la question 3 on obtient : $\ell = \dfrac{D}{v}$.

Par ailleurs $C(x=0) = 0 \Rightarrow A = C_0 - \dfrac{j}{v}$.

Finalement $C(x) = \dfrac{j}{v}\left(1 - e^{\frac{v}{D}x}\right) + C_0\, e^{\frac{v}{D}x}$.

b) $j = 0 \Rightarrow C(x) = C_0\, e^{\frac{v}{D}x}$.

6. $\ell = \dfrac{D}{v} = 0{,}8\ \mu\text{m}$.

Exercice 3

1. $\vec{f}_e + \vec{f}_v = m\dfrac{d\vec{v}}{dt}$ avec $\vec{f}_e = f_e \vec{u}_z$ et $\vec{v} = v\,\vec{u}_z$. En projetant sur l'axe Oz :

$$f_e - \alpha\, v = m\frac{dv}{dt}.$$

La solution générale $v(t)$ de l'équation complète est :

$$v(t) = A\, e^{-\frac{\alpha}{m}t} + \frac{f_e}{\alpha}$$

En tenant compte des conditions initiales ($\vec{v}(t=0) = \vec{0}$) on a finalement :

$$v(t) = v_\ell \left(1\text{-}\, e^{-\frac{t}{\tau}}\right) \text{ avec } v_l = f_e / \alpha \text{ et } 1/\tau = \alpha / m.$$

2. La masse d'une molécule d'urée est :

$$m = \frac{M}{N_A} = \frac{60\times10^{-3}}{6{,}02\times10^{23}} \approx 10^{-25} \text{ kg}.$$

Soit :

$$\tau = \frac{m}{\alpha} = \frac{10^{-25}}{6\pi\times10^{-3}\times3\times10^{-10}} \approx 2.10^{-14} \text{ s}.$$

3. Pour $t \gg \tau$, l'équilibre est atteint :

$$f_e - \alpha\, v = m\frac{dv}{dt} = 0.$$

Toutes les particules ont donc la même vitesse $v_\ell \equiv v = \dfrac{f_e}{\alpha} = cte.$

On a aussi :

$$j(z) = j_d(z) + j_e(z) = 0,$$

qui entraîne que $\dfrac{dC}{C} = \dfrac{v_\ell}{D}dz$. En intégrant cette relation, ont trouve :

$$C(z) = C(0)e^{v_\ell z/D}.$$

4. A l'équilibre $C(z)$ suit la distribution de Boltzmann :

$$C(z) = C(0)\, e^{f_e\, z/k_B T},$$

on a par identification :

$$\frac{zv}{D} = \frac{zf_e}{kT}.$$

C'est-à-dire que :

$$D = v\frac{kT}{f_e} = \frac{k_B T}{\alpha} = \omega k_B T \text{, qui est la relation d'Einstein.}$$

5. $D \approx 2.10^{-10}\,\text{m}^2\text{s}^{-1}$.

CHAPITRE III

Transports passifs à travers les membranes

Une membrane est un système permettant de séparer des éléments de matière, par exemple un filtre à café en papier. Dans cet ouvrage, nous nous intéressons aux membranes biologiques (figure III.1.b) qui constituent une barrière entre l'intérieur et l'extérieur d'une cellule (figure III.1.a) ou d'un compartiment cellulaire. Elles sont composées d'un ensemble de lipides, de protéines et de sucres régulant les échanges de matière entre l'intérieur et l'extérieur de la cellule ou entre deux compartiments cellulaires. Les constituants principaux de la membrane biologique sont les phospholipides composés d'une tête polaire hydrophile et de deux chaînes hydrocarbonées hydrophobes (figure III.1.d). Ces molécules ont la capacité de s'auto-organiser en une bicouche (figure III.1.c), dans laquelle les têtes hydrophiles sont orientées vers l'extérieur de la membrane et les chaînes hydrophobes vers l'intérieur. L'épaisseur de la membrane varie de 7 à 10 nm. Les phospholipides et les protéines membranaires peuvent se mouvoir dans le plan de la membrane. La membrane est un corps déformable.

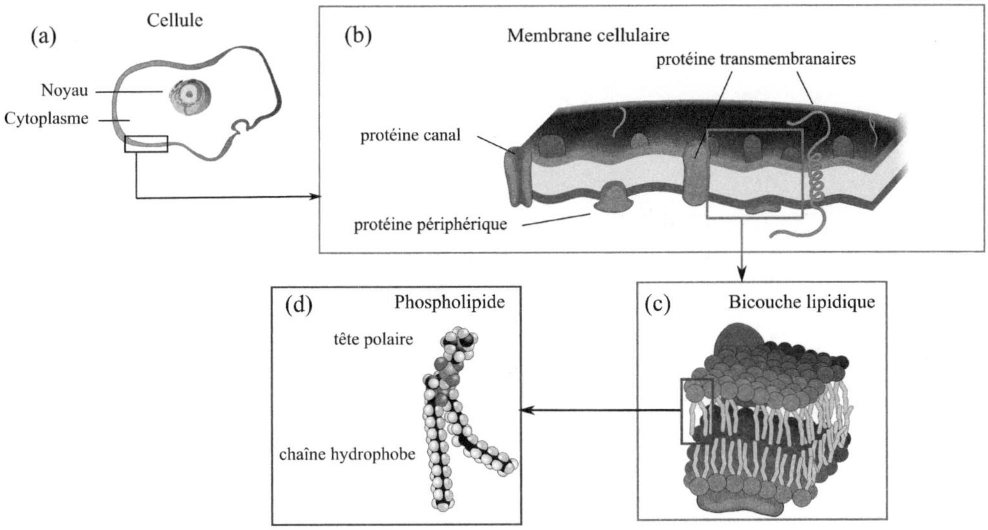

Figure III.1. (a) : exemple de cellule biologique. (b) : modèle naïf d'une membrane biologique. (c) : représentation d'une bicouche lipidique. (d) : schématisation d'un phospholipide constitué d'une tête hydrophile et de deux chaînes aliphatiques hydrophobes.

On parle de membrane plasmique, lorsque celle-ci délimite une cellule (le milieu intérieur est alors le cytoplasme). On parle de membrane intracellulaire lorsqu'elle délimite un organite (par exemple les membranes mitochondriale, nucléaire, lysosomiale, etc.). Rappelons pour finir que la membrane sert de barrière sélective à l'information biologique. Cette information sous la forme d'une hormone, d'un sucre, d'une protéine etc. est captée par des récepteurs membranaires, des protéines capables de reconnaître spécifiquement un composé. Cette reconnaissance enclenche un mécanisme de signalisation cellulaire aboutissant à une réaction de la cellule face au signal reçu.

1. Les différents types de transports

Les membranes cellulaires sont perméables aux petites molécules hydrophobes et à certaines molécules hydrophiles. Elles contiennent aussi de nombreuses protéines appelées « canaux » ayant pour rôle de réguler les échanges transmembranaires (exemples : les canaux ioniques pour les transferts d'ions, les aquaporines pour le transfert d'eau...).
Le transport par les protéines « canaux » est plus rapide que la diffusion à travers les bicouches lipidiques de la membrane. De plus il est régulé car les protéines « canaux » peuvent s'ouvrir ou se fermer, ne laissant passer que certaines molécules ou certains ions.
On distingue deux types de transport de composés :
- **Le transport actif,** qui s'effectue grâce à une ou des protéine(s) et avec consommation d'énergie. Il ne sera pas abordé ici.
- **Le transport passif,** qui s'effectue sans consommation d'énergie sous l'action de la diffusion et/ou d'une force extérieure. Il existe 2 sortes de transport passif :
  - la diffusion directement à travers la bicouche lipidique ;
  - le transport à travers la bicouche lipidique grâce à un canal formé de protéines.

Dans la suite, nous admettrons que **le transport n'a lieu qu'à travers les canaux appelés aussi des pores** (figure III.2).

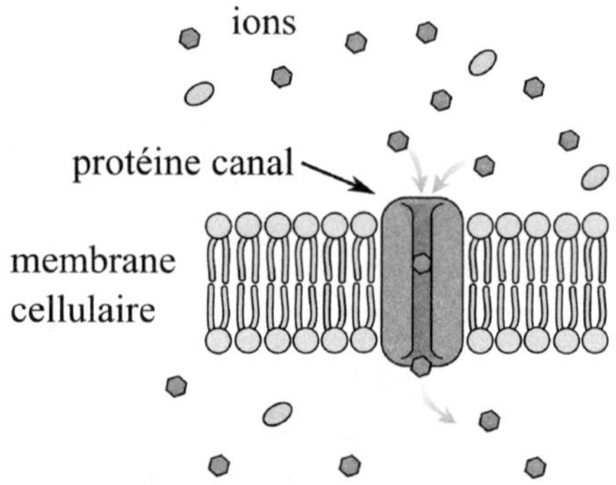

Figure III.2. Modèle d'une membrane cellulaire : une protéine « canal » insérée dans une bicouche de lipides. La bicouche est déposée sur des molécules de polymère. Dans les membranes cellulaires certaines protéines facilitent la communication entre la cellule et son environnement. L'un des principaux moyens de communication est le mouvement des ions, comme le calcium, le sodium et le potassium, à travers des canaux formés par des protéines membranaires.

2. Description des membranes

En fonction de leur capacité à filtrer les solutés, nous allons distinguer trois types de membranes :

Membrane perméable

La membrane est dite « perméable » à un soluté lorsque ce dernier passe librement à travers celle-ci. La dimension des molécules de soluté est significativement inférieure au rayon des pores. On dit que la substance est

« perméante ». Son intérêt est purement pédagogique et permet d'établir les équations que nous utiliserons par la suite.

Membrane semi-perméable

Celle-ci laisse passer le solvant mais est totalement imperméable au soluté. Un exemple de membrane semi-perméable synthétique est représenté sur la Figure III.3.

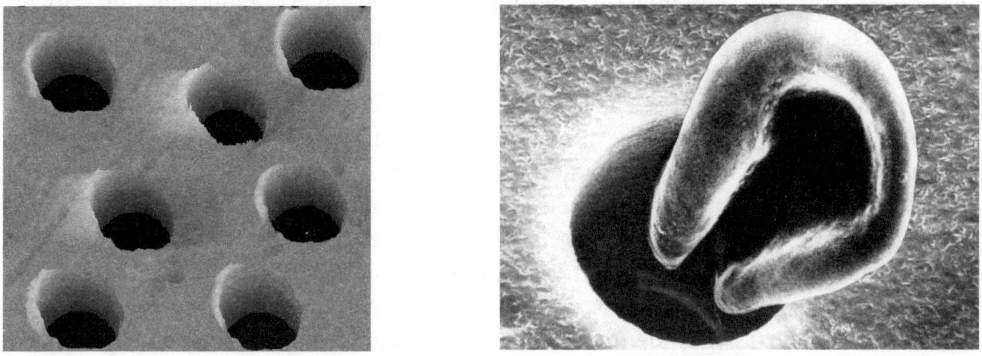

Figure III.3. A gauche : image de microscopie à force atomique (AFM) de micropores dans une membrane en polycarbonate. A droite : image de microscopie électronique à balayage (MEB) d'un globule rouge bloqué à l'entrée d'un micropore. Nous remercions Michel Boynard et Christophe Tourain, auteurs de ces images.

Membrane sélective

Cette membrane est partiellement perméable au soluté. Pour en rendre compte on définit un coefficient de réflexion σ (compris entre 0 et 1) qui représente la fraction de molécules « repoussées » par la membrane.
Ainsi si $\sigma = 0$ la membrane est perméable, si $\sigma = 1$ la membrane est semi-perméable. Si $\sigma = 0{,}4$ alors 40% des molécules sont repoussées et 60% traversent la membrane.

3. Transport à travers une membrane perméable

Nous allons étudier les différentes lois qui décrivent les flux de solvant et de soluté en deux étapes : d'abord dans un pore pour lequel on pourra appliquer les lois du milieu infini, établies dans le chapitre II, puis dans une membrane de section S percée de N pores, soit n pores par unité de surface ($n = N/S$).
On considèrera les deux phénomènes suivants :

- Le transport de solvant sous l'action d'un gradient de pression Δp ;
- Le diffusion des particules de soluté sous l'action d'un gradient de concentration ΔC .

Sans présumer de la description physique exacte du transport à l'intérieur d'un pore, et dans les cas où les variations de p et C, respectivement Δp et ΔC , sont faibles, les densités de flux, au 1er ordre, s'exprimeront comme des fonctions linéaires de ces variations.

Ainsi, dans le cas d'un écoulement laminaire, la densité de flux de solvant à travers la membrane s'écrit :

$$j_v = L_p \Delta p$$

où L_p est la perméabilité hydraulique (définie comme une grandeur positive par convention).
La densité de flux de particules de soluté s'écrit :

$$j = P_d \Delta C$$

où P_d est la perméabilité diffusionelle (également définie positivement). Il faudra aussi considérer l'entraînement des particules de soluté par l'écoulement du solvant (voir ci-dessous) ou par l'action d'une force extérieure (voir chapitre IV).

Les deux grandeurs, L_p et P_d, caractérisent complètement (avec le coefficient de réflexion σ évoqué plus haut) le transport à travers une membrane. Le plus souvent elles sont déterminées expérimentalement, mais elles peuvent l'être théoriquement si la structure de la membrane peut être décrite par un modèle simple.
Dans la suite de ce chapitre nous considèrerons une telle membrane modèle. Nous insistons sur le fait qu'il ne s'agit pas d'une description exacte d'une membrane filtrante (ni même réaliste dans le cas d'une membrane biologique) mais elle permet de calculer les grandeurs L_p et P_d. Cette membrane modèle est représentée schématiquement sur la figure III.4. Il s'agit d'une paroi très mince, d'épaisseur *d*, percée de nombreux pores (ou canaux) assimilés à des cylindres de rayon *a* et perpendiculaires à la surface de la membrane.

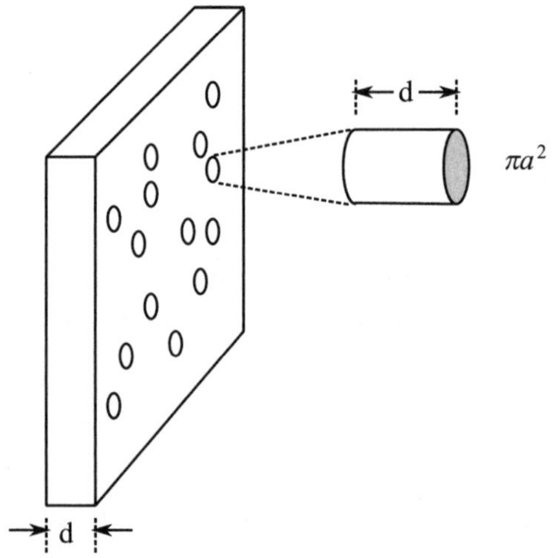

Figure III.4. Schématisation d'une membrane : paroi d'épaisseur *d*, percée de nombreux pores. Un agrandissement d'un pore montre que celui-ci est assimilé à un cylindre de rayon *a* (section πa^2) et perpendiculaire à la surface de la membrane.

3.1. Flux de solution

Dans un pore de longueur *d* et de rayon *a* nettement supérieur à la dimension d'une molécule du solvant, on postule un écoulement de Poiseuille (défini dans le chapitre I). Le flux de solution s'écrit :

$$J_v^p = \frac{\pi a^4 \Delta p}{8 \eta d}$$

où η est la viscosité de la solution.

Remarque

Einstein a montré que la viscosité d'une solution s'écrit :

$$\eta = \eta_0 (1 + \alpha\varphi),$$

où $\varphi = \dfrac{\text{volume occupé par le soluté}}{\text{volume de la solution}}$ et η_0 est la viscosité du solvant.

La viscosité de la solution peut être assimilée à celle du solvant si $\alpha\varphi << 1$.

Pour des particules sphériques sans interaction, assimilables à des sphères dures, le coefficient α est égal à 2,5. La condition $\alpha\varphi << 1$ entraîne donc $\varphi << 0{,}4$, ce qui est le cas des solutions diluées. Par conséquent, on assimilera dans tous les problèmes de ce chapitre la viscosité de la solution à celle du solvant la constituant.

A travers la membrane, le flux de solvant est :

$$J_v = N \cdot J_v^p,$$

et la densité de flux de solvant :

$$j_v = \frac{J_v}{S} = J_v^p \cdot n,$$

soit :

$$j_v = n\frac{\pi a^4}{8\eta}\frac{\Delta p}{d}.$$

Compte tenu de la définition de j_v ($j_v = L_p \Delta p$), la **perméabilité hydraulique** L_P s'écrit :

$$L_p = n\frac{\pi a^4}{8\eta d}.$$

Les dimensions de L_p sont obtenues comme suit :

$$[j_v] = \left[\frac{J_v}{S}\right] = \frac{L^3T^{-1}}{L^2} = LT^{-1} = [v],$$

$$[Lp] = \left[\frac{j_v}{\Delta p}\right] = \frac{LT^{-1}}{\dfrac{MLT^{-2}}{L^2}} = L^2TM^{-1}.$$

Les unités fondamentales dans le Système International sont $m^2.s.kg^{-1}$. On utilise parfois les unités dérivées $m.s^{-1}.Pa^{-1}$.

3.2. Transport de soluté

Nous allons considérer les flux en régime stationnaire, c'est-à-dire que $\partial C/\partial t = 0$. L'équation de conservation, $\partial j/\partial x = \partial C/\partial t = 0$, impose que dans chaque pore la densité de flux de soluté j soit constante, indépendante de x et de t.

Nous allons étudier séparément trois cas en fonction de Δp et de ΔC, respectivement les différences de pression et de concentration du soluté, aux extrémités d'un pore :

$\Delta p = 0$ et $\Delta C \neq 0$; $\Delta p \neq 0$ et $\Delta C = 0$; $\Delta p \neq 0$ et $\Delta C \neq 0$.

3.2.1. Le flux est dû à la différence de concentration : $\Delta p = 0$ et $\Delta C \neq 0$

Dans un pore la densité de flux de soluté est décrite par la loi de Fick :

$$j^p = -D\frac{dC}{dx}.$$

Intégrons cette relation sur la longueur d'un pore, en séparant les variables. Puisque $j^p = cte$ (figure III.5) :

$$j^p \int_x^{x+d} dx = -D\int_{C_1}^{C_2} dC \Rightarrow j^p\, d = -D\left(C_2 - C_1\right).$$

On peut alors écrire :

$$j^p = D\frac{C_1 - C_2}{d} = D\frac{\Delta C}{d}.$$

Le flux de soluté dans le pore s'écrit :

$$J^p = \pi a^2 \cdot j^p.$$

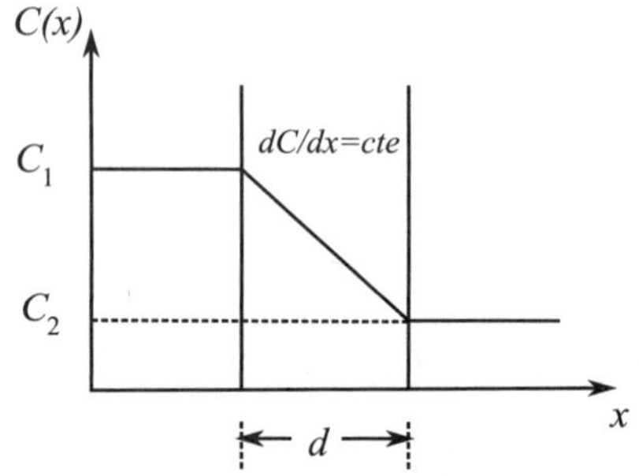

Figure III.5. Lorsque la variation de concentration dans la membrane est linéaire on peut écrire $dC/dx = a = cte$. On a donc : $\int_{C_1}^{C_2} dC = a\int_{x_1}^{x_2} dx \Rightarrow \frac{C_2 - C_1}{x_2 - x_1} = a \Rightarrow a = \frac{\Delta C}{d}$.

On peut donc remplacer dC/dx par $\Delta C/d$ où d est l'épaisseur de la membrane.

Pour une membrane percée de N pores cylindriques de longueur d et de rayon a, nettement supérieur à la dimension d'une molécule du soluté, la densité de flux de soluté s'écrit :

$$j = J^p \times \frac{N}{S} = J^p \times n = D\frac{\pi a^2}{d}\Delta C \times n.$$

Compte-tenu de la définition de j ($j = P_d\,\Delta C$), la **perméabilité diffusionnelle** P_d s'écrit :

$$P_d = nD\frac{\pi a^2}{d}.$$

P_d a les dimensions d'une vitesse :

$$\left[P_d\right] = \frac{[j]}{[\Delta C]} = \frac{T^{-1}L^{-2}}{L^{-3}} = LT^{-1}.$$

3.2.2. Le flux est dû à la différence de pression : $\Delta p \neq 0$ et $\Delta C = 0$

Dans ce cas le soluté est entraîné par le solvant qui traverse la membrane. La vitesse d'écoulement v de la solution est la vitesse moyennée sur la section du pore telle qu'elle a été calculée à la fin du paragraphe 3.4.1 du chapitre I.
Dans un pore le flux de soluté est :

$$J^p = \pi a^2 C v = C J_v^P .$$

La densité de flux de soluté **à travers la membrane** s'écrit :

$$j = j_v C \Rightarrow j = (L_p \Delta p) C .$$

3.2.3. Cas général d'un flux diffusif et d'entraînement : $\Delta p \neq 0$ et $\Delta C \neq 0$

Dans un pore le principe de superposition permet d'écrire la densité de flux total de soluté :

$$j^p = j_{Diffusif} + j_{Entrainement} .$$

Soit :

$$j^p = -D \frac{dC(x)}{dx} + C(x) v .$$

A travers la membrane l'expression de la densité de flux de soluté est plus complexe. Nous montrerons au paragraphe 5.2 qu'elle s'écrit :

$$j = P_d \, \Delta C + j_v \langle C \rangle = P_d \, \Delta C + L_p \, \Delta p \langle C \rangle ,$$

où $< C >$ est la valeur moyenne de la concentration de soluté dans le pore.

4. Transport à travers une membrane semi-perméable

4.1. Flux de solvant : description du phénomène d'osmose

Le concept de pression osmotique a été introduit en 1748 par l'abbé Nollet, qui avait observé qu'une vessie de porc, remplie d'une solution d'esprit-de-vin (alcool), immergée dans l'eau pure, gonflait et même parfois éclatait. Nollet avait appelé « pression osmotique » (impulsion en grec) cet accroissement de la pression à l'intérieur de la vessie provoqué par l'entrée d'eau.
Le phénomène d'osmose peut être mis en évidence à l'aide de deux compartiments séparés par une membrane semi-perméable, c'est-à-dire perméable uniquement à l'eau (ou au solvant de façon plus générale) et imperméable aux solutés. Lorsque les deux solutions ne contiennent pas la même concentration de particules non perméantes, on observe un écoulement d'eau qui tente de compenser cette différence de concentration en diluant le compartiment le plus concentré en soluté (figure III.6).
Tentons une explication « naïve » du phénomène d'osmose illustré sur la figure III.6. Soit C le nombre de molécules d'eau par unité de volume. En l'absence de molécules de soluté cette eau est appelée « libre ». Lorsqu'une membrane perméable au solvant (ici l'eau) sépare deux compartiments, il n y a pas de flux net des molécules d'eau à travers la membrane. Autrement dit : $j_{H_2O} = -D\left(dC/dx\right) = 0$.

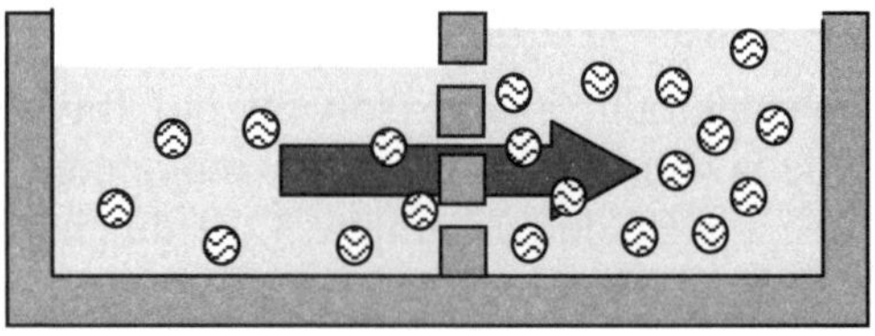

Figure III.6. Deux compartiments séparés par une membrane semi-perméable sont remplis de solutions de différentes concentrations de soluté. Le flux de solvant est dirigé vers le compartiment le plus concentré : la pression dans le compartiment le moins concentré est donc supérieure à celle qui règne dans le compartiment le plus concentré.

L'introduction de molécules de soluté dans un des compartiments entraîne une diminution du nombre de molécules d'eau « libre » dans ce compartiment. En effet, les molécules d'eau interagissent avec les molécules de soluté créant ainsi un cortège d'eau « liée » à ces molécules. On dit que ces molécules de soluté sont solvatées. Puisque le soluté est non perméant, les molécules d'eau « liées » ne peuvent pas traverser la membrane. Il en résulte, dans ce compartiment, une diminution de concentration en molécules d'eau « libre ». L'eau va donc diffuser du compartiment le plus concentré en eau « libre » vers le compartiment le moins concentré (Fig. III.7 b.). Ce phénomène correspond à une dilution de la solution.

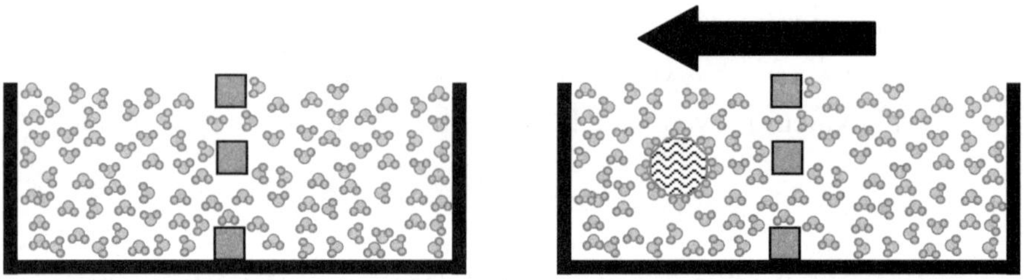

(a) (b)

Figure III.7. Schéma (a) : Les deux compartiments, séparés par une membrane semiperméable sont remplis d'eau. Les molécules d'eau passent librement à travers les pores de la membrane. Les concentrations en molécules d'eau sont égales de deux cotés de la membrane. Schéma (b) : l'introduction, à gauche, d'une molécule de soluté ne pouvant pas traverser la membrane provoque une diminution de concentration en molécules d'eau « libre » dans ce compartiment. L'eau va donc s'écouler du compartiment le plus concentré en eau « libre » vers le compartiment le moins concentré, et diluer la concentration en molécules non perméantes.

Remarque

Dans le paragraphe ci-dessus, la définition de la concentration moléculaire $C = (\text{nombre de molécules})/(\text{volume qui les contient})$ s'applique aux molécules de solvant (composant majoritaire). Soulignons que cette définition généralise celle utilisée couramment en chimie où l'on définit la concentration d'une solution par rapport au nombre de molécules de soluté. Dans le cas décrit ci-dessus, le compartiment le plus concentré est celui qui comporte le plus de molécules d'eau « libre » (celui de droite sur la figure III.7).

L'osmomètre

En 1826 Dutrochet imagina un appareil permettant de mesurer la pression osmotique (π). Il est constitué d'un réservoir de verre, dont la base est obturée par une membrane semi-perméable et dont la partie supérieure est reliée à un long tube vertical de petit calibre (figure III.8). Lorsque ce récipient est rempli d'une solution sucrée et plongé dans un cristallisoir contenant de l'eau, on observe que le liquide monte dans le tube. La pression dans l'osmomètre est donc *inférieure* à la pression dans le cristallisoir. **Au voisinage de la membrane**, notons p la pression dans le cristallisoir au point A (figure III.8). Au point B dans l'osmomètre (figure III.8), la pression est donc $p-\pi$ ($\pi > 0$). L'écoulement d'eau du cristallisoir vers l'osmomètre se poursuit jusqu'à ce que la pression hydrostatique au point B, $\rho g h$, créée par la dénivellation h dans le tube, équilibre la pression exercée par l'eau dans le cristallisoir. On peut alors écrire que : $p-\pi+\rho g h=p$, ou encore : $\pi=\rho g h$, où ρ est la masse volumique de la solution à l'équilibre.

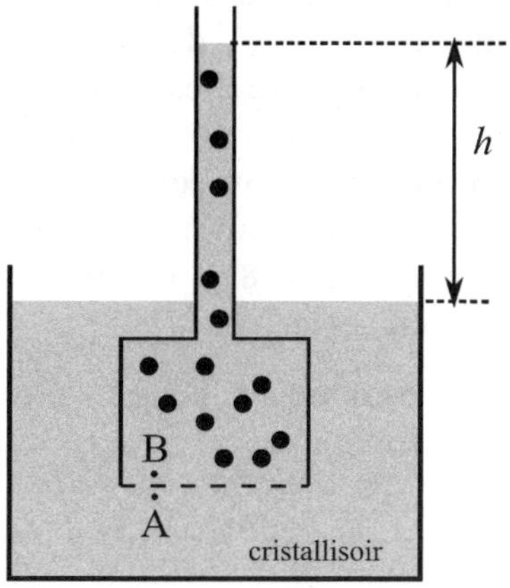

Figure III.8. L'osmomètre est constitué d'un réservoir dont la base est obturée par une membrane semi-perméable (pointillés) et dont la partie supérieure est reliée à un long tube vertical de petit calibre. Celui-ci est rempli d'une solution sucrée et plongé dans un cristallisoir contenant de l'eau. On observe alors que le liquide monte dans le tube jusqu'à se stabiliser à une hauteur *h*.

4.2. Pression efficace

Pour expliquer l'écoulement d'eau du cristallisoir vers l'osmomètre il faut donc prendre en compte une **pression efficace** au niveau de la membrane :

$$p_{eff} = p-\pi .$$

En 1885 Van't Hoff (premier prix Nobel de Chimie) suggère que la pression osmotique est due à l'interaction entre les molécules du soluté et celles du solvant, et non au bombardement moléculaire tel qu'on le considérait dans la théorie cinétique des gaz.

Il montre que la pression osmotique des solutions diluées varie comme la pression des gaz parfaits :

$$\pi = C k_B T$$

où C représente la concentration de molécules de soluté non perméantes, k_B est la constante de Boltzmann et T est la température exprimée en Kelvin.

La pression osmotique s'écrit aussi :

$$\pi = C\,R\,T$$

où C est la concentration en moles de soluté non perméantes et R = 8,32 S.I. est la constante des gaz parfaits.

Remarques

- On appelle osmolarité de la solution la concentration de la solution en molécules non perméantes. Ainsi lorsque la membrane est imperméable à un sel qui se dissocie entièrement, la pression osmotique est proportionnelle au nombre d'ions libérés.

Exemple : Le sel de calcium $CaCl_2$, de concentration C, se dissocie totalement dans l'eau en 3 osmoles d'ions: un ion Ca^{2+} et deux ions Cl^- (réaction complète : $CaCl_2 \to Ca^{2+} + 2\,Cl^-$). Ces ions créent une pression osmotique de $\pi = 3CRT$.

- La pression osmotique peut atteindre des valeurs très élevées. Par exemple, une solution de saccharose dans l'eau à 20°C, de concentration égale à 0,55 mole/L (équivalente à 100 g de sucre dans un litre d'eau qui est la teneur en sucre d'un litre de soda), développerait une pression osmotique de l'ordre de 13 atmosphères ($1{,}3.10^6$ Pa) si cette solution remplissait un des compartiments d'une cuve séparée en deux volumes par une membrane semiperméable. C'est à dire que dans un osmomètre, tel que celui de la figure III.8, il faudrait une colonne d'eau d'environ 135 m pour que le flux de solvant cesse.

- La mesure des pressions osmotiques permet ainsi de déterminer la masse moléculaire du soluté non perméant.

4.3. Généralisation

Considérons une membrane semi-perméable séparant deux compartiments dans lesquels règnent respectivement les pressions hydrostatiques p_1 et p_2 avec $p_1 < p_2$. Admettons que la concentration en osmoles est plus faible dans le compartiment de gauche (1) que dans le compartiment de droite (2) : $\pi_1 < \pi_2$. L'écoulement du solvant est aisément déterminé à l'aide du schéma représenté sur la figure III.9.

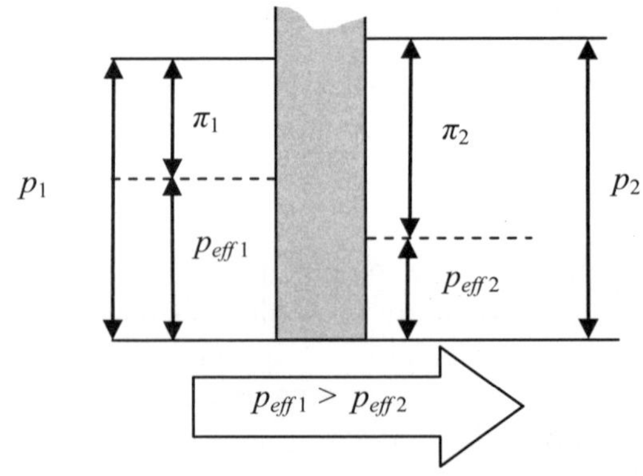

Figure III.9. Représentation schématique des pressions dans deux compartiments séparés par une membrane semi-perméable. La pression efficace est plus importante dans le compartiment 1, le solvant s'écoule donc de 1 vers 2.

Sur ce schéma, la pression efficace dans le compartiment 1, $p_{eff1} = p_1 - \pi_1$, est supérieure à la pression efficace dans le compartiment 2, $p_{eff2} = p_2 - \pi_2$. Le solvant s'écoule donc de la gauche (1) vers la droite (2). La densité de flux volumique de solvant à travers la membrane s'écrit :

$$j_v = L_p \Delta p_{eff} = L_p\left[(p_1 - \pi_2) - (p_2 - \pi_2)\right],$$

ou encore,

$$j_v = L_p\left[(p_1 - p_2) - (\pi_1 - \pi_2)\right] = L_p(\Delta p - \Delta\pi)$$

où Δp est la différence de **pression hydrostatique** et $\Delta\pi$ la différence de **pression osmotique** de part et d'autre de la membrane.

Remarques

- Lorsque $p_{eff1} < p_{eff2}$, la densité de flux de solvant j_v, définie comme précédemment, du compartiment (1) vers le compartiment (2), est négative ce qui indique que le solvant se déplace de (2) vers (1).
- Lorsque le flux de solvant est nul, l'équilibre des pressions efficaces est atteint c'est-à-dire que :

$$\Delta p_{eff} = \left[(p_1 - p_2) - (\pi_1 - \pi_2)\right] = (\Delta p - \Delta\pi) = 0\,.$$

4.4. Transport de soluté

Rappelons que la densité de flux de soluté à travers la membrane j est nul puisque seul le solvant peut traverser la membrane.

5. Transport à travers une membrane sélective

5.1. Flux de solution

On considère deux volumes 1 et 2 séparés par une membrane partiellement perméable au soluté. Soit C_1 et C_2 les concentrations de particules de soluté des solutions présentes respectivement dans les compartiments 1 et 2. On peut écrire la concentration **dans le pore, au voisinage de « l'entrée » et de la « sortie » du pore** :

$$C_i^p = (1-\sigma)C_i \qquad (i = 1 \text{ ou } 2),$$

où C_i est la concentration dans la solution i et σ le coefficient de réflexion de la membrane défini au paragraphe 2.

Au voisinage des extrémités du pore, la concentration **dans la solution** est donc $\sigma\, C_i$ ($i = 1$ ou 2).

Un diagramme illustrant ces concentrations est représenté sur la figure III.10.

La densité de flux de solution dans la membrane s'écrit, compte tenu du paragraphe 4, en tenant compte du fait que seule une fraction du soluté traverse la membrane :

$$j_v = L_p\left(\Delta p - \sigma R T \Delta C\right) = L_p\left(\Delta p - \Delta\pi\right),$$

où $\Delta p = p_1 - p_2$, $\Delta C = C_1 - C_2$ et $\Delta\pi = \sigma\, R\, T\, \Delta C$.

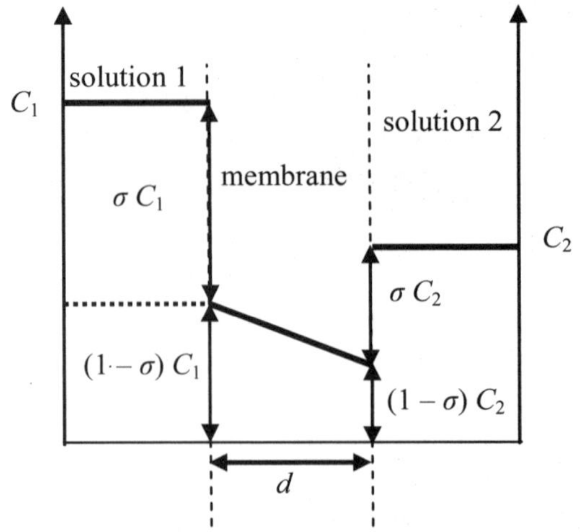

Figure III.10. Représentation schématique des concentrations de deux solutions séparées par une membrane d'épaisseur d. La solution 1 (resp. 2) est à la concentration C_1 (resp. C_2). Au voisinage d'un pore la concentration en soluté dans la solution est σC_1 d'un coté et σC_2 de l'autre. Dans le pore, la concentration est $(1 - \sigma) C_1$ au voisinage de « l'entrée » et $(1 - \sigma) C_2$ au voisinage de la « sortie ».

Remarques

- L_p est déterminé en mesurant j_v et Δp quand $\Delta C = 0$, tandis que la valeur de σ est obtenue en mesurant les valeurs de Δp et de ΔC quand $j_v = 0$.

- L'expression précédente de j_v étant valable pour toute valeur de σ, on retrouve les expressions obtenues dans les cas d'une membrane semi-perméable et d'une membrane perméable. En effet :
  - lorsque $\sigma = 0$, toutes les particules de soluté passent à travers la membrane (membrane perméable) et $j_v = L_p \Delta p$;
  - lorsque $\sigma = 1$, la réflexion est totale, les particules de soluté étant non perméantes (membrane semi-perméable) et $j_v = L_p\left(\Delta p - RT\,\Delta C\right) = L_p\left(\Delta p - \Delta \pi\right)$.

5.2. Transport de soluté

Nous allons démontrer la relation introduite au paragraphe 3.2.3.

Dans un pore, en présence des flux de diffusion et d'entraînement, la densité du flux de soluté en régime stationnaire s'écrit :

$$j^p = -D\frac{dC^p(x)}{dx} + vC^p(x),$$

où $C^p(x)$ est la concentration de soluté dans un pore.

Pour exprimer j^p en fonction des concentrations de chaque coté de la membrane et de son coefficient de réflexion, on multiplie d'abord l'équation précédente par dx puis on l'intègre sur l'épaisseur de la membrane :

$$j^p \int_0^d dx = -D\int_{C_1^p}^{C_2^p} \left(\frac{d\,C^p(x)}{d\,x}\right) dx + v\int_0^d C^p(x)\,dx .$$

Après intégration des deux premiers termes, on obtient :

$$j^p d = -D\left(C_2^p - C_1^p\right) + v\int_0^d C^p(x)\,dx.$$

En divisant les deux membres par l'épaisseur d de la membrane :

$$j^p = -\frac{D}{d}\left(C_2^p - C_1^p\right) + v\frac{1}{d}\int_0^d C^p(x)\,dx.$$

Il n'est pas nécessaire de connaître l'expression de $C^p(x)$. En effet, la valeur moyenne de la concentration dans le pore est par définition :

$$\left\langle C^p\right\rangle = \frac{1}{d}\int_0^d C^p(x)\,dx.$$

On obtient donc :

$$j^p = -\frac{D}{d}\left(C_2^p - C_1^p\right) + v\left\langle C^p\right\rangle.$$

De plus, on sait que $C_1^p = (1-\sigma)C_1$ et $C_2^p = (1-\sigma)C_2$. On peut donc définir : $\left\langle C^p\right\rangle = (1-\sigma)\langle C\rangle$ où $\langle C\rangle$ serait la concentration moyenne de soluté dans le pore si la membrane était totalement perméable au soluté.

Finalement :

$$j^p = -\frac{D}{d}(1-\sigma)\,\left(C_2 - C_1\right) + v(1-\sigma)\langle C\rangle.$$

A travers la membrane la densité de flux de soluté est :

$$j = J^p \times \frac{N}{S} = J^p \times n.$$

Soit :

$$j = \pi a^2 \times \left[\frac{D(1-\sigma)}{d}\left(C_1 - C_2\right) + v(1-\sigma)\langle C\rangle\right] \times n.$$

ou encore :

$$j = (1-\sigma)\left[n\frac{\pi a^2 D}{d}\left(C_1 - C_2\right) + n\pi a^2 v\,\langle C\rangle\right]$$

Puisque :

$$j_v = n\pi a^2 v \quad \text{et} \quad P_d = \frac{n\pi a^2 D}{d}.$$

Il en résulte que :

$$j = (1-\sigma)\left[P_d\left(C_1 - C_2\right) + j_v\langle C\rangle\right].$$

5.3. Perméabilité diffusionnelle. Constante de diffusion effective

On a vu au paragraphe 3.2.1 que la perméabilité diffusionnelle s'écrit $P_d = n\pi a^2 D/d$, où D est la constante de diffusion du soluté dans le solvant pour un milieu infini. Lorsque l'on mesure expérimentalement la perméabilité diffusionnelle d'une membrane, la valeur de la constante de diffusion déduite de cette mesure est inférieure à celle qu'on déterminerait dans un milieu infini. On note D_{eff} cette valeur. D_{eff} varie en fonction de la taille des particules. La perméabilité diffusionelle P_d, d'une membrane d'épaisseur d percée de pores cylindriques de rayon a, doit donc s'écrire :

$$P_d = n\, D_{eff}\, \frac{\pi a^2}{d}.$$

On peut également introduire le coefficient D et écrire :

$$P_d = n \frac{\pi\, a^2}{d} \left(\frac{D_{eff}}{D} \right) D.$$

Quelques valeurs du facteur correctif D_{eff}/D pour différents solutés dissous dans de l'eau sont reportées dans le tableau III.1.

Soluté	R_{molec} (Å)	$D \times 10^6$ « libre » (cm²/s)	$P_d \times 10^4$ mesurée (cm/s)	D_{eff}/D
Urée	2,04	13,8	7,09	0,86
Glucose	4,44	6,73	3,42	0,82
Sucrose	5,55	5,21	2,45	0,78
Raffinose	6,45	4,34	1,92	0,72
2-Dextrin	8	3,44	1,33	0,61
b-Dextrin	8,98	3,22	1,17	0,55
Ribonucléase	21,6	1,18	0,093	0,13

Tableau III.1. Variation avec le rayon de la molécule du terme correctif (D_{eff} / D) permettant de raccorder la valeur expérimentale de P_d à la valeur calculée lorsqu'on ne prend en compte que la valeur de D dans le milieu infini. L'écart entre ces deux valeurs augmente avec le rayon de la molécule.

Expression du facteur correctif D_{eff}/D

L'origine de D_{eff} peut être liée à un empêchement stérique. Considérons des particules sphériques de rayon R. Celles qui se présentent à l'entrée du pore et dont le centre est à une distance supérieure à ($a - R$) de l'axe du pore seront réfléchies (figure III.11).

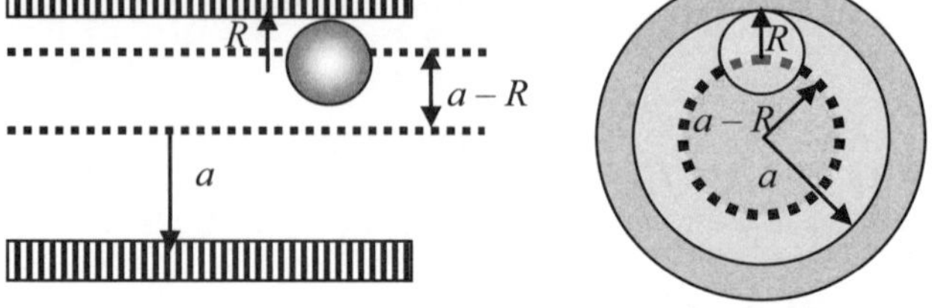

Figure III.11. Représentations schématiques du pore, en coupes longitudinale et transversale. Une particule de rayon R est représentée à une distance ($a - R$) de l'axe du pore.

Si on tient compte de cet encombrement stérique, le paramètre pertinent pour le passage de la particule dans le pore n'est donc pas la section du pore πa^2 mais l'aire « effective » :

$$\pi(a-R)^2 = \pi a^2 \left(1-\frac{R}{a}\right)^2,$$

qui fait intervenir le facteur correctif $\left(1-\frac{R}{a}\right)^2$.

On peut alors égaliser le rapport D_{eff}/D à ce terme correctif d'origine stérique, soit :

$$\frac{D_{eff}}{D} = \left(1-\frac{R}{a}\right)^2.$$

La Figure III.12 montre que l'accord entre l'expérience et ce modèle est décevant. L'accord devient meilleur lorsqu'on tient compte, en plus du facteur d'origine stérique précédent, du frottement des particules sur les parois du pore (modèle de Renkin - *E. M. Renkin J.Gen. Physiol.* ***38,*** *225, (1954)*).

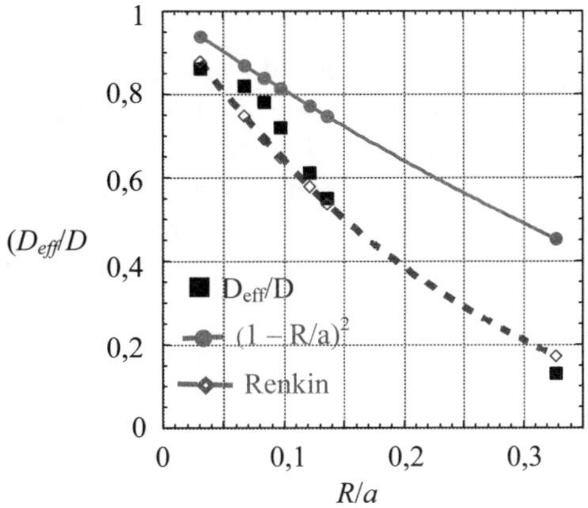

Figure III.12. Variation de D_{eff}/D en fonction de R/a. Valeurs expérimentales (■). Ajustement des valeurs expérimentales à partir d'un modèle ne prenant en compte qu'un facteur d'origine stérique (○ et ligne continue). L'accord avec les valeurs expérimentales est décevant. Modèle de Renkin qui prend également en compte le frottement sur les parois du pore (◊ et ligne en pointillés). L'accord est meilleur.
[E. M. Renkin J.Gen. Physiol. **38,** 225, (1954)]

5.4. Relation entre D_{eff} et σ

Soit N le nombre de particules de rayon R se présentant à l'entrée d'un pore de rayon a et contenues dans un volume cylindrique de longueur L et de rayon a (figure III.13). On considère qu'une particule est contenue dans V si son centre est inclus dans ce volume. Si C est la concentration de particules dans la solution en amont du pore, on peut écrire $N = CV = C\pi a^2 L$.

Seules les particules dont le centre se situe à une distance inférieure à $a-R$ du centre du pore pourront le traverser (figures III.11 et III.13). Ces particules (c'est-à-dire leur centre) sont contenues dans un volume $\pi(a-R)^2 L$. Leur nombre est :

$$N_1 = \pi(a-R)^2 LC.$$

Si on ne tient compte que de l'empêchement stérique, on obtient alors :

$$1-\sigma=\frac{N_1}{N}=\frac{\pi(a-R)^2\,dC}{\pi a^2\,dC}=\frac{\text{aire effective}}{\text{aire totale}}=\frac{D_{eff}}{D}.$$

Dans le cas où la dimension de la particule reste petite par rapport à celle du pore c'est-à-dire pour $R << a$:

$$1-\sigma=\left[1-\left(\frac{R}{a}\right)\right]^2=1-\frac{2R}{a}+\left(\frac{R}{a}\right)^2.$$

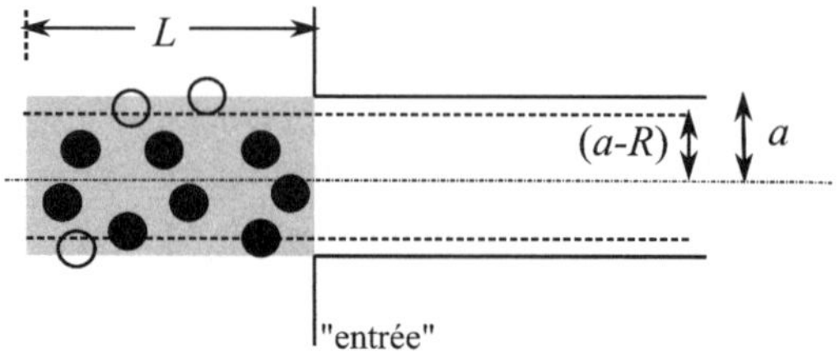

Figure III.13. Ensemble des particules de soluté contenues dans un volume cylindrique de longueur L et de rayon a, situé à « l'entrée » d'un pore. Les particules de ce volume, schématisées par des ronds pleins, ont leur centre à une distance inférieure à $(a - R)$ du centre du pore et peuvent donc traverser le pore. Celles modélisées par des ronds creux n'ont pas leur centre dans le volume de longueur L et de rayon $(a - R)$ et seront « réfléchies » par le pore.

Exercices d'application du chapitre III

Dans les exercices suivants nous utiliserons les valeurs suivantes :

la constante de gravité : $g = 9{,}81$ m.s^{-2},

la constante des gaz parfaits : $R = 8{,}31$ J.K^{-1},

la constante de Boltzmann : $k = 1{,}38.10^{-23}$ J.K^{-1},

la masse volumique du mercure : $\rho_{Hg} = 13{,}6.10^3$ kg.m^{-3},

la masse volumique de l'eau : $\rho_{H2O} = = 1000$ kg.m^{-3}.

Questions de compréhension

Question 1

Exprimer la perméabilité membranaire P_d pour une membrane d'épaisseur d percée de pores cylindriques de rayon a, sachant que le nombre de pores par unité de surface est n.

Réponse

La densité de flux de soluté dans un pore est $j_p = -D(dC/dx)$, et le flux par pore est égal à $J_p = \pi\ a^2\ j_p$. La densité de flux à travers la membrane est donc $j = -D\pi a^2 n(dC/dx)$.

En posant $-dC/dx = \Delta C/d$, on obtient $j = \left(D\pi a^2\ n/d\right)\Delta C$. Puisque par définition $j = P_d \Delta C$, on obtient par identification $P_d = D\pi a^2\ n/d$.

Question 2

Une membrane est percée par des pores dont les propriétés sont : le nombre de pores par unité de surface $n = 10^8$ m^{-2}, l'épaisseur de la membrane $d = 10^{-6}$ m, le rayon des pores $a = 30.10^{-9}$ m, le rayon des particules de soluté (supposées sphériques) $r = 10$ nm, la viscosité de l'eau $\eta_{H2O} = 10^{-3}$ Pa.s et la température $T = 300$ K. Calculer P_d.

Réponse

Le coefficient de diffusion de la particule de soluté est égale à :

$$D = \frac{kT}{6\pi\eta r} = \frac{1{,}38\times10^{-23}\times300}{6\times\pi\times10^{-3}\times10^{-8}} \simeq 2{,}2.10^{-11}\ \text{m}^2.\text{s}^{-1},$$

on en déduit que :

$$P_d = \frac{D\pi a^2\ n}{d},$$

$$P_d = \frac{2{,}2\times 10^{-11}\times\pi\times\left(30\times 10^{-9}\right)^2\times 10^8}{10^{-6}} \simeq 6{,}2.10^{-12}\ \text{m.s}^{-1}.$$

Question 3

On considère un volume cylindrique, de rayon a et de longueur L, qui se trouve dans la solution en face d'un pore également de rayon a. On suppose que C est la concentration des particules de soluté, de rayon R (avec $R < a$), dans la solution.

a) Calculer le nombre N de molécules dans le volume cylindrique considéré.

b) Donner l'expression de N_1, le nombre de molécules qui entrent dans le pore.

c) En déduire σ, le coefficient de réflexion de la membrane pour $R \ll a$.

Réponse

a) Puisque le volume du cylindre est $\pi a^2 L$, on a $N = C\pi a^2 L$.

b) Dans le pore, la présence des parois induit que $N_1 = C\pi(a-R)^2 L$.

c) $\frac{N_1}{N} = \frac{(a-R)^2}{a^2} = \frac{\text{aire effective}}{\text{aire totale}} = 1-\sigma$, d'où $\sigma = \frac{2R}{a} - \left(\frac{R}{a}\right)^2$.

Question 4

On place N particules perméantes dans un volume fermé. Ce volume est séparé par une membrane immobile de section S en deux compartiments de volumes respectifs V_1 et V_2. On appelle $C_1(t)$ et $C_2(t)$ les concentrations au temps t de chaque côté de la membrane de perméabilité P_d. On suppose que $C_1(t = 0) > C_2(t = 0)$. N_1 et N_2 sont le nombre de particules respectivement dans les compartiments 1 et 2.

a) Que peut-on dire de dN/dt ?

b) Exprimer dN_1/dt et dN_2/dt en fonction de j et S, où j est la densité de flux de particule.

c) Lorsque l'équilibre est atteint, les concentrations dans les deux compartiments sont égales à C_∞. Exprimer C_∞ en fonction des concentrations initiales et des volumes des deux compartiments.

d) Exprimer l'évolution temporelle de $\Delta C = C_1 - C_2$.

Réponse

a) On a $dN/dt = 0$.

b) On a d'une part $dN_1/dt = -j\,S$. Comme N_1 diminue quand t augmente, alors $dN_1/dt < 0$. D'autre part $dN_2/dt = j\,S$.

c) On a $d(C_1V_1)/dt = -P_d(C_1 - C_2)$ et $d(C_2V_2)/dt = P_d(C_1 - C_2)$. La somme des deux équations donne $d(C_1V_1 + C_2V_2)/dt = 0$, soit $C_1V_1 + C_2V_2 = \text{cte}$ quel que soit t. En particulier aux instants initial et final :

$$C_1(t=0)V_1 + C_2(t=0)V_2 = C_\infty(V_1 + V_2).$$

On trouve donc que :

$$C_\infty = C_1(t=0)\frac{V_1}{V_1+V_2} + C_2(t=0)\frac{V_2}{V_1+V_2}.$$

d) On a $\frac{dC_1}{dt} = -\frac{P_d}{V_1}(C_1 - C_2)$ et $\frac{dC_2}{dt} = \frac{P_d}{V_2}(C_1 - C_2)$. La soustraction de ces deux termes donne :

$$\frac{d(C_1 - C_2)}{dt} = -P_d(C_1 - C_2)\left(\frac{1}{V_1} + \frac{1}{V_2}\right).$$

Si on pose $\frac{1}{\tau} = P_d\left(\frac{1}{V_1} + \frac{1}{V_2}\right)$, alors l'équation s'écrit $\frac{d(\Delta C)}{dt} = -\frac{\Delta C}{\tau}$ et sa solution est $\Delta C = \Delta C(0)e^{-t/\tau}$.

Question 5

On considère deux membranes accolées de perméabilités diffusionnelles P_{d1} et P_{d2}. Exprimer la perméabilité P_{d3} des deux membranes en fonction de P_{d1} et P_{d2}.

Réponse

La conservation du nombre de particules permet d'écrire :

$$j = P_{d1}(C_1 - C_2) = P_{d2}(C_2 - C_3) = P_{d3}(C_1 - C_3).$$

Puisque $C_1 - C_3 = (C_1 - C_2) + (C_2 - C_3)$, on peut écrire :

$$j = P_{d3}\left(\frac{j}{P_{d1}} + \frac{j}{P_{d2}}\right),$$

soit :

$$\frac{1}{P_{d3}} = \left(\frac{1}{P_{d1}} + \frac{1}{P_{d2}}\right).$$

Question 6

Une cuve fermée de longueur L = 1 m et de section carrée de 10 cm de côté est séparée en deux compartiments de même volume par une paroi mobile perméable uniquement à l'eau (semi-perméable). Le compartiment de gauche est totalement rempli d'une solution à 10 g.L^{-1} de saccharose, le compartiment de droite est totalement rempli d'une solution à 20 g.L^{-1} de chlorure de sodium.

1. Calculer la pression osmotique dans les deux compartiments au début de l'expérience.
2. Donner le sens de déplacement de la cloison et sa position finale (on considère que la pression hydrostatique est la même dans les deux compartiments).

On donne les masses moléculaires : $M_{\text{saccharose}}$ = 342 g.mol^{-1}, M_{Na} = 23 g.mol^{-1}, M_{Cl} = 35,5 g.mol^{-1} et la température T = 300 K.

Réponse

La paroi est semi-perméable : elle est donc perméable au solvant mais totalement imperméable au soluté. Au début de l'expérience, les concentrations sont :

$$C_{\text{sac}}^{(i)} = \frac{10}{342} = 2{,}9 \cdot 10^{-2} \text{ mol.L}^{-1} = 29 \text{ mol.m}^{-3}$$

$$C_{\text{NaCl}}{}^{(i)} = \frac{20}{23+35,5} \simeq 0,342 \text{ mol.L}^{-1} = 342 \text{ mol.m}^{-3}.$$

On a évidemment :

$$C_{\text{Na}}{}^{(i)} = C_{\text{Cl}}{}^{(i)} \simeq 342 \text{ mol.m}^{-3}.$$

La pression osmotique dans un compartiment est liée à la présence de molécules non perméantes. Elle est donnée par la loi de Van't Hoff :

$$\pi = C\,R\,T$$

où C est la concentration molaire des espèces non perméantes dans le compartiment.

Les pressions osmotiques au début de l'expérience sont donc :

- dans le compartiment de gauche :

$$\pi_g{}^{(i)} = \pi_{\text{sac}}{}^{(i)} = C_{\text{sac}}{}^{(i)} \cdot R \cdot T$$

$$\pi_g{}^{(i)} = 29 \times 8,314 \times 300 \simeq 0,7.10^5 \text{ Pa}$$

- dans le compartiment de droite :

En tenant compte de l'osmolarité de la solution de NaCl, c'est à dire des deux espèces présentes en solution :

$$\pi_d{}^{(i)} = \pi_{\text{NaCl}}{}^{(i)} = \left(C_{\text{Na}}{}^{(i)} + C_{\text{Cl}}{}^{(i)}\right) \cdot R \cdot T$$

$$\pi_d{}^{(i)} = 2 \times 342 \times 8,314 \times 300 \simeq 17.10^5 \text{ Pa}.$$

D'après ce qui précède $\pi_d{}^{(i)} > \pi_g{}^{(i)}$, on en conclut que la cloison se déplace vers la gauche.

La cloison a atteint sa position finale lorsque $\pi_g{}^{(f)} = \pi_d{}^{(f)}$, c'est-à-dire lorsque :

$$C_{\text{sac}}{}^{(f)} = \left(C_{\text{Na}}{}^{(f)} + C_{\text{Cl}}{}^{(f)}\right).$$

Ce qui donne :

$$\frac{n_{\text{sac}}}{V_g{}^{(f)}} = \frac{\left(n_{\text{Na}} + n_{\text{Cl}}\right)}{V_d{}^{(f)}},$$

où n_{sac} et n_{Na} et n_{Cl} sont respectivement le nombre de moles de saccharose dans le compartiment de gauche et de Na^+ et de Cl^- dans le compartiment de droite. Or :

$$n_{\text{sac}} = C_{\text{sac}}{}^{(i)} \cdot V_g{}^{(i)} \text{ et } n_{\text{Na}} = C_{\text{Na}}{}^{(i)} \cdot V_d{}^{(i)} = n_{\text{Cl}} = C_{\text{Cl}}{}^{(i)} \cdot V_d{}^{(i)}.$$

D'où

$$\frac{C_{\text{sac}}{}^{(i)} \cdot V_g{}^{(i)}}{V_g{}^{(f)}} = \frac{\left(C_{\text{Na}}{}^{(i)} + C_{\text{Cl}}{}^{(i)}\right) \cdot V_d{}^{(i)}}{V_d{}^{(f)}}.$$

En notant S la section constante de la cuve, L_d et L_g les longueurs respectivement des compartiments de droite et de gauche, on obtient :

$$\frac{C_{\text{sac}}{}^{(i)} \cdot L_g{}^{(i)} \cdot S}{L_g{}^{(f)} \cdot S} = \frac{\left(C_{\text{Na}}{}^{(i)} + C_{\text{Cl}}{}^{(i)}\right) \cdot L_d{}^{(i)} \cdot S}{L_d{}^{(f)} \cdot S}.$$

Sachant que $L_g{}^{(i)} = L_d{}^{(i)}$ et que $L_g + L_d = L = 1$ m, il vient que :

$$L_g{}^{(f)} = L - L_d{}^{(f)}.$$

En introduisant ce terme dans l'équation précédente on obtient :

$$\frac{C_{\text{sac}}{}^{(i)}}{L-L_d{}^{(f)}}=\frac{\left(C_{\text{Na}}{}^{(i)}+C_{\text{Cl}}{}^{(i)}\right)}{L_d{}^{(f)}},$$

ce qui donne finalement :

$$L_d{}^{(f)}=\frac{C_{\text{Na}}{}^{(i)}+C_{\text{Cl}}{}^{(i)}}{C_{\text{Na}}{}^{(i)}+C_{\text{Cl}}{}^{(i)}+C_{\text{sac}}{}^{(i)}}\cdot L.$$

Numériquement on obtient :

$$L_d{}^{(f)}\simeq\frac{2\times 342}{(2\times 342)+29}\times 1=0{,}96\,\text{m}$$

La cloison s'est donc déplacée d'environ 46 cm vers la gauche.

Questions à choix simple

(Réponses p 191 à 196)

QCS 1

Quelle quantité représente le rapport :

$$\frac{(\text{volume du fluide traversant la membrane pendant } \Delta t \text{ seconde})}{\Delta t\times(\text{surface de la membrane})}\ ?$$

a) La densité de flux à travers la membrane ;
b) La densité volumique de flux de solution à travers la membrane ;
c) La densité de flux à travers un pore.

QCS 2

Quelle quantité représente le rapport :

$$\frac{(\text{Nombre de molécules de soluté traversant la membrane pendant } \Delta t \text{ seconde})}{\Delta t}\ ?$$

a) La densité de flux à travers la membrane ;
b) La densité volumique de flux de solution à travers la membrane ;
c) La densité de flux à travers un pore.

QCS 3

1. Deux compartiments 1 et 2 d'une cuve sont chacun remplis d'une solution homogène de KCl de concentration C_1 et C_2 respectivement, avec $C_1 > C_2$. Ces deux compartiments sont séparés par une membrane perméable. Quels sont les sens du flux de soluté ?

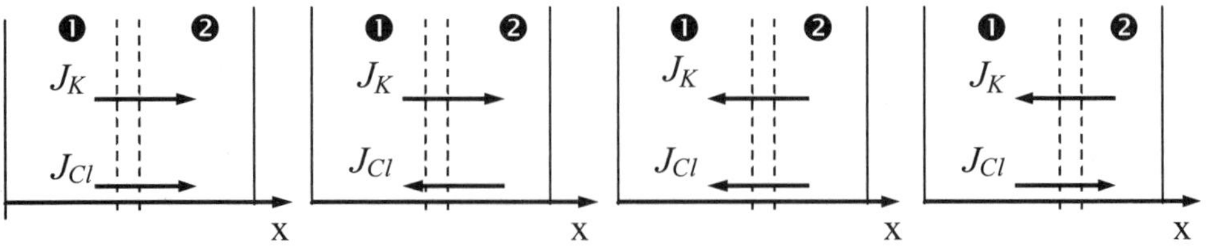

a) b) c) d)

2. Les compartiments 1 et 2 contiennent des ions K^+ et Na^+ en solution homogène. Les concentrations en K^+ sont respectivement C_1 = 150 mmole.L^{-1} et C_2 = 15 mmole.L^{-1} ; et celles en Na^+ sont C_1 = 7,5 mmole.L^{-1} et C_2 = 50 mmole.L^{-1}. Quels sont les sens du flux de diffusion des solutés ?

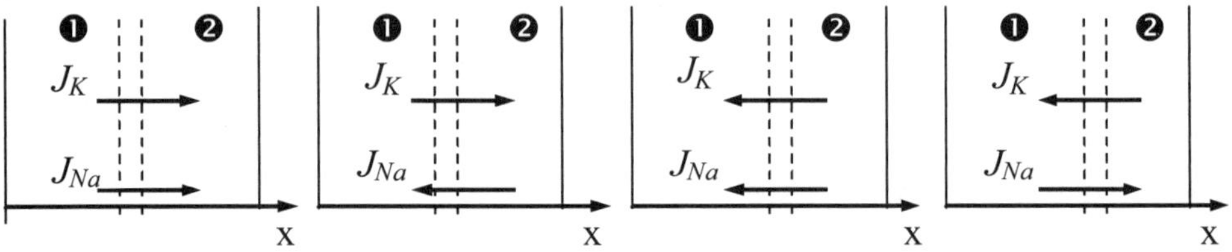

a) b) c) d)

QCS 4

Les parois des vaisseaux capillaires sont imperméables aux protéines. Les caractéristiques des deux groupes majeurs de protéines dans le plasma sanguin sont données dans le tableau ci-après :

Groupe de protéines	Concentration	Masse molaire moyenne
Albumine	45 g/L	69 000 g
Globuline γ	20 g/L	140 000 g

La masse volumique du plasma sanguin est assimilée à celle de l'eau.

1. La pression osmotique π_{albumine} due à l'albumine à 310 K est de :
   a) 153 Pa ; b) 741 Pa ; c) 1680 Pa.
2. La hauteur de la colonne d'eau qui exercerait une pression identique à π_{albumine} est de :
   a) 1,5 cm ; b) 7,5 cm ; c) 17 cm.
3. La pression osmotique $\pi_{\text{globuline}}$ due à la globuline à 310 K est de :
   a) 98 Pa ; b) 368 Pa ; c) ; 1238 Pa.
4. La hauteur de la colonne d'eau qui exercerait une pression identique à $\pi_{\text{globuline}}$ est de :
   a) 1 cm ; b) 3,8 cm ; c) 12 cm.
5. La pression osmotique due à une concentration de 0,1 g/L de $CaCl_2$ dans le vaisseau sanguin est (on donne M_{Ca} = 40 g.mol^{-1} et M_{Cl} = 35,5 g.mol^{-1}) :
   a) 1,03.10^4 Pa ; b) 2,3.10^3 Pa ; c) 7.10^3 Pa.

QCS 5

Une cuve fermée, de volume V, est séparée en deux compartiments, 1 et 2, par une paroi mobile semi-perméable ne laissant passer que l'eau. A l'instant initial, les deux compartiments ont le même volume et sont à la même pression, le compartiment 1 est totalement rempli d'une solution aqueuse contenant 30 g/L de macromolécules (de masse molaire M = 1000 g/mol) et le compartiment 2 est totalement rempli d'une solution aqueuse de chlorure de sodium de concentration massique 1,2 g/L. On se place à une température θ = 20°C. On donne les masses molaires du sodium M_{Na} = 23 g/mol et du chlore M_{Cl} = 35,5 g/mol.

1. La concentration molaire initiale C_1 en espèces non perméantes dans le compartiment 1 est :
   a) 20 $mol.m^{-3}$; b) 30 $mol.m^{-3}$; c) 40 $mol.m^{-3}$.
2. La concentration molaire initiale C_2 en espèces non perméantes dans le compartiment 2 est :
   a) 34 $mol.m^{-3}$; b) 52 $mol.m^{-3}$; c) 42 $mol.m^{-3}$.
3. La paroi se déplace :
   a) de 1 vers 2 ; b) de 2 vers 1 ; c) ne se déplace pas.
4. La concentration finale $C^{(f)}$ en solutés non perméants lorsque l'équilibre est atteint est dans chaque compartiment :
   a) 36 $mol.m^{-3}$; b) 32 $mol.m^{-3}$; c) 41 $mol.m^{-3}$.
5. En déduire la pression osmotique à l'équilibre.
   a) $8,8.10^4$ Pa ; b) $7,8.10^4$ Pa ; c) 10^5 Pa.

QCS 6

On considère une membrane sélective, perméable aux ions Na^+ et Cl^-, séparant deux compartiments 1 et 2. Au début de l'expérience la concentration de protéines dans le compartiment 1 est de 0,1 $mmol.L^{-1}$ et les ions ont les mêmes concentrations dans les deux compartiments. La surpression hydrostatique dans le compartiment 1, p_1, est alors de 60 mm Hg; celle dans le compartiment 2, p_2, est de 10 mm Hg, la température est θ = 37°C. La différence de surpression efficace entre les compartiments 1 et 2 vaut :

a) 6670 Pa ; b) 6413 Pa ; c) 2571 Pa.

QCS 7 (extrait du concours PAES 2011 de l'université Paris Descartes)

Thérapie Ciblée

Un traitement par le tamoxifène (citrate) est indiqué dans le cancer mammaire en présence de récepteurs hormonaux. Toutefois les femmes traitées par le tamoxifène ont un risque légèrement accru de thrombose veineuse profonde, d'embolie pulmonaire et d'accident vasculaire cérébral. Pour réduire les effets secondaires, il convient de réduire la concentration de tamoxifène dans le corps. Pour ce faire, on propose d'encapsuler le principe actif dans une vésicule, d'acheminer celle-ci près de l'organe à traiter puis de délivrer localement le principe actif. Ainsi la concentration de tamoxifène circulant dans le corps sera réduite tout en restant suffisante au niveau de l'organe ciblé.

Une fois injectées dans le corps de la patiente, les vésicules vont donc circuler dans le circuit artério-veineux (voir figure ci-dessous à gauche). En passant dans un capillaire proche d'une tumeur, les vésicules vont pouvoir traverser la membrane du capillaire et ainsi atteindre l'organe ciblé.

Le but de cet exercice est de comprendre par quel(s) mécanisme(s) le principe actif est libéré près des cellules tumorales.

Une vésicule est constituée d'une gouttelette de solution de NaCl, dans laquelle est dissous le tamoxifène, entourée d'une bicouche lipidique (voir figure ci-dessous à droite) imperméable à tout type de soluté mais perméable au solvant (eau, plasma, liquide interstitiel, etc.).

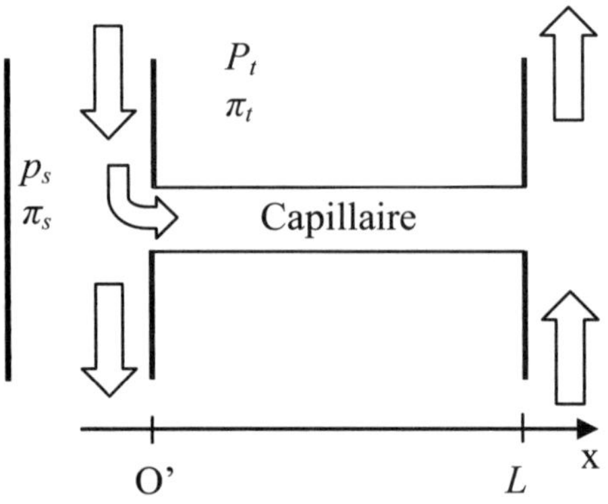

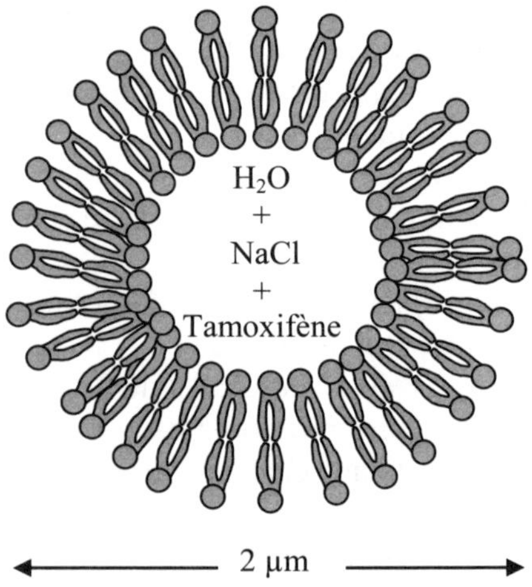

La tension superficielle γ exercée par la bicouche s'oppose aux changements de rayon de la gouttelette de la même façon qu'une membrane élastique s'oppose au gonflement d'un ballon. On montre que la pression hydrostatique p_v à l'intérieur d'une vésicule de rayon r_v plongée dans un fluide à la pression p_{ext} est donnée par la relation :

$$p_v = p_{ext} + \frac{2\gamma}{r_v}.$$

Il en résulte que la vésicule peut avoir la même forme et la même taille (rayon de la vésicule constant) avec une membrane plus ou moins tendue selon la valeur de γ pour différents écarts de pression entre l'intérieur et l'extérieur de la vésicule.
Comme pour un ballon, la bicouche se déchire (la vésicule éclate) si la pression p_v à l'intérieur de la vésicule est telle que pour des valeurs de pression p_{ext} et de rayon r_v données, la tension superficielle dépasse une valeur critique correspondant à $\gamma_c = 10^{-3}$ N/m.
Les vésicules sont préparées de telle sorte qu'une fois dans le sang, celles-ci conservent leur forme et leur taille (rayon de la vésicule constant) dans toute la circulation artério-veineuse.

Relations utiles

- Pression osmotique dans une solution diluée à la température T, contenant une concentration molaire C en espèces non perméantes :

$$\pi = C\,R\,T$$

R est la constante des gaz parfaits.

- Flux volumique d'une solution de viscosité η à travers un pore de rayon constant a et de longueur d :

$$J_v^{pore} = \frac{\pi a^4}{8\eta d}\Delta p_e$$

Δp_e est la différence de pression efficace de part et d'autre du pore.

Conventions

On définit un axe orienté de l'intérieur vers l'extérieur de la vésicule. Les flux seront orientés positivement suivant cet axe et on utilisera la convention récepteur, c'est-à-dire que les différences de pression seront déterminées dans le sens opposé. De même, les flux seront orientés positivement du capillaire vers les tissus.

Données

Masse molaire du NaCl : $M_{NaCl} \approx 58$ g.mol^{-1}
Constante des gaz parfaits : $R \approx 8{,}3$ J.K^{-1}.mol^{-1}
Température : $T = 300$ K
Masse volumique du mercure : $\rho_{Hg} = 13{,}6.10^3$ kg.m^{-3}
Accélération de la pesanteur : $g = 10$ m.s^{-2}
Pression atmosphérique : $p_0 = 760$ mm Hg
Viscosité du sang : $\eta = 10^{-3}$ Pa.s

Vésicules
Rayon des vésicules : $r_v = 1$ µm
Tension superficielle exercée par la bicouche lipidique : γ
Valeur critique de γ au-delà de laquelle la vésicule éclate : $\gamma_c = 10^{-3}$ N/m.

Principe actif : Tamoxifène
Masse molaire : $M_T = 563$ g.mol^{-1}

Capillaire
Rayon d'un pore dans la paroi des capillaires situés près d'une tumeur : $a = 2$ µm
Rayon interne du capillaire : $r_c = 25$ µm
Epaisseur de la paroi d'un capillaire : $d = 0{,}5$ µm
Longueur d'un capillaire : $L = 8$ mm
Pourcentage de la surface de la paroi d'un capillaire recouverte de pores : 0,1 %
Pressions hydrostatique et osmotique dans le sang en dehors du capillaire, dans un capillaire et dans les tissus (voir figure de gauche ci-dessus)

	Pression hydrostatique (en mm Hg)	Pression osmotique (en mm Hg)
Sang dans la circulation artério-veineuse en dehors du capillaire	$p_s = p_0$	$\pi_s = 30$
Sang dans le capillaire à l'entrée du capillaire	$p_c^i = p_0 + 30$	$\pi_c^i = 30$
Sang dans le capillaire à la sortie du capillaire	$p_c^f = p_0 + 10$	$\pi_c^f = 30$
Liquide interstitiel dans les tissus	$p_t = p_0 - 5$	$\pi_t = 5$

Préparation et transport des vésicules dans le système artério-veineux

1. On rappelle que la pression hydrostatique p_v à l'intérieur d'une vésicule de rayon r_v plongée dans un fluide à la pression p_{ext} est donnée par la relation :

$$p_v = p_{ext} + \frac{2\gamma}{r_v}.$$

Déterminer l'expression de la pression osmotique π_v à l'intérieur de la vésicule lorsque celle-ci est transportée par le sang, avant qu'elle n'atteigne le système capillaire. On rappelle que π_s est la pression osmotique du sang dans la circulation artério-veineuse en dehors du capillaire.

a) $\pi_v = \pi_s - \dfrac{2\gamma}{r_v}$; b) $\pi_v = \pi_s + \dfrac{2\gamma}{r_v}$; $\pi_v = p_0$; d) $\pi_v = \dfrac{2\gamma}{r_v} - \pi_s$;

e) Aucune de ces réponses n'est exacte.

2. Calculer π_v sachant que $\gamma = 10^{-4}$ N/m pour une vésicule transportée par le sang dans la circulation artério-veineuse en dehors du capillaire.

a) $\pi_v \approx 4{,}2.10^3$ Pa ; b) $\pi_v \approx 230$ mm Hg ; c) $\pi_v \approx 170$ mm Hg ; d) $\pi_v \approx 10^5$ Pa ;

e) Aucune de ces réponses n'est exacte.

3. Le tamoxifène n'est plus soluble dans l'eau dès que sa concentration massique devient supérieure à 0,57 g/L. En déduire, compte tenu de la pression π_v déterminée ci-dessus, la concentration minimale C_0 de NaCl dans chaque vésicule, sachant que le tamoxifène présent dans la vésicule est complètement solubilisé. On considère que le NaCl est totalement dissocié dans la vésicule.

a) $C_0 \approx 20$ mg/L ; b) $C_0 \approx 40$ mg/L ; c) $C_0 \approx 58$ mg/L ; d) $C_0 \approx 29$ mg/L ;

e) Aucune de ces réponses n'est exacte.

Devenir des vésicules près de l'organe ciblé, c'est-à-dire dans les tissus, après avoir traversé la membrane du capillaire

4. On considère maintenant qu'une des vésicules décrites précédemment a traversé la paroi d'un capillaire et a atteint les tissus cancéreux en conservant les mêmes valeurs de pressions p_v et π_v que dans le système artério-veineux en dehors du capillaire. Calculer, Δp_e, la différence de pression efficace de part et d'autre de la membrane lipidique, juste après que la vésicule a traversé la paroi transcapillaire. Que peut-on dire du flux volumique de liquide interstitiel à cet instant là ?

a) $\Delta p_e \approx 20$ mm Hg donc le liquide interstitiel entre dans la vésicule ;

b) $\Delta p_e \approx 20$ mm Hg donc le liquide interstitiel sort de la vésicule ;

c) $\Delta p_e \approx -20$ mm Hg donc le liquide interstitiel sort de la vésicule ;

d) $\Delta p_e \approx -20$ mm Hg donc le liquide interstitiel entre dans la vésicule ;

e) Aucune de ces réponses n'est exacte.

5. La variation relative du volume de liquide dans la vésicule est assez faible pour considérer que la pression osmotique dans la vésicule reste quasiment constante. Le flux volumique de liquide entraîne donc une variation de la pression hydrostatique p_v. Si on suppose que la vésicule conserve sa forme et sa taille ($r_v \approx$ cte), quelle doit être la valeur de la tension superficielle γ pour annuler ce flux volumique de liquide à travers la membrane de la vésicule ?

a) $\gamma \approx 10^{-4}$ N/m ; b) $\gamma \approx 10^{-3}$ N/m ; c) $\gamma \approx 1{,}8.10^{-3}$ N/m ; d) $\gamma \approx 2{,}04.10^{-3}$ N/m ;

e) Aucune de ces réponses n'est exacte.

6. Dans ces conditions, en déduire le devenir de la vésicule une fois qu'elle a traversé la paroi du capillaire.

a) Elle éclate ;

b) Elle se gonfle. La bicouche devient perméable et le tamoxifène sort ;

c) Elle se vide de son liquide. La bicouche devient perméable et le tamoxifène sort ;

d) Elle conserve sa géométrie et sa taille, adhère aux cellules cancéreuses qui détruisent la bicouche lipidique et libèrent le tamoxifène ;
e) Aucune de ces réponses n'est exacte.

Transport des vésicules à travers la membrane d'un capillaire

Au voisinage d'une tumeur, on rappelle que 0,1% de la surface d'un capillaire est couverte de pores de rayon a supérieur à 1 µm permettant ainsi le passage des vésicules dans les tissus. Ce passage des vésicules est principalement dû au flux de plasma qui quitte le capillaire.

Le capillaire est considéré cylindrique d'axe O'x orienté dans le sens de l'écoulement du sang, l'entrée du capillaire se situe au niveau de O'.

7. Un des graphes suivants représente l'allure de la pression efficace du sang dans le capillaire, $p_e^c(x)$, en fonction de x. Préciser lequel.

a)

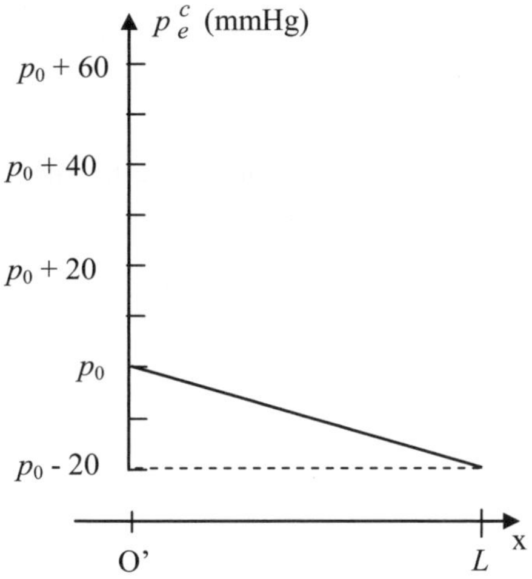

b)

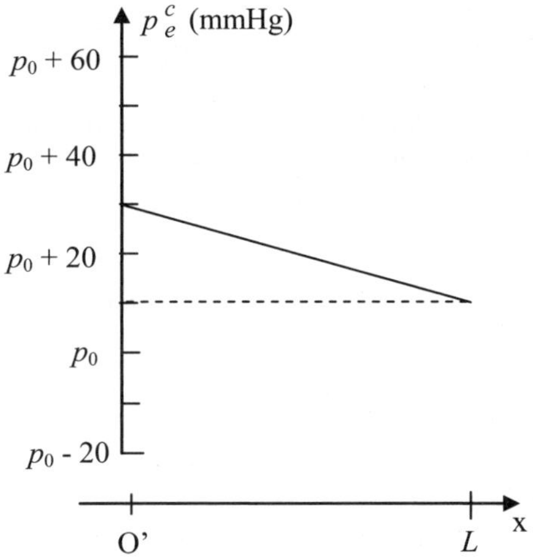

c)

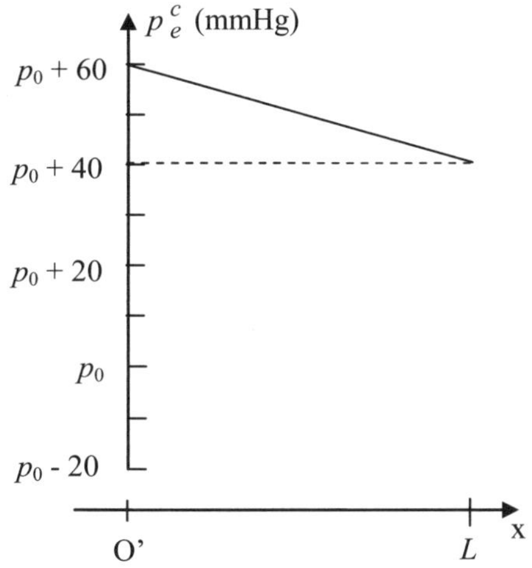

d)

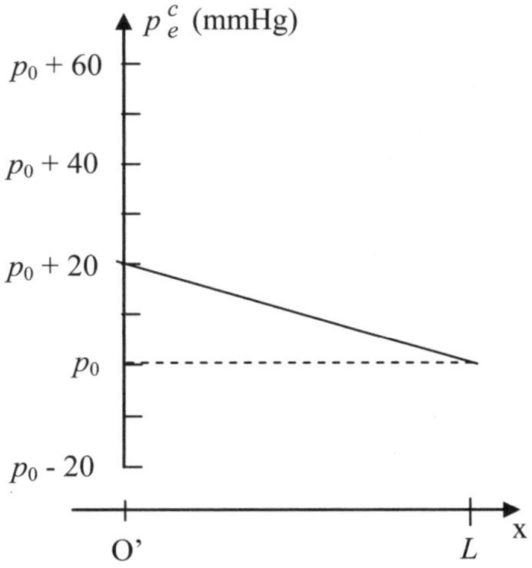

e) Aucune de ces réponses n'est exacte.

8. Compte tenu des données, l'évolution de la pression efficace dans le capillaire, $p_e^c(x)$, est donnée, en mm Hg, par l'expression :

a) $p_e^c(x) = p_0 + 60 - \frac{20}{L}x$; b) $p_e^c(x) = p_0 - \frac{20}{L}x$;

c) $p_e^c(x) = p_0 + 20 - \frac{20}{L}x$; d) $p_e^c(x) = p_0 + 30 - \frac{20}{L}x$;

e) Aucune de ces réponses n'est exacte.

9. Ecrire dJ_v le flux volumique de plasma à travers la membrane d'un élément de capillaire de longueur dx, en m^3.s^{-1} :

a) $dJ_v(x) \approx 0,34 \times \frac{\pi r_c a^2}{\eta d}\left(1 - \frac{2}{L}x\right)dx$;

b) $dJ_v(x) \approx 0,68 \times \frac{\pi r_c a^2}{\eta d}\left(2 - \frac{x}{L}\right)dx$;

c) $dJ_v(x) \approx 0,34 \times \frac{\pi r_c a^2}{\eta d}\left(3 - \frac{2}{L}x\right)dx$;

d) $dJ_v(x) \approx 0,34 \times \frac{\pi r_c a^2}{\eta d}\left(7 - \frac{2}{L}x\right)dx$;

e) Aucune de ces réponses n'est exacte.

10. En déduire l'expression, en m^3.s^{-1}, du flux volumique J_v sortant de plasma à travers les parois du capillaire.

a) $J_v \approx 595 \times 10^{-3} \times \frac{\pi\ r_c\ a^2}{\eta d}L$; b) $J_v \approx 425 \times 10^{-3} \times \frac{\pi\ r_c\ a^2}{\eta d}L$;

c) $J_v \approx 1,1 \times \frac{\pi\ r_c\ a^2}{\eta d}L$; d) $J_v \approx 85 \times 10^{-3} \times \frac{\pi\ r_c\ a^2}{\eta d}L$;

e) Aucune de ces réponses n'est exacte.

11. Calculer J_v.

a) $J_v \approx 0,43.10^{-3}$ mL.s^{-1} ; b) $J_v \approx 5,1.10^{-3}$ mL.s^{-1} ; c) $J_v \approx 2,1.10^{-3}$ mL.s^{-1} ; d) $J_v \approx 3.10^{-3}$ mL.s^{-1} ; e) Aucune de ces réponses n'est exacte.

Problèmes

(Réponses p 197 à 219)

Problème 1

On se place en régime permanent. Nous voulons déterminer P_d, L_p et le rayon moyen des pores d'une membrane.

1. Intégrer l'équation $j_{pore} = -D\frac{dC(x)}{dx} + C(x)v$.

2. En déduire la densité de flux j de soluté à travers une membrane d'épaisseur d, de surface S et percée de nS pores.

3. On considère le dispositif ci-dessous constitué de deux compartiments. Dans le compartiment de gauche, on maintient constante la concentration C_1 en THO (eau triciée). Dans le compartiment de droite, grâce au lavage permanent la concentration C_2 en THO est égale à 0.

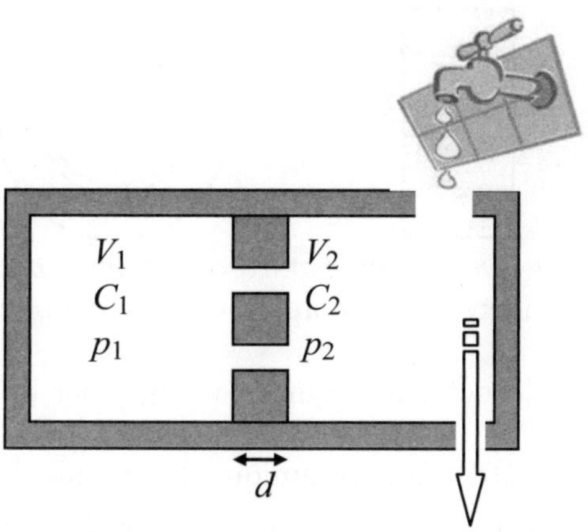

Soit $\Delta p = p_1 - p_2$ la différence de pression transmembranaire. Exprimer j en fonction de C_1, de la viscosité du solvant η, de Δp et des caractéristiques géométriques de la membrane S et d, et du rayon moyen des pores a.

4. Préciser les dimensions de jS/C_1.
5. Sur la figure ci-contre, la variation expérimentale du débit transmembranaire est tracée en fonction de la différence de pression Δp.

En considérant respectivement les cas $\Delta p = 0$ et $\Delta p \to \infty$, en déduire les valeurs de P_d et de L_p.

On donne $S = 1$ cm^2, $d = 4{,}9$ µm et $D = 2.10^{-9}$ m^2.s^{-1}.

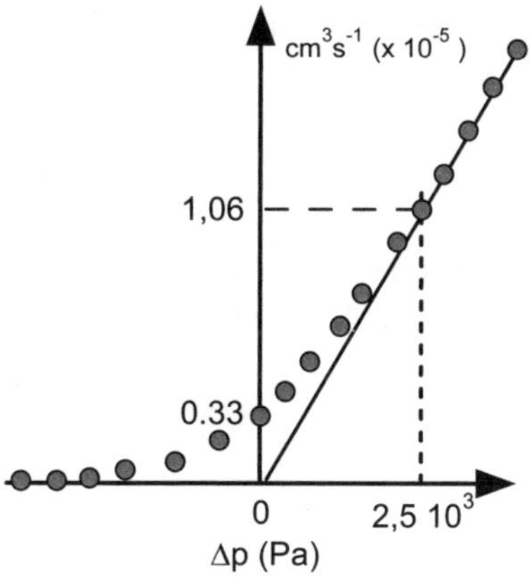

Problème 2

Une membrane totalement perméable est percée de n pores par unité de surface. On admet que les pores sont des cylindres de rayon R et de longueur Δx. R est suffisamment grand pour que la vitesse d'un fluide de viscosité η dans une couronne cylindrique située à la distance r de l'axe soit donnée par la loi de Poiseuille :

$$v(r) = \frac{1}{4\eta}\frac{\Delta p}{\Delta x}\left(R^2 - r^2\right)$$

où Δp est la différence de pression de part et d'autre de la membrane et $\dfrac{\Delta p}{\Delta x} > 0$.

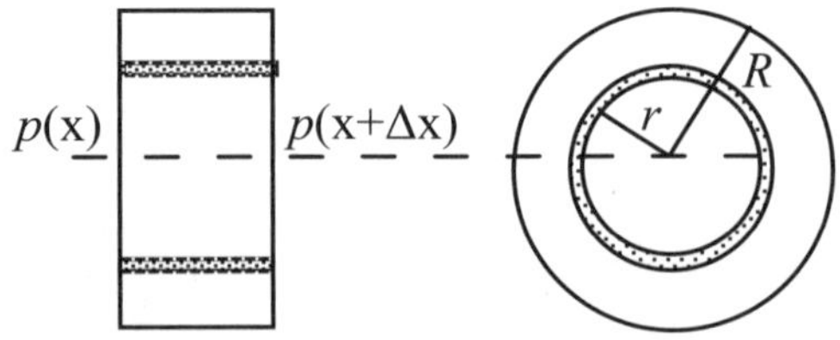

Coupe longitudinale et transversale du pore.

Dans ce qui suit, on considère que le pore et le fluide sont neutres du point de vue électrique.

1. Etablir l'expression du débit du liquide (volume par unité de temps) J_v^{pore} à travers un pore de rayon R.
2. Sachant que la densité de flux volumique du liquide à travers la membrane s'écrit $j_V = L_p \, \Delta p$, établir l'expression de la perméabilité hydraulique L_p et donner ses dimensions. Quelles sont les unités S.I. de L_p ? On précisera également les unités S.I. de L_p en conservant le Pascal.
3. Pour une membrane (AMICON XM 50) constituée de pores de rayon $R = 4$ nm et de longueur $\Delta x = 10$ µm, L_p est égale à $1{,}25.10^{-10}$ S.I.. Calculer n le nombre de pores par unité de surface de la membrane. On donne $\eta = 10^{-3}$ Pa.s.
4. En déduire la portion de la membrane couverte de pores.
5. Calculer la densité de flux volumique à travers la membrane pour $\Delta p = 100$ mm Hg. On rappelle que la densité du mercure est égale à 13,6 et on prendra $g = 10$ m.s^{-2}.
6. Quelle serait la densité de flux volumique à travers la membrane avec des pores de rayon $R' = 4$ µm si l'on considère que la portion de membrane couverte de pores est la même que celle déterminée à la question 4 ?

Problème 3

La diffusion de molécules à travers une membrane perméable est utilisée dans des domaines très divers, comme en médecine par exemple. On considère le dispositif représenté sur la figure ci-dessous.

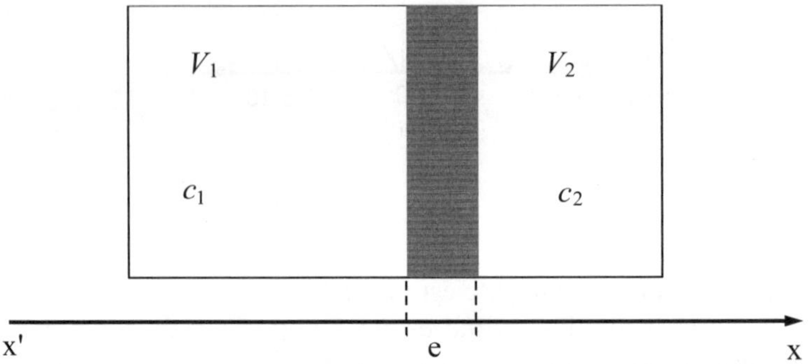

Les deux compartiments 1 et 2, séparés par une membrane verticale poreuse, contiennent une solution moléculaire identique, mais à des concentrations molaires différentes c_1 et c_2 ($c_1 < c_2$). Leur volume constant sera noté respectivement V_1 et V_2. La membrane, de surface S et d'épaisseur e, comporte par unité de surface n pores cylindriques identiques. Dans chacun d'eux s'établit un flux macroscopique de molécules suivant (Ox) de densité molaire j_P tendant à égaliser les concentrations. On admettra que j_P est donnée par la loi de Fick, le coefficient de diffusion étant égal à D. A une date t, les concentrations, maintenues homogènes sur les volumes V_1 et V_2, sont $c_1(t)$ et $c_2(t)$ et on notera : $\Delta c = c_1(t) - c_2(t)$.

1. En admettant que dans la membrane (et donc dans un pore) la concentration est une fonction affine de x, montrer que la densité de flux molaire j_m des molécules à travers la membrane est de la forme :

$$\vec{j}_m = P_d \cdot \Delta c \cdot \vec{e}_x .$$

On donnera P_d appelée perméabilité de la membrane, en fonction de n, D, e et r le rayon d'un pore. Quelle est son unité ainsi que celle de la densité de flux molaire ?

2. Calculer r sachant que P_d = 10^{-6} SI, n = 10^6 pores par cm^2, e = 10 µm et $D = 10^{-9}$ m^2.s^{-1}.

3. Etablir l'équation différentielle donnant $\Delta c(t)$ en écrivant la conservation des flux molaires à l'entrée et à la sortie de la membrane. On notera :

$$\frac{1}{\tau} = P_d \cdot S \cdot \left(\frac{1}{V_1} + \frac{1}{V_2} \right).$$

Préciser la dimension de τ.

4. Déterminer l'évolution de Δc en fonction de t. Au bout de quelle durée la différence des concentrations est-elle égale au dixième de sa valeur initiale ?

On donne : V_1 = 2 L, V_2 = 1 L et S = 200 cm^2.

Problème 4

On considère une membrane artificielle d'épaisseur ℓ, constituée de n pores par unité de surface, le rayon de chaque pore étant noté a. Cette membrane sépare deux compartiments 1 et 2. Le compartiment 1 contient de l'eau pure de viscosité η et une faible quantité d'eau radioactive HTO en concentration C_1 maintenue constante. Cette eau radioactive joue le rôle de soluté. Le compartiment 2 contient de l'eau que l'on maintient pure ($C_2 \approx 0$). La membrane est parfaitement perméable à HTO. On note D le coefficient de diffusion de HTO dans H_2O.

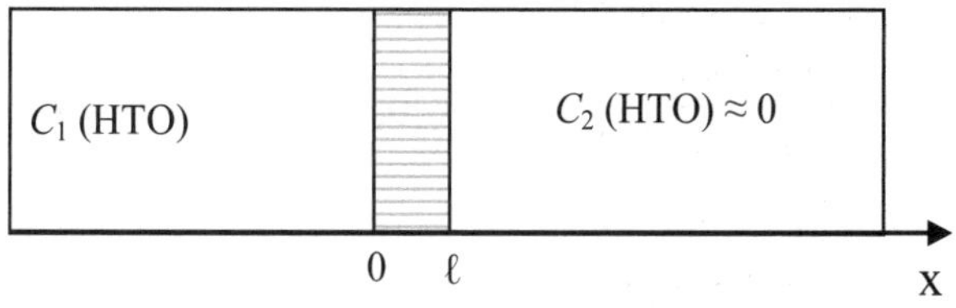

L'eau pure s'écoule du compartiment 1 vers le compartiment 2 avec une vitesse de composante algébrique v (suivant l'axe Ox). Soit $\Delta p = p_1 - p_2$, la différence de pression de part et d'autre de la membrane. On considère que l'écoulement est stationnaire.

On rappelle que :

- dans une conduite cylindrique, la vitesse moyenne d'écoulement du solvant v s'écrit : $v = \dfrac{\Delta p}{\ell} \dfrac{a^2}{8\eta}$.

- la perméabilité membranaire : $P_d = \dfrac{n\,\pi\,a^2\,D}{\ell}$.

- la perméabilité hydraulique : $L_p = \dfrac{n\,\pi\,a^4}{8\eta\ell}$.

Le taux de transfert des molécules radioactives est défini par $J = S\,j$ où S est la surface de la membrane et j la densité de flux de HTO à travers la membrane selon l'axe Ox.

En mesurant le taux de transfert J en fonction de la différence de pression Δp de part et d'autre de la membrane et connaissant C_1, on peut calculer la quantité $Q = S\,j/C_1$ que l'on appellera "débit" dans la suite de l'exercice.

Les résultats de l'expérience sont regroupés dans le tableau ci-dessous.

Δp (Pa)	débit Q ($m^3.s^{-1}$)
$-3,5.10^3$	$0,05.10^{-11}$
-2.10^3	$0,11.10^{-11}$
-1.10^3	$0,2.10^{-11}$
0	$0,33.10^{-11}$
1.10^3	$0,57.10^{-11}$
$2,5.10^3$	1.10^{-11}
$3,5.10^3$	$1,4.10^{-11}$
4.10^3	$1,6.10^{-11}$
5.10^3	2.10^{-11}
6.10^3	$2,4.10^{-11}$

Données expérimentales

On suppose que a (rayon du pore) >> rayon de la molécule de HTO. D'autre part on donne $\ell = 4,8\ 10^{-4}$cm, $D = 2.10^{-5}$ $cm^2.s^{-1}$ et la viscosité de l'eau $\eta = 10^{-3}$ Poiseuille.

1. Etablir l'équation différentielle vérifiée par la concentration en soluté HTO dans un pore à l'abscisse x, $C(x)$, en fonction de D, v et de la densité de flux total de HTO dans un pore, j_P.
2. En déduire que l'expression de $C(x)$ en fonction de j_P est :

$$C(x) = \frac{j_P}{v}\left[1 - e^{\frac{v}{D}(x-\ell)}\right].$$

3. A partir de la condition propre en $x = 0$, déterminer l'expression de j_P en fonction de ℓ, v, D et C_1.
4. En déduire que Q a pour expression :

$$Q = \frac{S\,n\,\pi\,a^2\,v}{1 - e^{(-\frac{v}{D}\ell)}}.$$

Vérifier que Q est homogène à un débit volumique.

5. Exprimer Q en fonction de Δp.
6. Que devient l'expression de Q dans les deux cas limites :

a) $\Delta p \to 0$; b) $\Delta p \to \infty$.

On écrira les expressions limites de Q en fonction tout d'abord de S, n, a, v, ℓ, D et η puis de P_d et L_p.

7. Tracer sur le graphe ci-après la courbe expérimentale représentant les variations du débit Q en fonction de Δp.
8. A partir des questions 6 et 7, indiquer comment on peut déterminer expérimentalement L_p et P_d.
9. Déterminer l'expression théorique du rayon d'un pore a en fonction de D, L_p et P_d. Calculer a en utilisant les questions 7 et 8.
10. En déduire une estimation de N le nombre de pores constituant la membrane.

11. Les écoulements du solvant et du soluté à travers une membrane sélective (σ = coefficient de réflexion) sont décrits de manière approchée par les deux équations ci-après :

$$\begin{cases} j_V = L_p\left(\Delta p - \sigma k T \Delta C\right) \\ j = (1-\sigma)\left[P_d \;\Delta C + j_v \;< C >\right] \end{cases}$$

avec $\Delta C = C_1 - C_2$.

a) Simplifier ces expressions dans le cadre de cette expérience. Donner la relation $Q(\Delta p)$. L'équation obtenue permet-elle d'ajuster la courbe expérimentale ?

b) A partir de l'équation obtenue précédemment et de la courbe expérimentale, indiquer comment on peut déterminer expérimentalement L_p et P_d.

Problème 5

Un osmomètre est constitué d'un tube de section s dans sa partie haute et d'une "cloche" (considérée cylindrique) de section S ($s << S$) dans sa partie basse (voir schéma). La base inférieure de la "cloche" est munie d'une membrane semi-perméable de surface S. Le volume de la "cloche" est très grand par rapport à celui de la partie étroite constituée par le tube. L'osmomètre est plongé dans une cuve remplie d'eau pure (voir schéma). A l'instant $t = 0$, le volume d'eau et le niveau d'eau dans l'osmomètre sont respectivement V_0 et h_0. Ce niveau d'eau correspond à l'origine d'un axe Oz vertical ascendant (voir schéma). A $t = 0$, on ajoute dans le tube un soluté et on obtient une solution diluée de concentration C. On admettra que les masses volumiques de la solution et de l'eau pure sont identiques et notées ρ. La température T des liquides est considérée constante pendant toute l'expérience.

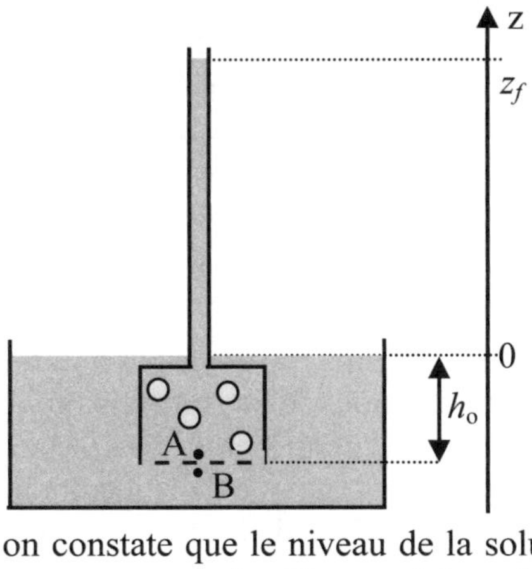

1. A partir de $t = 0$, on constate que le niveau de la solution s'élève dans le tube d'une hauteur $z(t)$. Comment peut-on justifier ce phénomène ?

2. Au bout d'un temps suffisamment long, la différence de pression osmotique équilibre la différence de pression hydrostatique et le liquide dans le tube se stabilise à la hauteur z_f. Exprimer la différence de pression hydrostatique dans le tube $p_A - p_B$, à l'instant t, correspondant à une hauteur dans le tube $z(t)$.

3. Donner l'expression littérale du flux volumique J_V en fonction de $p_A - p_B$, de la pression osmotique π de la solution, de la surface de la membrane S et de la perméabilité hydraulique Lp de la membrane pour un niveau $z(t)$. En explicitant $p_A - p_B$ et π, donner une autre expression de J_V.

4. Ecrire la condition d'équilibre pour $z = z_f$. En déduire une nouvelle expression de J_V, en fonction de L_p, S, ρ, g, z_f et $z(t)$.
5. Donner l'expression du volume de liquide dV correspondant à la dénivellation dz dans le tube pendant le temps dt. En déduire l'équation différentielle vérifiée par $z(t)$.
6. En intégrant l'équation établie précédemment, montrer que la loi donnant l'évolution du niveau z en fonction du temps est de la forme :

$$z(t) = z_f\left(1 - e^{-t/\tau}\right).$$

Vérifier que τ est homogène à un temps.
7. Calculer z_f et τ sachant que : $\rho = 1050\ \text{kg.m}^{-3}$; $s = 1\ \text{mm}^2$; $S = 10\ \text{cm}^2$; $Lp = 10^{-11}\ \text{m}^2.\text{s.kg}^{-1}$; $T = 17\ °\text{C}$; $R = 8{,}32\ \text{J.K}^{-1}.\text{mol}^{-1}$ et $C = 1\ \text{mmol.L}^{-1}$.

Problème 6

Le procédé dit d'osmose inverse permet de dessaler de l'eau de mer en utilisant des membranes semi-perméables : perméables à l'eau et imperméables aux ions constituant le sel.
On considère une cuve comportant deux compartiments de volumes identiques séparés par une telle membrane semi-perméable. Le premier compartiment est rempli d'eau de mer et le second d'eau pure.
On donne la masse molaire de NaCl (58,5 g/mol) et on se place à une température de $T = 300\text{K}$.
1. Sachant que l'eau de mer contient 35 kg /m^3 de NaCl, calculer la concentration molaire initiale en NaCl, puis la concentration initiale C_i en espèces non perméantes, dans le compartiment 1.
2. En déduire la pression osmotique π_1 de l'eau de mer (compartiment 1).
3. A l'aide d'un piston, on applique une pression hydrostatique P_1 dans le compartiment 1, supérieure à P_2, pression hydrostatique dans le compartiment 2 qu'on supposera être égale à la pression atmosphérique ($P_2 = 10^5$ Pa).

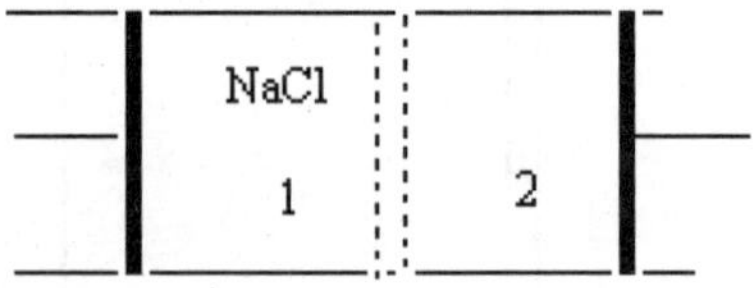

Exprimer la densité de flux de solvant à travers la membrane, j_v, du compartiment 1 vers le compartiment 2, en fonction de la surpression $\Delta P = P_1 - P_2$, de la concentration C_i en espèces non perméantes dans le compartiment 1, de la température T, de la perméabilité hydraulique de la membrane L_P et de R.
On applique une pression $P_1 = 35.10^5$ Pa, dans le compartiment 1.
4. Déterminer la concentration finale en espèces non perméantes C_f dans le compartiment 1, une fois l'équilibre atteint. Faire l'application numérique.
5. Exprimer le volume d'eau pure ($\Delta V = V_i - V_f$) qu'il est possible de filtrer, à partir d'un volume V_1 d'eau de mer, en fonction de C_i, C_f et V_i. Faire l'application numérique sachant que $V_i = 1$ L et $P_1 = 35.10^5$ Pa.
6. Pourquoi, selon-vous, appelle-t-on cette technique « osmose inverse » ?

Problème 7

Lorsqu'un film de lipides est plongé dans une solution aqueuse, on observe souvent la formation spontanée de vésicules lipidiques. Une vésicule lipidique est une petite gouttelette sphérique séparée du reste de la solution par une bicouche lipidique. Ces vésicules constituent un modèle de membranes biologiques permettant d'étudier le comportement des protéines membranaires. La bicouche est imperméable au saccharose et aux ions sulfates, mais est perméable aux ions Na^+, K^+ et Cl^-. On considère des vésicules contenant une solution aqueuse de Na_2SO_4 de concentration $C = 0{,}1$ mol.L^{-1}.

1. On rappelle que la densité de flux volumique de solvant s'écrit : $j_v = L_p\,(\Delta p - \Delta\pi)$, où Lp est la perméabilité hydraulique de la membrane, Δp et $\Delta\pi$ les différences de pressions respectivement hydrostatique et osmotique de part et d'autre de la membrane. Simplifier cette expression compte-tenu des conditions expérimentales de formation d'une vésicule.

2. Décrire brièvement, en donnant une justification, ce que l'on observe quand on plonge une de ces vésicules dans l'eau pure.

3. Afin d'éviter les phénomènes décrits à la question 2, on plonge la vésicule dans une solution de saccharose.

3.1. Quelle doit être la concentration molaire en saccharose de cette solution pour que le flux de solvant s'arrête ?

3.2. On donne la masse molaire du saccharose : $M_{saccharose} = 342$ g.mol^{-1}. Combien de grammes de saccharose doit-on dissoudre pour préparer 250 cm^3 de cette solution ?

Problème 8

Une membrane sélective, sépare une cuve en deux compartiments de même volume. Le compartiment A contient une solution aqueuse de saccharose de concentration $C_A = 0{,}6$ mol.L^{-1}, le compartiment B une solution aqueuse de saccharose de concentration $C_B = 0{,}1$ mol.L^{-1}. La température des solutions est $T = 293$ K. Le transport des molécules de solvant et de soluté est à une dimension, suivant l'axe Ox, orienté positivement du compartiment A vers le compartiment B.

On rappelle que :

- la densité de flux volumique de solvant à travers la membrane est définie par :

$$j_v = L_p\ (\Delta p - \sigma\ k\ T\ \Delta C)$$

où $\Delta p = p_A - p_B$ est la différence de pression hydrostatique de part et d'autre de la membrane, $\Delta C = C_A - C_B$ est la différence de concentration en nombre de molécules de part et d'autre de la membrane, L_P est la perméabilité hydraulique, σ est le coefficient de réflexion de la membrane, k est la constante de Boltzmann.

- la densité de flux de soluté à travers la membrane est définie par :

$$j_s = (1-\sigma)\left[P_d\ \Delta C + j_v\ \langle C \rangle\right]$$

où $\langle C \rangle = \dfrac{C_A + C_B}{2}$ est la concentration moyenne de soluté dans la membrane, P_d est la perméabilité de la membrane au soluté.

On donne : S = surface de la membrane = 20 cm^2 ; $L_p = 10^{-11}$ m^2.s.kg^{-1} ; $P_d = 1{,}48.10^{-6}$ m.s^{-1} ; $k = 1{,}38.10^{-23}$ S.I.

1. On constate qu'il faut exercer une pression hydrostatique de 910 kPa pour supprimer le flux initial de solvant à travers la membrane.
1.1. Préciser dans quel sens doit s'exercer cette pression.
1.2. Calculer le coefficient de réflexion de la membrane vis-à vis du saccharose.
2. En l'absence de pression hydrostatique exercée, calculer le volume d'eau traversant la membrane par seconde et préciser le sens de ce flux.
3. Expliquer brièvement l'origine des deux termes de densités de flux dans l'expression de j_s et préciser (en le justifiant) le sens de ces densités de flux.
4. Calculer la quantité initiale de saccharose exprimée en g, qui traverse la membrane par seconde et préciser le sens du flux de saccharose. On donne la masse molaire du saccharose : $M_{\text{saccharose}} = 342$ g.mol^{-1}.

Problème 9

On considère un globule rouge dont la membrane de surface S est poreuse. Ce globule est plongé dans une solution aqueuse de molécules de HTO. Ces molécules peuvent traverser la membrane. A $t = 0$, on ajoute des molécules de HTO dans le milieu environnant du globule. On utilise l'indice 1 pour les grandeurs se référant au milieu « extérieur » au globule et l'indice 2 pour celles se référant au milieu « intérieur ». Les volumes extracellulaire V_1 et intracellulaire V_2 sont supposés constants. A une date t, les concentrations en HTO, maintenues homogènes sur les volumes V_1 et V_2, sont $C_1(t)$ et $C_2(t)$ et on notera : $\Delta C = C_1(t) - C_2(t)$. On rappelle que la densité de flux j des molécules à travers la membrane est de la forme $j = P_d \cdot \Delta C$, où P_d est la perméabilité diffusionnelle.

1. Etablir une relation entre la variation du nombre de molécules de HTO au cours du temps de chaque côté de la membrane, P_d, S et ΔC.
2. Exprimer la concentration finale dans chaque milieu en fonction des volumes et des concentrations initiales.
3. Etablir l'équation différentielle donnant $\Delta C(t)$. On introduira la variable τ telle que $\dfrac{1}{\tau} = P_d S\left(\dfrac{1}{V_1} + \dfrac{1}{V_2}\right)$ dont on précisera la dimension. En déduire $\Delta C(t)$.
4. Déterminer l'évolution de $C_1(t)$ et de $C_2(t)$. Tracer les allures de C_1 et de C_2 en fonction de t/τ.
5. Simplifier les expressions de τ, $C_1(t)$ et $C_2(t)$ dans le cas où $V_1 >> V_2$ (cas du globule rouge) et pour $C_1(0) >> C_2(0)$. Donner les allures de C_1 et de C_2 en fonction de t/τ.
6. La valeur expérimentale de τ ($\tau = 6.10^{-3}$ s) permet d'obtenir une estimation de P_d, soit $P_d = 3.10^{-3}$ cm.s^{-1}. Sachant que la perméabilité hydraulique L_p est de l'ordre de $1{,}5.10^{-11}$ cm.s^{-1}.Pa^{-1}, estimer le rayon des pores de la membrane du globule rouge. On donne la viscosité de la solution $\eta = 10^{-3}$ PI et le coefficient de diffusion du HTO dans l'eau $D = 2.10^{-5}$ cm^2.s^{-1}.

Problème 10

Les diabètes insulino-dépendants sont dus à une défaillance de la sécrétion d'insuline. Cette hormone, synthétisée dans le pancréas par les cellules β des îlots de Langerhans, est indispensable à la régulation de la concentration sanguine de glucose.

La thérapeutique habituelle prévoit l'injection biquotidienne d'insuline; elle compense ainsi les déséquilibres, mais sans reproduire la courbe physiologique. L'approche que nous allons étudier ici est la possibilité nouvelle de greffer les îlots de Langerhans.
Devant les problèmes d'ordre immunologiques posés par les greffes d'îlots naturels, une méthode originale est la conception de pancréas artificiels. Des îlots (d'origine animale) sont encastrés dans des boîtes où le sang circule. Des membranes semi-perméables permettent de laissent passer les nutriments (glucose, et hormones de faible poids moléculaires comme l'insuline), en isolant les cellules β des cellules du système immunitaire ou des anticorps.
Les échanges entre compartiment sanguin et les ilots se font donc par ultrafiltration. L'arrivée du glucose entraîne une sécrétion d'insuline par les îlots, mais cette insuline est en partie réabsorbée par la seconde portion du capillaire; le profil temporel d'insuline libérée est très proche de la sécrétion physiologique.

A) On représente ce dispositif sur la figure ci-dessous, par un volume V_c traversé par N capillaires de longueur L et de rayon R. Q_0 est le débit sanguin à l'entrée de chaque capillaire.

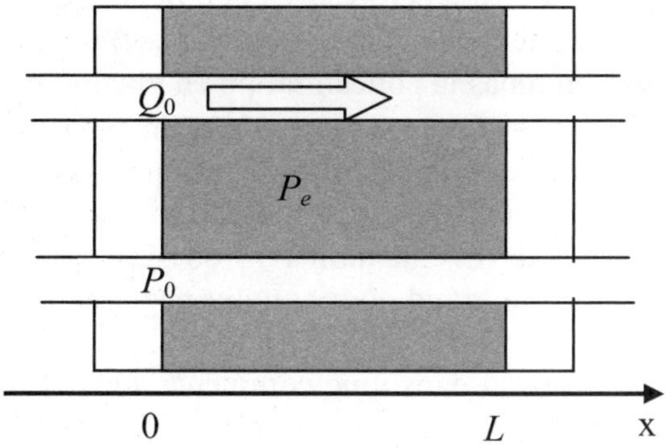

A.1. Soit $P(x)$ et $Q(x)$, respectivement la pression sanguine et le débit, à l'abscisse x dans un capillaire.
a) Donner l'expression de dP/dx en fonction de $Q(x)$, sachant que l'écoulement est laminaire et que le sang est un fluide newtonien de viscosité η.
b) En déduire la loi de variation de $P(x)$ en fonction de Q_0 et P_0, respectivement le débit et la pression à l'entrée du capillaire. On supposera que le débit est quasi-constant le long d'un capillaire.
A.2. Soit P_e la pression qui règne dans les cellules de l'enceinte, on suppose que P_e est constante et que globalement le volume V_c ne varie pas.La densité de flux j_v à travers la membrane du capillaire est $j_v = L_p\,[P(x) - P_e]$, où P_h est la perméabilité hydraulique de la membrane.
a) Quelle est l'expression de la quantité totale Q_F de liquide qui traverse la membrane d'un capillaire par unité de temps, en fonction de Q_0, P_0 et P_e ?
b) Quelle est la valeur de Q_F dans le cadre des hypothèses du problème ?
A.3. Montrer que la pression P_C est alors imposée en fonction de L. Determiner pour quelle valeur particulière $x = L_{eff}$, la différence de pression efficace de filtration $P - P_e$ est nulle.
A.4. Montrer que sur la partie (O,L_{eff}) du capillaire, il existe un flux net Q_1 de sang vers les cellules et qu'entre L_{eff} et L existe un flux net Q_2 des cellules vers le sang. Etablir l'expression de ces flux en fonction du débit sanguin total Q_s.

A.5. Calculer le débit de filtration Q_1 sachant que : $Q_s = 10$ mL/mn, $\eta = 3.10^{-3}$ Pl, $R = 0{,}1$ mm, L = 10 cm, $P_h = 8{,}4.\ 10^{-11}$ MKSA.

B.1. Sur la figure ci-dessous, on a représenté le dispositif de manière simplifiée, l'ensemble des N capillaires étant schématisé par un seul tube dans lequel le débit est Q_s.

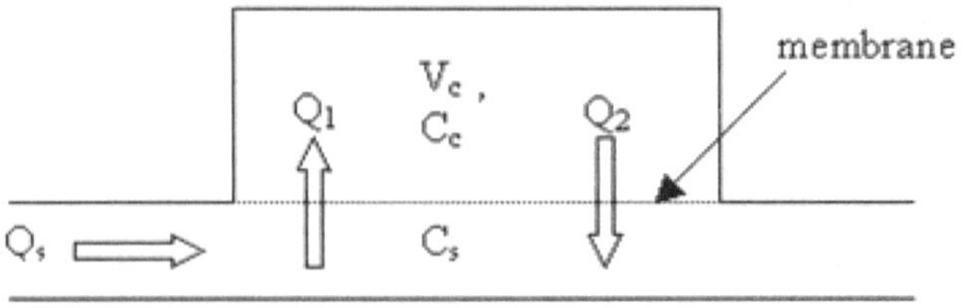

Soit C_C et C_S les concentrations de glucose supposées uniformes dans le compartiment des cellules et celui du capillaire respectivement.

On suppose que le flux de diffusion du glucose est négligeable devant le flux d'entraînement et que le coefficient de réflexion de la membrane est nul.

a) Montrer que le flux de glucose s'écrit $(C_S\text{-}C_C)\ Q_1$ pour le capillaire entier.

b) Ecrire l'équation différentielle à laquelle satisfait $C_C(t)$ en fonction de V_C.

B.2. On suppose qu'après un repas la concentration en glucose croit linéairement en fonction du temps, soit $C(t) = C_0 + \alpha.t$, pendant un temps T_1. Résoudre alors l'équation différentielle établie précédemment sachant qu'à l'instant initial les concentrations sont identiques dans les deux compartiments.

B.3. Quelle est l'expression de C_C au temps T_1 en supposant que l'exposant de l'exponentielle est suffisamment grand pour pouvoir négliger le terme exponentiel.

Tracer qualitativement les courbes de $C_C(t)$ et $C_S(t)$.

B.4. On suppose que la sécrétion d'insuline commence lorsque la concentration en glucose dépasse le seuil de 0,9 g/L. Déterminer V_C pour que la sécrétion commence au bout de 15 mn, dans le cadre des hypothèses de la question précédente. Calculer V_C pour $C_0 = 720$ mg/L et $\alpha = 18$ mg/L.mn. Vérifier les hypothèses.

B.5. Décrire qualitativement le mécanisme du pancréas artificiel proposé dans ce problème.

Problème 11

Une membrane biologique sépare deux milieux aqueux contenant un soluté (S) à des concentrations respectives $C_1 = 0{,}12$ mol.L^{-1} et $C_2 = 0{,}004$ mol.L^{-1} quasi constantes à 37°C sous P_0. On admet que cette membrane est percée de $n_0 = 10^{11}$ pores cylindriques par unité de surface (m^2). Les pores ont un rayon $a = 110$ Å (1Å = 10^{-10} m) et une longueur $L = 2.10^{-8}$ m. La viscosité de la solution est $\eta = 10^{-3}$ Poiseuille.

On rappelle que :

- la densité de flux volumique à travers la membrane est définie par :

$$j_v = L_p\left(\Delta p - \sigma RT\,\Delta C\right)$$

où : $\Delta p = p_1 - p_2$ est la différence de pression hydrostatique de part et d'autre de la membrane, $\Delta C = C_1 - C_2$ est la différence de concentration molaire de soluté de part et d'autre de la membrane, L_P est la perméabilité hydraulique, σ est le

coefficient de réflexion de la membrane, T est la température absolue et R est la constante des gaz parfaits.
- la densité de flux molaire de soluté à travers la membrane est définie par :

$$j = (1-\sigma)\left[P_d \ \Delta C + j_{\mathrm{v}} \ < C >\right]$$

où : $< C >$ est la concentration molaire moyenne de soluté dans la membrane, P_d la perméabilité diffusionnelle.

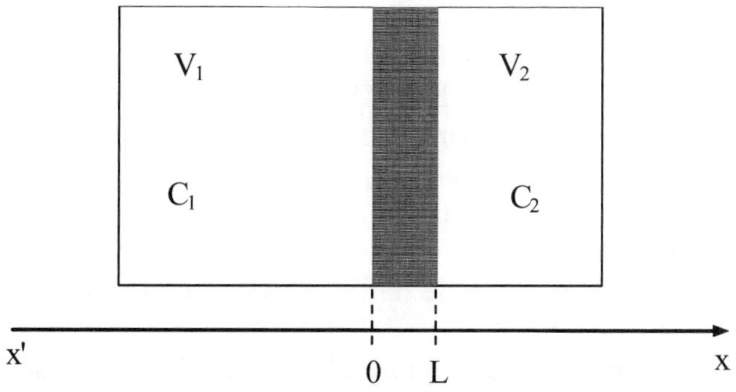

1. Le coefficient de diffusion du soluté dans le pore est égal à celui qu'il a dans la solution, soit $D = 5.10^{-9}$ m^2.s^{-1}. Dans cette question, on admet que la membrane est totalement perméable.

1.1. On rappelle l'expression de la perméabilité membranaire $P_d = \dfrac{n_0 \ \pi \ a^2 \ D}{L}$.
Calculer P_d.
1.2. Calculer la densité de flux volumique à travers la membrane si une surpression $\Delta p = 10^3$ Pa existe dans le compartiment le plus concentré. On rappelle l'expression de la perméabilité hydraulique $L_p = \dfrac{n_0 \ \pi \ a^4}{8\eta L}$.

1.3. Donner l'expression de la densité de flux molaire du soluté. Comparer les densités de flux d'entraînement et de diffusion. On admettra que la concentration varie de manière affine dans la membrane.
2. On considère maintenant une membrane biologique partiellement perméable $(\sigma \neq 0)$.

2.1. Calculer la densité de flux volumique de solvant à travers la membrane lorsque cette dernière est imperméable au soluté. On donne R = 8,31 J.K^{-1}.mole^{-1}. Préciser le sens de j_V.
2.2. En réalité, la membrane est sélective, elle possède un coefficient de réflexion σ_0 qui augmente avec le rayon r_0 des particules susceptibles de passer à travers les pores de rayon a, tel que $\sigma_0 = \dfrac{r_0^2}{a^2}$ pour $r_0 \leq a$ ($\sigma_0 = 1$ pour $r_0 \geq a$).

2.2.1. Si les particules ont un rayon r_0 = 100 Å, calculer la densité de flux volumique de solvant à travers la membrane, quand il n'y a pas de surpression Δp et préciser son sens.
2.2.2. Une surpression ΔP existe maintenant sur le compartiment le plus concentré. Exprimer la densité de flux de solvant. Discuter, en fonction de ΔP, le sens de j_V.

Problème 12

On considère une membrane totalement perméable. Les écoulements du solvant et du soluté à travers cette membrane sont décrits par les deux équations ci-dessous :

$$\begin{cases} j_v = L_P\, \Delta p & \text{avec} \quad L_P = \dfrac{n\,\pi\, a^4}{8\,\eta\, \Delta x} \\ \\ j_s = P_d\, \Delta C + j_v\, \langle C \rangle & \text{avec } P_d = \dfrac{n\,\pi\, a^2\, D}{\Delta x},\ \langle C \rangle = \dfrac{1}{2}\left(C_1 + C_2\right) \text{ et } \Delta C = C_1 - C_2. \end{cases}$$

où η est la viscosité du liquide, Δp la différence de pression de part et d'autre de la membrane, n le nombre de pores par unité de surface, a le rayon d'un pore, C_1 et C_2 les concentrations en soluté dans chacun des compartiments, Δx l'épaisseur de la membrane, D la constante de diffusion, L_P la perméabilité hydraulique et P_d la perméabilité membranaire.

Etablir l'expression de J_s, nombre de particules de soluté traversant la membrane, de surface S, par unité de temps.

1. Déterminer, en justifiant votre réponse, les dimensions de $J_s/\Delta C$.
2. Une étude expérimentale de l'écoulement d'un soluté à travers cette membrane perméable, soumise à la fois à un gradient de pression Δp et à un gradient de concentration ΔC, a donné les résultats suivants :

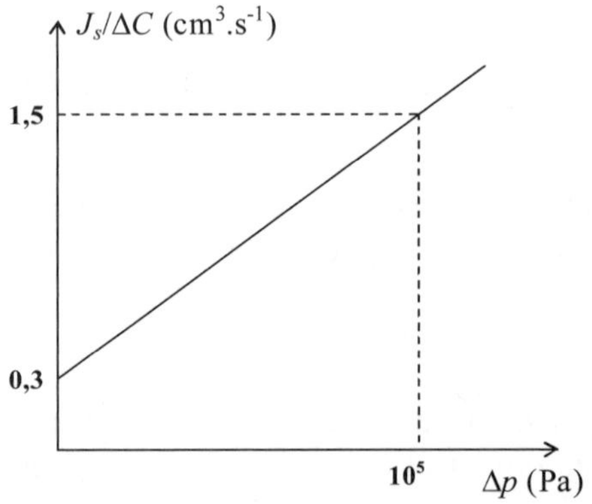

En utilisant les données de ce graphique :

a) Calculer le coefficient de perméabilité membranaire sachant que la membrane étudiée a une surface $S = 0{,}1$ m^2.

b) Calculer le coefficient de perméabilité hydraulique sachant que la membrane sépare deux compartiments contenant, l'un (compartiment 1) une solution à une concentration c, l'autre (compartiment 2) le solvant pur.

3. A partir des expressions de P_d et L_p, déterminer l'expression littérale de a en fonction de L_p, P_d, D et η.
4. On donne $\eta = 2.10^{-3}$ Pa.s et $D = 10^{-9}$ m^{2}s^{-1}. Calculer le rayon d'un pore.

Exercices complémentaires

(Eléments de réponses p 219 à 227)

Exercice 1

On rappelle que l'écoulement d'un soluté à travers une membrane totalement perméable est décrit par l'équation suivante (valable en régime quasi-stationnaire) :

$$j_s = P_d \Delta C + j_v \langle C \rangle$$

avec $P_d = \dfrac{n \pi a^2 D}{\Delta x}$, $\langle C \rangle = \dfrac{1}{2}(C_1 + C_2)$ et $\Delta C = C_1 - C_2$, où n est le nombre de pores par unité de surface, a le rayon d'un pore, C_1 et C_2 les concentrations en soluté dans chacun des compartiments, D le coefficient de diffusion du soluté dans le solvant et Δx l'épaisseur de la membrane.

A l'aide d'une telle membrane constituée de pores supposés cylindriques, de longueur moyenne $\Delta x = 4.10^{-3}$ cm, on réalise un appareil à dialyse, dont le schéma de principe est donné sur la figure ci-après. La fraction de surface de la membrane occupée par les pores est égale à 15%. La surface totale de la membrane S est égale à 1,5 m^2.

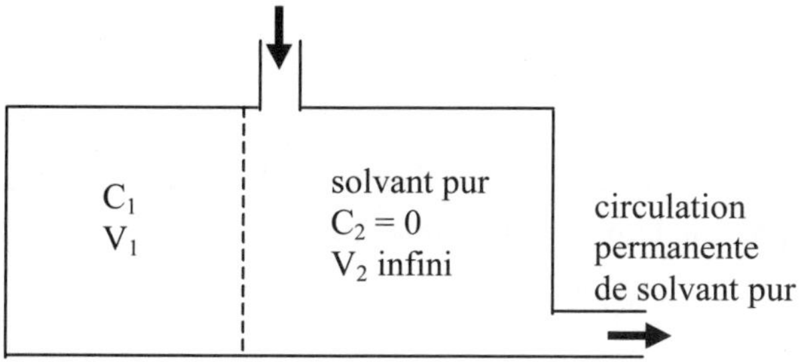

La solution à dialyser a un volume V_1 = 40 L et contient initialement 100 g d'urée, dont le coefficient de diffusion D est égal à 13,8.10^{-6} cm^2.s^{-1}.

Dans le compartiment de droite, on établit une circulation permanente de solvant pur, destinée à y maintenir une concentration en urée strictement égale à zéro quel que soit le temps. Tout se passe comme si le volume V_2 de ce compartiment était infini. On maintient toujours une différence de pression hydrostatique Δp = 20 mm Hg entre les compartiments 1 et 2.

1. Calculer le coefficient de perméabilité membranaire P_d.
2. Montrer que l'évolution temporelle de la concentration en urée dans le compartiment 1, soit C_1, est donnée par la relation :

$$\frac{dC_1}{C_1} = -\frac{1}{\tau_0}\, dt \, .$$

On précisera l'expression de la constante $1/\tau_0$ en fonction de j_V, S, V_1 et P_d.

3. Déterminer l'expression de $C_1(t)$ sachant que $C_1(t = 0) = C_0$.
4. Montrer que la constante de temps τ_0 caractéristique de l'évolution temporelle de C_1 peut s'écrire sous la forme :

$$\frac{1}{\tau_0} = \frac{1}{\tau_{écoulement}} + \frac{1}{\tau_{diffusion}} = \frac{1}{\tau_e} + \frac{1}{\tau_d} \, .$$

5. Calculer τ_e et τ_d sachant que le coefficient de perméabilité hydraulique L_p de la membrane vaut L_p = 3,75.10^{-12} m^2.s.kg^{-1} (on rappelle que $j_v = L_P \, \Delta p$).
6. En comparant τ_e et τ_d, que peut-on conclure ?

Exercice 2

Une cuve fermée, de volume V, est séparée en deux compartiments 1 et 2 par une paroi mobile semi-perméable ne laissant passer que le solvant. A l'instant initial, le compartiment 1, de volume $2V/3$, est totalement rempli d'une solution aqueuse de glucose à 9 $g.L^{-1}$ et le compartiment 2, de volume $V/3$, est totalement rempli d'une solution aqueuse de sulfate de sodium Na_2SO_4 à 7 $g.L^{-1}$. On considère que le sulfate de sodium est totalement dissocié dans l'eau. Les pressions hydrostatiques sont les mêmes dans les deux compartiments.

Les masses molaires sont pour le glucose M_g = 180 $g.mol^{-1}$, le potassium M_{Na} = 23 $g.mol^{-1}$, le soufre M_S = 32 $g.mol^{-1}$ et l'oxygène M_O = 16 $g.mol^{-1}$. La température est T = 300 K.

1. Calculer les concentrations molaires de particules de soluté $C_1^{(i)}$ et $C_2^{(i)}$ respectivement dans les compartiments 1 et 2 au début de l'expérience.
2. En déduire le sens de déplacement de la paroi mobile (de 1 vers 2 ou de 2 vers 1) en justifiant votre réponse.
3. Lorsque le système a atteint son état d'équilibre (état final), justifier que la pression osmotique dans le compartiment 1 est $\pi_1^{(f)} \approx 1500\,\text{mm Hg}$. On rappelle que la densité du mercure est d_{Hg} = 13,6.

Exercice 3

Les équations régissant les densités de flux de solvant (j_v) et de soluté (j_s) à travers une membrane totalement perméable sont :

$$\begin{cases} j_s = \langle C \rangle j_v + P_d \, \Delta C \\ j_v = L_p \, \Delta p \end{cases}$$

où Δp est la différence de pression hydrostatique entre les deux extrémités d'un pore, ΔC est la différence de concentration entre les deux extrémités d'un pore, $< C >$ est la concentration moyenne de soluté dans un pore, P_d est la perméabilité membranaire et L_p la perméabilité hydraulique.

On rappelle également que le flux (ou débit) J_v^p à travers un pore provoqué par une différence de pression, Δp, entre les deux extrémités d'un pore (valable quelle que soit l'orientation du pore) donné par : $\Delta p = R_h \, J_v^p$ où R_h est la résistance hydraulique.

Dans ce problème, on néglige :
- les forces dues à la gravitation,
- les forces dues à la poussée d'Archimède,
- les pressions osmotiques éventuelles.

On considère une suspension de virus contenue dans un volume fermé V (compartiment 1), compris entre deux cylindres horizontaux coaxiaux, de rayons respectifs R et r et de longueur L. La surface latérale S du cylindre intérieur de rayon r est constituée d'une membrane poreuse de cellophane, comportant n pores par unité de surface. Les pores, perpendiculaires à la surface de la membrane, ont tous une section circulaire.

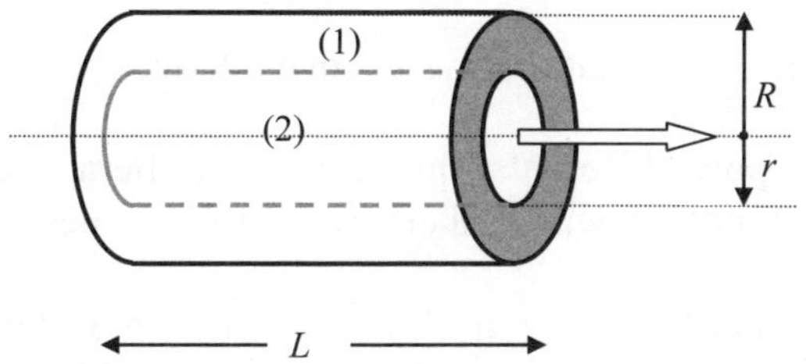

Du solvant pur circule en permanence dans le cylindre intérieur (compartiment 2), ce qui impose une concentration quasi-nulle en virus dans ce compartiment. On établit une différence de pression hydrostatique $\Delta p = p_1 - p_2 > 0$ de part et d'autre de la membrane de cellophane.

On donne : $n = 3.10^{12}$ pores par m², $r = 10$ cm, $R = 16$ cm, $L = 2$ m, $\Delta p = 50$ mm de mercure (on rappelle que 760 mm de mercure correspondent à 10^5 Pa).

1. Donner l'expression du flux (ou débit) volumique total J_v à travers la membrane, en fonction :
- tout d'abord de Δp, n, S et de la résistance hydraulique R_h d'un pore,
- puis de Δp, n, L, r et R_h.
2. En déduire l'expression de la perméabilité hydraulique L_p de la membrane en fonction de n et R_h.
3. Calculer numériquement J_V et L_P sachant que $R_h = 2{,}6.10^{24}$ S.I.
4. Soit $C(t)$ la concentration de virus à l'instant t dans le compartiment 1 de volume V. Chaque virus est assimilé à une sphère de rayon petit devant le rayon des pores. Du fait de la circulation de solvant pur dans le cylindre intérieur de rayon r (compartiment 2), il s'établit à travers la membrane un gradient de concentration, tel que la concentration de virus moyenne dans un pore soit $\langle C\rangle = (C_1 + C_2)/2$. Montrer que, d'après les données, $\langle C\rangle$ et $\Delta C(t)$ ont pour expressions :

$$\langle C\rangle = C(t)/2 \text{ et } \Delta C(t) = C(t).$$

5. Exprimer le flux de soluté à travers la membrane, J_S, en fonction de P_d, $C(t)$, j_V et S.
6. En déduire, en justifiant votre réponse, que la variation dans le temps du nombre N de virus de la suspension contenue dans le volume V est donnée par la relation :

$$\frac{dN(t)}{dt} = -C(t)\left(\frac{J_v}{2} + S\,P_d\right)$$

où J_v est le flux (ou débit) volumique total à travers la membrane.

7. Rappeler la relation entre $N(t)$ et $C(t)$. En déduire l'équation différentielle décrivant l'évolution dans le temps de la concentration $C(t)$ de virus contenue dans le volume V.
8. Montrer que la loi donnant l'évolution temporelle de C s'écrit $C(t) = Ae^{-t/\tau}$. On précisera les expressions de A et de $(1/\tau)$ en fonction de P_d, L_P, Δp, S et V, et de la concentration de virus dans le volume V à l'instant initial, $C(0)$.
9. A partir de l'expression de τ déterminée précédemment, montrer que τ a la dimension d'un temps.
10. Réécrire l'expression de $(1/\tau)$ en fonction de P_d, L_P, Δp, r et R. Calculer τ sachant que $P_d = 7.10^{-7}$ m.s^{-1}.

11. En constatant que $\frac{1}{\tau}$ est la somme de deux termes $\frac{1}{\tau_1}+\frac{1}{\tau_2}$ associés à des mécanismes de transport différents que l'on identifiera, déduire quel est le phénomène physique prépondérant dans le transport des virus à travers la membrane.

On se propose de calculer la vitesse du fluide dans le compartiment (2) pour que la concentration en virus C_{int} y soit quasi nulle (c.à.d. $C_{\text{int}} \leq C/100$).

12. A partir de la loi $C(t)$, établie à la question 8, exprimer le nombre $dN(t)$ de virus qui ont traversé la membrane pendant l'intervalle de temps dt.

13. On suppose qu'il n'y a pas d'écoulement de solvant dans le tube intérieur de rayon r. Exprimer alors, en fonction de $dN(t)$, r et de L, la variation dC_{int} de concentration de virus dans ce tube pendant dt.

Exercice 4

La coutume de recueillir la sève de l'érable et de la faire bouillir pour en obtenir du sirop nous vient des Amérindiens. Pratiquant une entaille rudimentaire à l'aide d'un tomahawk, ils fixaient au bas de cette entaille un copeau de bois qui acheminait l'eau d'érable (= sève) vers un récipient d'écorce. Ils faisaient ensuite bouillir la sève ainsi recueillie dans des contenants d'argile pour obtenir du sirop d'érable dont ils appréciaient la valeur énergétique et nutritive.

1. Montée de la sève dans les érables

Plusieurs causes peuvent expliquer ce phénomène : la pression atmosphérique qui s'exerce au niveau du sol, la capillarité, l'osmose, la viscosité et la transpiration. On s'intéresse dans ce problème à certaines de ces causes.

1.1 La pression atmosphérique qui s'exerce au niveau du sol et des racines superficielles : calculer la hauteur que peut atteindre la sève (assimilée à de l'eau) en appliquant le principe fondamental de l'hydrostatique.

1.2 La pression osmotique qui est due à la concentration de sucre (saccharose) dans la sève de 30 g par litre au printemps :

a) Calculer cette pression pour θ = 20°C. La masse molaire du saccharose est $M_{sac} = 342$ g.mol^{-1}.On donne $R = 8{,}31$ J.mol^{-1}K^{-1}.

b) Calculer la hauteur d'eau équivalente à l'équilibre.

c) Sachant que la sève peut monter dans les arbres jusqu'à une hauteur de 50 à 100 m, qu'en concluez-vous à partir des résultats précédents ?

2. Production du sirop d'érable.

Comme l'ébullition de l'eau d'érable est un processus coûteux, les exploitants d'entreprises acéricoles utilisent en partie l'osmose inverse pour concentrer la sève. La sève est placée dans un compartiment de volume V_1 = 100 L séparé d'un compartiment de volume V_2 contenant de l'eau pure par une membrane semi-perméable.

2.1 On constate un flux volumique initial de solvant. Justifier le sens de ce flux.

On rappelle que la densité volumique de flux à travers une membrane semi-perméable s'écrit: $j_v = L_p\left(\Delta p - \Delta\pi\right)$, où L_p est la perméabilité hydraulique de la membrane, Δp et $\Delta\pi$ sont respectivement les différences de pression hydrostatique et osmotique de part et d'autre de la membrane.

2.2 Préciser dans quel compartiment on doit exercer une surpression Δp pour arrêter ce flux initial.

2.3 Calculer la valeur de cette surpression sachant que la température à l'intérieur de la cabane à sucre est de 7°C) pour une concentration en molécules de saccharose dans la sève $C = \frac{1}{28} \cdot 10^{27}$ molécules.m^{-3}. On donne $k_B = 1{,}38.10^{-23} J.K^{-1}$.

2.4 On utilise maintenant une pompe pour exercer une surpression de 5138 kPa dans le compartiment précisé à la question 2.3 Calculer le débit d'eau à travers la membrane sachant que sa perméabilité hydraulique L_p est égale à 10^{-11} m^2.s.kg^{-1} et que sa surface S est égale à 1 m^2 ? On donne la masse volumique de l'eau $\rho_{H2O} = 1000\ kg.m^{-3}$.

2.5 Expliquer pourquoi on parle d'osmose inverse.

Exercice 5. (extrait du concours blanc PCEM 2008 de l'université Paris Descartes)

Le rein est un organe fonctionnant par paire dans l'organisme. Il a une forme de haricot de 12 cm de haut, de 6 cm de large et de 3 cm d'épaisseur. Une des fonctions essentielles du rein est d'assurer l'équilibre électrolytique du sang (homéostasie) par filtration du plasma sanguin (composant liquide du sang). Les molécules essentielles filtrées (glucose, acides aminés, sodium …) sont réinjectées dans la circulation sanguine. Le néphron représente l'unité fonctionnelle du rein. Chaque rein contient environ 10^6de néphrons.

De manière très simplifiée, le néphron est composé de deux parties :

- à l'entrée du néphron, on trouve le glomérule formé d'une boule de capillaires sanguins et d'un sac aveugle : la capsule de Bowman. Une membrane sélective sépare les capillaires sanguins de la capsule de Bowman ; elle permet au glomérule de filtrer le plasma sanguin et de rejeter les molécules d'hémoglobine (trop grosses) et les grosses protéines, c'est le filtre glomérulaire. La capsule de Bowman récupère ce qui a été filtré ; ce filtrat est l'urine primitive.
- Dans le prolongement de la capsule de Bowman, s'ouvre les tubules rénaux qui réinjectent dans la circulation sanguine les molécules utiles à l'organisme, récupèrent les molécules inutiles voire toxiques qui n'ont pas été filtrées et condensent l'urine primitive pour en faire une urine définitive qui est par la suite excrétée depuis la vessie.

On considère dans ce modèle que le glomérule est une enceinte fermée pouvant communiquer avec l'extérieur. Cette enceinte est séparée en deux compartiments, le compartiment capillaires et le compartiment capsule de Bowman, par le filtre glomérulaire vu comme une membrane sélective d'épaisseur L, percée de n pores par unité de surface. On note s_p la surface d'un pore. Un tubule relie directement le compartiment capsule de Bowman à la vessie. On se propose d'étudier le transport de glucose à travers le filtre glomérulaire. La concentration en glucose dans le compartiment des capillaires est C_1, celle dans le compartiment capsule de Bowman est C_2. Les concentrations C_1 et C_2 sont considérées comme constantes avec $C_2 < C_1$. La concentration en glucose varie linéairement dans le tubule de longueur ℓ_t. La distance entre le filtre glomérulaire et le branchement du tubule au compartiment capsule de Bowman est notée ℓ_B.

On rappelle les expressions des densités de flux volumique de solvant j_v et de flux de soluté j à travers une membrane sélective en régime stationnaire :

$$j_v = L_p\left(\Delta p - \sigma RT \Delta C\right)$$

$$j = (1-\sigma)\left[P_d\ \Delta C + j_v\ <C>\right]$$

où Δp est la différence de pression hydrostatique de part et d'autre de la membrane, $\Delta C = C_1 - C_2$ la différence de concentration de soluté de part et d'autre de la membrane, L_P la perméabilité hydraulique, σ le coefficient de réflexion de la membrane, R la constante des gaz parfaits, T la température, P_d la perméabilité diffusionnelle et $<C>$ la concentration moyenne de soluté dans la membrane.

Données numériques :

débit cardiaque Q_{coeur} = 5 L.min^{-1}, épaisseur de la membrane L = 5 µm de surface, surface de la membrane S = 1 mm², rayon des pores : r_p = 90 nm, longueur du tubule est ℓ_t = 65 mm, constante de diffusion $D = 5.10^{-9}$ m².s^{-1}.

1. Les reins traitent en moyenne un cinquième du débit cardiaque. Le plasma sanguin correspond en volume à environ 60% du volume sanguin et environ un cinquième du plasma rénal est réellement filtré par les glomérules. Au final, le flux d'urine définitive représente environ 1% de l'urine primitive.

1.1. Calculer Q_m, le flux volumique de plasma arrivant sur l'ensemble des filtres glomérulaires des deux reins.

1.2. Calculer Q_B^e, le flux volumique de plasma entrant dans l'ensemble des capsules de Bowman des deux reins. En déduire le flux journalier $Q_{B,j}^e$.

1.3. Calculer le débit journalier d'urine définitive Q_{final}.

2. On appelle $j_{v,pertes}$ la densité de flux volumique plasmatique perdue dans le glomérule, j_v la densité de flux volumique plasmatique passant à travers la membrane et j_G^e la densité de flux volumique entrant dans le glomérule. En utilisant l'énoncé, compléter le schéma du glomérule en indiquant le sens des flux et les longueurs caractéristiques des différents éléments.

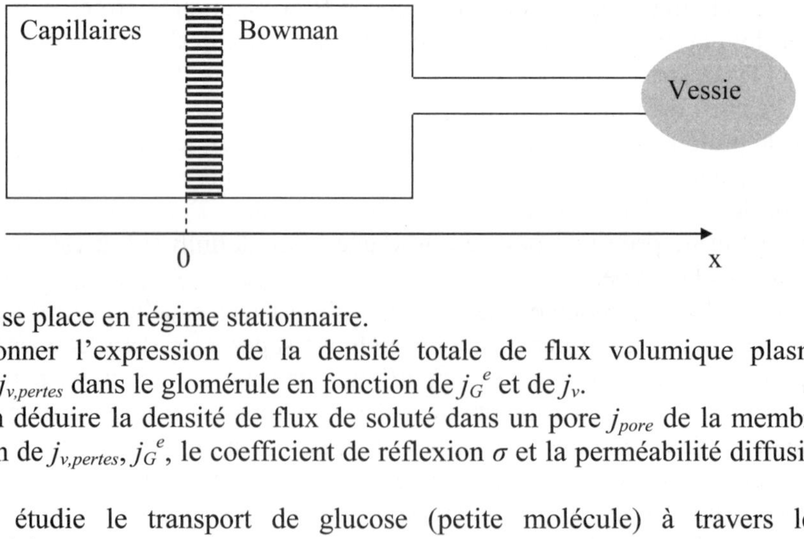

3. On se place en régime stationnaire.

3.1. Donner l'expression de la densité totale de flux volumique plasmatique perdue $j_{v,pertes}$ dans le glomérule en fonction de j_G^e et de j_v.

3.2. En déduire la densité de flux de soluté dans un pore j_{pore} de la membrane en fonction de $j_{v,pertes}$, j_G^e, le coefficient de réflexion σ et la perméabilité diffusionnelle P_d.

4. On étudie le transport de glucose (petite molécule) à travers le filtre glomérulaire.

4.1. Sachant que le taux de couverture de la membrane est de 80%, calculer la densité surfacique de pores n. Donner le nombre de pores total N_{reins} pour l'ensemble des deux reins.

4.2. En déduire la vitesse v du plasma dans un pore en fonction de la question 1), puis la calculer.

5.

5.1. A partir de l'équation différentielle donnant l'évolution de la concentration en glucose dans un pore à l'abscisse x, $C(x)$, montrer que $C(x)$ s'écrit sous la forme :

$$C(x) = A \exp(x/h) + (j_{pore} / v)$$

où l'on explicitera les constantes A, h et j_{pore} en fonction des données du problème et des conditions limites.

5.2. Calculer le rapport L/h.

5.3. Simplifier les expressions de A et de j_{pore} compte tenu de la réponse précédente. On rappelle le développement limité de $\exp(x)$ au voisinage de $x = 0$ est $\exp(x) \approx 1 + x$.

5.4. Montrer que la concentration moyenne en glucose dans un pore $\langle C \rangle$ est égale à C_1.

5.5. En déduire l'expression de la perméabilité diffusionnelle P_d en fonction de v, C_1, ΔC, h, L, n, s_p et σ.

6. On rappelle que la concentration varie de manière affine dans le tubule. On prendra la concentration en glucose nulle dans la vessie. Etablir l'expression de $C(x)$ dans le tubule.

7. Tracer l'allure de la courbe de concentration en glucose dans un néphron.

Exercice 6. (extrait du concours PCEM 2008 de l'université Paris Descartes)

On considère deux espèces neutres de soluté A et B, qui en solution dans un solvant Σ, réagissent entre elles pour former le composé A_xB_y selon la réaction, supposée totale : $xA + yB \rightarrow A_xB_y$. On suppose que les molécules A, B et A_xB_y n'interagissent pas avec le solvant. On cherche à déterminer les coefficients stœchiométriques x et y de la réaction précédente par des mesures de pression osmotique (x et y sont des constantes supérieures à 1). Pour cela, on utilise un osmomètre représenté sur la figure ci-dessous. Celui-ci est constitué d'un tube de section s dans sa partie haute, l'extrémité inférieure étant un cylindre. L'ensemble constitue le compartiment 1. La base inférieure du cylindre est munie d'une membrane semi-perméable de surface S ($s \ll S$). Le tube est plongé dans un cristallisoir (compartiment 2) rempli d'eau pure de masse volumique ρ. Le volume cylindrique est très grand par rapport au volume de la partie étroite du tube. A l'instant $t = 0$, le volume d'eau dans le tube est V_0 et le niveau d'eau dans le tube est h_0. Ce dernier correspond à l'origine d'un axe Oz vertical ascendant (voir schéma ci-dessous). La température T des liquides est considérée constante pendant toute l'expérience. On note P_0 la pression atmosphérique, g l'accélération de la pesanteur et k_B la constante de Boltzmann. On admettra que les masses volumiques des solutions obtenues dans l'expérience et de l'eau pure sont identiques.

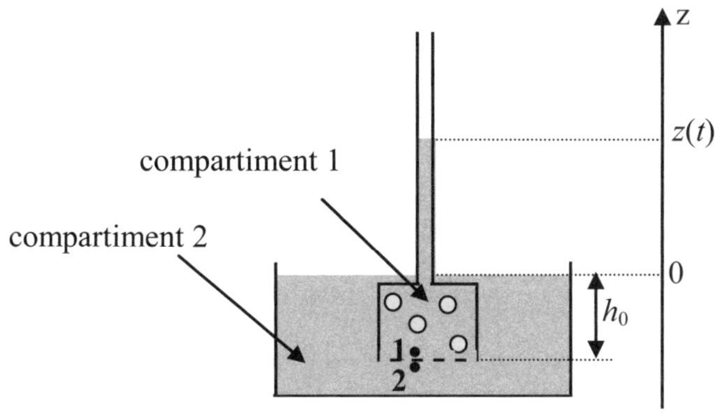

1. A l'instant $t = 0$, on ajoute dans le tube du soluté A, de manière à obtenir une solution diluée de concentration C_A. On constate alors que le niveau de la solution s'élève dans la partie étroite du tube par rapport à l'origine O jusqu'à une hauteur finale h_A. On note $z(t)$ l'évolution temporelle de la hauteur de la solution dans le tube à partir de $t = 0$.

1.1. Soit N le nombre de molécules de soluté A ajoutées dans le tube à $t = 0$. Montrer que la concentration de la solution dans le compartiment 1 évolue, en première approximation, en fonction du temps suivant la loi :

$$C_A(t) \approx K_1\left[1 - K_2 \cdot z(t)\right]$$

où K_1 et K_2 sont des constantes que l'on déterminera en fonction de s, V_0 et C_A. On rappelle le développement limité au voisinage de $\varepsilon = 0$ suivant : $(1+\varepsilon)^m \simeq 1 + m \cdot \varepsilon$.

1.2. Justifier alors que l'on peut négliger toute variation de concentration de la solution dans le tube par dilution.

1.3. Dans toute la suite de l'exercice, on fait l'hypothèse que les variations de concentration par dilution sont négligeables.

A l'instant t, exprimer p_{e1} et p_{e2} les pressions efficaces respectivement aux points 1 et 2 (voir schéma) situés au voisinage immédiat de la membrane, en fonction des données de l'expérience. En déduire que la mesure à l'équilibre de la hauteur de la solution dans le tube par rapport à l'origine O, soit h_A, permet de déterminer la pression osmotique π_A du soluté A.

2. Lorsque l'équilibre est atteint, on ajoute une petite quantité de soluté B à la solution existante dans le tube. La concentration moléculaire de B est alors C_B dans le tube. On attend que la réaction entre A et B soit achevée et on mesure, à l'équilibre, h la nouvelle hauteur par rapport au point O, de solution dans le tube. On renouvelle plusieurs fois cette opération et on relève à chaque étape h en fonction de C_B. Soit π, la nouvelle pression osmotique de la solution dans le tube à chaque fois que du soluté B est ajouté.

2.1. Déterminer l'expression de la quantité $C = \pi / k_B T$ en fonction de C_A, C_B, x et y lorsque le soluté B n'est pas en excès. Préciser l'expression de $\alpha = dC/dC_B$ et son signe.

2.2. Déterminer l'expression de la quantité $C = \pi / k_B T$ en fonction de C_A, C_B, x et y lorsque le soluté B est maintenant en excès. Préciser l'expression de $\beta = dC/dC_B$.

2.3. Montrer que le soluté B est en excès dans la solution du tube dès que C_B devient supérieure à $\frac{y}{x}C_A$.

2.4. Représenter l'allure des variations de C en fonction de C_B.

3. Soit C_i, la valeur de C pour $C_B = \frac{y}{x}C_A$. Déterminer l'expression de C_i en fonction de C_A.

4. Déduire des résultats précédents les expressions de x et y en fonction de α, h_A et h_i la hauteur correspondant à la concentration C_i.

5. On mesure expérimentalement $h_A = 18$ cm et $|\alpha| = \left|\dfrac{dC}{dC_B}\right| = 0{,}5$. Lors de l'ajout du soluté B dans le tube, on constate que h commence à augmenter à partir de 6 cm. Calculer x et y.

Exercice 7 (extrait du concours PCEM 2009 de l'université Paris Descartes)

On considère une membrane semi perméante séparant deux compartiments 1 et 2 de volumes considérés « infinis ». Ces compartiments sont initialement remplis d'eau de viscosité η et la pression hydrostatique est la même dans les deux compartiments, égale à P_0. La membrane, de perméabilité hydraulique L_p et d'épaisseur *d*, est composée de pores cylindriques de rayon *a*. La densité surfacique de ces pores est notée *n*. On choisit un axe x orienté positivement dans le sens du volume 1 vers le volume 2 et dont l'origine $x = 0$ est située sur la face de la membrane en contact avec le volume 1. On note $\vec{u}_x$ le vecteur unitaire porté par cet axe. On négligera l'action de la pesanteur dans ce problème. Les solutions sont maintenues à la température *T*. On considère que les déplacements de particules (soluté ou solvant) se font dans la direction Ox.

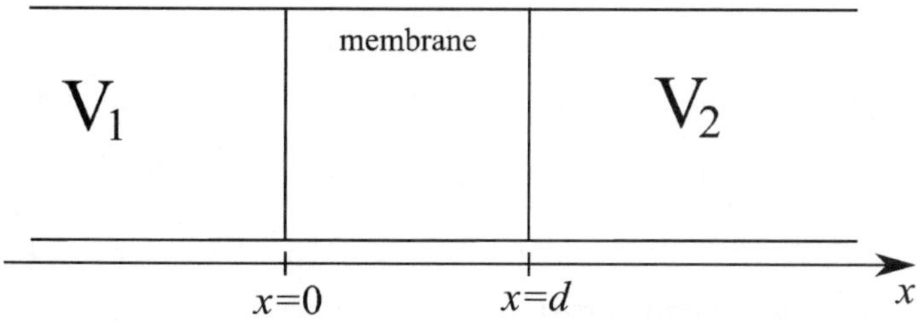

On rappelle la loi de Van't Hoff $\pi = Ck_BT$ qui relit la pression osmotique π exercée par une espèce non perméante, à sa concentration *C* dans la solution, à la constante de Boltzmann $k_B = 1{,}38 \times 10^{-23}\ \mathrm{J \cdot K^{-1}}$ et à la température *T*.

On rappelle :

- $j_v = L_p \Delta p_{eff}$: l'expression de la densité de flux volumique de solvant où $\Delta p_{eff} = \Delta p - \Delta\pi$ avec Δp la différence de pression hydrostatique et $\Delta\pi$ la différence de pression osmotique de part et d'autre de la membrane.
- $j(x,t) = -D\dfrac{\partial C}{\partial x}$: la première loi de Fick exprimant la densité de flux diffusif d'un soluté dont la concentration est $C(x,t)$ et dont la constante de diffusion est *D* dans le solvant.

1. A l'instant $t = 0$, on introduit une espèce A non perméante en concentration C_1^A dans le compartiment 1 et C_2^A dans le compartiment 2. Exprimer, à l'instant initial, $\vec{j}_m$ la densité de flux volumique de solvant à travers la membrane en fonction de C_1^A, C_2^A et du vecteur unitaire $\vec{u}_x$.
2. En déduire J_v le flux volumique initial de solvant à travers un pore en fonction des données du problème.
3. En déduire $\vec{j}_v$ la densité de flux volumique initial de solvant dans un pore en fonction des données du problème.
4. On se place dans le cas $C_2^A < C_1^A$. Justifier le sens du flux volumique de solvant.

Dans la suite, on supposera que :

$$\vec{j}_v = \kappa\left(C_2^A - C_1^A\right)\vec{u}_x$$

où κ est une constante qui dépend de la température et des propriétés physiques de la membrane.
On introduit une espèce B perméante en concentration C_1^B dans le compartiment 1. On maintient fixe cette concentration et on laisse évoluer le système jusqu'à ce que s'établisse dans le compartiment 2 une concentration C_2^B correspondant à un régime stationnaire.

5. On appelle $C^B(x)$ la concentration de cette espèce à l'abscisse x dans un pore. On note D la constante de diffusion de l'espèce B dans le solvant à la température T.

5.1. Exprimer $\vec{j}$ la densité de flux totale de l'espèce B dans le pore en fonction de $\kappa, C_1^A, C_2^A, D, C^B(x)$ et $\vec{u}_x$.

5.2. Déterminer l'expression de $C^B(x)$ à l'équilibre.

5.3. En déduire $C^B(d)$ la concentration de l'espèce B à la surface de la membrane en contact avec le compartiment 2 en fonction de C_1^A, C_2^A et C_1^B.

6. Simplifier l'expression de $C^B(d)$ pour $C_2^A \approx C_1^A$, avec $C_2^A < C_1^A$. On rappelle que $e^x \approx 1 + x$ lorsque x tend vers 0.
7. En déduire la dimension de κ.
8. A partir de l'expression obtenue à la question 5c, déterminer la valeur de $C^B(d)$ pour $C_2^A = C_1^A$.
9. Commenter ce résultat.

Exercice 8

On considère un capillaire cylindrique d'axe Ox, de longueur L et de rayon r joignant un secteur artériel à un secteur veineux. La pression hydrostatique relative varie dans le capillaire : elle est égale à p_A = 40 mmHg (en x = 0) et à p_V = 10 mmHg (en $x = L$). A l'intérieur du capillaire, le sang circule avec une vitesse $\vec{v} = v\,\vec{u}_x$ ($v > 0$) permettant les échanges entre le sang et les tissus perpendiculairement à Ox ($\vec{u}_x$ est le vecteur unitaire suivant Ox). On suppose que la pression hydrostatique relative p_T dans les tissus est nulle.

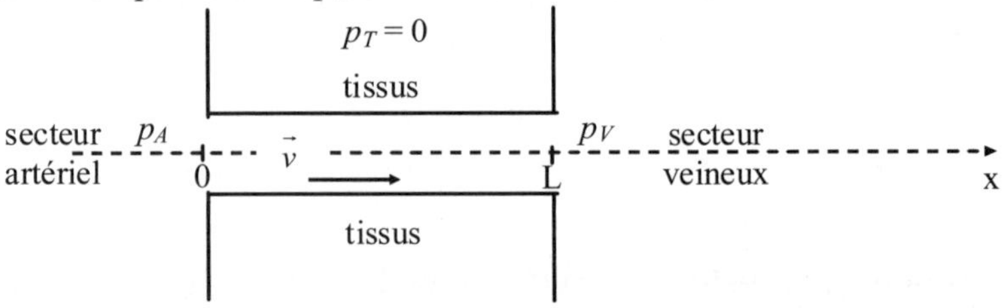

La membrane du capillaire est perméable au plasma (assimilable à l'eau) et au glucose, et imperméable aux protéines. On supposera que la différence de pression osmotique exercée par les protéines entre le capillaire et les tissus est constante sur toute la longueur du capillaire et vaut $\Delta\pi$ = 20 mmHg.
Les flux seront orientés du capillaire vers les tissus.
On donne : L = 0,1cm ; r = 4 μm et v = 0,04 cm.s^{-1}.

Partie A. Flux de solvant à travers la membrane du capillaire et dans le capillaire

1. La pression hydrostatique relative à l'abscisse x dans le capillaire est p(x).

1.1. Ecrire la densité de flux de solvant $j_V(x)$ à travers la membrane du capillaire en fonction de la perméabilité hydraulique L_P, de p(x) et de $\Delta\pi$.

1.2. En faisant le bilan des flux de solvant entre les abscisses x et $x + dx$, montrer qu'il existe la relation suivante entre le débit de solvant dans le capillaire $Q(x)$ et $p(x)$:

$$\frac{dQ(x)}{dx} + 2\,\pi\, r\, L_p \left[p(x) - \Delta\pi \right] = 0\,.$$

2. La pression hydrostatique varie de manière affine dans le capillaire ($x = 0$ à l'entrée du capillaire, voir figure).

2.1. Etablir l'expression de $p(x)$ en fonction de p_A, de p_V et de L.

2.2. En déduire l'équation différentielle vérifiée par $Q(x)$.

2.3. Déterminer l'expression de $Q(x)$ sachant que le débit de solvant à l'entrée du capillaire est Q_0.

3. Soit $\dfrac{\Delta Q}{Q_0} = \dfrac{Q_0 - Q_L}{Q_0}$ la perte relative de débit de solvant dans le capillaire, Q_L étant le débit de solvant dans la capillaire en $x = L$.

3.1. Déterminer l'expression de cette perte en fonction des données.

3.2. Calculer cette perte sachant que $L_P = 10^{-12}$ m^2.s.kg^{-1} et 760 mmHg = 10^5 Pa. On rappelle que $Q_0 = \pi \cdot r^2 \cdot v$

3.3. Qu'en concluez-vous quant au flux de solvant à travers la membrane du capillaire ?

Partie B. Flux de glucose à travers la membrane du capillaire et dans le capillaire

1. La densité totale de flux de glucose à travers la membrane $j(x)$ à l'abscisse x du capillaire en fonction de la concentration en glucose dans le capillaire à l'abscisse x, soit $C(x)$, s'écrit :

$$j(x) = P_d \left[C(x) - C_T \right] + j_V(x) \langle C \rangle$$

avec P_d = 2,6.10^{-5} cm.s^{-1} la perméabilité diffusionnelle et C_T la concentration tissulaire en glucose supposée constante.

Estimer l'ordre de grandeur de j_V. Compte-tenu du résultat, simplifier l'expression de $j(x)$.

2. Le processus d'entraînement du solvant est le phénomène prédominant dans le capillaire, on peut donc négliger le transport du glucose par diffusion dans le capillaire.

2.1. En écrivant le bilan des flux de glucose entre les abscisses x et $x + dx$, montrer que la variation du flux du glucose dans le capillaire entre les abscisses x et $x + dx$ obéit à la relation suivante :

$$dJ_{cap}(x) = -\ 2\,\pi\, r\ j(x)\, dx\,.$$

2.2. Donner l'expression de $dJ_{cap}(x)$ en fonction de $dC(x)$.

2.3. En déduire l'équation différentielle vérifiée par $C(x)$ en fonction de P_d, C_T, r et v.

2.4. La résoudre sachant que $C(x = 0) = C_0$.

3. Donner l'expression du taux de variation de concentration de glucose dans le capillaire, soit $\Delta C/C_0 = \left(C_0 - C_L\right)/C_0$ en fonction de P_d, L, C_T, C_0, r et v, C_L étant la concentration en glucose dans le capillaire en $x = L$.

4. Estimer $\Delta C / C_0$ sachant que $C_0 = 0{,}8$ g.L^{-1}, que la consommation tissulaire en glucose est de 500 g par jour et que le débit cardiaque à l'entrée du système capillaire est de 4,5 L.mn^{-1}. Evaluer la variation relative de concentration trans-capillaire en glucose en admettant que le système capillaire est constitué de capillaires cylindriques identiques à celui considéré jusque là, situés en parallèle les uns par rapport aux autres.

Corrigés des exercices d'application du chapitre III

Corrigés des QCS

QCS 1

Réponse b

QCS 2

Réponse a

QCS 3

1. Réponse a

Les concentrations de K^+ et Cl^- sont égales dans chacun des compartiments et $C_1 > C_2$ donc les deux flux sont de $1 \rightarrow 2$.

2. Réponse b

Pour K^+, $C_1 > C_2$ donc flux $1 \rightarrow 2$; pour Na^+ $C_2 > C_1$ donc flux $2 \rightarrow 1$.

QCS 4

1. Réponse c

La concentration molaire d'albumine est :

$$C_{\text{albumine}} = \frac{45 \times 10^3}{69000} = 0,65 \text{ mol.m}^{-3}.$$

La pression osmotique due à sur l'albumine est égale à :

$$\pi_{\text{albumine}} = C_{\text{albumine}} RT = 0,65 \times 8,31 \times 310 = 1680 \text{ Pa}.$$

2. Réponse c

L'équivalent d'une pression en hauteur d'eau est donné par : $\pi = \rho\, g\, h$.

Donc pour l'albumine :

$$h = \frac{1674}{10^3 \times 9,81} = 17 \text{cm}.$$

3. Réponse b

La concentration molaire de globuline est :

$$C_{\text{globuline}} = \frac{20 \times 10^3}{140000} = 0,14 \text{ mol.m}^{-3}.$$

La pression osmotique due à la globuline est égale à :

$$\pi_{\text{globuline}} = C_{\text{globuline}} RT = 0,14 \times 8,31 \times 310 = 368 \text{ Pa}.$$

4. Réponse b

L'équivalent d'une pression en hauteur d'eau est donné par :

$$\pi = \rho\, g\, h.$$

Donc pour la globuline :

$$h = \frac{368}{10^3 \times 9,81} = 3,8 \text{cm}.$$

5. Réponse c

Dans le solvant $CaCl_2$ se dissocie : $CaCl_2 \rightarrow Ca^{2+} + 2\ Cl^-$. Donc la concentration en osmoles.m^{-3} est de :

$$C = 3 \times \frac{0{,}1 \times 10^3}{40 + (2 \times 35{,}5)} = 2{,}7 \text{ osmoles/m}^3,$$

et la pression osmotique est de :

$$\pi = 2{,}7 \times 8{,}31 \times 310 = 6{,}96.10^3 \text{ Pa}.$$

QCS 5

1. Réponse b

La concentration initiale de macromolécules dans le compartiment 1 est :

$$C_1^{(i)} = \frac{30}{1000} = 0{,}03 \text{ mol.L}^{-1} = 30 \text{ mol.m}^{-3}.$$

2. Réponse c

La concentration en NaCl dans le compartiment 1 est :

$$C_{\text{NaCl}}^{(i)} = \frac{1{,}2}{23 + 35{,}5} = 0{,}021 \text{ mol.L}^{-1} = 21 \text{ mol.m}^{-3}.$$

Sachant que NaCl se dissocie selon la réaction : $\text{Na Cl} \rightarrow \text{Na}^+ + \text{Cl}^-$, on obtient :

$$C_2^{(i)} = 2 \times C_{\text{NaCl}}^{(i)} = 42 \text{ mol.m}^{-3}.$$

3. Réponse b

D'après les questions précédentes on a $C_1^{(i)} < C_2^{(i)}$. On en déduit que l'eau passe du compartiment 1 vers le compartiment 2 afin de diluer le compartiment 2 et rendre les deux concentrations identiques. Par conséquent la cloison se déplace de 2 vers 1.

4. Réponse a

Dans l'état final, les pressions efficaces sont égales. Or $p_1 = p_2$, donc $\pi_1 = \pi_2$ soit égalité des osmolarités : $C_1^{(f)} = C_2^{(f)} = C^{(f)}$.

A l'instant initial les deux compartiments ont un volume identique, donc : $V_1^{(i)} = V_2^{(i)} = V / 2$. Comme le volume de la cuve n'a pas changé, il est égal à la somme des volumes finaux des deux compartiments : $V = V_1^{(f)} + V_2^{(f)}$.

Le nombre de moles de soluté non perméants dans chaque compartiment est également conservé, soit :

$$n_1 = C_1^{(i)} V_1^{(i)} = C_1^{(f)} V_1^{(f)} = C^{(f)} V_1^{(f)}$$

et

$$n_2 = C_2^{(i)} V_2^{(i)} = C_2^{(f)} V_2^{(f)} = C^{(f)} V_2^{(f)}.$$

D'où en sommant ces deux équations :

$$n_1 + n_2 = C_1^{(i)} V_1^{(i)} + C_2^{(i)} V_2^{(i)} = C^{(f)} (V_1^{(f)} + V_2^{(f)}).$$

On en déduit :

$$C^{(f)} = \frac{C_1^{(i)} + C_2^{(i)}}{2} = 36 \text{ mol/m}^3.$$

5. Réponse a

La pression osmotique dans un compartiment est liée à la présence de molécules non perméantes selon la loi de Van't Hoff : $\pi = C\,R\,T$, où C est la concentration molaire des espèces non perméantes dans le compartiment. On a donc :

$$\pi^{(f)} = C^{(f)} \cdot R \cdot T = 36 \times 8{,}31 \times 293 = 8{,}77.10^4 \text{ Pa}.$$

Ceci est équivalent à $\left(8,77\times10^4\times\dfrac{760}{10^5}\right)=667$ mmHg.

QCS 6

Réponse b

La pression efficace est $p_{eff}=p-\pi$, donc $\Delta p_{eff}=(p_1-\pi)-p_2=(p_1-p_2)-\pi$.

Puisque :

$$p_1-p_2=50\times10^{-3}\times13{,}6\times10^3\times9{,}81=6671 \text{ Pa}$$

$$\text{et } \pi=0{,}1\times8{,}31\times310=257{,}6 \text{ Pa},$$

on a donc $\Delta p_{eff}=6413$ Pa.

QCS 7

1. Réponse b

Les vésicules sont préparées de telle sorte qu'une fois dans le sang, celles-ci conservent leur forme et leur taille (rayon de la vésicule constant) dans toute la circulation artério-veineuse $\Rightarrow j_v=0$ lorsque les vésicules circulent dans le sang en dehors des capillaires. La différence de pression efficace entre l'intérieur et l'extérieur de la vésicule sera donc nulle :

$$\Delta p_e=\Delta p-\Delta\pi=\left(p_{int}-p_{ext}\right)-\left(\pi_{int}-\pi_{ext}\right)=0,$$

Soit en utilisant les notations de l'énoncé :

$$\Delta p_e=p_v-p_0-\left(\pi_v-\pi_s\right)=0.$$

Lorsque la vésicule circule dans le sang en dehors des capillaires, $p_{ext}=p_0$ et par conséquent :

$$p_v=p_0+\frac{2\gamma}{r_v},$$

où γ est la valeur de la tension superficielle exercée par la bicouche lipidique.

On obtient finalement :

$$\Delta p_e=\frac{2\gamma}{r_v}-\left(\pi_v-\pi_s\right)=0\Rightarrow\pi_v=\pi_s+\frac{2\gamma}{r_v}.$$

2. Réponse a

L'application numérique donne :

$$\pi_v=13{,}6\times10^3\times10\times30\times10^{-3}+\frac{2\times10^{-4}}{10^{-6}}=200+40{,}8\times100$$

$$\pi_v=42{,}8.10^2 \text{ Pa}.$$

3. Réponse a

La loi de Van t'Hoff permet de relier la concentration C de tamoxifène dans une vésicule à la pression osmotique dans la vésicule :

$$\pi_v=CRT.$$

Pour T = 300 K, la concentration en espèces non perméantes (Na^+, Cl^- et tamoxifène) dans une vésicule est donc :

$$C=\frac{\pi_v}{RT}=\frac{42{,}8\times10^2}{8{,}31\times300}\approx\frac{14{,}3}{8{,}3}\simeq1{,}7 \text{ mol.m}^{-3}.$$

Sachant que le tamoxifène n'est plus soluble dans l'eau dès que sa concentration molaire devient supérieure à :

$$\frac{0,57\ \text{g/L}}{563\,\text{g}} \approx 10^{-3}\ \text{mol/L} = 1\,\text{mol.m}^{-3},$$

la concentration molaire minimale en ions Na^+ et Cl^- dans chaque vésicule (le tamoxifène présent dans la vésicule étant complètement solubilisé) est donc :

$$C_{\text{ions}} \approx 1,7 - 1 = 0,7\ \text{mol.m}^{-3},$$

Soit une concentration massique minimale en ions Na^+ et Cl^- dans chaque vésicule :

$$C_{\text{ions}} \approx 0,7 \times 58 \approx 40,6\ \text{g.m}^{-3}.$$

NaCl étant totalement dissocié dans la vésicule selon la réaction $NaCl \rightarrow Na^+ + Cl^-$, on en déduit la concentration minimale C_0 de NaCl dans chaque vésicule :

$$C_0 = \frac{C_{\text{ions}}}{2} \approx 20,3\ \text{g.m}^{-3} = 20,3\,\text{mg/L}.$$

4. Réponse d

La différence de pression efficace de part et d'autre de la membrane lipidique, juste après que la vésicule a traversé la paroi transcapillaire, s'écrit :

$$\Delta p_e = (p_v - p_t) - (\pi_v - \pi_t) = p_0 + \frac{2\gamma}{r_v} - (p_0 - 5) - (\pi_v - 5).$$

En remplaçant π_v par son expression obtenue à la question 1 :

$$\pi_v = \pi_s + \frac{2\gamma}{r_v},$$

On obtient :

$$\Delta p_e = 10 - \pi_s.$$

Soit numériquement :

$$\Delta p_e = 10 - 30 = -20\,\text{mm Hg}.$$

Il existe donc un flux de liquide interstitiel $j_v = L_p\,\Delta p_e < 0$ donc vers l'intérieur de la vésicule.

5. Réponse c

Annuler le flux volumique de liquide interstitiel à travers la membrane de la vésicule équivaut à $j_v = L_p\,\Delta p_e = L_p\left(p_{e_v} - p_{e_t}\right) = 0$.

On a alors : $\Delta p = \Delta\pi$, avec :

$$\Delta p = p_v - p_t = \left(p_t + \frac{2\gamma}{r_v}\right) - p_t = \frac{2\gamma}{r_v},$$

où γ est la valeur de la tension superficielle exercée par la bicouche lipidique lorsque la vésicule se trouve dans le milieu tissulaire,

et,

$$\Delta\pi = \pi_v - \pi_t \approx \left(42,8\times 10^2 - \frac{5}{760}\times 10^5\right)\text{Pa} \approx \left(42,8.10^2 - \frac{10^5}{150}\right)\text{Pa}$$

$$\Delta\pi \approx \left(42,8.10^2 - \frac{2}{3}\times 10^3\right)\text{Pa} = \frac{108,4}{3}\times 10^2\ \text{Pa} \approx 36,1.10^2\ \text{Pa}.$$

On obtient donc :

$$\gamma = \frac{r_v}{2}\Delta\pi \approx \frac{10^{-6}}{2} \times 36{,}1 \times 10^2 \approx 1{,}8.10^{-3}\ \text{N.m}^{-1}.$$

6. Réponse a

On obtient donc $\gamma > \gamma_c = 10^{-3}\ \text{N.m}^{-1}$, et par conséquent la vésicule éclate une fois qu'elle a traversé la paroi du capillaire.

7. Réponse a

La pression efficace du sang dans le capillaire s'écrit :

$$p_e^c(x) = p_c(x) - \pi_c,$$

avec π_c = cte, la pression osmotique dans le capillaire.

On peut donc calculer cette pression efficace aux extrémités du capillaire :

$$p_e^c(x=0) = p_c^i - \pi_c = (p_0 + 30) - 30 = p_0$$

$$p_e^c(x=L) = p_c^f - \pi_c = (p_0 + 10) - 30 = (p_0 - 20)\,\text{mm Hg}.$$

8. Réponse b

La pression efficace variant linéairement dans le capillaire, on a donc :

$$p_e^c(x) = a\,x + b,$$

avec :

$$p_e^c(x=0) = b = p_0,$$

et

$$p_e^c(x=L) = a \times L + b = p_0 - 20 \Leftrightarrow a = -\frac{20}{L}.$$

Soit :

$$p_e^c(x) = -\frac{20}{L}x + p_0.$$

9. Réponse a

Soit dJ_v le flux volumique de plasma à travers la membrane d'un élément de capillaire de longueur dx, constitué de N pores. On peut écrire :

$$dJ_v = N\,dJ_v^p,$$

où dJ_v^p est le flux volumique de plasma à travers un pore.

Sachant que 0,1% de la surface d'un capillaire est couverte de pores, il y a donc $0{,}1/s_p$ pores sur 100 m^2 de surface de membrane, s_p étant la section d'un pore de rayon a.

La densité surfacique de pores est donc :

$$n = \frac{0{,}1}{s_p \times 100} = \frac{10^{-3}}{s_p}\ \text{pores/m}^2,$$

et le nombre de pores sur un élément de capillaire de surface S est égal :

$$N = n\,S = \frac{10^{-3}}{s_p}S.$$

On en déduit que :

$$dJ_v = \frac{10^{-3}}{s_p}S\ dJ_v^p.$$

Sachant que :

$$s_p = \pi a^2,$$

$$S = 2\pi r_c \, dx,$$

et

$$dJ_v{}^p = \frac{\pi a^4}{8\eta d} \Delta p_e,$$

on obtient :

$$dJ_v = \frac{10^{-3}}{\pi a^2} \cdot 2\pi r_c \, dx \cdot \frac{\pi a^4}{8\eta d} \Delta p_e = 10^{-3} \cdot \frac{\pi a^2 r_c \, dx}{4\eta d} \cdot \Delta p_e.$$

En explicitant Δp_e :

$$\Delta p_e = p_e^c(x) - p_e^t = \left(p_0 - \frac{20}{L} x \right) - \left(p_t - \pi_t \right)$$

$$\Delta p_e = p_0 - \frac{20}{L} x - \left(p_0 - 5 - 5 \right) = \left(10 - \frac{20}{L} x \right) \text{mm Hg},$$

on obtient l'expression de dJ_v en $m^3.s^{-1}$:

$$dJ_v = 10^{-3} \times \frac{\pi a^2 r_c \, dx}{4\eta d} \times \left(10 - \frac{20}{L} x \right) \times 10^{-3} \times 13,6 \times 10^3 \times 10$$

$$dJ_v = \frac{\pi a^2 r_c \, dx}{\eta d} \times \left(1 - \frac{2}{L} x \right) \times \frac{136}{4} \times 10^{-2}$$

$$dJ_v = 0,34 \times \frac{\pi a^2 r_c}{\eta d} \left(1 - \frac{2}{L} x \right) dx.$$

10. Réponse d

En intégrant la relation précédente sur [0, $L/2$], on obtient le flux volumique J_v sortant de plasma à travers les parois du capillaire, en $m^3.s^{-1}$:

$$J_v = \int dJ_v = \int_0^{L/2} 0,34 \times \frac{\pi a^2 r_c}{\eta d} \left(1 - \frac{2}{L} x \right) dx$$

$$J_v = 0,34 \times \frac{\pi a^2 r_c}{\eta d} \left[x - \frac{x^2}{L} \right]_0^{L/2}$$

$$J_v = 0,34 \times \frac{\pi a^2 r_c}{\eta d} \left(\frac{L}{2} - \frac{L}{4} \right)$$

$$J_v = 0,34 \times \frac{\pi a^2 r_c}{\eta d} \frac{L}{4}$$

$$J_v = 85 \times 10^{-3} \times \frac{\pi a^2 r_c}{\eta d} L.$$

11. Réponse a

Numériquement, on obtient :

$$J_v = 85 \times 10^{-3} \times \frac{\pi \times 4 \times 10^{-12} \times 25 \times 10^{-6}}{10^{-3} \times 0,5 \times 10^{-6}} \times 8 \times 10^{-3}$$

$$J_v = 85 \times 16 \times \pi \times 10^{-13} \approx 422 \times 10^{-12} \text{ m}^3.\text{s}^{-1}$$

$$J_v \approx 422 \times 10^{-6} \text{ mL.s}^{-1} \approx 0,42.10^{-3} \text{ mL.s}^{-1}.$$

Corrigés des problèmes

Problème 1

1. En régime permanent j_{pore} = cte. Il s'agit donc intégrer une équation différentielle ayant un second membre constant. La solution de l'équation homogène $\frac{dC}{C} = \frac{v}{D} dx$ est :

$$C(x) = Ae^{(vx/D)}.$$

Une solution particulière de l'équation avec second membre est obtenue pour $\frac{dC}{dx} = 0$, soit :

$$C = \frac{j_{pore}}{v}.$$

La solution générale de l'équation complète est alors :

$$C(x) = \frac{j_{pore}}{v} + Ae^{(xv/D)}.$$

La constante A est déterminée sachant que $C(x = 0) = C_1$:

$$A = C_1 - \frac{j_{pore}}{v}.$$

On en déduit l'expression de j_{pore} sachant que $C(x = d) = C_2$:

$$j_{pore} = \frac{C_2 - C_1 e^{(vd/D)}}{1 - e^{(vd/D)}} v.$$

2. La densité de flux de soluté à travers la membrane percée de (nS) pores est égale à :

$$j = \frac{J_{pore}}{S} \times (nS) = J_{pore} \times n = \left(s_{pore} \times j_{pore}\right) \times n,$$

où la section d'un pore vaut $s_{pore} = \pi a^2$. En remplaçant j_{pore} par sa valeur trouvée dans la question 1 on obtient pour la densité de flux :

$$j = n\pi a^2 v \frac{C_2 - C_1 e^{(vd/D)}}{1 - e^{(vd/D)}}.$$

3. Puisque $C_2 = 0$:

$$j = n\pi a^2 v \frac{-C_1 e^{(vd/D)}}{1 - e^{(vd/D)}} = \pi a^2 v \frac{C_1}{1 - e^{-(vd/D)}}.$$

D'une part, dans un pore cylindrique de rayon a où la vitesse moyenne de fluide est v on a :

$$J_v^{pore} = \left(\pi a^2\right) v.$$

D'autre part pour un écoulement de Poiseuille on a :

$$J_v^{pore} = \frac{\pi a^4 \Delta p}{8 \eta d}.$$

L'identification des deux équations donne pour la vitesse de fluide :

$$v = \frac{a^2}{8 \eta d} \Delta p.$$

En insérant cette valeur dans l'équation de j, on obtient finalement :

$$\frac{jS}{C_1} = \frac{\dfrac{n\pi a^4 S}{8\eta d}}{1-e^{(-a^2\Delta p/8\eta D)}}\Delta p .$$

4. $$\left[\frac{jS}{C_1}\right] = \frac{\left(\dfrac{\text{nombre}}{\text{surface}\times\text{temps}}\right)\times\text{surface}}{\left(\dfrac{\text{nombre}}{\text{volume}}\right)} = \frac{\text{volume}}{\text{temps}} = L^3.T^{-1} = \text{débit} .$$

5. On considère d'abord que $\Delta p \to 0$.

En utilisant le développement limité au voisinage de 0 de e^x : $e^x \approx 1+x$, on peut écrire :

$$\frac{jS}{C_1} \approx \frac{\dfrac{n\pi a^4 S}{8\eta d}}{\dfrac{a^2\Delta p}{8\eta D}}\Delta p .$$

Soit :

$$\frac{jS}{C_1} = nS\frac{\pi a^2}{d}D .$$

Et par conséquent :

$$a^2 \approx \frac{\left(\dfrac{jS}{C_1}\right)}{\pi n S}\frac{d}{D} .$$

Or :

$$P_d = n\pi a^2\frac{D}{d} = \frac{\left(\dfrac{jS}{C_1}\right)}{S},$$

Et d'après le graphique :

$$(jS/C_1)_{\Delta p=0} = 0{,}33.10^{-11}\ \text{m}^3.\text{s}^{-1} .$$

Donc :

$$P_d = \frac{0{,}33\times 10^{-11}}{10^{-4}} = 0{,}33.10^{-7}\ \text{m.s}^{-1} .$$

On considère maintenant $\Delta p \to \infty$. Dans ce cas le terme en exponentielle devient négligeable et on peut écrire :

$$\frac{jS}{C_1} = \frac{\dfrac{n\pi a^4 S}{8\eta d}}{1-e^{(-\frac{a^2}{8\eta D}\Delta p)}}\Delta p \approx \frac{n\pi a^4 S}{8\eta d}\Delta p .$$

C'est le comportement d'une droite linéaire de pente $\dfrac{n\pi a^4 S}{8\eta d}$. Sur le graphe, on voit que cette allure est apparaît pour $\Delta p \geq 2{,}5.10^3$ Pa. On peut donc en déduire la pente de cette droite :

$$\frac{\Delta\left(\frac{jS}{C_1}\right)}{\Delta(\Delta p)} = \frac{1{,}06 \times 10^{-11}}{2{,}5 \times 10^3} = 4{,}24.10^{-15}\ \text{m}^3.\text{s}^{-1}.\text{Pa}^{-1}.$$

Or :

$$Lp = \frac{n\pi a^4}{8\eta d} = \frac{1}{S}\left[\frac{\Delta\left(\frac{jS}{C_1}\right)}{\Delta(\Delta p)}\right]_{\Delta p \geq 2{,}5.10^{-3}\,Pa}.$$

D'où :

$$Lp = \frac{n\pi a^4}{8\eta d} = \frac{4{,}25 \times 10^{-15}}{10^{-4}} = 4{,}24.10^{-11}\ \text{m}^2.\text{s}.\text{kg}^{-1}.$$

Problème 2

1. Le débit du liquide à travers un pore de rayon R s'écrit :

$$J_v^{pore} = \int_{S_{\substack{disque\ de \\ rayon\ R}}} v(r)\, dS,$$

où $dS = 2\ \pi\ r\ dr$ est la section de la couronne cylindrique d'épaisseur dr. En remplaçant la vitesse par son expression donnée dans l'énoncé :

$$J_v^{pore} = \frac{1}{4\eta}\frac{\Delta p}{\Delta x}\int_0^R \left(R^2 - r^2\right) 2\pi r\, dr.$$

On effectue le changement de variable $u = R^2 - r^2$. On a alors $du = -2r\,dr$ et pour les bornes : $u(r=0) = R^2$ et $u(r=R) = 0$. On obtient alors :

$$J_v^{pore} = -\frac{\pi}{4\eta}\frac{\Delta p}{\Delta x}\int_{R^2}^0 u\, du = -\frac{\pi}{4\eta}\frac{\Delta p}{\Delta x}\left[\frac{1}{2}u^2\right]_{R^2}^0.$$

Soit en simplifiant :

$$J_v^{pore} = \frac{\pi}{8\eta}\frac{\Delta p \cdot R^4}{\Delta x}.$$

Remarque : il est possible d'intégrer directement sans faire de changement de variable.

2. Le flux volumique (débit de fluide) à travers la membrane est :

$$J_v = \text{nombre de pores} \times J_v^{pore},$$

et la densité de flux volumique à travers la membrane est :

$$j_v = \frac{J_v}{S_{membrane}} = J_v^{pore}\frac{\text{nombre de pores}}{\text{S}_{\text{membrane}}} = J_v^{pore}\, n.$$

Donc :

$$j_v = n\frac{\pi R^4 \Delta p}{8\eta \Delta x}.$$

Et puisque $j_V = L_p \, \Delta p$ on obtient :

$$L_p = \frac{n \pi R^4}{8 \eta \Delta x}.$$

Les dimensions de L_P sont :

$$\left[L_p\right] = \frac{[j_v]}{[\Delta P]} = \frac{L^3 T^{-1} L^{-2}}{\left(M L^2 T^{-2}\right) L^{-2}} = L^2 T M^{-1}.$$

Les unités S.I. de L_P sont :

$$\left[L_p\right] = \text{m}^2.\text{s.kg}^{-1} \text{ ou } \left[L_p\right] = \text{m.s}^{-1}.\text{Pa}^{-1}.$$

3. Le nombre de pores par unité de surface de la membrane est :

$$n = L_p \frac{8 \eta \Delta x}{\pi R^4} = \frac{1{,}25 \times 10^{-10} \times 8 \times 10^{-3} \times 10 \times 10^{-6}}{3{,}14 \times \left(4 \times 10^{-9}\right)^4}.$$

Soit $n \approx 1{,}25.10^{16}$ pores.m^{-2}.

4. Un pore occupe une surface $s_p = \pi R^2$ et il y a $n \approx 1{,}25 \times 10^{16}$ pores par m^2 de surface de membrane. Par conséquent l'aire occupée par les pores par mètre carré de surface de membrane est égale à :

$$s_p \cdot n \cong \pi \times \left(4 \times 10^{-9}\right)^2 \times 1{,}25 \times 10^{16} \approx 0{,}628 \text{ m}^2.$$

En conclusion environ 63 % de la membrane est occupée par les pores.

5. La densité de flux est $j_V = L_p \, \Delta p$. On calcule que :

$$\Delta p = \rho g h = \left(13{,}6 \times 10^3\right) \times 10 \times \left(100 \times 10^{-3}\right) = 13{,}6.10^3 \text{ Pa}.$$

Par conséquent :

$$j_v = 1{,}25 \times 10^{-10} \times 13{,}6 \times 10^3 \approx 1{,}7 \times 10^{-6} \text{ m.s}^{-1}.$$

6. On considère que la portion de membrane recouverte par les deux types de pores est la même, donc $n s_p = n' s_p'$, c'est-à-dire $n \pi R^2 = n' \pi R'^2$. De plus $R' = R \times 10^3$, donc :

$$j_v' = \frac{n' \pi R'^4 \Delta p}{8 \eta \Delta x} = \frac{n \pi R^4 10^6 \Delta p}{8 \eta \Delta x} = j_v \times 10^6$$

Numériquement on obtient :

$$j_v' \approx 1{,}7 \text{ m.s}^{-1}.$$

Problème 3

1. A un instant *t* donné, on suppose que la concentration dans la membrane est une fonction affine de *x*, soit : $c(x) = a \cdot x + b$. On détermine *a* et *b* grâce aux conditions aux limites $c(x = 0) = c_1$ et $c(x = e) = c_2$, on en déduit que :

$$c(x) = (c_2 - c_1) \cdot \frac{x}{e} + c_1.$$

La densité de flux molaire de soluté à travers un pore est donnée par la 1e loi de Fick) : $\vec{j}_p = -D \frac{\partial c}{\partial x} \vec{e}_x$, d'où :

$$\vec{j}_p = \frac{D}{e} \cdot (c_1 - c_2) \cdot \vec{e}_x .$$

Elle est donc indépendante de x. A partir de la densité on obtient le flux molaire de soluté à travers un pore :

$$J_p = s_{pore} \cdot j_p = \pi \cdot r^2 \cdot j_p$$

où s_{pore} est la surface d'un pore (supposé cylindrique) et r son rayon.
Le flux molaire de soluté à travers la membrane est alors donné par :

$$J_m = N \cdot s_{pore} \cdot j_p = N \cdot \pi \cdot r^2 \cdot j_p$$

où N est le nombre total de pores de la membrane. Si n est le nombre de pores par unité de surface de membrane et S est la surface de la membrane, on a : $N = n \cdot S$. Cela nous permet d'écrire que :

$$J_m = n \cdot S \cdot \pi \cdot r^2 \cdot j_p .$$

On en déduit la densité de flux molaire de soluté à travers l'ensemble de la membrane :

$$\vec{j}_m = \frac{J_m}{S} \vec{e}_x = n \cdot \pi \cdot r^2 \cdot j_p \cdot \vec{e}_x = n \cdot \pi \cdot r^2 \cdot \frac{D}{e} \cdot (c_1 - c_2) \cdot \vec{e}_x .$$

En posant $\Delta c = c_1 - c_2$ et $P_d = n \cdot \pi \cdot r^2 \cdot \frac{D}{e}$ (la perméabilité membranaire), on obtient :

$$\vec{j}_m = P_d \cdot \Delta c \cdot \vec{e}_x .$$

Les dimensions de P_d sont :

$$[P_d] = [n] \cdot [\pi] \cdot [r]^2 \cdot \frac{[D]}{[e]} = L^{-2} \cdot L^2 \cdot \frac{L^2 \cdot T^{-1}}{L} = L \cdot T^{-1} .$$

P_d est donc homogène à une vitesse. Ses unités S.I. sont : m.s^{-1}.
Les dimensions de j_m sont :

$$[j_m] = [P_d] \cdot [\Delta c] = L \cdot T^{-1} \cdot L^{-3} = L^{-2} \cdot T^{-1} .$$

Dans le S.I., j_m s'exprime en mol.m^{-2}.s^{-1}.

2. Puisque $P_d = n \cdot \pi \cdot r^2 \cdot \frac{D}{e}$ on obtient $r = \sqrt{\frac{P_d \cdot e}{n \cdot \pi \cdot D}}$. Soit numériquement :

$$r = \sqrt{\frac{10^{-6} \times 10 \times 10^{-6}}{10^{10} \times \pi \times 10^{-9}}} = 0,57.10^{-6} \text{ m} = 0,57 \ \mu\text{m}$$

3. Ecrivons la conservation, à un instant t, des flux molaires à l'entrée et à la sortie de la membrane en prêtant attention aux signes (il s'agit de la conservation du nombre de moles s'échappant du compartiment 2 et gagnant le compartiment 1 sachant que $j_m < 0$) :

$$j_m \cdot S = -V_1 \cdot \frac{dc_1}{dt} = V_2 \cdot \frac{dc_2}{dt}$$

où V_1 et V_2 sont respectivement les volumes des compartiments 1 et 2. Puisque $j_m = P_d \cdot \Delta c$, nous obtenons :

$$\frac{dc_1}{dt}-\frac{dc_2}{dt}=-P_d\cdot\Delta c\cdot S\cdot\left(\frac{1}{V_1}+\frac{1}{V_2}\right).$$

Comme $\Delta c(t)=c_1(t)-c_2(t)$, on réécrit :

$$\frac{d(\Delta c(t))}{dt}=-P_d\cdot S\cdot\left(\frac{1}{V_1}+\frac{1}{V_2}\right)\cdot\Delta c(t).$$

En posant $\frac{1}{\tau}=P_d\cdot S\cdot\left(\frac{1}{V_1}+\frac{1}{V_2}\right)$, on obtient :

$$\frac{d\Delta c}{dt}+\frac{\Delta c}{\tau}=0.$$

Les dimension de τ sont : $[\tau]=\frac{[V]}{[P_d]\cdot[S]}=\frac{L^3}{L\cdot T^{-1}\cdot L^2}=T$, τ est donc homogène à un temps.

4. La solution de l'équation différentielle établit dans la question 3 s'écrit, compte tenu de la condition initiale $\Delta c(t=0)=\Delta c_0$:

$$\Delta c(t)=\Delta c_0\cdot\exp\left(-\frac{t}{\tau}\right).$$

La différence de concentration est égale au dixième de sa valeur initiale après un temps $t_{1/10}$ tel que : $\Delta c(t_{1/10})=\frac{\Delta c_0}{10}=\Delta c_0\cdot\exp\left(-\frac{t_{1/10}}{\tau}\right)$. On en déduit que ce temps est égale à $t_{1/10}=\tau\cdot\ln 10$.

On calcule numériquement que :

$$\frac{1}{\tau}=10^{-6}\times 200\times 10^{-4}\times\left(\frac{1}{2\times 10^{-3}}+\frac{1}{1\times 10^{-3}}\right)=3.10^{-5}\ \mathrm{s}^{-1}$$

Ce qui nous permet de déduire que :

$$t_{1/10}\simeq\frac{1}{3}\times 10^5\times 2{,}3\simeq 0{,}77.10^5\ \mathrm{s}\qquad\text{soit}\qquad t_{1/10}\simeq 21\,\mathrm{h}\,23\,\mathrm{mn}.$$

Problème 4

1. La densité de flux total dans un pore s'écrit :

$$j_p=j_d(x)+j_e(x)=-\ D\cdot\frac{dC(x)}{dx}+C(x)\cdot v.$$

En régime stationnaire on a $\frac{\partial C(x,t)}{\partial t}=-\frac{\partial j_p(x,t)}{\partial x}=0$, par conséquent $j_p=\text{cte}$ et l'équation différentielle est :

$$-\ D\cdot\frac{dC(x)}{dx}+C(x)\cdot v=\text{cte}.$$

2. La solution de l'équation homogène associée $-D\cdot\frac{dC_H(x)}{dx}+C_H(x)\cdot v=0$ est :

$$\frac{dC_H(x)}{C_H(x)}=\frac{v}{D}dx \quad\Rightarrow\quad C_H(x)=Ae^{\frac{v}{D}x}.$$

Une solution particulière de l'équation complète est :

$$Cp=\text{cte}=\frac{j_p}{v}.$$

On en déduit la solution générale de l'équation complète :

$$C(x)=Ae^{\frac{v}{D}x}+\frac{j_p}{v}.$$

En utilisant les conditions aux limites $C(x=\ell)=0$ on trouve que $A=-\frac{j_p}{v}e^{-\frac{v}{D}\ell}$,

soit :

$$C(x)=\frac{j_P}{v}\left[1-e^{\frac{v}{D}(x-\ell)}\right].$$

3. On a $C(x=0)=C_1$. D'après ce qui précède cela donne :

$$C_1=\frac{j_P}{v}\left[1-e^{-\frac{v}{D}\ell}\right] \text{ ou encore } j_P=\frac{vC_1}{1-e^{-\frac{v}{D}\ell}}.$$

4. La densité de flux total à travers la membrane s'écrit :

$$j=\frac{J}{S}=\frac{\text{nombre de pores}\times J_P}{S}=n\,s_p\,j_P.$$

En tenant compte de la question précédente on a :

$$j=n\times\pi a^2\times\frac{vC_1}{1-e^{-\frac{v}{D}\ell}}.$$

Finalement on obtient que :

$$Q=\frac{jS}{C_1}=\frac{Sn\pi a^2 v}{1-e^{(-\frac{v}{D}\ell)}},$$

dont les dimensions sont $[Q]=[S][n][a]^2[v]=L^3\cdot T^{-1}$, c'est donc homogène à un débit.

5. Puisque $v=\frac{\Delta p}{\ell}\frac{a^2}{8\eta}$ on a $Q=\frac{jS}{C_1}=\frac{Sn\pi a^4}{8\eta\,\ell}\frac{\Delta p}{1-e^{(-\frac{a^2}{8\eta D}\Delta p)}}$.

6. Cas limites :

a) $\Delta p\to 0$

On peut écrire $e^{(-\frac{a^2}{8\eta D}\Delta p)}\approx 1-\frac{a^2}{8\eta D}\Delta p$, ce qui donne :

$$Q\approx\frac{Sn\pi a^4}{8\eta\,\ell}\frac{\Delta p}{\frac{a^2}{8\eta D}\Delta p} \quad\Rightarrow\quad Q\approx\frac{Sn\pi a^2 D}{\ell}.$$

Puisque $P_d = \dfrac{n\,\pi\,a^2\,D}{\ell}$, on peut simplifier : $Q \approx S\,P_d$.

b) $\Delta p \to \infty$

Dans ce cas $\lim\limits_{\Delta p\to\infty} e^{(-\frac{a^2}{8\eta D}\Delta p)} = 0$, ce qui permet d'écrire que :

$$Q \approx \frac{S\,n\pi\,a^4}{8\eta\,\ell}\Delta p\,.$$

Puisque $L_p = \dfrac{n\,\pi\,a^4}{8\eta\ell}$, on obtient : $Q \approx S\,L_p\Delta p$.

7. La courbe et les points représentent les données du tableau.

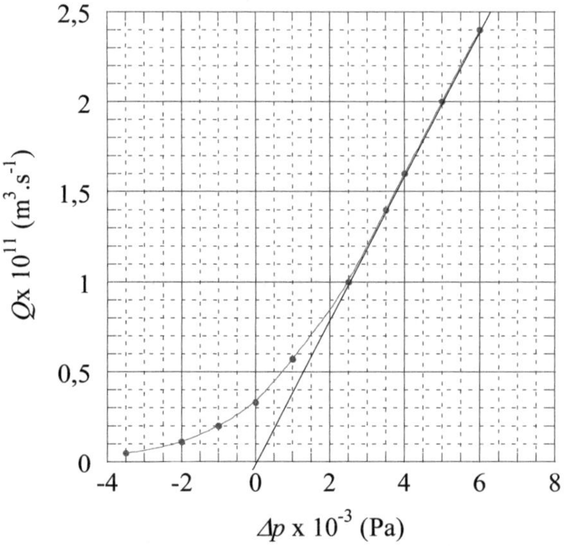

8. D'après la question 6, on peut estimer P_d par : $P_d \approx \dfrac{Q(\Delta p = 0)}{S}$. Il suffit donc de lire la valeur de Q pour $\Delta p = 0$ sur le graphe précédent de la question 7.

La question 6 nous indique également que Q varie linéairement avec Δp lorsque $\Delta p \to \infty$, et que $L_p = \dfrac{1}{S}\times\left(\text{pente de l'asymptote à } Q(\Delta p)\right)$. Sur le graphe, cette linéarité est obtenue à partir de $\Delta p \geq 2{,}5.10^3$ Pa. En déterminant la pente de $Q(\Delta p)$ pour $\Delta p \geq 2{,}5.10^3$ Pa on pourra donc évaluer $L_p = \dfrac{1}{S}\left[\dfrac{\Delta Q}{\Delta(\Delta p)}\right]_{\Delta p \geq 2{,}5.10^3\,\text{Pa}}$.

9. Sachant que $P_d = \dfrac{n\,\pi\,a^2\,D}{\ell}$ et $L_p = \dfrac{n\,\pi\,a^4}{8\eta\ell}$, on obtient $\dfrac{L_p}{P_d} = \dfrac{a^2}{8\eta D}$, d'où :

$$a = \sqrt{8\eta D\frac{L_p}{P_d}}\,.$$

D'après la question 8, on a $\dfrac{L_p}{P_d} = \dfrac{\left[\dfrac{\Delta Q}{\Delta p}\right]_{\Delta p \geq 2,5.10^3\,\text{Pa}}}{Q(\Delta p = 0)}$. Graphiquement, on obtient :

$$\begin{cases} Q(\Delta p = 0) = 0,33.10^{-11}\,\text{m}^3.\text{s}^{-1} \\ \left[\dfrac{\Delta Q}{\Delta p}\right]_{\Delta p \geq 2,5.10^3\,\text{Pa}} = \dfrac{1,6.10^{-11}}{4.10^3} = 4.10^{-15}\,\text{m}^3.\text{s}^{-1}.\text{Pa}^{-1}. \end{cases}$$

D'où $\dfrac{L_p}{P_d} = \dfrac{4.10^{-15}}{0,33.10^{-11}} \approx 12.10^{-4}\ \text{Pa}^{-1}$,

et $a = \sqrt{8 \times 10^{-3} \times 2.10^{-9} \times 12.10^{-4}} \approx 140\,\text{nm}$.

Remarque : on vérifie bien que $a >>$ rayon de la molécule de HTO ($\approx$ nm).

10. D'après la question 8 : $P_d \approx \dfrac{Q(\Delta p = 0)}{S}$. En remplaçant ce terme dans $P_d = \dfrac{n\,\pi\,a^2\,D}{\ell}$ on obtient :

$$N = n\,S = \frac{\ell}{\pi\,a^2\,D} Q(\Delta p = 0).$$

On calcule que :

$$N = \frac{4,8 \times 10^{-6}}{\pi \times 3 \times 8 \times 8 \times 2 \times 10^{-16} \times 10^{-9}} 0,33 \times 10^{-11} \approx 1,32 \times 10^5 \text{ pores}.$$

11. σ est le coefficient de réflexion d'une membrane sélective.

11.1. Dans notre cas la membrane est perméable, donc $\sigma = 0$. De plus on a $C_2 = 0$. Par conséquent :

$$\begin{cases} j_V = L_p\,\Delta p \\ j = P_d\ C_1 + j_{\text{v}}\ \langle C \rangle \end{cases} \Rightarrow j = P_d\ C_1 + L_p \langle C \rangle \Delta p.$$

Soit

$$Q = \frac{j\,S}{C_1} = S\left(P_d + L_p \frac{\langle C \rangle}{C_1} \Delta p\right).$$

Cette équation ne permet pas d'ajuster la courbe expérimentale.

11.2. Là encore, on peut estimer P_d en utilisant $P_d \approx \dfrac{Q(\Delta p = 0)}{S}$. Il suffit donc de lire la valeur de Q pour $\Delta p = 0$ sur le graphe précédent.

Sur le graphe, $Q(\Delta p)$ est proportionnel à Δp à partir de $\Delta p \geq 2,5.10^3$ Pa. La diffusion est alors négligeable (terme $P_d\,C_1$ dans l'expression de j) et on peut écrire que $\langle C \rangle \simeq C_1$. Par conséquent on a $Q = \dfrac{j\,S}{C_1} = S\,L_p \Delta p$ où la pente de $Q(\Delta p)$ est déterminé sur la courbe expérimentale pour $\Delta p \geq 2,5.10^3$. Ceci permet de déterminer $L_p = \dfrac{1}{S}\left[\dfrac{\Delta Q}{\Delta p}\right]_{\Delta p \geq 2,5.10^3\,\text{Pa}}$.

Problème 5

1. Au temps $t = 0$, avant que le niveau de la solution ne se mette à monter dans le capillaire :

$$p_{eff_A} = p_A - \pi_A = P_0 + \rho \cdot g \cdot h_0 - \pi ,$$

et

$$p_{eff_B} = p_B - \pi_B = P_0 + \rho \cdot g \cdot h_0 ,$$

où p_A (resp. p_B) est la pression hydrostatique dans le tube (resp. dans la cuve) et π la pression osmotique due au soluté non perméant dans le tube. On remarque que :

$$P_{effA} < P_{effB},$$

donc le flux d'eau pure va aller de la cuve vers le tube (de B vers A) et ainsi diluer la solution présente dans le tube.

2. A un temps t quelconque le niveau de solution dans le tube à augmenter de $z(t)$:

$$p_A = P_0 + \rho \cdot g \cdot [h_0 + z(t)].$$

Puisque $s << S$, on suppose que la quantité de solution dans la cuve est très grand par rapport à la quantité de solution dans le tube :

$$p_B = P_0 + \rho \cdot g \cdot h_0 .$$

Soit

$$p_A - p_B = \rho \cdot g \cdot z(t) .$$

3. On choisit un sens positif arbitraire pour j_V, représenté par un axe Ox et on définit Δp_{eff} par une flèche en sens contraire de celui de l'axe Ox. L_p est toujours positif ($L_p > 0$).
Si $\Delta p_{eff} > 0$ alors flux volumique de solvant est dans le sens des x croissants.
Si $\Delta p_{eff} < 0$ alors flux volumique de solvant est dans le sens des x décroissants.
Puisque l'un axe Oz est ascendant on a :

$$j_V = L_P \cdot \Delta p_{eff} \text{ avec } \Delta p_{eff} = \left(p_{eff_B} - p_{eff_A}\right) = p_B - (p_A - \pi).$$

Donc

$$j_V = L_P \cdot (p_B - p_A + \pi),$$

et

$$J_V = S \cdot L_P \cdot (p_B - p_A + \pi) .$$

En introduisant l'expression de la pression osmotique pour une solution diluée, soit $\pi = C \cdot R \cdot T$ où C est la concentration molaire de soluté dans le tube, et l'expression de $p_B - p_A$ à t quelconque, soit : $p_B - p_A = -\rho \cdot g \cdot z(t)$, on obtient :

$$J_V = S \cdot L_P \cdot (C \cdot R \cdot T - \rho \cdot g \cdot z(t)).$$

4. L'équilibre est atteint pour $z = z_f$ lorsque la condition d'équilibre suivante est vérifiée :

$$J_V = 0 \Leftrightarrow \Delta p_{eff} = 0 \Leftrightarrow (p_A - p_B)_{final} = \pi .$$

C'est-à-dire que $\rho \cdot g \cdot z_f = C \cdot R \cdot T$. On peut donc réécrire J_v de la manière suivante :

$$J_V = S \cdot L_P \cdot \rho \cdot g \cdot \left(z_f - z(t)\right).$$

5. Soit dV = volume de solvant ayant traversé la membrane pendant dt , on a $dV = J_V \cdot dt$ et $dV = s \cdot dz$, avec s la section d'un tube et dz la dénivellation dans le tube pendant dt, d'où :

$$J_V \cdot dt = s \cdot dz .$$

En utilisant la question 4, une identification donne :

$$S \cdot L_P \cdot \rho \cdot g \cdot \left(z_f - z(t)\right) \cdot dt = s \cdot dz\,,$$

soit :

$$\frac{dz}{dt} + \frac{L_P \cdot \rho \cdot g \cdot S}{s}\left(z(t) - z_f\right) = 0\,.$$

6. Puisque z_f = cte, l'équation précédente peut se réécrire :

$$\frac{d\left(z - z_f\right)}{dt} + \frac{L_P \cdot \rho \cdot g \cdot S}{s}\left(z - z_f\right) = 0\,,$$

ou encore :

$$\frac{d\left(z - z_f\right)}{\left(z - z_f\right)} = -\frac{L_P \cdot \rho \cdot g \cdot S}{s}\,dt\,.$$

La solution générale de cette équation différentielle est :

$$z(t) - z_f = A\exp\left(-\frac{L_P \cdot \rho \cdot g \cdot S}{s}t\right).$$

Or $z(t = 0) = 0$ d'où $A = -z_f$ et :

$$z(t) = z_f\left[1 - \exp\left(-\frac{L_P \cdot \rho \cdot g \cdot S}{s}t\right)\right].$$

$z(t)$ est donc de la forme :

$$z(t) = z_f\ \left(1 - e^{-t/\tau}\right) \qquad \text{avec} \qquad \tau = \frac{s}{L_P \cdot \rho \cdot g \cdot S}\,.$$

Vérifions que τ est bien homogène à un temps :

$$\tau = \frac{[s]}{[L_P]\cdot[\rho]\cdot[g]\cdot[S]} = \frac{1}{\dfrac{[j_v]}{[\Delta p]}\cdot[\rho]\cdot[g]}\,,$$

$$\tau = \frac{1}{\dfrac{L^3 \cdot T^{-1} \cdot L^{-2}}{M \cdot L^{-1} \cdot T^{-2}}\cdot\left(M \cdot L^{-3}\right)\cdot\left(L \cdot T^{-2}\right)} = T\,.$$

7. Numériquement on obtient :

$$\tau = \frac{10^{-6}}{10^{-11} \times 1050 \times 10 \times \left(10 \times 10^{-4}\right)} \cong 10^4\ \text{s} \cong 2\text{h}\,47\text{mn}\,.$$

$$z_f = \frac{C \cdot R \cdot T}{\rho \cdot g} \cong \frac{8{,}32 \times 290}{1050 \times 10} \cong 24 \cdot 10^{-2}\ \text{m} = 24\ \text{cm}\,.$$

Problème 6

1. La concentration initiale en espèce en NaCl dans le compartiment 1 vaut :

$$C_{\text{NaCl}} = \frac{35}{58{,}5 \times 10^{-3}} = 598\ \text{mol/m}^3\,.$$

Le NaCl se dissocie suivant NaCl → Na^+ + Cl^-, donc la concentration initiale en espèces non permeantes dans le compartiment 1 vaut :

$$C_i = 2 \times C_{\text{NaCl}} = 1196\ \text{osmol/m}^3.$$

2. La pression osmotique de l'eau de mer est :

$$\pi_i = C_i\, R\, T = 1196 \times 8{,}32 \times 300 = 3.10^6 \text{ Pa.}$$

3. La densité de flux (allant du compartiment 1 vers le 2) s'écrit :

$$j_v = L_p\,[(P_1 - P_2) - (\pi_i - \pi_2)] = L_p\,(\Delta P - \pi_i),$$

donc :

$$j_v = L_p\,(\Delta P - C_i\, RT).$$

On peut aussi écrire $j_v = L_p\, \Delta P_{eff}$ avec $P_{eff} = (P_1 - \pi_i) - (P_2 - \pi_2)$.

4. A l'équilibre on doit avoir $j_v = 0$. D'après la question précédente, cela signifie que $\Delta P = P_1 - P_2 = C_f\, R\, T$, d'où :

$$C_f = (P_1 - P_2) / RT.$$

Numériquement on a :

$$C_f = 34 \times 10^5 / (8{,}32 \times 300) = 1362 \text{ osmol/m}^3.$$

5. Le nombre d'ions reste constant : $n = C_i\, V_i = C_f\, V_f$. Par conséquent :

$$V_f = C_i\, V_i / C_f = 1196 / 1362 = 0{,}880 \text{ L},$$

et le volume d'eau filtré est égal à $\Delta V = 0{,}12$ L.

6. Cette technique permet par écoulement du solvant de 1 vers 2 de récupérer de l'eau pure grâce à la surpression appliquée du côté 1 donc à l'inverse de l'osmose seule.

Problème 7

1. On a $j_v = L_p(\Delta p - \Delta\pi)$. Dans le cas de la formation spontanée d'une vésicule $\Delta p = 0$ et la densité de flux entrant est $j_v = L_p \cdot \pi$.

2. Les ions Na^+ diffusent vers l'eau pure par contre les ions sulfates restent dans la vésicule et exercent une pression osmotique donc l'eau pénètre dans la vésicule qui gonfle et éclate.

3. La vésicule est dans une solution de saccharose.

3.1. Le saccharose reste à l'extérieur et exerce alors une pression osmotique qui peut équilibrer celle de SO_4, à condition qu'il y ait un équilibre entre les concentrations de Na^+ dans les 2 milieux (et que le volume de la vésicule reste constant). Il faut donc que les concentrations soient égales :

$$C(\text{saccharose}) = 0{,}1 \text{ mol/L}.$$

3.2. Il faut $m = C.M.V = 0{,}1 \times 342 \times 0{,}25 = 8{,}55$ g de saccharose.

Problème 8

1. On constate que le flux initial de solvant à travers la membrane est supprimé pour une pression hydrostatique de $\Delta p = 910$ kPa.

1.1. La pression osmotique dans un compartiment i est liée à la présence de molécules non perméantes : elle est donnée par la loi de Van't Hoff : $\pi_i = C_i\, k\, T$. On a $C_A > C_B$ ($\Rightarrow$ $\pi_A > \pi_B$), donc il existe un flux initial de solvant du compartiment B vers le compartiment A. On en conclut que la pression hydrostatique nécessaire pour supprimer le flux initial de solvant doit se faire du compartiment A vers le compartiment B.

1.2. Pour $\Delta p = 910$ kPa, le flux de solvant à travers la membrane est supprimé, donc $j_v = 0$. Soit :

$$L_p\left(\Delta p - \sigma\, k\, T\, \Delta C\right) = 0 \Leftrightarrow \sigma = \frac{\Delta p}{k\, T\, \Delta C}.$$

On en déduit la valeur numérique de σ :

$$\sigma = \frac{910 \times 10^3}{1{,}38 \times 10^{-23} \times 293 \times (0{,}6 - 0{,}1) \times 6 \times 10^{23} \times 10^3} \simeq 0{,}77 .$$

2. En l'absence de pression ($\Delta p = 0$) on a $j_v = -L_p \sigma k T \Delta C$. Le volume d'eau traversant la membrane par seconde est le flux de solvant à travers la membrane. Soit :

$$J_v = S \cdot j_v = -S \cdot L_p \cdot \sigma \cdot k \cdot T \cdot \Delta C .$$

Cela donne numériquement :

$$J_v \simeq -20 \times 10^{-4} \times 10^{-11} \times \frac{3}{4} \times 1{,}38 \times 10^{-23} \times 293 \times 0{,}5 \times 6 \times 10^{23} \times 10^3 ,$$

$$J_v \simeq -1{,}8 \cdot 10^{-8} \text{ m}^3.\text{s}^{-1} .$$

On trouve que $J_v < 0$. On a donc retrouver le résultat de la question 1.1, à savoir que le flux de solvant se fait du compartiment B vers le compartiment A.

3. On pose $j_s = (1-\sigma) \left[P_d \; \Delta C + j_\text{v} \; <C> \right] = j_D + j_C$, avec :

$j_D = (1-\sigma) \; P_d \; \Delta C$, la densité de flux diffusif de soluté à travers la membrane dû à l'existence d'une différence de concentration entre les compartiments A et B. Ce flux est orienté dans le sens du compartiment le plus concentré en soluté vers le compartiment le moins concentré, donc de A vers B ;

$j_C = (1-\sigma) \, j_\text{v} <C>$, densité de flux convectif de soluté à travers la membrane dû à l'entraînement du soluté par l'écoulement du solvant. Le sens de j_C est par conséquent le même que celui de j_V, c'est à dire de B vers A.

4. Il s'agit de calculer le flux de saccharose, soit :

$$J_s = S \cdot j_s = S \cdot (1-\sigma) \cdot P_d \cdot \Delta C + (1-\sigma) \cdot J_\text{v} \cdot <C> .$$

Numériquement :

$$J_s \simeq 20 \times 10^{-4} \times (1 - 0{,}75) \times 1{,}48 \times 10^{-6} \times 0{,}5 \times 6 \times 10^{26}$$
$$-(1 - 0{,}75) \times 1{,}8 \times 10^{-8} \times \frac{0{,}7 \times 6 \times 10^{26}}{2}$$

$$J_s \simeq -7{,}2 \cdot 10^{17} \text{ molécule.s}^{-1} .$$

On a $J_s < 0$. Le flux initial de saccharose se fait donc du compartiment B vers le compartiment A.

Sachant que $M_{\text{saccharose}} = 342$ g.mol^{-1}, la quantité initiale de saccharose exprimée en g, qui traverse la membrane par seconde est :

$$J_s \simeq -\frac{7{,}2 \times 10^{17}}{6 \times 10^{23}} \times 342 \simeq -4 \cdot 10^{-4} \text{ g.s}^{-1} .$$

Problème 9

1. Soit $N_i(t)$ le nombre de molécules de HTO dans le milieu i (= 1 ou 2) à l'instant t. Le nombre total de molécules de HTO qui traversent S par seconde (= le flux de molécules de HTO) est :

$$-\frac{dN_1(t)}{dt}=\frac{dN_2(t)}{dt}=j\,S\,,$$

or on sait que $N_i(t)=C_i(t)V_i$ et $j=P_d\cdot\Delta c$. La double équation précédente se réécrit donc de la manière suivante :

$$\frac{dN_1}{dt}=V_1\frac{dC_1}{dt}=-P_d\,S\left(C_1-C_2\right)=-P_d\,S\,\Delta C(t),$$

$$\frac{dN_2}{dt}=V_1\frac{dC_2}{dt}=P_d\,S\left(C_1-C_2\right)=P_d\,S\,\Delta C(t).$$

2. Soit $N_1(t)+N_2(t)=N$ le nombre total de molécules de HTO. Ce nombre est conservé, c'est-à-dire $C_1(t)V_1+C_2(t)V_2=cte$. Puisqu'à l'état initial on a : $C_1(0)\neq C_2(0)$ et à l'état final : $C_1(\infty)=C_2(\infty)=C_\infty$, la conservation de N implique que :

$$C_1(0)V_1+C_2(0)V_2=C_\infty\left(V_1+V_2\right).$$

Par conséquent,

$$C_\infty=\frac{V_1}{V_1+V_2}C_1(0)+\frac{V_2}{V_1+V_2}C_2(0).$$

3. On part des équations trouvées dans la question 1, soit :

$$\begin{cases}\dfrac{dC_1}{dt}=-\dfrac{P_d\,S\,\Delta C(t)}{V_1}\\[2mm]\dfrac{dC_2}{dt}=\dfrac{P_d\,S\,\Delta C(t)}{V_2}\end{cases}$$

On obtient :

$$\frac{dC_1}{dt}-\frac{dC_2}{dt}=\frac{d\left(\Delta C(t)\right)}{dt}=-P_d\,S\left(\frac{1}{V_1}+\frac{1}{V_2}\right)\Delta C(t).$$

Soit

$$\frac{d\left(\Delta C(t)\right)}{dt}=-\frac{1}{\tau}\Delta C(t),\qquad\text{avec}\qquad\frac{1}{\tau}=P_d\cdot S\cdot\left(\frac{1}{V_1}+\frac{1}{V_2}\right).$$

La dimension de τ est : $\left[\tau\right]=\dfrac{[V_1]}{\left[P_d\right]\cdot[S]}=\dfrac{L^3}{L\cdot T^{-1}\cdot L^2}=T$. On en conclut que τ est homogène à un temps.

La solution de cette équation différentielle s'écrit, compte tenu de la condition initiale $\Delta C(t=0)=C_1(0)-C_2(0)=\Delta C(0)$:

$$\Delta C(t)=\Delta C(0)\cdot\exp\left(-\frac{t}{\tau}\right).$$

4. D'après la question 2 : $C_1(t).V_1+C_2(t).V_2=C_\infty\left(V_1+V_2\right)$. Cela permet d'écrire que :

$$C_\infty\frac{\left(V_1+V_2\right)}{V_2}-\frac{V_1}{V_2}C_1(t)=C_2(t).$$

En remplaçant $C_2(t)$ par son expression tirée de l'égalité de la question 3 :

$$C_1(t)-C_2(t)=\left(C_1(0)-C_2(0)\right)e^{-\frac{t}{\tau}},$$

on obtient :

$$\left(\frac{V_1}{V_2}+1\right)C_1(t)=\frac{V_1+V_2}{V_2}C_\infty+\left(C_1(0)-C_2(0)\right)e^{-\frac{t}{\tau}},$$

soit

$$C_1(t)=C_\infty+\frac{V_2}{V_1+V_2}\left(C_1(0)-C_2(0)\right)e^{-\frac{t}{\tau}}.$$

On a donc aussi :

$$C_2(t)=C_\infty+\frac{V_1}{V_1+V_2}\left(C_2(0)-C_1(0)\right)e^{-\frac{t}{\tau}}.$$

Or, à la question 2, on a obtenu $C_1(0)V_1+C_2(0)V_2=C_\infty(V_1+V_2)$, qui se réécrit comme :

$$C_2(0)=C_\infty\frac{(V_1+V_2)}{V_2}-C_1(0)\frac{V_1}{V_2}.$$

Et in introduisant cette expression dans l'équation précédente on obtient :

$$C_1(0)-C_2(0)=C_1(0)-C_\infty\frac{(V_1+V_2)}{V_2}-C_1(0)\frac{V_1}{V_2}$$

$$C_1(0)-C_2(0)=\frac{(V_1+V_2)}{V_2}\left(C_1(0)-C_\infty\right)$$

Cette différence est finalement introduite dans les expressions de C_1 et C_2 :

$$\begin{cases} C_1(t)=C_\infty+\left(C_1(0)-C_\infty\right)e^{-\frac{t}{\tau}} \\ C_2(t)=C_\infty+\left(C_2(0)-C_\infty\right)e^{-\frac{t}{\tau}} \end{cases}$$

Les deux concentrations son représentées dans le graphe ci-dessous :

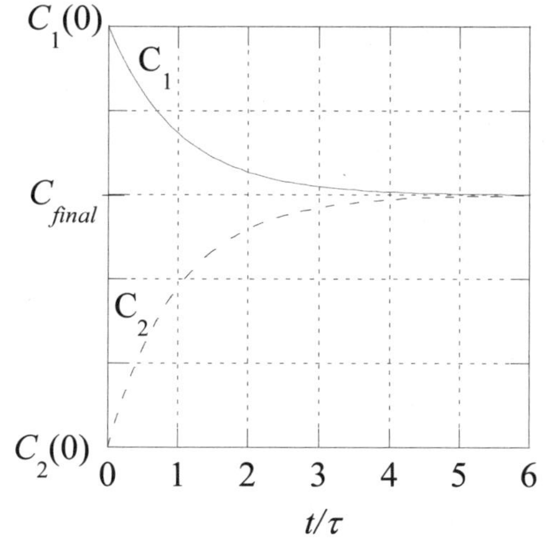

5. Si $V_1 >> V_2$ alors $\frac{1}{V_1} << \frac{1}{V_2}$. On peut alors faire l'approximation que $\frac{1}{\tau}\approx\frac{P_d\,S}{V_2}$ et par conséquent $C_\infty\approx C_1(0)$. On obtient finalement que :

$$\begin{cases} C_1(t) = C_\infty = C_1(0) \\ C_2(t) = C_1(0)\left(1 - e^{-\frac{t}{\tau}}\right) \end{cases}$$

Les allures des deux concentrations sont représentées ci-dessous :

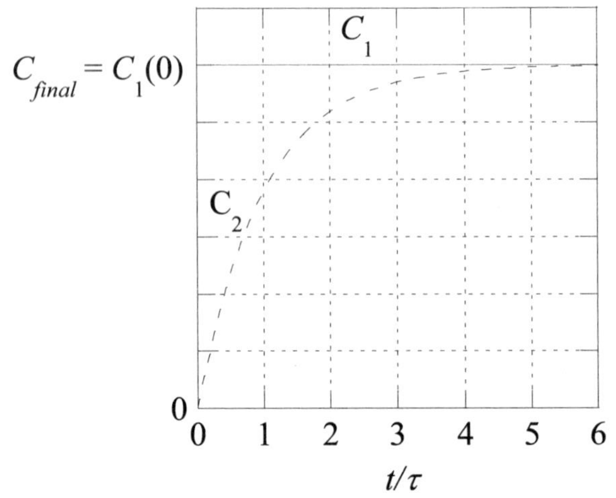

6. On sait que $P_d = \dfrac{n\pi a^2 D}{L}$ ou encore $\dfrac{P_d}{D} = \dfrac{n\pi a^2}{L}$. En injectant cette expression dans $L_p = \dfrac{n\pi a^4}{8\eta L}$ on obtient $L_p = \dfrac{P_d\, a^2}{8\eta D}$. On en tire le rayon a des pores :

$$a = \sqrt{\frac{8\eta D L_p}{P_d}}\ .$$

On calcule que :

$$a = \sqrt{\frac{8\times10^{-3}\times2\times10^{-9}\times1{,}5\times10^{-13}}{3\times10^{-5}}} = 4.10^{-10}\ \text{m} = 4\ \text{Å}\ .$$

Problème 10

Partie A

A.1. a) On applique la loi de Poiseuille entre les abscisses x et $x + dx$ d'un capillaire (écoulement laminaire d'un fluide newtonien) :

$$Q(x)\, dx = \frac{\pi R^4}{8\eta}\left[P(x) - P(x + dx)\right].$$

Qui se réécrit pour un dx petit :

$$Q(x) = \frac{\pi R^4}{8\eta}\left[-\frac{dP}{dx}\right],$$

soit

$$\frac{dP}{dx}=\frac{-8\,\eta}{\pi\,R^4}Q(x)\,.$$

A.1. b) Si le débit est quasi-constant, $Q(x) \sim Q_0$, alors :

$$\frac{dP}{dx}=\frac{-8\,\eta}{\pi\,R^4}Q_0=cte \text{ et } P(x)=\frac{-8\,\eta}{\pi\,R^4}Q_0\;x+cte\,.$$

Or $P(x=0)=P_0$ donc :

$$P(x)=\frac{-8\,\eta}{\pi\,R^4}Q_0\;x+P_0\,.$$

A.2. Il existe un flux transmembranaire faible par rapport au flux dans un capillaire, puisque $Q(x) \sim Q_0$. D'après le résultat de la qestion précédente, on a :

$$j_v=L_p\left[P(x)-P_e\right]=L_p\left[\frac{-8\,\eta}{\pi\,R^4}Q_0\;x+P_0-P_e\right]$$

Entre x et $x+dx$, le flux qui sort de la membrane du capillaire est $j_v\cdot dS=j_v\cdot 2\cdot\pi\cdot R\cdot dx$, donc pour l'ensemble du capillaire on a :

$$Q_F=\int_0^L j_v\cdot 2\cdot\pi\cdot R\cdot dx\,,$$

$$Q_F=2\cdot\pi\cdot R\cdot L_p\left[\int_0^L\frac{-8\,\eta\,Q_0}{\pi\,R^4}x\,dx+\int_0^L\left[P_0-P_e\right]dx\right].$$

L'intégration donne finalement :

$$Q_F=2\cdot\pi\cdot R\cdot L_p\cdot\left[\frac{-8\,\eta\,Q_0}{2\,\pi\,R^4}L^2+\left[P_0-P_e\right]L\right].$$

D'après les hypothèses du problème, le volume V_c est constant au cours du temps, donc $Q_F=0$.

A.3 Puisque $Q_F=0$:

$$\frac{-8\,\eta\,Q_0}{2\,\pi\,R^4}L^2+\left[P_0-P_e\right]L=0 \Leftrightarrow P_0-P_e=\frac{8\,\eta\,Q_0}{2\,\pi\,R^4}L\,.$$

Finalement :

$$P_e=P_0-\frac{8\,\eta\,Q_0}{2\,\pi\,R^4}L\,.$$

Les quantités Q_0, P_0, L et R sont connues donc P_e est simplement une fonction de L. En combinant cette expression avec celle de $P(x)$ trouvée auparavant dans A.1.b, on peut écrire :

$$P(x)-P_e=\frac{-8\,\eta}{\pi\,R^4}Q_0\;x+P_0-\left[P_0-\frac{8\,\eta\,Q_0}{2\,\pi\,R^4}L\right]=-\frac{8\,\eta\,Q_0}{\pi\,R^4}\left(x-\frac{L}{2}\right).$$

On en déduit que la pression efficace de filtration est nulle lorsque $x=L/2=L_{eff}$, c'est à dire au milieu du capillaire.

A.4. On peut séparer l'expression intégrale de Q_F en deux parties Q_1 et Q_2 :

$$Q_F=\int_0^{\frac{L}{2}} j_v\,2\,\pi\,R\,dx+\int_{\frac{L}{2}}^{L} j_v\,2\,\pi\,R\,dx=Q_1+Q_2$$

Puisque $Q_F = 0$ on a $Q_1 = -Q_2$.
De 0 à $L/2$ on voit que $P(x) - P_e$ est positif (d'après la question A.3), donc $P(x) > P_e$ et le flux est orienté dans le sens du capillaire vers les cellules : $Q_1 > 0$.
Par contre, de $L/2$ à L on voit que $P(x) - P_e$ est négatif, donc $P(x) < P_e$ et le flux est orienté dans le sens des cellules vers le capillaire : $Q_2 < 0$.
Pour calculer Q_1 il suffit de remplacer L par $L/2$ dans l'expression de Q_F de la question A.2 et P_e par son expression trouvée à la question A.3. :

$$Q_1 = 2\,\pi\,R\,L_p \left[\frac{-8\,\eta\,Q_0}{2\,\pi\,R^4}\frac{L^2}{4} + \frac{8\,\eta\,Q_0}{2\,\pi\,R^4}\frac{L^2}{2} \right]$$

soit $Q_1 = \dfrac{2\,L_p\,\eta\,Q_0}{R^3} L^2$ pour un capillaire.

Pour les N capillaires on obtient le débit de filtration total :

$$Q_{1,T} = N \frac{2\,L_p\,\eta\,Q_0}{R^3} L^2$$

Or le débit sanguin total est $Q_S = N.Q_0$, donc :

$$Q_{1,T} = \frac{2\,L_p\,\eta\,Q_S}{R^3} L^2$$

et on a aussi : $Q_{2,T} = -Q_{1,T}$.

A. 5. Numériquement :

$$Q_{1,T} = \frac{2 \times 8,4 \times 10^{-11} \times 3 \times 10^{-3} \times \dfrac{10 \times 10^{-3}}{60}}{\left(0,1 \times 10^{-3}\right)^3} 10^{-2},$$

$$Q_{1,T} = 8,4 \cdot 10^{-7}\,\mathrm{m}^3.\mathrm{s}^{-1} = 0,84\,\mathrm{cm}^3.\mathrm{s}^{-1}.$$

Partie B

B.1.a. On rappelle que $J_s = S\left(1-\sigma\right)\left[P_d\ \Delta C + j_\mathrm{v}\ <C>\right] = J_D + J_C$. Sachant que le flux de diffusion J_D du glucose est négligeable et que le coefficient de réflexion de la membrane est $\sigma = 0$, le glucose est transporté par le flux volumique transmembranaire (flux de convection $J_V = S\ j_\mathrm{v} < C > = Q < C >$). Le glucose est donc transporté, selon la position sur le capillaire (avant ou après $L/2$) par Q_1 ou par Q_2. Globalement, le flux massique de glucose est :

$$C_S \cdot Q_1 + C_C \cdot Q_2 = \left(C_S - C_C\right) \cdot Q_1$$

avec C_C et C_S les concentrations massiques de glucose (supposées uniformes) respectivement dans le compartiment des cellules et celui du capillaire.
B.1.b. Le flux massique de glucose peut aussi s'écrire en fonction de la variation de la masse de glucose dans les cellules : $d\left(V_C \cdot C_C\right)/dt$. Or V_C est globalement constant, on peut donc écrire : $V_C \dfrac{dC_C}{dt} = (C_S - C_C)\,Q_1$. Donc on obtient l'équation différentielle suivante :

$$V_C \frac{dC_C}{dt} + C_C \cdot Q_1 = C_S \cdot Q_1 .$$

B.2. On a $C_S = C_0 + \alpha t$, l'équation précédente devient donc :

$$V_C \frac{dC_C}{dt} + C_C \cdot Q_1 = \left(C_0 + \alpha \cdot t\right) \cdot Q_1 .$$

La solution générale de cette équation sans second membre est :

$$C_C(t) = A \exp\left(\frac{-Q_1 \cdot t}{V_C}\right),$$

et une solution particulière de l'équation complète est obtenue en utilisant la spécificité du second membre, c'est-à-dire qu'on la cherche sous la forme :

$$C_C(t) = B \cdot t + D .$$

Cela donne $\frac{dC_C(t)}{dt} = B$ et $V_C \cdot B + (B \cdot t + D) \cdot Q_1 = \left(C_0 + \alpha \cdot t\right) \cdot Q_1$. Par identification, on obtient $B = \alpha$ et $D = C_0 - \alpha \frac{V_C}{Q_1}$.

La solution générale de l'équation complète regroupe les deux solutions précédentes :

$$C_C(t) = A \exp\left(\frac{-Q_1 \cdot t}{V_C}\right) + \alpha \cdot t + C_0 - \alpha \frac{V_C}{Q_1} .$$

Par ailleurs les conditions initiales sont $C_C(t = 0) = C_S = C_0$, ce qui permet de déterminer la constante $A = \alpha \cdot \frac{V_C}{Q_1}$.

Finalement l'expression de $C_C(t)$ est :

$$C_C(t) = C_0 + \alpha \cdot t - \alpha \frac{V_C}{Q_1}\left(1 - \exp\left(\frac{-Q_1 \cdot t}{V_C}\right)\right).$$

On observe qu'elle est de la forme :

$$C_C(t) = K_1 + K_2\, t + K_3\, e^{-K_4\, t},$$

avec $K_1 = C_0 - \alpha \frac{V_C}{Q_1}$, $K_2 = \alpha$, $K_3 = \alpha \frac{V_C}{Q_1}$ et $K_4 = -\frac{Q_1}{V_C}$.

B.3. Au temps T_1, si $K_4 \cdot T_1 >> 1$ alors $\exp\left(-K_4 \cdot T_1\right) << 1$, et on obtient :

$$C_C(T_1) = C_0 + \alpha \cdot T_1 - \alpha \cdot \frac{V_C}{Q_1} .$$

Les courbes suivantes sont tracées dans la figure ci-dessous :

- $C_s(t) = C_0 + \alpha\, t$.
- La fonction $C_C(t) = C_0 + \alpha \cdot t - \alpha \frac{V_C}{Q_1}\left(1 - \exp\left(\frac{-Q_1 \cdot t}{V_C}\right)\right)$ (en tirets sur la figure suivante) est la composition d'une droite et d'une fonction exponentielle. A partir de T_1, la courbe devient une droite de pente α et d'origine $C_0 - \alpha \cdot \frac{V_C}{Q_1}$.

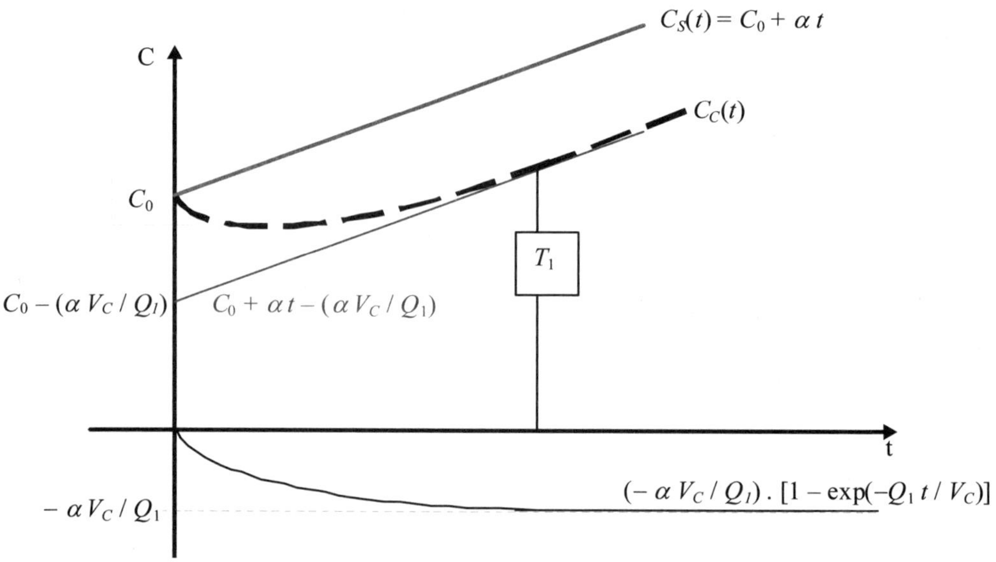

B.4. Dans le cadre de l'hypothèse de la question précédente, on a :

$$C_C(T_1) = C_0 + \alpha \times T_1 - \alpha \times \frac{V_C}{Q_1},$$

soit $$V_C = \frac{C_0 + \alpha \times T_1 - C_C(T_1)}{\alpha} Q_1 .$$

Pour T_1 = 15 mn, $C_C(T_1)$ = 0,9 g.L^{-1} = 0,9 kg.m^{-3}, et $Q_1 = 8{,}4 \cdot 10^{-7}\, m^3.s^{-1}$ (question A.5.) on obtient :

$$V_C = \frac{720 \times 10^{-3} + 18 \times 10^{-3} \times 15 - 0{,}9}{\frac{18 \times 10^{-3}}{60}} \times 8{,}4 \times 10^{-7},$$

soit $$V_C = 252.10^{-6}\ \text{m}^3.$$

On vérifie que :

$$\exp\left(\frac{-Q_1 \cdot T_1}{V_C}\right) = \exp\left(\frac{-8{,}4 \times 10^{-7} \times 15 \times 60}{252 \times 10^{-6}}\right) \cong 0{,}05 << 1 .$$

B.5. La concentration de glucose croît linéairement dans le sang. Du fait du transport du glucose à travers la membrane de 0 à L_{eff}, la concentration croît dans les cellules, mais non linéairement au début, jusqu'à la valeur seuil de 0,9 g/L. Au delà de cette valeur, les cellules pancréatiques secrètent de l'insuline.

Une partie du glucose retourne dans le sang par Q_2, de même de l'insuline va contribuer à normaliser la glycémie (ici C_S).

Problème 11

1.1. On calcule que $$P_d = \frac{10^{11} \times \pi \times \left(110 \times 10^{-10}\right)^2 \times 5 \times 10^{-9}}{2 \times 10^{-8}} = 10^{-5}\ \text{m.s}^{-1}.$$

1.2. La membrane est totalement perméable, donc $\sigma = 0$ et :

$$j_v = L_p\,\Delta p = \frac{n_0\,\pi\,a^4}{8\eta L}\Delta p\,.$$

Puisque $L_p = \dfrac{10^{11}\times\pi\times 110^4\times 10^{-40}}{8\times 10^{-3}\times 2\times 10^{-8}} \approx 2{,}8\times 10^{-11}\ \text{m}^2.\text{s.kg}^{-1}$ et $\Delta p = 10^3\,\text{Pa}$, on calcule que :

$$j_v \approx 2{,}8\times 10^{-11}\times 10^3 = 2{,}8.10^{-8}\ \text{m.s}^{-1}$$

1.3. La densité de flux de soluté est la somme des densités de flux de diffusion et d'entraînement, avec $\sigma = 0$, soit :

$$j = P_d\,\Delta C + j_v\langle C\rangle\,.$$

La concentration varie de manière affine dans la membrane :

$$C(x) = a\,x + b$$

En déterminant a et b grâce aux conditions aux limites $C(x = 0) = C_1$ et $C(x = L) = C_2$, on en déduit que :

$$C(x) = \frac{C_2 - C_1}{L}x + C_1\,.$$

Et par conséquent :

$$\langle C\rangle = \frac{1}{L}\int_0^L C(x)\,dx = \frac{1}{L}\left[\frac{C_2 - C_1}{2L}x^2 + C_1\,x\right]_0^L = \frac{C_1 + C_2}{2}$$

Le terme dû à la diffusion est :

$$j_D = P_d\,\Delta C = 10^{-5}\times(120 - 4) = 1{,}16.10^{-3}\ \text{moles.m}^{-2}.\text{s}^{-1}\,.$$

Le terme d'entraînement est :

$$j_E = j_v\langle C\rangle \approx 2{,}8\times 10^{-8}\times\frac{124}{2} = 1{,}7.10^{-6}\,\text{mol.m}^{-2}.\text{s}^{-1}\,.$$

Le terme d'entraînement est négligeable devant celui de diffusion donc :

$$j \approx j_D \approx 1{,}16.10^{-3}\,\text{moles.m}^{-2}.\text{s}^{-1}$$

Ceci est vrai par exemple pour la membrane des globules rouges où j_v est très faible.

2.1. La membrane est imperméable au soluté, donc $\sigma = 1$ et :

$$j_v = L_p(\Delta p - RT\,\Delta C)\,.$$

On remarque que $RT\,\Delta C = \Delta\pi = \pi_1 - \pi_2$ est la différence de pression osmotique entre les deux compartiments, elle vaut $\Delta\pi = (8{,}31\times 310\times 116) \approx 3\times 10^5\ \text{Pa}$. On constate donc que $\Delta\pi \gg \Delta p$, puisque $\Delta p = 10^3$ Pa. Une approximation donne :

$$j_v \approx -L_p\,RT\,\Delta C = -L_p\,\Delta\pi < 0\,.$$

On en conclut que le flux de solvant est orienté du compartiment 2 (le moins concentré) vers le compartiment 1 (le plus concentré). On calcule que :

$$j_v \approx -2{,}8\times 10^{-11}\times 3\times 10^5 = -8{,}4.10^{-6}\ \text{m.s}^{-1}.$$

2.2.1. La membrane est sélective avec un coefficient de réflexion $\sigma_0 = \left(\dfrac{r_0}{a}\right)^2$. La densité de flux volumique est donc :

$$j_v = L_p(\Delta p - \sigma_0\,RT\,\Delta C) = -\sigma_0\,L_p\,RT\,\Delta C$$

quand $\Delta p = 0$ ou négligeable.

Puisque $\sigma_0 = \left(\frac{100}{110}\right)^2 \approx 0{,}9$, on a $j_v \approx -8{,}4\times 10^{-6} \times 0{,}9 \approx -7{,}6.10^{-6}$ m.s^{-1}.

Par conséquent le flux volumique est dirigé comme précédemment du compartiment le moins concentré vers le plus concentré.

2.2.2. La densité de flux est $j_v = L_p\left(\Delta p - \Delta\pi\right)$.

Si $\Delta p > \Delta\pi$: le flux de solvant va du comportement 1 vers le 2 (ultrafiltration, on parle dans ce cas d'osmose inverse) ($j_v > 0$).

Si $\Delta p < \Delta\pi$: le flux de solvant est dans le sens de l'osmose ($j_v < 0$).

Si $\Delta p = \Delta\pi$: on a équilibre, le flux de solvant est nul ($j_v = 0$).

Remarques

Si $\sigma_0 = 1$ (membrane imperméable au soluté), la valeur limite de Δp qui permet d'annuler j_V est 3.10^5 Pa.

Si $\sigma_0 = 0{,}9$ (membrane sélective), $j_V = 0$ pour $\Delta p = 2{,}7.10^5$ Pa.

Problème 12

1. On a :

$$J_S = S.j_s = S(P_d\,\Delta C + j_v\,\langle C\rangle) = S(P_d\,\Delta C + L_p\,\Delta p\langle C\rangle).$$

2. Les dimensions de $J_s/\Delta C$ sont :

$$\left[\frac{J_S}{\Delta C}\right] = \left[\frac{S(P_d\,\Delta C + L_p\,\Delta p\langle C\rangle)}{\Delta C}\right] = \left[SP_d\right] \text{ ou } \left[L_p\,\Delta p\right]$$

$$\left[\frac{J_S}{\Delta C}\right] = \frac{moles\,/\,temps}{moles\,/\,volume} = L^3.T^{-1} = \left[\text{débit}\right].$$

3. a) On observe sur le graphique que $J_S/\Delta C$ varie linéairement en fonction de Δp, par conséquent on peut écrire que :

$$J_S/\Delta C = a\,\Delta p + b.$$

Par identification avec l'équation trouvée dans la question 1, on détermine la pente de la droite a et l'ordonnée à l'origine b :

$$a = S.L_p.(C_1 + C_2) / (2\times\Delta C) \qquad \text{et} \qquad b = S.P_d.$$

L'ordonnée à l'origine se lit directement sur le graphique et sachant que $S = 0{,}1$ m^2 on calcule que :

$$P_d = S.P_d / S = 0{,}3 \times 10^{-6} / 0{,}1 = 3.10^{-6} \text{ m.s}^{-1}.$$

b) On détermine à partir du graphique la pente de la droite a :

$$a = (1{,}5 - 0{,}3) \times 10^{-6} / 10^5 = 1{,}2.10^{-11} \text{ m}^4\text{.s.kg}^{-1}.$$

L'énoncé implique que $C_1 = c$ et $C_2 = 0$, par conséquent $(C_1 + C_2)/\ 2 = c\ /2$ et $\Delta C = c$. D'après la question 3.a il vient que :

$$a = S.L_p /2$$

donc :

$$L_p = 2\,a / S = 2 \times 1{,}2 \times 10^{-11} / 0{,}1 = 2{,}4.10^{-10} \text{ kg}^{-1}\text{.m}^2\text{.s.}$$

4. Sachant que $P_d = \dfrac{n\,\pi\,a^2\,D}{\Delta x}$ et $L_p = \dfrac{n\,\pi\,a^4}{8\eta\Delta x}$ on obtient $\dfrac{L_p}{P_d} = \dfrac{a^2}{8\eta D}$ et on en déduit :

$$a=\left(\frac{L_p 8\eta D}{P_d}\right)^{\frac{1}{2}}$$

Ce qui donne numériquement :

$$a=\sqrt{\frac{2{,}4\times10^{-10}\times8\times2\times10^{-3}\times10^{-9}}{3\times10^{-6}}}=9{,}6.10^{-8}\,\text{m}=96\,\text{nm}\,.$$

Eléments de réponses exercices complémentaires

Exercice 1

1. $P_d=\dfrac{sD}{\Delta x}$, où s est la proportion de surface occupée par les pores. Le calcul donne $P_d=0{,}52.10^{-5}\,\text{m.s}^{-1}$.
2. $J_s=j_s\,S$ est le flux d'urée du compartiment 1 vers le 2. La conservation de la masse de soluté implique que $\dfrac{d(C_1V_1)}{dt}=-J_s=-j_s\,S$, en tenant compte des conditions initiales s'écrit :

$$\frac{dC_1}{C_1}=-\frac{1}{\tau_0}dt\,,\quad\text{avec}\quad \frac{1}{\tau_0}=\frac{S(P_d+\frac{j_V}{2})}{V_1}\,.$$

3. La solution de l'équation différentielle est $C_1(t)=C_0\,e^{-t/\tau_0}$.
4. On peut écrire $\dfrac{1}{\tau_0}=\dfrac{1}{\tau_e}+\dfrac{1}{\tau_d}$ avec $\dfrac{1}{\tau_e}=\dfrac{S\,j_V}{2V_1}$ et $\dfrac{1}{\tau_d}=\dfrac{S\,P_d}{V_1}$.

5. Un calcul donne $\tau_d=\dfrac{V_1}{S\,P_d}=5{,}1.10^3\text{s}$ et $\tau_e=\dfrac{2V_1}{S\,j_V}=5{,}3.10^6\text{s}$.

6. On a $\tau_e>>\tau_d$. Le processus de diffusion est donc le phénomène dominant, on peut négliger le transport du soluté par entraînement du solvant ($\tau_0\simeq\tau_e$).

Exercice 2

1. La concentration soluté dans le compartiment 1 est $C_1^{(i)}=C_{\text{glucose}}^{(i)}=50\,\text{mol.m}^{-3}$, tandis que celle dans le compartiment 2 est $C_2^{(i)}=3\times C_{\text{Na}_2\text{SO}_4}{}^{(i)}=150\,\text{mol.m}^{-3}$, où $C_{\text{Na}_2\text{SO}_4}{}^{(i)}$ est la concentration de sulfate de sodium dans le compartiment 2.
2. Comme $C_1^{(i)}<C_2^{(i)}$, on en conclut que la cloison se déplace de 2 vers 1.
3. A l'équilibre $\pi_1^{(f)}=\pi_2^{(f)}$, on a donc $C_1^{(f)}=C_2^{(f)}$ et comme le volume est constant, on en déduit que :

$$C_1^{(f)} = \frac{n_1}{V_1^{(f)}} = \frac{C_1^{(i)} V_1^{(i)} + C_2^{(i)} V_2^{(i)}}{V} = \frac{2C_1^{(i)} + C_2^{(i)}}{3}.$$

L'application numérique donne : $\pi_1^{(f)} \approx 2.10^5$ Pa ou 1500 mm Hg .

Exercice 3

1. $J_v = \Delta p \cdot \dfrac{nS}{R_h}$ ou encore $J_v = \Delta p \cdot n \cdot \dfrac{2\pi r L}{R_h}$.

2. En utilisant la question précédente : $L_p = \dfrac{J_v}{S\,\Delta p} = \dfrac{n}{R_h}$.

3. Un calcul donne : $J_V = 9{,}54.10^{-9}$ m^3.s^{-1} et $L_p = 1{,}15\ .10^{-12}\,\text{m}^2.\text{s.kg}^{-1}$.

4. On a $\langle C \rangle = \dfrac{C_1 + C_2}{2} = \dfrac{C(t)}{2}$ et $\Delta C(t) = C_1 - C_2 = C(t)$.

5. En remplaçant les valeurs précédentes dans $J_s = S\, j_s = S\left[\langle C \rangle j_v + P_d\,\Delta C\right]$, on obtient $J_s = S\left[\dfrac{C(t)}{2} j_v + P_d\, C(t)\right]$.

6. N décroît quand t augmente donc $\dfrac{dN(t)}{dt} = -J_s = -C(t)\left(\dfrac{J_v}{2} + S\,P_d\right)$.

7. On a $\dfrac{dC}{dt} = -C(t)\left(\dfrac{J_v}{2V} + \dfrac{SP_d}{V}\right)$

8. La solution de l'équation précédente est $C(t) = A e^{-\frac{t}{\tau}}$, avec $A = C(0)$ et $\dfrac{1}{\tau} = \dfrac{S}{V}\left(\dfrac{L_p \Delta p}{2} + P_d\right)$.

9. On a $\left[\dfrac{SP_d}{V}\right] = L^2 L T^{-1} L^{-3} = T^{-1}$ et $\left[\dfrac{J_v}{V}\right] = L^3 T^{-1} L^{-3} = T^{-1}$, donc $[\tau] = T^{-1}$.

10. D'après la question 8 : $\dfrac{1}{\tau} = \dfrac{2\,r}{\left(R^2 - r^2\right)}\left(\dfrac{L_p \Delta p}{2} + P_d\right)$, donc $\tau = 1{,}1.10^5$ s.

11. $\dfrac{1}{\tau_1} = \dfrac{r}{R^2 - r^2}.L_p \Delta p$; $\tau_1 = 2.10^7$s est le temps du transport par entraînement $\dfrac{1}{\tau_2} = \dfrac{2r}{R^2 - r^2} P_d$; $\tau_2 = 1{,}1.10^5$s est le temps caractéristique par diffusion.
Comme $\tau_1 \gg \tau_2$ la diffusion est le phénomène prépondérant dans le transport des virus à travers la membrane.

12. $N(t) = C(t)V$, où $C(t)$ est donné par la question 8. On a donc

$$dN = -\frac{VC(0)e^{-\frac{t}{\tau}}}{\tau} dt.$$

13. $dC_{\text{int}} = -\dfrac{dN}{\pi r^2 L}$.

Exercice 4

1.1. La hauteur que peut atteindre la sève est $h = \dfrac{p}{\rho_{H_2O} g} = 10\,\text{m}$.

1.2.a) La pression est $\pi = CRT = 2{,}14.10^5\,\text{Pa}$.

1.2.b) La hauteur d'eau équivalente est $h' = \dfrac{\pi}{\rho_{H_2O} g} = 21{,}4\ \text{m}$.

1.2.c) Ni la pression atmosphérique, ni la pression ne suffisent à expliquer la montée la sève en haut de l'arbre.
2.1. Le flux s'établit du compartiment 2 vers le 1.
2.2. Il faut exercer une surpression dans le compartiment 1 pour arrêter ce flux.
2.3. La pression osmotique due au saccharose dans la sève est :

$$\pi = C\,k_B T = \frac{1}{28}10^{27} \times 1{,}38 \times 10^{-23} \times 280 = 1{,}38 \times 10^5\ Pa.$$

2.4 Le débit est $J_v = S\,L_p\left(\Delta p - \pi\right) \simeq 50.10^{-6}\ m^3.s^{-1}$. $J_v > 0$: la surpression induit bien un flux de solvant de 1 vers 2.
2.5 L'osmose se fait de façon à ce que le solvant vienne diluer le compartiment le plus concentré, c'est à dire de 2 vers 1. La surpression appliquée dans le compartiment 1 permet d'inverser le flux de solvant, d'où le nom d'osmose inverse. Cette technique permet par écoulement du solvant de 1 vers 2 de concentrer la sève.

Exercice 5

1.
1.1. $Q_m = Q_{\text{coeur}} \times 1/5 \times 0{,}6 = 0{,}6\ \text{L.min}^{-1} = 10^{-5}\ \text{m}^3.\text{s}^{-1}$.
1.2. $Q_B^{\,e} = Q_m \times 1/5 = 0{,}12\ \text{L.min}^{-1} = 2.10^{-6}\ \text{m}^3.\text{s}^{-1}$.
Donc $Q_{B,j}^{\,e} = 0{,}12 \times 24 \times 60 \approx 170$ L/jour = $0{,}17\ \text{m}^3$/jour.
1.3. $Q_{final} = Q^e_{B,j} \times 0{,}01 \approx 1{,}7$ L/jour.
2.

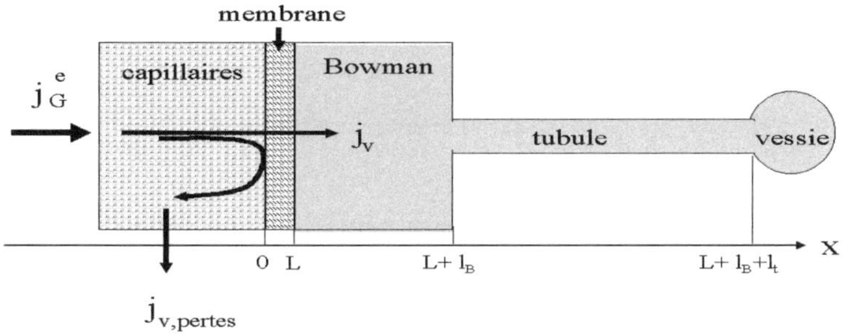

3.
3.1. Le flux volumique de plasma perdu = le flux volumique de plasma entrant dans le glomérule - le flux volumique transmis dans la membrane, soit :

$$J_{v,pertes} = J_G{}^e - J_v \Leftrightarrow S_c \times j_{v,pertes} = S_m\left(j_G{}^e - j_v\right),$$

soit :

$$j_{v,pertes} = \frac{S_m}{S_c}\left(j_G{}^e - j_v\right),$$

où S_m est la section de la membrane et S_c est la surface de la boule de capillaires sanguins.

3.2. On a $j_{pore} = \frac{1}{n \times s_p} j$, soit :

$$j_{pore} = \frac{1}{n \times s_p}(1-\sigma)\left[P_d\,\Delta C + \left(j_G{}^e - \frac{S_c}{S_m} j_{v,pertes}\right) < C > \right].$$

4.

4.1. La densité surfacique de pores est n = 0,8 / s_p = 3,33.10^{13} pores.m^{-2}. Le nombre total de pores est $N_{\text{reins}} = n.S.N_{\text{néphrons}}$, où S est la surface de la membrane et $N_{\text{néphrons}}$ est le nombre de néphrons (pour les 2 reins) : $N_{\text{néphrons}}$ = 2.10^6 néphrons. Donc : $N_{\text{reins}} \approx 3{,}33.10^{13} \times 10^{-6} \times 2.10^6 \approx 6{,}6.10^{13}$ pores.

4.2. La vitesse dans un pore est donnée par le rapport du débit dans un pore sur sa surface $v = Q_B{}^e / (N_{\text{reins}} \times s_p) \approx 1{,}2.10^{-6}$ m.s^{-1}.

5.

5.1. En régime stationnaire, la densité de flux dans un pore est une constante. L'équation de Fick généralisée s'écrit alors : $j_{pore} = -D\frac{dC(x)}{dx} + C(x)v$ dont la solution est $C(x) = Ae^{\frac{x}{h}} + \frac{j_{pore}}{v}$, où $h = D / v$. A partir des conditions aux limites $C(0) = C_1$ et $C(L) = C_2$, on trouve que $A = \frac{C_1 - C_2}{1-\exp(\frac{L}{h})}$ et $j_{pore} = v(C_1 - A)$.

5.2. On calcule que $h = D / v \approx (5.10^{-9} / 1{,}2.10^{-6})$ m et $L = 5.10^{-6}$ m , d'où $L/h = 1{,}2.10^{-3}$ (<< 1).

5.3. Un développement limité donne $A = \frac{C_1 - C_2}{1-\exp(\frac{L}{h})} \approx \frac{h}{L}(C_2 - C_1)$. Donc :

$$j_{pore} = v(C_1 - A) = vC_1 - v\frac{h}{L}(C_2 - C_1).$$

5.4. On a $< C > = \frac{1}{L}\int_0^L \left(A\exp(\frac{x}{h}) + \frac{j_{pore}}{v} \right) dx = \frac{Ah}{L}[\exp(\frac{L}{h}) - 1] + \frac{j_{pore}}{v}$. En utilisant un développement limité de l'exponentielle et puisque $j_{pore} = v(C_1 - A)$:

$$< C > = \frac{Ah}{L}(1 + \frac{L}{h} - 1) + \frac{j_{pore}}{v} = C_1.$$

5.5. On a $j_{pore} = \frac{1}{n \times s_p} j$ mais aussi $j_{pore} = \frac{1}{n \times s_p}(1-\sigma)(P_d\, \Delta C + j_v < C >)$. La combinaison des deux équations donne (avec $A = \frac{h}{L}(C_2 - C_1) = -\frac{h}{L}\Delta C$) :

$$P_d = v\left[\frac{C_1}{\Delta C}\left(\frac{n\, s_p}{1-\sigma} - 1\right) + \frac{hn\, s_p}{L(1-\sigma)}\right]$$

6. L'équation de la concentration s'écrit : $C(x) = ax + b$. A partir des conditions aux limites on obtient $a = -\frac{C_2}{\ell_t}$ et $b = \frac{C_2}{\ell_t}(L + \ell_B + \ell_t)$, d'où :

$$C(x) = \frac{C_2}{\ell_t}\left[-x + L + \ell_B + \ell_t\right]$$

7.

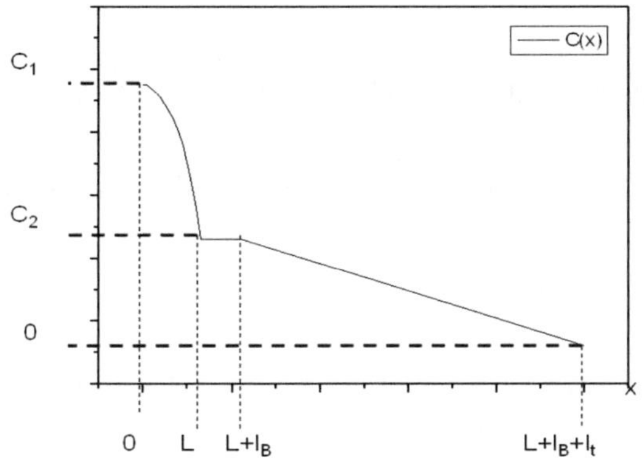

Exercice 6

1.

1.1. $C_A(t) = \frac{N}{V(t)}$ où $V(t) V(t) = V_0 + s \cdot z(t)$ est le volume de solution dans le tube à l'instant t. Pour $s \cdot z(t) \ll V_0$, on obtient l'approximation $C_A(t) \simeq \frac{N}{V_0}\left[1 - \frac{s \cdot z(t)}{V_0}\right]$.

$C_A(t)$ est de la forme $C_A(t) = K_1\left[1 - K_2 \cdot z(t)\right]$, avec $K_1 = C_A = C_A(t=0) = \frac{N}{V_0}$ et $K_2 = \frac{s}{V_0}$.

1.2. Pour $s \cdot z(t) \ll V_0$, $C_A(t) \approx C_A$ au premier ordre.

1.3. A un temps t : $p_{e1} = P_0 + \rho \cdot g \cdot \left[h_0 + z(t)\right] - \pi_A$ et $p_{e2} = P_0 + \rho \cdot g \cdot h_0$. A l'équilibre $p_{e1} = p_{e2}$ et $z = h_A$, on en déduit que $\pi_A = \rho \cdot g \cdot h_A$.

2.

2.1. La pression vaut $\pi = C\,k_B T = \{[A] + [A_xB_y]\} k_B T$, avec $[A] = C_A - \frac{x C_B}{y}$ et $[A_xB_y] = \frac{C_B}{y}$. On en déduit la concentration $C = \frac{\pi}{k_B T} = \frac{1-x}{y} C_B + C_A$.

On a donc $\alpha = \frac{dC}{dC_B} = \frac{1-x}{y}$, comme x et y sont des constantes supérieures à 1 on a $\alpha = \frac{dC}{dC_B} < 0$.

2.2. La pression vaut $\pi = C\,k_B T = \{[B] + [A_xB_y]\} k_B T$, avec $[B] = C_B - \frac{y C_A}{x}$ et $[A_xB_y] = \frac{C_A}{x}$. On en déduit que $C = \frac{\pi}{k_B T} = C_B + \frac{1-y}{x} C_A$.

On a donc $\beta = \frac{dC}{dC_B} = 1$.

2.3. B est en excès dans la solution du tube dès que $C_B > \frac{y}{x} C_A$.

2.4. Pour $C_B \le \frac{y}{x} C_A$, on a $C(C_B) = \frac{1-x}{y} C_B + C_A$ (question 2.1.) et pour $C_B > \frac{y}{x} C_A$, on a $C(C_B) = C_B + \frac{1-y}{x} C_A$ (question 2.2).

3. On a : $C_i = C\left(C_B = \frac{y}{x} C_A\right) = \frac{1-x}{y}\frac{y}{x} C_A + C_A = \frac{C_A}{x}$.

4. D'après 1.3, on peut écrire $C_i = \frac{\rho g h}{k_B T}$ et $C_A = \frac{\rho g h_A}{k_B T}$, donc $\frac{C_i}{C_A} = \frac{h}{h_A}$.

Puisque d'après la question 3 $C_i = \frac{C_A}{x}$, on trouve que $x = \frac{h_A}{h}$. En introduisant l'expression de x dans α : $y = \frac{h - h_A}{\alpha h}$.

5. Un calcul donne $x = \frac{h_A}{h} = 3$ et $y = \frac{h - h_A}{\alpha h} = \frac{6 - 18}{-0{,}5 \times 6} = 4$.

Exercice 7

1. $\vec{j}_{\mathrm{m}} = L_p(\Delta P - \Delta\pi).\vec{u}_x = -L_p(\pi_1 - \pi_2).\vec{u}_x = L_p k_B T\left(C_2^A - C_1^A\right).\vec{u}_x$.

2. On a $j_m = \frac{J_m}{S_m} = \frac{N J_v}{S_m} = n J_v$ donc $J_v = \frac{j_m}{n} = \frac{L_p k_B T}{n}\left(C_2^A - C_1^A\right)$.

3. $\vec{j}_{\mathrm{v}} = \frac{J_{\mathrm{v}}}{S_{pore}}.\vec{u}_x = \frac{L_p k_B T}{n \pi a^2}\left(C_2^A - C_1^A\right).\vec{u}_x$.

4. On a $\vec{j}_V = \dfrac{L_p.k_BT}{n.\pi a^2}\left(C_2^A - C_1^A\right).\vec{u}_x$ avec $C_2^A < C_1^A$, le flux volumique de solvant va donc de 2 à 1.

5.

5.1. On a $\vec{j} = \vec{j}_D + \vec{j}_E = -D\dfrac{dC^B(x)}{dx}\vec{u}_x + C^B(x)\,\kappa\left(C_2^A - C_1^A\right).\vec{u}_x$.

5.2. A l'équilibre $\vec{j} = \vec{0}$, donc $D\dfrac{dC^B(x)}{dx} = C^B(x).\kappa.\left(C_2^A - C_1^A\right)$, ce qui donne

$\dfrac{dC^B(x)}{C^B(x)} = \dfrac{\kappa.\left(C_2^A - C_1^A\right)}{D}.dx$ dont la solution est $C^B(x) = \alpha\, e^{\frac{\kappa.\left(C_2^A - C_1^A\right)}{D}x}$.

La condition initiale $C^B(0) = C_1^B$ donne $\alpha = C_1^B$.

5.3. A $x = d$: $C^B(d) = C_1^B\, e^{\frac{\kappa.\left(C_2^A - C_1^A\right)}{D}d}$.

6. En posant $\left(C_2^A - C_1^A\right) = -\Delta C^A$ et en utilisant un développement limité du terme exponentielle dans l'expression de la question 5.c. :

$$C^B(d) = C_1^B\, e^{-\frac{\kappa.\Delta C^A}{D}d} \approx C_1^B\left(1 - \frac{\kappa.\Delta C^A}{D}d\right).$$

7. $\left[\dfrac{\kappa.\Delta C^A}{D}d\right] = 1 \Rightarrow [\kappa] = \left[\dfrac{D}{C\,d}\right] = \left[\dfrac{L^2.T^{-1}}{L^{-3}.L}\right] = L^4.T^{-1}$.

8. $C_2^A = C_1^A \Rightarrow C^B(d) = C_1^B$.

9. Pour $C_2^A = C_1^A$, il n' y a plus d'écoulement de solvant car les pressions osmotiques sont les mêmes dans les 2 compartiments. Il n'y a donc plus de flux d'entraînement du soluté B par le solvant. Le soluté B va donc diffuser et le flux de diffusion sera nul (état stationnaire atteint) lorsque la concentration de soluté B dans le compartiment 2 sera égal à la concentration, maintenue constante, de soluté B dans le compartiment 1, soit C_1^B.

Exercice 8

Partie A

1.

1.1. Le solvant traverse la membrane donc j_v est orienté de C vers T.
Densité de flux de solvant sachant que $p_T = 0$: $j_V(x) = L_P\,[p(x) - \Delta\pi]$.

1.2. Entre x et $x + dx$, flux entrant = flux sortant ⇔ flux de solvant entrant dans le capillaire en x = flux de solvant sortant du capillaire en $(x + dx)$ + flux de solvant sortant à travers la membrane du capillaire. Soit :

$$Q(x) = Q(x + dx) + 2\,\pi\, r\, dx\, j_V.$$

Pour dx petit : $-\dfrac{dQ(x)}{dx}dx = 2\,\pi\, r\, dx\, j_V$, et par conséquent :

$$\frac{dQ(x)}{dx}+2\,\pi\,r\,L_p\left[p(x)-\Delta\pi\right]=0\,.$$

2.

2.1. Variation de manière affine de $p(x)$ dans le capillaire : $p(x) = ax + b$.
Avec $p(x = 0) = p_A = b$ et $p(x = L) = p_v = a\,L + p_A$, on en déduit :

$$p(x)=\frac{p_v-p_A}{L}x+p_A\,.$$

2.2. $\frac{dQ(x)}{dx}+2\,\pi\,r\,L_p\left[\frac{p_V-p_A}{L}x+p_A-\Delta\pi\right]=0\,.$

2.3. Par intégration et sachant que $Q(x=0)=Q_0$, on obtient :

$$Q(x)=Q_0-2\,\pi\,r\,L_p\left[\frac{p_V-p_A}{2\,L}x^2+\left(p_A-\Delta\pi\right)x\right].$$

3.

3.1. $\frac{\Delta Q}{Q_0}=\frac{Q_0-Q_L}{Q_0}=\frac{2\,\pi\,r\,L_p}{Q_0}\left[\frac{p_V+p_A}{2}-\Delta\pi\right]L\,.$

3.2. $\frac{\Delta Q}{Q_0}=\frac{2\,L_P}{r\,v}\left(\frac{p_A+p_V}{2}-\Delta\pi\right)L\,.$

Application numérique :

$$\frac{\Delta Q}{Q_0}=\frac{2\times10^{-12}}{4\times10^{-6}\times4\times10^{-4}}\left(\frac{40+10}{2}-20\right)\frac{10^5}{760}\times10^{-3}\simeq 8{,}3.10^{-4}\,.$$

3.3. Perte de solvant dans le capillaire négligeable $\Rightarrow$ $Q(x) \approx Q_0$ constant.

Partie B

1. $j_{Vmoyen}=\frac{\Delta Q}{2\pi\,r\,L}\simeq 64\cdot10^{-11}\,m.s^{-1}\,.$

On remarque que $\left(j_{Vmoyen}\simeq 6{,}4\cdot10^{-10}\,m.s^{-1}\right) << \left(P_d=2{,}7.10^{-7}\,m.s^{-1}\right)$.

Dans l'expression de la densité totale de flux de glucose à travers la membrane, le terme lié à la densité de flux de solvant à travers la membrane du capillaire est donc négligeable. D'où $j(x)\simeq P_d\left[C(x)-C_T\right]$.

2.

2.1. Flux de glucose entrant dans le capillaire en x = flux de glucose sortant du capillaire en $(x + dx)$ + flux de glucose sortant à travers la membrane du capillaire, soit : $J_{cap}(x)=J_{cap}(x+dx)+\;2\,\pi\,r\;j(x)\,dx$, ou encore (dx petit) :

$$dJ_{cap}(x)=-\;2\,\pi\,r\;j(x)\,dx\,.$$

2.2. $J_{cap}(x)=j_{cap}(x)\cdot\left(\pi\,r^2\right)=C(x)\,v\,\pi\,r^2$ et $J_{cap}(x+dx)=C(x+dx)\,v\,\pi\,r^2$. Par conséquent :

$$dJ_{cap}(x)=dC(x)\,v\,\pi\,r^2=Q_0\;dC(x)\,.$$

2.3. En combinant les deux questions précédentes, on obtient :

$$dC(x)\,v\,\pi\,r^2=-\;2\,\pi\,r\;j(x)\,dx\,.$$

Soit :

$$\frac{dC}{dx}+\frac{2P_d}{rv}[C(x)-C_T]=0 .$$

2.4. En séparant les variables, en intégrant et en tenant compte de la condition initiale $C(x=0)=C_0$, on obtient :

$$C(x)=C_T+(C_0-C_T)\exp\left[-\frac{2P_d}{rv}x\right].$$

3. $$\frac{\Delta C}{C_0}=\frac{C_0-C_L}{C_0}=\frac{C_0-C_T}{C_0}\left\{1-\exp\left[-\frac{2P_d}{rv}L\right]\right\}.$$

4. Quantité de glucose entrant dans le système capillaire par unité de temps (flux massique) : $J_{m_0}=\frac{0,8\times 4,5}{60}\ g.s^{-1}$.

Consommation tissulaire en glucose : $J_{m_0}-J_{m_L}=\frac{500}{24\times 3600}g.s^{-1}$.

Or $J_m=\frac{\Delta m}{\Delta t}=\frac{C\ \Delta V}{\Delta t}=CQ$ avec Q le débit cardiaque à l'entrée du système capillaire. Donc :

$$\frac{\Delta C}{C_0}=\frac{C_0-C_L}{C_0}=\frac{J_{m_0}-J_{m_L}}{J_{m_0}}=\frac{\Delta J_m}{J_{m_0}}.$$

Soit numériquement :

$$\frac{\Delta C}{C_0}=\frac{C_0-C_L}{C_0}=\frac{500}{24\times 3600}\times\frac{60}{0,8\times 4,5}\simeq 10\%.$$

Variation relative de concentration trans-capillaire en glucose :

$$\frac{C_0-C_T}{C_0}=\frac{\frac{\Delta C}{C_0}}{\left\{1-\exp\left[-\frac{2P_d}{rv}L\right]\right\}}.$$

Soit numériquement :

$$\frac{C_0-C_T}{C_0}\simeq\frac{0,1}{1-\exp\left(-\frac{2\times 2,6\times 10^{-5}}{4\times 10^{-4}\times 0,04}\times 0,1\right)}\simeq 40\%.$$

CHAPITRE IV

Transports transmembranaires d'ions

La membrane joue un rôle important dans l'établissement des propriétés électriques d'une cellule par la régulation de la circulation des ions entre les espaces extra et intracellulaires. La composition ionique à l'intérieur de la cellule diffère beaucoup de celui de l'extérieur. Les gradients de concentration qui en découlent contribuent à la circulation d'ions. Pour décrire les mouvements ioniques il faut tenir compte des flux d'entraînement dus au champ électrique ainsi que de ceux qui sont dus aux gradients de concentration.
La facilité avec laquelle un ion traverse la membrane, (ou sa perméabilité membranaire), dépend de l'espèce d'ion. Depuis les travaux de Hodgkin et Huxley, qui en 1952 ont décrit les changements de perméation pour le sodium et le potassium dans l'axone du calamar géant, les scientifiques tentent d'élucider la relation entre la structure et la fonction des canaux ioniques. Cette question est toujours d'actualité et les modèles ne cessent d'évoluer. Dans ce cours nous nous contenterons des modèles dus à Hodgkin et Huxley d'une membrane percée de trois sortes de canaux sélectifs perméables respectivement aux ions Na^+, Cl^- et K^+, ainsi que d'un canal supplémentaire perméable à tous les ions restants. En dehors des canaux la membrane sera considérée imperméable aux ions.
Pour comprendre les principes élémentaires de physique des membranes chargées nous avons besoin de définir les forces qui s'exercent sur les particules chargées. Dans le premier paragraphe de ce chapitre, nous allons présenter des notions élémentaires d'électrostatique et d'électrocinétique. Celles-ci nous permettront d'une part de relier le champ électrique transmembranaire à la charge sur les interfaces d'une cellule. Elles permettront d'autre part d'appliquer une relation linéaire entre le champ électrique et la densité de courant à l'étude de circuits électriques simples modélisant ce qui se passe au niveau de l'axone.

1 Notions d'électrostatique et d'électrocinétique

1.1 Distribution discrète de charges

On définit une charge ponctuelle comme un objet à symétrie sphérique dont les dimensions sont bien inférieures aux distances auxquelles sont étudiés ses effets. On appelle distribution discrète de charges, un ensemble de charges ponctuelles.

1.1.1 Loi de Coulomb

La loi de Coulomb décrit la force électrostatique d'interaction entre deux charges ponctuelles immobiles. Cette force est proportionnelle au produit des charges et inversement proportionnelle au carré de la distance qui les sépare. Elle est radiale c'est-à-dire colinéaire à la droite qui passe par ces deux charges. Le sens de cette force dépend du signe des deux charges. Deux charges de même signe se

repoussent, on dit que la force électrique est répulsive. Deux charges de signe opposé s'attirent, on dit que cette force est attractive.
Si deux charges ponctuelles q_1 et q_2 sont distantes de r_{12}, la loi de Coulomb s'écrit alors :

$$\vec{F}_{12} = k\frac{q_1 q_2}{r_{12}^2}\vec{u}_{12} = -\vec{F}_{21},$$

où :

- $\vec{F}_{12}$ est la force électrique exercée par q_1 sur q_2,
- $\vec{u}_{12}$ est le vecteur unitaire porté par la droite joignant ces deux charges et dirigé de q_1 vers q_2 (figure IV.1),
- k est une constante de proportionnalité.

D'après le principe des actions réciproques (troisième loi de Newton), la force $\vec{F}_{21}$ que q_2 exerce sur q_1 est égale et opposée à $\vec{F}_{12}$.

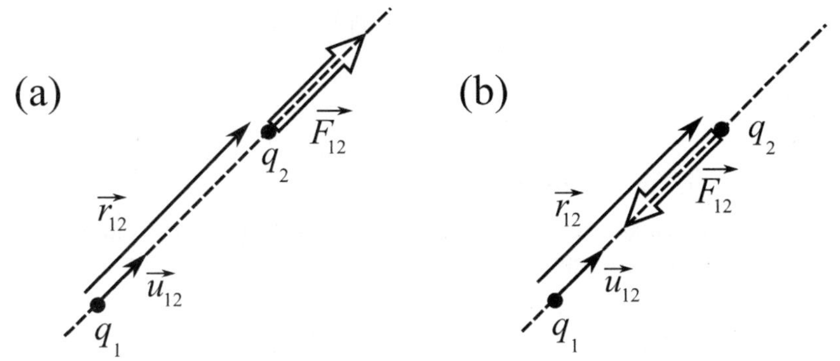

Figure IV.1. Deux charges ponctuelles q_1 et q_2 distantes de r_{12}. $\vec{u}_{12}$ est le vecteur unitaire colinéaire à la droite passant par ces deux charges et dirigé de q_1 vers q_2. Sur la figure (a), les deux charges sont de même signe et la force électrique $\vec{F}_{12}$ est répulsive. Sur la figure (b), les deux charges sont de signe opposé et la force électrique $\vec{F}_{12}$ est attractive.

Valeur de *k*

La valeur de la constante de proportionnalité k dépend du milieu dans lequel se trouvent les charges et du système d'unités utilisé.
Pour des raisons historiques, dans le vide, on écrit $k = 1/4\pi\varepsilon_0$ où ε_0 est la permittivité du vide. Dans le système international d'unités (S.I.), k est définie par $k = 10^{-7}c^2$, où c est la vitesse de la lumière dans le vide. Puisque $c \simeq 3.10^8$ m.s^{-1}, on a $1/4\pi\varepsilon_0 \simeq 9.10^9$ N.m^2.C^{-2}.
Si le milieu est matériel, la permittivité du vide ε_0 doit être multipliée par ε_r appelée constante diélectrique (ou permittivité relative) du milieu (voir paragraphe 1.1.2.). La grandeur ε_r est sans dimension. Pour l'air, ε_r est de l'ordre de 1.

Autres expressions de $\vec{F}_{12}$

Puisque par définition :

$$\vec{u}_{12} = \frac{\vec{r}_{12}}{r_{12}},$$

la force de Coulomb a aussi pour expression :

$$\vec{F}_{12} = k\frac{q_1 q_2}{r_{12}^2}\frac{\vec{r}_{12}}{r_{12}} = k\frac{q_1 q_2}{r_{12}^3}\vec{r}_{12}.$$

Dans un repère orthonormé $(O,\vec{u}_x,\vec{u}_y,\vec{u}_z)$, on peut exprimer $\vec{F}_{12}$ en fonction de ses composantes. Si les charges q_1 et q_2 sont respectivement placées aux points $M_1(x_1, y_1, z_1)$ et $M_2(x_2, y_2, z_2)$, $\vec{r}_{12}$ s'écrit :

$$\vec{r}_{12} = \overrightarrow{M_1 M_2} = (x_2 - x_1)\vec{u}_x + (y_2 - y_1)\vec{u}_y + (z_2 - z_1)\vec{u}_z,$$

et :

$$\vec{F}_{12} = k\, q_1 q_2 \frac{(x_2 - x_1)\vec{u}_x + (y_2 - y_1)\vec{u}_y + (z_2 - z_1)\vec{u}_z}{\left[(x_2 - x_1)^2 + (y_2 - y_1)^2 + (z_2 - z_1)^2\right]^{3/2}}.$$

Superposition

Dans le cas d'interactions entre N charges ponctuelles, le principe de superposition dit que la force électrostatique $\vec{F}$ exercée sur une charge q_j est égale à la **somme vectorielle** des forces élémentaires que les autres charges exercent sur q_j :

$$\vec{F} = k\left(\frac{q_1 q_j}{r_{1j}^2}\vec{u}_{1j} + \frac{q_2 q_j}{r_{2j}^2}\vec{u}_{2j} + \ldots\right) = \sum_{\substack{i=1 \\ i\neq j}}^{N} \vec{F}_{ij}$$

$$= k\sum_{\substack{i=1 \\ i\neq j}}^{N} \frac{q_i q_j}{r_{ij}^2}\vec{u}_{ij} = k\sum_{\substack{i=1 \\ i\neq j}}^{N} \frac{q_i q_j}{r_{ij}^3}\vec{r}_{ij}$$

où $\vec{u}_{ij}$ est le vecteur unitaire porté par la droite joignant les deux charges q_i et q_j et dirigé de q_i vers q_j.

1.1.2 Champ électrique

Une charge électrique immobile q_1 modifie les propriétés physiques de l'espace dans lequel elle se trouve. Le champ électrique $\vec{E}(\vec{r}_{12})$ est un vecteur décrivant ces modifications à une distance r_{12} de q_1. Il a pour expression :

$$\vec{E}(\vec{r}_{12}) = k\frac{q_1}{r_{12}^2}\vec{u}_{12},$$

ou encore :

$$\vec{E}(\vec{r}_{12}) = k\frac{q_1}{r_{12}^2}\frac{\vec{r}_{12}}{r_{12}} = k\frac{q_1}{r_{12}^3}\vec{r}_{12}.$$

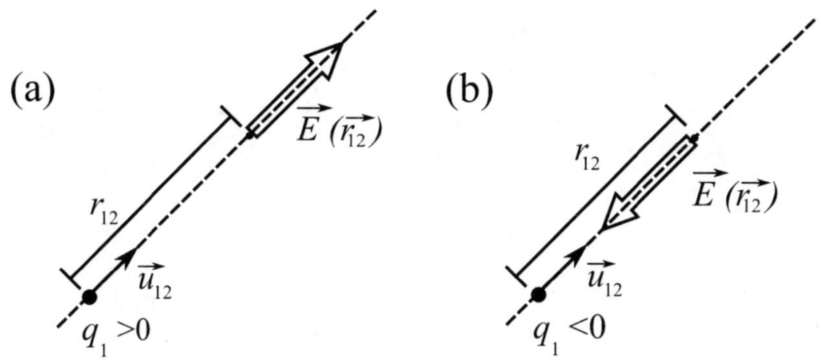

Figure IV.2. La charge ponctuelle q_1 crée un champ électrique $\vec{E}(\vec{r}_{12})$ à la distance r_{12} de cette charge. $\vec{u}_{12}$ est le vecteur unitaire colinéaire à $\vec{r}_{12}$ et de même sens. Sur la figure (a), q_1 est positive et $\vec{E}(\vec{r}_{12})$ s'éloigne de q_1, on dit aussi qu'il est sortant ou centrifuge. Sur la figure (b), q_1 est négative et $\vec{E}(\vec{r}_{12})$ est dirigé vers de q_1, on dit qu'il est rentrant ou centripète.

Remarques

- Le champ électrique créé par une charge ponctuelle est radial. Il est égal à la force exercée par q_1 sur une charge $q_2 = 1$ C.
- $\vec{E}(\vec{r}_{12})$ décrit une propriété de l'espace liée à la charge q_1, à une distance r_{12} de la charge q_1. Cette propriété est évidement indépendante de la présence de toute charge à la distance r_{12} de la charge q_1. Autrement dit, si une charge q_2 est immobile à la distance r_{12} de q_1, le vecteur $\vec{E}(\vec{r}_{12})$ ne dépendra pas de la valeur de q_2.
- Si la charge q_1 est positive, le vecteur $\vec{E}(\vec{r}_{12})$ est dit « sortant » ou « centrifuge ». Si la charge q_1 est négative, le vecteur $\vec{E}(\vec{r}_{12})$ est dit « rentrant » ou « centripète » (figure IV.2).
- La dimension du champ électrique est :

$$[E] = \frac{[F]}{Q} = M\,L\,T^{-2}\,Q^{-1}.$$

Ses unités S.I. sont les volts par mètre (V.m^{-1}).

Lignes de champ

Ce sont les courbes de l'espace tangentes en tout point à $\vec{E}$ et orientées dans le sens du champ électrique. Dans le cas d'une charge ponctuelle, les lignes de champ sont des demi-droites issues de la charge q, orientées vers la charge si q est négative, en s'éloignant de la charge si q est positive (figure IV.3). Leur densité en un point est proportionnelle à l'amplitude du champ en ce point (plus les lignes sont rapprochées, plus l'amplitude du champ est importante).

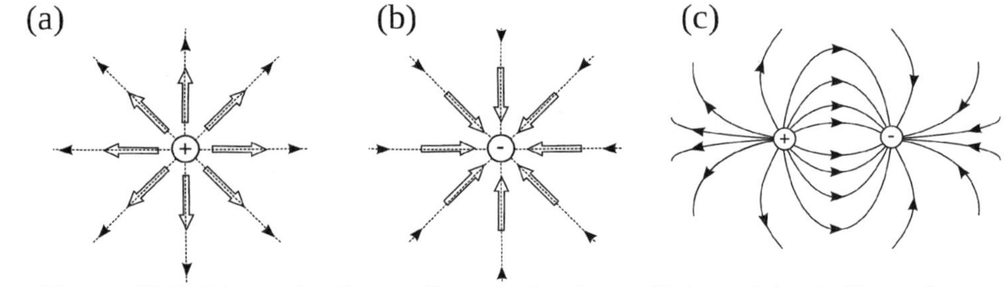

Figure IV.3. Lignes de champ (lignes orientées – flèches pleines) d'une charge ponctuelle chargée positivement (a), négativement (b) et pour deux charges ponctuelles de signe opposé (c). Les flèches creuses représentent le vecteur champ électrique en différents points.

Superposition

Soit N charges ponctuelles q_i (i = 1 à N) immobiles dans l'espace, chacune à la distance r_{iP} (i = 1 à N) d'un point P. D'après le principe de superposition, le vecteur champ électrique créé au point P par cet ensemble de charges est la **somme vectorielle** des champs électriques créés, au point P, par chacune des charges :

$$\vec{E}(P)=\sum_{i=1}^{N}\vec{E}(\vec{r}_{iP})=k\sum_{i=1}^{N}\frac{q_i}{r_{iP}^2}\vec{u}_{iP}=k\sum_{i=1}^{N}\frac{q_i}{r_{iP}^3}\vec{r}_{iP}\ ,$$

où $\vec{u}_{iP}$ est le vecteur unitaire colinéaire à $\vec{r}_{iP}$ et de même sens.

Réponse d'un milieu diélectrique placé dans un champ électrique

Un diélectrique est un milieu matériel différent de l'air dans lequel les charges ne peuvent pas se mouvoir librement. Lorsqu'on place un diélectrique dans un champ électrique extérieur, le champ local auquel sont soumises les molécules du diélectrique est inférieur au champ extérieur. Cette neutralisation partielle du champ extérieur peut être expliquée à l'aide du modèle suivant.

En l'absence d'un champ extérieur, le champ local dans un diélectrique est nul (on moyenne sur un nombre important de molécules). Le barycentre des charges positives est confondu avec celui des charges négatives (figure IV.4.a).

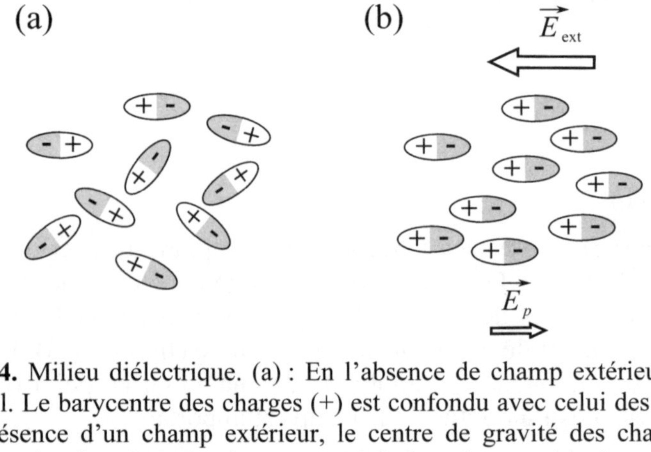

Figure IV.4. Milieu diélectrique. (a) : En l'absence de champ extérieur, le champ local est nul. Le barycentre des charges (+) est confondu avec celui des charges (–). (b) : En présence d'un champ extérieur, le centre de gravité des charges (+) est déplacé dans la direction du champ et celui des charges (–) dans la direction opposée.

Lorsqu'on introduit le diélectrique dans un champ électrique $\vec{E}_{ext}$, le centre de gravité des charges (+) est déplacé dans la direction du champ et celui des charges (–) dans la direction opposée (figure IV.4.b). Il en résulte un champ de polarisation $\vec{E}_p$ dirigé dans le sens contraire de $\vec{E}_{ext}$. Dans le milieu, le champ résultant est la superposition de ces deux champs : $\vec{E}_{milieu} = \vec{E}_{ext} + \vec{E}_p$. En admettant que les trois champs sont colinéaires, on écrit $\vec{E}_p = -\chi \vec{E}_{milieu}$ où χ est la susceptibilité électrique.
Le champ local auquel sont soumises les molécules du diélectrique peut donc s'exprimer en fonction du champ extérieur :

$$\vec{E}_{milieu} = \frac{1}{1+\chi}\vec{E}_{ext} = \frac{1}{\varepsilon_r}\vec{E}_{ext}.$$

où ε_r est la constante diélectrique ou permittivité relative du milieu diélectrique isotrope considéré. Le champ dans le milieu diélectrique est donc réduit par un facteur $1/\varepsilon_r$ par rapport à celui dans le vide.
La constante diélectrique de l'eau est relativement élevée, de l'ordre de 80 car les molécules d'eau peuvent s'orienter facilement dans un champ électrique. On rappelle que celle de l'air est proche de 1, on prendra donc $\varepsilon_r(\text{air}) \approx 1$.

1.2 Distribution continue de charges

Parfois il est plus approprié de considérer une distribution de charges comme une "couche" continue de charges. On définit alors une densité de charges.

1.2.1 Distribution linéique de charges

Pour tout corps dont la charge est répartie sur une longueur L, on définit une densité linéique de charges λ (charge par unité de longueur – unités S.I. : C/m). Si la charge n'est pas répartie uniformément sur la longueur L, λ est fonction de la variable dans la direction de L. La charge dQ portée par l'élément de longueur $d\ell$ s'écrit alors :

$$dQ = \lambda(\ell)\,d\ell\,,$$

et la charge totale portée par l'objet de longueur L est :

$$Q = \int_L dQ = \int_L \lambda(\ell)\,d\ell\,.$$

Soit une charge élémentaire dQ et un point P situé à la distance r de dQ. Lorsque $d\ell$ est suffisamment petit devant r, le champ électrique créé au point P par dQ, considérée comme quasi-ponctuelle, s'écrit :

$$d\vec{E}(\vec{r}) = k\frac{dQ}{r^2}\vec{u} = k\frac{\lambda(\ell)\,d\ell}{r^2}\vec{u}\,,$$

où $\vec{u} = \vec{r}/r$ est le vecteur unitaire porté par la droite joignant dQ au point P et pointant de dQ vers P (figure IV.5).
Le vecteur champ électrique créé par l'objet chargé de longueur L s'obtient en intégrant sur L le vecteur champ élémentaire $d\vec{E}$:

$$\vec{E} = \int_L d\vec{E} = k\int_L \frac{\lambda(\ell)\,d\ell}{r^2}\vec{u}\,.$$

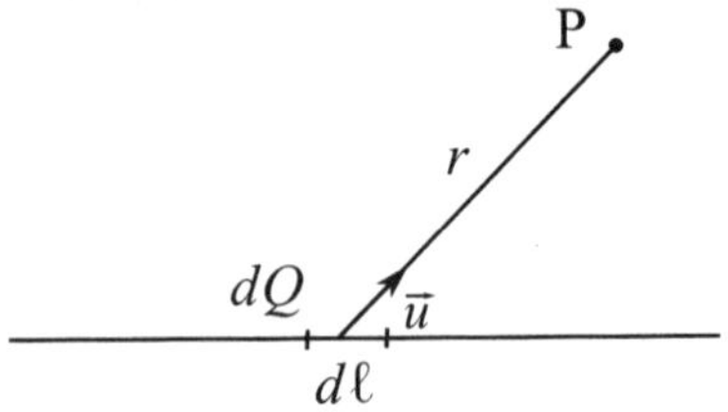

Figure IV.5. Fil de longueur L portant une densité linéique de charges λ. dQ est la charge portée par l'élément de longueur $d\ell$. $\vec{u}$ est le vecteur unitaire porté par la droite joignant dQ au point P où l'on cherche à déterminer le champ électrique créé par le fil. Si $d\ell << r$, dQ peut être considérée comme quasi-ponctuelle.

1.2.2 Distribution surfacique de charges

Pour tout corps dont la charge est répartie sur une surface S, on définit une densité surfacique de charges σ (charge par unité de surface – unités S.I. : C/m^2). Si $\sigma = \sigma(x,y)$ alors la charge dQ portée par l'élément de surface dS s'écrit (figure IV.6.a) :

$$dQ = \sigma(x,y)\,dS\,,$$

et la charge totale portée la surface S est :

$$Q = \int_S dQ = \int_S \sigma(x,y)\,dS\,.$$

Par un raisonnement analogue à celui exposé pour une distribution linéique de charges, le vecteur champ électrique créé par la surface S est :

$$\vec{E} = \int_S d\vec{E} = \int_S k\frac{dQ}{r^2}\vec{u} = k\int_S \frac{\sigma(x,y)\,dS}{r^2}\vec{u}\,.$$

1.2.3 Distribution volumique de charges

Pour tout corps dont la charge est distribuée sur un volume V, on définit une densité volumique de charges ρ (charge par unité de volume – unités S.I. : C/m^3). Avec $\rho = \rho(x,y,z)$, la charge dQ portée par l'élément de volume dV s'écrit (figure IV.6.b) :

$$dQ = \rho(x,y,z)\,dV\,,$$

Et la charge totale portée par l'objet de volume V est :

$$Q = \int_V dQ = \int_V \rho(x,y,z)\,dV\,.$$

Par analogie aux deux raisonnements précédents, le vecteur champ électrique créé par le corps chargé de volume V est :

$$\vec{E} = \int_V d\vec{E} = \int_V k\frac{dQ}{r^2}\vec{u} = k\int_V \frac{\rho(x,y,z)\,dV}{r^2}\vec{u}.$$

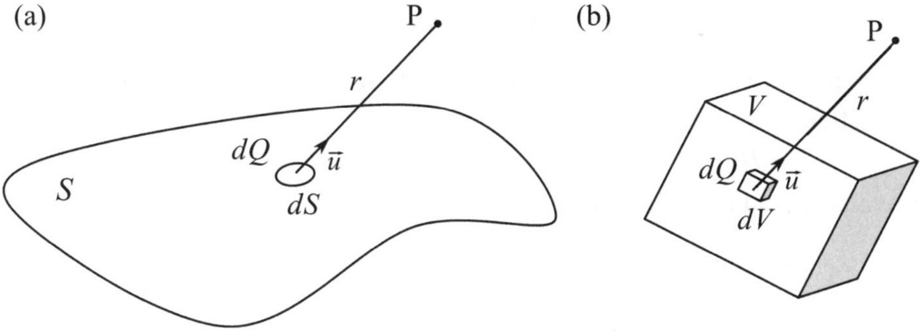

Figure IV.6. (a) : Surface S portant une densité surfacique de charges σ. dQ est la charge portée par l'élément de surface dS. (b) : Volume V portant une densité volumique de charges ρ. dQ est la charge portée par l'élément de volume dV. Sur les deux schémas, $\vec{u}$ est le vecteur unitaire porté par la droite joignant dQ au point P où l'on cherche à déterminer le champ électrique créé par la distribution surfacique ou volumique de charges. Si $r >> \sqrt{dS}$ ou si $r >> (dV)^{1/3}$, dQ sera considérée comme quasi-ponctuelle.

Remarques

- Si la charge est distribuée uniformément alors la densité de charges est constante.

- Le calcul des intégrales définies précédemment pour obtenir l'expression du vecteur champ électrique créé par une distribution continue de charges peut s'avérer complexe. Pour le simplifier, il est très utile de tenir compte des propriétés de symétrie (du point de vue électrique) de la distribution de charges. Cette notion de symétrie sera abordée dans le paragraphe 1.5 où nous allons considérer le théorème de Gauss. Ce théorème permet de calculer facilement le champ $\vec{E}$ pour des systèmes électriques possédant une symétrie élevée de la distribution de charges.

1.3 Energie potentielle et potentiel électrostatique

1.3.1 Energie potentielle d'origine électrostatique

La notion d'énergie potentielle est reliée au travail qu'il faut fournir pour déplacer une charge q_2 d'un point A à un point B en présence d'une charge q_1 immobile placée en un point O.

A un instant t quelconque, les deux charges q_1 et q_2 sont séparées de r. Soit $d\vec{\ell}$ un déplacement infinitésimal le long de AB, tel que la distance entre les deux charges reste pratiquement constante (figure IV.7). Le travail élémentaire de la force de Coulomb (exercée par q_1 sur q_2) sur la distance $d\ell$ s'écrit :

$$dW = \vec{F} \cdot d\vec{\ell} = k \frac{q_1 q_2}{r^2} \vec{u} \cdot d\vec{\ell} ,$$

où $\vec{u}$ est le vecteur unitaire colinéaire à la droite joignant les charges q_1 et q_2.
Puisque :

$$\vec{u} \cdot d\vec{\ell} = u\, d\ell \cos\left(\vec{u}, d\vec{\ell}\right) = d\ell \cos\alpha ,$$

et que $d\ell \cos\alpha$ est la projection de $d\vec{\ell}$ sur la droite portant les deux charges.(figure IV.7) :

$$\vec{u} \cdot d\vec{\ell} = d\ell \cos\alpha = dr ,$$

Le travail élémentaire s'écrit donc :

$$dW = k \frac{q_1 q_2}{r^2} dr .$$

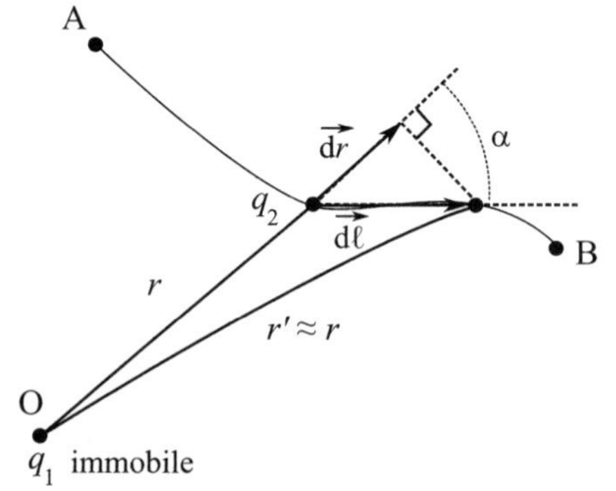

Figure IV.7. La charge ponctuelle q_2 se déplace d'un point A vers un point B selon le trajet AB, en présence d'une charge immobile q_1 placé au point O. A l'instant *t*, les deux charges q_1 et q_2 sont séparées de *r*. La charge q_2 se déplace alors d'une distance infinitésimale $d\ell$ telle que la distance *r* entre les deux charges reste pratiquement constante pendant ce déplacement ($r' \approx r$). dr est la projection de $d\vec{\ell}$ sur la droite portant le vecteur unitaire $\vec{u}$. α est l'angle entre $\vec{u}$ et $d\vec{\ell}$.

Le travail $W_{A\to B}$ pour aller de A à B est obtenu en intégrant la fonction dW sur la variable *r*, de r_A = OA à r_B = OB. Ce qui donne :

$$W_{A\to B} = \int_A^B dW = k\, q_1 q_2 \int_{r_A}^{r_B} \frac{dr}{r^2} = k\, q_1 q_2 \left(\frac{1}{r_A} - \frac{1}{r_B} \right) .$$

On constate que *le travail d'une force électrique ne dépend pas du chemin parcouru pour aller d'un point A à un point B mais seulement de ses extrémités A et B.*
On met cette importante propriété en évidence en définissant une fonction $E_p(r)$ appelée **énergie potentielle** d'interaction entre les deux charges q_1 et q_2 distantes de r :

$$E_p(r) = k\, q_1 q_2 \frac{1}{r} + cte .$$

Le travail $W_{A\to B}$ pour aller de A à B s'écrit alors :

$$W_{A\to B} = k\, q_1 q_2 \left(\frac{1}{r_A} - \frac{1}{r_B} \right) = E_p(r_A) - E_p(r_B) = -\Delta E_p .$$

Le travail infinitésimal pour déplacer q_2 de $d\vec{\ell}$ s'écrit :

$$dW = -dE_p .$$

Superposition

L'énergie potentielle d'un système de N charges ponctuelles fixes q_i ($i = 1$ à N) en interaction mutuelle est la somme des énergies d'interaction de paires (principe de superposition). Elle s'écrit donc :

$$E_p(q_1,q_2,...,q_N) = \frac{1}{2}\sum_{i=1}^{N}\sum_{j\neq i} E_p(q_i,q_j) = \frac{k}{2}\sum_{i=1}^{N}\sum_{j\neq i}\frac{q_i\,q_j}{r_{ij}},$$

avec la condition $E_p(q_i,q_j) = 0$ quand tous les r_{ij} tendent vers l'infini.

Le facteur 1/2 permet d'éviter de compter deux fois la même énergie d'interaction (interaction de q_i avec q_j et interaction de q_j avec q_i).

1.3.2 Le potentiel électrostatique

Le travail $W_{A\to B}$ pour aller de A à B s'écrit encore :

$$W_{A\to B} = E_p(r_A) - E_p(r_B) = q_2\left(\frac{k\,q_1}{r_A} - \frac{k\,q_1}{r_B}\right) = q_2\left(V_A - V_B\right),$$

où $V(r) = \dfrac{k\,q_1}{r} + cte$ est le potentiel électrique créé par la charge q_1 à une distance r de cette charge.

Le travail infinitésimal pour déplacer q_2 de $d\vec{\ell}$ s'écrit :

$$dW = -dE_p = -q_2\,dV .$$

Remarques

- La charge q_1 est à l'origine du potentiel. $V(r)$ décrit donc une propriété de l'espace liée à la charge q_1, à une distance r de celle-ci. Cette propriété est indépendante de la présence de toute charge à la distance r de la charge q_1 et par conséquent indépendante de q_2.

- Conditions aux limites : on postule que l'énergie d'interaction entre deux charges ponctuelles séparées par une distance infinie est nulle. Quant r tend vers l'infini, on a donc $V = 0$ et $E_p = 0$. Avec ces conditions, les fonctions $V(r)$ et $Ep(r)$ se réécrivent :

$$E_p(r) = k\,q_1\,q_2\frac{1}{r} \text{ et } V(r) = \frac{k\,q_1}{r}.$$

On appelle cette condition la jauge de Coulomb.

- Avec ces conditions aux limites, le travail de la force de Coulomb pour amener la charge q_2 de l'infini à une distance r de la charge q_1 s'écrit :

$$W_{\infty\to r} = \int_{\infty}^{r} dW = -q_2 \int_{\infty}^{r} dV \Rightarrow W_{\infty\to r} = -q_2\, V(r).$$

$V(r)$ représente donc le travail de la force de Coulomb pour amener la charge $q_2 = 1$ C de l'infini à une distance r de la charge q_1. Le travail de l'opérateur est effectué contre la force de Coulomb de manière à ce que la charge q_2 se déplace à vitesse constante sans accélération. En conclusion, le potentiel électrique créé par une charge q_1 immobile, à une distance r de cette charge, est l'énergie fournie par l'opérateur pour amener la charge électrique q_2, de valeur égale à 1 coulomb, de l'infini à la distance r de la charge source de potentiel (ici q_1).

- Les quatre grandeurs $\vec{F}, \vec{E}, V$ et E_p sont liées comme nous allons le voir dans le paragraphe 1.4.

Surfaces équipotentielles

Le lieu des points où V(M) = *cte* définit une surface "équipotentielle". Dans le cas d'une charge ponctuelle Q par exemple, le potentiel créé à la distance r de Q s'écrit : $V(r) = kQ/r$. Les surfaces équipotentielles sont donc définies par :

$$V(r) = kQ/r = cte \Leftrightarrow r = cte.$$

Ce sont donc des sphères concentriques, de centre le point où se trouve Q.

On peut montrer que si le champ électrique $\vec{E}$ est défini sur une surface équipotentielle alors il est perpendiculaire en tout point à cette surface. La figure IV.8 représente les lignes de champ et les surfaces équipotentielles de différents systèmes chargés.

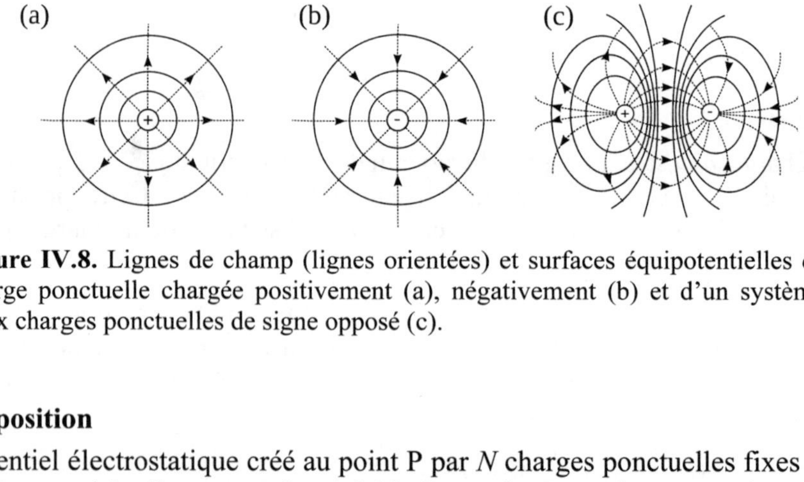

Figure IV.8. Lignes de champ (lignes orientées) et surfaces équipotentielles d'une charge ponctuelle chargée positivement (a), négativement (b) et d'un système de deux charges ponctuelles de signe opposé (c).

Superposition

Le potentiel électrostatique créé au point P par N charges ponctuelles fixes q_i (i = 1 à N), chacune à la distance r_{ip} (i = 1 à N) d'un point P, est la somme des potentiels créés en P par chacune des charges q_i (i = 1 à N), soit :

$$V(P) = \sum_{i=1}^{N} V(r_{iP}) = k \sum_{i=1}^{N} \frac{q_i}{r_{iP}},$$

avec la condition $V(r_{iP}) = 0$ quand tous les r_{iP} tendent vers l'infini.

Si une charge témoin q' est placé au point P, l'énergie potentielle d'interaction entre cette charge et les N charges q_i (i = 1 à N) sources de potentiel s'écrit alors :

$$E_p(q,q_1,q_2,...,q_N) = q\,V(P).$$

1.4 Relations "force-énergie potentielle" et "champ-potentiel"

Connaissant l'expression du potentiel V(M) créé en tout point M de l'espace par une distribution quelconque de charges (discrète ou continue), il est possible d'en déduire le champ électrique $\vec{E}$(M) créé en M par cette distribution de charges. La réciproque est également vraie.

De même, à partir de l'expression de l'énergie potentielle d'interaction E_p entre deux systèmes chargés, il est possible d'en déduire la force d'interaction électrique $\vec{F}$ entre ces deux systèmes.

1.4.1 Relation entre la force électrique $\vec{F}$ et l'énergie potentielle E_p

Nous avons vu dans le paragraphe 1.1 que :

$$dW = \vec{F}\cdot d\vec{\ell} = -dE_P.$$

Dans la base $(\vec{u}_x,\vec{u}_y,\vec{u}_z)$, $\vec{F} = F_x\vec{u}_x + F_y\vec{u}_y + F_z\vec{u}_z$, $d\vec{\ell} = dx\vec{u}_x + dy\vec{u}_y + dz\vec{u}_z$ et :

$$\vec{F}\cdot d\vec{\ell} = F_x\,dx + F_y\,dy + F_z\,dz$$

De plus, si $E_p = E_p(x,y,z)$, alors $dE_p = \dfrac{\partial E_p}{\partial x}dx + \dfrac{\partial E_p}{\partial y}dy + \dfrac{\partial E_p}{\partial z}dz$.

En identifiant terme à terme les expressions de $\vec{F}\cdot d\vec{\ell}$ et dE_p, on obtient :

$$F_x = -\frac{\partial E_p}{\partial x}; F_y = -\frac{\partial E_p}{\partial y}; F_z = -\frac{\partial E_p}{\partial z},$$

que l'on peut réécrire :

$$\vec{F} = -\overrightarrow{grad}\,E_p.$$

1.4.2 Relation entre le champ électrique $\vec{E}$ et le potentiel électrique V

Si l'on place une charge ponctuelle q en un point M de l'espace où règne un champ électrique $\vec{E}$, on a vu dans le paragraphe 1.1 que $\vec{F}(\mathrm{M}) = q\vec{E}(\mathrm{M})$ et $E_p = q\,V(\mathrm{M})$. On peut donc écrire :

$$dW = \vec{F}\cdot d\vec{\ell} = q\vec{E}\cdot d\vec{\ell} = -dE_p \text{ et } dE_p = q\,dV.$$

D'où :

$$\vec{E}\cdot d\vec{\ell} = -dV.$$

Dans la base $(\vec{u}_x,\vec{u}_y,\vec{u}_z)$, et si $V(x,y,z)$, on aura donc :

$$E_x dx + E_y dy + E_z dz = -\left(\frac{\partial V}{\partial x}dx + \frac{\partial V}{\partial y}dy + \frac{\partial V}{\partial z}dz\right).$$

En identifiant terme à terme :

$$E_x = -\frac{\partial V}{\partial x} ; E_y = -\frac{\partial V}{\partial y} ; E_y = -\frac{\partial V}{\partial z} ,$$

que l'on peut réécrire :

$$\vec{E} = -\overrightarrow{grad}\, V .$$

Il résulte de la relation précédente que le champ électrique $\vec{E}$ est selon les potentiels V décroissants et qu'il est perpendiculaire aux surfaces équipotentielles (voir les propriétés du vecteur gradient dans le problème 6). Les lignes de champ étant tangentes en tout point à $\vec{E}$, on en déduit que ces dernières sont perpendiculaires aux surfaces équipotentielles (figure IV.8).

1.5 Flux de $\vec{E}$ et théorème de Gauss

Le théorème de Gauss permet de calculer simplement et de manière élégante l'expression du champ électrique $\vec{E}$ créé dans l'espace par l'**ensemble** d'une distribution de charges présentant une symétrie élevée (principalement sphérique, cylindrique ou plane). Nous allons tout d'abord énoncer ce théorème sans le démontrer. Nous allons ensuite montrer qu'il permet de retrouver l'expression de $\vec{E}$ créé par une charge ponctuelle. Enfin, nous l'appliquerons à quelques exemples simples de distribution continue de charges.

1.5.1 Enoncé du théorème de Gauss

Soit $\vec{E}$ le vecteur champ électrique créé dans l'espace par une distribution de charges. Considérons une surface **fermée** quelconque S entourant une certaine charge Q. Divisons là en éléments dS suffisamment petits pour être considérés plans et pour que le champ électrique en chaque point de chaque dS soit égal à la valeur au centre de cette surface élémentaire (figure IV.9). Le flux de $\vec{E}$ à travers S est défini par :

$$\Phi = \int_S \vec{E} \cdot d\vec{S} .$$

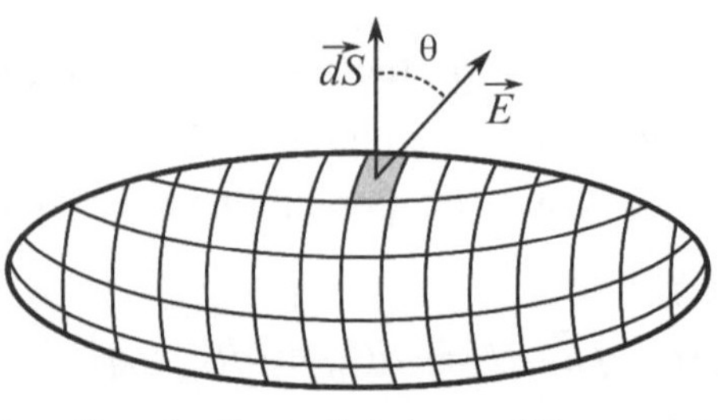

Figure IV.9. La surface fermée S est divisée en éléments dS suffisamment petits pour être considérés plans. Le vecteur surface élémentaire $d\vec{S}$, orienté vers l'extérieur de S, est perpendiculaire à dS. dS est suffisamment petit pour que $\vec{E}$ soit constant sur dS (mais il peut varier d'une surface élémentaire à l'autre). Si θ est l'angle entre $\vec{E}$ et $d\vec{S}$ alors $\vec{E} \cdot d\vec{S} = E\, dS \cos\theta = E_n\, dS$ où $E_n = E\cos\theta$ est la projection de $\vec{E}$ selon l'axe colinéaire et de même sens que $d\vec{S}$.

Le vecteur surface élémentaire $d\vec{S}$, **orienté vers l'extérieur de *S***, est **perpendiculaire à la surface plane *dS***, et a pour valeur (norme) l'aire de dS.

Le théorème de Gauss nous dit que ce flux Φ à travers S est égal à la charge Q contenue dans le volume V délimité par cette surface fermée S divisée par la permittivité du milieu $\varepsilon_0\varepsilon_r$:

$$\int_S \vec{E}\cdot d\vec{S} = \frac{Q}{\varepsilon_0\varepsilon_r}.$$

Remarques

- $\vec{E}$ est le champ créé par **toutes** les charges de l'espace situées à l'intérieur et à l'extérieur de la surface fermée S, alors que Q est la charge résultante contenue dans le volume V délimité par S.
- Le théorème de Gauss permet de calculer facilement $\vec{E}$ lorsque ce champ est constant sur toute la surface d'intégration S ou si cette surface peut être divisée en plusieurs surfaces sur lesquelles $\vec{E}$ est constant ou nul. Les calculs sont particulièrement simplifiés lorsque $\vec{E}$ est perpendiculaire ou parallèle à l'élément de surface. Tout ceci revient à dire que l'intégrale du flux est largement simplifiée si l'on choisit astucieusement une surface de Gauss S. Le choix de celle-ci dépend de la symétrie de la répartition des charges. Il existe trois symétries principales très utilisées : sphérique, cylindrique ou plane.
- Puisque :

$$\vec{E}\cdot d\vec{S} = E\,dS\cos\left(\vec{E}\cdot d\vec{S}\right) = E_n\,dS,$$

où $E_n = E\cos\left(\vec{E}\cdot d\vec{S}\right)$ est la projection de $\vec{E}$ sur $d\vec{S}$, le flux de $\vec{E}$ à travers S peut aussi s'écrire :

$$\Phi = \int_S E_n\,dS.$$

- Cette définition du flux est similaire à celle que nous avons introduite dans le chapitre 2 pour le flux de particules à travers une surface S : $J = \int_S \vec{j}\cdot d\vec{S}$.

1.5.2 Exemples d'application du théorème de Gauss

Champ électrique créé par une charge ponctuelle à une distance *r* de celle-ci

Considérons une charge ponctuelle q placée dans l'air en un point M de l'espace. Puisque la charge est seule il n'y a rien qui peut définir une direction privilégiée ("toutes les directions se valent") ; le champ électrique doit donc être porté par des demi-droites issues de la charge q et ne dépendre que de la distance r à la charge q. Pour ces raisons, nous allons choisir pour surface de Gauss S une sphère de rayon r centrée sur la charge (figure IV.10).

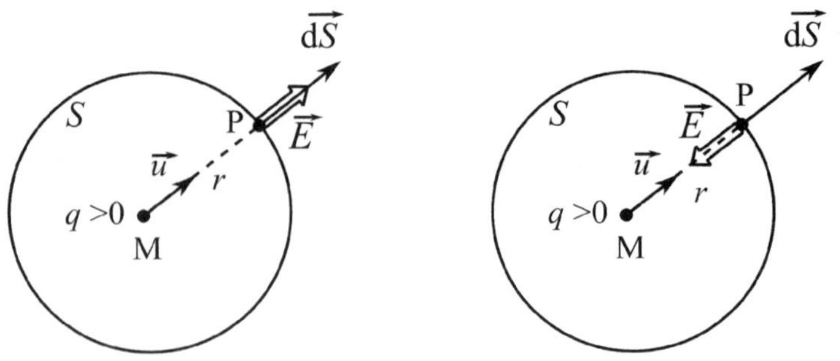

Figure IV.10. Pour calculer le champ électrique $\vec{E}$ créé en P par une charge ponctuelle q placée à la distance r de P, on choisit comme surface de Gauss S une sphère de rayon r (représentée en coupe) centrée sur la charge. Le vecteur $\vec{u}$ est unitaire, colinéaire et de même sens que $\overrightarrow{MP}$. Si $q > 0$ (schéma à gauche) $\vec{E}$ s'éloigne de la charge, si $q < 0$ (schéma à doite) $\vec{E}$ est dirigé vers la charge.

Le vecteur $\vec{E}$ est radial (colinéaire aux rayons de la sphère), il est donc normal en tout point à S et par conséquent colinéaire à $d\vec{S}$. Le flux de $\vec{E}$ à travers S s'écrit donc :

$$\Phi = \int_S \vec{E} \cdot d\vec{S} = \int_S E\, dS \cos\left(\vec{E} \cdot d\vec{S}\right) = \int_S E_n\, dS\,,$$

où E_n est la composante de $\vec{E}$ sur l'axe de $d\vec{S}$.

Puisque la norme E ne dépend que de r, la composante E_n est constante sur la sphère de rayon r (tout point de la sphère est à égale distance de la charge q). On peut donc écrire :

$$\Phi = E_n \int_S dS\,.$$

L'intégrale de dS sur la surface de la sphère S est simplement l'aire de la sphère de rayon r soit $4\pi r^2$. On a donc :

$$\Phi = E_n\, 4\pi r^2\,.$$

Le théorème de Gauss s'écrit, sachant que la charge totale contenue dans le volume délimité par S est q :

$$4\pi r^2 E_n = \frac{q}{\varepsilon_0}\,.$$

ou encore :

$$E_n = \frac{q}{4\pi \varepsilon_0 r^2}\,.$$

Finalement, le vecteur $\vec{E}$ étant colinéaire à $d\vec{S}$, on a en un point P situé à la distance r de la charge q :

$$\vec{E} = E_n\, \vec{u} = \frac{q}{4\pi \varepsilon_0 r^2}\vec{u}\,,$$

où $\vec{u} = \overrightarrow{MP} / MP = \vec{r} / r$.

Ainsi le théorème de Gauss permet de retrouver dans tout l'espace l'expression du champ électrique créé par une charge ponctuelle.

Champ électrique créé par un plan infini uniformément chargé

Considérons maintenant un plan infini uniformément chargé portant une densité de charges σ constante et positive. Du point de vue électrique, toute droite perpendiculaire au plan est axe de symétrie. Cela impose que $\vec{E}$ soit perpendiculaire au plan chargé. On peut alors choisir comme surface de Gauss S un cylindre placé symétriquement par rapport au plan, de hauteur h fermé par des disques d'aire identique A (figure IV.11).

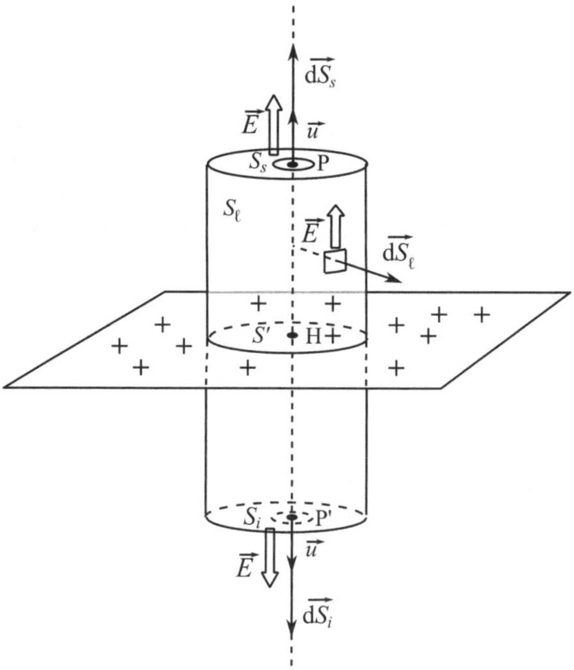

Figure IV.11. Plan infini portant une densité surfacique de charges σ constante et positive. On choisit comme surface de Gauss S un cylindre placé symétriquement par rapport au plan ($HP = HP'$), de hauteur h, de surface latérale S_ℓ et fermé à ces extrémités par des disques S_s et S_i d'aire A. $d\vec{S}_s, d\vec{S}_i$ et $d\vec{S}_\ell$ sont les vecteurs surfaces élémentaires en un point respectivement de S_s, de S_i et de S_ℓ, orientés de l'intérieur vers l'extérieur du cylindre. En tout point de l'espace, le champ électrique créé par le plan chargé est perpendiculaire au plan et sortant. Donc son module ne peut dépendre que de la distance au plan. $\vec{u}$ est un vecteur unitaire perpendiculaire au plan chargé et pointant en s'éloignant du plan. S' est la surface du plan chargé interceptée par la surface de Gauss.

Le flux de $\vec{E}$ à travers S s'écrit donc :

$$\Phi = \int_S \vec{E} \cdot d\vec{S} = \int_{S_s} \vec{E} \cdot d\vec{S}_s + \int_{S_i} \vec{E} \cdot d\vec{S}_i + \int_{S_\ell} \vec{E} \cdot d\vec{S}_\ell ,$$

où S_s, S_i et S_ℓ sont respectivement les surfaces du disque supérieur et du disque inférieur et la surface latérale du cylindre fermé S ; $d\vec{S}_s, d\vec{S}_i$ et $d\vec{S}_\ell$ les vecteurs

surfaces élémentaires correspondants, orientés de l'intérieur vers l'extérieur du cylindre.
La surface latérale S_ℓ du cylindre étant perpendiculaire au plan chargé, $d\vec{S}_\ell$ est perpendiculaire à $\vec{E}$ en tout point de cette surface et par conséquent $\vec{E} \cdot d\vec{S}_\ell = 0$ (i.e. le flux à travers la surface latérale du cylindre est nul).
Les disques S_s et S_i sont parallèles au plan chargé donc, en tout point de ces disques, $\vec{E}$ est colinéaire à $d\vec{S}_s$ et $d\vec{S}_i$. Puisque σ est positif, $\vec{E}$ pointe vers l'extérieur de la surface de Gauss. Donc $\vec{E} \cdot d\vec{S}_s = E_s\, dS_s$ et $\vec{E} \cdot d\vec{S}_i = E_i\, dS_i$ où E_s et E_i sont les valeurs de $\vec{E}$ en un point respectivement de S_s et de S_i.
En résumé :

$$\Phi = \int_{S_s} E_s\, dS_s + \int_{S_s} E_i\, dS_i \,.$$

Sur chaque disque, tous les points sont à égale distance du plan chargé donc le champ électrique est constant (E_s = cte et E_i = cte). De plus, les deux surfaces S_s et S_i sont à la même distance du plan chargé, la valeur du champ est donc la même sur ces deux disques, $E_s = E_i = E$ = cte, et par conséquent le flux est identique à travers ces deux surfaces.
Au final, le flux total à travers la surface de Gauss S vaut :

$$\Phi = \int_{S_s} E_s\, dS_s + \int_{S_s} E_i\, dS_i = E\left[\int_{S_s} dS_s + \int_{S_s} dS_i\right] = 2\,E\,A \,.$$

La charge à l'intérieur du volume délimité par le cylindre de Gauss est celle portée par le disque S' d'aire A, intersection entre le plan chargé et le cylindre (figure IV.11) :

$$q = \int_{S'} dq = \int_{S'} \sigma\, dS = \sigma \int_{S'} dS = \sigma\, A \,.$$

Le théorème de Gauss s'écrit alors (plan placé dans l'air) :

$$\Phi = \frac{q}{\varepsilon_0} \Leftrightarrow 2\,E\,A = \frac{\sigma\, A}{\varepsilon_0} \,.$$

Ce qui donne finalement :

$$E = \frac{\sigma}{2\,\varepsilon_0} \,.$$

Comme $\vec{E}$ pointe vers l'extérieur de S :

$$\vec{E} = +E\,\vec{u} = \frac{\sigma}{2\,\varepsilon_0}\vec{u} \,,$$

où $\vec{u}$ est un vecteur unitaire perpendiculaire au plan chargé et pointant en s'éloignant du plan.

Remarques

- La valeur du champ électrique créé par un plan infini uniformément chargé est **indépendante de la distance au plan**.

- Evidemment le plan infini n'existe pas, mais le champ électrique calculé précédemment est exact en un point P situé à une distance r du plan telle que $r <<$ (surface du plan)$^{1/2}$, et loin des bords. Si $r >>$ (surface du plan)$^{1/2}$ alors tous les points du plan sont considérés à la même distance du point P et le plan peut être assimilé à une charge ponctuelle $q = \sigma S$ placée au centre du plan. Le champ électrique créé au point P par ce plan s'écrira alors :

$$\vec{E} = k \frac{\sigma S}{r^3} \vec{r},$$

où r est la distance qui sépare le point P du centre du plan.

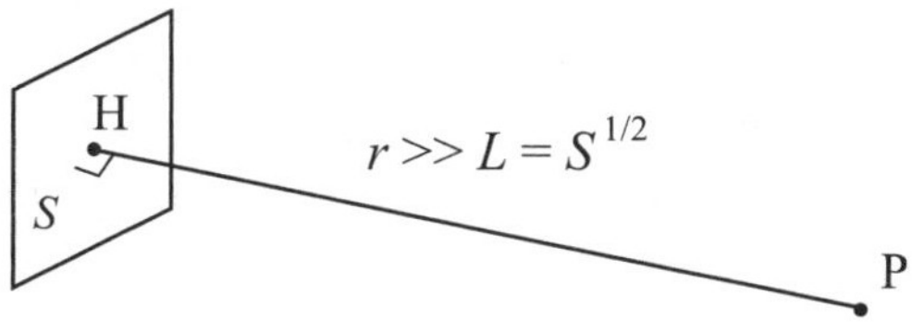

Figure IV.12. La distance $HP = r$ entre le plan de surface S et le point P est très grande par rapport à $S^{1/2}$. Le champ électrique créé en P par ce plan, portant une densité de charge σ constante, est équivalent à celui créé par une charge ponctuelle $q = \sigma S$ placée au point H.

Champ électrique créé par deux plans infinis uniformément chargés

Considérons deux plans infinis et parallèles, portant des densités surfaciques de charges respectivement σ positive et uniforme et $-\sigma$. Pour calculer en chaque point de l'espace le champ électrique créé par cette distribution de charges, nous allons utiliser le résultat obtenu précédemment. Le plan chargé négativement crée en tout point de l'espace un champ $\vec{E}_-$ de **norme** $E_- = \sigma / 2\varepsilon_0$. Ce champ pointe vers le plan en tout point de l'espace (entre et en dehors des deux plans – figure IV.13). Le plan chargé positivement crée en tout point de l'espace un champ $\vec{E}_+$ de même amplitude $E_+ = E_- = \sigma / 2\varepsilon_0$. Ce champ pointe en s'éloignant du plan en tout point de l'espace (figure IV.13).

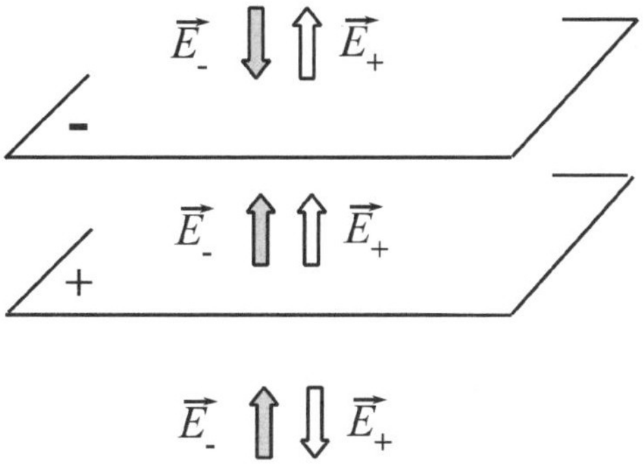

Figure IV.13. Champ électrique créé par deux plans infinis. Le plan chargé (–) crée en tout point de l'espace un champ indépendant de la distance au plan et qui pointe vers le plan. Le plan chargé (+) crée en tout point de l'espace un champ qui s'éloigne du plan. L'amplitude de ces deux champs étant la même le champ résultant est nul partout sauf entre les deux plans où il pointe du plan chargé (+) vers le plan chargé (–). Son amplitude vaut σ/ε_0.

En tout point de l'espace, le principe de superposition s'écrit $\vec{E} = \vec{E}_+ + \vec{E}_-$. Entre les deux plans, l'amplitude du vecteur $\vec{E}$ vaut donc σ / ε_0 et $\vec{E}$ est dirigé du plan chargé positivement vers celui chargé négativement. Ailleurs, $\vec{E} = \vec{0}$.

1.6 Le condensateur plan

Un condensateur plan est constitué de deux plans parallèles (appelés armatures) tels que la distance *d* entre ces plans est bien inférieure à leurs dimensions latérales (ces plans peuvent donc être considérés comme infinis). Chaque armature porte une charge de même valeur absolue mais de signe opposé. Ce système est donc équivalent à deux plans infinis portant des densités surfaciques de charge égales et opposées.

1.6.1 Expressions de la différence de potentiel entre les armatures

La différence de potentiel entre les deux plans se déduit aisément de l'expression de $\vec{E}$ établie au paragraphe précédent et de la relation « champ-potentiel ». En considérant un axe des x parallèle à $\vec{E}$ et ascendant, on peut écrire :

$$E_x = -\frac{dV}{dx} \Rightarrow dV = -E_x\,dx.$$

Puisque E_x ne dépend pas de x, on intègre cette relation :

$$\int_{V(0)}^{V(d)} dV = -E_x \int_0^d dx,$$

où $V(0)$ et $V(d)$ sont les potentiels des plans situés respectivement en $x = 0$ et $x = d$ (figure IV.14).

On obtient finalement :

$$V(d) - V(0) = -E_x\,d,$$

soit :

$$E_x = \frac{V(0) - V(d)}{d}.$$

Le signe de E_x dépend de celui de la différence de potentiel $[V(0) - V(d)]$. Ici E_x est positif car $V(0) > V(d)$.

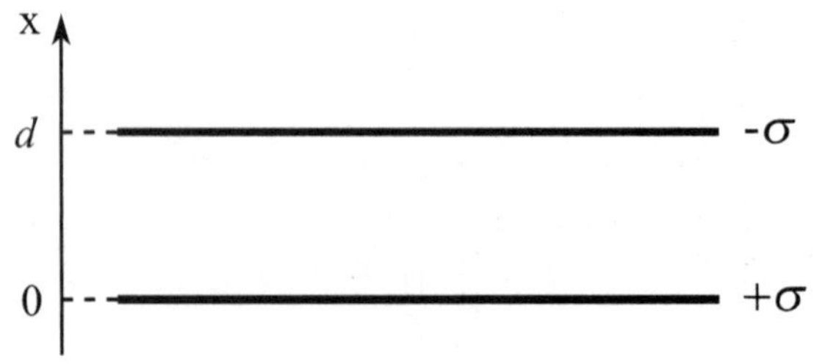

Figure IV.14. Champ électrique $\vec{E}$ entre les armatures d'un condensateur plan. La distance entre les armatures est égale à *d*. Le plan chargé positivement se situe en $x = 0$, celui chargé négativement se trouve en $x = d$. $E_x = [(V(0) - V(d)) / d]$ est positif dans ce cas.

1.6.2 Capacité du condensateur

Si le plan chargé positivement porte une charge Q et celui chargé négativement la charge $-Q$, la différence de potentiel U entre ces deux surfaces est proportionnelle à Q. On écrit $Q = C\,U$ où C est la capacité du condensateur, toujours positive. Dans le système international d'unités, C s'exprime en coulomb par volts ($C.V^{-1}$) ou Farad (F).
Si S est la surface de chaque armature, on a $Q = \sigma\,S$. Avec $U = E\,d = (\sigma / \varepsilon_0)\,d$, la capacité C du condensateur plan s'écrit :

$$C = \frac{Q}{U} = \frac{\sigma S}{E d} = \frac{\sigma S}{d \frac{\sigma}{\varepsilon_0}} = \frac{S \varepsilon_0}{d}.$$

Si le milieu entre les plaques est un diélectrique de permittivité relative ε_r, la capacité du condensateur s'écrira :

$$C = \frac{S \varepsilon_0 \varepsilon_r}{d}.$$

1.7 Notion de courant

1.7.1 Densité de courant et intensité du courant

Un conducteur est un milieu dans lequel les charges électriques peuvent se déplacer librement sous l'action d'une force aussi petite soit-elle. Nous appelons "porteurs de charges" des particules ou groupement de particules susceptibles de se déplacer en transportant de l'électricité. Dans les métaux, ce rôle est tenu par des électrons libres (ou électrons de conduction). Dans les électrolytes, il s'agit d'ions positifs (cations – par exemple K^+, Na^+) ou négatifs (anions – par exemple Cl^-), et aussi des protéines ou l'ADN.
La densité de courant ou densité de flux de charges j est la quantité de charges traversant une surface unité par unité de temps. Si dQ est la quantité de charges traversant la surface de contrôle S pendant le temps dt (figure IV.15) :

$$j = \frac{1}{S}\frac{dQ}{dt}.$$

Si N est le nombre de porteurs traversant S pendant dt, et q la charge de chaque porteur :

$$j = \frac{1}{S}\frac{d(N q)}{dt} = \frac{1}{S} q \frac{dN}{dt}.$$

Puisque la densité de flux de porteurs de charges j_s s'écrit :

$$j_s = \frac{1}{S}\frac{dN}{dt},$$

on obtient :

$$j = q\, j_s.$$

$I = dQ/dt$ définit l'intensité du courant ou le flux de charges c'est-à-dire la charge traversant S par unité de temps. Lorsque j est constant sur S, ce courant vaut $I = j\,S$. Par convention, le sens du courant est celui du déplacement des porteurs de charges positives (et donc opposé à celui des électrons dans un métal).

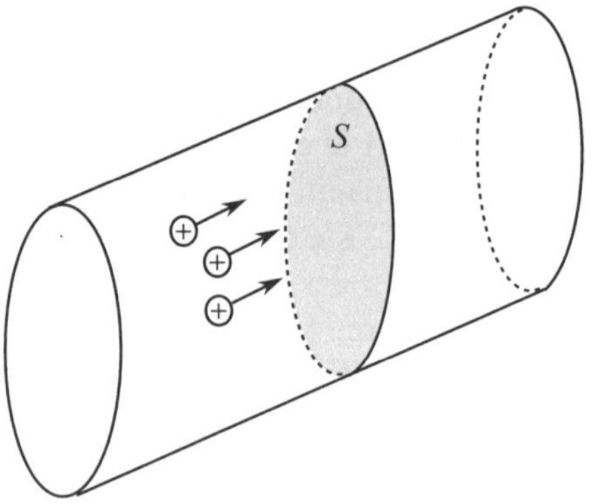

Figure IV.15. dQ est la charge traversant la section S d'un conducteur pendant dt.

Dans le système international d'unités, les unités du courant sont $C.s^{-1}$ ou A (ampère). Celles de la densité de courant électrique j, due à l'ion portant la charge q sont donc $C.s^{-1}.m^{-2} = A.m^{-2}$.

Superposition

Si, dans un milieu conducteur, sont présents différents ions i, de charge q_i, et de concentration C_i, la densité totale de courant s'écrit :

$$\vec{j} = \sum_i \vec{j}_i = \sum_i q_i \, \vec{j}_i^{\,s} \, .$$

1.7.2 Loi d'Ohm locale

La densité de flux de courant résulte d'un gradient de concentration des porteurs de charges et/ou de l'application d'une force extérieure dans le milieu. **Nous nous intéressons dans ce paragraphe au cas où il n'y a pas de gradient de concentration** et où la seule force subie par des particules portant la charge q est la force électrostatique $\vec{F} = q\,\vec{E}$. Nous avons vu au chapitre II qu'une particule soumise à une force $\vec{F}$ atteint une vitesse constante indépendante du temps $\vec{v} = \omega\vec{F}$, où ω est la mobilité mécanique de la particule. On a donc ici $\vec{v} = \omega\, q\,\vec{E}$.
En l'absence de flux diffusif ($C = cte$), la densité de courant s'exprime :

$$\vec{j} = q\,\vec{j}_s = q\,C\,\vec{v} = \omega\, q^2\, C\,\vec{E} \, ,$$

où C est la concentration de porteurs de charge q dans le milieu conducteur.
On définit la conductivité électrique :

$$\gamma = \omega\, q^2\, C \, .$$

Cette quantité est toujours positive.
La densité de courant s'écrit encore :

$$\vec{j} = \gamma\vec{E} \, .$$

Cette dernière relation est la loi d'Ohm locale. Celle-ci peut aussi s'exprimer en fonction de la résistivité ρ du milieu, définie comme l'inverse de la conductivité γ :

$$\vec{E} = \rho\,\vec{j} \qquad \text{avec } \rho = 1/\gamma \, .$$

Dans le système international d'unités, les unités de la résistivité sont les ohms.mètres (Ω.m), celles de la conductivité sont les $\text{ohms}^{-1}.\text{mètres}^{-1}$ ou siemens par mètre ($\Omega^{-1}.m^{-1}$ ou $S.m^{-1}$).

Les conductivités de différents milieux sont données dans le tableau ci-dessous.

composé	métaux	verre	air	solution aqueuse de NaCl		lipides
				20°C 10^{-2} mol/L	20°C 1 mol/L	
γ (S.m^{-1})	10^7 - 10^8	$\cong 10^{-6}$	10^{-11} - 10^{-14}	0,12	10	$\cong 10^{-8}$

Remarques

- Nous avons admis que les lois d'électrostatique restent valables. Cette hypothèse est justifiée lorsque la vitesse de déplacement des charges est négligeable devant la vitesse de la lumière, ce qui est le cas ici.

- On écrit parfois $\vec{v} = \omega q \vec{E} = \mu \vec{E}$ où μ est la mobilité électrique de la particule de charge q. Le signe de la mobilité électrique est celui de la charge q.

- Dans tous les matériaux on peut écrire $\vec{j} = q C \vec{v}$ mais la vitesse dépend du type de conducteur. Dans un métal, tous les électrons, ceux près de la surface et ceux au centre du métal, ont la même vitesse. Ce n'est pas vrai pour des ions. Nous admettrons ici que les effets de parois sont négligeables et que sauf cas contraire, la vitesse des ions est constante sur une surface perpendiculaire à $\vec{v}$.

Superposition

Dans un milieu conducteur, en présence de différents ions i de charge q_i, de mobilité ω_i et de concentration C_i, la densité totale de courant en régime permanent s'écrit :

$$\vec{j} = \sum_i \vec{j}_i = \sum_i q_i \vec{j}_i^{\,s} = \sum_i q_i C_i \vec{v}_i = \sum_i \omega_i q_i^2 C_i \vec{E} .$$

Tous les vecteurs densité de courant $\vec{j}_i$ sont dans le même sens, celui de $\vec{E}$.

Contrairement au sens des vecteurs densité de courant $\vec{j}_i$, le sens de chaque vecteur densité de particules $\vec{j}_i^{\,s}$ dépend du signe de q_i. La figure IV.16 illustre le sens des différentes densités de flux de porteurs et de charges dans le cas d'une solution aqueuse de NaCl maintenue homogène, en présence de $\vec{E}$.

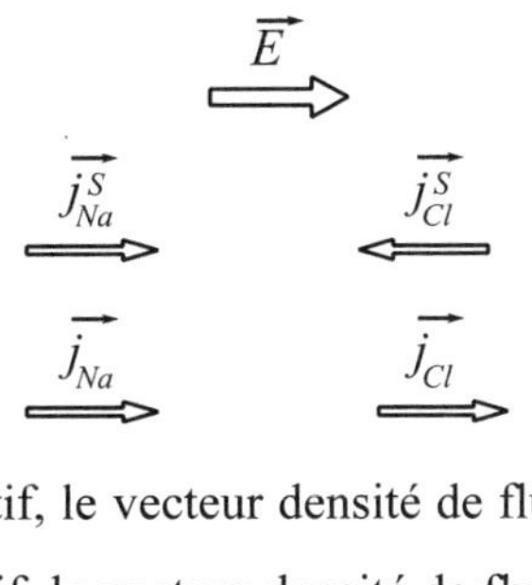

Figure IV.16. q_{Na} étant positif, le vecteur densité de flux d'ions Na^+, $\vec{j}_{Na}^{\,s}$, est dans le sens de $\vec{E}$. q_{Cl} étant négatif, le vecteur densité de flux d'ions Cl^-, $\vec{j}_{Cl}^{\,s}$, est dans le sens contraire de $\vec{E}$. Les densités de courant des ions Na^+ ($\vec{j}_{Na}$) et Cl^- ($\vec{j}_{Cl}$) sont dans le même sens, celui de $\vec{E}$.

1.8 Rappels sur les circuits électriques

1.8.1 Loi d'Ohm macroscopique - résistance

Soit un conducteur de longueur L et de section S (figure IV.17). On se propose de relier la différence de potentiel à ses bornes $V_1 - V_2$ à l'intensité I qui le traverse.

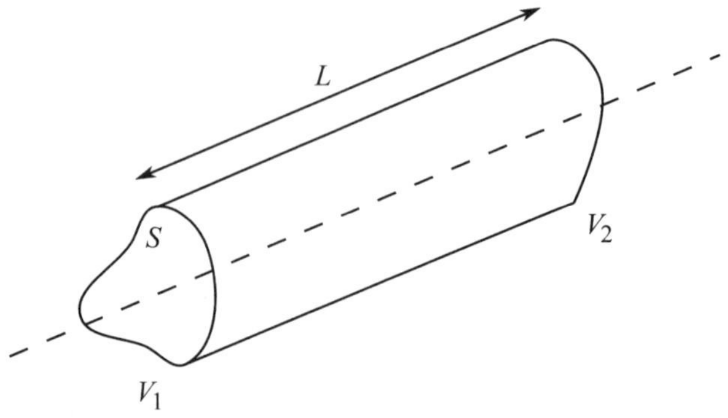

Figure IV.17. Conducteur de longueur L et de section S maintenu à une différence de potentiel $V_1 - V_2$.

En un point du conducteur, il existe un champ électrique $\vec{E}$ lié à la différence de potentiel locale dV (voir paragraphe 1.4.2) :

$$\vec{E} \cdot d\vec{\ell} = -dV .$$

Intégrons cette relation sur la longueur L du conducteur :

$$\int_0^L \vec{E} \cdot d\vec{\ell} = -\int_{V_0}^{V_L} dV = V_1 - V_2 .$$

En utilisant la loi d'Ohm locale (voir paragraphe 1.7.2) la relation précédente se réécrit :

$$V_1 - V_2 = \int_0^L \rho \, \vec{j} \, d\vec{\ell} = \rho L j = \rho L \frac{I}{S} .$$

On définit la résistance électrique (grandeur positive) du tronçon par :

$$R = \frac{\rho L}{S} .$$

On obtient alors la relation d'Ohm macroscopique :

$$V_1 - V_2 = U = R I .$$

Dans le système international d'unités, les unités de la résistance sont les ohms (Ω). Un ohm est la résistance d'un tronçon de conducteur ohmique qui, parcouru par un courant d'un ampère, possède entre ses extrémités, une différence de potentiel d'un volt.

On définit aussi la conductance du milieu comme l'inverse de sa résistance $G = 1/R$. Les unités de G sont les siemens ou Ω^{-1}. Cette unité est parfois notée mho.

Remarques

- On vient de définir la résistance R, la résistivité ρ et la conductance G d'un milieu conducteur. Pour certaines études, il peut être utile de modéliser ce milieu par le dipôle R, élément d'un circuit électrique. Par exemple, nous verrons au paragraphe 3 qu'il est possible de modéliser une membrane biologique par un condensateur et une résistance. La réponse de la membrane à une perturbation électrique sera alors décrite en utilisant la théorie des circuits électriques.

- La résistance électrique étant une grandeur positive, la loi d'Ohm $V_1 - V_2 = U = RI$ impose que U et I soient de même signe. Par conséquent, si l'on fait l'hypothèse que U est positive, c'est-à-dire que $V_1 > V_2$, alors I sera positif s'il est dirigé du pôle à V_1 vers le pôle à V_2. En effet, de la même manière que le débit de fluide se fait dans le sens des pressions décroissantes dans l'écoulement d'un fluide réel, l'intensité du courant est dans le sens des potentiels décroissants. La loi d'Ohm ci-dessus est donc valable dans la convention récepteur, pour laquelle les flèches de la tension et du courant sont de sens opposé (figure IV.18).

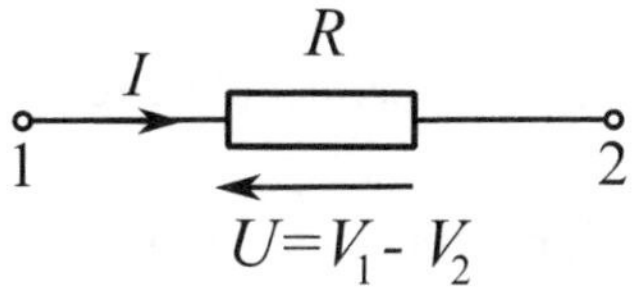

Figure IV.18. Convention récepteur : les flèches de la tension aux bornes du récepteur (ici la résistance R) et du courant sont de sens opposé.

- La loi d'Ohm est également valable à chaque instant t : $u(t) = R\,i(t)$.

1.8.2 Le condensateur comme un élément de circuit

A chaque instant t, on se propose de relier la tension $u(t)$ aux bornes d'un condensateur de capacité C à l'intensité $i(t)$ qui le traverse. Nous avons vu au paragraphe 1.6.2 la relation entre $u(t)$ et la charge $q(t)$ portée par l'une des armatures : $q(t) = C\,u(t)$. Avec la convention récepteur (figure IV.19), on a : $i(t) = dq(t)/dt$. Par conséquent :

$$i(t) = C\,\frac{du(t)}{dt}.$$

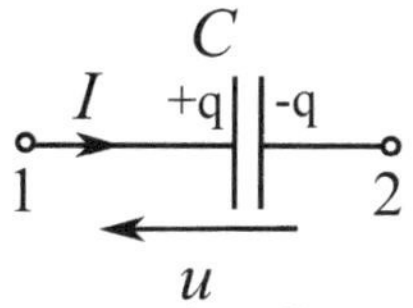

Figure IV.19. Convention récepteur : les flèches de la tension aux bornes du récepteur (ici le condensateur de capacité C) et du courant sont de sens opposé.

1.8.3 Lois de Kirchoff

Les lois de Kirchhoff expriment la conservation de l'énergie et de la charge dans un circuit électrique.

Loi des nœuds

Cette loi découle de la conservation de la charge électrique, en tenant compte du fait que les charges ne peuvent pas s'accumuler à un endroit quelconque du circuit. Les charges qui arrivent à un nœud compensent celles qui en repartent. Autrement dit, la somme **algébrique** des intensités des courants au niveau d'un nœud est nulle. Pour le circuit électrique de la figure IV.20, on aura donc :

$$I_1 + I_2 + (-I_3) + (-I_4) + (-I_5) = 0.$$

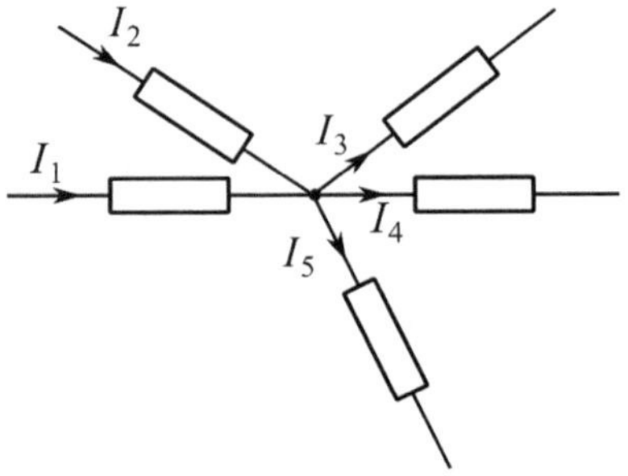

Figure IV.20. La loi des nœuds nous permet d'écrire $I_1 + I_2 - I_3 - I_4 - I_5 = 0$.

Généralisation : au niveau d'un nœud, on écrira $\sum_i \alpha_i i_i = 0$ avec $\alpha_i = +1$ si le courant i_i arrive au nœud et $\alpha_i = -1$ si le courant i_i s'éloigne du nœud.

Loi des mailles

Dans une maille quelconque d'un circuit, on choisit arbitrairement un sens « positif ». La somme **algébrique** des ddp le long de la maille est alors constamment nulle. Cette loi découle de la définition de la tension comme différence de potentiel entre deux points. Pour le circuit électrique de la figure IV.21, on aura donc, en partant du nœud A et en tournant dans le sens horaire :

$$(V_A - V_B) + (V_B - V_C) + (V_C - V_D) + (V_D - V_E) + (V_E - V_A) = 0.$$

Soit :

$$U_{AB} + U_{BC} + U_{CD} + U_{DE} + U_{EA} = 0.$$

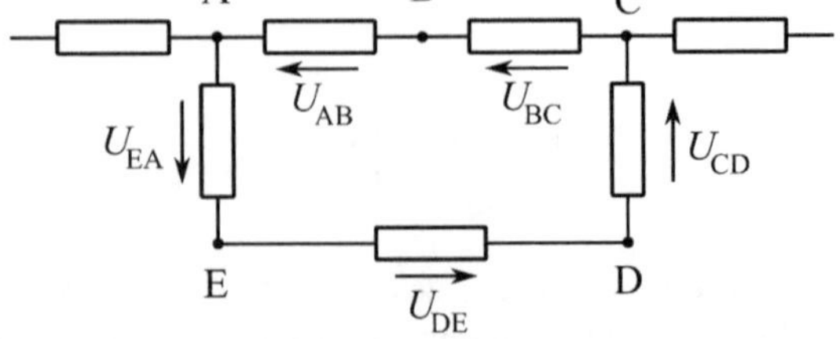

Figure IV.21. La loi des mailles nous permet d'écrire $U_{AB} + U_{BC} + U_{CD} + U_{DE} + U_{EA} = 0$.

Généralisation : dans chaque maille, on écrira $\sum_i \alpha_i U_i = 0$ avec $\alpha_i = +1$ si la tension U_i est orientée dans le sens "positif" choisi et $\alpha_i = -1$ si la tension U_i est orientée dans le sens contraire.

1.8.4 Association d'éléments de circuit

Association en série

Considérons le circuit de la figure IV.22 composé de deux résistances R_1 et R_2 associée en série. Les tensions aux bornes de ces résistances sont respectivement U_1 et U_2, et $U = U_1 + U_2$. D'après la loi des nœuds le courant qui circule dans chacune des résistances est le même , donc :

$$U_1 = R_1 I\,,\ U_2 = R_2 I\,,\ \text{et}\ U = \left(R_1 + R_2\right) I\,.$$

Ce circuit est équivalent à une résistance R parcourue par le courant I et dont la tension à ses bornes est U telle que :

$$U = RI\,.$$

On en déduit :

$$R = R_1 + R_2\,.$$

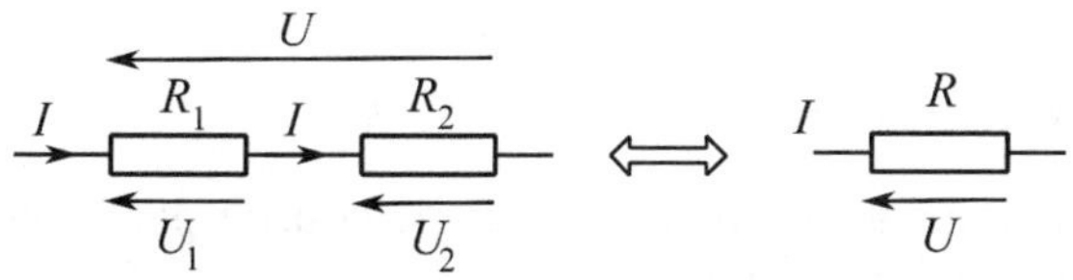

Figure IV.22. Deux résistances R_1 et R_2 associées en série (à gauche) sont équivalentes à une résistance unique $R = R_1 + R_2$ (à droite).

De façon générale, si le circuit est constitué de n résistances R_i associées en série, la résistance équivalente de ce circuit est :

$$R = \sum_{j=1}^{n} R_j\,.$$

Pour le circuit de la figure IV.23 composé de deux condensateurs de capacités C_1 et C_2, associés en série, on a :

$$\frac{dU_1}{dt} = \frac{I}{C_1}\,,\ \frac{dU_2}{dt} = \frac{I}{C_2}\ \text{et}\ \frac{dU}{dt} = I\left(\frac{1}{C_1} + \frac{1}{C_2}\right).$$

Ce circuit est équivalent à un condensateur de capacité C parcouru par le courant I et dont la tension à ses bornes est U telle que :

$$\frac{dU}{dt} = \frac{I}{C}\,.$$

On en déduit :

$$\frac{1}{C} = \frac{1}{C_1} + \frac{1}{C_2}\,.$$

De façon générale, si le circuit est constitué de n condensateurs de capacités C_i associées en série, la capacité équivalente de ce circuit est :

$$\frac{1}{C} = \sum_{j=1}^{n} \frac{1}{C_j}\,.$$

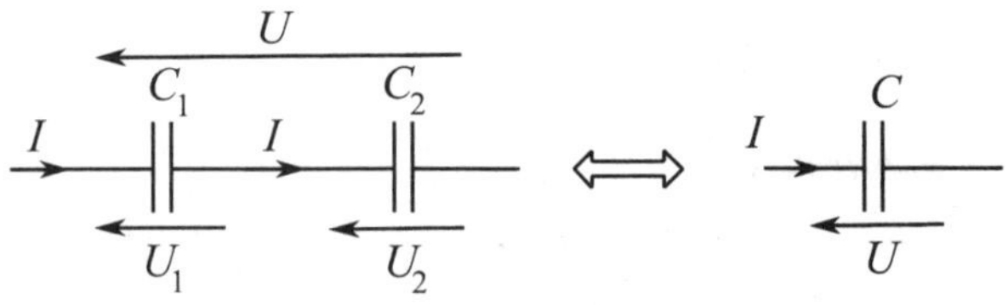

Figure IV.23. Deux condensateurs de capacités C_1 et C_2 associées en série (à gauche) sont équivalents à un condensateur unique de capacité C tel que $1/C = 1/C_1 + 1/C_2$ (à droite).

Association en parallèle

Considérons le circuit de la figure IV.24 composé de deux résistances R_1 et R_2 associée en parallèle. Les courants circulant dans chacune de ces résistances sont respectivement I_1 et I_2, et $I = I_1 + I_2$. D'après la loi des mailles la tension est la même aux bornes de chacune des résistances, donc :

$$I_1 = \frac{U}{R_1},\ I_2 = \frac{U}{R_2},\ \text{et } I = U\left(\frac{1}{R_1}+\frac{1}{R_2}\right).$$

Ce circuit est équivalent à une résistance R parcourue par le courant I et dont la tension à ses bornes est U telle que :

$$I = \frac{U}{R}.$$

On en déduit :

$$\frac{1}{R} = \frac{1}{R_1}+\frac{1}{R_2}.$$

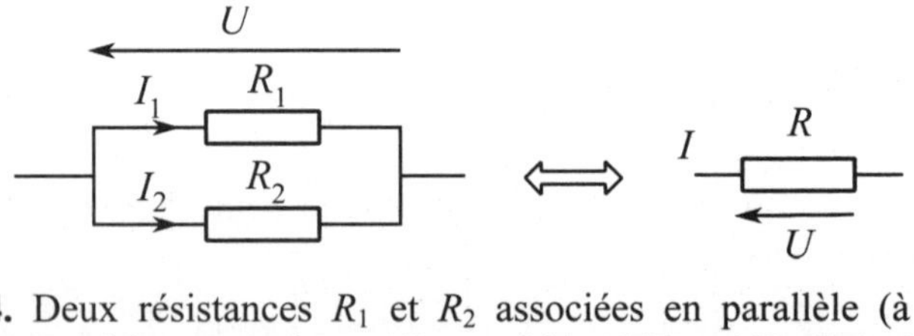

Figure IV.24. Deux résistances R_1 et R_2 associées en parallèle (à gauche) sont équivalentes à une résistance unique telle que $1/R = 1/R_1 + 1/R_2$ (à droite).

De façon générale, si le circuit est constitué de n résistances R_i associées en parallèle, la résistance équivalente de ce circuit est :

$$\frac{1}{R} = \sum_{j=1}^{n} \frac{1}{R_j}.$$

Pour le circuit de la figure IV.25 composé de deux condensateurs de capacités C_1 et C_2, associés en parallèle, on a :

$$I_1 = C_1\frac{dU}{dt},\ I_2 = C_2\frac{dU}{dt} \text{ et } I = \left(C_1 + C_2\right)\frac{dU}{dt}.$$

Ce circuit est équivalent à un condensateur de capacité C parcouru par le courant I et dont la tension à ses bornes est U telle que :

$$I = C\frac{dU}{dt}.$$

On en déduit :

$$C = C_1 + C_2 .$$

De façon générale, si le circuit est constitué de n condensateurs de capacités C_i associées en parallèle, la capacité équivalente de ce circuit est :

$$C = \sum_{j=1}^{n} C_j .$$

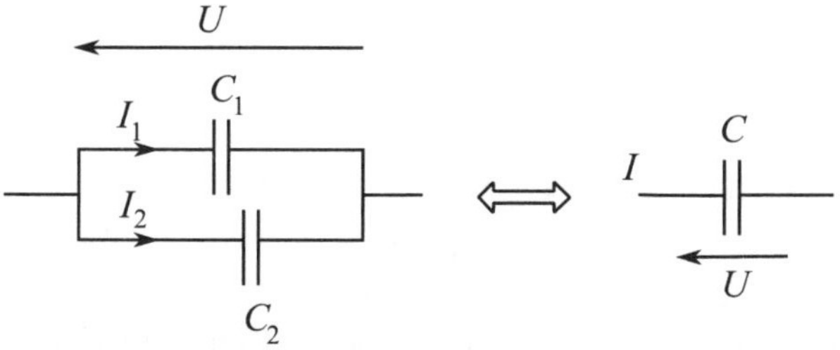

Figure IV.25. Deux condensateurs de capacités C_1 et C_2 associées en parallèle (à gauche) sont équivalents à un condensateur unique de capacité C tel que $C = C_1 + C_2$ (à droite).

1.8.5 Exemple d'étude d'un circuit électrique RC

Le circuit de la figure IV.26 comporte en série un générateur délivrant une tension $E(t)$, une résistance R et un condensateur de capacité C. On cherche à calculer la l'évolution temporelle de la tension $U(t)$ aux bornes du condensateur.

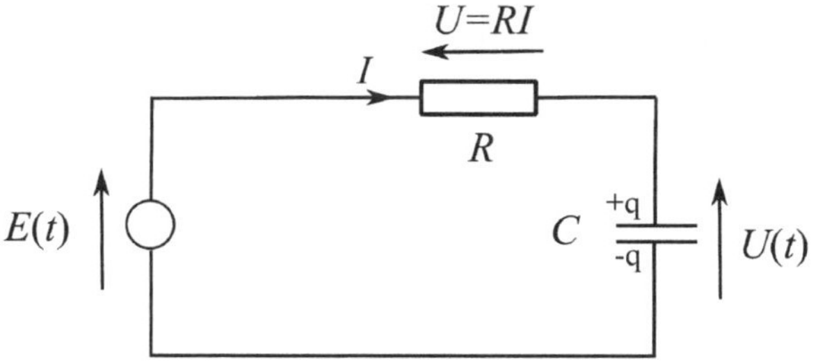

Figure IV.26. Une résistance R et un condensateur de capacité C sont placés en série et alimentés par un générateur délivrant une tension $E(t)$.

La loi des mailles permet d'écrire :

$$E(t) - RI(t) - U(t) = 0 .$$

Le courant I qui circule dans la résistance est le même que celui qui circule dans le condensateur. En utilisant la relation caractéristique pour le condensateur :

$$I = \frac{dq}{dt} = C\frac{dU}{dt},$$

la loi des mailles devient :

$$U(t) + RC\frac{dU}{dt} - E(t) = 0 .$$

Cette équation différentielle peut être résolue si on connait $E(t)$. Par exemple si $E(t)$ est un échelon de tension, c'est-à-dire :

$$E(t)=\begin{cases} U_0 & \text{si } t \geq 0 \\ 0 & \text{si } t=0, \end{cases}$$

alors, pour $t \geq 0$, c'est une équation différentielle du premier ordre avec un second membre constant, dont la solution générale est :

$$U(t)=U_0+A\exp\left(-t/RC\right).$$

La constante A dépend des conditions initiales. Ici $E\left(t=0\right)=0$, donc $A=-U_0$ et :

$$U(t)=U_0\left[1-\exp\left(-t/RC\right)\right].$$

2 Équilibre transmembranaire de particules chargées

Le tissu vivant ainsi que son constituant de base, la cellule, sont des milieux conducteurs. Selon leur rôle, les cellules diffèrent par leur anatomie et physiologie mais pour toutes on constate l'existence d'une différence de potentiel transmembranaire. Cette différence de potentiel peut être localement modifiée et se propager le long de la membrane. Par exemple, dans les cellules cillées externes de l'oreille interne ces phénomènes sont associés avec leur contraction. Pour d'autres cellules l'existence du potentiel transmembranaire est primordiale pour leur fonction. Dans les cellules musculaires et dans les neurones, la différence de potentiel transmembranaire et sa variation sont liées à des changements de concentration en particules chargées dans la cellule.

2.1 Flux électrodiffusif et différence de potentiel dans une bicouche lipidique

Pour comprendre, dans un premier temps de façon qualitative, comment une variation de concentration en particules chargées induit une variation de potentiel transmembranaire, considérons deux compartiments contenant chacun une solution de NaCl et séparés par une membrane modèle. Cette membrane est réalisée en insérant dans une bicouche lipidique des canaux ioniques spécifiques aux ions sodium. La membrane est donc perméable uniquement aux ions Na^+. Soit C_1 la concentration en sel dans le compartiment 1 et C_2 celle dans le compartiment 2 (figure IV.27.a). On admet que $C_1 > C_2$. Il existe un flux diffusif des ions Na^+ du compartiment 1 vers le compartiment 2. On fait l'hypothèse que ce flux diffusif est à une dimension (perpendiculairement à la membrane).

Dans le compartiment 1, au voisinage immédiat de la membrane, la solution va donc s'appauvrir en ions (+) et deviendra localement négative tandis qu'en même temps dans le compartiment 2 la région immédiatement adjacente à la membrane deviendra positive grâce à l'excès des ions (+) venus de 1. Il en résulte l'apparition d'une différence de potentiel $V_2 - V_1 > 0$ et donc d'un champ électrique $\vec{E}$ dirigé du compartiment 2 vers le compartiment 1 qui va croître dans le temps (figure IV.27.b). Sous l'action de $\vec{E}$, les ions Na^+ subissent une force qui les entraine du compartiment 2 vers le compartiment 1.

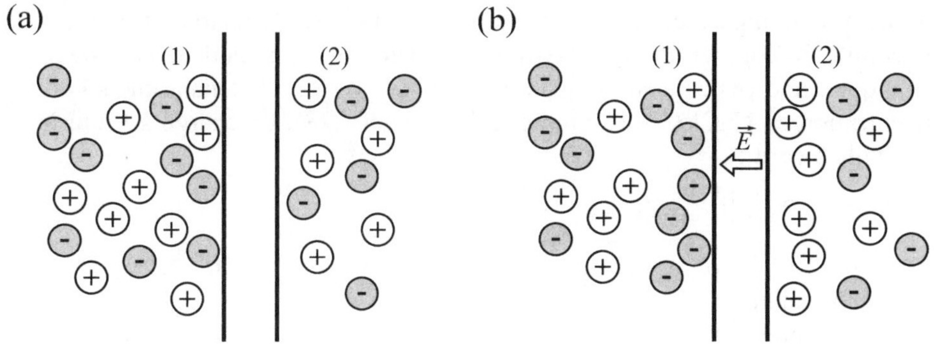

Figure IV.27. (a) : Membrane modèle neutre séparant deux compartiments contenant chacun une solution de NaCl (a). C_1 (resp. C_2) est la concentration en sel dans le compartiment 1 (resp. 2). (b) : La membrane est uniquement perméable aux ions Na^+. Si $C_1 > C_2$ il existe un flux diffusif des ions Na^+ de (1) vers (2). Il en résulte une polarisation de la membrane (voir texte) et l'apparition d'un champ électrique $\vec{E}$ dirigé de (2) vers (1) qui induit un flux des ions Na^+ de (2) vers (1).

En réalité la diffusion et l'entraînement n'interviennent pas séquentiellement comme nous venons de le décrire. La densité de flux de diffusion j_d et la densité de flux d'entrainement j_e décrits par la loi de Fick généralisée dans un pore (voir chapitre III) s'établissent simultanément et le système évolue vers un état stationnaire. Pour les ions Na^+, les flux de diffusion et d'entraînement sont de sens contraires. L'état d'équilibre dynamique sera atteint lorsque $\vec{j}_d + \vec{j}_e = \vec{0}$.

Lorsque plusieurs ions sont susceptibles de traverser la membrane, la condition d'équilibre est décrite par l'équation de Goldman (paragraphe 2.3.1).

Electroneutralité

Nous venons de voir qu'au voisinage immédiat de la membrane la solution n'est plus neutre, il y a des charges non compensées de chaque côte de la membrane. Nous allons évaluer l'excès de charges au voisinage de la bicouche lipidique nécessaire pour provoquer une différence de potentiel $U = 75$ mV (valeur typique pour une membrane cellulaire).

La membrane modèle de surface S et d'épaisseur d peut être assimilée à un condensateur plan dont la capacité est :

$$C_m = \frac{\varepsilon_r \, \varepsilon_0 \, S}{d}$$

où ε_r est la constante diélectrique de la bicouche lipidique. Pour des valeurs typiques ($\varepsilon_r = 10$ et $d = 8$ nm) la capacité par unité de surface est :

$$c = \frac{C_m}{S} = \frac{\varepsilon_r \varepsilon_0}{d} = \frac{10 \times 8,84 \times 10^{-12}}{8 \times 10^{-9}} \approx 10^{-2}\ \text{F.m}^{-2}.$$

Ceci nous permet d'estimer la densité surfacique des charges $\sigma = Q/S$ où Q est l'excès de charges de chaque côté de la membrane. En effet :

$$U = \frac{Q}{C} = \frac{S\sigma}{Sc} \Rightarrow \sigma = U\,c = 75 \times 10^{-3} \times 10^{-2} = 75.10^{-5}\ \text{C.m}^{-2}.$$

Donc un excès en densité surfacique de charges $\sigma = 75.10^{-5}$ C. m^{-2} produit une différence de potentiel transmembranaire de $U = 75$ mV.

Comment se compare cet excès de charges au nombre de charges présentes dans une cellule biologique ? Pour l'estimer, considérons un modèle naïf de cellule biologique : une vésicule sphérique de rayon R = 10 µm contenant une solution de concentration en NaCl C = 150 mmol.L^{-1} (figure IV.28). La charge à l'intérieur de la vésicule s'écrit :

$$Q_+ = \left|Q_-\right| = Q_{\text{int}} = \frac{4}{3}\pi R^3 \times C \times e \times N_a,$$

où N_a = 6,02.10^{23} mol^{-1} est le nombre d'Avogadro et e = 1,6.10^{-19} C la valeur de la charge élémentaire.
On obtient numériquement :

$$Q_{\text{int}} = \frac{4}{3}\pi\left(10^{-5}\right)^3 \times 150 \times 1{,}6 \times 10^{-19} \times 6 \times 10^{23} \approx 6.10^{-8}\,\text{C}.$$

La densité surfacique de charges ayant été déterminée précédemment, il en résulte que la charge présente sur la surface de la cellule et non compensée électriquement est égale à :

$$4\pi R^2 \sigma = 4\pi\left(10^{-5}\right)^2 \times 75 \times 10^{-5} \approx 10^{-12}\,\text{C}.$$

Cette valeur est bien négligeable devant la quantité de charges présentes à l'intérieur de la vésicule.
Comme dans le cas de notre vésicule, les milieux intra et extracellulaires pourront donc être considérés comme électriquement neutres.

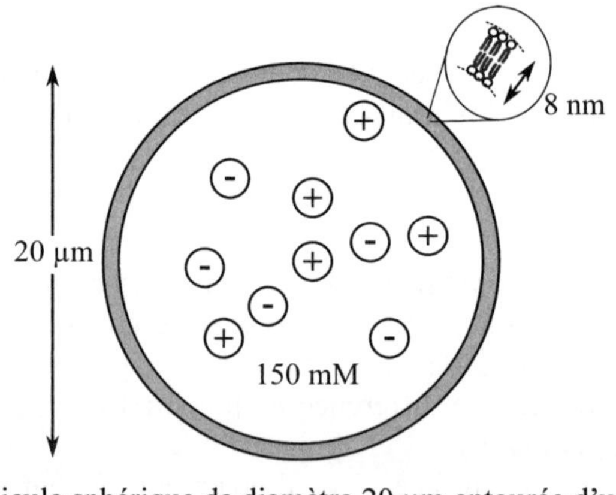

Figure IV.28. Vésicule sphérique de diamètre 20 µm entourée d'une bicouche lipidique de 8 nm d'épaisseur. Elle contient une solution de NaCl en concentration 150 mmol/L.

2.2 Différence de potentiel d'équilibre d'une espèce d'ions donnée

2.2.1 Equation de Nernst-Planck

Considérons les transports unidirectionnels (selon $\vec{u}_x$) d'un type d'ions par diffusion et entraînement. On se place en régime stationnaire et on appelle $\vec{v}$ la vitesse limite atteinte par les particules de charge q soumises à la force $\vec{F} = q\vec{E}$.
Nous admettrons par la suite que les densités de flux de charges définies dans un milieu infini restent valables dans un pore.
En notant $\vec{j}_s$ la densité de flux de particules de soluté (ions) dans un pore :

$$\vec{j}_s = -D\frac{dC}{dx}\,\vec{u}_x + C\vec{v}.$$

Sachant que : $\vec{j} = q\,\vec{j}_s$, on obtient l'expression de la densité de courant :

$$\vec{j} = q\left(-D\frac{dC}{dx}\,\vec{u}_x + C\vec{v}\right).$$

Puisque $\vec{v} = \omega\vec{F} = \omega q\vec{E} = -\omega q\frac{dV}{dx}$ et $D = \omega\, k_B T$, cette expression devient :

$$\vec{j} = -q\,\omega\left[k_B T\frac{dC}{dx} + qC\frac{dV}{dx}\right]\vec{u}_x.$$

C'est l'équation de **Nernst-Planck**.

Remarques

- La densité de courant $\vec{j} = q\left(-D\frac{dC}{dx}\,\vec{u}_x + C\vec{v}\right)$ se simplifie dans les deux cas suivants.

En l'absence de champ électrique ($\Delta C \neq 0, \vec{E} = \vec{0}$) : $\vec{j} = -q\,D\left(dC/dx\right)\vec{u}_x$.

En l'absence de gradient de concentration ($\Delta C = 0, \vec{E} \neq \vec{0}$) : $\vec{j} = qC\vec{v} = \omega q^2 C\vec{E}$.

On retrouve la loi d'Ohm locale abordée au paragraphe 1.7.2 : $\vec{j} = \gamma\vec{E}$ avec $\gamma = \omega q^2 C$.

- Dans le cas d'un transport des particules chargées par diffusion et entraînement, le sens du vecteur densité de courant $\vec{j}$ dépend du terme dominant dans l'expression de $\vec{j}$. $\vec{j}$ n'est donc pas obligatoirement dans le sens de $\vec{E}$ comme c'est le cas dans une solution homogène où $dC/dx = 0$.

2.2.2 Différence de potentiel de Nernst

Lorsqu'un seul type d'ion est perméant, on peut à partir de l'équation de Nernst-Planck définir la condition d'équilibre qui est atteint lorsque $j = 0$. Soit :

$$k_B T\,\frac{dC}{dx} = -Cq\frac{dV}{dx}.$$

En séparant les variables C et V on intègre facilement cette relation sur l'épaisseur de la membrane :

$$-\int_{C_1}^{C_2}\frac{dC}{C} = \frac{q}{kT}\int_{V_1}^{V_2} dV.$$

Soit :

$$U = \left(V_2 - V_1\right) = -\frac{k_B T}{q}\ln\left(\frac{C_2}{C_1}\right).$$

On appelle cette équation la **différence de potentiel (ddp) d'équilibre de Nernst** pour un type d'ions donné.

Remarques

- Il est très important de comprendre que l'équation précédente définit la ddp d'équilibre d'un ion donné (c'est-à-dire U tel que $j = 0$) mais ne fixe pas nécessairement la différence de potentiel transmembranaire U_m. Dans le cas d'une membrane biologique U_m est imposée par une couche d'ions confinés sur une épaisseur de quelques nanomètres au voisinage de la membrane. L'équation de Nernst $C_1/C_2 = \exp(-qU_m/kT)$ indique alors pour une valeur de U_m donnée, le rapport des concentrations pour lequel la densité de flux de courant serait nulle. Si les concentrations changent U_m est modifié *indirectement* car la répartition de charges au voisinage de la membrane est modifiée.

- Dans le cas d'une membrane électriquement neutre séparant deux compartiments qui seraient maintenus à une différence de concentration constante, l'équation de Nernst permet de déterminer la différence de potentiel qui s'établirait entre ces deux compartiments. Lorsqu'on laisse évoluer un système, l'équilibre est atteint quand la densité de courant devient nulle ($j = 0$).
- Lorsque plusieurs ions perméants i de charge q_i sont présents dans une solution, l'équilibre est atteint pour $j = \sum_i j_i = 0$, ou encore $j = \sum_i q_i j_i^s = 0$. Ce cas sera traité dans le paragraphe 2.3.1.

Exemple

On s'intéresse au transport des ions K^+ dont la concentration intracellulaire (C_{int}) vaut 30 à 50 fois la concentration extracellulaire (C_{ext}). A ce rapport de concentration correspond une différence de potentiel de Nernst :

$$U_K = V_{int} - V_{ext} = -\frac{kT}{q}\ln\left(\frac{C_{int}}{C_{ext}}\right).$$

On peut alors distinguer trois cas.

(a) On suppose que l'on peut imposer à l'aide d'une batterie une différence de potentiel transmembranaire U. Si la force électromotrice de la batterie est égale à U_K i.e si $U = U_K$ on obtient une situation d'équilibre entre la diffusion et l'entraînement dû au champ électrique présent dans la membrane. Dans ce cas le flux net des ions potassium à travers la membrane, j_K, est nul (figure IV.29.a). La diffusion continue mais est compensée par un entraînement imposé par le champ électrique $\vec{E}$ ($\vec{j}_e$ et $\vec{j}_d$ sont de sens contraires). Il s'agit d'un équilibre dynamique.
Pour fixer les esprits, considérons un rapport de concentrations en ions K^+, C_{int} / C_{ext}, telles que $U_K = -95$ mV. Si on impose $U = V_{int} - V_{ext} = V_{int} = -95$ mV (on choisit $V_{ext} = 0$), alors $U = U_K$ et par conséquent le flux net $j_K = 0$.

(b) Supposons maintenant que la ddp aux bornes de la batterie soit inférieure à U_K. ($\Delta U = U - U_K < 0$). Le potentiel à l'intérieur de la cellule devient plus négatif (on dit encore que la membrane est hyperpolarisée). Le champ électrique n'est plus en mesure de contrebalancer la diffusion et l'amplitude du flux d'entraînement devient supérieure à celle du flux diffusif ($|j_e| > |j_d|$). Le potassium entre dans la cellule (figure IV.29.b).
Reprenons l'exemple précédent dans lequel $U_K = -95$ mV. Si la batterie impose maintenant une f.e.m. $U = V_{int} < -95$ mV, alors la norme du champ électrique dans

la membrane augmente par rapport à la situation d'équilibre (cas (a)). Par conséquent $|j_e|$ augmente et devient supérieur à $|j_d|$), le flux net j_K est dans le sens de $\vec{j}_e$ (sens de $\vec{E}$ pour des ions positifs).

(b) Si la ddp aux bornes de la batterie est supérieure à U_K ($\Delta U = U - U_K > 0$). Le potentiel à l'intérieur de la cellule devient moins négatif (on dit encore que la membrane est dépolarisée). Alors $|j_e| < |j_d|$ et le potassium quitte la cellule (figure IV.29.c).

Repartons de la situation d'équilibre (cas (a)). Si la batterie impose maintenant une f.e.m. $0 > U = V_{int} > U_K = -95$ mV, alors la norme du champ électrique dans la membrane diminue par rapport à la situation d'équilibre. Par conséquent $|j_e|$ diminue et devient inférieur à $|j_d|$, le flux net j_K est dans le sens de $\vec{j}_d$ (sens opposé de $\vec{E}$ dans cet exemple).

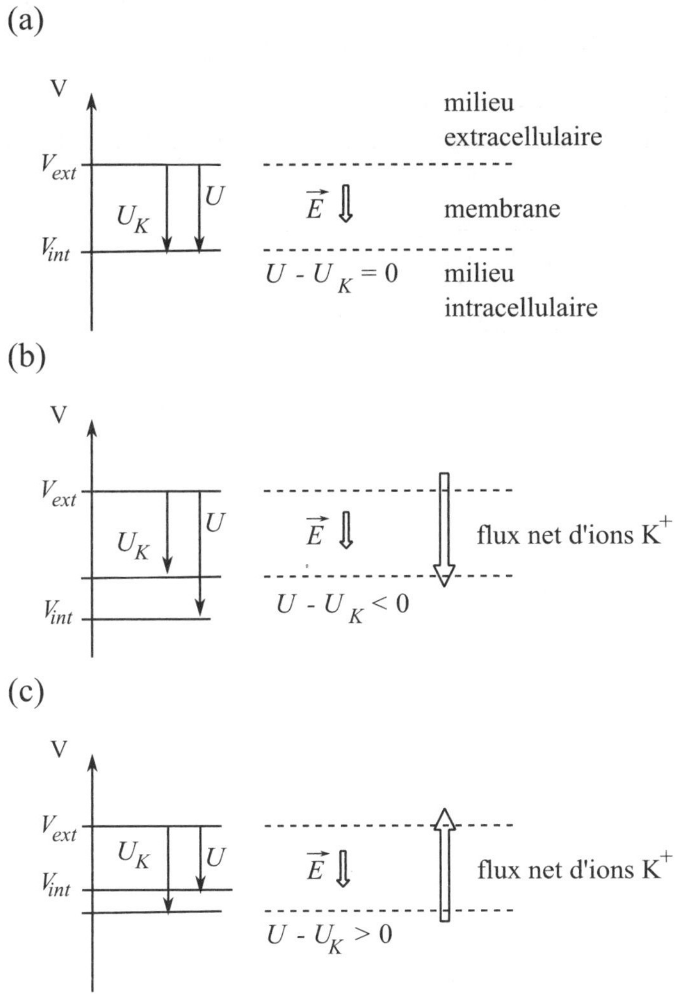

Figure IV.29. Sens du flux net d'ions K^+ en fonction de la polarisation de la membrane (voir texte). Attention : U et U_K sont négatifs.

2.3 Différence de potentiel transmembranaire

2.3.1 Equation de Goldman-Hodgkin-Katz

La ddp de Nernst décrit l'équilibre entre le flux diffusif et celui d'entraînement pour une seule espèce d'ions. Lorsque plusieurs ions perméants sont présents l'équilibre est un équilibre global lié à tous ces ions. Une version plus complexe d'équation de Nernst doit être prise en compte. Nous allons considérer cette situation dans ce paragraphe.

En se plaçant à l'équilibre et en supposant que le champ électrique est constant dans la membrane on peut remplacer dV/dx par U/d où U est la différence de potentiel transmembranaire et d l'épaisseur de la membrane. Avec ces notations la densité de flux de particules dans un pore s'écrit :

$$\vec{j}_S = -\omega\left[k_B T\,\frac{dC}{dx} + Cq\,\frac{dV}{dx}\right] = -\omega k_B T\left[\frac{dC}{dx} + \frac{Cq}{k_B T}\frac{U}{d}\right]$$

où $C = C(x)$ est la concentration *dans la membrane.*

On rappelle qu'en régime stationnaire $\vec{j}_S$ est constant et donc indépendant de x. Seule la concentration C est fonction de x. En séparant les variables C et x on obtient :

$$dx = -\frac{dC}{\dfrac{j_s}{D} + \dfrac{q}{k_B T}\dfrac{U}{d}C}.$$

Soit, en intégrant sur l'épaisseur de la membrane :

$$\int_0^d dx = -\int_{C_1}^{C_2} \frac{dC}{\dfrac{j_s}{D} + \dfrac{q}{k_B T}\dfrac{U}{d}C}.$$

En faisant le changement de variable suivant :

$$u = \frac{j_s}{D} + \frac{q}{k_B T}\frac{U}{d}C \text{ et } dC = \frac{k_B T}{q}\frac{d}{U}du,$$

on obtient :

$$\int_0^d dx = -\frac{k_B T}{q}\frac{d}{U}\int_{u(C_1)}^{u(C_2)} \frac{du}{u}.$$

Soit :

$$d = -\frac{k_B T}{q}\frac{d}{U}\ln\left(\frac{u(C_2)}{u(C_1)}\right).$$

Finalement :

$$d = \frac{k_B T}{q} \frac{d}{U} \ln \left[\frac{\frac{j_s}{D} + \frac{q}{k_B T} \frac{U}{d} C_1}{\frac{j_s}{D} + \frac{q}{k_B T} \frac{U}{d} C_2} \right].$$

On en déduit l'expression de j_s :

$$j_S = q \frac{D}{k_B T} \frac{U}{d} \frac{C_1 e^{-qU/k_B T} - C_2}{1 - e^{-qU/k_B T}}.$$

La densité de courant correspondante à un ion donné s'obtient en multipliant $\vec{j}_S$ par la charge q de l'ion :

$$j = q^2 \frac{D}{k_B T} \frac{U}{d} \frac{C_1 e^{-qU/k_B T} - C_2}{1 - e^{-qU/k_B T}}.$$

L'état stationnaire est atteint lorsque le courant total, c'est-à-dire la somme des courants dus à tous les ions, est nulle. Soit $I = 0$, et par conséquent :

$$j = \sum_i j_i = \sum D \frac{q^2}{k_B T} \frac{U}{d} \frac{C_1 e^{-qU/k_B T} - C_2}{1 - e^{-qU/k_B T}} = 0$$

Nous admettrons ici le principe d'indépendance formulé par Hodgkin et Huxley en 1952 : le flux d'un ion à travers la membrane ne dépend pas du flux des autres ions. Par ailleurs, bien que l'on sache aujourd'hui qu'il existe plus de 50 types de canaux et que le nombre de différentes protéines susceptibles de les former est voisin de mille, nous allons pour simplifier ne considérer ici que les ions K^+, Na^+ et Cl^-. Avec $D = \omega k_B T$ et $q^2 = (\pm e)^2 = e^2$, on peut écrire :

$$\omega^K \frac{C_1^K e^{-eU/k_B T} - C_2^K}{1 - e^{-eU/k_B T}} + \omega^{Na} \frac{C_1^{Na} e^{-eU/k_B T} - C_2^{Na}}{1 - e^{-eU/k_B T}}$$
$$+ \omega^{Cl} \frac{C_1^{Cl} e^{eU/k_B T} - C_2^{Cl}}{1 - e^{eU/k_B T}} = 0$$

Multiplions les numérateur et dénominateur du troisième terme de l'équation précédente par $-e^{-eU/k_B T}$:

$$\omega^{Cl} \frac{C_1^{Cl} e^{eU/k_B T} - C_2^{Cl}}{1 - e^{eU/k_B T}} \times \frac{-e^{-eU/k_B T}}{-e^{-eU/k_B T}} = \omega^{Cl} \frac{C_2^{Cl} e^{-eU/k_B T} - C_1^{Cl}}{1 - e^{-eU/k_B T}}.$$

Puis en multipliant chaque terme par $1 - e^{-eU/k_B T}$, il vient :

$$\omega^K C_2^K + \omega^{Na} C_2^{Na} + \omega^{Cl} C_1^{Cl}$$
$$= e^{-eU/k_B T} \left[\omega^K C_1^K + \omega^{Na} C_1^{Na} + \omega^{Cl} C_2^{Cl} \right].$$

Cette équation fournit la valeur de la différence de potentiel transmembranaire qui annule la somme des courants des trois ions considérés ici :

$$U = -\frac{k_B T}{e} \ln \left(\frac{\omega^K C_2^K + \omega^{Na} C_2^{Na} + \omega^{Cl} C_1^{Cl}}{\omega^K C_1^K + \omega^{Na} C_1^{Na} + \omega^{Cl} C_2^{Cl}} \right).$$

C'est l'équation de Goldman-Hodgkin-Katz.

Supposons par exemple que la concentration en ions Cl^- est négligeable et que la mobilité des ions Na^+ est négligeable devant celle des ions K^+. Dans ces conditions l'équation de Goldman-Hodgkin-Katz se réduit à l'équation de Nernst. Ceci montre que l'équation de Nernst n'est valable que si un seul ion peut traverser la membrane.

2.3.2 Limites du modèle de Goldman-Hodgkin-Katz

L'équation de Goldman-Hodgkin-Katz est très utilisée en raison de sa grande simplicité. Toutefois il ne s'agit pas d'un modèle complet de la relation entre la ddp transmembranaire et les concentrations d'équilibre observées dans les milieux intra et extracellulaire. On peut en particulier considérer les trois aspects décrits ci-dessous.

Hypothèses simplificatrices

L'établissement de l'équation de Goldman-Hodgkin-Katz repose sur des hypothèses :
- L'indépendance des densités de flux des divers ions ;
- La validité de la loi d'Ohm locale même pour des concentrations importantes et la mobilité constante des ions ;
- La distorsion du champ électrique provoquée par d'autres ions n'est pas prise en compte ;
- La section droite du pore et le champ qui y règne sont supposés constants.

Nous savons que ces hypothèses sont une grande simplification de la physique du transport transmembranaire, en particulier l'expérience montre que les courants saturent pour des concentrations fortes.

Présence d'ions non perméants

Nous n'avons considéré que des particules chargées pouvant traverser la membrane. Or il existe dans les milieux intra et extracellualire des macro-ions, par exemple des protéines, non perméantes. Nous allons maintenant montrer, en reproduisant le raisonnement de Donnan, comment déterminer la différence de potentiel transmembranaire ΔV_D due à la présence de ceux-ci. Pour simplifier notre approche considérons une cellule plongée dans une solution (milieu 1) ne comportant que des ions monovalents (Na^+, K^+, Cl^-). A l'intérieur de la cellule (milieu 2), en plus de ces ions, sont présentes des protéines chargées qui ne peuvent pas traverser la membrane (figure IV.30). Considérons une concentration Γ^- de protéines chargées négativement. Considérer que les ions non perméants se trouvent exclusivement à l'intérieur de la cellule, et que leur charge est négative ne changent pas les conclusions mais simplifient les calculs.

Puisque les deux milieux sont globalement neutres écrivons l'égalité des concentrations en ions positifs (+) et négatifs (-) dans chaque milieu :

Milieu extracellulaire (1) : $C_1^+ = C_1^-$,

Milieu intracellulaire (2) : $C_2^+ = C_2^- + \Gamma^-$.

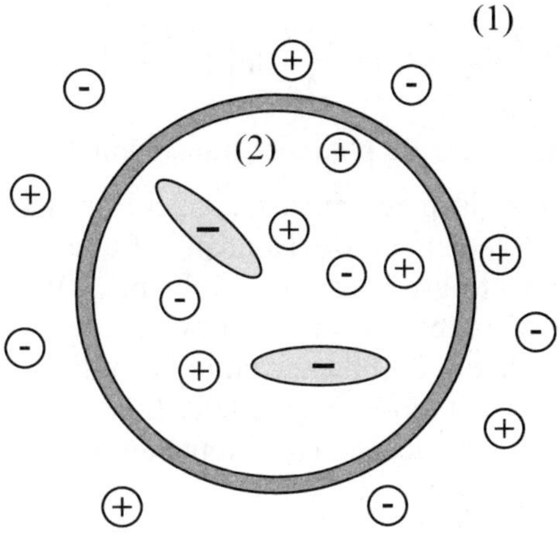

Figure IV.30. Cellule plongée dans une solution (milieu externe) ne comportant que des ions monovalents (Na^+, K^+, Cl^-). L'intérieur de la cellule contient en plus de ces ions, des protéines chargées négativement et non perméantes (ellipses grisées).

Pour les ions perméants la relation de Nernst-Planck $C_2/C_1 = \exp\left(-\frac{ze}{k_B T}\Delta V_D\right)$ est vérifiée avec $\left(V_2 - V_1\right) = \Delta V_D$.

En exprimant cette dernière relation pour les ions chargés positivement ($z = 1$) et pour les ions chargés négativement ($z = -1$), on obtient :

$$\left.\begin{aligned} \frac{C_2^+}{C_1^+} &= e^{-\frac{e}{k_B T}\Delta V_D} \\ \frac{C_2^-}{C_1^-} &= e^{\frac{e}{k_B T}\Delta V_D} \end{aligned}\right\} \Rightarrow C_2^+ C_2^- = C_1^+ C_1^- .$$

Soit :

$$C_2^+ e^{\frac{e}{k_B T}\Delta V_D} C_1^- = C_1^+ e^{-\frac{e}{k_B T}\Delta V_D} C_2^- .$$

Comme le milieu (1) extracellulaire est électriquement neutre ($C_1^+ = C_1^-$), la relation précédente s'exprime en fonction uniquement des concentrations dans le milieu intracellulaire (2) :

$$C_2^+ e^{\frac{2e}{k_B T}\Delta V_D} = C_2^- .$$

Soit :

$$\Delta V_D = \frac{k_B T}{2e}\ln\left(\frac{C_2^-}{C_2^+}\right).$$

Comme le milieu intracellulaire (2) est aussi électriquement neutre ($C_2^+ = C_2^- + \Gamma^-$), la différence de potentiel peut s'exprimer en fonction de la concentration de l'espèce non perméante :

$$\Delta V_D = \frac{k_B T}{2e} \ln\left(\frac{C_2^-}{C_2^+}\right) = \frac{k_B T}{2e} \ln\left(1 - \frac{\Gamma^-}{C_2^+}\right)$$

ΔV_D représente la différence de potentiel transmembranaire en présence des ions ne pouvant pas traverser la membrane. Ce calcul est dû à F. G. Donnan, c'est pourquoi on parle de "potentiel de Donnan". Le calcul avec les valeurs de concentration typiquement observées (voir problème 10) conduit à un potentiel de Donnan de – 10,8 mV. C'est la valeur mesurée de part et d'autre de parois vasculaires mais pas celle qui est obtenue entre les milieux intra et extracellulaires, à moins que la cellule ne soit morte. La modélisation présentée ne repose que sur la notion d'équilibre et ne tient aucunement compte du métabolisme de la cellule.

Transports actifs

Afin d'illustrer cet aspect, considérons les concentrations observées des trois ions (Na^+ K^+ et Cl^-) de part et d'autre de la membrane d'un neurone de chat. Ces valeurs ainsi que les ddp de Nernst correspondantes sont données dans le tableau ci-dessous.

ion	Extérieur de la membrane (mol/m^3)	Intérieur de la membrane (mol/m^3)	ddp de Nernst (mV)
Na^+	150	15	+ 61
K^+	5,5	150	– 88
Cl^-	125	9	– 70

Sachant que la différence de potentiel transmembranaire de l'axone au repos est $U = -70$ mV, examinons plus en détail le sens des flux j_D, j_E et $j = j_D + j_E$ de ces trois ions (figure IV.31) :

- Ions Cl^-

La ddp d'équilibre des ions chlore U_{Cl} est la même que la ddp au repos U de la cellule. Cette condition existe car la perméabilité de la membrane aux ions Cl^- est relativement grande. Leurs concentrations, et donc leur ddp de Nernst, s'ajustent aisément au potentiel de la cellule et en moyenne le flux net des ions Cl^-, j_{Cl} est nul.

- Ions K^+

La ddp d'équilibre du potassium U_K est plus négative (de 18 mV) que U. La valeur de U est donc insuffisante pour annuler le flux net des ions K^+, j_K (E n'est pas assez élevé). L'amplitude du flux d'entraînement est donc inférieure à celle du flux diffusif, et le flux net de potassium est dirigé vers l'extérieur de la cellule (sens du flux diffusif).

- Ions Na^+

La ddp d'équilibre des ions sodium U_{Na} est de 61 mV. Donc les ions sodium sont loin d'être à l'équilibre et le flux de Na^+ est dirigé de l'extérieur vers l'intérieur de la cellule (les flux d'entraînement et de diffusion sont dans le même sens). Or on constate (tableau ci-dessus) que la concentration en ions Na^+ dans le milieu extracellulaire est plus grande que celle dans le milieu intracellulaire !

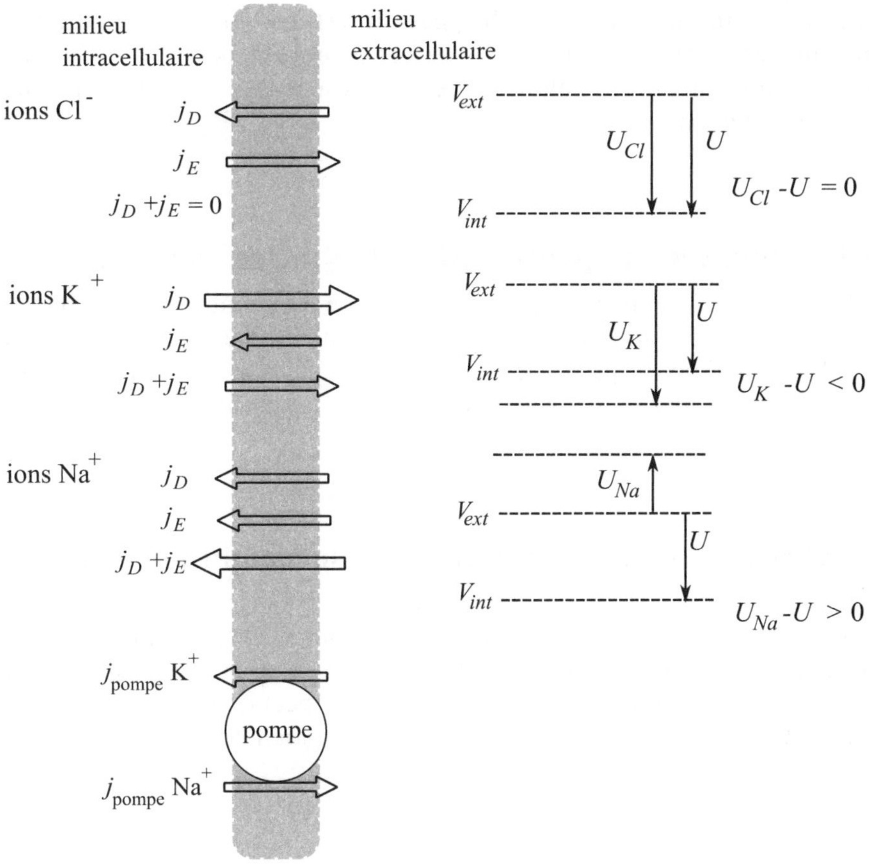

Figure IV.31. Modèle illustrant les flux transmembranaires des ions Na^+, K^+ et Cl^- : les transports passifs dus à la diffusion (j_D) et à l'entraînement (j_E) sont représentés par des flèches. Le sens de la densité de flux net ($j_D + j_E$) est également représenté pour chaque type d'ions. Les pompes à Na^+ et K^+ transportent ces ions dans le sens contraire à la densité de flux net. Ces transports consomment de l'énergie (transport actif). U est la ddp transmembranaire, U_{Na}, U_K et U_{Cl} sont les ddp de Nernst des ions respectivement Na^+, K^+ et Cl^-.

Ni le flux net de sodium ni celui de potassium ne sont nuls. Si le potentiel transmembranaire de l'axone au repos correspondait à celui calculé par l'équation de Goldman-Hodgkin-Katz, l'état d'équilibre exigeant que la somme des trois courants soit nulle, il faudrait donc que le flux net de potassium compense celui de sodium. Le sodium du milieu extracellulaire viendrait remplacer le potassium du milieu intracellulaire.

Pour maintenir les concentrations constantes de chaque côté de la membrane le potassium et le sodium doivent donc également être transportés par un mécanisme supplémentaire. Ce transport se fait dans le sens des concentrations croissantes et nécessite donc de l'énergie. Cette énergie lui est fournie par une pompe Na-K qui transporte les ions en consommant de l'énergie. Nous n'étudierons pas dans cet ouvrage ce type de transport dit actif, mais son existence est démontrée par le fait que lorsqu'on tue la cellule les concentrations intra et extracellulaires (et la d.d.p. transmembranaire) sont en accord avec Nernst (équilibre de tous les ions).

Malgré les limites que nous venons de présenter, le modèle de Goldman-Hodgkin-Katz nous fournit une très bonne première approche de l'équilibre transmembranaire de particules chargées. Il est en particulier suffisant pour comprendre comment la perturbation de cet équilibre conduit à la transmission d'information le long d'une cellule nerveuse. C'est ce que nous allons décrire dans le paragraphe suivant.

3 Introduction à la propagation de l'influx nerveux

En 1905 Ludvig Herman a proposé de modéliser la membrane d'une cellule par une capacité et une résistance de fuite qui rendait compte du transport des ions à travers la membrane. A partir de cette date il a été admis que la réponse d'une membrane à un stimulus pouvait être décrite en utilisant la théorie des circuits électriques.

3.1 Circuit électrique équivalent d'une membrane biologique

D'une part, la membrane oppose une résistance au passage des particules chargées. La densité de flux de charges et donc le courant électrique qui la traverse est proportionnel à la ddp transmembranaire. D'autre part, la membrane associe une accumulation de charges à cette ddp. La membrane peut donc être modélisée par un circuit électrique comportant une résistance en parallèle avec un condensateur (figure IV.32).

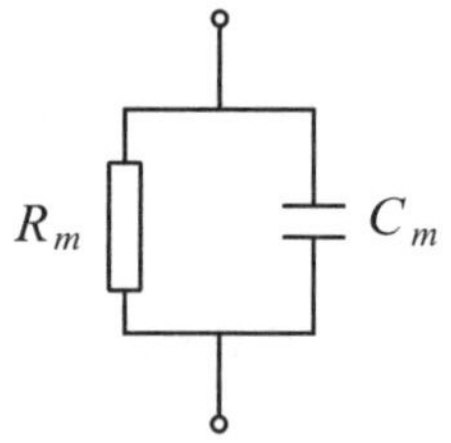

Figure IV.32. Modèle électrique équivalent d'une membrane biologique.

Remarque

On pourrait créer un modèle plus complet (par exemple en ajoutant une source de courant modélisant la pompe et les transports actifs) mais nous nous limiterons ici à ce modèle simple.

3.1.1 Résistance d'une membrane biologique

Connaissant la résistivité du milieu qui forme la membrane cellulaire ρ_m ainsi que sa géométrie (figure IV.33) on peut déterminer la résistance de la membrane en utilisant la relation obtenue au paragraphe 1.8.1 :

$$R_m = \frac{\rho_m h}{S},$$

où S est la surface de chaque feuillet de la membrane et h son épaisseur.

Pour un axone non myélinisé (voir paragraphe 3.2) la résistivité de la membrane au repos est de l'ordre de $\rho_m = 1{,}6.10^7\ \Omega$.m.

3.1.2 Constante diélectrique et capacité d'une membrane biologique

La membrane d'une cellule biologique est chargée positivement sur son feuillet externe et négativement sur son feuillet interne. Les charges portées par ces deux feuillets sont égales et opposées. Le rayon de courbure locale est bien inférieur à l'épaisseur h de la membrane. Par conséquent, dans la membrane le champ électrique E peut être considéré comme créé par deux plans supposés infinis. Dans cette approximation du condensateur plan la capacité de la membrane s'écrit :

$$C_m = \frac{S\,\varepsilon_r\,\varepsilon_o}{h}$$

où ε_r est la constante diélectrique du milieu.

Cette approximation est trop grossière et donne une valeur de ε_r éloignée des valeurs expérimentales.

Expression de ε_r

La figure IV.33 représente un modèle naïf de la membrane biologique (on néglige la présence des protéines membranaires). On considère que celle-ci est constituée d'une bicouche lipidique de constante diélectrique ε_r que l'on cherche à déterminer. La membrane est composée de deux milieux : les chaînes aliphatiques de longueur totale b, de constante diélectrique $\varepsilon_{rb} \cong 2$ et les têtes polaires de longueur totale a et de constante diélectrique $\varepsilon_{ra} \cong 50$.

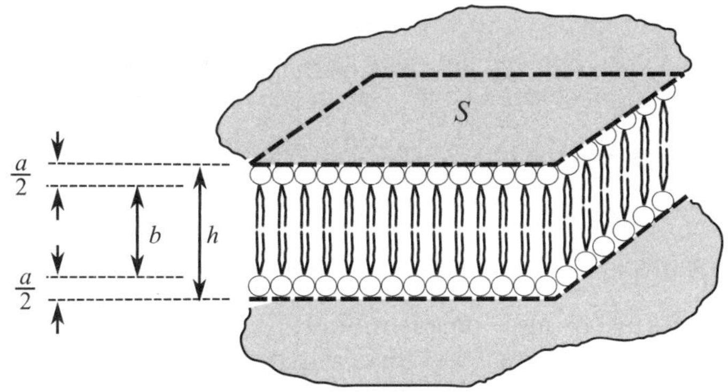

Figure IV. 33. Représentation schématique d'une bicouche lipidique modèle de membrane biologique plongée dans l'eau (schématisée en gris). Les têtes polaires de la bicouche constitue un milieu d'épaisseur totale a et de constante diélectrique ε_{ra}, alors que les chaînes aliphatiques constitue un milieu d'épaisseur totale b et de constante diélectrique ε_{rb}.

La figure IV.34.a est une représentation schématique de cette membrane où l'on a simplement rassemblé la partie polaire (têtes des lipides) d'épaisseur a. Pour calculer la constante diélectrique ε_r de la membrane, on remarque que la figure IV.34.b se distingue de la figure IV.34.a par le fait que l'on a remplacé, à l'interface entre les deux milieux, la charge nulle par une répartition fictive de charges positives et négatives dont la somme est nulle. On fait ainsi apparaître deux condensateurs plans, l'un de capacité :

$$C_a = \frac{S\,\varepsilon_{ra}\,\varepsilon_o}{a},$$

et l'autre de capacité :

$$C_b = \frac{S\,\varepsilon_{rb}\,\varepsilon_o}{b}$$

où S est la surface de chaque feuillet de la membrane.

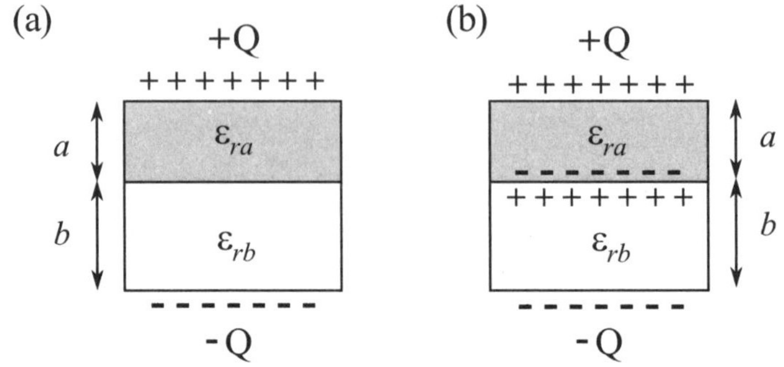

Figure IV.34. (a) : représentation schématique de la membrane modèle de la figure IV.10 où l'on a rassemblé la partie polaire (têtes des lipides) d'épaisseur a. (b) : à l'interface entre les deux milieux, la charge nulle est remplacée par une répartition fictive de charges positives et négatives dont la somme est nulle de manière à faire apparaître deux condensateurs plan.

Ces deux condensateurs en série sont équivalents à un condensateur de capacité :

$$C = \frac{S\,\varepsilon_r\,\varepsilon_o}{a+b} = \frac{S\,\varepsilon_r\,\varepsilon_o}{h}$$

où $h = a + b$ est l'épaisseur de la bicouche lipidique.

On veut expliciter ε_r en fonction des caractéristiques des deux condensateurs "en série". L'association de deux condensateurs en série permet d'écrire :

$$C = \frac{1}{\frac{1}{C_a} + \frac{1}{C_b}}.$$

En remplaçant les capacités par leurs expressions respectives, on obtient :

$$\frac{S\,\varepsilon_r\,\varepsilon_o}{h} = \frac{1}{\frac{a}{S\,\varepsilon_{ra}\,\varepsilon_o} + \frac{b}{S\,\varepsilon_{rb}\,\varepsilon_o}}.$$

On en déduit :

$$\varepsilon_r = \frac{d}{\frac{a}{\varepsilon_{ra}} + \frac{b}{\varepsilon_{rb}}} \Leftrightarrow \varepsilon_r = \frac{a+b}{\frac{a}{\varepsilon_{ra}} + \frac{b}{\varepsilon_{rb}}}.$$

La relation précédente se généralise aisément à un milieu diélectrique composé de n couches d'épaisseur d_i et de constante diélectrique ε_{ri} :

$$\varepsilon_r = \frac{\sum_{i=1}^{n} h_i}{\sum_{i=1}^{n} \frac{h_i}{\varepsilon_{ri}}} = \frac{h}{\sum_{i=1}^{n} \frac{h_i}{\varepsilon_{ri}}}.$$

3.2 Propagation d'une perturbation électrique le long d'un axone

Un axone (ou fibre nerveuse) correspond au prolongement du corps cellulaire d'un neurone. Il s'agit d'une cellule cylindrique dont la longueur est très grande devant son rayon r (figure IV.35.a). Il comprend un axoplasme entourée d'une membrane lipidique. Les figures IV.35.b et c représentent respectivement une tranche de cet axone d'épaisseur Δx et le circuit électrique modélisant cette tranche. Nous allons utiliser ce circuit équivalent pour décrire la variation de potentiel le long de la membrane d'un axone non myélinisé (nous traiterons le cas de l'axone myélinisé à la fin de ce paragraphe).

En plus du courant « de fuite » i_m à travers la membrane de l'axone, il faut aussi décrire le courant i_a le long de l'axe x du cylindre à l'intérieur de la cellule (axoplasme) et dans le milieu extracellulaire. Ces deux milieux sont décrits par des résistances R_a et R_e qui dépendent de la résistivité et de la géométrie des milieux respectifs. On admet que les résistivités de l'axoplasme et du milieu extérieur sont égales et puisque la section de fluide extérieur est très supérieure à celle de l'axoplasme, $R_e << R_a$. Dans ce qui suit, on négligera la résistance R_e.

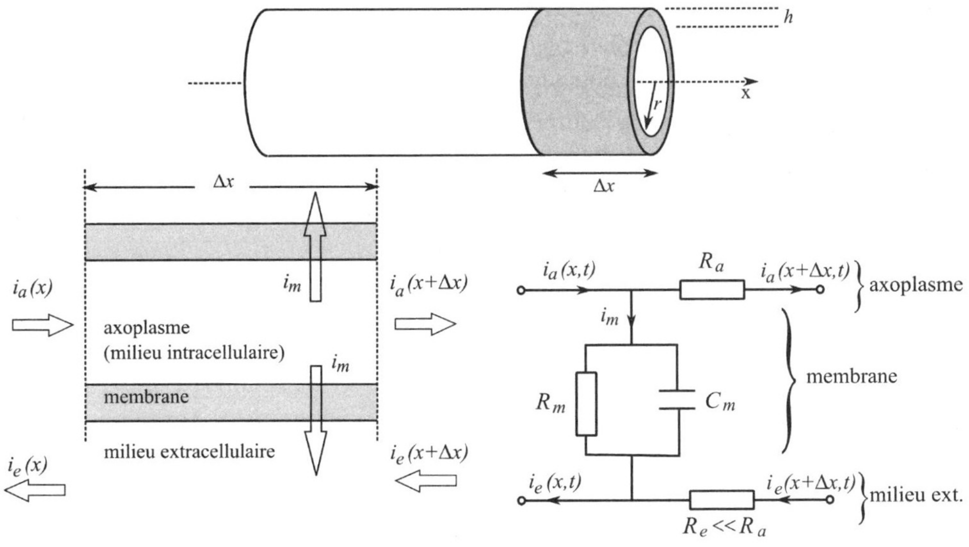

Figure IV.35. Représentation schématique d'un axone de rayon r (en haut) et du circuit équivalent (à droite) correspondant à une portion de longueur Δx de celui-ci (à gauche).

Dans un axone au repos on mesure une différence de potentiel transmembranaire $U = V_{int} - V_{ext} = -70$ mV. Le milieu extérieur étant un volume équipotentiel, on le choisit comme origine des potentiels : $V_{ext} = 0$ (ceci revient à considérer $R_e = 0$). On peut à l'aide de deux électrodes, l'une située dans le milieu extracellulaire au voisinage immédiat de l'axone et l'autre dans l'axoplasme, imposer localement et pendant une durée déterminée une ddp différente ($-$ 60 mV par exemple). Cette impulsion excitatrice (perturbation électrique) fait apparaître un courant dans l'axoplasme et donc une variation spatiotemporelle du potentiel $V_{int} = V(x,t)$ le long de l'axone.

Expression du potentiel $V(x)$ aux temps longs

Dans un premier temps, nous nous intéressons à la valeur du potentiel aux temps longs. Lorsque l'état stationnaire est atteint, la ddp transmembranaire U ne dépend plus du temps et donc il n'y a plus de courant qui circule dans le condensateur $i = C(\partial U / \partial t) = 0$. On peut donc retirer le condensateur du circuit équivalent et dans ces conditions le potentiel V ne dépend que de la position x dans l'axone (V indépendant du temps).
Le circuit équivalent correspondant à une portion de longueur Δx de l'axone devient celui représenté à la figure IV.36.

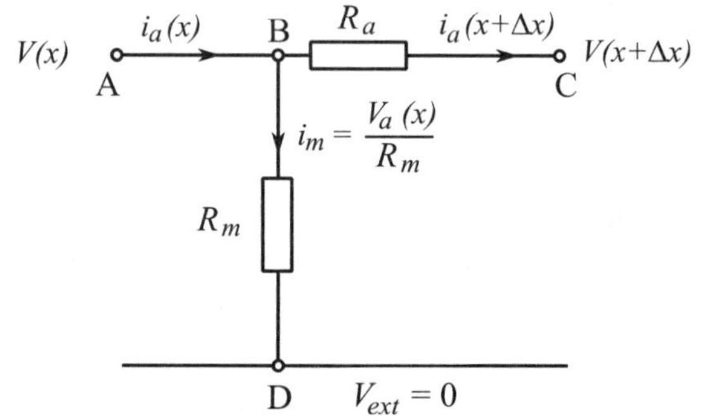

Figure IV.36. Circuit électrique équivalent à une portion d'axone de longueur Δx. Pour obtenir l'expression du potentiel $V(x)$ aux temps longs dans l'axone, l'effet de la capacité est négligé.

Obtenons d'abord les expressions des résistances R_a et R_m en fonction des caractéristiques de l'axone.
Le long de l'axone le courant circule dans un milieu de résistivité ρ_a, de longueur Δx et de section $S_a = \pi r^2$. La résistance de la portion d'axoplasme est donc :

$$R_a = \rho_a \frac{L}{S_a} = \frac{\rho_a \Delta x}{\pi r^2}.$$

Le courant i_m représente le courant « de fuite » qui traverse la membrane. Le segment de longueur Δx a une section $S_m = 2\pi r \Delta x$ et une épaisseur h, épaisseur de la membrane (figure IV.37). La résistance de ce segment est donc :

$$R_m = \rho_m \frac{L}{S_m} = \frac{\rho_m h}{2\pi r \Delta x}.$$

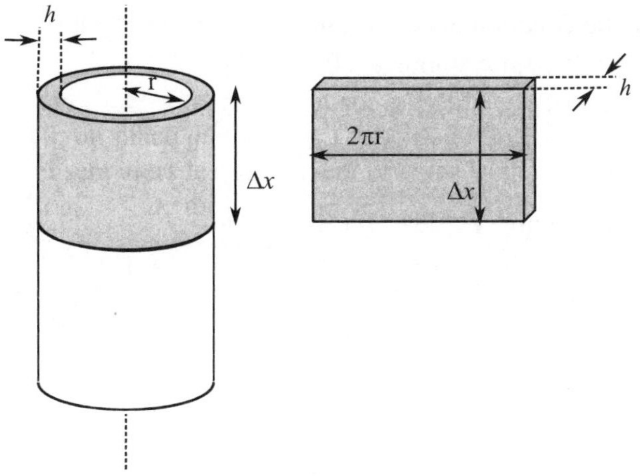

Figure IV.37. Portion de membrane, de longueur Δx, d'épaisseur h et de rayon r, (représentations 3D et déroulée). L'approximation de membrane plane est utilisée dans les calculs de sa résistance et de sa capacité.

En appliquant la loi des nœuds au point B et la loi d'Ohm entre les points B et D (figure IV.36) :

$$i_a(x) - i_a(x+\Delta x) = i_m = \frac{V(x)}{R_m}.$$

Pour Δx petit, on peut écrire (définition de la différentielle) :

$$i_a(x) - i_a(x+\Delta x) = -\frac{di_a(x)}{dx}\Delta x,$$

et en remplaçant R_m par son expression, on obtient alors :

$$-\frac{di_a}{dx} = V(x)\frac{2\pi r}{\rho_m h}.$$

De même, en appliquant la loi d'Ohm entre les points B et C (figure IV.36), on obtient :

$$V(x) - V(x+\Delta x) = i_a(x+\Delta x)R_a.$$

En appliquant la définition de la différentielle :

$$-\frac{dV}{dx}\Delta x = \left[i_a(x) + \frac{di_a}{dx}\Delta x\right]R_a.$$

En remplaçant R_a par son expression et en négligeant le terme en $(\Delta x)^2$, on obtient enfin :

$$-\frac{dV}{dx} = i_a\frac{\rho_a}{\pi r^2}.$$

On dérive cette dernière relation par rapport à x et en la combinant avec la précédente on obtient enfin :

$$\frac{d^2V(x)}{dx^2} = -\frac{di_a}{dx}\frac{\rho_a}{\pi r^2} = V(x)\frac{2\rho_a}{\rho_m r h}.$$

Cette relation est homogène et peut se réécrire :

$$\frac{d^2V}{dx^2} = \frac{V}{\lambda^2},$$

où $\lambda = \sqrt{\rho_m r h / 2\rho_a}$ a la dimension d'une longueur.

La solution de cette équation différentielle (voir annexe 5) est :

$$V(x) = V(0)e^{-x/\lambda} \text{ pour } x > 0,$$

$$V(x) = V(0)e^{x/\lambda} \text{ pour } x < 0.$$

En s'éloignant de l'électrode excitatrice le potentiel décroît exponentiellement le long de la fibre (figure IV.38). La longueur caractéristique, λ, sur laquelle s'effectue cette décroissance dépend des résistivités respectives de l'axoplasme et du milieu extérieur ainsi que des caractéristiques géométriques.

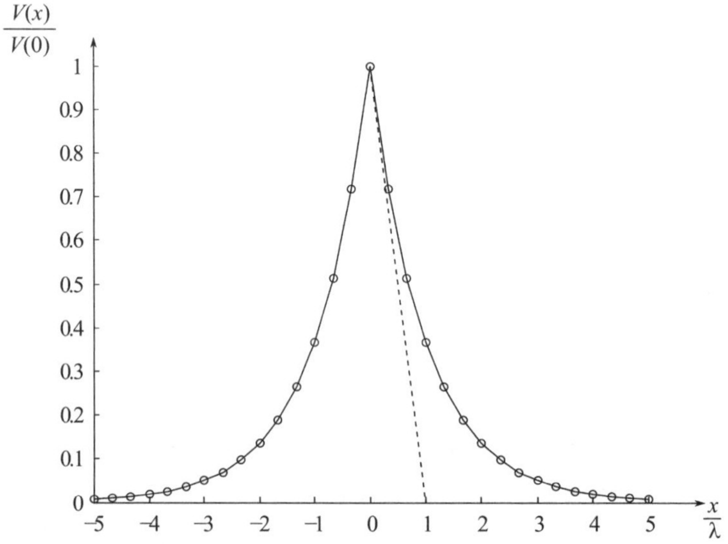

Figure IV.38. Variation du potentiel le long de l'axone. $x = 0$ correspond à la position où l'on a implanté l'électrode excitatrice. Pour x de l'ordre de 5λ, $V(x) \approx 0$.

Remarques

- Les mêmes relations permettent d'exprimer les courants i_m et i_a. On montre facilement que ces deux courants présentent la même dépendance exponentielle que le potentiel électrique :

$$i_m(x) = i_m(0)e^{-x/\lambda} \text{ pour } x > 0 \text{ et } i_m(x) = i_m(0)e^{x/\lambda} \text{ pour } x < 0,$$

$$i_a(x) = i_a(0)e^{-x/\lambda} \text{ pour } x > 0 \text{ et } i_a(x) = i_a(0)e^{x/\lambda} \text{ pour } x < 0.$$

- On peut estimer l'ordre de grandeur de λ. Avec $\rho_m = 10^8$ Ω.m, $\rho_a = 2$ Ω.m, $r = 10^{-6}$ m et $h = 10^{-8}$ m, on obtient :

$$\lambda = \left(\frac{\rho_m\, r\, h}{2\rho_a}\right)^{1/2} = \left(\frac{10^8 \times 10^{-6} \times 10^{-8}}{2 \times 2}\right)^{1/2} = 0,5.10^{-3} \text{ m} = 0,5 \text{ mm}.$$

La distance entre deux nœuds de Ranvier varie de 0,2 à 2 mm. L'ordre de grandeur obtenu est donc retrouvé par ce modèle simple.

Variation spatio-temporelle de V. Prise en compte de la capacité de la membrane

Pour obtenir la dépendance spatio-temporelle du potentiel dans l'axone on doit tenir compte à la fois la résistance de fuite R_m et de la capacité C_m de la membrane. Le circuit équivalent est maintenant celui de la figure IV 39.

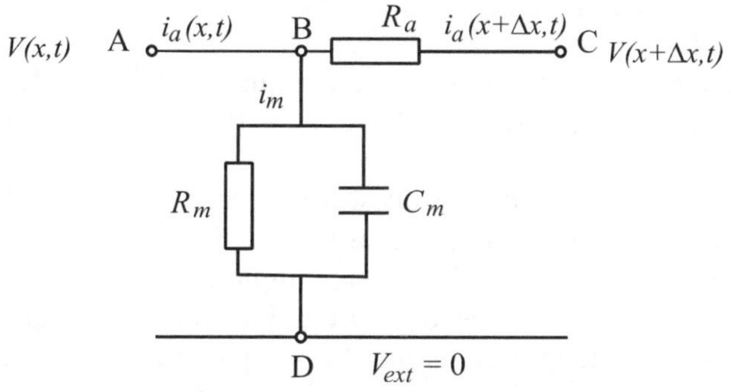

Figure IV.39. Circuit électrique équivalent à une portion d'axone de longueur Δx. Pour obtenir l'expression spatio-temporelle du potentiel $V(x,t)$ dans l'axone, l'effet de la capacité membranaire C_m est prise en compte.

Le courant de fuite i_m à travers la membrane est la somme du courant circulant dans la résistance R_m et de celui circulant dans la capacité C_m :

$$i_m(x,t) = \frac{V(x,t)}{R_m} + C_m \frac{\partial V(x,t)}{\partial t}.$$

La valeur de la capacité du segment d'axone de longueur Δx est :

$$C_m = \frac{\varepsilon_r\, \varepsilon_0\, S_m}{h} = \frac{\varepsilon_r\, \varepsilon_0\, 2\pi r \Delta x}{h}.$$

On reprend le raisonnement précédent avec la nouvelle expression de i_m. La loi des nœuds au point B (figure IV.39) s'écrit :

$$i_a(x,t) - i_a(x+\Delta x,t) = i_m(x,t),$$

soit :

$$-\frac{\partial i_a(x,t)}{\partial x} = V(x,t)\frac{2\pi r}{\rho_m h} + \frac{\partial V(x,t)}{\partial t}\frac{\varepsilon_r\, \varepsilon_0\, 2\pi r}{h}.$$

La loi d'Ohm entre les points B et C (figure IV.39) donne :

$$V(x,t) - V(x+\Delta x,t) = i_a(x+\Delta x,t)\, R_a,$$

soit :

$$-\frac{\partial V(x,t)}{\partial x}\Delta x = \left[i_a(x,t) + \frac{\partial i_a(x,t)}{\partial x}\Delta x \right] \frac{\rho_a \Delta x}{\pi r^2},$$

ou encore, en négligeant le terme en $(\Delta x)^2$:

$$-\frac{\partial V(x,t)}{\partial x} = i_a(x,t)\frac{\rho_a}{\pi r^2}.$$

En dérivant cette équation par rapport à x, on obtient :

$$\frac{\partial^2 V(x,t)}{\partial x^2} = -\frac{\partial i_a(x,t)}{\partial x}\frac{\rho_a}{\pi r^2}.$$

En remplaçant $-\partial i_a(x,t)/\partial x$, on obtient finalement :

$$\frac{\partial^2 V(x,t)}{\partial x^2} = V(x,t)\frac{2\rho_a}{\rho_m r h} + \frac{\partial V(x,t)}{\partial t}\frac{2\varepsilon_r \varepsilon_0 \rho_a}{r h}.$$

En utilisant l'expression de la longueur caractéristique λ, cette dernière relation se réécrit :

$$\frac{\partial^2 V(x,t)}{\partial x^2}\lambda^2 = V(x,t) + \frac{\partial V(x,t)}{\partial t}\tau,$$

où $\tau = R_m\, C_m = \rho_m\, \varepsilon_r\, \varepsilon_0$ est un temps caractéristique indépendant de la géométrie de la membrane. Avec $\rho_m = 10^8$ Ω.m, $\varepsilon_r \approx 8$ et $\varepsilon_0 = 10^{-9} / (36\,\pi) \approx 8{,}84.10^{-12}$ S.I., on obtient $\tau \approx 7.10^{-3}$ s.

On retrouve l'équation différentielle du second ordre établie par Lord Kelvin en 1854 pour étudier la propagation du signal le long du câble transatlantique destiné à la télégraphie (Pour obtenir l'équation complète permettant de décrire cette transmission il est essentiel de prendre en compte l'inductance du câble. Dans le cas de la propagation le long d'un axone il n'y a pas d'effet inductif). On étudiera la solution de cette équation dans trois cas : une variation spatiale, une variation temporelle et une variation spatio-temporelle.

Variation spatiale

Lorsqu'on injecte, *en continu*, un courant faible par une des électrodes en x il s'établit (après un temps court $t > 5\tau$) une variation du potentiel $V(x)$ indépendante du temps. On peut alors ne pas tenir compte du terme $\tau\left(\partial V(x,t)/\partial t\right)$ dans l'équation précédente. Ceci revient à négliger l'effet capacitif de la membrane et on retrouve l'équation et la solution discutée plus haut.

Variation temporelle

En introduisant un fil conducteur dans l'axoplasme sur toute sa longueur alors qu'une électrode concentrique entoure l'axone sur la même longueur, on rend la valeur de V indépendante de x. Dans ces conditions $\partial^2 V(x,t)/\partial x^2 \approx 0$ et l'équation différentielle devient :

$$V(t) + \frac{dV(t)}{dt}\tau \simeq 0,$$

dont la solution est $V(t) = V(0)e^{-t/\tau}$.

Cas général

La résolution de l'équation de Kelvin dans le cas général n'est pas simple et sort du cadre de ce livre. L'étalement spatio-temporel d'une perturbation locale est présenté sur la figure IV.40. On peut montrer que $V(x,t) = e^{-t/\tau}\, w(x,t)$.

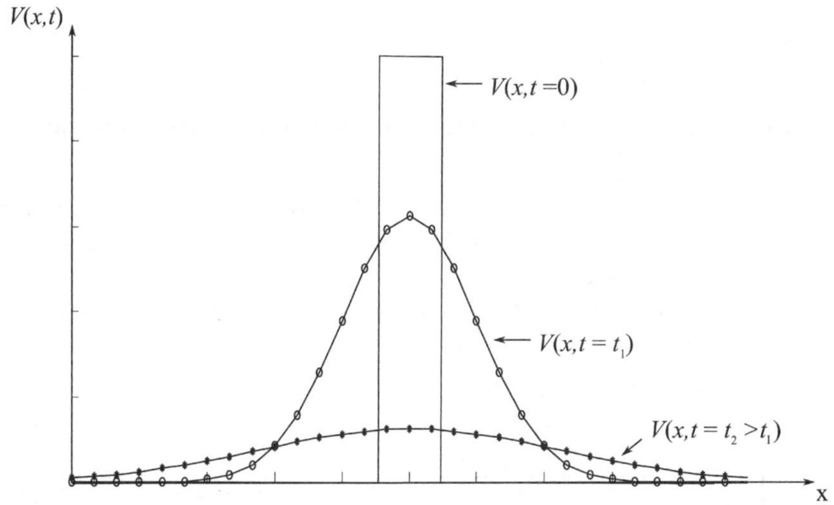

Figure IV.40. Variation, à des instants différents, de la dépolarisation localisée initialement (à $t = 0$) sur l'électrode (en $x = 0$). A t_1, V(x = 0) diminue et la dépolarisation se propage en dehors de l'électrode. A t_2, V(x = 0) est encore plus faible et la dépolarisation se propage encore davantage le long de l'axone. Sur l'électrode, $V(x=0,t) \simeq e^{-t/\tau}$.

Relation entre les équations de Kelvin et de Fick

Considérons un potentiel de la forme $V(x,t) = e^{-t/\tau}\, w(x,t)$ et cherchons les conditions pour qu'un tel potentiel soit solution de l'équation de Kelvin. En remplaçant cette expression dans l'équation de Kelvin :

$$\lambda^2 \frac{\partial^2}{\partial x^2}\left[e^{-t/\tau}\, w(x,t)\right] = \left[e^{-t/\tau}\, w(x,t)\right] + \tau \frac{\partial}{\partial t}\left[e^{-t/\tau}\, w(x,t)\right],$$

on obtient :

$$\lambda^2 \frac{\partial^2 w(x,t)}{\partial x^2} - \tau \frac{\partial w(x,t)}{\partial t} = 0.$$

En définissant un coefficient de diffusion $D = \lambda^2/\tau$, la relation ci-dessus se réécrit :

$$\frac{\partial w}{\partial t} = D \frac{\partial^2 w}{\partial x^2}.$$

On retrouve donc l'équation de diffusion (2e loi de Fick). Ce résultat n'est pas surprenant, la loi d'Ohm ayant été établie à partir de la diffusion de particules chargées.

Vitesse de propagation de la dépolarisation

Les deux seules grandeurs caractéristiques de l'évolution de $V(x,t)$ sont λ et τ. On peut donc donner un ordre de grandeur de la vitesse de propagation de la dépolarisation :

$$c \approx \frac{\lambda}{\tau} = \left(\frac{1}{\rho_m \, \varepsilon_r \, \varepsilon_o} \sqrt{\frac{h \, \rho_m}{\rho_a}} \right) \sqrt{r} \, .$$

Avec les valeurs définies précédemment on retiendra comme ordre de grandeur $c \approx 100\sqrt{r}$.

Nous avons jusqu'à maintenant discuté du comportement des fibres non myélinisées qui constituent environ 75% de nos fibres nerveuses. La myéline considérée comme une réserve nutritive pour l'axone joue le rôle d'un isolant électrique. Elle présente des étranglements appelés noeuds de Ranvier (figure IV.41). Ils joueront une rôle important dans le modèle de la propagation du potentiel d'action de Hodgkin et Huxley (voir paragraphe 3.3).

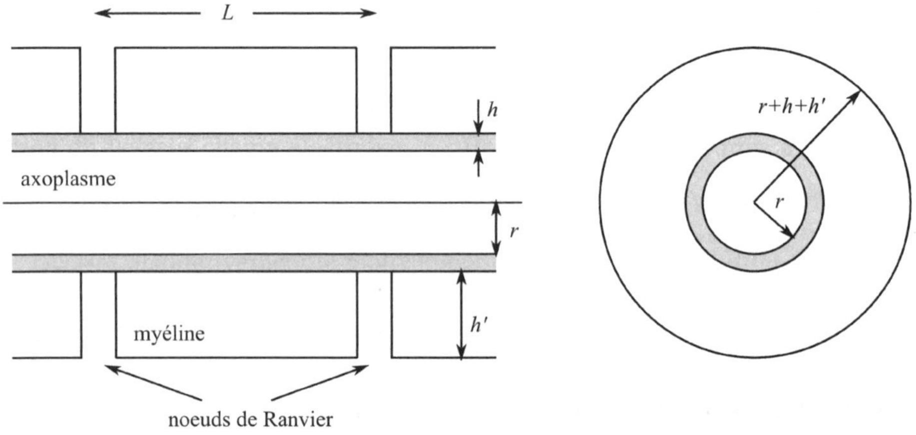

Figure IV.41. Représentation schématique de la structure d'une fibre myélinisée. Les échelles ne sont pas respectées : 200 $(r + h + h') \approx 0{,}2\,\lambda$, et $h << r$. Dans un corps humain r varie entre 0,5 et 10 µm.

La présence de cette gaine de myéline modifie la résistivité de la membrane, sa capacité et sa géométrie. Les valeurs de λ et τ ne sont pas les mêmes que pour une fibre non myélinisée et l'on trouve une valeur de la vitesse de propagation de la dépolarisation c' plus élevée. Si l'on prend une valeur pour l'épaisseur de la membrane avec la gaine de myéline, $h + h'$, on obtient :

$$c' \approx \left(\frac{1}{\rho_m \, \varepsilon_r \, \varepsilon_o} \sqrt{\frac{(h + h')\, \rho_m}{\rho_a}} \right) \sqrt{r} \, .$$

En introduisant l'expression de la vitesse de propagation de la dépolarisation dans une fibre non myélinisée :

$$c' \approx \left(\frac{1}{\rho_m \, \varepsilon_r \, \varepsilon_o} \sqrt{\frac{(h + h')\, \rho_m}{\rho_a}} \right) \sqrt{r} \Leftrightarrow c' \approx c \sqrt{\frac{h + h'}{h}} \, .$$

Avec $h = 10^{-8}$ m et $h + h' = 2.10^{-6}$ m :

$$c' \approx 14\,c \, .$$

La myéline permet donc une transmission plus rapide de l'influx nerveux.

3.3 Modèle de Hodgkin et Huxley

Une analyse des solutions de l'équation de Kelvin montre que la perturbation électrique ne peut pas se propager sur des distances significativement supérieures à λ le long de l'axone. Le modèle que nous venons d'établir est donc insuffisant pour expliquer la propagation de l'information le long de l'axone. Il est vrai pour l'axone tant que la dépolarisation $V(x,t)$ reste petite.

Lorsque la dépolarisation dépasse une certaine valeur seuil (environ 20 mV) on observe un phénomène complètement différent : le potentiel transmembranaire augmente brusquement et atteint une valeur positive puis décroît à une valeur d'environ –80 mV pour finalement atteindre sa valeur de repos d'environ –70 mV (figure IV.42). Ce potentiel d'action se propage sur toute la longueur de l'axone. Il résulte de l'ouverture et de la fermeture successives de canaux ioniques spécifiques pour les ions Na^+ et K^+.

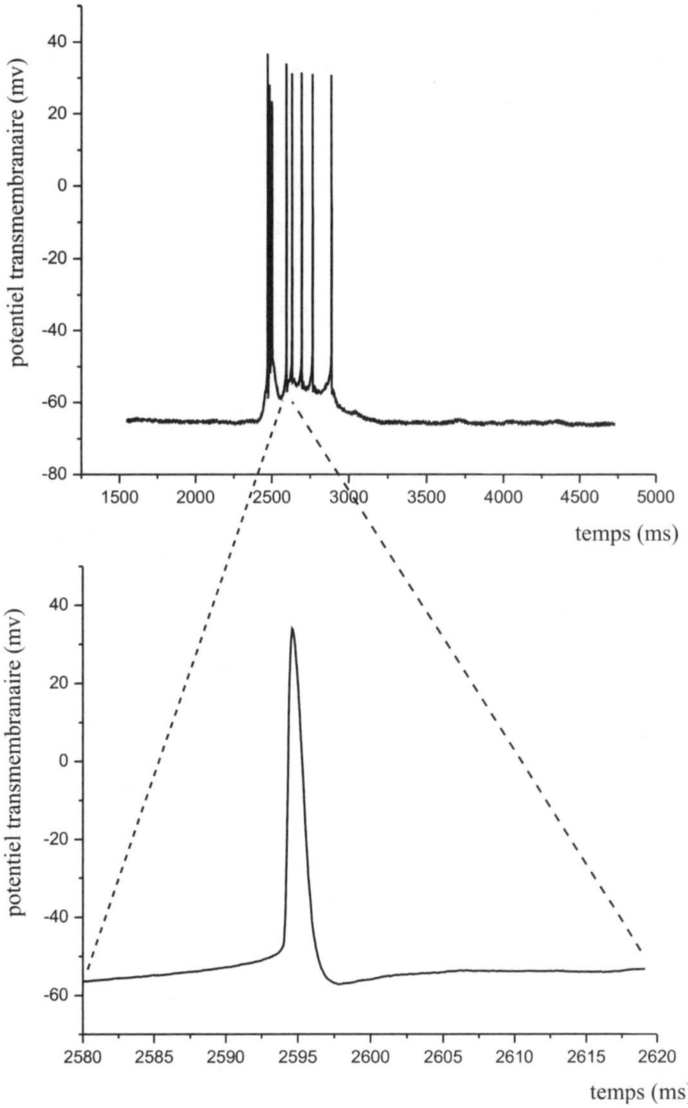

Figure IV.42. Enregistrement d'un potentiel d'action d'un neurone pyramidal de souris (Merci à Francesca Anselmi et Aurélien Bègue, *Neurophysiology & New Microscopies Laboratory Université Paris Descartes, INSERM U603 - CNRS UMR 8154*).

Cette description par Hodgkin et Huxley des mécanismes ioniques impliqués dans l'excitation et l'inhibition dans les parties centrale et périphérique de la membrane des cellules nerveuses a été couronnée par le prix Nobel de médecine en 1963. Nous allons présenter succinctement ces mécanismes et les inclure dans notre modèle électrique de la membrane.

Description qualitative

Reprenons l'expérience décrite plus haut dans laquelle on insère une électrode tout le long de l'axone assurant ainsi que le potentiel ne dépende pas de la position x dans l'axone ($\partial^2 V/\partial x^2 \approx 0$). Cette fois on crée une forte perturbation du potentiel et on mesure le courant transmembranaire. L'évolution observée est présentée à la figure IV.43. On observe trois étapes de l'évolution du courant :

- D'abord l'apparition d'un courant qui décroît exponentiellement en quelques microsecondes.
- Ensuite, pendant environ 2 millisecondes, un courant entrant du milieu extérieur vers l'intérieur de la cellule.
- Enfin un courant sortant.

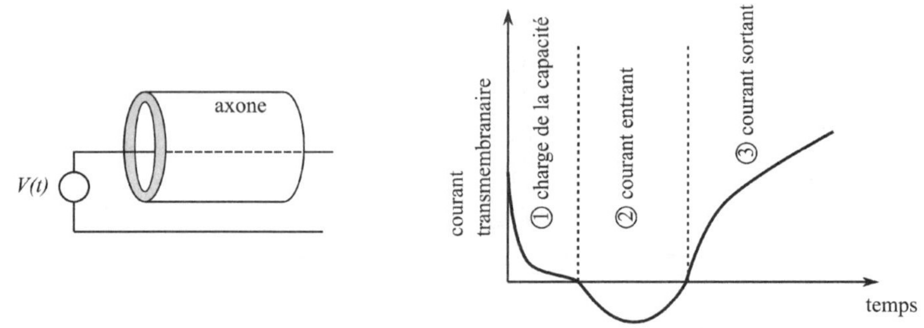

Figure IV.43. Principe de montage "voltage clamp". Un fil introduit dans l'axoplasme y impose une résistance nulle et donc un potentiel indépendant de x. D'autre part un circuit électronique non représenté sur la figure permet d'imposer une ddp transmembranaire constante quel que soit le courant qui traverse la membrane.

Afin d'expliquer cette évolution, nous allons considérer séparément les courants dus aux ions Na^+, aux ions K^+ et aux autres ions.

Le premier courant est celui associé à ces autres ions qui traversent la membrane modélisée comme précédemment. Ce courant résulte du changement de potentiel transmembranaire, il correspond au terme $i = C_m \partial V/\partial t$ dans les équations précédentes.

Les deuxième et troisième courants correspondent aux ions Na^+ et K^+. Ces ions traversent la membrane cellulaire en empruntant des canaux spécifiques dont l'ouverture et la fermeture dépendent du potentiel transmembranaire (*voltage-gated* en anglais). Ils peuvent être modélisés par des résistances variables $R_{Na}(V)$ et $R_K(V)$. De façon simpliste : lorsque tous les canaux sont fermés, il n'y a pas de passage d'ions. Le courant est donc nul pour une ddp donnée, ce qui correspond à une résistance infinie (une conductance nulle). Plus le nombre de canaux ouvert est important, plus la résistance diminue (la conductance augmente).

Hodgkin et Huxley ont étudié et modélisé la variation de la conductance des canaux Na^+ et K^+ en fonction de la dépolarisation de la membrane. De façon simplifiée, lorsque la membrane est dépolarisée les canaux Na^+ s'ouvrent d'abord.

Les ions Na^+ entrent dans la cellule et la ddp transmembranaire augmente. L'ouverture des canaux K^+ se fait légèrement plus tard permettant aux ions K^+ de quitter la cellule vers le milieu extracellulaire. Lorsque les canaux sont refermés, le potentiel revient à sa valeur au repos. Ce processus est illustré schématiquement sur la figure IV.44. Cette ouverture et cette fermeture successives de canaux « de proche en proche » conduit à la propagation du potentiel d'action.

Remarque

Dans le cas de l'axone myélinisé, l'ouverture des canaux de proche en proche se fait aux nœuds de Ranvier.

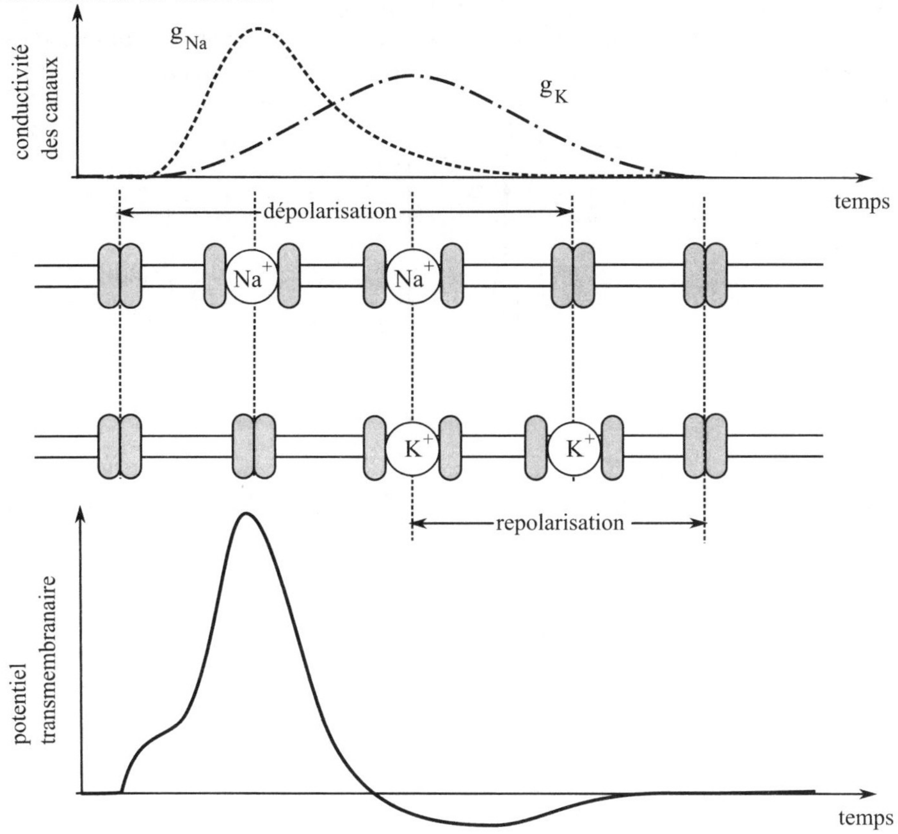

Figure IV.44. Illustration du modèle proposé par Hodgkin et Huxley. La variation de la ddp transmembranaire déclenche, à partir d'une certaine valeur de seuil, l'ouverture de canaux Na^+ et K^+. Cette ouverture de canaux ioniques est modélisée par une augmentation de la conductivité de la membrane pour chacun de ces ions g_{Na} et g_K entrainant une modification de la ddp transmembranaire.

Modèle électrique de la membrane

Revenons au modèle électrique de la membrane. La première modification à y apporter est de considérer séparément les courants des ions Na^+, K^+ et celui lié aux autres ions. La résistance R_m sera donc remplacée par trois résistances distinctes en parallèle R_{autres}, $R_{Na}(V)$ et $R_K(V)$, dont deux (celles modélisant les canaux Na^+ et K^+) sont variables.

Une résistance variable n'est pas suffisante pour décrire les canaux ioniques. Considérons les ions Na^+ (le raisonnement est le même pour les ions K^+). Lorsque les canaux sont ouvert le flux d'ions, donc le courant électrique, ne dépend pas uniquement de la différence de potentiel mais aussi de la différence de concentration entre les milieux intra et extracellulaires. C'est le flux électrodiffusif que nous avons décrit au paragraphe 2.1. On observera un courant si la différence de potentiel est différente de celle qui assure l'équilibre, c'est-à-dire la ddp d'équilibre de Nernst (paragraphe 2.2.2). Le courant lié aux ions Na^+ sera donc :

$$i_{Na} = \frac{U - U_{Na}}{R_{Na}(V)},$$

où l'on rappelle que $U = V_{int} - V_{ext} = V_{int} = V$ car $V_{ext} = 0$.
Le canal ionique doit donc être modélisé par une résistance variable placée en série avec une batterie au potentiel de Nernst pour les ions concernés (figure IV.45).

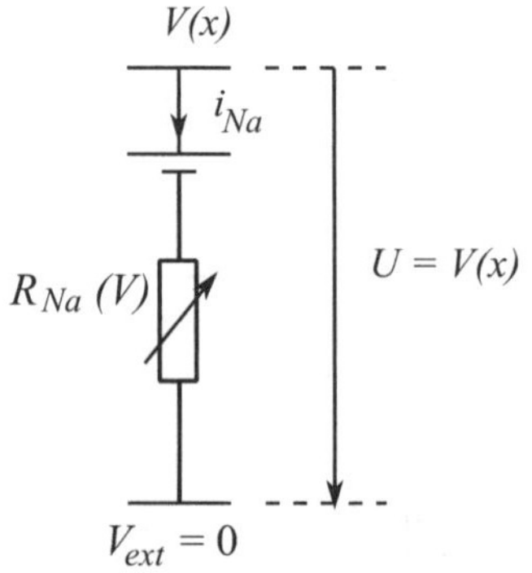

Figure IV.45. La relation $i_{Na} = (U - U_{Na})/R_{Na}(V)$ est la même que celle qui décrit le circuit où une résistance variable est mise en série avec une pile au potentiel de Nernst.

Le circuit équivalent est donc celui représenté sur la figure IV.46.

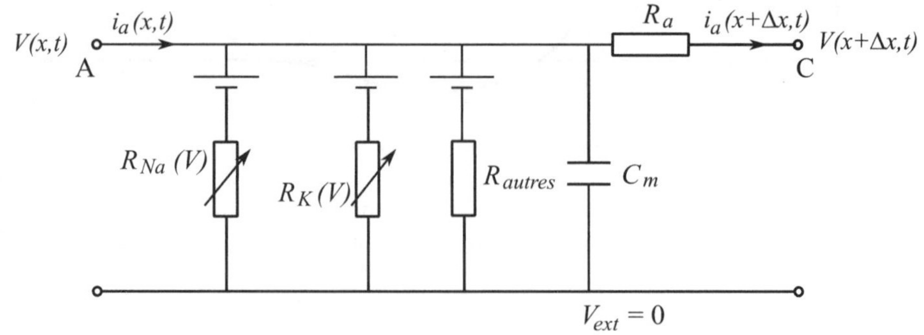

Figure IV.46. Schéma électrique équivalent pour le modèle de Hodkin et Huxley. Les canaux ioniques sont représentés par des résistances. Ces résistances dépendent de la ddp transmembranaire pour les canaux Na^+ et K^+.

La loi des nœuds permet d'écrire :

$$i_a(x,t) - i_a(x + \Delta x, t) = i_m,$$

où i_m est la somme des quatre courants à travers chacun des éléments de circuit :

$$i_m = \frac{\left(V(x,t)-U_{Na}\right)}{R_{Na}(V)} + \frac{\left(V(x,t)-U_K\right)}{R_K(V)} + \frac{\left(V(x,t)-U_{autres}\right)}{R_{autres}} + C_m \frac{\partial V(x,t)}{\partial t}.$$

On peut ensuite procéder comme nous l'avons fait plus haut à ceci près que la dépendance en fonction de V des résistances de canaux ioniques rend non linéaire le système d'équations permettant d'obtenir le courant transmembranaire.
Hodgkin et Huxley ont résolu numériquement cette équation et décrit ainsi d'une manière satisfaisante la propagation du potentiel d'action. En outre, ils ont pu montrer :

- Que le courant de potassium n'est pas nécessaire pour déclencher la propagation de l'impulsion. Le courant de fuite des autres ions et le fait que R_{Na} décroît avec U (ou V) sont des raisons suffisantes. Le rôle de i_K est de re-polariser plus rapidement la membrane.
- Que pendant la durée de l'impulsion i_{Na} et i_K se compensent mutuellement.

Le modèle de Hodgkin et Huxley aujourd'hui

Plus de 50 ans après les travaux de Hodgkin et Huxley, ceux-ci restent à la base de l'électrophysiologie. Les modèles, les techniques et la compréhension de la transmission de l'information dans le système nerveux sont en constante évolution.

Sur le plan de la physique, le transport transmembranaire d'ions chargés continue de poser des défis majeurs. Par exemple, la description de la conduction électrique macroscopique que nous avons présentée ici est insuffisante. En effet, les expériences, les modèles théoriques et les simulations numériques suggèrent plutôt un déplacement « en file indienne » des ions, et des chocs entre les ions K^+ entrant dans un canal et ceux qui y sont déjà engagés. Par ailleurs les mécanismes d'ouverture et de fermeture des canaux dépendent non seulement de la tension transmembranaire mais aussi, entre autres, de l'osmolarité de l'environnement. Une description complète des changements de conformation de protéines impliquées dans ces mécanismes fait toujours défaut.

Exercices d'application du chapitre IV

Questions de compréhension

Question 1

L'atome d'hydrogène est formé d'un proton et d'un électron. Dans le modèle atomique de Bohr, la distance entre ces deux particules est $r = 5{,}3\ 10^{-11}$ m lorsque l'atome est dans son état fondamental. Comparer la force d'interaction électrostatique et la force d'interaction gravitationnelle entre le proton et l'électron.
On donne : $e = 1{,}6.10^{-19}$ C ; $m_e = 9{,}1.10^{-31}$ kg ; $m_p = 1836$ m_e ; $G = 6{,}7.10^{-11}$ S.I. ; $k = 1/4\pi\varepsilon_0 = 9.10^9$ SI ;

Réponse

La force d'interaction électrostatique entre le proton et l'électron s'écrit :

$$\left\|\overrightarrow{F_e}\right\| = k\frac{|q_1 q_2|}{r^2} = \frac{1}{4\pi\varepsilon_0}\left|\frac{q_1 q_2}{r^2}\right| = k\frac{e^2}{r^2},$$

Avec pour le proton : $q_1 = +e$ et pour l'électron : $q_2 = -e$.
La force d'interaction gravitationnelle entre le proton et l'électron s'écrit :

$$\left\|\overrightarrow{F_G}\right\| = G\frac{m_e m_p}{r^2}.$$

Or $m_p = 1836\ m_e \Rightarrow \left\|\overrightarrow{F_G}\right\| = G\dfrac{1836\ m_e^2}{r^2}$.

d'où :

$$\frac{\left\|\overrightarrow{F_e}\right\|}{\left\|\overrightarrow{F_G}\right\|} = \frac{k}{G}\frac{e^2}{1836\ m_e^2} = \frac{9\times10^9}{6{,}7\times10^{-11}}\frac{\left(1{,}6\times10^{-19}\right)^2}{1836\times\left(9{,}1\times10^{-31}\right)^2} \simeq 2{,}26.10^{39}.$$

Soit $\left\|\overrightarrow{F_e}\right\| \gg \left\|\overrightarrow{F_G}\right\|$: la force gravitationnelle est négligeable devant la force électrique.

Question 2

Soit une charge électrique ponctuelle $Q > 0$ placée à l'origine O d'un système d'axes Ox, Oy et Oz.
1. Donner l'expression des composantes E_x, E_y et E_z du champ électrique (en coordonnées cartésiennes) créé en un point P de l'espace de coordonnées (x, y, z).
2. Calculer ces composantes sachant que $Q = 1{,}6\ 10^{-19}$ C, $k = 1/4\pi\varepsilon_0 = 9.10^9$ SI, $x = 2$ m, $y = 3$ m, $z = 6$ m.

Réponse

1. La loi de Coulomb s'écrit :

$$\vec{E} = kQ\frac{\overrightarrow{OP}}{OP^3}.$$

Avec $\overrightarrow{OP} = x\vec{i} + y\vec{j} + z\vec{k}$, on obtient :

$$E_x = \frac{k\,Q\,x}{(x^2 + y^2 + z^2)^{3/2}},$$

$$E_y = \frac{k\,Q\,y}{(x^2 + y^2 + z^2)^{3/2}},$$

$$E_z = \frac{k\,Q\,z}{(x^2 + y^2 + z^2)^{3/2}}.$$

2. Sachant que :

$$OP = \sqrt{(x^2 + y^2 + z^2)} = \sqrt{(2^2 + 3^2 + 6^2)} = \sqrt{49} = 7 \text{ m},$$

on obtient les valeurs numériques suivantes :

$$E_x = \frac{9\times10^9 \times 1{,}6\times10^{-19} \times 2}{7^3} = 8{,}4.10^{-12} \text{ V/m},$$

$$E_y = \frac{9\times10^9 \times 1{,}6\times10^{-19} \times 3}{7^3} = 12{,}6.10^{-12} \text{ V/m},$$

$$E_z = \frac{9\times10^9 \times 1{,}6\times10^{-19} \times 6}{7^3} = 3E_x = 2E_y = 25{,}2.10^{-12} \text{ V/m}.$$

Question 3

On considère le système formé par deux charges $-e$ (électrons) placées en A et B et deux charges $+e$ (protons) placées en C et D (voir figure). On pose AB = a et CD = b. Le point O est le milieu des segments AB et CD.

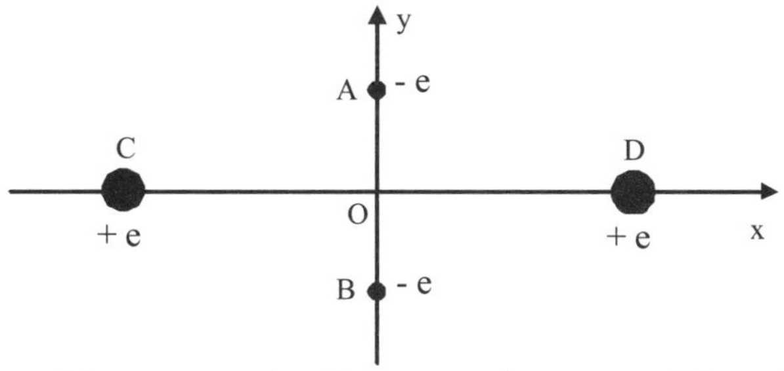

Calculer le rapport b/a pour que les électrons soient en équilibre électrostatique sur l'axe Oy. Les protons sont supposés fixes sur l'axe Ox.

Réponse

L'équilibre du proton placé en D s'écrit :

$$\vec{F}_{A/D} + \vec{F}_{B/D} + \vec{F}_{C/D} = \vec{0},$$

soit :

$$k\frac{-e^2}{AD^3}\overrightarrow{AD} + k\frac{-e^2}{BD^3}\overrightarrow{BD} + k\frac{e^2}{CD^3}\overrightarrow{CD} = \vec{0}.$$

Or :

$$AD = BD = \sqrt{\left(\frac{a}{2}\right)^2 + \left(\frac{b}{2}\right)^2},$$

$$\overrightarrow{AD}+\overrightarrow{BD} = 2\,\overrightarrow{OD} = b\overrightarrow{u_x} \text{ et } \overrightarrow{CD} = b\overrightarrow{u_x}.$$

D'où :

$$-k\,e^2 \frac{b\,\overrightarrow{u_x}}{\left(\left(\frac{a}{2}\right)^2+\left(\frac{b}{2}\right)^2\right)^{3/2}} + k\,e^2 \frac{b\,\overrightarrow{u_x}}{b^3} = \vec{0}.$$

Ou encore :

$$\left(\frac{a}{2}\right)^2+\left(\frac{b}{2}\right)^2 = b^2 \Leftrightarrow \frac{a^2}{4} = \frac{3}{4}b^2.$$

Finalement :

$$\frac{b}{a} = \frac{1}{\sqrt{3}}.$$

Question 4

On considère quatre charges égales positives situées au sommet d'un carré ABCD de centre O, de diagonale *2a*. Un point M est placé sur la droite AC à l'extérieur du segment AC et tel que OM = r (voir figure).

1. Calculer le champ électrique créé en M par les quatre charges.
2. En utilisant la relation champ-potentiel, calculer le potentiel électrique créé en M par les quatre charges.
3. Dans le cas où $r >> a$, montrer que le champ électrique en M est le même que celui créé par une charge unique que l'on précisera.

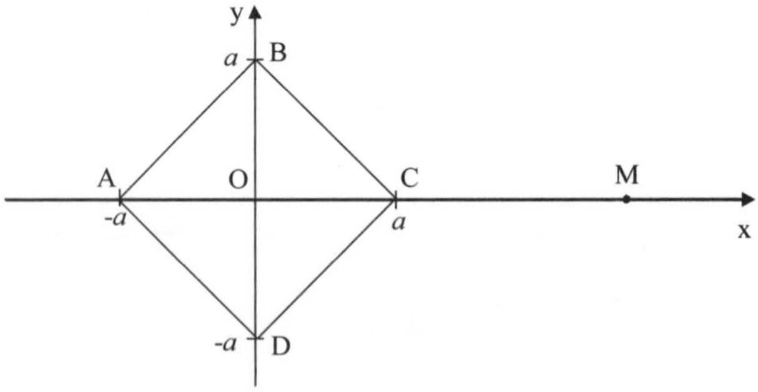

Réponse

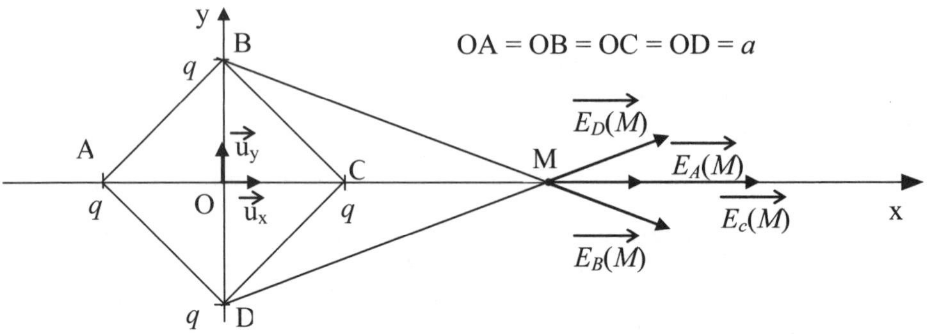

1. Le principe de superposition permet d'écrire :

$$\vec{E}(M) = \overrightarrow{E_A}(M) + \overrightarrow{E_B}(M) + \overrightarrow{E_C}(M) + \overrightarrow{E_D}(M),$$

En posant $q_A = q_B = q_C = q_D = q > 0$:

$$\vec{E}(M) = k\frac{q}{AM^3}\,\overrightarrow{AM} + k\frac{q}{BM^3}\,\overrightarrow{BM} + k\frac{q}{CM^3}\,\overrightarrow{CM} + k\frac{q}{DM^3}\,\overrightarrow{DM}\,.$$

Or :

$$\left.\begin{array}{l} \overrightarrow{BM} = \overrightarrow{OM} - \overrightarrow{OB} = r\,\vec{u_x} - a\,\vec{u_y} \\ \overrightarrow{DM} = \overrightarrow{OM} - \overrightarrow{OD} = r\,\vec{u_x} + a\,\vec{u_y} \end{array}\right\} \Rightarrow \overrightarrow{BM} + \overrightarrow{DM} = 2\overrightarrow{OM} = 2r\,\vec{u_x}\,,$$

$$BM = DM = \sqrt{r^2 + a^2}\,.$$

D'où :

$$\vec{E}(M) = kq\left[\frac{1}{(r+a)^2} + \frac{1}{(r-a)^2} + \frac{2r}{\left(r^2+a^2\right)^{3/2}}\right]\vec{u_x}\,.$$

2. On utilise la relation champ-potentiel : $\vec{E} = -\,\overrightarrow{grad}\,V$.

Ici :

$$E(r)\,\vec{u_x} = -\frac{dV}{dr}\,\vec{u_x} \Rightarrow dV = -E(r)\,dr\,.$$

En intégrant cette relation :

$$V(r) = -\int E(r)dr = kq\int\left(\frac{1}{(r+a)^2} + \frac{1}{(r-a)^2} + \frac{2r}{\left(r^2+a^2\right)^{3/2}}\right)dr\,,$$

$$V(r) = kq\left[\frac{1}{r+a} + \frac{1}{r-a} + \frac{2}{\sqrt{a^2+r^2}}\right] + cte\,.$$

Finalement :

$$V(r) = 2kq\left[\frac{r}{r^2-a^2} + \frac{1}{\sqrt{a^2+r^2}}\right] + cte\,.$$

3. On peut réecrire $\vec{E}(M)$:

$$\vec{E}(M) = kq\left[\frac{1}{r^2\left(1+\frac{a}{r}\right)^2} + \frac{1}{r^2\left(1-\frac{a}{r}\right)^2} + \frac{2r}{r^3\left(1+\frac{a^2}{r^2}\right)^{3/2}}\right]\vec{u_x}\,,$$

soit encore :

$$\vec{E}(M) = kq\,\frac{1}{r^2}\left[\left(1+\frac{a}{r}\right)^{-2} + \left(1-\frac{a}{r}\right)^{-2} + 2\left(1+\frac{a^2}{r^2}\right)^{-3/2}\right]\vec{u_x}\,.$$

Dans le cas où $r >> a$, on peut utiliser le développement limité de $(1+\varepsilon)^{\alpha}$ au voisinage de $\varepsilon = 0$:

$$(1+\varepsilon)^{\alpha} = 1 + \alpha\varepsilon + \frac{\alpha(\alpha-1)}{2}\varepsilon^2 + o(\varepsilon^2)\,.$$

On aura donc :

$$\left(1+\frac{a}{r}\right)^{-2} = 1 - 2\,\frac{a}{r} + 3\,\frac{a^2}{r^2} + o\left(\frac{a^2}{r^2}\right),$$

$$\left(1-\frac{a}{r}\right)^{-2} = 1 + 2\,\frac{a}{r} + 3\,\frac{a^2}{r^2} + o\left(\frac{a^2}{r^2}\right),$$

$$\left(1+\frac{a^2}{r^2}\right)^{-3/2} = 1 - \frac{3}{2}\frac{a^2}{r^2} + o\left(\frac{a^2}{r^2}\right).$$

D'où :

$$\vec{E}(M) = \frac{kq}{r^2}\left[4 + 3\,\frac{a^2}{r^2} + o\left(\frac{a^2}{r^2}\right)\right]\overrightarrow{u_x}.$$

Donc pour $r >> a$: $\vec{E}(M) = k\dfrac{4q}{r^2}\,\overrightarrow{u_x}$ qui est le champ électrique créé par une charge ponctuelle $4q$ placée en O.

Question 5

Dans le plan xOy, trois charges électriques ponctuelles identiques ($q_A = q_B = q_C = q$) sont respectivement placées aux points A, B et C de coordonnées :

$$A\left(\frac{\sqrt{3}}{2},-\frac{1}{2}\right)\ ;\ B(0,1)\ ;\ C\left(-\frac{\sqrt{3}}{2},-\frac{1}{2}\right).$$

1. Déterminer le potentiel électrique $V(B)$ créés par les deux charges q_A et q_C au point B.
2. En déduire l'énergie potentielle d'interaction de la charge q_B avec les charges q_A et q_C.
3. Une particule de masse m et de charge q' se déplace sur l'axe Oz, perpendiculaire au plan xOy. Déterminer son énergie potentielle d'interaction avec les trois charges précédentes quand elle est à l'abscisse z (on choisit $Ep(\infty) = 0$). En déduire l'énergie potentielle totale du système des 4 charges, à une constante près (on néglige la pesanteur devant les phénomènes électriques).

Réponse

1. Le principe de superposition permet d'écrire :

$$V(B) = V_A(B) + V_C(B) = k\frac{q}{AB} + k\frac{q}{CB}.$$

Avec $AB = CB = \sqrt{3}$, on obtient :

$$V(B) = \frac{2kq}{\sqrt{3}}.$$

2. L'énergie potentielle d'interaction de la charge q_B avec les charges q_A et q_C s'écrit :

$$Ep_{q_B} = Ep_{q_A \leftrightarrow q_B} + Ep_{q_C \leftrightarrow q_B} = q\,V(B).$$

Avec $V(B) = \dfrac{2kq}{\sqrt{3}}$, on obtient :

$$Ep_{q_B} = 2k\frac{q^2}{\sqrt{3}}.$$

3. En notant D la position de *q'* :

$$Ep_{q'} = Ep_{q_A \leftrightarrow q'} + Ep_{q_B \leftrightarrow q'} + Ep_{q_C \leftrightarrow q'},$$

soit :

$$Ep_{q'} = k\frac{qq'}{AD} + k\frac{qq'}{BD} + k\frac{qq'}{CD} = 3k\frac{qq'}{AD},$$

car $AD = BD = CD$.

Or $AD^2 = OD^2 + OA^2$, donc $AD = \sqrt{OD^2 + OA^2} = \sqrt{1+z^2}$ et par conséquent :

$$Ep_{q'} = 3k\frac{q\,q'}{\sqrt{1+z^2}}.$$

On rappelle que l'énergie d'interaction d'un système de n charges ponctuelles s'écrit :

$$Ep = \frac{1}{2}\sum_{i=1}^{n}\sum_{j\neq i} k\frac{q_i q_j}{r_{ij}}.$$

Donc l'énergie d'interaction des 3 charges q_A, q_B et q_C s'écrit :

$$Ep = \frac{1}{2}\left[Ep_{q_A} + Ep_{q_B} + Ep_{q_C}\right] = \frac{3}{2}Ep_{q_B},$$

car $Ep_{q_A} = Ep_{q_B} = Ep_{q_C}$.

En utilisant le résultat de la **question** 2.b, on a :

$$Ep = \sqrt{3}\,k\,q^2.$$

On en déduit donc l'énergie potentielle totale du système des 4 charges q_A, q_B, q_C et q' :

$$Ep_t = Ep_{q'} + Ep = \sqrt{3}\,k\,q^2 + 3k\frac{q\,q'}{\sqrt{1+z^2}},$$

soit :

$$Ep_t = \sqrt{3}\,k\,q\left(q + \sqrt{3}\frac{q'}{\sqrt{1+z^2}}\right).$$

Question 6

Soit un fil rectiligne de longueur supposée infinie portant des charges négatives réparties uniformément. λ est la charge par unité de longueur. Le fil est dans l'eau dont la permittivité est $\varepsilon = 7.10^{-8}$ S.I.

1. Calculer le champ électrique créé par les charges portées par le fil en un point M de l'espace. La projection de M sur le fil est le point O, pris comme origine de la droite OM. On donnera l'orientation du champ en considérant la symétrie du problème, et on pourra appliquer le théorème de Gauss pour déterminer la valeur du champ en fonction de la distance r = OM.
2. Soit $\vec{u}$ le vecteur unitaire sur la droite OM. Ecrire le vecteur champ électrique $\vec{E}$ en fonction de $\vec{u}$ et du vecteur $\vec{r}$.

3. En déduire le potentiel électrique $V(M)$ créé par le fil au point M, à une constante près.

Réponse

1. direction de $\vec{E}$: tout plan perpendiculaire au fil chargé est un plan de symétrie, donc $\vec{E}$ appartient à un tel plan, et pour garder la symétrie en faisant subir au fil une rotation de 180° autour de OM, $\vec{E}$ doit être porté par OM → le champ $\vec{E}$ est radial.

Sens de $\vec{E}$: λ est négatif donc $\vec{E}$ pointe vers le fil.

Prenons pour surface de Gauss S un cylindre fermé de rayon r, d'axe le fil chargé et de hauteur h. Le théorème de Gauss s'écrit :

$$\Phi = \int_S \vec{E}.d\vec{S} = \frac{\text{charge électrique contenue à l'intérieur de } S}{\varepsilon}.$$

Soit ici :

$$\Phi = \int_S \vec{E} \cdot d\vec{S} = \int_{S_1} \vec{E} \cdot d\vec{S}_1 + \int_{S_2} \vec{E} \cdot d\vec{S}_2 + \int_{S_\ell} \vec{E} \cdot d\vec{S}_\ell \ ,$$

où S_1, S_2 et S_ℓ sont respectivement les surfaces du disque de gauche, du disque de droite et de la surface latérale du cylindre fermé S ; $d\vec{S}_1, d\vec{S}_2$ et $d\vec{S}_\ell$ les vecteurs surfaces élémentaires correspondants, orientés de l'intérieur vers l'extérieur du cylindre.

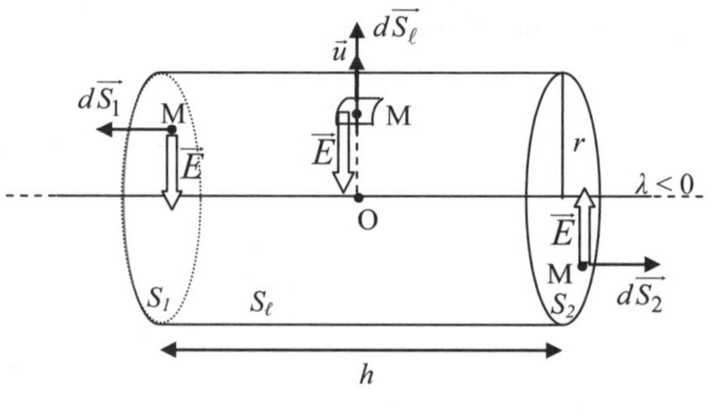

Les disques S_1 et S_2 du cylindre étant perpendiculaire au plan chargé, $d\vec{S}_1$ et $d\vec{S}_2$ sont perpendiculaire à $\vec{E}$ en tout point de cette surface et par conséquent $\vec{E} \cdot d\vec{S}_1 = \vec{E} \cdot d\vec{S}_2 = 0$.

En tout point de S_ℓ, $\vec{E}$ est colinéaire à $d\vec{S}_\ell$. Puisque λ est négatif, $\vec{E}$ pointe vers l'extérieur de la surface de Gauss. Donc $\vec{E} \cdot d\vec{S}_\ell = E_\ell \; dS_\ell \cos\left(\vec{E}, d\vec{S}_\ell\right) = -E_\ell \; dS_\ell$

où E_ℓ est la norme de $\vec{E}$ en un point M de S_ℓ.

En résumé :

$$\Phi = -\int_{S_\ell} E_\ell \cdot dS_\ell \ .$$

Sur S_ℓ, tous les points M sont à égale distance r = OM du plan chargé donc le champ électrique est constant, soit $E_\ell = E$ = cte. Au final, le flux total à travers la surface de Gauss S vaut :

$$\Phi = -\int_{S_s} E\, dS_\ell = -E \int_{S_s} dS_\ell = -E\, S_\ell = -E\ 2\pi r h\,.$$

La charge contenue à l'intérieur de la surface de Gauss est une charge de longueur :

$$q = \int_h \lambda\, d\ell\,.$$

Or le fil est chargé uniformément, donc λ est constant, et par conséquent :

$$q = \lambda \int_h d\ell = \lambda h\,.$$

D'où :

$$-E\ 2\pi r h = \frac{\lambda h}{\varepsilon} \Leftrightarrow E = -\frac{\lambda}{2\pi r \varepsilon}\,.$$

2. En posant $\vec{u} = \frac{\vec{r}}{r}$, avec $\vec{r} = \overrightarrow{OM}$, on obtient :

$$\vec{E} = -E\ \vec{u} = \frac{\lambda}{2\pi\varepsilon}\frac{1}{r}\vec{u}\,,$$

ou encore :

$$\vec{E}(r) = \frac{\lambda \vec{r}}{2\pi\varepsilon r^2}\,.$$

3. Le potentiel créé par le fil s'obtient à partir de la relation champ-potentiel : $\vec{E} = -\overrightarrow{grad}\ V$. Soit :

$$-E\vec{u} = -\frac{dV}{dr}\vec{u}\,.$$

On intègre cette relation :

$$V(r) = \int E\, dr \Rightarrow V(r) = -\frac{\lambda}{2\pi\varepsilon}\int \frac{1}{r} dr\,,$$

soit :

$$V(r) = -\frac{\lambda}{2\pi\varepsilon}\ln r + cte\,.$$

Remarques :

- les lignes de champ sont des droites perpendiculaires au fil (car le champ $\vec{E}$ est tangent en tout point aux lignes de champ)
- les surfaces équipotentielles sont des cylindres coaxiaux, d'axe le fil (car $\vec{E}$ est perpendiculaire aux équipotentielles en tout point).

Question 7

On considère le circuit suivant constitué de :

- deux générateurs 1 et 2, de forces électromotrices et résistances internes respectivement $E_1 = 2$ V, $r_1 = 1\ \Omega$ et $E_2 = 4$ V, $r_2 = 2\ \Omega$;
- une résistance $R = 5\ \Omega$.

Les résistances internes des générateurs sont en série avec les piles de f.e.m. E_1 et E_2.

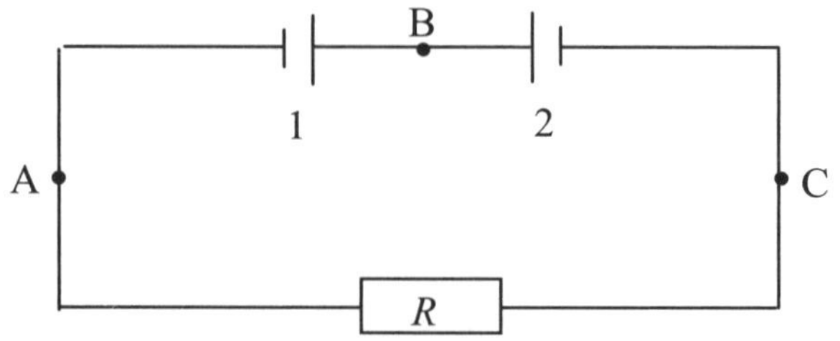

1. Calculer l'intensité du courant i dans ce circuit.
2. Calculer les différences de potentiel aux bornes de chaque élément.

Réponse

1. On oriente arbitrairement i de C vers A dans la résistance R. On peut donc écrire les équations suivantes (convention récepteur) :

$$V_A - V_B = r_1 i - E_1$$
$$V_B - V_C = r_2 i + E_2$$
$$V_C - V_A = R i.$$

Soit, en additionnant ces trois équations :

$$0 = (R + r_1 + r_2) i - E_1 + E_2.$$

Finalement : $i = \dfrac{E_1 - E_2}{R + r_1 + r_2}$.

Ce qui donne une valeur $i = -0{,}25$ A. Donc l'intensité du courant circule de A vers C dans la résistance R.

2. On en déduit les valeurs numériques des différences de potentiel aux bornes de chaque élément :

$$V_A - V_B = -2{,}25 \text{ V}$$
$$V_B - V_C = 3{,}5 \text{ V}$$
$$V_C - V_A = -1{,}25 \text{ V}.$$

Question 8

On considère le circuit suivant constitué des mêmes éléments que ceux de la question de compréhension 7. Calculer les intensités du courant dans chaque branche du circuit.

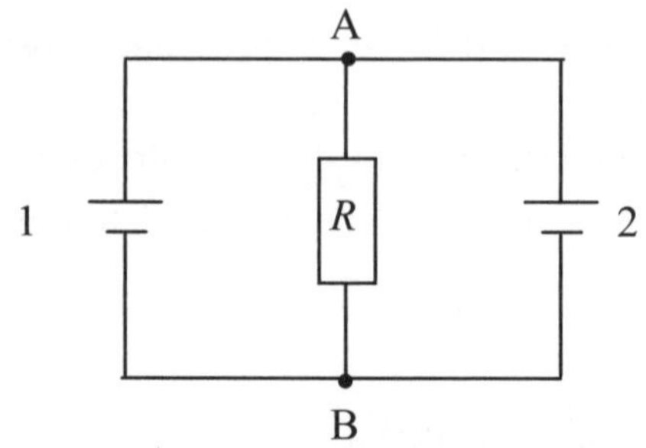

Réponse

Considérons les 3 courants i_1, i_2 et i_3 comme définis sur la figure ci-dessous.

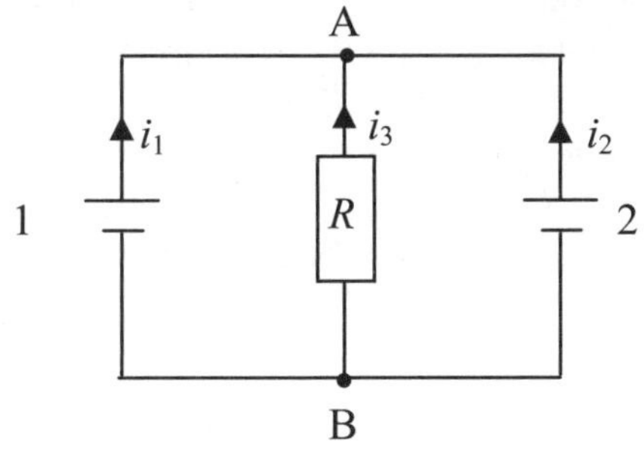

Au nœud A, on a :

$$i_1 + i_2 + i_3 = 0.$$

D'autre part, en convention récepteur :

$$V_B - V_A = R\, i_3$$

$$V_B - V_A = r_1\, i_1 - E_1$$

$$V_B - V_A = r_2\, i_2 - E_2.$$

On peut donc exprimer i_2 et i_3 en fonction de i_1 :

$$i_3 = \frac{r_1}{R} i_1 - \frac{E_1}{R}$$

$$i_2 = \frac{r_1}{r_2} i_1 + \frac{E_2 - E_1}{r_2}.$$

En reportant dans la loi des nœuds précédente :

$$i_1\left(1 + \frac{r_1}{R} + \frac{r_1}{r_2}\right) - \frac{E_1}{R} + \frac{E_2 - E_1}{r_2} = 0.$$

D'où les valeurs numériques :

$$i_1 = -0{,}35 \text{ A}$$

$$i_2 = 0{,}82 \text{ A}$$

$$i_3 = -0{,}47 \text{ A}.$$

Les sens réels des courants dans les différentes branches sont donc :

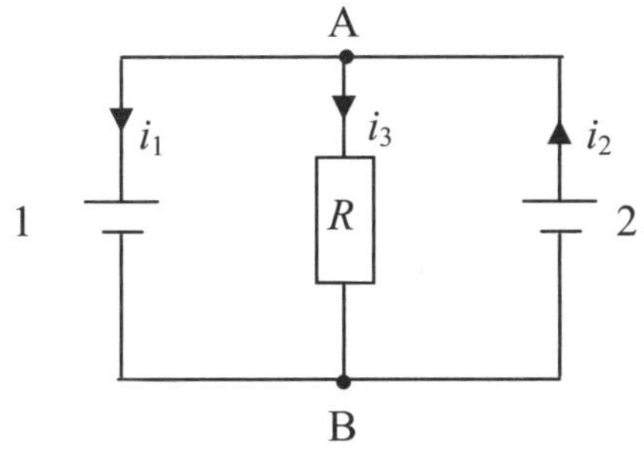

Question 9

1. Dans l'eau « pure », les ions H^+ et OH^-, de mobilités électriques respectivement $|\mu_+| = 2{,}5.10^{-6}$ m^2.V^{-1}.s^{-1} et $|\mu_-| = 4.10^{-6}$ m^2.V^{-1}.s^{-1}, ont la même concentration $C_+ = C_- = C = 2.10^{20}$ ions.m^{-3}. Calculer les vitesses de ces ions et la densité de

courant pour E = 200 $V.m^{-1}$. Calculer la conductivité de l'eau pure. On donne $e = 1{,}6.10^{-19}$ C.

2. La conductivité de l'eau de mer est γ = 3,3 $S.m^{-1}$ et la mobilité électriques des ions Na^+ et Cl^- est $|\mu_{Na+}| = |\mu_{Cl-}| = \mu = 33.10^{-9}\ m^2.V^{-1}.s^{-1}$. On donne les masses molaires $M(Na^+) = 23\ g.mol^{-1}$, $M(Cl^-) = 35{,}4\ g.mol^{-1}$. On néglige la présence des autres sels et on suppose que $C_{Na+} = C_{Cl-} = C_{NaCl} = C'$. Quelle est la densité de courant pour E = 200 $V.m^{-1}$? Quelle est la concentration d'ions correspondante et quelle est la masse de sel NaCl pour 1 m^3 d'eau de mer ?

Réponse

1. On sait que $\vec{v} = \mu \vec{E}$.

Avec $\vec{E} = E\,\vec{u_x}$, on obtient alors :

$$\vec{v_+} = v_+ \vec{u_x} = \left\|\vec{v_+}\right\| \vec{u_x} \quad \text{et} \quad \vec{v_-} = v_- \vec{u_x} = -\left\|\vec{v_-}\right\| \vec{u_x}\ .$$

Ces vitesses correspondent à des charges de signes opposées et sont donc de sens opposé.

Numériquement :

$$\left\|\vec{v_+}\right\| = 2{,}5 \times 10^{-6} \times 200 = 5.10^{-4}\,\text{m.s}^{-1} = 0{,}5\,\text{mm.s}^{-1},$$

$$\left\|\vec{v_-}\right\| = 4 \times 10^{-6} \times 200 = 8.10^{-4}\,\text{m.s}^{-1} = 0{,}8\,\text{mm.s}^{-1}.$$

Densité de courant de l'eau pure :

$$\vec{j}_{eau\ pure} = C_+\, q_+\, \vec{v_+} + C_-\, q_-\, \vec{v_-}\ .$$

Soit :

$$\vec{j}_{eau\ pure} = C\,e\, v_+\, \vec{u_x} + C(-e)v_-\, \vec{u_x} = C\,e\left(\left\|\vec{v_+}\right\| + \left\|\vec{v_-}\right\|\right)\vec{u_x},$$

avec $C = C_+ = C_-$.

Des charges de signes opposés se déplacent en sens inverse mais leurs contributions au courant s'additionnent.

Numériquement :

$$j_{eau\ pure} = 2\times 10^{20} \times 1{,}6\times 10^{-19} \times 13\times 10^{-4} = 41{,}6\ \text{mA/m}^2.$$

On sait que : $\vec{j}_{eau\ pure} = \gamma_{eau\ pure}\,\vec{E}$, d'où :

$$\gamma_{eau\ pure} = \frac{\left\|\vec{j}_{eau\ pure}\right\|}{\left\|\vec{E}\right\|}.$$

Numériquement :

$$\gamma_{eau\ pure} = \frac{4{,}16\times 10^{-2}}{2\times 10^{2}} = 2{,}08.10^{-4}\ \text{S.m}^{-1}.$$

2. La densité de courant de l'eau de mer s'écrit : $\vec{j}_{mer} = \gamma_{mer}\,\vec{E}$

Soit numériquement :

$$j_{mer} = 3{,}3 \times 200 = 660\,\text{A/m}^2.$$

Sachant que :

$$\vec{j}_{mer} = C'\left(q_{Na^+}\,\vec{v_{Na^+}} + q_{Cl^-}\,\vec{v_{Cl^-}}\right) = 2\ C'\,e\,\mu\,\vec{E},$$

avec $\mu = \mu_{Na+} = -\mu_{Cl-}$:

$$C' = \frac{\left\|\overrightarrow{j_{mer}}\right\|}{2e\mu\left\|\vec{E}\right\|} = \frac{\gamma}{2e\mu}.$$

L'application numérique donne :

$$C' = \frac{3,3}{2\times(1,6\times10^{-19})\times33\times10^{-9}} = 3,1.10^{26}\ \text{molécules/m}^3.$$

La masse de ces C' molécules de NaCl est, pour 1 m^3 :

$$m = \frac{C'}{N_A}\times M = \frac{3,1\times10^{26}}{6\times10^{23}}\times58,4 \simeq 30.10^3\text{g} = 30\ \text{kg}.$$

L'eau de mer est fortement conductrice en raison d'une teneur élevée en sel, et si celui-ci était entièrement récupérable : 1 m^3 d'eau de mer fournirait 30 kg de sel de cuisine.

Question 10

Un fil d'aluminium de diamètre 0,8 mm est parcouru par un courant de 7 ampères. On donne la masse volumique de l'aluminium ρ = 2700 kg.m-3, la charge élémentaire $e = 1,6.10^{-19}$ C et le nombre d'Avogadro $N = 6.10^{23}$ mol^{-1}.

1. Sachant que chaque atome libère un électron de conduction, déterminer le nombre de porteurs de charge par cm^3.
2. Calculer la vitesse limite moyenne de déplacement des porteurs de charges.
3. Sachant que la différence de potentiel appliquée entre deux sections du fil distantes de 10 m est de 120 V, calculer le coefficient de frottement et la mobilité électrique.

Réponse

1. Chaque atome libérant un électron de conduction, le nombre de porteurs de charge par cm^3 est égal au nombre d'atomes par cm^3, c'est à dire celui correspondant à 2,7 g d'aluminium.

Comme $M_{Al} = 27$ $g.mol^{-1}$, 2,7 g d'Al contiennent N/10 atomes, et par conséquent, $C = N/10 \approx 6.10^{22}$ porteurs de charge par cm^3 ou 6.10^{28} porteurs de charge par m^3.

2. Les électrons, c'est à dire les porteurs de charge, atteignent une vitesse limite $\vec{v}$. Dans un métal le vecteur densité de courant s'écrit : $\vec{j} = -C\,e\,\vec{v}$ et l'intensité est définie par : $I = j\,S$. Par conséquent $|I| = C\,e\left\|\vec{v}\right\|S$ où $S = \pi r^2$. Donc :

$$\left\|\vec{v}\right\| = \frac{|I|}{C\,e\,S} = 1,5.10^{-3}\ \text{m.s}^{-1}.$$

3. Bilan des forces agissant sur les électrons : $\vec{F} = q\,\vec{E}$ et $\vec{f} = -\alpha\,\vec{v}$ où α est le coefficient de frottement.

Relation fondamentale de la dynamique : $m\dfrac{d\vec{v}}{dt} = q\,\vec{E} - \alpha\,\vec{v}$.

Or v est la vitesse limite moyenne, donc : $\dfrac{d\vec{v}}{dt} = \vec{0}$ et $\vec{v} = \dfrac{q\,\vec{E}}{\alpha} = \mu\,\vec{E}$. D'où :

$$\alpha = \frac{|q|\left\|\vec{E}\right\|}{\left\|\vec{v}\right\|}.$$

Avec $\left\|\vec{E}\right\| = U / L$ où $U = 120$ V et $L = 10$ m, on obtient :

$$\alpha \approx 1{,}3.10^{-15}\ \text{N.s.m}^{-1} \text{ et } |\mu| = e / \alpha \approx 1{,}2.10^{-4}\ \text{m}^2.\text{s}^{-1}.\text{V}^{-1}.$$

Question 11

Deux solutions de NaCl aux concentrations respectives C_1 et C_2 supposées constantes ($C_1 \neq C_2$) sont séparées par une membrane perméable aux ions sodium et chlore.

On note : ω_i la mobilité mécanique de l'ion i, k la constante de Boltzmann, T la température absolue, $z_i e$ la charge de l'ion i, C_i sa concentration et E la composante suivant l'axe Ox du champ électrique régnant dans la membrane. On se place en régime stationnaire.

On donne $\omega_{Na} = \omega_+ \approx 3\ 10^{11}$ SI, $\omega_{Cl} = \omega_- \approx 5\ 10^{11}$ SI et $C_2/C_1 = 10$.

1. Expliquer qualitativement l'apparition d'une différence de potentiel $\Delta V = V_2 - V_1$ de part et d'autre de la membrane.
2. Quel est son signe ?
3. Ecrire les densités de flux total de chaque ion en un point d'abscisse x d'un pore en fonction de ω_i, de la concentration $C(x)$ de NaCl, de la charge $z_i e$ et de dV/dx. On rappelle que $D_i = \omega_i\, k\, T$.
4. Faire un schéma des densités des flux de diffusion et d'entraînement pour chacun des ions.
5. Quelle doit être la condition d'équilibre de ce système une fois l'état stationnaire atteint ? En déduire la relation entre les quantités j_+ et j_-.
6. En déduire l'expression de la différence de potentiel $V_2 - V_1$ entre les deux faces de la membrane.
7. Calculer $V_2 - V_1$ pour $T = 300$ K. On donne $k = 1{,}38\ 10^{-23}$ J.K^{-1}.
8. L'expression de la différence de potentiel trouvée précédemment est valable pour n'importe quelle solution saline contenant des ions monovalents.

a) Si on arrête complètement de manière artificielle un type d'ions donné, par exemple les ions positifs, comment s'appelle alors cette différence de potentiel et quelle est sa valeur numérique ?

b) Que devient l'expression de $V_2 - V_1$ dans un autre cas : celui d'un sel comme KCl où les mobilités des ions potassium et chlore sont égales ?

Réponse

1. Le milieu 2 est plus concentré que le milieu 1, les ions vont donc diffuser du milieu 2 vers le milieu 1 ; mais comme les ions négatifs ont une mobilité supérieure aux ions positifs, il y aura un excédent de charges positives sur la face 2 de la membrane et inversement un excédent de charges négatives sur la face 1 de la membrane, et donc l'apparition d'une ddp.
2. La face 2 étant chargée positivement et la face 1 négativement, on a $V_2 - V_1 > 0$.
3. Pour chaque ion i : $j_i = j_i^D + j_i^E$, soit $j_i = -D_i \dfrac{dC_i}{dx} + C_i v_i$.

Or $D_i = \omega_i kT$ et $v_i = \omega_i q_i E = \omega_i\, z_i\, e E$, avec E la composante du vecteur champ électrique suivant Ox. D'où :

$$j_i = -\omega_i kT\frac{dC_i}{dx} + z_i e\omega_i C_i E\,.$$

Avec $z_+ = +1, C_+ = C, z_- = -1, C_- = C$ et $E = -\dfrac{dV}{dx}$, on obtient :

$$j_+ = -\omega_+ kT\frac{dC}{dx} - e\omega_+ C\frac{dV}{dx} \text{ et } j_- = -\omega_- kT\frac{dC}{dx} + e\omega_- C\frac{dV}{dx}.$$

4.

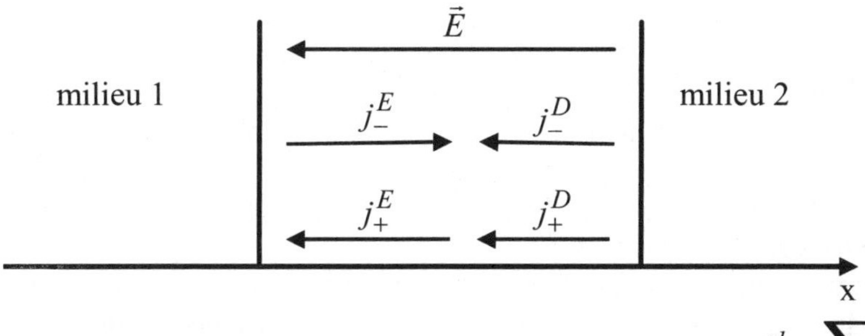

5. A l'équilibre, la densité de courant électrique est nulle : $j^{el} = \sum_i q_i j_i = 0$.

Soit :

$$z_+ e\, j_+ + z_- e\, j_- = 0 \Leftrightarrow j_+ - j_- = 0\,.$$

6. Puisque $j_+ = j_-$:

$$-\omega_+ kT\frac{dC}{dx} - e\omega_+ C\frac{dV}{dx} = -\omega_- kT\frac{dC}{dx} + e\omega_- C\frac{dV}{dx}.$$

soit :

$$(\omega_- - \omega_+)kT\,dC = (\omega_- + \omega_+)e\,C\,dV\,,$$

et donc :

$$dV = \frac{\omega_- - \omega_+}{\omega_- + \omega_+}\frac{kT}{e}\frac{dC}{C}.$$

Après intégration :

$$V_2 - V_1 = \frac{\omega_- - \omega_+}{\omega_- + \omega_+}\frac{kT}{e}\ln\frac{C_2}{C_1}.$$

7. Numériquement :

$$V_2 - V_1 = \frac{(5-3)\times 10^{11}}{(5+3)\times 10^{11}} \times \frac{1,38\times 10^{-23}\times 300}{1,6\times 10^{-19}} \times \ln 10 \simeq 15\,\text{mV}\,.$$

8. a) Si on arrête les ions positifs, les ions négatifs sont les seuls à passer. On obtient alors la ddp de Nernst de l'ion chlore (ou potentiel d'équilibre thermodynamique du chlore) :

$$V_2 - V_1 = \frac{kT}{e}\ln\frac{C_2}{C_1} \simeq 4\times 15\ \text{mV} = 60\ \text{mV}\,.$$

b) Les deux ions ayant la même mobilité, la différence de potentiel est nulle.

Question 12

Lorsque le chlore est en équilibre, l'équation de Goldmann :

$$\Delta V = V_{\text{int}} - V_{ext} = -\frac{kT}{e}\ln\frac{P_{Na}C_{Na}^{\text{int}} + P_K C_K^{\text{int}}}{P_{Na}C_{Na}^{ext} + P_K C_K^{ext}}$$

permet d'obtenir la différence de potentiel ΔV membranaire d'une fibre nerveuse non myélinisée. Les perméabilités au sodium P_{Na} et au potassium P_{K} de la membrane, la charge de l'électron *e*, la constante de Bolztmann *k*, les concentrations *C* et la température absolue *T* interviennent dans cette équation.

La température est de 300 K, les concentrations de sodium dans les milieux intérieur et extérieur sont respectivement égales à 12 et 145 mol.m^{-3}, celles de potassium sont respectivement de 155 et 4 mol.m^{-3}. On donne $k = 1{,}4\ 10^{-23}$ J K^{-1}, $e = 1{,}6\ 10^{-19}$ C.

1. Quel est le rapport $P_{\text{K}}/P_{\text{Na}}$ des perméabilités au repos lorsque le potentiel de membrane est égal à – 90 mV ?
2. Un stimulus altère les perméabilités de manière que le potentiel membranaire augmente jusqu'à + 40 mV. Quel est le quotient des perméabilités dans cette situation ?
3. Comparer ces deux valeurs du rapport des perméabilités lorsque la fibre nerveuse est au repos et lorsqu'elle est excitée.
4. Jusqu'à quel point est-il correct d'utiliser, dans les deux questions précédentes, les mêmes valeurs des concentrations ?

Réponse

1. On a :

$$\frac{90\times10^{-3}\times1{,}6\times10^{-19}}{1{,}4\times10^{-23}\times300} = \ln\frac{12+155\dfrac{P_K}{P_{Na}}}{145+4\dfrac{P_K}{P_{Na}}} \Leftrightarrow \frac{24}{7} = \ln\frac{12+155\dfrac{P_K}{P_{Na}}}{145+4\dfrac{P_K}{P_{Na}}},$$

soit encore :

$$e^{\frac{24}{7}}\left(145+4\frac{P_K}{P_{Na}}\right) = 12+155\frac{P_K}{P_{Na}} \Leftrightarrow \frac{P_K}{P_{Na}} \approx 145$$

2. Dans ce cas :

$$\frac{-40\times10^{-3}\times1{,}6\times10^{-19}}{1{,}4\times10^{-23}\times300} = \ln\frac{12+155\dfrac{P_K}{P_{Na}}}{145+4\dfrac{P_K}{P_{Na}}} \Leftrightarrow -\frac{32}{21} = \ln\frac{12+155\dfrac{P_K}{P_{Na}}}{145+4\dfrac{P_K}{P_{Na}}},$$

soit encore :

$$e^{-\frac{32}{21}}\left(145+4\frac{P_K}{P_{Na}}\right) = 12+155\frac{P_K}{P_{Na}} \Leftrightarrow \frac{P_K}{P_{Na}} \approx 0{,}13.$$

3. Lorsque la fibre nerveuse est au repos, la membrane est surtout perméable aux ions K^+ alors que lorsqu'elle est excitée, la membrane est surtout perméable aux ions Na^+.

4. Très peu d'ions participent à la polarisation de la membrane. On peut donc utiliser les mêmes concentrations en ions K^+ et Na^+ dans les deux milieux lorsque la fibre nerveuse est au repos ou excitée

Question 13

Une membrane d'épaisseur d = 3 nm sépare deux compartiments semi-sphériques de rayon r = 30 µm. Des ions sodium diffusent à travers la membrane. Il apparaît alors un mince condensateur membranaire portant une charge $q_0 = K\frac{S}{d}\Delta V_m$ et présentant une différence absolue de potentiel ΔV_m = 100 mV entre ses faces. Le coefficient K, spécifique du milieu, est égal à 264.10^{-13} S.I.

1. Dans la base (M, L, T, I), déterminer les dimensions de K et donner son unité S.I..
2. La concentration ionique dans la sphère étant égale à C = 100 mmol.L^{-1}, montrer qu'une seule charge sur cent mille participe à la polarisation membranaire (sous la forme d'une couche chargée positivement).

Réponse

1. L'équation aux dimensions de K dans la base (M, L, T, I) donne :

$$[K]=\frac{[q_0][d]}{[S][\Delta V_m]}=\frac{(I\,T)\,L}{L^2\,\frac{[W]}{[q]}}=\frac{(I\,T)\,L}{L^2\,\frac{M\,L^2\,T^{-2}}{(I\,T)}}=\frac{I^2\,T^4}{L^3\,M}=I^2\,T^4\,L^{-3}\,M^{-1}.$$

2. La sphère renferme la charge :

$$Q=C\,\frac{4}{3}\pi r^3\,e,$$

où C est exprimée en mol.m^{-3}.
Numériquement :

$$Q\approx\frac{100\times10^{-3}\times6\times10^{23}}{10^{-3}}\times\frac{4}{3}\times\pi\times\left(30\times10^{-6}\right)^3\times1,6\times10^{-19}$$

$$Q\approx6\times4\times9\times1,6\times\pi\times10^{-9}\Leftrightarrow Q\approx1,1.10^{-6}\text{ C}.$$

Une face de la membrane porte la charge :

$$q_0=K\frac{S}{d}\Delta V_m=264\times10^{-13}\times\frac{4\times\pi\times\left(30\times10^{-6}\right)^2}{3\times10^{-9}}\times100\times10^{-3}$$

$$q_0\approx264\times4\times3\times\pi\times10^{-15}\Leftrightarrow q_0\approx10^{-11}\text{ C}.$$

On a donc la relation : $q_0=Q/10^5$. Une seule charge sur 100000 participe donc à la polarisation membranaire.

Questions à choix simple (une seule bonne réponse)

(Réponses p 338-342)

QCS 1

L'amplitude du champ électrique à une distance de 1 m d'une charge ponctuelle est $E_1 = 10^5$ V/m. Sa valeur lorsque la charge est distante de 3 m est :

a) E_1 /3 ; b) 9 E_1 ; c) E_1 ; d) E_1 /9.

QCS 2

L'amplitude E_1 d'un champ électrique pointant vers le nord est de 10 V/m, un autre champ de même amplitude pointe vers l'est. Les amplitude et direction du champ résultant de la superposition de ces deux champs sont :

a) $E_1\ \sqrt{2}$ et 45° par rapport à la verticale vers le haut ;

b) $2E_1\sqrt{2}$ et 45° par rapport à l'horizontale vers la gauche ;

c) $2E_1$ et 30° par rapport à la verticale vers le bas ;

d) $E_1/\sqrt{2}$ et 45° par rapport à sur l'horizontale vers la droite.

QCS 3

Quatre charges d'égale valeur sont disposées aux sommets d'un carré. L'amplitude de chaque champ créé est E_1. L'amplitude du champ en son centre est :

a) 4 E_1 ; b) $2E_1$; c) 0 ; d) $E_1/4$.

QCS 4

Trois charges positives sont disposées sur les sommets d'un carré. Sur le quatrième sommet est placée une charge négative. Le champ au centre du carré est dirigé :

a) pas de direction car le champ est nul ;

b) vers la charge négative ;

c) en s'éloignant de la charge négative ;

d) perpendiculaire à la diagonale passant par la charge négative.

QCS 5

Deux plans infinis se coupent à angle droit. La distribution des charges sur le plan vertical est uniforme et positive, celle sur le plan horizontal est uniforme et négative. Les valeurs absolues de ces deux distributions σ sont identiques. La direction du champ dans chaque quadrant est :

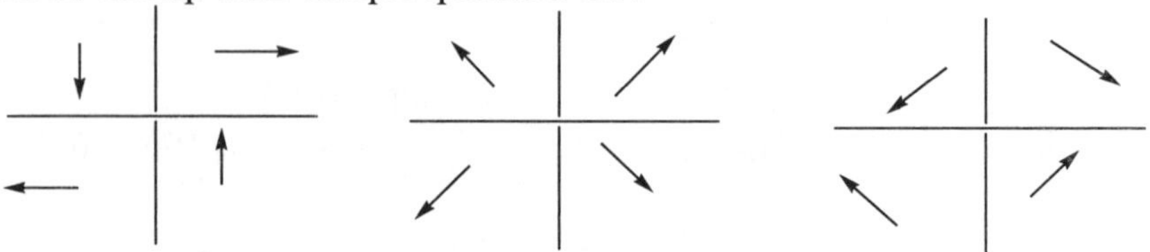

a) b) c)

QCS 6

Deux plans infinis parallèles portent la même distribution de charge positive. Dans l'air, les amplitudes et le sens du champ résultant entre les plans et à l'extérieur de l'espace entre deux plans sont :

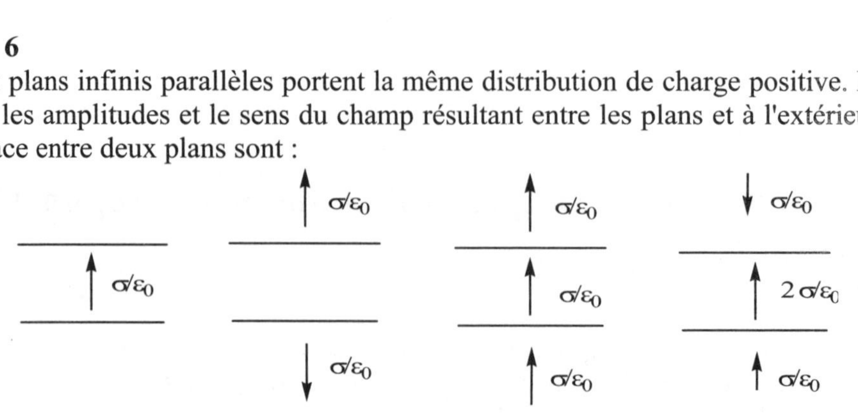

a) b) c) d)

QCS 7

Si l'énergie d'interaction entre deux charges ponctuelles est positive, le signe des charges est :

a) positif ; b) négatif ; c) nul ; d) l'un positif et l'autre négatif.

QCS 8

Soit un système isolé de deux charges ponctuelles de même signe dans un volume infini. Une charge est immobile et crée un champ E. La deuxième charge se déplace sous l'action de ce champ, sa vitesse va :

a) augmenter ; b) diminuer ; c) rester constante ; d) être nulle.

QCS 9

Le champ électrique à l'intérieur de la cavité d'une sphère creuse, de rayon R, chargée superficiellement (σ uniforme) est nul. Le potentiel dans la cavité est :

a) nul ; b) constant ; c) varie en $1/R$; d) varie en $1/R^2$.

QCS 10

On considère une coque sphérique de rayons extérieur b et intérieur a. A l'intérieur de cette coque est distribuée uniformément une charge q positive. Le champ électrique à l'intérieur de la cavité sphérique est nul. Les potentiels en $r = a$, $r = b$, $r = 0$ sont tels que :

a) $V(a) > V(b)$ et $V(a) = V(0)$; b) $V(a) < V(b)$ et $V(a) > V(0)$;
c) $V(a) = V(b)$ et $V(0) = 0$; d) $V(a) > V(b)$ et $V(0) = 0$.

QCS 11

1. Peut-on avoir $E \neq 0$ en un point où $V = 0$?
   a) non ; b) oui.
2. Peut-on avoir $V \neq 0$ en un point où $E = 0$?
   a) oui ; b) non.

QCS 12

Soit deux plans parallèles chargés uniformément, l'un positivement, l'autre négativement. Les surfaces équipotentielles entre ces plans sont des plans :

a) parallèles situés à égale distance entre les deux plans ;
b) parallèles situés plus près du plan de charge positive ;
c) parallèles quelle que soit la distance aux plans chargés ;
d) perpendiculaires aux deux plans chargés.

QCS 13

Soit deux condensateurs plans de dimensions identiques. Dans le premier il n'y a que de l'air entre deux armatures tandis que dans le second cet espace est rempli par un diélectrique. Si les deux condensateurs présentent la même différence de potentiel à leurs bornes, lequel portera la plus grande charge Q ?

a) le premier ; b) le second ; c) les deux charges sont identiques.

QCS 14 (extrait du concours PAES 2011 de l'université Paris Descartes)
Séquenceur d'ADN

On souhaite développer un séquenceur d'ADN dans lequel on fera passer les molécules d'ADN une par une à travers un pore d'une membrane par interaction coulombienne.

La molécule d'ADN sera considérée comme un fil de longueur l portant une charge électrique négative totale Q. On note λ la densité linéique uniforme de charge de la molécule d'ADN et on considère que cette quantité est négative ($\lambda < 0$) et constante sur la longueur du fil. L'entrée du pore sera considérée comme un anneau de rayon r portant N charges q positives réparties de façon équidistante (voir figure ci-dessous).

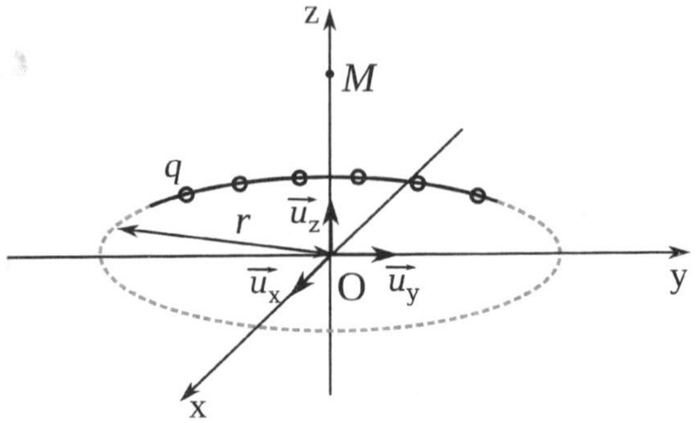

On rappelle l'expression de la force $\vec{F}$ exercée par une charge q sur une charge q' située à une distance d de la charge q, les charges étant placées dans un milieu de permittivité relative ε_r :

$$\vec{F} = \frac{K}{\varepsilon_r}\frac{qq'}{d^2}\vec{u}$$

où K est la constante universelle de Coulomb et $\vec{u}$ un vecteur unitaire indiquant la direction et le sens du segment de droite reliant la position de la charge q à celle de la charge q'.

Champ électrique créé par le pore

On considère un point M situé sur l'axe z passant par le centre de l'anneau et perpendiculaire au plan de l'anneau (xOy). Le point M est situé au dessus de l'anneau ($z > 0$ - voir figure ci-dessus). Le champ créé en ce point M par une seule charge q de l'anneau s'écrit de la façon suivante : $\vec{E}_q(M) = E_q(M)\vec{u}$ où $E_q(M)$ est la composante du champ électrique sur l'axe orienté de vecteur unitaire $\vec{u}$.

1 Donner l'expression de $E_q(M)$:

a) $E_q(M) = \frac{K}{\varepsilon_r}\frac{qz}{\left(r^2+z^2\right)^{3/2}}$; b) $E_q(M) = 2\frac{K}{\varepsilon_r}\frac{qz}{\left(r^2+z^2\right)^{3/2}}$;

c) $E_q(M) = \frac{K}{\varepsilon_r}\frac{q}{\left(r^2+z^2\right)}$; d) $E_q(M) = 2\frac{K}{\varepsilon_r}\frac{q}{\left(r^2+z^2\right)}$;

e) Aucune de ces réponses n'est exacte.

On considère maintenant le champ créé par l'ensemble du pore (champ de l'anneau) au point M décrit précédemment. Ce champ s'exprime de la façon suivante :

$$\vec{E}(z) = E_x(z)\vec{u}_x + E_y(z)\vec{u}_y + E_z(z)\vec{u}_z .$$

2 En étudiant la géométrie du problème, déterminer l'orientation du champ $\vec{E}(z)$:

a) $E_x(z) = E_y(z) = 0$ et $E_z(z) \neq 0$;

b) $E_x(z) = 0, E_y(z) \neq 0$ et $E_z(z) \neq 0$;

c) $E_x(z) \neq 0, E_y(z) \neq 0$ et $E_z(z) \neq 0$;

d) L'orientation du champ dépend de la coordonnée z du point M ;

e) Aucune de ces réponses n'est exacte.

Dans la suite, on ne s'intéressera qu'à la composante suivant l'axe Oz de $\vec{E}(z)$, c'est-à-dire à $E_z(z)$.

3 Quelle est l'expression de $E_z(z)$?

a) $E_z(z) = \dfrac{K}{\varepsilon_r} \dfrac{Nq}{\left(r^2 + z^2\right)}$; b) $E_z(z) = \dfrac{K}{\varepsilon_r} \dfrac{Nqz}{\left(r^2 + z^2\right)^{3/2}}$;

c) $E_z(z) = 2\dfrac{K}{\varepsilon_r} \dfrac{Nq}{\left(r^2 + z^2\right)}$; d) $E_z(z) = 2\dfrac{K}{\varepsilon_r} \dfrac{Nqz}{\left(r^2 + z^2\right)^{3/2}}$;

e) Aucune de ces réponses n'est exacte.

Force exercée par le pore sur la molécule d'ADN

On s'intéresse maintenant à la composante $F_z(z)$ de la force exercée par le pore sur la molécule d'ADN. On considère que la molécule d'ADN est alignée le long de l'axe Oz. L'extrémité la plus proche est située à une distance d du plan de l'anneau (xOy) (voir figure ci-dessous) :

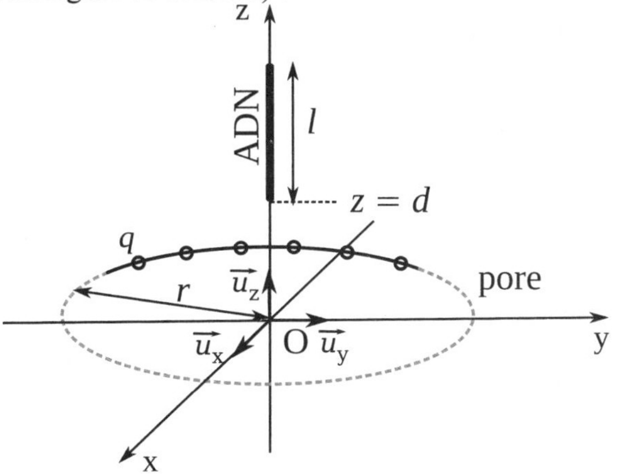

On considère un petit élément de la molécule de longueur dz, situé à la position z sur l'axe Oz

4 Quelle est la composante $dF_z(z)$ de la force appliquée par l'anneau sur ce petit élément ?

a) $dF_z(z) = E_z(z)\alpha\, dz$ avec $\alpha = Q$;

b) $dF_z(z) = E_z(z)\alpha\, dz$ avec $\alpha = \dfrac{Q}{l}$;

c) $dF_z(z) = E_z(z)\alpha\, dz$ avec $\alpha = \lambda l$;

d) $dF_z(z) = E_z(z)\alpha\, dz$ avec $\alpha = \dfrac{\lambda}{l}$;

e) Aucune de ces réponses n'est exacte.

5 Quelle est la force exercée par l'anneau sur la molécule entière d'ADN ? L'expression de α étant celle obtenue à la question précédente.

a) $\vec{F} = \dfrac{K\,N\,q}{2\varepsilon_r}\alpha\left[\dfrac{1}{\sqrt{r^2+(d+l)^2}} - \dfrac{1}{\sqrt{r^2+d^2}}\right]\vec{u}_z$;

b) $\vec{F} = \dfrac{K\,N\,q}{2\varepsilon_r}\alpha\left[\dfrac{1}{\sqrt{r^2+d^2}} - \dfrac{1}{\sqrt{r^2+(d+l)^2}}\right]\vec{u}_z$;

c) $\vec{F} = \dfrac{K\,N\,q\,\alpha}{\varepsilon_r}\left[\dfrac{1}{\sqrt{r^2+(d+l)^2}} - \dfrac{1}{\sqrt{r^2+d^2}}\right]\vec{u}_z$;

d) $\vec{F} = \dfrac{K\,N\,q\,\alpha}{\varepsilon_r}\left[\dfrac{1}{\sqrt{r^2+d^2}} - \dfrac{1}{\sqrt{r^2+(d+l)^2}}\right]\vec{u}_z$;

e) Aucune de ces réponses n'est exacte.

Problèmes

(Réponses p 343 à 386)

Problème 1

Deux charges ponctuelles fixes q_A et q_B (telles que $q_A = q_B = q > 0$) sont placées en A et B ($\overline{OB} = +a = -\overline{OA}$). On place en un point M situé entre A et B ($\overline{OM} = x$) une charge q' de masse m, libre de se déplacer sur l'axe x'Ox.

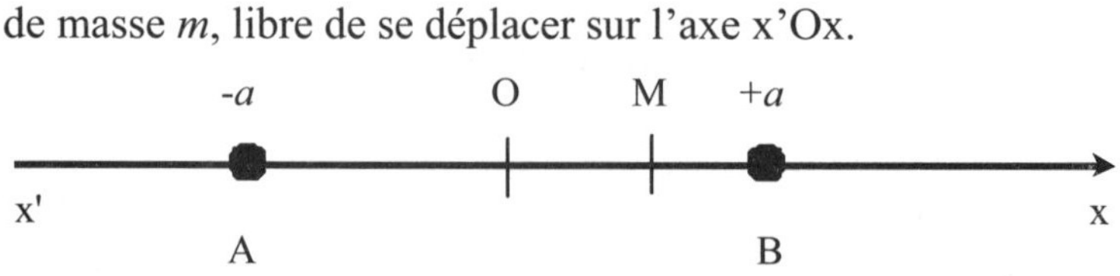

1. Tracer intuitivement l'allure des courbes du potentiel $V(x)$ et de la composante $E(x)$ suivant Ox du champ électrique créés par les deux charges fixes en tout point M de l'axe.
2. Déterminer l'expression du potentiel électrique $V(x)$.
3. Calculer l'énergie potentielle d'interaction $E_p(x)$ de q' avec q_A et q_B pour $-a < x < +a$.

Tracer la courbe représentative de $E_p(x)$ pour $q' > 0$. Quelle est la nature de l'équilibre pour q' placé en O ?

4. Déduire de $E_p(x)$ la force $\vec{F}$ s'exerçant sur q' pour $-a < x < +a$.
5. A l'instant $t = 0$, on place q' en $M_o(x_o)$ tel que $0 < x_o < a$ et on l'abandonne à elle-même. Quel sera alors le mouvement pris par la charge q' ?
6. Dans le cas où $x_o << a$, montrer que $E_p(x_0) = E_p(0) + C\, x_0^2$ où C est une constante que l'on déterminera. En généralisant à tout $x << a$, donner l'expression de l'énergie totale du système formé par les trois charges. En déduire la vitesse avec laquelle q' passe par sa position d'équilibre.

Problème 2

Deux molécules d'ADN assimilées à deux fils infinis et parallèles portent la même charge linéique λ négative. Les fils sont dans l'eau de permittivité $\varepsilon = 7.10^{-8}$ S.I. Ils sont séparés d'une distance $2d$. Ils coupent un plan π, perpendiculaire à la direction des fils, respectivement en A et B. Soit O le milieu du segment $[AB]$. Dans le plan π, les coordonnées du point A sont $(0, d)$ et celles du point B sont $(0, -d)$. L'axe Ox dont le vecteur unitaire est $\vec{u}_x$ est la médiatrice de $[AB]$.

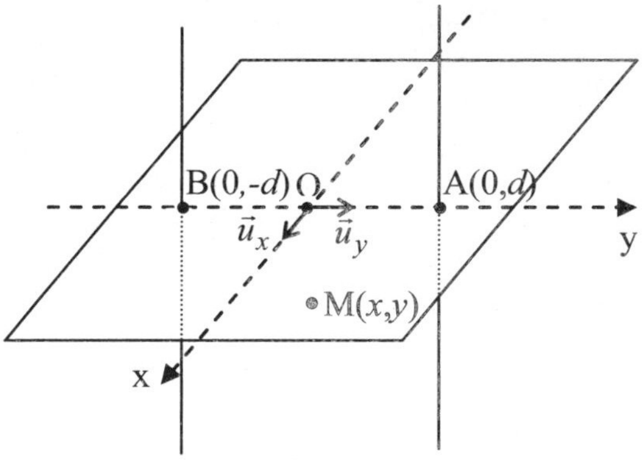

1. Donner l'expression du champ $\overrightarrow{E_1}$ créé par le fil passant par le point A, au point M(x,y) du plan π.
2. Ecrire de même l'expression du champ $\overrightarrow{E_2}$ créé par le fil passant par le point B.
3. Le point M étant sur l'axe Ox, écrire d'abord $\overrightarrow{E_1}$ puis $\overrightarrow{E_2}$. Montrer que la résultante au point M est : $\vec{E} = \dfrac{\lambda}{2\pi\varepsilon} \dfrac{2x}{x^2 + d^2} \overrightarrow{u_x}$. Justifier le résultat obtenu (direction et sens de $\vec{E}$).
4. Tracer l'allure de la variation de la composante $E(x)$ de $\vec{E}\,(M)$ quand M se déplace sur l'axe x'Ox.
5. Calculer le potentiel au point M de cet axe Ox. On choisit la référence des potentiels telle que $V(0) = 0$.
6. Applications numériques : sachant que la molécule d'ADN considérée porte une charge élémentaire tous les 1,7 Å et qu'elle est constituée d'environ 48000 paires de bases distantes de 3,4 Å :
   a) calculer la densité linéique de charges et la charge totale de la molécule.
   b) calculer le champ maximum sachant que les deux molécules d'ADN sont distantes de 100 Å.

Problème 3

Soit un anneau compris entre deux cercles de rayons r et r + dr et portant une distribution surfacique de charge uniforme et égale à σ positif. On peut montrer que le champ électrique créé par cet anneau, en un point M de cote $\overline{OM} = z$, a pour expression :

$$d\vec{E}_{anneau}(M) = k\,2\pi\, r\, dr\, \sigma \frac{z}{\left(r^2 + z^2\right)^{3/2}} \overrightarrow{u_z} ,$$

où $\overrightarrow{u_z}$ est le vecteur unitaire porté par l'axe Oz.

1. En déduire le champ électrique $\vec{E}_{disque}$, au point M, créé par un disque de rayon R et portant une distribution surfacique de charge uniforme et égale à $\sigma > 0$.
2. Soit un plan P, portant une distribution surfacique de charge uniforme et égale à $\sigma > 0$.

2.1. Déterminer le champ électrique $\vec{E}$ au point M et tracer l'allure de la variation de sa composante E_z en fonction de z.
2.2. Donner l'expression du potentiel V en fonction de z, et tracer sa courbe représentative.
2.3. Définir les surfaces équipotentielles.
2.4. Calculer le travail d'une charge q se déplaçant :
- sur un plan perpendiculaire à l'axe Oz ;
- de $z = z_1$ à $z = z_2$ (avec $z_1 z_2 > 0$).

2.5. Calculer en tout point de l'espace le champ et le potentiel électriques, créés par deux plans P_1 et P_2, distants de d et portant des densités surfaciques de charge respectivement égales à $+\sigma$ et $-\sigma$. Tracer les courbes représentatives en fonction de z en prenant pour origine de l'axe Oz le milieu du segment P_1P_2. On prendra $V(0) = 0$.

Problème 4

On considère la distribution de charges suivante : une charge ponctuelle $q = Ze$ positive, centrée à l'origine O, entourée d'une distribution sphérique négative donnée par :

$$\rho(r) = \frac{A}{r^5} \text{ pour } r \geq a \text{ et } \rho(r) = 0 \text{ pour } r < a .$$

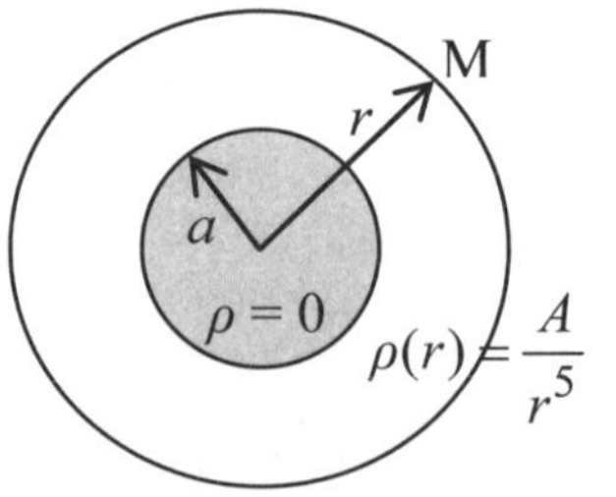

Cette distribution décrit un modèle simple de l'atome. La charge ponctuelle est celle du noyau et $\rho(r)$ représente le nuage électronique à symétrie sphérique s'étendant de $r = a$ à l'infini. Z est le numéro atomique de l'atome, e la valeur absolue de la charge de l'électron, A et a sont des constantes.
On rappelle qu'une sphère de rayon r a pour volume $\tau = 4\,\pi\, r^3 / 3$.

1. On ne considère que le nuage électronique.

1.1. Pour $r \geq a$, calculer le volume élémentaire $d\tau$ compris entre la sphère de rayon r et la sphère de rayon $r + dr$.

1.2. En déduire, en fonction de $\rho(r)$, r et dr, la valeur de la charge élémentaire dq contenue entre r et $r + dr$, due au cortège électronique seul. Préciser son expression pour $r \geq a$ et $r < a$.

1.3. En considérant uniquement le cortège électronique, montrer que la charge contenue à l'intérieur d'une sphère de rayon r vérifie la relation :

$$Q(r) = 2\pi A\left[\frac{1}{a^2} - \frac{1}{r^2}\right].$$

En déduire la charge totale Q_e associée au cortège électronique.

1.4. L'atome étant neutre, exprimer A en fonction de a, Z et e. Commenter le signe de A.

1.5. Donner l'expression de la charge dans la sphère de rayon r.

2. On étudie au point M, situé à la distance r de O, la valeur algébrique du champ électrique créé par l'atome.

2.1. Par des considérations de symétrie, donner la direction du vecteur champ électrique $\vec{E}$ en justifiant le résultat sur un schéma.

2.2. En appliquant le théorème de Gauss, déterminer le champ électrique pour :

a) $r < a$; b) $r \geq a$.

Comparer ces expressions à celle du champ créé par une charge ponctuelle.

3. On veut déterminer la variation du potentiel $V(r)$ entre 0 et l'infini.

3.1. Exprimer le potentiel $V_1(r)$ dans la région définie par $r < a$, puis le potentiel $V_2(r)$ dans la région définie par $r \geq a$.

3.2. Sachant que le potentiel est une fonction continue qui est nulle à l'infini, déterminer les constantes d'intégration. Donner alors les expressions de $V_1(r)$ et $V_2(r)$.

3.3. Tracer l'allure de la variation du potentiel $V(r)$ entre 0 et l'infini.

Problème 5

On modélise l'axone myélinisé par une gaine cylindrique, de constante diélectrique relative ε_r, entourant un milieu neutre, l'axoplasme, de constante diélectrique relative ε_r'. On admet que la constante diélectrique du milieu extérieur est égale à celle de l'axoplasme.

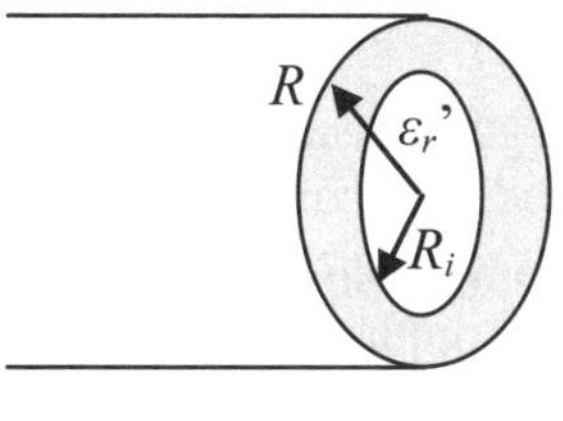

Vue en volume

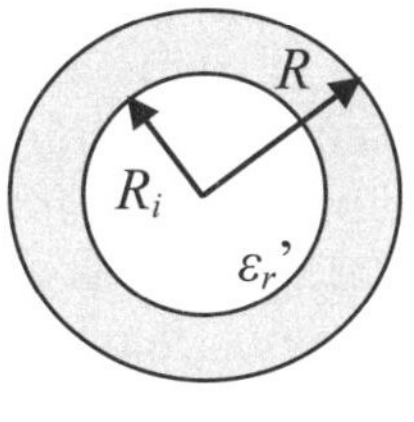

Vue en coupe

Le rayon intérieur de la gaine est R_i, le rayon extérieur R. La densité volumique de charges à l'intérieur de la membrane et positive et dépend de r : $\rho = \rho(r)$. Le champ électrique a pour intensité $E = 0$ lorsque $r < R_i$ et $E = K\,(r - R_i)$ lorsque $R_i < r < R$.

On se propose de déterminer le coefficient K en fonction de R, R_i, et de q la charge par unité de longueur de la membrane. Pour cela on cherche à établir une relation entre $E(r)$ et $\rho(r)$ en utilisant une surface de Gauss (surface fermée) définie par deux cylindres concentriques de longueur L et rayons respectifs r et $r + dr$ ($r > R_i$). On négligera par la suite les infiniment petits du second ordre.

1. Calculer $d\tau$, le volume délimité entre les deux cylindres concentriques de longueur L et de rayons r et $r + dr$.
2. a) Donner la direction du champ électrique dans la membrane.
   b) Exprimer Φ_1 le flux du champ électrique à travers le cylindre fermé de rayon r.
3. Exprimer Φ_2 le flux du champ électrique à travers le cylindre fermé de rayon $r + dr$.
4. En développant $E(r+dr)$ au premier ordre, montrer que Φ_2 s'exprime en fonction de Φ_1 :

$$\Phi_2 \simeq -\Phi_1 + 2\pi L \frac{d}{dr}\left[r\,E(r)\right]dr.$$

5. Montrer alors que $\dfrac{\rho(r)}{\varepsilon_r\,\varepsilon_0} = \dfrac{1}{r}\dfrac{d\left[r\,E(r)\right]}{dr}$.
6. Calculer $\rho(r)$ puis q pour $r > R_i$. En déduire K en fonction de q.
7. Calculer les potentiels (à une constante près) : V_1 pour $r > R$, V_2 pour $R_i \leq r \leq R$ et V_3 pour $r \leq R_i$.
8. Que deviennent les expressions précédentes si $V(R) = 0$?

Problème 6

Partie A

1. On rappelle l'expression du gradient d'une fonction $f(x,y,z)$:

$$\overrightarrow{grad}f = \frac{\partial f}{\partial x}\vec{u}_x + \frac{\partial f}{\partial y}\vec{u}_y + \frac{\partial f}{\partial z}\vec{u}_z.$$

Les composantes de $\overrightarrow{grad}f$ représentent la variation (pente) de la fonction f selon les différentes directions de l'espace.

Montrer que $\overrightarrow{grad}f$ est perpendiculaire en tout point M à une surface où f = cte.

2. Montrer que $\overrightarrow{grad}f$ est orienté dans le sens des valeurs croissantes de f et qu'il indique la direction de variation la plus rapide de f.

Partie B

3. Que peut-on dire de la ligne d'intersection de deux surfaces équipotentielles l'une au potentiel V_1 et l'autre au potentiel V_2 ?
4. Les courbes en traits pleins de la figure ci-après (à la fin de l'exercice) représentent les lignes de champ créées par deux charges ponctuelles q (> 0) et $-q$. Les lignes pointillées sont les intersections des surfaces équipotentielles avec un plan contenant les deux charges. Entre deux courbes successives la différence de potentiel est $\Delta V = 1$ V.

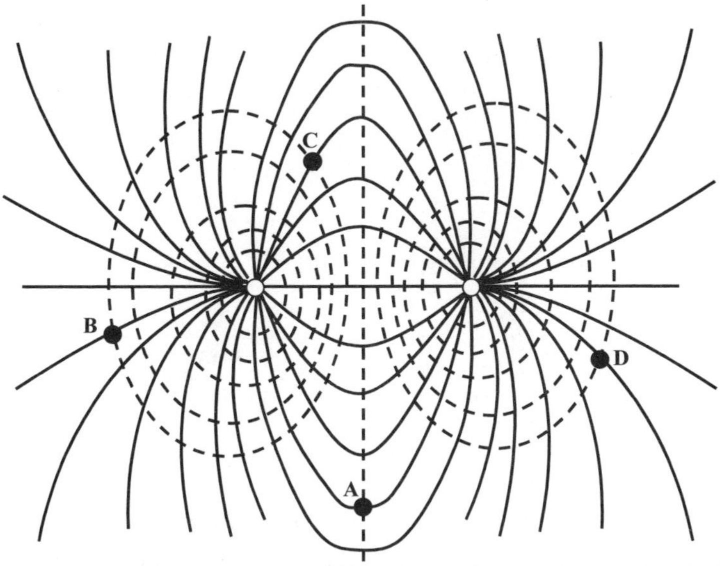

4.1. Quelle est la valeur de V sur la médiatrice du segment joignant les deux charges ?
4.2. Le potentiel en D, créé par les deux charges, est positif. Donner le signe respectif des charges.
4.3. Quel est le sens du champ électrique créé par les deux charges le long des lignes de champ ? Représenter $\vec{E}$ sur l'axe des deux charges et sur la droite $V = 0$.
4.4. Comparer la norme de $\vec{E}$ aux points B et C.
4.5. Un proton est placé au point A. Quels sont la direction et le sens de la force électrique exercée par les deux charges sur ce proton ?

Problème 7

1. Une cellule cubique d'arête L = 1 cm est remplie d'une solution de KCl de concentration homogène et constante $C = 0,4$ mol.L^{-1}. Un générateur de tension variable est connecté aux deux surfaces opposées métalliques de la cellule qui servent d'électrodes métalliques. Les autres faces sont en verre.

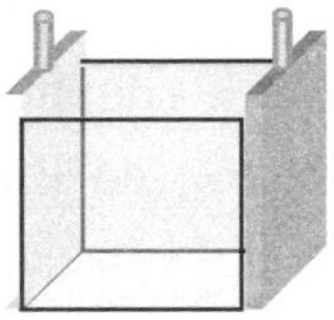

Le tableau ci-après résume les valeurs d'intensité du courant I qui traversent la cellule en fonction des différences de potentiel $U = \Delta V$ appliquées entre les électrodes :

I(mA)	7,9	15,6	23,4	31,4
U(V)	2,5	5	7,6	10

1.1. Tracer U en fonction de I. En déduire la résistance R de l'échantillon à 25°C. Que représente 1 ohm dans le système international ?

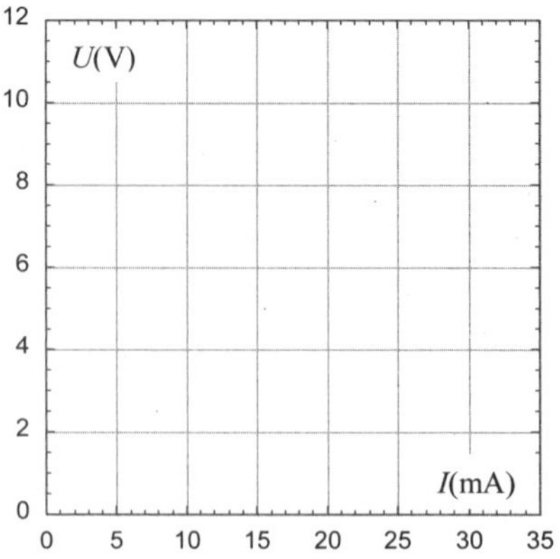

1.2. Exprimer la résistivité ρ de la solution en fonction de R et de L. Déterminer la dimension de ρ. Calculer ρ.

2. En solution, les ions i de charge q_i se déplacent avec un vecteur vitesse $\vec{v}_i$ sous l'action du vecteur champ électrique $\vec{E}$. Ils sont également soumis à une force de frottement $\vec{f}_i = -6\pi\eta r\vec{v}_i$ où r est le rayon moyen des ions présents en solution. On néglige l'effet de la gravitation et la poussée d'Archimède.

2.1. Décrire qualitativement le mouvement des ions dans la solution sachant que v_i $(t = 0\text{ s}) = 0$.

2.2. Etablir l'équation différentielle régissant le vecteur vitesse $\vec{v}_i$ des ions i de masse m_i. On donne $\eta = 10^{-3}$ S.I.

2.3. En déduire les expressions des vecteurs vitesse limite $\vec{v}_+$ et $\vec{v}_-$ respectivement des ions K^+ et Cl^- en fonction de e, η, r et $\vec{E}$.

2.4. Sachant que l'on définit la mobilité mécanique ω_i d'un ion i par $\vec{f}_i = -\dfrac{1}{\omega_i}\vec{v}_i$, déterminer la dimension de ω_i et son unité S.I..

3. Soit $\overrightarrow{j^+}$ et $\overrightarrow{j^-}$ les vecteurs densités de courant électrique dues respectivement aux ions K^+ et Cl^-.

3.1. Que peut-on dire du sens de ces courants l'un par rapport à l'autre ?

3.2. Exprimer le vecteur densité de courant électrique total $\vec{j}$ en fonction de $\vec{v}_+$, e et de C. En déduire l'expression de l'intensité du courant électrique I de la solution.

3.3. On rappelle la relation entre $\vec{j}$, la résistivité de la solution ρ et $\vec{E}$: $\vec{j} = \dfrac{1}{\rho}\vec{E}$.

En déduire l'expression de ρ en fonction des données. Estimer le rayon moyen des ions présents en solution. On donne : $\eta = 10^{-3}$ S.I..

3.4. Les rayons des ions K^+ et Cl^-, déterminés par la diffusion des rayons x, valent respectivement 1,55 et 1,81 Å. Commenter le résultat obtenu en (3.3).

Problème 8

On considère la diffusion passive des ions Na^+ de mobilité mécanique ω_{Na} à travers une membrane biologique de surface S comportant n pores cylindriques par unité de surface de longueur L et de rayon a. Cette membrane sépare le milieu interstitiel

de concentration constante C_1 du milieu extra-cellulaire de concentration constante C_2. On supposera que la concentration varie linéairement dans la membrane, et on notera $\Delta C = C_1 - C_2$.
On donne : $C_1 = 0{,}5$ mol.L^{-1}, $C_2 = 0{,}05$ mol.L^{-1}, $k = 1{,}38.10^{-23}$ J.K^{-1}, $T = 300$ K, $\omega_{Na} = 10^{11}$ S.I., $n = 6.10^{10}$ pores.m^{-2}, $S = 1$ m^2, $L = 100$ Å, $a = 4$ Å, $e = 1{,}6.10^{-19}$ C.
1. Donner l'expression, sous la seule influence du gradient de concentration, de la densité de flux de Na^+ dans un pore à l'abscisse x, $j_1^{pore}(x)$, en fonction de ΔC et ω_{Na}, sachant que le coefficient de diffusion des ions Na^+ s'écrit $D_{Na} = k\ T\ \omega_{Na}$. Représenter le sens de cette densité de flux sur un schéma.
2. Déterminer, sous la seule influence du gradient de concentration, les expressions du flux de diffusion de Na^+, J_1, et l'intensité du courant électrique I_1 à travers la membrane.
3. En déduire l'expression de la perméabilité membranaire P_d. Déterminer la dimension de P_d.
4. Calculer numériquement J_1 et la charge Q_1 qui est passée du compartiment 1 au compartiment 2 pendant un intervalle de temps $\Delta t_1 = t_1 - t_0 = 1$ ms (t_0 : début de la diffusion des ions Na^+). Quels sont le signe et la valeur de la charge électrique restant en excès dans le compartiment 1 ?
5. Justifier que l'on peut assimiler les interfaces solution-membrane aux armatures d'un condensateur de capacité C.
6. Calculer numériquement la différence de potentiel $\Delta V = V_1 - V_2$ qui existe de part et d'autre de la membrane juste après Δt_1. Quel est le sens du champ électrique dans la membrane ? On prendra $C = 10^{-2}$ F.
7. En fait, ΔV et l'intensité du champ électrique évoluent au cours du temps. Si l'on suppose que ΔV reste constant pendant l'intervalle de temps $\Delta t_2 = t_2 - t_1 = 1$ ms, donner, en fonction de ΔV, l'expression et le sens de la densité de flux d'entraînement j_E^{pore} dans un pore en considérant qu'il y a une concentration moyenne dans le pore $\langle C \rangle = (C_1 + C_2) / 2$ et que la vitesse acquise par les ions Na^+ est $v_{Na} = \omega_{Na}\, e\, E$.
8. En déduire l'expression de la densité de flux total de Na^+ dans un pore, soit j_2^{pore}, en fonction de ΔC et ΔV.
9. Donner l'expression de J_2 le flux total de diffusion de Na^+ à travers la membrane ainsi que celle de I_2 l'intensité du courant électrique à travers la membrane pendant Δt_2.
10. En déduire l'expression de la charge Q_2 qui est passée du compartiment 1 au compartiment 2 pendant Δt_2. Que peut-on dire de Q la charge en excès dans le compartiment 2 juste après Δt_2 ?
11. Sachant que $Q_2 < Q_1$, expliquer qualitativement que Q, ΔV et E évoluent vers des valeurs limites Q_{lim}, ΔV_{lim} et E_{lim}.

Problème 9

Dans le cas d'une cellule biologique, on peut considérer que sa membrane est perméable (par l'intermédiaire de canaux spécifiques pour chaque espèce chimique d'ions) aux 3 ions K^+, Na^+ et Cl présents dans les liquides extracellulaire (compartiment 1) et intracellulaire (compartiment 2). Les ions ont des mobilités mécaniques différentes $\omega_{Na} \neq \omega_K \neq \omega_{Cl}$. Les concentrations C_i dans les compartiments 1 et 2 sont supposées homogènes. On se place en régime stationnaire. Soit V le potentiel électrique et E la composante suivant l'axe Ox du champ existant dans la membrane.

1. Ecrire la densité de flux total j_i^{tot} pour l'espèce i en un point d'abscisse x du canal en fonction de dV/dx et de dC/dx.
On rappelle que $D_i = \omega_i\, k\, T$ et $v_i = \omega_i\, z_i\, e\, E$ (vitesse limite atteinte par les ions i).
2. Donner les expressions des potentiels d'équilibre thermodynamique, pour chacun des ions Na^+, K^+ et Cl.
3. Dans le cas d'une cellule musculaire au repos, on mesure une différence de potentiel électrique $\Delta V = V(2) - V(1) = 88$ mV.
Les concentrations dans le liquide extracellulaire (compartiment 1) sont :
$[Na^+]_1 = 145$ mol.m^{-3}, $[K^+]_1 = 4$ mol.m^{-3}, $[Cl^-]_1 = 120$ mol.m^{-3}.
Les concentrations dans le liquide intracellulaire (compartiment 2) sont :
$[Na^+]_2 = 12$ mol.m^{-3}, $[K^+]_2 = 155$ mol.m^{-3}, $[Cl^-]_2 = 4$ mol.m^{-3}.
3.1. Représenter sur un schéma, pour chaque espèce d'ions i, le sens des flux j_i^D et j_i^E.
3.2. En déduire si l'équilibre thermodynamique peut être ou non réalisé pour une ou plusieurs espèces chimiques dans la membrane.
3.3. Si tel est le cas, vérifier par un calcul numérique si l'équilibre thermodynamique est effectivement réalisé pour cette (ces) espèce(s). Représenter alors le flux j_i^{tot} sur le schéma pour chaque espèce.
3.4. Représenter alors le flux $\vec{j}_i^{tot}$ pour chaque espèce.

Problème 10

Considérons une cellule biologique plongée dans une solution (milieu 1) ne comportant que des ions monovalents perméants Na^+, K^+ et Cl^-. A l'intérieur de la cellule (milieu 2), en plus de ces ions, sont présentes des protéines chargées négativement et non perméantes (figure ci-après). Soit C_1^+ et C_1^- les concentrations en ions monovalents respectivement positifs et négatifs dans la solution (milieu 1). Soit Γ^- la concentration de protéines à l'intérieur de la cellule. On donne $C_1^+ = C_1^- = 150$ mmol.L^{-1} et $\Gamma^- = 125$ mmol.L^{-1}.

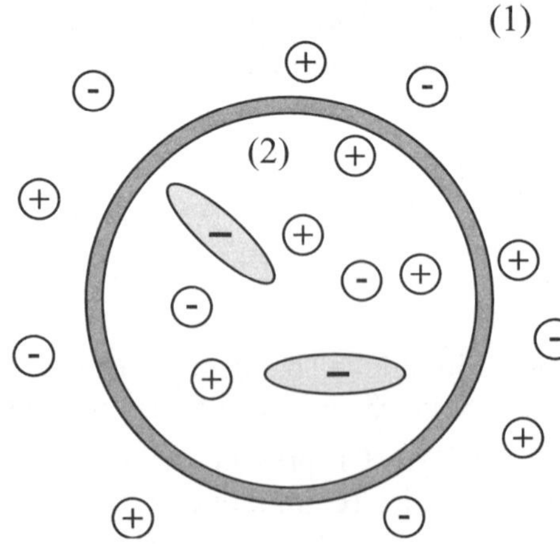

1. En repartant des équations établies au paragraphe 2.3.2 (à partir des conditions d'électroneutralité de chaque milieu, d'équilibre des ions), déterminer, à l'équilibre, les concentrations en ions monovalents positifs et négatifs à l'intérieur

de la cellule, respectivement C_2^+ et C_2^-.

2. En déduire, à l'équilibre, la valeur de la différence de potentiel transmembranaire ΔV_D (potentiel de Donnan). On donne k = 1,38.10^{-23} J.K^{-1} la constante de Boltzmann, e = 1,6.10^{-19} C la charge élémentaire et θ = 37°C, la température des milieux 1 et 2.

3. Sachant que les concentrations en ions Na$^+$ et K$^+$ dans le milieu 1 sont respectivement $\left[\text{N}a^+\right]_1 = 140\,\text{mmol.L}^{-1}$ et $\left[K^+\right]_1 = 10\,\text{mmol.L}^{-1}$, en déduire les concentrations de ces ions dans le milieu 2, soit $\left[\text{N}a^+\right]_2$ et $\left[K^+\right]_2$.

Problème 11

On considère une membrane modèle qui laisse passer des ions chlore et potassium dont les concentrations respectives sont *Cl*, *Cl'*, *K*, *K'* (voir figure ci-dessous). De chaque côté de la membrane se trouvent également des molécules ionisées qui ne peuvent pas la traverser. Leurs concentrations sont M^+, M^-, $M^{+\prime}$ et $M^{-\prime}$. On admettra que le potentiel électrique à gauche de la membrane ($x < 0$) est nul et que le potentiel à droite de celle-ci ($x > 0$) est constant et vaut V'.

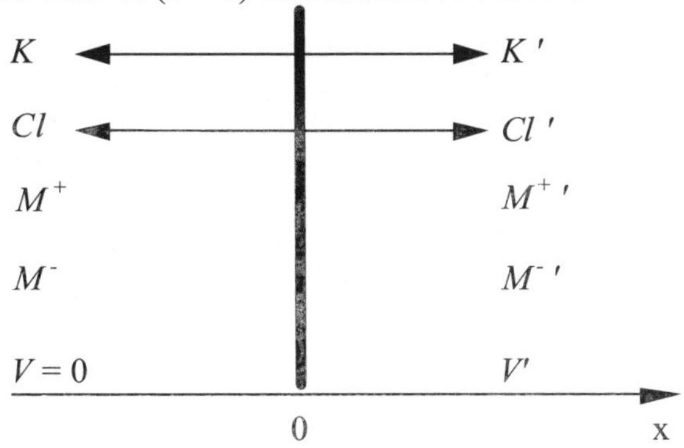

Les solutions sont neutres et la concentration en molécules non perméantes est fixée dans chaque compartiment.

On fait varier la concentration en ions potassium K et on veut déterminer *K'*, *Cl'*, *Cl* et *V'*.

1. Exprimer Cl en fonction de *K* et de $M = M^+ - M^{+\prime}$.
2. Exprimer *Cl'* en fonction de *K'* et de $M' = M^- - M^{-\prime}$.
3. Pour un ion pouvant se déplacer librement à travers la membrane, la relation entre ses concentrations *C* et *C'* de part et d'autre de la membrane est donnée à l'équilibre par la relation de Nernst-Planck : $V' - V = -\dfrac{kT}{ze}\ln\dfrac{C'}{C}$, où z est la valence de l'ion considéré, k = 1,38.10^{-23} J.K^{-1} la constante de Boltzmann et e = 1,6.10^{-19} C. En déduire la relation entre *Cl'*/*Cl* et *K*/*K'* à l'équilibre.
4. Montrer que *K'* vérifie une équation du second degré et exprimer *K'* en fonction de *M'*, *K*, et *Cl*.
5. Pour T = 310 K, on donne kT/e = 26,75 mV. Calculer les valeurs de *M* et *M'* et compléter le tableau ci-après sachant que :

M^+ = 145 mmol.L^{-1}, $M^{+\prime}$ = 15 mmol.L^{-1}, M^- = 30 mmol.L^{-1} et $M^{-\prime}$ = 156 mmol.L^{-1}.

K	Cl	K'	Cl'	Cl'/Cl	V'(mV)
1					
10					
30					
100					
200					
500					
1000					

6. Tracer l'allure de $V'(K)$ sur le graphe semi-log suivant. Vers quelle limite tend la différence de potentiel transmembranaire, $V' - V$, lorsque K croît ?

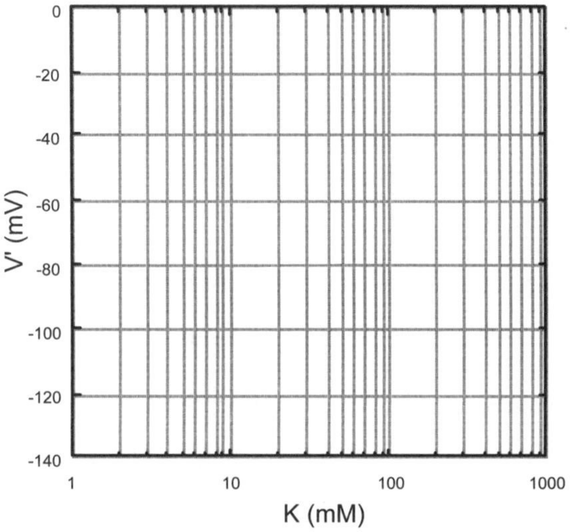

Problème 12

Une membrane dialysante sépare deux compartiments 1 et 2 de même volume fixe contenant de l'eau pure. A l'instant initial, le compartiment 1 contient une protéine plasmatique PNa_z totalement ionisée négativement, de valence $z_P = -z = -16$, en concentration $C_0 = 10$ mmol.L^{-1}, et du chlorure de potassium totalement ionisé en concentration $C = 150$ mmol.L^{-1}. A l'instant initial, le compartiment 2 contient uniquement du chlorure de potassium totalement ionisé à la même concentration C. La membrane est perméable aux ions Na^+, K^+ et Cl^-, et imperméable aux macro-anions P^{z-}.

1. Faire le bilan des concentrations des ions dans chaque compartiment à l'instant initial.
2. Expliquer qualitativement le mouvement des ions à travers la membrane et représenter pour chaque ion les flux de diffusion et d'entraînement électrique à l'équilibre.
3. Ecrire les conditions d'électroneutralité dans les deux compartiments, de conservation du nombre de particules et d'équilibre thermodynamique pour chacun des ions diffusibles.
4. Quelles seront, à l'équilibre, les concentrations des ions perméants dans les compartiments 1 et 2 ?
5. Calculer la valeur du potentiel de Donnan.

On donne : $k = 1{,}38.10^{-23}$ J.K^{-1}, $T = 300$ K, $e = 1{,}6.10^{-19}$ C.

Problème 13

On considère une membrane poreuse d'épaisseur L. Cette membrane sépare deux compartiments contenant des ions perméants i aux concentrations respectives C_1^i et C_2^i et caractérisés par une charge $z_i e$, une constante de diffusion D_i et une mobilité mécanique ω_i. On suppose que dans la membrane règne un champ électrique $\vec{E}$ uniforme et parallèle à l'axe Ox.

Soit α_i le coefficient de frottement qu'exercent les molécules environnantes sur l'ion i en mouvement. On admettra dans la suite du problème que cet ion acquiert la vitesse limite $v_i = q_i E / \alpha_i$ quasi-instantanément. Autrement dit, l'état stationnaire est supposé atteint instantanément.

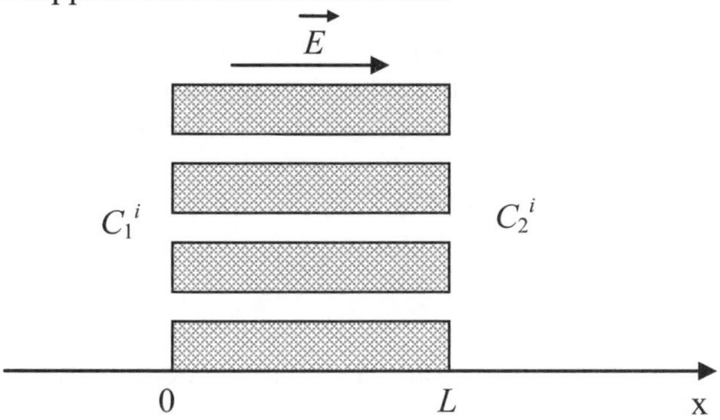

1 Ecrire l'expression de la densité de flux totale d'un ion i en un point x d'un canal quand il existe un gradient de concentration ($C_1^i \neq C_2^i$). Exprimer j_i^p en fonction de ω_i, sachant que $1/\alpha_i = \omega_i$ et $D_i = \omega_i kT$.

2 Ecrire l'expression de l'intensité du champ électrique E à travers la membrane en fonction de la différence de potentiel électrique $\Delta V = V_2 - V_1$ entre les compartiments 1 et 2. En déduire la nouvelle expression de j_i^p en fonction de ΔV.

3 Résoudre l'équation obtenue en (2) et donner l'expression de $C(x)$ en fonction de C_1. En déduire l'expression de j_i^p en fonction de C_1^i et C_2^i.

4 A partir de l'expression de j_i^p, déterminer ΔV dans le cas où l'ion i est à l'équilibre thermodynamique, c'est-à-dire quand sa densité de flux est nulle (Equation de Nernst).

5 En première approximation, dans le cas d'une cellule, on considère que les ions perméants sont les ions monovalents Na^+, K^+ et Cl^-. Ecrire les densités de courant électrique de chacun des ions $j_i^{p^{el}}$ et la densité de courant totale $j_{tot}^{p^{el}}$.

6 Dans le cas d'une diffusion libre (pas de force extérieure) la différence de potentiel ΔV est la conséquence du transport passif de ces ions. Sachant que la charge totale se conserve, que peut-on dire de $j_{tot}^{p^{el}}$? En déduire l'expression de ΔV (Equation de Goldman).

7 On considère maintenant une membrane dont les canaux sont sélectifs, c'est-à-dire que les différents ions Na^+, K^+ et Cl^- passent par des canaux différents et spécifiques. Si on suppose que les ions i passent par des canaux de section s_i et de densité n_i par unité de surface, donner l'expression de la densité de flux j_i à

travers la membrane en fonction de ω_i, puis de la perméabilité membranaire $P_{di} = n_i\, s_i\, D_i / L$.

8 Ecrire l'expression de j_i^{el} densité de courant électrique de l'ion i. Donner l'expression de j_{tot}^{el}. En déduire ΔV dans le cas d'une diffusion libre.

Problème 14

Un condensateur de capacité C et une résistance R sont montés en série aux bornes d'un générateur de f .e.m. constante E.

1. Etablir l'équation différentielle régissant la charge $q(t)$ du condensateur en fonction du temps.

2. En déduire les évolutions temporelles de la charge $q(t)$ et de l'intensité du courant $i(t)$ dans le circuit pendant la charge. On supposera que le condensateur est déchargé à $t = 0$. Tracer les allures de $q(t)$ et de $i(t)$. Définir la constante de temps du circuit τ.

3. Calculer l'instant t_m pour lequel la tension aux bornes du condensateur vaut $U_m = E / m$, où m est un nombre réel supérieur à 1. Application numérique: $R = 10^6\ \Omega$, $C = 10^2\ \mu F$ et $m = 2$.

4. Aux bornes du condensateur, on branche un éclateur qui décharge instantanément le condensateur dès que la différence de potentiel entre ses bornes atteint la valeur $U_m = E / m$ (voir figure ci-dessous). On note $u(t)$ la différence de potentiel aux bornes du condensateur en fonction du temps.

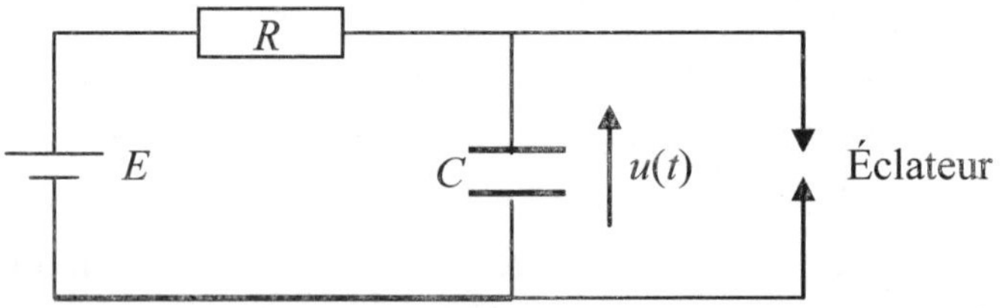

Montrer que $u(t)$ est périodique et décrire qualitativement son évolution. Calculer sa période T_m en fonction de E, U_m, R et C. Calculer l'énergie dépensée dans chaque étincelle.

5. Le système précédent peut être utilisé dans son principe comme stimulateur cardiaque : à chaque fois que la différence de potentiel aux bornes du condensateur atteint 0,75 E, la décharge instantanée du condensateur permet d'exciter le muscle cardiaque en faisant circuler un courant intense entre deux électrodes convenablement implantées.

5.1. Quelle doit être la période T pour exciter le muscle cardiaque à la fréquence des battements cardiaques : 70 battements / minute ?

5.2. Quelle valeur doit-on donner à la résistance R si le condensateur utilisé a une capacité de 2.10^{-6} F ?

Problème 15

Un axone myélinisé peut être modélisé, en première approximation, par un cylindre conducteur entouré par une membrane isolante : la myéline.

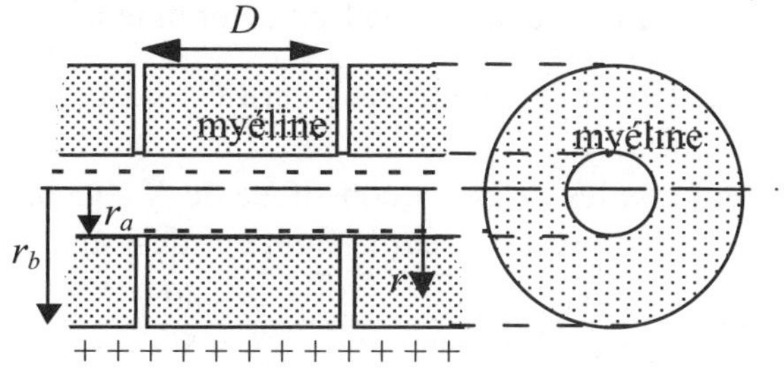

A. Résistance de la membrane

1. Soit $Q < 0$, la charge distribuée uniformément sur la surface interne de la membrane de longueur D. Montrer que la composante (radiale) du champ électrique dans la membrane s'écrit (on néglige les effets diélectriques) :

$$E(r) = \frac{Q}{2\pi r D \varepsilon_0}.$$

Préciser les caractéristiques de $\vec{E}$.

2. En déduire la différence de potentiel $V = V_a - V_b$ entre l'intérieur et l'extérieur de la membrane.

3. La loi d'Ohm microscopique,

$$\vec{j}(r) = \frac{\vec{E}(r)}{\rho}.$$

relie le vecteur densité de courant $\vec{j}(r)$ au vecteur champ électrique $\vec{E}(r)$ et à la résistivité de la membrane ρ. Exprimer le courant total, I, qui traverse le cylindre de rayon r et de longueur D.

4. En déduire la résistance R_m de la membrane.

B. Capacité de la membrane

5. Donner l'expression de la capacité de la membrane. (on néglige les effets diélectriques)

6. En réalité la membrane est un milieu diélectrique dont on veut calculer la constante κ, appelée permittivité relative. Le champ électrique $\vec{E}$, créé par la charge Q, provoque une polarisation de la myéline dont les barycentres des charges (+) et des charges (-) se déplacent dans des directions opposées. Ceci donne naissance à un champ de polarisation $\vec{E}_p$. Le champ total dans la membrane est alors $\vec{E}_t = \vec{E} + \vec{E}_p$. Représenter sur le schéma ci-après (approximation du condensateur plan) les charges de polarisation apparaissant sur le diélectrique ainsi que $\vec{E}_p$.

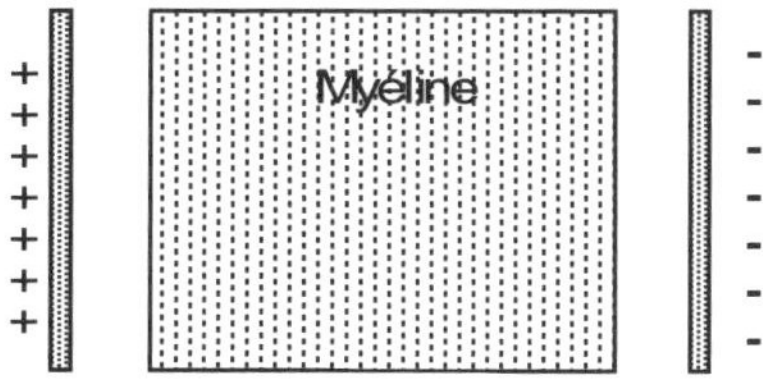

7. On admet que $\vec{E}_p$ et $\vec{E}_t$ sont proportionnels. Soit χ la constante de proportionnalité ($0 < \chi < 1$). Exprimer $\vec{E}_p$ en fonction de $\vec{E}_t$ et montrer que $\vec{E}_t = \dfrac{\vec{E}}{\kappa}$ où κ est lié à χ par une relation que l'on déterminera.

8. Montrer que la capacité de la membrane s'écrit $C_m = \kappa\, C$ où C est l'expression déterminée au 5.

9. La myéline qui entoure les nerfs est constituée de N couches superposées. La structure d'une couche est représentée sur la figure ci-dessous.

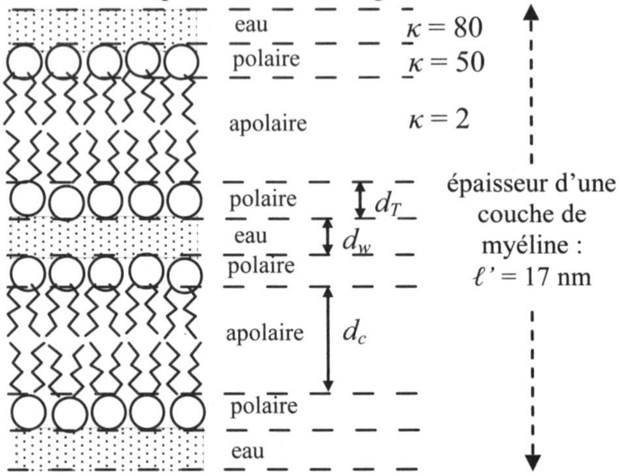

<u>Dans toute la suite on se place dans l'approximation de condensateur plan.</u>

a) Donner l'expression de la capacité de la couche d'épaisseur $\ell = r_b - r_a$ et de constante diélectrique équivalente κ_{eq} dans le cas où $\ell / r_a << 1$. On rappelle que $\ln(1+x) \approx x$ pour $x << 1$.

b) Justifier et compléter le schéma du condensateur équivalent de la couche représentée sur la figure ci-dessous (on pourra utiliser le principe de superposition).

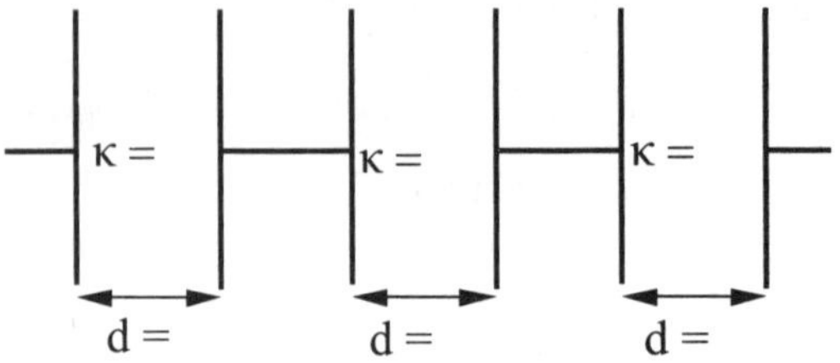

10. Le schéma ci-dessus peut être remplacé par un condensateur unique. Exprimer la constante diélectrique κ_{eq} du condensateur modèle de la couche en fonction des paramètres géométriques de celle-ci ainsi que des diverses constantes diélectriques de ses constituants.

11. Dessiner le schéma électrique équivalent de la membrane entourant l'axone en précisant où se trouvent l'intérieur et l'extérieur.

Problème 16

Les cellules nerveuses (neurones) présentent deux extrémités : le corps cellulaire et le bouton synaptique, et entre les deux, une fibre plus ou moins longue appelée axone.

Cet axone est entouré d'une gaine isolante appelée gaine de myéline. Les points où cette gaine s'interrompt laissant l'axone à nu, s'appelle les **nœuds de Ranvier**. Ce sont des points où sont concentrés la plupart des canaux sodiques et potassiques. A ces endroits naît l'influx nerveux qui voyage de nœud en nœud, ce qui augmente considérablement sa vitesse de propagation. L'ensemble baigne dans le milieu extérieur formé de liquide interstitiel. L'axone comprend un axoplasme et une membrane lipidique.

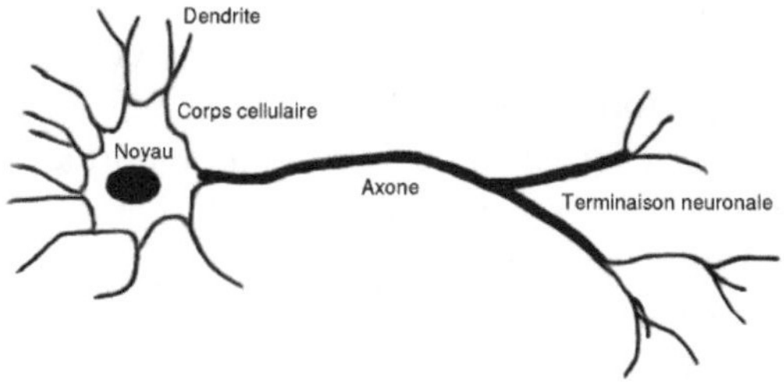

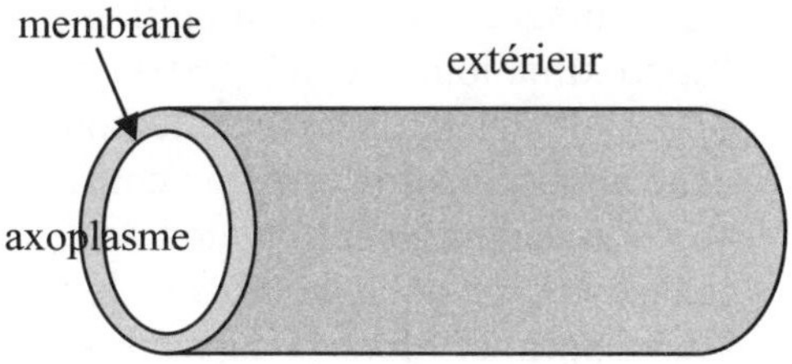

Représentation schématique de l'axone

Données Numériques :
Permittivité diélectrique du vide : $\varepsilon_0 = 8{,}85.10^{-12}$ F.m^{-1}
Charge électrique élémentaire : $e = 1{,}6.10^{-19}$ C
Constante de Boltzmann : $k_B = 1{,}38.10^{-23}$ J.K^{-1}
Température moyenne interne du corps : $T = 310$ K

Les caractéristiques des fibres nerveuses sont dans le tableau ci-après :

Rayon extérieur de l'axone	r_{ext}	5 µm
Épaisseur de la membrane	b	7 nm
Permittivité diélectrique relative (membrane)	ε_r	8
Résistivité de la membrane	ρ_m	$1{,}6.10^7$ Ω.m
Résistivité de l'axone	ρ_a	0,5 Ω.m
Capacité par unité de surface (membrane)	c_m	10^{-2} F.m^{-2}
Conductance par unité de surface (membrane)	g_m	9 Ω^{-1}.m^{-2}
Résistance par unité de longueur (axoplasme)	r_a	6.10^9 Ω.m^{-1}

A- Fibres nerveuses : description

On compare souvent un nerf à un simple fil électrique sur lequel se propagerait l'influx nerveux. En réalité, la propagation nerveuse est beaucoup plus complexe. On se propose d'examiner quelques phénomènes (physiques) relatifs à cette propagation.

On admet qu'il existe une différence de potentiel uniforme et constante entre l'axoplasme (V_{int}) et le liquide interstitiel (V_{ext}).

On suppose que la paroi interne de la membrane porte une densité surfacique de charge uniforme égale à σ (positive ou négative).

On admettra que les calculs de champ, dans un milieu diélectrique linéaire, homogène et isotrope, sont identiques à ceux qui sont effectués dans le vide, à condition de remplacer ε_0 par $\varepsilon_0\,\varepsilon_r$.

1. Capacité de la membrane

1.1. Indiquer la direction du champ électrique $\vec{E}$ qui règne dans la membrane à la distance r de l'axe central de l'axone. Discuter de son sens en fonction du signe de σ.

1.2. Pour un axone de longueur L, déterminer l'expression de $\vec{E}$, à l'aide du théorème de Gauss, en fonction de σ, ε_0, ε_r, r_{ext}, b et r.

1.3. Lorsque $b >> a$ simplifier l'expression obtenue pour $\vec{E}$ et justifier l'approximation du condensateur plan pour la membrane de l'axone.

1.4. Calculer la différence de potentiel $V_{int} - V_{ext}$ en fonction de σ, ε_0, ε_r et b dans cette approximation que l'on considèrera dans toute la suite du problème.

1.5. En déduire σ en fonction de ε_0, ε_r, b, V_{int} et V_{ext} ainsi que Q la charge portée par la face interne de la membrane de longueur L.

1.6. Exprimer alors la capacité par unité de surface de la membrane c_m. Calculer c_m. Le résultat est-il conforme à celui du tableau ?

1.7. Sachant que $V_{int} - V_{ext} = -70$ mV, donner le signe de σ et préciser sa valeur numérique.

2. Résistances de l'axone

La membrane est un milieu légèrement conducteur, de résistivité ρ_m.

2.1. Déterminer l'expression du vecteur densité de courant électrique $\vec{j}$, dans la membrane.

2.2. En déduire l'intensité du courant électrique I.

2.3. Montrer que la résistance de fuite R_m d'une membrane de longueur L peut s'écrire sous la forme : $R_m = \dfrac{\rho_m b}{2\pi r_{ext} L}$.

2.4. Calculer R_m pour une longueur L égale à 100 µm.

2.5. On modélise alors la membrane par le circuit suivant. Justifier ce schéma.

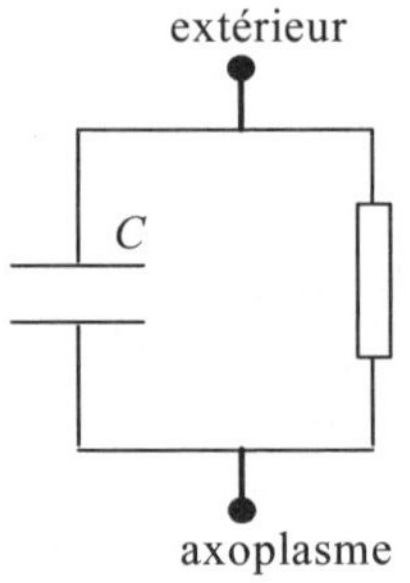

On considère maintenant l'axoplasme.

2.6. Exprimer la résistance (longitudinale) de l'axoplasme, R_a, sur une longueur L d'axone.

2.7. Calculer numériquement la résistance par unité de longueur, r_a, de l'axoplasme.

2.8. Justifier le schéma suivant.

extérieur

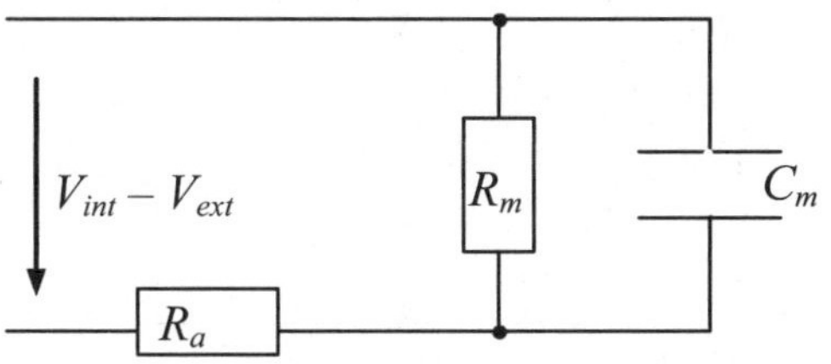

axoplasme

2.9. On définit la longueur critique L_c comme la longueur de l'axone telle que la résistance (longitudinale) de l'axoplasme, R_a, soit égale à celle de fuite de la membrane, R_m. (distance entre deux nœuds de Ranvier) Exprimer la longueur critique L_c en fonction de ρ_m ρ_a, r_{ext} et b.

2.10. Calculer L_c. (on utilisera les données du tableau fournies au début du problème)

2.11. Pour certaines fibres entourées de myéline, la résistance de la membrane est multipliée par un facteur 300. Que devient cette longueur critique ?

B- Réponse à un stimulus

On a étudié dans la première partie les propriétés de la fibre nerveuse en régime statique ; dans la suite on étudie la transmission d'une perturbation électrique dans la fibre.

Il est possible d'effectuer des mesures sur une fibre si celle-ci est suffisamment grosse pour y introduire des électrodes.

On constate que pour de faibles modifications de tension (de – 70 à – 50 mV), $\Delta V \leq 20$ mV, il n'y a pas de propagation possible.

1. On donne le circuit représenté ci-après :

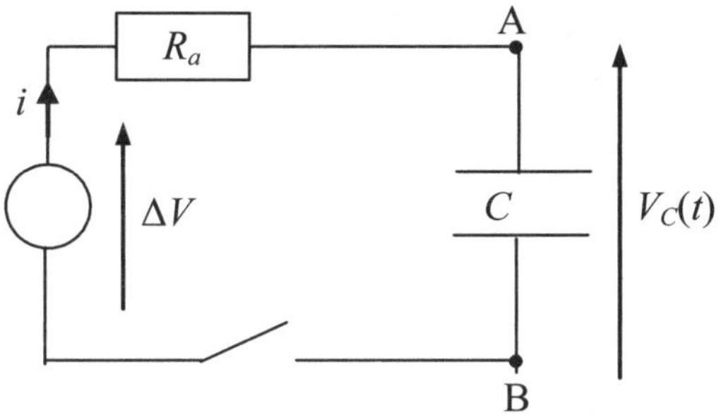

1.1. Calculer $V_C(t)$ en fonction de ΔV, i et R_a quand l'interrupteur est fermé.

1.2. En déduire l'équation différentielle vérifiée par $V_C(t)$.

1.3. La résoudre sachant qu'à $t = 0$ le condensateur est déchargé et qu'on applique une tension ΔV constante.

2. On donne le circuit représenté ci-après :

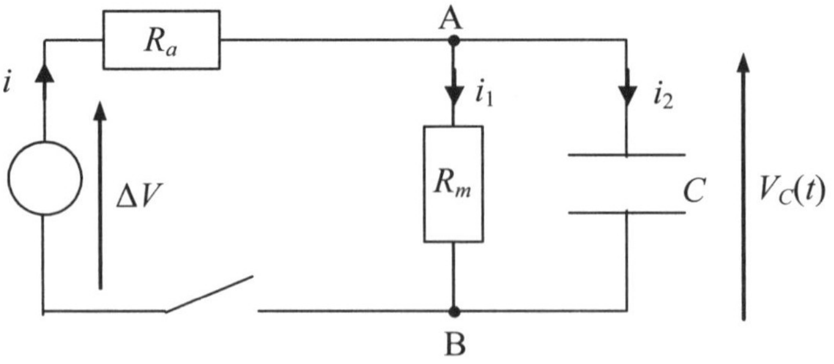

Quand l'interrupteur est fermé :

2.1. Donner les équations reliant $V_C(t)$, ΔV, i, i_1 et i_2.

2.2. Etablir l'équation différentielle vérifiée par $V_C(t)$.

2.3. Exprimer V_C en fonction de ΔV, R_a et R_m à l'équilibre (régime stationnaire).

2.4. Que devient cette expression pour $R_m >> R_a$?

3. Le schéma précédent représente une portion de l'axone entre deux nœuds de Ranvier. Représenter le schéma électrique équivalent de l'axone.

Problème 17

Pompe à Sodium

Partie 1

A Potentiel de Donnan

Soit une membrane modèle représentant une membrane biologique, séparant le milieu extracellulaire (1) du milieu intracellulaire (2).

On considère que les deux compartiments ont un même volume fixe contenant chacun des ions Na^+, K^+ et Cl^- dont les concentrations respectives dans les deux compartiments sont constantes et différentes. La membrane, qui les sépare, est perméable à l'eau et aux ions monovalents. Dans le compartiment (2) on trouve aussi des protéines chargées négativement P^- et non perméantes. La différence de potentiel aux bornes de la membrane est $\Delta V_D = V_2 - V_1$. Le transport des ions se fait suivant l'axe des x. On se place en régime permanent.

1. Quels sont les deux phénomènes pouvant expliquer le passage des ions à travers la membrane ?

2. Soit $C_i(x)$ la concentration de l'espèce i en un point d'abscisse x d'un canal de la membrane, spécifique à cette espèce. Ecrire la densité de flux total $j_i(x)$ dans ce canal en fonction de D_i, la constante de diffusion, de $C_i(x)$ et de v_i, la vitesse d'entrainement de l'ion i.

3. Montrer que la densité de flux total $j_i(x)$ dans un canal, en fonction de ω_i, la mobilité mécanique de l'ion i et de la dérivée dV/dx du potentiel électrostatique $V(x)$ peut s'écrire :

$$j_i = -\omega_i \left(kT \frac{dC_i}{dx} + C_i\, q_i \frac{dV}{dx} \right).$$

On rappelle que $D_i = \omega_i\, k\, T$ où k est la constante de Boltzmann, T la température absolue, et que $v_i = \omega_i\, q_i\, E$ où q_i est la charge de l'ion i et E la composante du champ électrique $\vec{E}$ régnant dans la membrane.

4. Que vaut la densité de flux total $j_i(x)$ lorsque l'équilibre est atteint pour l'espèce i ?

5. Montrer que la différence de potentiel d'équilibre thermodynamique pour l'espèce i est, en fonction de k, T, la charge élémentaire q_i et de la concentration de l'ion i dans chacun des compartiments, de la forme :

$$(V_2 - V_1)_i = -\frac{kT}{q_i} Ln \frac{C_{i2}}{C_{i1}}.$$

Donner son expression pour chacun des ions Na^+, K^+ et Cl^- (d.d.p. d'équilibre de Nernst), On notera Na_1 et Na_2 les concentrations de Na^+ dans chacun des compartiments 1 et 2. On introduira de même les notations K_1 et K_2, Cl_1 et Cl_2. On explicitera également la charge de chaque ion en fonction de la charge élémentaire e.

6. En supposant que les 3 ions soient simultanément à l'équilibre thermodynamique, quelles sont les relations entre leurs concentrations ?

7. Ecrire les conditions d'électroneutralité dans les deux compartiments. On notera P la concentration en anions non perméants.

8. A partir des relations établies aux deux questions précédentes, montrer que l'on obtient l'équation suivante :

$$K_2^2.\left(\frac{Na_1}{K_1} + 1\right) - P.K_2 - K_1.Cl_1 = 0.$$

9. Résoudre cette équation et calculer K_2 (en mmol.L^{-1}) en utilisant les données du tableau ci-dessous.

Ion	(C_1) en mmol.L^{-1}	(C_2) en mmol.L^{-1}
Na^+	140	
K^+	10	
Cl^-	150	
P		125

10. En déduire les concentrations des ions perméants Na^+ et Cl^- dans le compartiment 2.

11. Calculer la valeur du potentiel de Donnan $\Delta V_D = V_2 - V_1$.

On donne : $kT/e = 24{,}5$ mV.

B Charge membranaire

La membrane, d'épaisseur d et de constante diélectrique ε_r, peut être représentée par un condensateur. Soit σ la valeur absolue de la charge par unité de surface sur chaque feuillet de la membrane. La valeur absolue de la différence de potentiel transmembranaire est $|\Delta V_D|$.

12. Soit $\vec{E}$ le champ électrique qui règne dans la membrane. Dans l'approximation du condensateur plan, la norme du champ électrique est : $E = \sigma/(\varepsilon_0\, \varepsilon_r)$. En déduire l'expression de σ en fonction de ε_0, ε_r, d et $|\Delta V_D|$.

13. On donne $d = 8$ nm, $\varepsilon_r = 10$, $\varepsilon_0 = 8{,}8.10^{-12}$ SI. Déterminer la valeur de σ.

14. Considérons que chaque compartiment peut être représenté par un cube de côté 1 mm. Calculer Q_M la charge portée par la surface externe S de la membrane. Préciser le signe de Q_M.

15. A l'aide du tableau de la question A.9, calculer Q, la charge positive totale contenue dans le compartiment 1, et le rapport Q_M / Q. Conclusion.

Partie II

On considère en première approximation que seuls les ions chlore et potassium sont à l'équilibre. Le sodium, en excès dans le compartiment intracellulaire, est entrainé vers l'extérieur sous l'action d'un processus métabolique appelé « pompe à sodium », qui peut être représenté par une densité de flux supplémentaire j_P.

Quand un nouvel état stationnaire est atteint, la concentration de Na^+ dans le compartiment intracellulaire est Na_2 = 12 mmol.L^{-1}. On considère que les concentrations données dans le tableau de la question I.A.9 restent inchangées.

1. A partir des relations d'électroneutralité et d'équilibre thermodynamique des ions chlore et potassium, montrer que l'on obtient l'équation suivante :

$$K_2^2 - (P - Na_2).K_2 - K_1.Cl_1 = 0 .$$

2. Résoudre cette équation et calculer les concentrations de K^+ et de Cl^- dans le compartiment 2.
3. Calculer les valeurs de la d.d.p. d'équilibre de Nernst pour les ions K^+ (d.d.p. transmembranaire ΔV_m) et de la d.d.p. d'équilibre de Nernst pour les ions Na^+. Comparer ces valeurs et en déduire quel serait le sens du flux de Na^+ en l'absence de pompe à sodium.

Exercices complémentaires

(Eléments de réponses p 387 à 400)

Exercice 1

Partie A

Dans le plan xOy, trois charges électriques ponctuelles identiques ($q_A = q_B = q_C = q$) sont respectivement placées aux points A, B et C de coordonnées :

$$A\left(\frac{\sqrt{3}}{2},-\frac{1}{2}\right) \; ; \; B(0,1) \; ; \; C\left(-\frac{\sqrt{3}}{2},-\frac{1}{2}\right).$$

1. Déterminer le vecteur champ électrique $\vec{E}(O)$ et le potentiel $V(O)$ créés par ces trois charges au point O origine des coordonnées.
2. Déterminer le vecteur champ électrique $\vec{E}(B)$ créé par les deux charges q_A et q_C au point B.
3. En déduire la force électrique exercée par ces deux charges sur la charge q_B.

Partie B

Une particule de masse m et de charge q' se déplace sur l'axe Oz, perpendiculaire au plan xOy.

1. Déterminer son énergie potentielle d'interaction avec les trois charges précédentes quand elle est à l'abscisse z (on choisit $Ep(\infty) = 0$).
2. Située à une distance infiniment grande devant OA, OB et OC, la particule, sans vitesse initiale, est soumise à une force attractive. En déduire le signe de q' en fonction de celui de q. Donner l'expression de cette force à la distance z du plan xOy.
3. En écrivant la conservation de l'énergie totale de la particule q', donner l'expression de sa vitesse au point O. Ce point est-il une position d'équilibre ? Si oui, discuter de la stabilité de q' en ce point.

Exercice 2

1. On considère deux plaques conductrices infinies confondues avec les plans $z = 0$ et $z = L$, placées dans le vide de permittivité ε_0 et portant respectivement des densités superficielles de charge uniformes $\sigma > 0$ et $-\sigma$. En un point situé entre les deux plaques, le champ électrostatique $\vec{E}(z)$ créé par l'ensemble des deux plaques vérifie : $\vec{E} = \frac{\sigma}{\varepsilon_0}\vec{u}_z$. En déduire l'expression du champ $\vec{E}(z)$ dans la région $0 < z < L$ en fonction de L et de la différence de potentiel $\Delta U = V(z = 0) - V(z = L)$ entre les deux plaques.

2. L'espace entre les deux plaques est maintenant rempli d'une solution aqueuse de protéines. On note respectivement Q, m et ρ, la charge, la masse et la masse volumique d'une protéine, ρ' la masse volumique de la solution ($\rho' < \rho$) et $\vec{g}$ l'accélération de la pesanteur. On prendra : $\vec{g} = -g\,\vec{u}_z$. A l'instant $t = 0$, la solution est homogène et on applique ΔU entre les deux plaques.

2.1. Chaque macromolécule étant soumise à la force de pesanteur, à la poussée d'Archimède, à la force d'entraînement électrique et à une force de frottement $\vec{F} = -\alpha\vec{v}$ (avec $\alpha > 0$ et $\vec{v}$ son vecteur vitesse), établir l'équation différentielle à laquelle obéit la vitesse $\vec{v}$ de la protéine.

2.2. On constate qu'au bout d'une durée très brève, la protéine est en mouvement rectiligne uniforme avec une vitesse limite $\vec{v}_\infty$. Etablir l'expression de $\vec{v}_\infty$ en fonction de m, g, ρ, ρ', α, Q, ΔU et L.

2.3. Quelle est la condition sur le signe de la charge Q de la protéine pour que l'on puisse annuler sa vitesse limite $\vec{v}_\infty$ en appliquant une différence de potentiel ΔU adéquate ?

2.4. Donner alors l'expression de la différence de potentiel ΔU en fonction de m, g, ρ, ρ', Q et L.

3. On relie les deux plaques par un fil conducteur de façon à annuler le champ électrique. Décrire brièvement les phénomènes de transport observés dans la solution et le profil de concentration en protéines à l'équilibre.

Exercice 3

Soit deux compartiments de même volume fixe contenant chacun une solution de NaCl à la concentration C = 50 mmol.L^{-1}. La membrane, qui les sépare, est perméable à l'eau et aux ions constituant le sel. A l'instant initial, on introduit une protéine PNa_{10} dans le compartiment 1. Le macro-anion, P^{10-}, non perméant, est à une concentration C_0 = 5 mmol.L^{-1}.

1. Faire le bilan des concentrations des ions dans chaque compartiment à l'instant initial.

2. A l'équilibre, on note x et y les variations de concentrations, respectivement de Na^+ et de Cl^-, dans le compartiment 1. Ces variations sont algébriques et ne reflètent pas le sens du mouvement des ions.

2.1. Justifier brièvement que les conditions de conservation du nombre de particules impliquent, à l'équilibre, les relations suivantes :

$$[Na]_1 = C + 10C_0 - x \qquad [Cl]_1 = C - y$$

$$[Na]_2 = C + x \qquad [Cl]_2 = C + y$$

2.2. En déduire les conditions d'électroneutralité dans les deux compartiments. Quelle est alors la relation entre x et y ?

2.3. Ecrire la condition d'équilibre thermodynamique pour chacun des ions diffusibles en fonction de C, C_0, x et y.

3. En déduire la relation vérifiée par x en fonction de C_0 et C.

4. Quelles seront, à l'équilibre, les concentrations des ions perméants dans les compartiments 1 et 2 ?

5. Calculer la valeur du potentiel de Donnan $\Delta V_D = V_1 - V_2$.

On donne : $k_B = 1{,}38\ 10^{-23}$ J.K^{-1}, $T = 300$K et $e = 1{,}6\ 10^{-19}$ C.

Exercice 4 (Extrait du concours PCEM 2007 de l'université Paris Descartes)

On considère deux compartiments 1 et 2 de volumes infinis reliés par une conduite de section S et de longueur d (figure 1) telle que d soit très inférieure aux dimensions de la section S. Le compartiment 1 est rempli d'une solution de KCl de concentration C_1. Le compartiment 2 est rempli d'une solution de KM de concentration C_2, telles que $C_1 \neq C_2$. On considère que la solution dans la conduite est un milieu de permittivité ε. On appelle ω_+ et ω_- les mobilités mécaniques respectives des ions K^+ et Cl^-. La mobilité des ions M^- est très inférieure à ω_+ et ω_-, de telle sorte qu'on la considèrera nulle dans cet exercice. On note $\rho(x')$ la densité volumique de charges dans la conduite en x'. On se place en régime stationnaire. On note $C^+(x)$ et $C^-(x)$ les concentrations respectivement des ions K^+ et Cl^- à l'abscisse x dans la conduite. On s'intéresse au transport des ions K^+ et Cl^- dans la conduite, dans la direction Ox de vecteur unitaire $\vec{u}_x$. Le potentiel électrique dans le compartiment 1 est égal à 0, celui du compartiment 2 est V_2.

On néglige les actions de la pesanteur et de la poussée d'Archimède. Les pressions efficaces sont égales dans les deux compartiments.

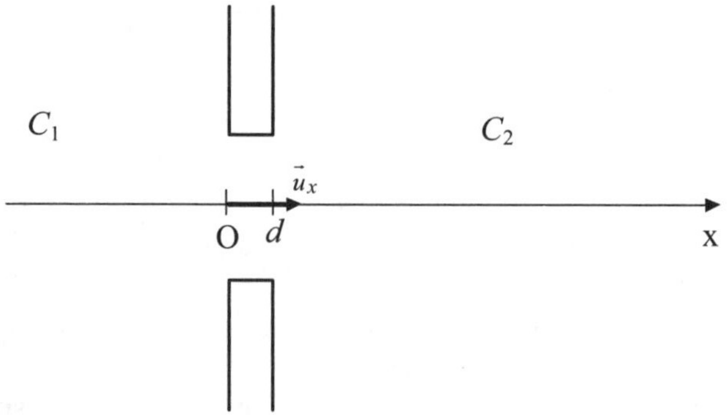

Figure 1

On donne :

$\varepsilon = 6.10^{-10}$ S.I., $k_BT \approx 4.10^{-21}$ J, $e = 1{,}6.10^{-19}$ C, $N_A \approx 6.10^{23}$ mol^{-1}, $C_1 = 0{,}2$ mol.L^{-1} et $C_2 = 0{,}8$ mol.L^{-1}.

On rappelle :

- Densité de flux électrodiffusif d'un ion i de charge q_i et de mobilité mécanique ω_i :

$$j_i = -\omega_i \left[k_B T \frac{d\, C_i(x)}{dx} + C_i(x)\, q_i \, \frac{dV(x)}{dx} \right].$$

- Champ électrique $\vec{E}(M)$ créé par un plan uniformément chargé portant la densité surfacique de charge σ dans un milieu matériel de permittivité ε :

$$\vec{E}(M) = \frac{\sigma}{2\varepsilon} \vec{u}$$

où $\vec{u} = \overrightarrow{HM} / HM$ et H est la projection du point M sur le plan chargé.

- Soit une fonction $f(x)$ et une longueur infinitésimale dx. On a :

$$\int_x^{x+dx} f(x')\,dx' = f(x)\,dx.$$

La figure 2 représente un agrandissement de la conduite. Une répartition de charges comprise entre les plans d'abscisses x' et $x'+dx'$, avec la densité volumique de charge $\rho(x')$, est équivalente à un plan uniformément chargé avec la densité surfacique de charge $\sigma(x') = \rho(x')dx'$. On considère un point M dans la conduite, d'abscisse x.

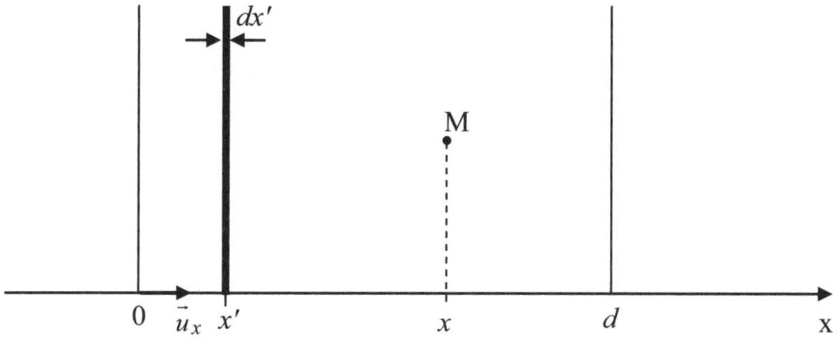

Figure 2

1. Déterminer l'expression du vecteur champ électrique $\vec{E}_1(M)$ créé au point $M(x)$, par un plan chargé tel que $0 < x' < x$.
2. Déterminer l'expression du vecteur champ électrique $\vec{E}_2(M)$ créé au point $M(x)$, par un plan chargé tel que $x < x' < d$.
3. Justifier brièvement que la distribution volumique de charge située entre les plans d'abscisses $x' = 0$ et $x' = d$ crée un champ électrique tel que :

$$E(x) = \int_0^x \frac{\rho(x')}{2\,\varepsilon} dx' - \int_x^d \frac{\rho(x')}{2\,\varepsilon} dx',$$

où $E(x)$ est la composante suivant l'axe Ox du vecteur champ électrique $\vec{E}(M)$ en un point $M(x)$.

4. A l'aide de la question 3, déterminer l'expression de :

$$d\,E(x) = E(x+dx) - E(x).$$

En déduire que $\dfrac{dE(x)}{dx} = \dfrac{\rho(x)}{\varepsilon}$.

5. En déduire la relation vérifiée par la dérivée seconde du potentiel électrique $V(x)$ le long de l'axe Ox dans la région située entre $x = 0$ et $x = d$.
6. Exprimer $\rho(x)$ en fonction de la charge élémentaire e, $C^+(x)$ et $C^-(x)$.
7. Ecrire les expressions des densités de flux électrodiffusif j^+ et j^- des ions positifs et négatifs.
8. Chaque ion étant en équilibre, établir les expressions de $C^+(x)$ et $C^-(x)$ en fonction de k_B, T, e, $V(x)$ et C_1.
9. En déduire la relation suivante : $\dfrac{d^2V(x)}{dx^2} = \dfrac{e}{\varepsilon}C_1\left(e^{\frac{eV(x)}{k_BT}} - e^{-\frac{eV(x)}{k_BT}}\right)$.

10. On se place dans le cas où $\dfrac{eV(x)}{k_BT} << 1$. On rappelle que pour $h << 1$, on a

$e^h \approx 1 + h$. Montrer que l'expression précédente peut s'écrire : $\dfrac{d^2V(x)}{dx^2} = \dfrac{1}{\lambda^2}V(x)$.

où λ est une longueur caractéristique que l'on déterminera en fonction des données.
11. Calculer λ.
12. La solution générale de l'équation de la question 10 est de la forme :
$V(x) = Ae^{x/\lambda} + Be^{-x/\lambda}$, où A et B sont des constantes.
Déterminer la solution $V(x)$ spécifique au problème étudié.
13. Exprimer le potentiel électrique en $x = d$ en fonction de C_1 et C_2. Calculer sa valeur.

Exercice 5

Le circuit ci-après est réalisé à l'aide de deux condensateurs C_1 et C_2 identiques de capacité C, de deux résistances $R_1 = R$ et $R_2 = 2R$, d'un interrupteur K et d'un générateur de tension de f.e.m. E et de résistance interne nulle.
A l'instant $t = 0$ où on ferme l'interrupteur K, le condensateur C_1 est déchargé et le condensateur C_2 porte la charge $(q_2)_0 = CE$.

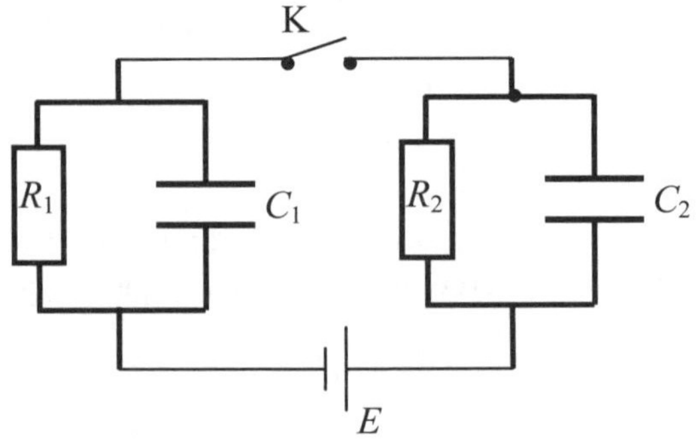

1. Préciser l'intensité du courant dans R_1 et l'intensité du courant dans R_2 à $t = 0$. Que deviennent ces intensités en régime permanent ? En déduire la charge finale de chacun des condensateurs.
2. On se propose d'étudier la loi de variation des charges $q_1(t)$ et $q_2(t)$ au cours du temps.

2.1. Ecrire la relation entre $q_1(t)$ et $q_2(t)$ à un instant t quelconque.
2.2. Montrer qu'il existe une relation entre $q_1(t)$ et $q_2(t)$ et leurs dérivées premières.
2.3. Etablir la loi donnant l'évolution de la charge $q_1(t)$ en fonction de R, C et E.
2.4. En déduire la relation donnant l'évolution de la charge $q_2(t)$ en fonction du temps.
2.5. Comparer les charges limites déduites de ces lois avec les résultats obtenus en 1).

Exercice 6 (Extrait du concours PCEM 2008 de l'université Paris Descartes)

On se propose d'étudier la différence de potentiel transmembranaire le long des axones, fibres qui permettent de relier électriquement des parties éloignées de l'organisme. Schématiquement, il s'agit d'un filament cylindrique (appelé axoplasme) entouré d'une membrane très fine constituée d'une bicouche lipidique qui le sépare du milieu extérieur.
L'épaisseur b de cette membrane est très petite devant le rayon a de l'axoplasme, ce qui permet d'utiliser pour son étude une géométrie localement plane. On notera r la coordonnée dans la direction perpendiculaire au plan de la membrane (radiale) et $\overrightarrow{e_r}$ le vecteur unitaire dans cette direction, orienté de l'axoplasme vers l'extérieur de la membrane (voir figure ci-dessous).

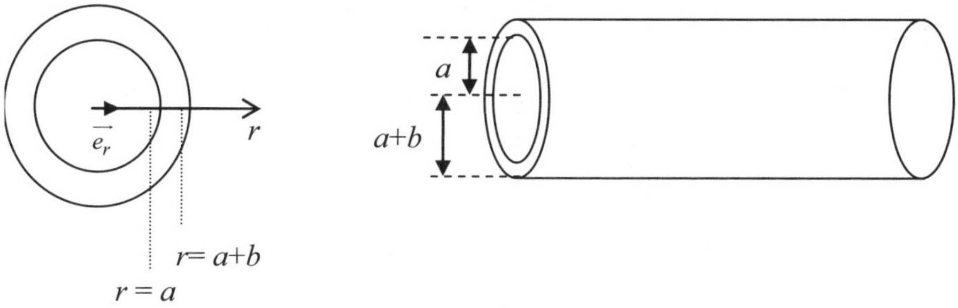

Partie A : conduction à travers la membrane

On s'intéresse au régime stationnaire.

1. L'axoplasme et son extérieur contiennent des ions dont les concentrations sont différentes de part et d'autre de la membrane. Exprimer le **vecteur** densité de flux de porteurs de charges, $\overrightarrow{j_i^D}$, associé à la diffusion d'un type d'ion i de concentration $C_i(r)$ et de coefficient de diffusion D_i dans la solution. Donner une autre expression de $\overrightarrow{j_i^D}$ en utilisant la relation d'Einstein : $D_i = \omega_i kT$ où ω_i est la mobilité mécanique de l'ion i, k la constante de Boltzmann et T la température.
2. Placé dans un champ électrique $\vec{E}$, un ion de charge $q_i = Z_i\, e$ (Z_i est la valence de l'ion i) acquiert presque instantanément une vitesse limite $\overrightarrow{v_{\lim}^i}$. On suppose que le champ électrique est uniforme et radial, soit : $\vec{E} = E\,\overrightarrow{e_r}$. La vitesse limite s'exprime en fonction de $\vec{E}$ et μ_i, la mobilité électrique du type d'ion i considéré (ou de ω_i sa mobilité mécanique) comme suit : $\overrightarrow{v_{\lim}^i} = \mu_i\,\vec{E} = \mu_i\,E\,\overrightarrow{e_r} = Z_i\,e\,\omega_i\,E\,\overrightarrow{e_r}$.
Quelle est l'expression du **vecteur** densité de flux de porteurs de charges i, $\overrightarrow{j_i^E}$,

associé à l'entraînement d'un type d'ion i en fonction de sa concentration $C_i(r)$, de Z_i, e, ω_i, E et $\overrightarrow{e_r}$?

3. On suppose l'équilibre réalisé pour ce type d'ion.

3.1. Quelle relation a-t-on entre $\overrightarrow{j_i^D}$ et $\overrightarrow{j_i^E}$? En déduire une équation différentielle reliant la température T, la concentration $C_i(r)$, la valence Z_i et E.

3.2. Réécrire cette équation en faisant intervenir le potentiel électrostatique $V(r)$.

4. En intégrant cette équation sur l'épaisseur de la membrane, montrer alors que la différence de potentiel entre l'axoplasme et le liquide extérieur est, à l'équilibre pour l'ion i :

$$\left(V_{\text{int}} - V_{ext}\right)\Big|_{équilibre,\, i} = U_i = \frac{kT}{Z_i e}\ln\left(\frac{C^i_{ext}}{C^i_{\text{int}}}\right)$$

où $\left(V_{\text{int}} - V_{ext}\right)\Big|_{équilibre,\, i}$ est la différence de potentiel transmembranaire pour l'ion i à l'équilibre et C^i_{int} et C^i_{ext} les concentrations en ions de type i de part et d'autre de la membrane.

5. Des mesures expérimentales permettent de déterminer que $C^i_{ext}/C^i_{\text{int}}$ vaut 10 pour les ions Na^+ et 0,04 pour les ions K^+ à 25 °C.
Calculer les différences de potentiel d'équilibre, respectivement U_{Na} et U_K qui leur sont associées. On rappelle que $kT/e \approx 25\, mV$ à cette température.

6.

6.1. Dans une situation a priori hors d'équilibre, montrer que la contribution j_i de l'ion i à la densité de courant électrique, où $\overrightarrow{j_i} = j_i \overrightarrow{e_r}$ est le vecteur densité de courant électrique, peut s'exprimer comme suit :

$$j_i\, dr = -\omega_i Z_i^2 e^2 C_i \times d\left[\frac{kT}{Z_i\, e}\ln C_i + V\right].$$

6.2. En intégrant à nouveau sur l'épaisseur de la membrane, montrer que j_i est relié à la différence de potentiel $u = V_{int} - V_{ext}$ à travers la membrane par une relation de la forme : $j_i = g_i\ (u - U_i)$ où g_i est la conductance de la membrane par unité de surface pour l'ion i considéré (son expression fait intervenir l'intégrale $\int_{r_{\text{int}}=a}^{r_{ext}=a+b} \frac{dr}{C_i(r)}$, que l'on ne cherchera pas à calculer) et U_i la différence de potentiel transmembranaire de l'ion i à l'équilibre.

6.3. En déduire un schéma électrique équivalent à l'ensemble {membrane, ion i}.

7.

7.1. Donner l'expression générale de la densité de courant électrique j ($\vec{j} = j\,\overrightarrow{u_r}$) à travers une membrane séparant N espèces ioniques perméantes. On définit la différence de potentiel à l'équilibre (ddp) U_E et la conductance équivalente g_m de la membrane, en écrivant $j = g_m(u - U_E)$. Déterminer U_E et g_m en fonction des g_i et des U_i. A quoi voit-on que U_E est la ddp d'équilibre ?

7.2. On observe que la différence de potentiel à l'équilibre entre l'axoplasme et le liquide extérieur vaut U_E= - 70 mV. En utilisant les potentiels d'équilibre pour Na^+ et K^+ (calculés à la question 6) déterminer le rapport de conductances g_{Na}/g_K.

Partie B : Perturbation locale

Nous allons maintenant induire une perturbation locale de potentiel et chercher à décrire, toujours en régime permanent, le potentiel transmembranaire en fonction de la position le long de l'axe de l'axone $u = u(z)$. Pour ce faire, nous allons d'abord considérer un petit tronçon de longueur dz de cet axone.

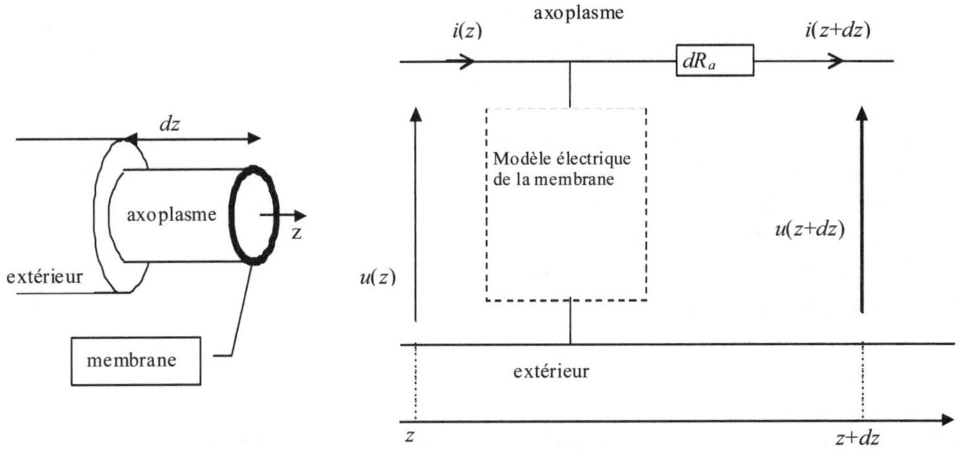

Sur le schéma dR_a est la résistance correspondant à cette portion d'axoplasme ($dR_a = r_a dz$).

1. Exprimer la conductance dG_m de la membrane pour ce tronçon de l'axone en fonction de g_m, la conductance par unité de surface de la membrane, de dz et des paramètres géométriques de l'axone.

2. Montrer que la différence de potentiel transmembranaire $u(z)$ obéit à l'équation : $\lambda^2 \dfrac{d^2u}{dz^2} - (u - U_E) = 0$, où λ est un paramètre dont on donnera l'expression et la dimension.

La solution de cette équation est la suivante : $u(z) = \alpha \exp(\frac{z}{\lambda}) + \beta \exp(-\frac{z}{\lambda}) + U_E$, où α et β sont des constantes que l'on cherche maintenant à déterminer.

3. On s'intéresse à un axone de longueur finie L. On crée une perturbation du potentiel à une extrémité de l'axone : $u(z=0) = U_E + \Delta U$.

3.1. On suppose dans un premier temps que la longueur de l'axone est telle que cette perturbation locale n'influence pas le potentiel à l'autre extrémité de l'axone, soit : $u(z=L) = U_E$. Montrer que pour ces conditions aux limites le potentiel s'exprime comme suit :

$$u(z) = U_E + \Delta U \left[\frac{e^{(L-z)/\lambda} - e^{-(L-z)/\lambda}}{e^{L/\lambda} - e^{-L/\lambda}} \right].$$

3.2. On considère maintenant un axone plus court. On suppose que l'extrémité en $z = L$ de l'axone est telle que les ions ne peuvent pas franchir la membrane en ce point. Quelle est alors la nouvelle condition limite en $z = L$? Donner l'expression du potentiel $u(z)$ dans ce cas.

4. On s'intéresse enfin à la connexion de deux axones (B et A) par une synapse électrique. Dans la synapse électrique, les membranes des deux neurones sont

reliées par des jonctions communicantes, parfois appelées également nexus (GAP junctions), comme illustré ci-dessous.

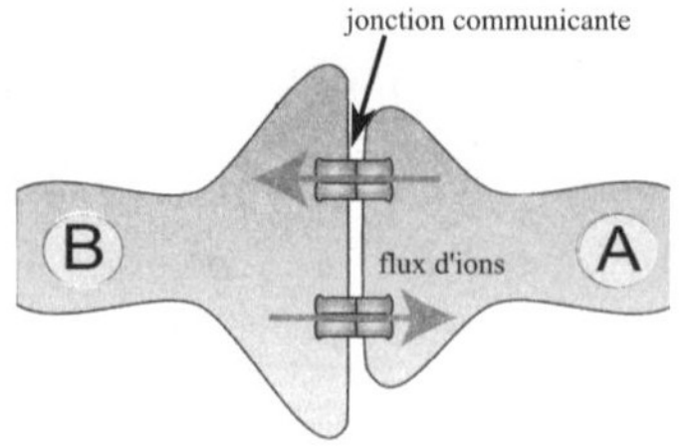

Les ions se transmettent donc d'une cellule à une autre, et l'influx nerveux passe sans intervention de neurotransmetteurs. Ce type de synapse, qui joue un rôle important dans le système nerveux immature, est ensuite relativement rare au stade adulte et est majoritairement retrouvé chez les invertébrés.
Proposer un schéma électrique équivalent permettant de décrire cette connexion. Quel élément de circuit électrique peut décrire les jonctions communicantes ? Justifier votre réponse.

Exercice 7 (Extrait du concours PCEM 2009 de l'université Paris Descartes)

Dans les expériences d'électrophysiologie, on introduit une microélectrode à travers la membrane cellulaire qui sert de génératrice de signaux électriques. Nous l'assimilerons à un générateur de tension de force électromotrice $E = -60$ mV et de résistance interne $R_E = 1$ GΩ ($= 10^9$ Ω). Cette électrode consiste en une micropipette en verre remplie d'une solution d'électrolyte (KCl).
Nous assimilerons la cellule à une sphère de diamètre $d = 20$ µm et la membrane cellulaire à un condensateur plan de capacité C_m, dont les deux armatures sont séparées par une distance $\ell = 7$ nm (épaisseur de la membrane cellulaire), associée en parallèle avec une résistance R_m que l'on peut définir par la conductance surfacique de la membrane $g_m = 6.10^{-4}$ Siemens/cm^2 (on rappelle que la conductance est l'inverse de résistance $R_m = 1/G_m$).
Le schéma électrique équivalent à l'association électrode – membrane est représenté sur la figure ci-dessous où K désigne un interrupteur que l'on fermera à l'instant $t = 0$.

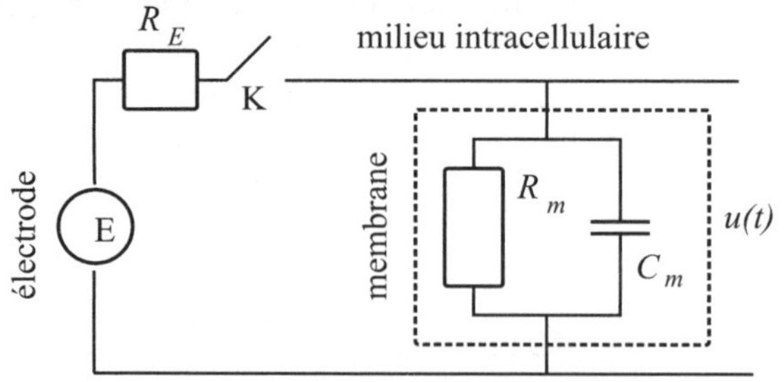

1. Calculer R_m.

On considère que la membrane est au repos, c'est-à-dire $u(t) = -70$ mV $\forall t < 0$.
A l'instant $t = 0$ on ferme l'interrupteur K.

2. Montrer que le potentiel de membrane $u(t)$ obéit à une équation de la forme suivante :

$$U_0 = \tau \frac{du(t)}{dt} + u(t),$$

et exprimer U_0 et τ en fonction des données du problème.

3. Sachant que la capacité de la membrane vaut $4\ \text{pF}\left(=4\times10^{-12}\ \text{F}\right)$, déterminer la valeur de τ.

On réalise l'enregistrement de la charge de la membrane (tracé ci-dessous).

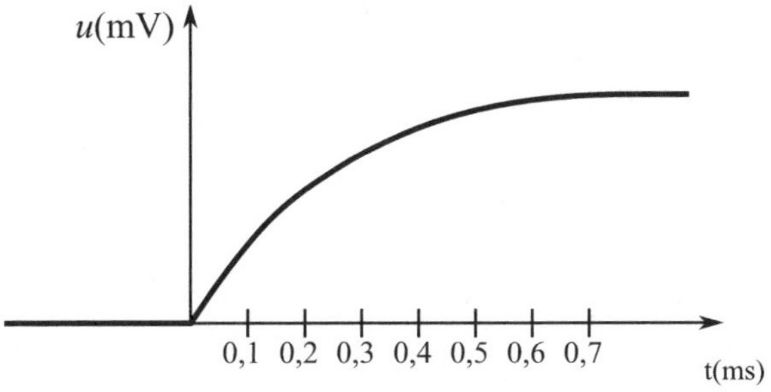

4. Déterminer la valeur de τ à partir de ce tracé.

On constate que cette valeur est considérablement plus faible que celle estimée à partir des propriétés physiques de la membrane. On propose l'interprétation suivante : après que la micropipette ait transpercé la membrane cellulaire celle-ci n'adhère pas parfaitement à l'électrode laissant une ouverture par laquelle peuvent circuler les ions, comme illustré sur le schéma ci-dessous.

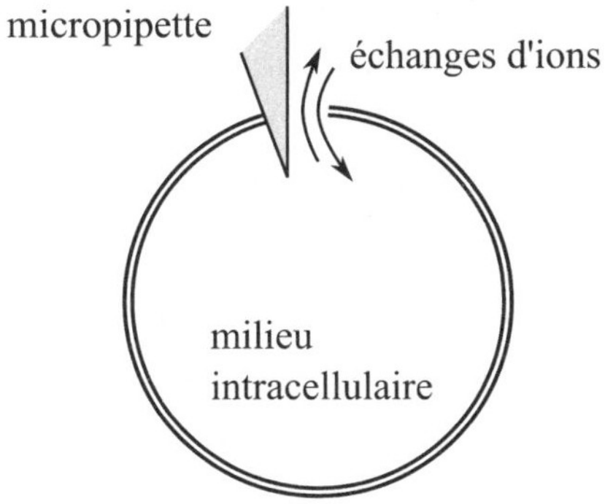

5. Justifier cette hypothèse en proposant un nouveau schéma électrique équivalent pour le système. Montrer que τ sera réduit.

Exercice 8 (Extrait du concours PCEM 2003 de l'université Paris Descartes)

Une cellule sphérique, de rayon intérieur a, est limitée par une membrane poreuse d'épaisseur d séparant deux compartiments renfermant une solution aqueuse de Na_2SO_4. La membrane est perméable aux ions sodium et imperméable aux ions sulfate. Au moment où commence l'expérience, la concentration en sulfate de sodium est C_1 dans la sphère et C_2 à l'extérieur, telle que $C_2 > C_1$. On admettra que ces concentrations restent constantes au cours de l'évolution du système, que la concentration en ions sodium varie linéairement dans la membrane et que la pression hydrostatique est la même dans chaque compartiment. On note D le coefficient de diffusion des ions sodium et on rappelle que $D = \omega\, k\, T$, où k est la constante de Boltzmann, T la température constante au cours de l'expérience et ω la mobilité mécanique des ions sodium.

On donne : $k = 1{,}38.10^{-23}$ J.K^{-1} ; $T = 300$ K ; charge élémentaire $e = 1{,}6.10^{-19}$ C ; $C_2 / C_1 = 10$; $a = 1$ µm ; nombre d'Avogadro : $N_A \approx 6.10^{23}$ mol^{-1}.

1. A partir de la densité de flux total des ions sodium, démontrer l'expression donnant, à l'équilibre, la différence de potentiel $(\Delta V)_0 = (V_1 - V_2)_0 = \dfrac{kT}{e} \ln \dfrac{C_2}{C_1}$ de part et d'autre de la membrane. La calculer numériquement.

2. Le champ électrique entre les deux armatures d'un condensateur sphérique contenant un diélectrique de permittivité relative ε_r est radial et sa composante radiale à une distance r du centre du condensateur est : $E(r) = \dfrac{Q_{1S}}{4\pi\varepsilon_0 \varepsilon_r} \dfrac{1}{r^2}$, où ε_0 est la permittivité diélectrique du vide et Q_{1S} est la charge portée par l'armature interne du condensateur.

2.1. La membrane de la cellule étudiée est équivalente à un condensateur sphérique de surface S égale à celle de la membrane. A partir de $E(r)$, déterminer l'expression de $(\Delta V)_0$ en fonction de Q_{1S}, a, d, ε_0 et ε_r.

2.2. L'épaisseur de la membrane est bien inférieure aux dimensions de la cellule. La membrane est équivalente à un condensateur dont la *capacité par unité de surface* vaut $\Gamma = 10^{-2}$ F.m^{-2}.

2.2.1. Simplifier alors l'expression de $(\Delta V)_0$ obtenue à la question 2.1.

2.2.2. Exprimer l'épaisseur d de la membrane en fonction de Γ, ε_0 et ε_r.

2.2.3. Calculer numériquement d sachant que $\varepsilon_r = 9$ et $1/4\pi\varepsilon_0 = 9.10^9$ S.I..

2.3. On rappelle que la *capacité par unité de surface* vaut $\Gamma = 10^{-2}$ F.m^{-2}.

2.3.1. Calculer numériquement la charge Q_{1S} à l'équilibre.

2.3.2. Comparer la valeur de Q_{1S} à la charge totale Q_1 portée par les ions de même signe à l'intérieur de la cellule sachant que la concentration en sel dans la cellule est $C_1 = 100$ mmol.L^{-1}. Etait-il justifié de supposer que les concentrations restent constantes pendant toute l'expérience ?

3. Pendant l'existence du flux ionique, le système précédent est équivalent à la charge d'un condensateur de capacité Γ_m égale à celle de la membrane, par un générateur de force électromotrice égale à $(\Delta V)_0$, à travers une résistance R_m égale à celle de la membrane.

3.1. Représenter sur un schéma le circuit électrique décrit ci-dessus. Etablir l'expression donnant la variation de la différence de potentiel aux bornes du condensateur en fonction du temps et tracer son allure. On admettra que cette différence de potentiel est nulle à l'instant initial $t = 0$.

3.2. Au bout de quel temps t_1, la différence de potentiel a-t-elle atteint sa valeur limite à 1% près ? On exprimera t_1 en fonction de Γ_m et R_m.

3.3. Si N est le nombre de pores dans la membrane, donner, en justifiant la réponse, les expressions de Γ_m et R_m en fonction de la résistance d'un pore R_p et la capacité d'un pore Γ_p.

3.4. Calculer numériquement t_1, N et R_m sachant que $R_p = 2{,}5.10^{17}$ Ω et $\Gamma_p = 4.10^{-21}$ F.

Exercice 9 (Extrait du concours blanc PCEM 2005 de l'université Paris Descartes)

Rappel : équation donnant la densité de flux de particules de charges q en présence d'un gradient de concentration et d'un champ électrique E :

$$j = -D\frac{\partial C}{\partial x} + \frac{D}{kT}CqE\,.$$

Dans le schéma ci-dessous une sphère de rayon intérieur r limité par une membrane poreuse sépare deux compartiments renfermant une solution aqueuse de SO_4Na_2. La membrane est perméable aux ions sodium et imperméable aux ions sulfate. Au moment où commence l'expérience la concentration en sulfate de sodium est C_1 dans la sphère et C_2 à l'extérieur. On admettra que ces concentrations restent constantes au cours de l'évolution du système et on négligera tout effet de pression osmotique. On se placera dans le cas où $C_2 > C_1$. L'expérience a lieu à la température T.

1. Quel est le sens du flux des ions Na^+ dans chaque pore au début de l'expérience ? Représenter alors le sens de ce flux sur la figure suivante :

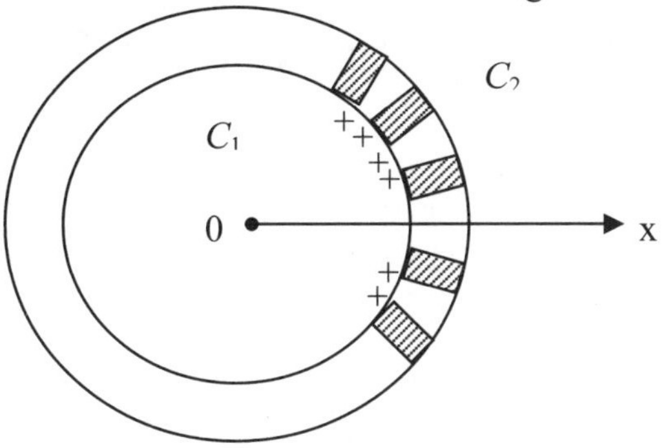

2. Le flux d'ions va entraîner la création d'un champ électrique E à l'intérieur de la membrane. Indiquer sur un schéma le sens du champ électrique E dans un pore.
3. A partir de la densité de flux total des ions sodium, exprimer, à l'équilibre, la différence de potentiel ΔV_0 de part et d'autre de la membrane. Quel est son signe ? La calculer numériquement. On donne :
Constante de Boltzmann k = 1,38 .10 $^{-23}$ J.K $^{-1}$, T = 300 K, C_2/C_1 = 10, charge élémentaire : e = 1,6.10^{-19} C.
4. Représenter sur un schéma, les densités des flux de diffusion (j_d) et d'entraînement (j_e) des ions Na^+.
5. La membrane est équivalente à un condensateur plan de surface S égale à celle de la membrane et dont la capacité par unité de surface vaut 10^{-4} Fm^{-2}. Calculer la charge Q_{1S} portée par la face 1 de la membrane à l'équilibre (face intérieur à la membrane). On donne le rayon de la sphère : r = 1 μm.
6. Comparer la valeur de la charge Q_{1S} à la charge totale Q_1 portée par les ions de même signe à l'intérieur de la sphère sachant que la concentration en SO_4Na_2 dans la sphère est C_1 = 100 mmol.L^{-1}. Etait-il justifié de supposer que les concentrations restent constantes pendant toute l'expérience ? On rappelle que la surface d'une sphère de rayon r est donnée par $S = 4\pi r^2$ et son volume par $v = 4\pi r^3/3$.
7. Soit le circuit composé de 4 résistances $R_1 = R_2$= 1 Ω et $R_3 = R_4$ = 10 Ω. Une tension E = 5 V est appliquée aux bornes du générateur. Déterminer les expressions des tensions U_3 et U_4 respectivement aux bornes des résistances R_3 et R_4, en fonction de E, R_1, R_2, R_3, et R_4 puis les calculer.

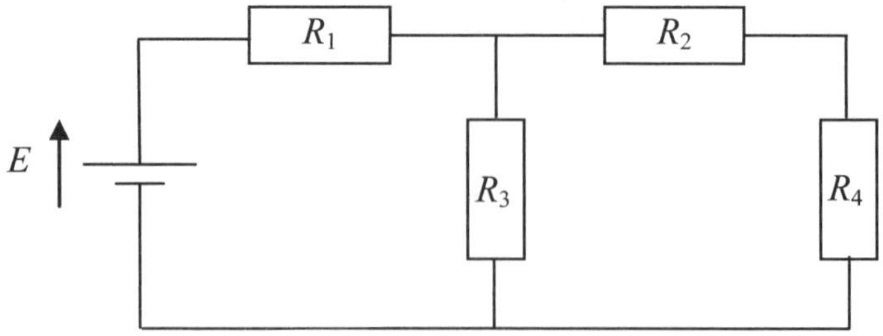

Exercice 10 (Extrait du concours PCEM 2007 de l'université Paris Descartes)

On rencontre une seule couche épithéliale dans les glandes salivaires et dans les tubules rénaux.

On se propose de comparer (figure 1) la résistance transmembranaire R_B avec la résistance de jonction R_A entre deux cellules adjacentes.

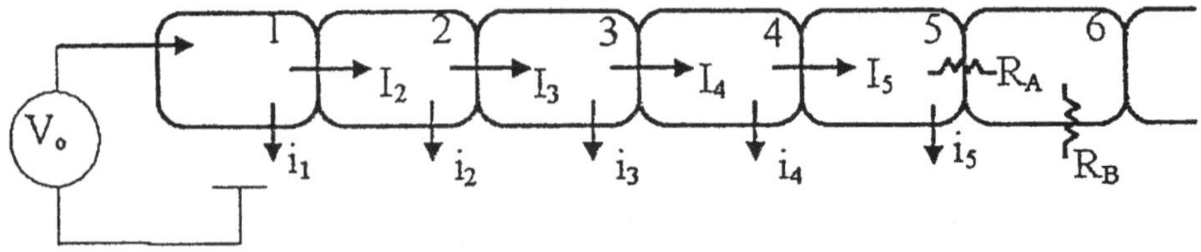

Figure 1. Représentation schématique d'un fragment d'une couche de cellules épithéliales. R_A est la résistance électrique de la membrane séparant deux cellules adjacentes, R_B celle entre la membrane et le fluide extracellulaire.

Dans la cellule 1 une électrode « source » établit une différence de potentiel V_0 entre l'intérieur de la cellule et le fluide extracellulaire. La différence de potentiel V_n est mesurée par les électrodes implantées dans la $n^{\text{iéme}}$ cellule et dans le fluide extracellulaire (figure 2).

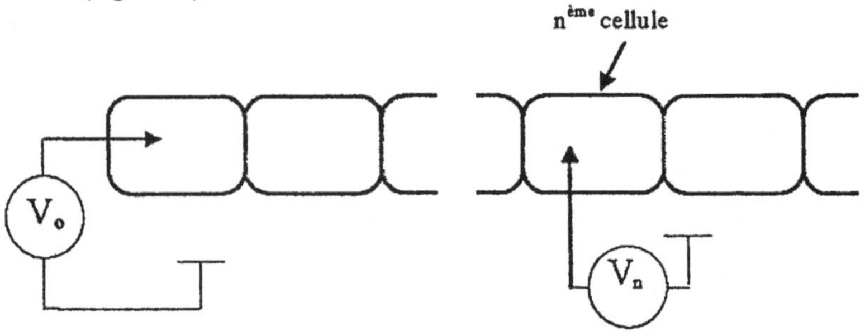

Figure 2.

Le modèle électrique équivalent d'une couche de cellules épithéliales est représenté ci-dessous (figure 3).

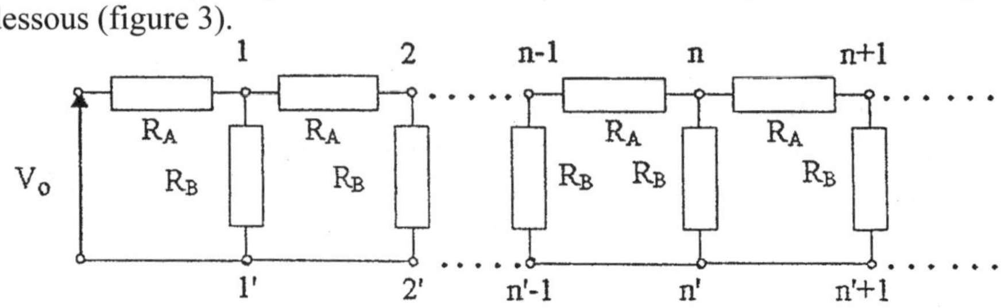

Figure 3.

On veut déterminer (figure 4) la différence de potentiel V_n aux bornes de la $n^{ième}$ résistance R_B pour tout n.

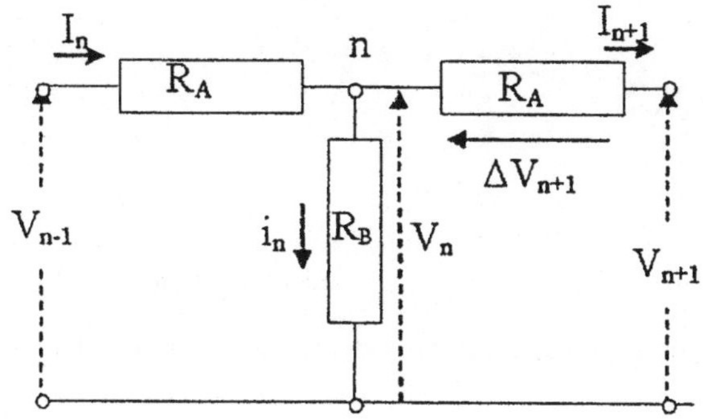

Figure 4.

1. Ecrire la relation de Kirchhoff au nœud n impliquant les courants I_n, i_n et I_{n+1}.
2. Ecrire la relation de Kirchhoff impliquant V_n, V_{n+1} et ΔV_{n+1}.
3. Ecrire l'équation qui relie i_n, R_A et R_B.
4. Etablir la relation entre I_{n+1}, ΔV_{n+1} et R_A.
5. Exprimer (R_A / R_B) en fonction de V_{n-1}, V_n et V_{n+1}.
6. L'examen du schéma électrique équivalent montre que i_n et donc V_n doivent décroître avec la distance à l'électrode source.

On cherche une solution de l'équation établie en question 5, de la forme :

$$V_n = V_o \, e^{(-na)},$$

où a est une constante positive. Sachant que $a \ll 1$, exprimer a en fonction de (R_A / R_B). On utilisera l'approximation suivante $e^{\varepsilon} \cong 1 + \varepsilon + \frac{\varepsilon^2}{2}$.

7. Tracer l'allure de $\ln(V_n / V_o)$ en fonction de $a.n$ ($n \gg 1$)
8. Pour quelle valeur de n a-t'on $V_n = V_o / e$?
9. Pour des tubules rénaux, on obtient les résultats présentés dans le tableau ci-après :

$x = nd$ (µm)	$\ln(V_n / V_o)$
100	-0,35
400	-1,40
700	-2,40
1000	-3,50

Sachant que les cellules sont approximativement des carrés de côté d = 10 µm, déterminer a.

10. En déduire R_A / R_B.

Corrigés des exercices d'application du chapitre IV

Corrigés des QCS

QCS 1

Réponse d

La valeur du champ électrique créé par une charge ponctuelle q à une distance r étant $E = k\dfrac{q}{r^2}$, quand cette distance est multipliée par 3 la valeur du champ est $E/9$ soit $E = 1{,}11.10^5$ V.m^{-1}.

QCS 2

Réponse a

$E_1 = E_2$, la valeur du champ électrique résultant est $\sqrt{2}\cdot E_1$, sa direction est à 45° de l'horizontale.

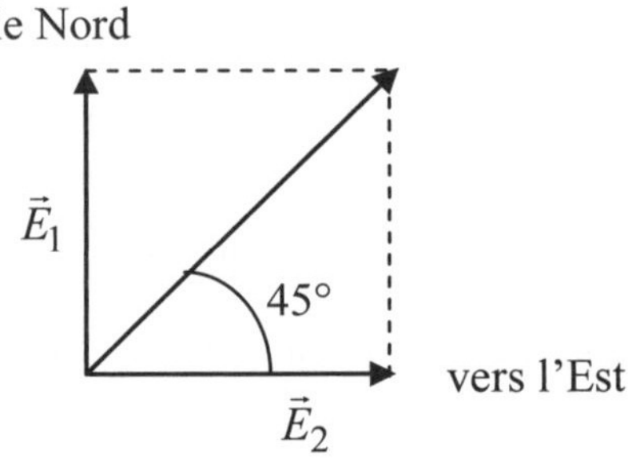

QCS 3

Réponse c

Le champ créé par $q_1 > 0$ en O est dirigé vers le sommet du carré diagonalement opposé. Par symétrie les résultantes des champs créés en O et situés sur les diagonales du carré s'annulent 2 à 2 donc la résultante de l'ensemble des 4 champs en O est nulle.

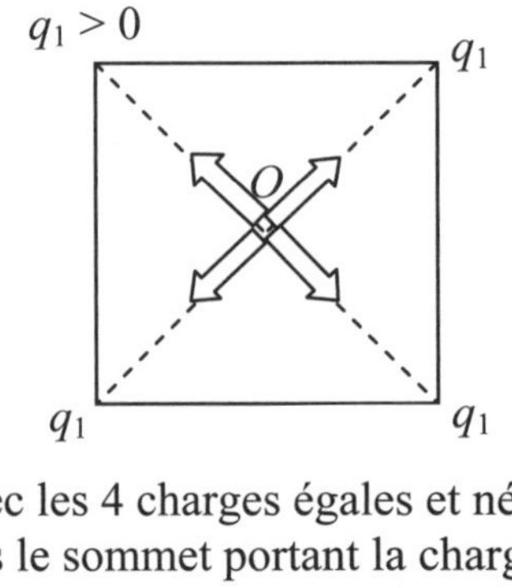

Le résultat est identique avec les 4 charges égales et négatives, chaque champ créé par q_1 étant alors dirigé vers le sommet portant la charge.

QCS 4

Réponse b

Comme précédemment les champs créés par q_1 en O sont dirigés vers le sommet diagonalement opposé alors que celui créé par q_2 est dirigé vers le sommet qui porte la charge. Par symétrie, deux des champs s'annulent mais les deux autres s'additionnent et la résultante des quatre champs est dirigée vers q_2.

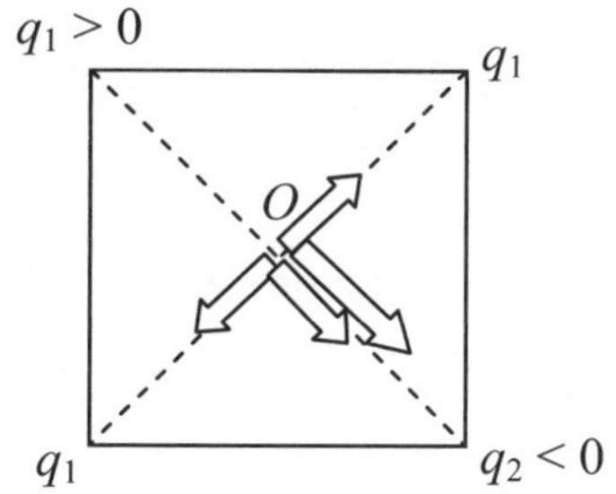

QCS 5

Réponse c

La valeur d'un champ créé par une surface infinie de densité surfacique σ est $E = \sigma/(2\varepsilon_0)$. Les champs créés par la surface verticale chargée positivement sont dirigés perpendiculairement à cette surface et s'en éloignent alors que ceux créés par la surface horizontale chargée négativement sont dirigés perpendiculairement vers cette surface donc la somme des différents champs dans les quadrants correspond à la réponse c.

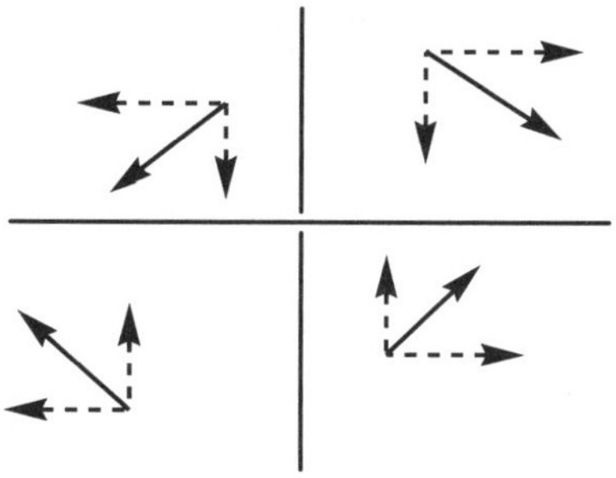

c)

QCS 6

Réponse b

Pour les mêmes raisons que dans le QCS 5 les champs sont dirigés perpendiculairement aux surfaces chargées positivement et s'en éloignent donc ils s'additionnent à l'extérieur des 2 surfaces et s'annulent entre elles.

QCS 7

Réponse c

L'énergie potentielle entre 2 charges s'écrit : $E_p(r) = k\, q_1\, q_2 / r$ donc son signe est celui du produit $q_1\, q_2$, positif quand les charges sont de même signe, négatif quand elles sont de signes opposés.

QCS 8

Réponse a

Les charges étant de même signe, elles se repoussent, leur distance augmente, donc leur énergie potentielle d'interaction diminue. Or comme le système est isolé son énergie totale, $E = E_{pot} + E_{cin}$, se conserve et leur énergie cinétique augmente. Si la première charge reste immobile, la vitesse de la deuxième augmente.

QCS 9

Réponse b

Sachant que la relation entre le champ et le potentiel est $dV = -\vec{E} \cdot d\vec{\ell}$, l'intégration de cette expression, dans le cas où le champ est nul, conduit à un potentiel constant.

QCS 10

Réponse a

Le champ est dirigé dans le sens des potentiels décroissants, donc pour $a \leq r \leq b$ nous avons une charge positive dans une coque sphérique. Elle produit un champ E qui pointe vers l'extérieur, donc $V(a) > V(b)$. Pour $r \leq a$ le champ est nul donc le potentiel est constant (le milieu est équipotentiel). Par conséquent $V(a) = V(0)$.

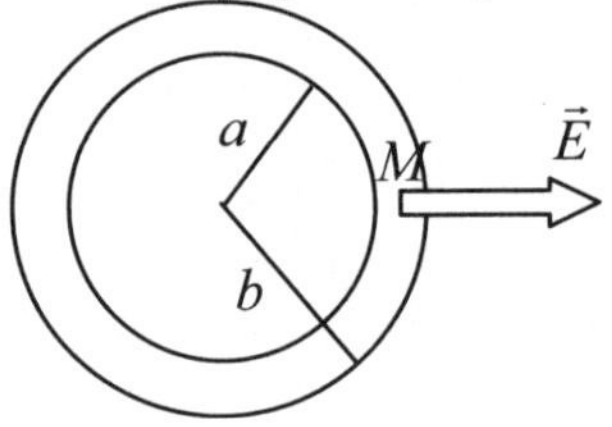

QCS 11

1. Réponse b

Exemple d'un carré : quand les 2 charges portées par deux sommets opposés d'un carré sont égales et de signe opposé, le champ en O est de valeur $E = 2\ E_1 \neq 0$ et le potentiel est nul.

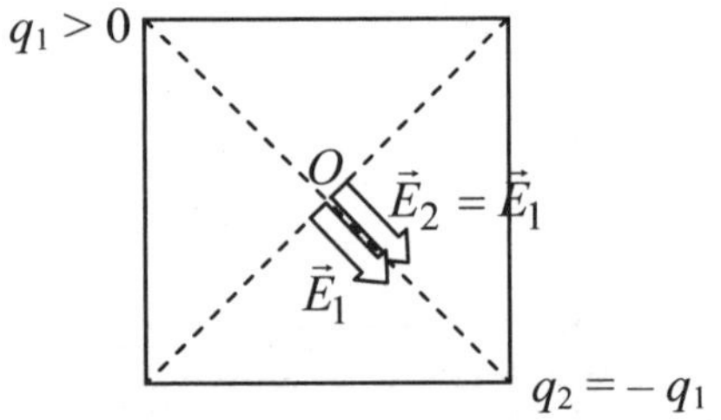

2. Réponse a

Exemple d'un carré : quand les 2 charges portées par deux sommets opposés d'un carré sont égales le champ résultant au centre du carré est nul et le potentiel vaut $V = 2\ V_1 \neq 0$.

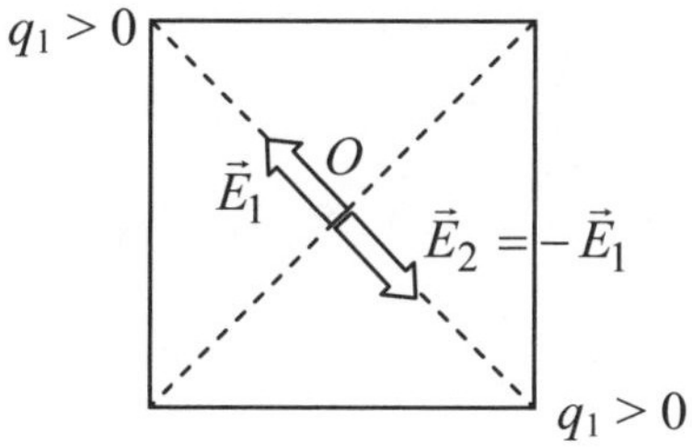

QCS 12

Réponse c

Le champ entre les deux plans chargés est dirigé vers les potentiels décroissants perpendiculairement aux surfaces équipotentielles. Celles-ci sont donc représentées par des plans parallèles aux plans chargés quelles que soit leurs distances à ces plans.

QCS 13

Réponse b

La relation entre le différence de potentiel aux bornes d'un condensateur et sa charge étant $Q = C\ U$, la différence de charge entre deux condensateurs pour lesquels U est le même dépend le leurs capacités : pour celui rempli d'air $C_1 = S\varepsilon_0/d$ et pour celui rempli d'un diélectrique $C_2 = S\varepsilon_0\,\varepsilon_r/d$. Comme $\varepsilon_r > 1$, $Q_2 > Q_1$.

QCS 14

1. Réponse c

Le champ créé par une charge ponctuelle q à la distance d de sa position est de la forme : $\frac{K}{\varepsilon_r}\frac{q}{\mathrm{d}^2}$.

Le champ créé en M par une seule charge q de l'anneau située au point A s'écrit donc :

$$E_q(M) = \frac{K}{\varepsilon_r}\frac{q}{AM^2} = \frac{K}{\varepsilon_r}\frac{q}{\left(r^2 + z^2\right)}.$$

2. Réponse a

Par symétrie, seule la composante suivant l'axe Oz du champ est non nulle, soit :

$$E_x(z) = E_y(z) = 0 \text{ et } E_z(z) \neq 0.$$

3. Réponse b

La composante suivant l'axe Oz de $\vec{E}_q(M)$ s'écrit :

$$E_{q_z}(z) = \frac{K}{\varepsilon_r}\frac{q}{\left(r^2 + z^2\right)^2}\cos\theta,$$

où θ est l'angle entre AM et OM.

Sachant que :

$$\cos\theta \frac{z}{\left(r^2+z^2\right)^{1/2}},$$

On obtient donc :

$$E_{q_z}(z) = \frac{K}{\varepsilon_r} \frac{q\,z}{\left(r^2+z^2\right)^{3/2}}.$$

Le champ créé par l'ensemble du pore constitué de N charges ponctuelles identiques q, réparties de façon équidistante, s'écrira donc :

$$E_z(z) = N\,E_{q_z}(z) = N \frac{K}{\varepsilon_r} \frac{q\,z}{\left(r^2+z^2\right)^{3/2}}.$$

4. Réponse b

On considère un petit élément de la molécule de longueur dz, situé à la position z sur l'axe Oz. Ce petit élément porte la charge $\lambda\, dz$ où $\lambda = Q/l$ est la densité linéique uniforme de charge de la molécule d'ADN. La composante $dF_z(z)$ de la force appliquée par l'anneau sur ce petit élément de la molécule d'ADN est donc :

$$dF_z(z) = \lambda\, dz\, E_z(z) = \alpha\, dz\, E_z(z),$$

avec $\alpha = \lambda = Q/l$.

5. Réponse d

La force exercée par l'anneau sur la molécule entière d'ADN est donc :

$$F_z(z) = \int dF_z(z) = \alpha \int_d^{d+l} E_z(z)\, dz,$$

avec $\alpha = \lambda = Q/l$.

En remplaçant $E_z(z)$ par son expression, on obtient :

$$F_z(z) = \int dF_z(z) = \alpha \frac{N\,q\,K}{\varepsilon_r} \int_d^{d+l} \frac{z}{\left(r^2+z^2\right)^{3/2}} dz,$$

$$F_z(z) = \alpha \frac{N\,q\,K}{\varepsilon_r} \left[-\frac{1}{\sqrt{r^2+z^2}} \right]_d^{d+l},$$

$$F_z(z) = \alpha \frac{N\,q\,K}{\varepsilon_r} \left(\frac{1}{\sqrt{r^2+d^2}} - \frac{1}{\sqrt{r^2+(d+l)^2}} \right).$$

Soit l'expression vectorielle de la force exercée par l'anneau sur la molécule entière d'ADN :

$$\vec{F} = \frac{K\,N\,q\,\alpha}{\varepsilon_r} \left[\frac{1}{\sqrt{r^2+d^2}} - \frac{1}{\sqrt{r^2+(d+l)^2}} \right] \vec{u}_z.$$

Corrigés des problèmes

Problème 1

1. Théorème de superposition : $V(x)=V_A(x)+V_B(x) = kq\left(\frac{1}{AM}+\frac{1}{BM}\right)$.

Allure des courbes du potentiel

- $V(x)$ est du signe de q or $q>0$ donc $V(x)>0$
- $V(x\to\pm\infty)\to 0+cte$ on choisit arbitrairement $V(x\to\pm\infty)\to 0$
- $V(x\to\pm a)\to +\infty$ car si $x\to -a$ *alors* $MA\to AA\to 0$
- si $x\to a$ *alors* $MB\to BB\to 0$
- $V(0) = kq\left(\frac{1}{OA}+\frac{1}{OB}\right)=kq\frac{2}{a}$.

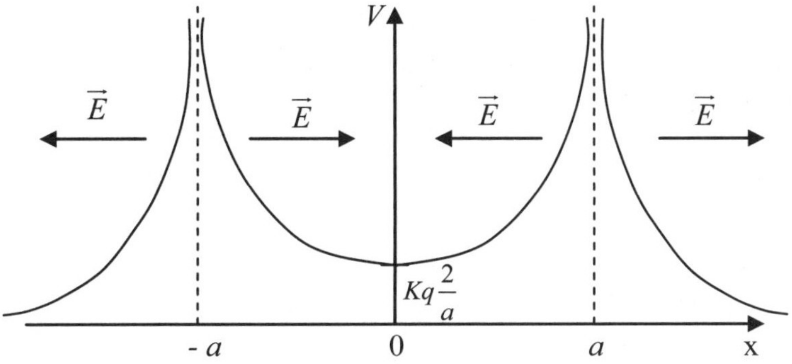

Théorème de superposition : $\vec{E}(M)=\vec{E_A}(M)+\vec{E_B}(M) = kq\left(\frac{\overrightarrow{AM}}{AM^3}+\frac{\overrightarrow{BM}}{BM^3}\right)$

Allure des courbes de la composante $E(x)$ du champ électrique

- $\vec{E}(M)$ est dirigé dans le sens des potentiels décroissants donc on connait le signe de $E(x)$ dans chaque région :

$$E(x)>0 \ pour \ -a<x<0 \ et \ x>a$$

$$E(x)<0 \ pour \ x<-a \ et \ 0<x<a.$$

Remarque : on a juste représenté le sens et la direction de $\vec{E}(M)$ sur la figure ci-dessus (évidemment la valeur de $\vec{E}(M)$ n'est pas constante dans chaque région).

- $E(x\to\pm a)\to \pm\infty$
- $E(x\to\pm\infty)\to 0$
- $\vec{E}(0)=kq\left(\frac{\overrightarrow{AO}}{AO^3}+\frac{\overrightarrow{BO}}{BO^3}\right) = \vec{0}$ car $AO=BO$ et $\overrightarrow{AO}=-\overrightarrow{BO}$.

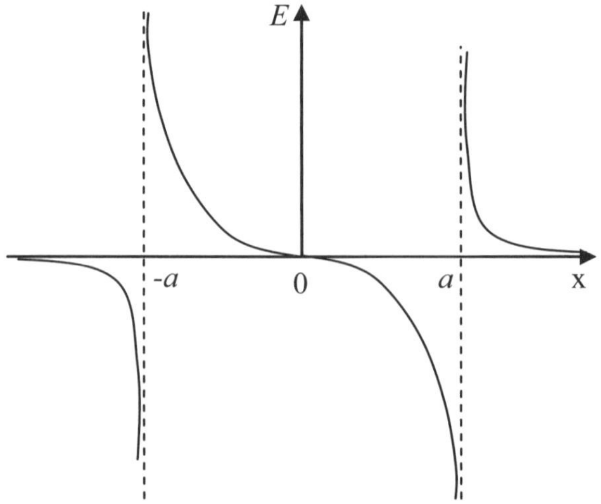

2. $V(x) = V_A(x) + V_B(x) = k\,q\left(\dfrac{1}{AM} + \dfrac{1}{BM}\right)$.

Avec :

$$\overrightarrow{AM} = \overrightarrow{OM} - \overrightarrow{OA} = (x+a)\overrightarrow{u_x} \text{ et } AM = |x+a|,$$

$$\overrightarrow{BM} = \overrightarrow{OM} - \overrightarrow{OB} = (x-a)\overrightarrow{u_x} \text{ et } BM = |x-a|,$$

on obtient :

$$V(x) = k\,q\left(\frac{1}{|x+a|} + \frac{1}{|x-a|}\right).$$

3. L'énergie potentielle d'interaction $E_p(x)$ de q' avec q_A et q_B est :

$$E_p(x) = q'\,V(x).$$

Pour $-a < x < +a$:

$$E_p(x) = k\,q\,q'\frac{2a}{a^2 - x^2}.$$

$q' > 0$ et $E_p(x) = q'\,V(x) \Rightarrow E_p(x)$ et $V(x)$ ont la même allure.

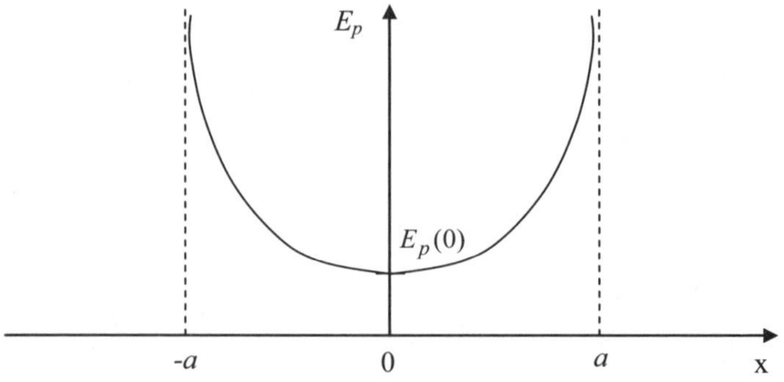

Avec $E_p(0) = k\,q\,q'\dfrac{2}{a}$.

En $x = 0$, la courbe de E_p passe par un minimum $\Rightarrow$ le point O est donc une position d'équilibre stable.

4. La relation force-énergie potentielle s'écrit :

$$\overrightarrow{F} = -\overrightarrow{grad}\ Ep \Leftrightarrow \overrightarrow{F} = -\frac{dE_p}{dx}\overrightarrow{u_x} = -k\,q\,q'\frac{4ax}{\left(a^2-x^2\right)^2}\overrightarrow{u_x}.$$

5. A $t = 0$, on place q' en $M_o(x_o)$ tel que $0 < x_o < a$. On a :

$$\overrightarrow{F}(x_o) = -k\,q\,q'\frac{4\,a\,x_o}{\left(a^2-x_o^2\right)^2}\overrightarrow{u_x}.$$

Or $qq' > 0$ donc la force $\overrightarrow{F}(x_o)$ est dirigée suivant $-\overrightarrow{u_x}$. Par conséquent la charge q' tend à être ramenée vers le point O car $\overrightarrow{F}(x_o)$ est une force de rappel.
Si la charge q' passe le point O et se retrouve en $M_1(x_1)$ tel que $-a < x_1 < 0$, alors :

$$\overrightarrow{F}(x_1) = -k\,q\,q'\frac{4\,a\,x_1}{\left(a^2-x_1^2\right)^2}\overrightarrow{u_x}.$$

Or $qq' > 0$ et $x_1 < 0$ donc la force $\overrightarrow{F}(x_1)$ est dirigée suivant $\overrightarrow{u_x}$. Par conséquent $\overrightarrow{F}(x_1)$ est une force de rappel qui ramène q' vers le point O.
La charge q' a donc un mouvement oscillatoire.

6. On a :

$$E_p(x_o) = k\,q\,q'\frac{2a}{a^2-x_o^2} = k\,q\,q'\frac{2a}{a^2\left[1-\left(\frac{x_o}{a}\right)^2\right]}$$

$$E_p(x_o) = \frac{2\,k\,q\,q'}{a}\left[1-\left(\frac{x_o}{a}\right)^2\right]^{-1}.$$

$$x_o << a \Rightarrow \frac{x_o}{a} << 1 \Rightarrow \left[1-\left(\frac{x_o}{a}\right)^2\right]^{-1} \simeq 1+\frac{x_o^2}{a^2}, \text{ d'où :}$$

$$E_p(x_o) \simeq \frac{2\,k\,q\,q'}{a}\left(1+\frac{x_o^2}{a^2}\right) \simeq \frac{2\,k\,q\,q'}{a} + 2\,k\,q\,q'\frac{x_o^2}{a^3},$$

avec $E_p(0) = \dfrac{2\,k\,q\,q'}{a}$.

On a donc, $\forall\ x << a$:

$$E_p(x) \simeq \frac{2\,k\,q\,q'}{a} + 2\,k\,q\,q'\frac{x^2}{a^3},$$

de la forme :

$$E_p(x) \simeq E_p(0) + C\,x^2,$$

avec $E_p(0) = \dfrac{2\,k\,q\,q'}{a}$ et $C = \dfrac{2\,k\,q\,q'}{a^3}$.

L'énergie totale du système formé par les 3 charges est donnée par :

$$E_T(x) = E'_p(x) + E_c(x)$$

où $E'_p(x)$ est la somme de l'énergie potentielle électrostatique d'interaction de q'avec q_A et q_B et de l'énergie potentielle électrostatique d'interaction entre q_A et q_B

$$E'_p(x) = E_p(0) + Cx^2 + E_{p_{qA\to qB}} \quad \text{et} \quad E_c(x) = \frac{1}{2}m\left(\frac{dx}{dt}\right)^2.$$

Donc :

$$E_T(x) = E_p(0) + Cx^2 + E_{p_{qA\to qB}} + \frac{1}{2}m\left(\frac{dx}{dt}\right)^2.$$

On cherche la vitesse avec laquelle q' passe par la position $x = 0$.
D'après la conservation de l'énergie totale :

$$E'_p(x=0) + E_c(x=0) = E'_p(x=x_o) + E_c(x=x_o)$$

Or $E_c(x=x_o) = 0$, d'où :

$$E_p(0) + E_{p_{qA\to qB}} + \frac{1}{2}mv_{(x=0)}^2 = E_p(0) + Cx_o^2 + E_{p_{qA\to qB}}.$$

$$\Leftrightarrow \quad \frac{1}{2}mv_{(x=0)}^2 = Cx_o^2 \Leftrightarrow v_{(x=0)}^2 = \frac{2C}{m}x_o^2$$

$$\Leftrightarrow \quad v_{(x=0)} = \pm\sqrt{\frac{2C}{m}}\,x_o = \pm x_o\sqrt{\frac{k\,4\,q\,q'}{m\,a^3}}$$

Remarque : à $t = 0$, $x = x_o$, donc $v_{(x=0)} < 0$ lorsque la particule q' passe pour la première fois par sa position d'équilibre $x = 0$.

Problème 2

1. En reprenant l'expression du champ électrique créé par un fil infini, établie à la question de compréhension n°6, on peut écrire :

$$\overrightarrow{E_1}(M) = \frac{\lambda}{2\pi\varepsilon}\frac{\overrightarrow{AM}}{AM^2}.$$

Or :

$$\overrightarrow{AM} = \overrightarrow{OM} - \overrightarrow{OA} = x\,\overrightarrow{u_x} + (y-d)\,\overrightarrow{u_y} \quad \text{et} \quad AM^2 = x^2 + (y-d)^2,$$

d'où :

$$\overrightarrow{E_1}(M) = \frac{\lambda}{2\pi\varepsilon}\frac{x\,\overrightarrow{u_x} + (y-d)\,\overrightarrow{u_y}}{x^2 + (y-d)^2}.$$

2. De même :

$$\overrightarrow{E_2}(M) = \frac{\lambda}{2\pi\varepsilon}\frac{\overrightarrow{BM}}{BM^2}.$$

Or :

$$\overrightarrow{BM} = \overrightarrow{OM} - \overrightarrow{OB} = x\,\overrightarrow{u_x} + (y+d)\,\overrightarrow{u_y} \quad \text{et} \quad BM^2 = x^2 + (y+d)^2,$$

d'où :

$$\overrightarrow{E_2}(M) = \frac{\lambda}{2\pi\varepsilon}\frac{x\,\overrightarrow{u_x} + (y+d)\,\overrightarrow{u_y}}{x^2 + (y+d)^2}.$$

3. Si $M \in Ox$ alors $y = 0$, d'où :

$$\overrightarrow{E_1}(M)=\frac{\lambda}{2\pi\varepsilon}\frac{x\,\overrightarrow{u_x}-d\,\overrightarrow{u_y}}{x^2+d^2} \text{ et } \overrightarrow{E_2}(M)=\frac{\lambda}{2\pi\varepsilon}\frac{x\,\overrightarrow{u_x}+d\,\overrightarrow{u_y}}{x^2+d^2}.$$

La résultante s'écrit :

$$\vec{E}(M)=\overrightarrow{E_1}(M)+\overrightarrow{E_2}(M)=\frac{\lambda}{2\pi\varepsilon}\frac{2x}{x^2+d^2}\overrightarrow{u_x}.$$

4. Etude de la fonction de $E(x)=\dfrac{\lambda}{2\pi\varepsilon}\dfrac{2x}{x^2+d^2}$.

$$\frac{dE(x)}{dx}=\frac{\lambda}{2\pi\varepsilon}\frac{2\left(x^2+d^2\right)-4x^2}{\left(x^2+d^2\right)^2}=\frac{\lambda}{2\pi\varepsilon}\frac{2\left(d^2-x^2\right)}{\left(x^2+d^2\right)^2}.$$

$$\frac{dE(x)}{dx}=0 \Leftrightarrow x=\pm d.$$

D'où l'allure de $E(x)$:

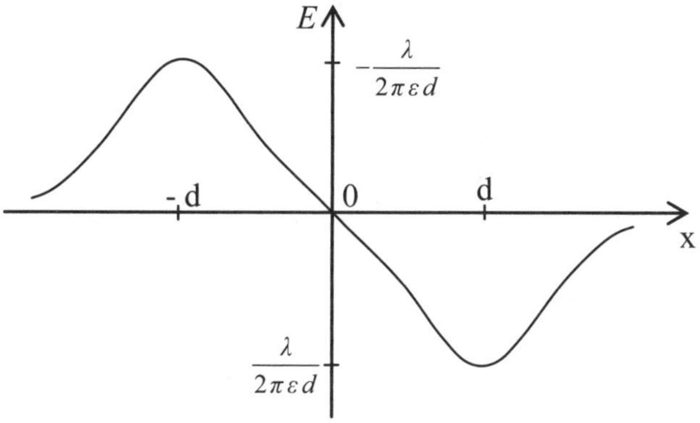

5. $\vec{E}=-\overrightarrow{grad}\,V \Leftrightarrow E(x)=-\dfrac{dV}{dx} \Leftrightarrow V(x)=-\displaystyle\int E(x)dx$.

D'où :

$$V(x)=-\frac{\lambda}{2\pi\varepsilon}\int\frac{2x}{x^2+d^2}dx=-\frac{\lambda}{2\pi\varepsilon}\ln(x^2+d^2)+cte.$$

Or $V(x=0)=0$, d'où :

$$-\frac{\lambda}{2\pi\varepsilon}\ln(d^2)+cte=0 \Leftrightarrow cst=\frac{\lambda}{2\pi\varepsilon}\ln(d^2).$$

Et par conséquent :

$$V(x)=\frac{\lambda}{2\pi\varepsilon}\ln\left(\frac{d^2}{x^2+d^2}\right).$$

6. a) Numériquement :

$$\lambda=\frac{-e}{1{,}7.10^{-10}}=-\frac{1{,}6.10^{-19}}{1{,}7.10^{-10}}\simeq -10^{-9}\text{ C.m}^{-1}.$$

Et la charge totale de la molécule :

$$Q=\lambda L=\frac{-1{,}6\times10^{-9}}{1{,}7}\times48000\times3{,}4\times10^{-10}\simeq -173.10^{-16}\text{ C}.$$

b) $E_{max} = E(x=-d) = \dfrac{|\lambda|}{2\pi\varepsilon d}$.

Numériquement :

$$E_{max} = \frac{1,6\times10^{-9}}{1,7}\times\frac{1}{2\pi\times7\times10^{-8}}\times\frac{1}{50\times10^{-10}} = 0,43.10^{6}\ \text{V.m}^{-1}.$$

Problème 3

On a $\overrightarrow{dE}_{anneau}(M) = k\,2\pi\,\rho\,d\rho\,\sigma\dfrac{z}{\left(\rho^2+z^2\right)^{3/2}}\vec{u}_z$.

1. Champ créé par un disque de rayon R :

$$\vec{E}_{disque}(M) = \int \overrightarrow{dE}_{anneau} = \left[\int_{\rho=0}^{\rho=R} k\,2\pi\,z\,\sigma\frac{\rho\,d\rho}{\left(\rho^2+z^2\right)^{3/2}}\right]\vec{u}_z.$$

$$\vec{E}_{disque}(M) = k\,2\pi\,z\,\sigma\left[\frac{-1}{\left(\rho^2+z^2\right)^{1/2}}\right]_0^R\vec{u}_z.$$

$$\vec{E}_{disque}(M) = k\,2\pi\,z\,\sigma\left(\frac{1}{|z|}-\frac{1}{\sqrt{R^2+z^2}}\right)\vec{u}_z.$$

Or $k=\dfrac{1}{4\pi\varepsilon_0} \Rightarrow \vec{E}_{disque}(M) = \dfrac{\sigma}{2\varepsilon_0}z\left(\dfrac{1}{|z|}-\dfrac{1}{\sqrt{R^2+z^2}}\right)\vec{u}_z$.

d'où
$$\begin{cases}\vec{E}_{disque}(M) = \dfrac{\sigma}{2\varepsilon_0}\left(1-\dfrac{z}{\sqrt{R^2+z^2}}\right)\vec{u}_z \text{ pour } z>0\\[2ex] \vec{E}_{disque}(M) = \dfrac{-\sigma}{2\varepsilon_0}\left(1+\dfrac{z}{\sqrt{R^2+z^2}}\right)\vec{u}_z \text{ pour } z<0.\end{cases}$$

2.

2.1. D'après la question 1, en faisant tendre R vers l'infini :

$$\begin{cases}\vec{E}(M) = \dfrac{\sigma}{2\varepsilon_0}\vec{u}_z \text{ pour } z>0\\[2ex] \vec{E}(M) = \dfrac{-\sigma}{2\varepsilon_0}\vec{u}_z \text{ pour } z<0.\end{cases}$$

Avec $\vec{E}(M) = E_z\,\vec{u}_z$, on obtient le tracé suivant :

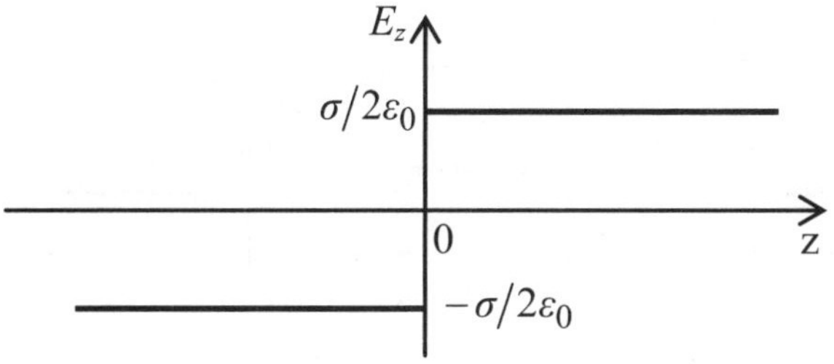

2.2. $\vec{E} = -\overrightarrow{grad}V \Leftrightarrow E_z\vec{u}_z = -\dfrac{dV}{dz}\vec{u}_z \Leftrightarrow dV = -E_z\,dz \Leftrightarrow V = -\int E_z\,dz$.

$$\begin{cases} V(z) = -\dfrac{\sigma}{2\varepsilon_0}z \text{ pour } z > 0 \\ V(z) = \dfrac{\sigma}{2\varepsilon_0}z \text{ pour } z < 0 \end{cases}$$

(on choisit $V(0) = 0$)

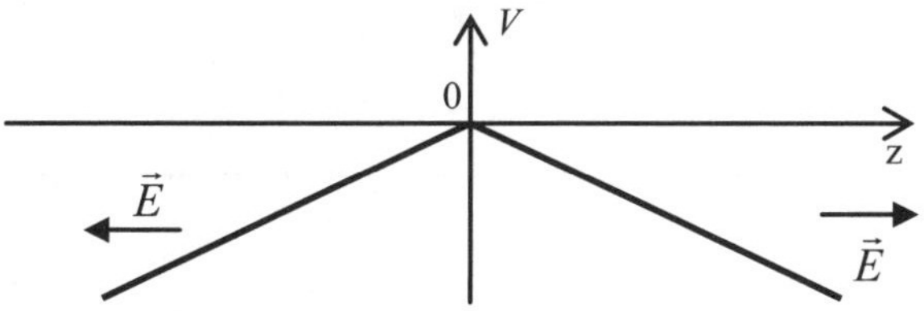

2.3. Pour une surface équipotentielle, $V(z) = cte \Rightarrow z = cte$.
Les surfaces équipotentielles sont donc les plans perpendiculaires à Oz.
2.4. Le travail élémentaire d'une charge q se déplaçant d'un point A à un point B est donné par :

$$\delta W = -dE_p = -q\,dV.$$

En intégrant :

$$W_{A\to B} = \int \delta W = \int_A^B \vec{F}.\vec{dl} = E_p(A) - E_p(B) = q\left[V(A) - V(B)\right].$$

• sur un plan perpendiculaire à l'axe Oz
$W = 0$ car $V(\text{A}) = V(\text{B})$ (surface équipotentielle).
• de $z = z_1$ à $z = z_2$ (avec $z_1z_2 > 0$)

$$W_{z_1\to z_2} = q\left[V(z_1) - V(z_2)\right] = q\frac{\sigma}{2\varepsilon_0}(z_2 - z_1) \quad si\ \ z_1\ et\ z_2 > 0$$

$$= q\frac{\sigma}{2\varepsilon_0}(z_1 - z_2) \quad si\ \ z_1\ et\ z_2 < 0.$$

2.5. Champ créé par les deux plans P_1 et P_2
Notons $\overrightarrow{E_+}$ le champ électrique créé par $(+\sigma)$ et $\overrightarrow{E_-}$ le champ électrique créé par $(-\sigma)$. Le théorème de superposition :

$$\vec{E}(M) = \vec{E}_+(M) + \vec{E}_-(M).$$

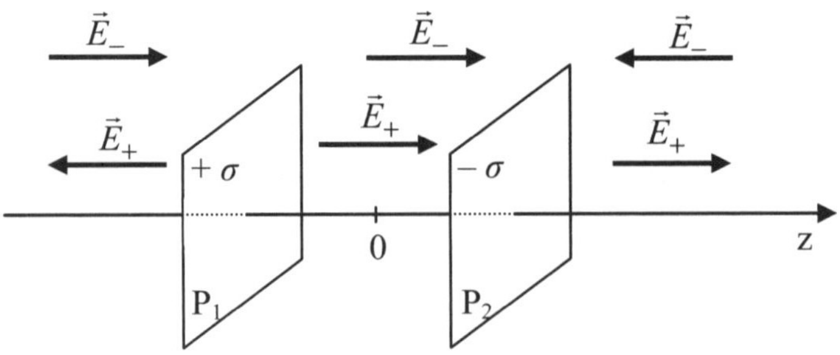

D'où :

$$\vec{E}(M) = \frac{\sigma}{2\varepsilon_0}\overrightarrow{u_z} - \frac{\sigma}{2\varepsilon_0}\overrightarrow{u_z} = \vec{0} \text{ pour } |z| > \frac{d}{2}.$$

$$\vec{E}(M) = \frac{\sigma}{2\varepsilon_0}\overrightarrow{u_z} + \frac{\sigma}{2\varepsilon_0}\overrightarrow{u_z} = \frac{\sigma}{\varepsilon_0}\overrightarrow{u_z} \text{ pour } -\frac{d}{2} < z < \frac{d}{2}.$$

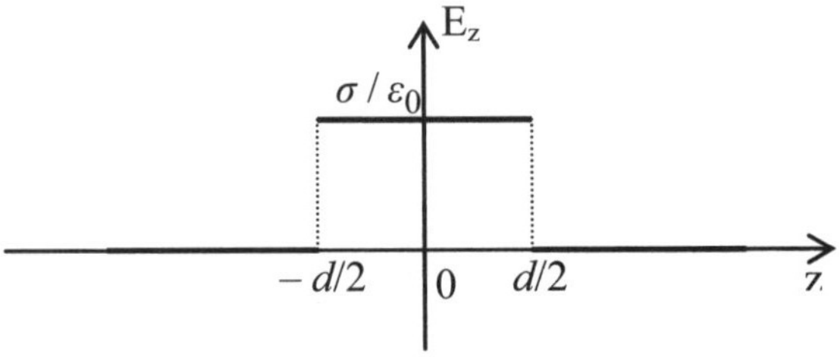

Potentiel créé par les deux plans P_1 et P_2

$$V(z) = K_1 \quad \text{pour} \quad z > \frac{d}{2} \quad (K_1 = cst).$$

$$V(z) = K_2 \quad \text{pour} \quad z < -\frac{d}{2} \quad (K_2 = cst).$$

$$V(z) = -\frac{\sigma}{\varepsilon_0}z + K_3 \quad \text{pour} \quad -\frac{d}{2} < z < \frac{d}{2} \quad (K_3 = cst).$$

Détermination des constantes

$V(z = 0) = 0 \Rightarrow K_3 = 0.$

Continuité de V en $\pm d/2$:

$$K_1 = -\frac{\sigma d}{2\varepsilon_0} \text{ et } K_2 = +\frac{\sigma d}{2\varepsilon_0}.$$

D'où

$$V(z) = -\frac{\sigma d}{2\varepsilon_0} \text{ pour } z > \frac{d}{2},$$

$$V(z) = \frac{\sigma d}{2\varepsilon_0} \text{ pour } z < -\frac{d}{2},$$

$$V(z) = -\frac{\sigma}{\varepsilon_0}z \text{ pour } -\frac{d}{2} < z < \frac{d}{2}.$$

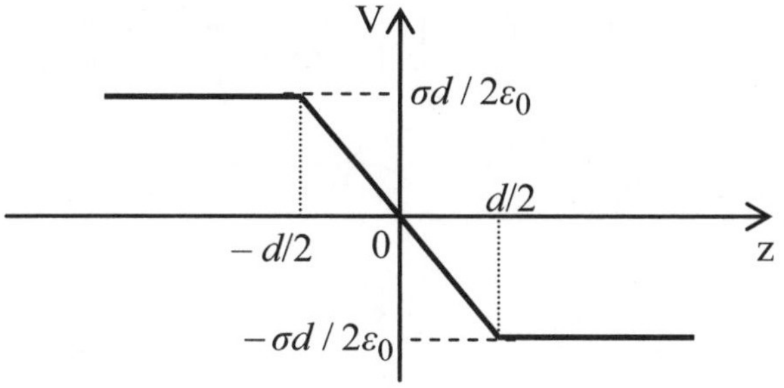

Problème 4

1.

1.1. $d\tau$ (volume élémentaire compris entre la sphère de rayon r et la sphère de rayon $r + dr$) est la différentielle de τ :

$$\tau = \frac{4\pi r^3}{3} \Rightarrow d\tau = 4\pi r^2\, dr$$

1.2. dq charge élémentaire due au cortège électronique seul, contenue entre les sphères de rayons r et $r + dr$, est donnée par : $dq = \rho(r)\, d\tau = \rho(r)\, 4\pi r^2 dr$.

Pour $r \geq a$: $dq = \frac{A}{r^5} 4\pi r^2 dr = \frac{A 4\pi}{r^3} dr$.

Pour $r < a$: $dq = 0$.

1.3. En considérant uniquement le cortège électronique :

$$Q(r) = \int_a^r dq = \int_a^r 4\pi A \frac{dr}{r^3} = -\frac{4\pi A}{2}\left[\frac{1}{r^2}\right]_a^r .$$

Soit : $$Q(r) = 2\pi A\left[\frac{1}{a^2} - \frac{1}{r^2}\right].$$

La charge totale Q_e associée au cortège électronique est répartie entre a et l'infini :

$$Q_e = \lim_{r\to\infty} Q(r) = \frac{2\pi A}{a^2}.$$

1.4. L'atome est neutre :

$$q + Q_e = 0 \Leftrightarrow q + \frac{2\pi A}{a^2} = 0 .$$

Or $q = Ze$, donc : $Ze + \frac{2\pi A}{a^2} = 0$. D'où :

$$A = -\frac{Z e a^2}{2\pi}.$$

$A < 0 \Rightarrow \rho(r) < 0$.

1.5. Dans la sphère de rayon r, la charge est $Q(r) + q$ avec $q = Ze$. Donc :

$$Q(r) + Ze = -\frac{4\pi A}{2}\left[\frac{1}{r^2} - \frac{1}{a^2}\right] + Ze = \frac{4\pi}{2}\frac{Zea^2}{2\pi}\left[\frac{1}{r^2} - \frac{1}{a^2}\right] + Ze$$

$$Q(r) + Ze = Ze\frac{a^2}{r^2}$$

$$Q(r) = Ze\left(\frac{a^2}{r^2} - 1\right).$$

2.

2.1. On considère le champ électrique créé par l'atome formé du noyau et de son nuage électronique.

- Champ électrique créé par le noyau : d'après la symétrie sphérique du noyau, $\vec{E}_{noyau}$ est porté par OM et il est sortant

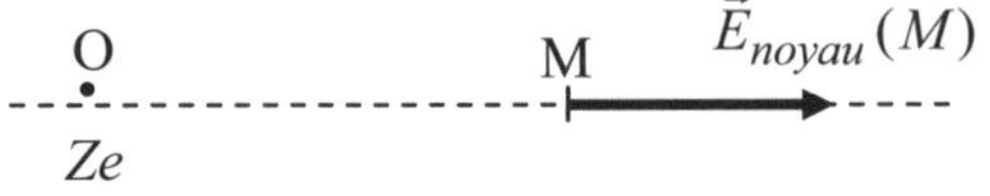

- Champ électrique créé par le nuage électronique : la distribution des charges est de symétrie sphérique, deux points de cette distribution, symétriques par rapport à OM, créent un champ porté par OM → $\vec{E}_{nuage\,e^-}$ est porté par OM et il est rentrant

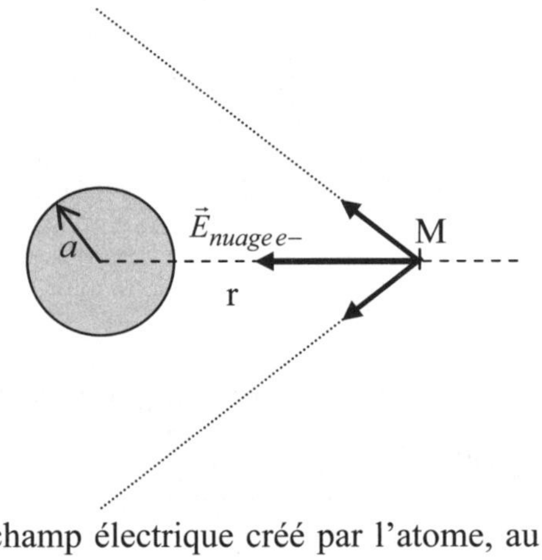

Par superposition, le champ électrique créé par l'atome, au point M, est porté par OM.

2.2. Le champ est radial, on choisit comme surface de Gauss S une sphère de centre O et de rayon $r = OM$.

On a donc :

$$\Phi = \int_S \vec{E} \cdot d\vec{S} = \int_S E_n \cdot dS\ ,$$

où $d\vec{S} = dS\,\vec{u}$ (avec $\vec{u} = \frac{\overrightarrow{OM}}{OM} = \frac{\vec{r}}{r}$) est le vecteur surface élémentaire en tout point de la sphère orienté vers l'extérieur de la sphère et E_n est la composante de $\vec{E}$ suivant l'axe porté par $d\vec{S}$.

En tout point de S, E_n est constant puisqu'elle ne dépend que de r, donc :

$$\Phi = E_n \int_S dS = E_n\, S = E_n\, 4\pi r^2 .$$

D'après le théorème de Gauss, ce terme est aussi égal à :

$$\Phi = \frac{\text{charge électrique contenue à l'intérieur de } S}{\varepsilon_0}$$

a) Pour $r < a$

La charge contenue à l'intérieur de S est la charge ponctuelle q du noyau. D'où :

$$E_n\, 4\pi r^2 = \frac{q}{\varepsilon_0} = \frac{Z e}{\varepsilon_0} .$$

Soit : $$E_n = \frac{Z e}{4\pi \varepsilon_0\, r^2} \text{ et } \vec{E} = E_n\, \vec{u} = \frac{Z e}{4\pi \varepsilon_0\, r^2} \vec{u} \text{ avec } \vec{u} = \frac{\vec{r}}{r} .$$

b) Pour $r \geq a$

La charge contenue à l'intérieur de S est (question 1.5) : $Z e a^2 / r^2$. D'où :

$$E_n\, 4\pi r^2 = \frac{Z e a^2}{\varepsilon_0\, r^2} .$$

Soit : $$E_n = \frac{Z e a^2}{4\pi \varepsilon_0\, r^4} \text{ et } \vec{E} = E_n\, \vec{u} = \frac{Z e a^2}{4\pi \varepsilon_0\, r^4} \vec{u} .$$

Pour $r < a$, le champ est créé par la charge ponctuelle portée par le noyau.
Pour $r \geq a$, le champ est positif sur l'axe OM.

3.

3.1. $\vec{E}(M) = -\overrightarrow{grad}\, V(M)$ avec $\vec{E}(M)$ porté par OM, soit :

$$E_n(r)\vec{u} = -\frac{dV}{dr}\vec{u} \Rightarrow dV = -E_n\, dr \text{ et } V(r) = -\int E_r\, dr .$$

Pour $r < a$

$$V_1(r) = -\frac{Z e}{4\pi \varepsilon_0} \int \frac{1}{r^2} dr = \frac{Z e}{4\pi \varepsilon_0} \frac{1}{r} + C_1 \text{ où } C_1 \text{ est une constante.}$$

Pour $r \geq a$

$$V_2(r) = -\frac{Z e a^2}{4\pi \varepsilon_0} \int \frac{1}{r^4} dr = \frac{Z e a^2}{12\pi \varepsilon_0} \frac{1}{r^3} + C_2 \text{ où } C_2 \text{ est une constante.}$$

3.2. Potentiel nul à l'infini : $V_2(r \to \infty) = 0 \Rightarrow C_2 = 0$.

Potentiel continu en $r = a$:

$$V_1(r = a) = V_2(r = a) \Rightarrow \frac{Ze}{4\pi\varepsilon_0} \frac{1}{a} + C_1 = \frac{Z e}{12\pi \varepsilon_0} \frac{1}{a} .$$

D'où : $$C_1 = -\frac{2}{3} \frac{Z e}{4\pi \varepsilon_0\, a} .$$

Finalement :

$$\begin{cases} V_1(r) = \dfrac{Ze}{4\pi\varepsilon_0}\left(\dfrac{1}{r}-\dfrac{2}{3a}\right) & \text{pour } r < a \\ V_2(r) = \dfrac{Zea^2}{12\pi\varepsilon_0}\dfrac{1}{r^3} & \text{pour } r \geq a. \end{cases}$$

3.3.

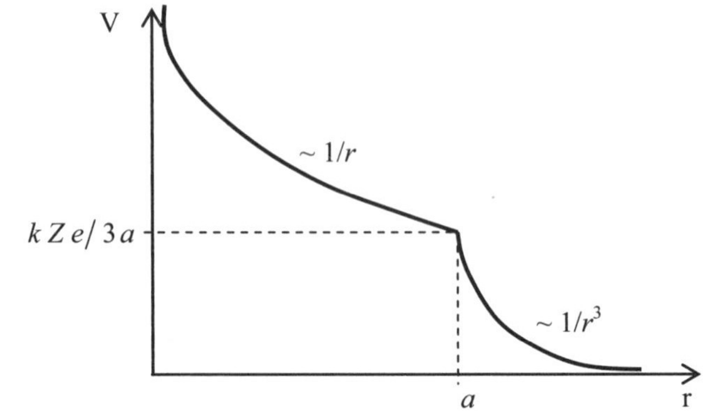

Problème 5

1. Le volume d'un cylindre de longueur L et de rayon r est : $\tau = \pi\, r^2 L$. Si r augmente de dr, alors le volume augmente de $d\tau = d(\pi\, r^2 L) = 2\,\pi\, r\, L\, dr$.

2. a) Chaque feuillet de la membrane est une surface équipotentielle. Le champ électrique étant perpendiculaire en tout point aux surfaces équipotentielles, celui-ci est donc radial.

b) $\Phi_1 = \displaystyle\int_{S_\ell(r)} \vec{E}\cdot d\vec{S_\ell}$, où $d\vec{S_\ell}$ est la normale en tout point à la surface latérale du cylindre de rayon r, orientée vers l'extérieur. Le flux à travers les disques de rayons r est nul car $\vec{E}$ est perpendiculaire à la normale en tout point de ces surfaces.

$\rho(r)$ est positive donc $\vec{E}$ est sortant (centrifuge), on a donc $\vec{E}\cdot d\vec{S_\ell} = -E\,dS_\ell$ car $d\vec{S_\ell}$ est orienté vers l'extérieur de la surface de Gauss donc $\left(\vec{E}\cdot d\vec{S_\ell}\right) = \pi$. De plus, la norme de $\vec{E}$ étant constant sur $S_\ell(r)$, égale à $E(r)$, on peut écrire :

$$\Phi_1 = \int_{S_\ell(r)} \vec{E}\cdot d\vec{S_\ell} = -E(r)\int_{S_\ell(r)} dS_\ell = -E(r)\,S_\ell(r)\,,$$

soit :

$$\Phi_1 = -E(r)\,2\pi r L\,.$$

3. De même, à travers le cylindre fermé de rayon $r + dr$:

$$\Phi_2 = \int_{S_\ell(r+dr)} \vec{E}\cdot d\vec{S_\ell}'\,,$$

où $d\overrightarrow{S_\ell}'$ est la normale en tout point à la surface latérale du cylindre de rayon $r + dr$, orientée vers l'extérieur. Le flux à travers les disques de rayons $r + dr$ est nul car $\vec{E}$ est perpendiculaire à la normale en tout point de ces surfaces.
$\vec{E}$ étant centrifuge, on a $\vec{E}\cdot d\overrightarrow{S_\ell}' = E\,dS_\ell'$ car $d\overrightarrow{S_\ell}'$ est orienté vers l'extérieur de la surface de Gauss donc $\left(\vec{E}\cdot d\overrightarrow{S_\ell}'\right) = 0$. De plus, la norme de $\vec{E}$ étant constant sur $S_\ell(r+dr)$, égale à $E(r + dr)$, on peut écrire :

$$\Phi_2 = E(r+dr)\int_{S_\ell(r+dr)} dS_\ell' = E(r+dr)\,S_\ell(r+dr)\,.$$

Soit :

$$\Phi_2 = E(r+dr)\,2\pi(r+dr)L\,.$$

4. Pour dr petit, on peut développer $E(r + dr)$. Au 1e ordre :

$$E(r+dr) \simeq E(r) + \frac{dE}{dr}dr\,.$$

D'où :

$$\Phi_2 \simeq \left(E(r) + \frac{dE}{dr}dr\right)2\pi(r+dr)L\,.$$

En introduisant Φ_1 :

$$\Phi_2 = -\Phi_1 + 2\pi L\left(E(r)\,dr + \frac{dE}{dr}r\,dr + \frac{dE}{dr}(dr)^2\right),$$

soit, au 1e ordre :

$$\Phi_2 = -\Phi_1 + 2\pi L\left(E(r) + \frac{dE}{dr}r\right)dr\,,$$

ou encore :

$$\Phi_2 \simeq -\Phi_1 + 2\pi L\frac{d}{dr}\left[r\,E(r)\right]dr\,.$$

5. Le théorème de Gauss s'écrit :

$$\Phi_2 + \Phi_1 = \frac{dQ}{\varepsilon_0\,\varepsilon_r}\,,$$

où $dQ = \rho(r)\ d\tau$ est la charge enfermée entre les deux cylindres concentriques de longueur L et rayons respectifs r et $r + dr$. D'après la question 1 : $d\tau = 2\,\pi\,r\,L\,dr$, et d'après la question 2 :

$$\Phi_2 + \Phi_1 = 2\pi L\frac{d}{dr}\left[r\,E(r)\right]dr\,,$$

Le théorème de Gauss se réécrit donc :

$$2\pi L\frac{d}{dr}\left[r\,E(r)\right]dr = \frac{\rho(r)\,2\pi\,r\,L\,dr}{\varepsilon_0\,\varepsilon_r}\,,$$

soit :

$$\frac{\rho(r)}{\varepsilon_0\,\varepsilon_r} = \frac{1}{r}\frac{d\left[r\,E(r)\right]}{dr}\,.$$

6. Sachant que $E\,(r) = K\,(r - R_i)$, on a :

$$\frac{d}{dr}\left[r\,E(r)\right] = K\left(2r - R_i\right),$$

et par conséquent :

$$\rho(r) = K\,\varepsilon_0\,\varepsilon_r\left(2 - \frac{R_i}{r}\right).$$

On peut alors calculer la charge contenue dans un cylindre de longueur L et de rayon $r > R_i$:

$$Q = \int_{R_i}^{R} \rho(r)\,d\tau = \int_{R_i}^{R} K\,\varepsilon_0\,\varepsilon_r\left(2 - \frac{R_i}{r}\right)2\pi\,r\,L\,dr$$

$$Q = 2\pi\,L\,K\,\varepsilon_0\,\varepsilon_r\int_{R_i}^{R}\left(2r - R_i\right)dr \Leftrightarrow Q = 2\pi\,L\,K\,\varepsilon_0\,\varepsilon_r\left[r^2 - R_i\,r\right]_{R_i}^{R}$$

$$Q = 2\pi\,L\,K\,\varepsilon_0\,\varepsilon_r\,R\left(R - R_i\right).$$

Soit une charge par unité de longueur :

$$q = \frac{Q}{L} = 2\pi\,K\,\varepsilon_0\,\varepsilon_r\,R\left(R - R_i\right).$$

On en déduit l'expression de K en fonction de q :

$$K = \frac{q}{2\pi\,\varepsilon_0\,\varepsilon_r\,R\left(R - R_i\right)}.$$

7. La relation champ-potentiel $\vec{E} = -\overrightarrow{grad}\ V$ s'écrit ici :

$$E_r(r) = -\frac{dV}{dr},$$

où $E_r(r)$ est la composante (radiale) du champ électrique. D'où :

$$dV = -E_r(r)\,dr \Rightarrow V(r) = -\int E_r(r)\,dr\ .$$

Si l'on considère un vecteur unitaire radial et sortant, $E_r(r)$ est positive et par conséquent :

$$V(r) = -\int E(r)\,dr\ .$$

- Pour $r > R$, le théorème de Gauss s'écrit :

$$\int_{S(r)} \vec{E}\cdot d\vec{S} = \frac{Q}{\varepsilon_0\,\varepsilon_r^{'}},$$

où $S(r)$ est un cylindre fermé de longueur L et de rayon $r > R$ et Q est la charge totale de la membrane.

Par un raisonnement analogue à ceux de la question 2 on obtient :

$$\int_{S(r)} \vec{E}\cdot d\vec{S} = \int_{S_\ell(r)} \vec{E}\cdot d\overrightarrow{S_\ell}' = E(r)\,S_\ell'(r) = E(r)\,2\pi\,r\,L,$$

($\vec{E}$ et $d\overrightarrow{S_\ell}'$ sont colinéaire et de même sens).

Par conséquent :

$$E(r) = \frac{Q}{\varepsilon_0\,\varepsilon_r^{'}\,2\pi\,r\,L} \Leftrightarrow E(r) = \frac{q}{\varepsilon_0\,\varepsilon_r^{'}\,2\pi\,r}$$

soit :

$$V_1(r) = -\frac{q}{\varepsilon_0\,\varepsilon_r'\,2\pi}\int\frac{1}{r}dr \Leftrightarrow V_1(r) = -\frac{q}{\varepsilon_0\,\varepsilon_r'\,2\pi}\ln r + k_1,$$

où k_1 est une constante.

- Pour $R_i \leq r \leq R$, $E(r) = K\,(r - R_i)$ et par conséquent :

$$V_2(r) = -\int E(r)dr = -K\int\left(r - R_i\right)dr \Leftrightarrow V_2(r) = -K\left(\frac{r^2}{2} - R_i\,r\right) + k_2,$$

où k_2 est une constante.
Pour $r \leq R_i$, $E(r) = 0$ et par conséquent : $V_3 = k_3$ où k_3 est une constante.

Remarque : On pourrait déterminer les constantes k_1, k_2 et k_3 en écrivant la continuité du potentiel en $r = R_i$ et $r = R$, soit :

$$V_1(r = R) = V_2(r = R) \text{ et } V_2(r = R_i) = V_3(r = R_i).$$

Problème 6

Partie A

1. Par définition :

$$df = \overrightarrow{grad}f(M)\cdot d\overrightarrow{OM},$$

où $d\overrightarrow{OM} = \overrightarrow{MM'}$ est le vecteur déplacement élémentaire entre deux points infiniment voisins M(x,y,z) et M'($x + dx$, $y + dy$, $z + dz$).
Considérons que les deux points M et M' sont sur la même surface f = cte. Alors, la variation de f lorsqu'on passe de M à M' est nulle : $df = 0$. Par conséquent $\overrightarrow{grad}f(M)\cdot d\overrightarrow{OM} = 0$ en tout point M de cette surface. On en conclut que $\overrightarrow{grad}f(M)$ est perpendiculaire à $d\overrightarrow{OM}$, c'est-à-dire à tout vecteur déplacement élémentaire sur la surface f, d'où $\overrightarrow{grad}f(M)$ est perpendiculaire en tout point à cette surface.

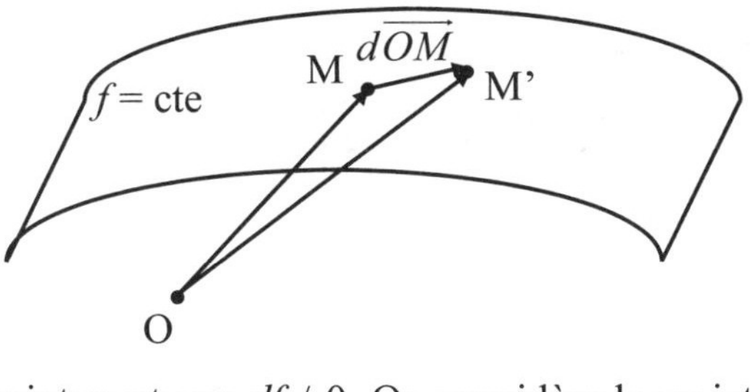

2. On considère maintenant que $df \neq 0$. On considère la variation de la fonction f entre sa valeur en un point M situé sur la surface $f(x,y,z)$ = cte et celle en un point M' situé sur une autre surface infiniment voisine $f(x+dx,y+dy,z+dz) = f + df$ = cte :

$$df = \overrightarrow{grad}f(M)\cdot d\overrightarrow{OM} = \left\|\overrightarrow{grad}f\right\|\cdot\left\|d\overrightarrow{OM}\right\|\cdot\cos\left(\overrightarrow{grad}f, d\overrightarrow{OM}\right).$$

La variation la plus rapide de f est obtenue pour la plus grande valeur de df, c'est-à-dire quand $\left|\cos\left(\overrightarrow{grad}f, d\overrightarrow{OM}\right)\right| = 1$. Ce cas n'est possible que lorsque le vecteur déplacement $d\overrightarrow{OM}$ est colinéaire à $\overrightarrow{grad}f(M)$. Par conséquent, $\overrightarrow{grad}f(M)$ indique la variation la plus rapide de f.

De plus, df est positive (i.e. f augmente quand on passe de M à M') si les 2 vecteurs $\overrightarrow{grad} f$ et $d\overrightarrow{OM}$ sont de même sens, et négative (i.e. f diminue quand on passe de M à M') s'ils sont de sens contraires. On en conclut que $\overrightarrow{grad} f$ est toujours orienté dans le sens des valeurs croissantes de f.

Partie B

3. La ligne d'intersection de deux surfaces équipotentielles l'une au potentiel V_1 et l'autre V_2 n'existe pas. En effet deux équipotentielles ne se coupent jamais sinon les points communs aux deux équipotentielles devraient être à la fois à V_1 et à V_2, ce qui est impossible.

4.

4.1. Sur la médiatrice du segment joignant les deux charges, $V = 0$ car tous les points sont à égale distance des deux charges de signe égal et opposé.

4.2. Le point D est plus proche de la charge placée au point N que de celle placée en M (figure ci-après). Or le potentiel créé au point D par une charge est inversement proportionnel à la distance entre la charge et le point D. Donc $|V_N(D)| > |V_M(D)|$. Or $V(D) = V_N(D) + V_M(D)$ est positif et les charges sont égales et opposées donc la charge $q > 0$ est placée en N et la charge $-q$ est en M.

4.3. Le champ $\vec{E}$ est tangent en tout point aux lignes de champ (et perpendiculaire aux surfaces équipotentielles) et est orienté dans le sens des potentiels décroissants donc de N vers M. Il est donc colinéaire à l'axe des deux charges et perpendiculaire en tout point à l'axe $V = 0$ qui est l'équipotentielle zéro (représentation de $\vec{E}$ sur la figure ci-après).

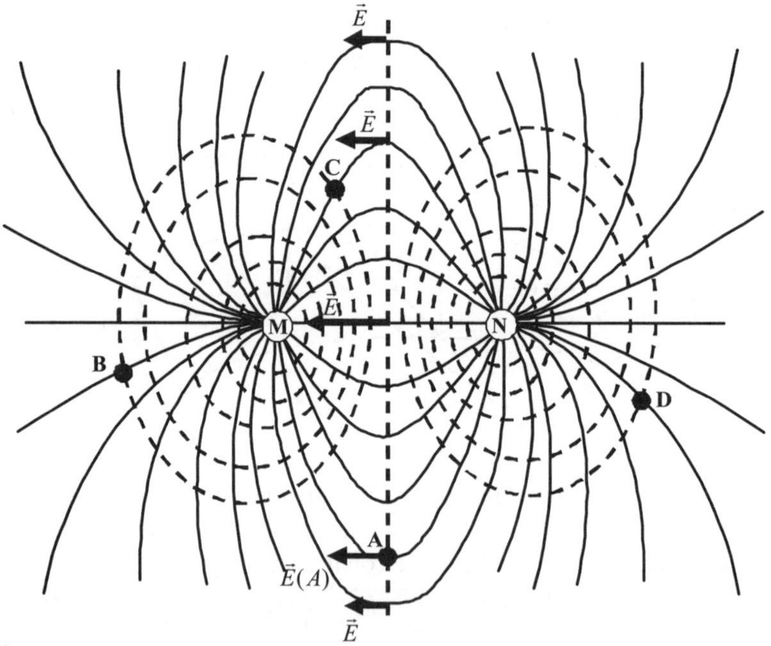

4.4. La densité de lignes de champ en un point est proportionnelle à l'amplitude du champ en ce point (plus les lignes sont rapprochées, plus l'amplitude du champ est importante) donc $|E(C)| > |E(B)|$.

4.5. Si $\vec{E}(A)$ est le champ électrique créé au point A par les deux charges q et $-q$, alors la force électrique exercée par ces deux charges sur un proton placé en A est

$\vec{F}(A) = e\vec{E}(A)$, où e positive est la charge du proton. Donc $\vec{F}(A)$ est colinéaire et de même sens que $\vec{E}(A)$, c'est-à-dire perpendiculaire à l'axe $V = 0$ et dirigé de N vers M.

Problème 7

1.

1.1. On trace U en fonction de I.

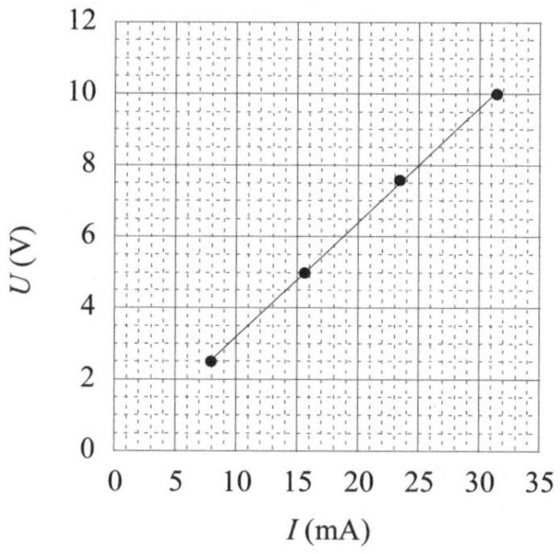

Graphiquement : $R = \dfrac{\Delta U}{\Delta I} = 320\ \Omega$.

Par analyse dimensionnelle :

$$[R] = \frac{[\Delta U]}{[\Delta I]} = \frac{[E \times \text{longueur}]}{I} = \frac{\left[\dfrac{F}{Q} \times \text{longueur}\right]}{I}$$

$$[R] = \left(M\,L\,T^{-2}\right) \times \left(I^{-1}T^{-1}\right) \times L \times I^{-1}$$

$$[R] = M\,L^2\,T^{-3}\,I^{-2}$$

Dans le système international : 1 ohm = 1 kg.m^2.s^{-3}.A^{-2}.

1.2. $\rho = S\dfrac{R}{L} = 3{,}2\ \Omega.\text{m}$.

Dimension de ρ : $[\rho] = [S]\dfrac{[R]}{[L]} = L \times \left(M\,L^2\,T^{-3}\,I^{-2}\right) = M\,L^3\,T^{-3}\,I^{-2}$.

2.

2.1. A partir de $t = 0$ s, les ions sont soumis à une force électrique $\vec{F}_i = q_i\,\vec{E}$ perpendiculaire aux faces métalliques de la cellule ($\vec{E} \perp$ surfaces équipotentielles et faces métalliques = surfaces équipotentielles). Les ions vont donc se mettre en mouvement dans une direction perpendiculaire aux faces métalliques, et dans le sens de $\vec{E}$ pour les ions positifs (K^+), et dans le sens contraire de $\vec{E}$ pour les ions négatifs (Cl^-).

2.2. 2e loi de Newton :

$$\vec{f_i} + \vec{F_i} = m_i \vec{a_i} \Rightarrow q_i \vec{E} - 6\pi \eta r \vec{v_i} = m_i \frac{d\vec{v_i}}{dt}.$$

Soit : $$\frac{d\vec{v_i}}{dt} + \frac{6\pi\eta r}{m_i}\vec{v_i} = \frac{q_i}{m_i}\vec{E}.$$

2.3. Après un régime transitoire où la valeur de la vitesse des ions i augmente, celle-ci atteint une valeur limite (régime permanent). On a alors : $d\vec{v_i}/dt = \vec{0}$ et on en déduit :

$$\vec{v}_+ = \frac{q_+}{6\pi\eta r}\vec{E} \Leftrightarrow \vec{v}_+ = \frac{e}{6\pi\eta r}\vec{E} \quad \text{et} \quad \vec{v}_- = \frac{q_-}{6\pi\eta r}\vec{E} \Leftrightarrow \vec{v}_- = \frac{-e}{6\pi\eta r}\vec{E}.$$

Soit : $\vec{v}_+ = -\vec{v}_-$.

2.4. $[\omega_i] = \frac{[v_i]}{[f_i]} = \frac{L.T^{-1}}{M.L.T^{-2}} = M^{-1}\cdot T$ soit l'unité S.I. : s.kg^{-1}.

3.

3.1. $\overrightarrow{j^+} = q_+ C_+ \overrightarrow{v_+}$ et $\overrightarrow{j^-} = q_- C_- \overrightarrow{v_-}$.

Or $\vec{v}_+ = -\vec{v}_-$ et $q_+ = -q_- = e$.

D'où $\overrightarrow{j^+} = eC_+\overrightarrow{v_+}$ et $\overrightarrow{j^-} = eC_-\overrightarrow{v_+}$.

C'est-à-dire que les vecteurs densités de courant électrique sont de même sens. (les contributions des différents ions au courant électrique s'ajoutent arithmétiquement).

3.2. Sachant que KCL suivant : $KCl \to K^+ + Cl^-$, on obtient : $C_+ = C_- = C$.

Soit : $\vec{j} = \overrightarrow{j^+} + \overrightarrow{j^-} = 2eC\overrightarrow{v_+}$.

3.3. Sachant que $\vec{j} = 2eC\overrightarrow{v_+} = C\frac{e^2}{3\pi\eta r}\vec{E}$ et $\vec{j} = \frac{1}{\rho}\vec{E}$, on en déduit :

$$\rho = \frac{3\pi\eta r}{C\,e^2}.$$

Estimation de r :

$$r = \frac{\rho\,C\,e^2}{3\pi\eta} = \frac{3{,}2\times 0{,}4\times 10^3\times 6{,}02\times 10^{23}\times 1{,}6^2\times 10^{-38}}{3\times\pi\times 10^{-3}}.$$

$$r \simeq 2{,}2.10^{-9}\ \text{m}.$$

3.4. La valeur estimée du rayon des ions est supérieure aux rayons mesurés expérimentalement. En fait, on estime le rayon d'ions hydratés, c'est-à-dire le rayon de l'ion entouré par un ensemble de molécules H_2O qui se déplacent avec lui. De plus, l'ion est entouré d'un nuage de conterions (la charge est inférieure à la charge de l'ion dans le vide).

Problème 8

1. $j_1^{pore}(x) = -D_{Na}\frac{dC}{dx} = -\omega_{Na}kT\frac{dC}{dx}$.

$C(x)$ varie linéairement dans un pore $\Rightarrow$ $C(x) = a\,x + b$ avec $C(x=0) = C_1$ et $C(x = L) = C_2$. Soit :

$$C(x) = -\frac{\Delta C}{L}x + C_1$$

avec $\Delta C = C_1 - C_2$.

D'où $\quad j_1^{pore} = \omega_{Na}\, k\, T\, \frac{\Delta C}{L} > 0$ donc j_1^{pore} est dirigé de 1 vers 2.

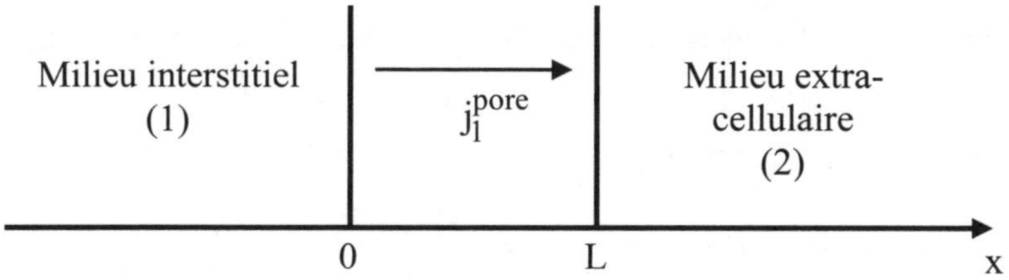

2. En notant J_1^{pore} le flux à travers un pore : $J_1^{pore} = \pi a^2\, j_1^{pore}$,
et J_1 le flux à travers la membrane :

$$J_1 = n\, S\, J_1^{pore} = n\, S\, \pi\, a^2\, j_1^{pore} = n\, S\, \pi\, a^2 \omega_{Na}\, k\, T\, \frac{\Delta C}{L}.$$

D'où l'intensité du courant à travers la membrane :

$$I_1 = e J_1 = e n S\, J_1^{pore} = e\, n\, S\, \pi\, a^2\, j_1^{pore} = e\, n\, S\, \pi\, a^2 \omega_{Na}\, k\, T\, \frac{\Delta C}{L}.$$

3. $j_1 = \dfrac{J_1}{S} = n\, \pi\, a^2\, \omega_{Na}\, k\, T\, \dfrac{\Delta C}{L} = P_d\, \Delta C$.

On en déduit l'expression de P_d :

$$P_d = \frac{n\, \pi\, a^2\, \omega_{Na}\, k\, T}{L}.$$

$\left[P_d\right] = \dfrac{\left[j_1\right]}{\left[\Delta C\right]} = \dfrac{L^{-2}\, T^{-1}}{L^{-3}} = L\, T^{-1}$: dimensions d'une vitesse.

4. Numériquement :

$$J_1 \simeq 6.10^{10} \times 1 \times \pi \times \left(4 \times 10^{-2}\right)^2 \times 10^{11} \times 1,38 \times 10^{-23} \times 300 \times \frac{0,45 \times 10^3}{100.10^{-10}} \times 6,02.10^{23}$$

$$J_1 \simeq 3.10^{17} \text{ ions.s}^{-1}.$$

$$I_1 = e J_1 \simeq 1,6.10^{-19} \times 3.10^{17} \simeq 4,8.10^{-2} \text{ A}$$

$$Q_1 = I_1\, \Delta t_1 \simeq 4,8.10^{-5} \text{ C}.$$

Les ions Na^+ qui ont traversé la membrane de 1 vers 2 constituent un excès de charges positives dans le compartiment 2. Dans le compartiment 1, il y a donc une charge négative en excès : $-Q_1 \simeq -4,8.10^{-5}$ C < 0.

5. Les charges $-Q_1$ et Q_1 se répartissent respectivement sur les interfaces (solution 1 – membrane) et (membrane - solution 2) de façon régulière avec une densité superficielle de charges uniforme :
$\sigma = Q_1/S$. Les 2 interfaces (solution - membrane) se comportent alors comme un condensateur.

6. La ddp de part et d'autre de la membrane est :

$$\Delta V = V_1 - V_2 = -\frac{Q_1}{C} < 0 \text{ car } V_1 < V_2.$$

Numériquement :

$$\Delta V \simeq -\frac{4,8\times 10^{-5}}{10^{-2}} \simeq -4,8.10^{-3} \text{ V}.$$

Le champ électrique est dans le sens des potentiels décroissants, donc dirigé de 2 vers 1.

7. $j_E = <C> v_{Na} = \dfrac{C_1 + C_2}{2} \omega_{Na} e E$.

Pendant Δt_2, $\Delta V = cte \Rightarrow E = -\dfrac{dV}{dx} = -\dfrac{V_2 - V_1}{L} = \dfrac{V_1 - V_2}{L} = \dfrac{\Delta V}{L} < 0$.

D'où :

$$j_E = \omega_{Na} \; e \; \frac{C_1 + C_2}{2} \frac{\Delta V}{L} < 0 \Rightarrow j_E \text{ est dirigé de 2 vers 1.}$$

8. $j_2^{pore} = j_D + j_E = \omega_{Na} kT \dfrac{\Delta C}{L} + \omega_{Na} \, e \dfrac{C_1 + C_2}{2} \dfrac{\Delta V}{L}$.

9. $J_2 = n S \pi a^2 \, j_2^{pore} = \dfrac{n S \pi a^2 \omega_{Na}}{L} \left(kT \, \Delta C + e \dfrac{C_1 + C_2}{2} \Delta V \right)$

et $\quad I_2 = e \; J_2 = \dfrac{e \, n S \pi a^2 \omega_{Na}}{L} \left(kT \, \Delta C + e \dfrac{C_1 + C_2}{2} \Delta V \right)$.

10. $Q_2 = I_2 \, \Delta t_2 = \dfrac{e \, n S \pi a^2 \omega_{Na}}{L} \left(kT \, \Delta C + e \dfrac{C_1 + C_2}{2} \Delta V \right) \Delta t_2$ et $Q = Q_1 + Q_2$.

11. $Q_2 < Q_1 \Rightarrow$ la charge transportée au cours du temps augmente mais pas de façon linéaire (elle augmente de moins en moins au cours du temps). Le flux total de particules diminue donc au cours du temps : le flux de diffusion reste constant mais le flux d'entraînement croît avec la charge (donc avec le champ électrique) et il est en sens inverse du flux de diffusion. Le système tend vers un état d'équilibre dans lequel les 2 flux seront égaux et opposés :
$Q \to Q_{\lim}$, $\Delta V \to \Delta V_{\lim}$ et $E \to \Delta E_{\lim}$ tel que $\Delta E_{\lim} = \Delta V_{\lim} / L$.

Problème 9

1.

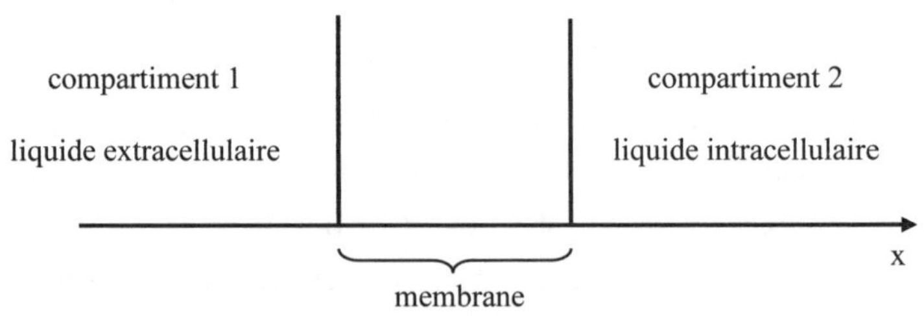

Densité de flux total pour l'espèce i en un point x du canal : densité de flux ionique d'entraînement + densité de flux ionique de diffusion
En régime stationnaire :

$$\vec{j}_i^{tot}(x) = \vec{j}_i^{E}(x) + \vec{j}_i^{D}(x) \Leftrightarrow j_i^{tot}(x) = C_i v_i - D_i \frac{dC_i}{dx}.$$

Or $D_i = \omega_i \, k \, T$ et $v_i = \omega_i \, z_i \, e \, E$. D'où :

$$j_i^{tot}(x) = C_i\omega_i z_i eE - \omega_i kT\frac{dC_i}{dx}.$$

Avec $\vec{E} = -\overrightarrow{grad}\,V$ soit $E = -\frac{dV}{dx}$, on obtient :

$$j_i^{tot}(x) = -C_i\omega_i z_i e\frac{dV}{dx} - \omega_i kT\frac{dC_i}{dx}.$$

2. Equilibre thermodynamique pour chaque espèce i : $j_i(x) = 0$.

$$-C_i\omega_i z_i e\frac{dV}{dx} = \omega_i kT\frac{dC_i}{dx} \Rightarrow z_i e\frac{dV}{dx} = -kT\frac{1}{C_i}\frac{dC_i}{dx}.$$

Soit $$z_i e\,dV = -kT\frac{dC_i}{C_i}.$$

En intégrant :

$$z_i\, e\int_{V(1)}^{V(2)} dV = -k\,T\int_{C_1}^{C_2}\frac{dC_i}{C_i},$$

soit :

$$V(2) - V(1) = -\frac{kT}{Z_i e}\ln\frac{C_i(2)}{C_i(1)}.$$

3.

3.1. On a $\vec{j}_i^{\,D} = -D_i\frac{dC_i}{dx}\vec{u}_x$ avec $D_i > 0$.

- Pour Na^+ : $\vec{j}_{Na^+}^{\,D} = -D_{Na^+}\frac{dC_{Na^+}}{dx}\vec{u}_x$

$[Na^+]_1 = 145\ \text{mol.m}^{-3} > [Na^+]_2 = 12\ \text{mol.m}^{-3} \Rightarrow \frac{dC_{Na^+}}{dx} < 0$.

D'où $\vec{j}_{Na^+}^{\,D}$ est dans le sens du vecteur unitaire $\vec{u}_x$, du compartiment (1) vers le compartiment (2).

- Pour K^+ : $\vec{j}_{K^+}^{\,D} = -D_{K^+}\frac{dC_{K^+}}{dx}\vec{u}_x$.

$[K^+]_1 = 4\ \text{mol.m}^{-3} < [K^+]_1 = 155\ \text{mol.m}^{-3} \Rightarrow \frac{dC_{K^+}}{dx} > 0$

D'où $\vec{j}_{K^+}^{\,D}$ est dans le sens inverse de $\vec{u}_x$, du compartiment (2) vers le compartiment (1).

- Pour Cl^- : $\vec{j}_{Cl^-}^{\,D} = -D_{Cl^-}\frac{dC_{Cl^-}}{dx}\vec{u}_x$.

$[Cl^-]_1 = 120\ \text{mol.m}^{-3} > [Cl^-]_2 = 4\ \text{mol.m}^{-3} \Rightarrow \frac{dC_{Cl^-}}{dx} < 0$.

D'où $\vec{j}_{Cl^-}^{\,D}$ est dans le sens de $\vec{u}_x$.

On a également $\vec{j}_i^{\,E}(x) = C_i\vec{v}_i = C_i\omega_i z_i e\,\vec{E}$ qui dépend donc du signe de z_i.

$\vec{j}_i^{\,E}$ est dans le sens de $\vec{E}$ pour Na^+ et K^+, et dans le sens de $-\vec{E}$ pour Cl^-.

$\Delta V_{\text{mesuré}} = V(2) - V(1) = -88$ mV $< 0 \Rightarrow V(2) < V(1) \Rightarrow \vec{E}$ étant dirigé dans le sens des potentiels décroissants, du compartiment (1) vers le compartiment (2).

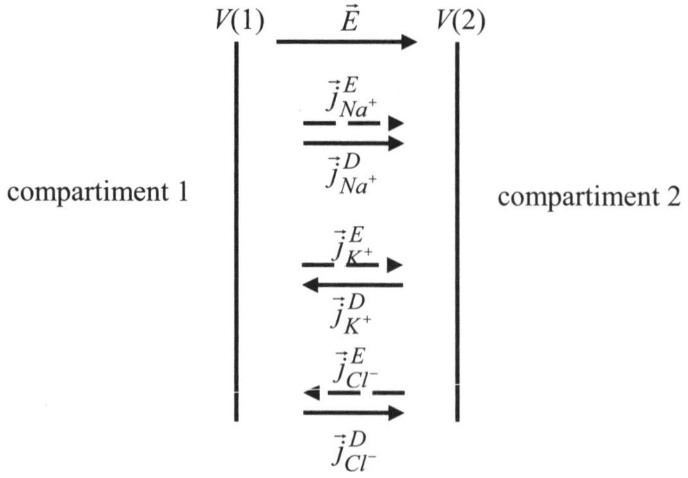

3.2. L'équilibre thermodynamique $\vec{j}_i^{total} = \vec{j}_i^{E} + \vec{j}_i^{D} = \vec{0}$ peut être réalisé pour les ions K^+ et Cl^- dans la membrane, puisque $\vec{j}_i^{E}$ et $\vec{j}_i^{D}$ sont de sens opposé.

3.3. Vérifions maintenant si cet équilibre est effectivement vérifié par les 2 espèces.

A l'équilibre thermodynamique, on a : $V(2) - V(1) = -\dfrac{kT}{z_i e}\ln\dfrac{C_i(2)}{C_i(1)}$.

• Pour K^+ : $\Delta V_{K^+} = -\dfrac{kT}{e}\ln\dfrac{[K]_2}{[K]_1} = -\dfrac{kT}{e}\ln\dfrac{155}{4}$.

Numériquement : $\Delta V_{K^+} \simeq -\dfrac{1{,}38\times10^{-23}\times300}{1{,}6\times10^{-19}}\ln 40 \simeq 98{,}4$ mV

On a $\Delta V_{K^+} < \Delta V_{\text{mesuré}}$ donc les ions K^+ ne sont pas en équilibre thermodynamique.

• Pour Cl^- : $\Delta V_{Cl^-} = -\dfrac{kT}{-e}\ln\dfrac{[Cl]_2}{[Cl]_1} = +\dfrac{kT}{e}\ln\dfrac{4}{120}$

Numériquement : $\Delta V_{Cl^-} = \dfrac{1{,}38\times10^{-23}\times300}{1{,}6\times10^{-19}}\ln\dfrac{1}{30} \simeq -88$ mV .

On a $\Delta V_{Cl^-} = \Delta V_{\text{mesuré}}$ donc les ions Cl^- sont en équilibre thermodynamique.

3.4. Sens de $\vec{j}_i^{tot}$.

- Pour K^+ : $\|\vec{E}\| = \dfrac{|\Delta V_{mesuré}|}{L}$ donc pour avoir $\|\vec{E}\| = \dfrac{|\Delta V_{K^+}|}{L}$, il faudrait que $\|\vec{E}\|$ soit supérieure. Le flux d'entraînement équilibrerait alors le flux de diffusion. $\vec{j}_{K^+}^{tot}$ est donc dans le sens de $\vec{j}_{K^+}^{D}$.

- Pour Cl^- : $\vec{j}_{Cl^-}^{tot} = \vec{0}$.

- Pour Na^+ : $\vec{j}_{Na^+}^{tot}$ est dans le sens de $\vec{u}_x$.

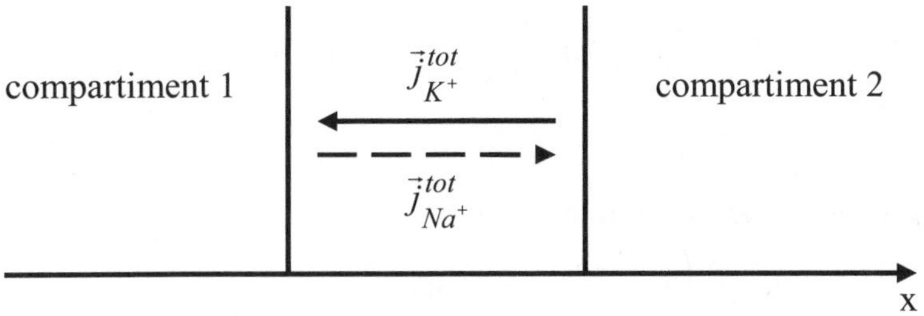

Problème 10

1. Reprenons les équations établies au paragraphe 2.3.2 du cours :

$$\begin{cases} C_2^+ = C_2^- + \Gamma^- \\ \dfrac{C_2^+}{C_1^+} = \dfrac{C_1^-}{C_2^-} \end{cases}$$

En les combinant, on obtient :

$$\left(C_2^- + \Gamma^-\right) C_2^- = C_1^- \, C_1^+ .$$

Ce qui donne le polynôme du second degré :

$$\left(C_2^-\right)^2 + \Gamma^- \, C_2^- - C_1^- \, C_1^+ = 0 ,$$

dont la racine positive est :

$$C_2^- = \frac{-\Gamma^- + \sqrt{\left(\Gamma^-\right)^2 + 4\, C_1^- \, C_1^+}}{2} .$$

Numériquement, on obtient :

$$C_2^- = 100 \text{ mmol.L}^{-1} .$$

Par conséquent :

$$C_2^+ = C_2^- + \Gamma^- = 225 \text{ mmol.L}^{-1} .$$

2. Avec ces valeurs, la différence de potentiel transmembranaire obtenue en suivant le raisonnement de Donnan est, à $T = 273 + 37 = 310$ K :

$$\Delta V_D = \frac{k\,T}{2e} \ln\left(\frac{C_2^-}{C_2^+}\right) = -10{,}8 \text{ mV} .$$

3. La relation de Gibbs Donnan $\dfrac{\left[Na^+\right]_2}{\left[Na^+\right]_1} = \dfrac{\left[K^+\right]_2}{\left[K^+\right]_1}$ permet d'écrire :

$$C_2^+ = \left[K^+\right]_2 + \left[Na^+\right]_2 = \left[K^+\right]_2 + \frac{\left[K^+\right]_2}{\left[K^+\right]_1} \left[Na^+\right]_1 .$$

Soit :

$$C_2^+ = \left[K^+\right]_2 \left\{1 + \frac{\left[Na^+\right]_1}{\left[K^+\right]_1}\right\}.$$

En remplaçant par les valeurs numériques :

$$C_2^+ = \left[K^+\right]_2 \left(1 + \frac{140}{10}\right) = 225 \text{ mmol.L}^{-1},$$

on obtient :

$$\left[K^+\right]_2 = 15 \text{ mmol.L}^{-1},$$

et par conséquent :

$$\left[Na^+\right]_2 = C_2^+ - \left[K^+\right]_2 = 210 \text{ mmol.L}^{-1}.$$

Problème 11

1. La solution est neutre $\Rightarrow Cl = K + M$.
2. De même $Cl' = K' + M'$.
3. A l'équilibre :

$$V' - V = -\frac{kT}{e}\ln\frac{K'}{K} = \frac{kT}{e}\ln\frac{Cl'}{Cl} \Rightarrow \frac{K'}{K} = \frac{Cl}{Cl'}.$$

4. $K' = \dfrac{Cl}{Cl'}K$ et $Cl' = K' + M'$, d'où :

$$K' = \frac{Cl}{K' + M'}K \Rightarrow K'^2 + K' \cdot M' - Cl \cdot K = 0.$$

5. $M = M^+ - M^- = 115$ mmol.L^{-1} et $M' = M^{+\prime} - M^{-\prime} = -\,141$ mmol.L^{-1}.

$K'^2 + M' \cdot K' - Cl \cdot K = 0$ a pour solution K' positive :

$$K' = \frac{-M' + \sqrt{M'^2 + 4KCl}}{2}.$$

D'où le tableau suivant :

K	*Cl*	*K'*	*Cl'*	*Cl'/Cl*	*V'*(mV)
1	116	141,8	0,8	0,007	– 133
10	125	149,4	8,4	0,07	– 71
30	145	167	26	0,18	– 46
100	215	233,2	92,2	0,43	– 23
200	315	331,2	190,2	0,60	– 14
500	615	629,5	488,5	0,79	– 6
1000	1115	1128,8	987,8	0,89	– 3

6.

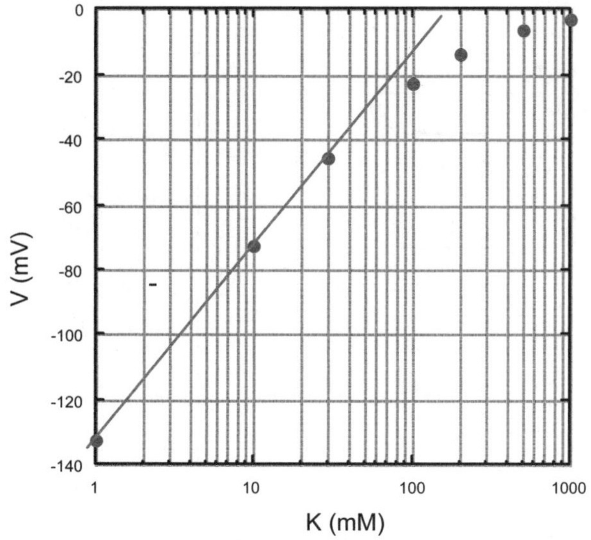

Pour des variations de $K < 100$ mM, la valeur de K' reste pratiquement constante et $V'(K)$ est pratiquement une droite. (Le raisonnement reste valable pour Cl). Lorsque les concentrations K et Cl augmentent l'importance des ions imperméants diminue, le potentiel transmembranaire approche de zéro et les rapports K'/K et Cl'/Cl tendent vers l'unité.

Dans l'équilibre de Donnan la différence de potentiel transmembranaire est donc due aux ions qui ne peuvent pas traverser la membrane.

Problème 12

1.

ions	Concentration dans 1 (en $mmol.L^{-1}$)	Concentration dans 2 (en $mmol.L^{-1}$)
P^{10-}	$C_0 = 0{,}01 \text{ mol.L}^{-1}$	
Na^+	$z \times C_0 = z \cdot 0{,}01 = 16 \cdot 0{,}01 = 0{,}16 \text{ mol.L}^{-1}$	
K^+	$C = 0{,}15 \text{ mol.L}^{-1}$	$C = 0{,}15 \text{ mol.L}^{-1}$
Cl^-	$C = 0{,}15 \text{ mol.L}^{-1}$	$C = 0{,}15 \text{ mol.L}^{-1}$

2. Le flux total pour chaque espèce diffusible est nul à l'équilibre, donc les flux de diffusion et d'entraînement électrique de chaque espèce sont opposés à l'équilibre.

A l'état initial, les ions Na^+ sont en excès dans le compartiment 1, le flux de diffusion de Na^+ va donc dans le sens : compartiment 1 → compartiment 2.

Ce flux entraîne un excès de charge + dans le compartiment 2, donc une différence de potentiel $\Delta V = V_1 - V_2 < 0$. Le champ descendant les potentiels, $\vec{E}$ est orienté du compartiment 2 vers le compartiment 1.

Le flux d'entraînement électrique de K^+ et Na^+ est donc orienté du compartiment 2 vers le compartiment 1, et celui de Cl^- du compartiment 1 vers le compartiment 2.

Il apparaît alors un gradient de concentration pour les ions K^+ et les ions Cl^-, donc un flux de diffusion des ions K^+ du compartiment 1 vers le compartiment 2, et un flux de diffusion des ions Cl^- du compartiment 2 vers le compartiment 1.

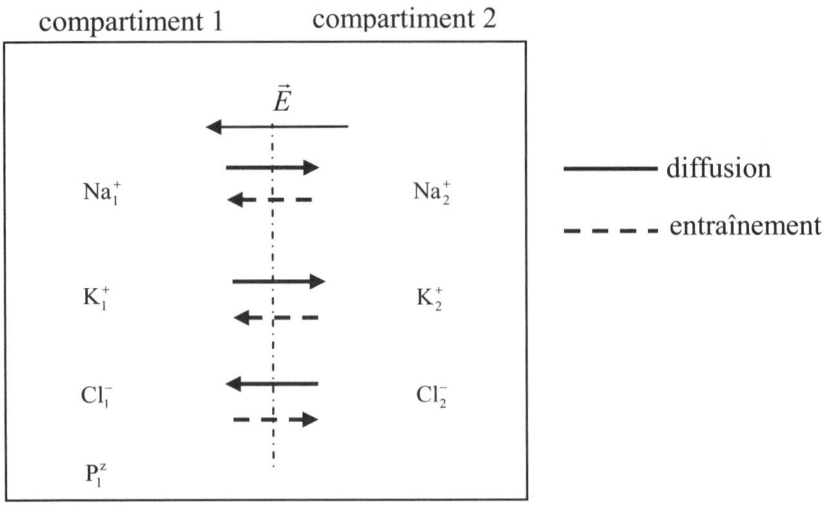

3. - Electroneutralité

nombre de charges positives = nombre de charges négatives pour chaque compartiment donc :

$$\left[K^+\right]_1 + \left[Na^+\right]_1 = z\left[P^{z-}\right]_1 + \left[Cl^-\right]_1$$

$$\left[K^+\right]_2 + \left[Na^+\right]_2 = \left[Cl^-\right]_2$$

- Conservation du nombre de particules

Comme les volumes des deux compartiments ne changent pas, cela revient à dire que toute variation de concentration d'un soluté i dans un compartiment entraîne une variation égale et opposée dans l'autre compartiment, ce qui se résume en écrivant :

ions	Concentration dans 1	Concentration dans 2)
P^{10-}	C_0	
Na^+	$zC_0 - a_3$	a_3
K^+	$C + a_1$	$C - a_1$
Cl^-	$C - a_2$	$C + a_2$

Avec ces variables, l'électroneutralité se traduit par :

$$C + a_1 + (zC_0 - a_3) = (zC_0) + (C - a_2)$$

$$(C - a_1) + a_3 = (C + a_2).$$

Ces 2 équations sont identiques et se simplifient : $a_3 = a_1 + a_2$.

- Equilibre thermodynamique pour chacun des ions diffusibles

Le flux total est nul à l'équilibre pour chaque ion donc $j_i = j_i^D + j_i^E = 0$.

On sait que cela revient à écrire pour chaque ion la relation de Nernst-Planck :

$V_1 - V_2 = -\dfrac{kT}{z_i e}\ln\left(\dfrac{[i]_1}{[i]_2}\right)$ avec $V_1 - V_2$ la différence de potentiel à l'équilibre thermodynamique.

ici : $$V_1 - V_2 = -\frac{kT}{e}\ln\left(\frac{\left[K^+\right]_1}{\left[K^+\right]_2}\right) = -\frac{kT}{e}\ln\left(\frac{\left[Na^+\right]_1}{\left[Na^+\right]_2}\right) = \frac{kT}{e}\ln\left(\frac{\left[Cl^-\right]_1}{\left[Cl^-\right]_2}\right).$$

Donc $$\frac{[K^+]_1}{[K^+]_2}=\frac{[Na^+]_1}{[Na^+]_2}=\frac{[Cl^-]_2}{[Cl^-]_1},$$

Soit $$\frac{C+a_1}{C-a_1}=\frac{zC_0-a_3}{a_3}=\frac{C+a_2}{C-a_2}.$$

Les deux égalités précédentes sont les équations d'équilibre de Donnan.

4. De l'électroneutralité et des équations d'équilibre de Donnan, on déduit le système :

$$\begin{cases} a_3=a_1+a_2 \\ a_3(C+a_1)-(C-a_1)(zC_0-a_3)=0 \\ (C+a_1)(C-a_2)=(C-a_1)(C+a_2) \end{cases} \Rightarrow \begin{cases} a_3=a_1+a_2 \\ 2Ca_3+zC_0a_1=zCC_0 \\ a_1=a_2 \end{cases}$$

$$\Rightarrow \begin{cases} a_3=2a_1 \\ \left(4C+zC_0\right)a_1=zCC_0 \\ a_1=a_2 \end{cases}$$

soit $$a_1=a_2=\frac{a_3}{2}=\frac{zCC_0}{4C+zC_0}.$$

Numériquement :

$$a_1=a_2=\frac{a_3}{2}=\frac{16\times 0{,}15\times 0{,}01}{4\times 0{,}15+16\times 0{,}01}=\frac{0{,}6}{0{,}19}10^{-2}\simeq 32\,\text{mmol.L}^{-1}.$$

A l'équilibre thermodynamique, les concentrations des ions perméants dans les compartiments 1 et 2 sont donc :

ions	Concentration dans 1 (en mmol.L^{-1})	Concentration dans 2 (en mmol.L^{-1})
P^{10-}	$C_0=0{,}01\ \text{mol.L}^{-1}$	
Na^+	$z\times C_0-a_3=16.10-64=96\ \text{mmol.L}^{-1}$	$a_3=64\ \text{mmol.L}^{-1}$
K^+	$C+a_1=150+32=182\ \text{mmol.L}^{-1}$	$C-a_1=150-32=118\ \text{mmol.L}^{-1}$
Cl^-	$C-a_2=118\ \text{mol.L}^{-1}$	$C+a_2=182\ \text{mol.L}^{-1}$

5. On peut prendre par exemple : $V_1-V_2=-\frac{kT}{e}\ln\left(\frac{[K^+]_1}{[K^+]_2}\right)$ pour calculer V_1-V_2.

$$V_1-V_2=-\frac{1{,}38\times 10^{-23}\times 300}{1{,}6\times 10^{-19}}\ln\left(\frac{182}{118}\right)\simeq -10{,}5.10^{-3}\ \text{V}$$

Problème 13

1. Les particules sont mises en mouvement sous l'effet du champ, et par effet du gradient de concentration. La densité de flux totale est donc la somme de la densité

de flux d'entrainement $j^p_{i_E}$ et de la densité de flux de diffusion $j^p_{i_D}$ avec, en régime permanent :

• 1re loi de Fick : $j^p_{i_D} = - D_i \dfrac{dC_i}{dx}$.

• $j^p_{i_E} = C_i v_i = C_i \,\omega_i \, q_i \, E$.

D'où : $$j^p_{i_{tot}} = j^p_{i_D} + j^p_{i_E} = - D_i \frac{dC_i}{dx} + C_i \,\omega_i \, q_i \, E .$$

En introduisant la relation d'Einstein $D_i = \omega_i \, k T$:

$$j^p_i = j^p_{i_{tot}} = - \omega_i \, k T \frac{dC_i}{dx} + C_i \,\omega_i \, q_i \, E .$$

2. La relation entre le champ et le potentiel est de la forme :

$$\vec{E} = - \overrightarrow{grad} V \quad \Rightarrow E = - \frac{dV}{dx} .$$

En intégrant sur toute l'épaisseur de la membrane avec E uniforme :

$$\int_1^2 dV = - \int_1^2 E \, dx = - E \int_1^2 dx .$$

On a donc :

$$V_2 - V_1 = - E L ,$$

d'où $$E = - \frac{\Delta V}{L} .$$

On en déduit :

$$j^p_i = j^p_{i_{tot}} = - \omega_i \, k T \frac{dC_i}{dx} - C_i \,\omega_i \, q_i \frac{\Delta V}{L} .$$

3. A l'état stationnaire, la concentration ne dépend pas du temps : $\partial C_i / \partial t = 0$.

Compte tenu de l'équation de conservation : $\dfrac{\partial C_i}{\partial t} = - \dfrac{\partial j_i}{\partial x} = 0$, la densité de flux est donc constante avec $j^p_i = j^p_{i_{tot}}$. Il faut donc résoudre :

$$- \omega_i \, k T \frac{dC_i}{dx} - C_i \,\omega_i \, q_i \frac{\Delta V}{L} = j^p_i .$$

La solution générale de cette équation différentielle du premier ordre est donnée par la somme de la solution générale de l'équation sans second membre associée et d'une solution particulière de l'équation complète :

• Equation sans second membre : $- \omega_i \, k T \dfrac{dC_{i_H}}{dx} - C_{i_H} \,\omega_i \, q_i \dfrac{\Delta V}{L} = 0$.

$$\frac{dC_{i_H}}{dx} = - C_{i_H} \, q_i \frac{\Delta V}{L kT} \Rightarrow \frac{dC_{i_H}}{C_{i_H}} = - q_i \frac{\Delta V}{L kT} dx .$$

Par intégration : $C_{i_H}(x) = A \, e^{-\frac{q_i \, \Delta V}{L \, kT} x}$ avec A une constante.

• Solution particulière de l'équation complète :

On la cherche sous la forme d'une constante $\left(\text{pour } \dfrac{dC_i}{dx} = 0\right)$, ce qui donne :

$$C_{i_p} = -j_i^p \frac{L}{\omega_i \, q_i \, \Delta V}.$$

• La solution de l'équation est donc : $C_i(x) = C_{i_H}(x) + C_{i_p}$, soit :

$$C_i(x) = A\, e^{-\frac{q_i \Delta V}{L\, kT} x} - j_i^p \frac{L}{\omega_i \, q_i \, \Delta V} \quad \text{avec A une constante.}$$

Sachant que pour x = 0, $C_i(0) = C_1^i$ on détermine la constante d'intégration A :

$$C_1^i = A - \left(\frac{j_i^p L}{\omega_i \, q_i \, \Delta V}\right) \Rightarrow A = C_1^i + \left(\frac{j_i^p L}{\omega_i \, q_i \, \Delta V}\right).$$

D'où $$C_i(x) = C_1^i\, e^{-\frac{q_i \Delta V}{L\, kT} x} - j_i^p \frac{L}{\omega_i \, q_i \, \Delta V}\left[1 - e^{-\frac{q_i \Delta V}{L\, kT} x}\right].$$

Pour $x = L$, $C_i(L) = C_2^i$, donc :

$$C_2^i = C_1^i\, e^{-\frac{q_i \Delta V}{kT}} - j_i^p \frac{L}{\omega_i \, q_i \, \Delta V}\left[1 - e^{-\frac{q_i \Delta V}{L\, kT} L}\right].$$

On en déduit l'expression de j_i^p :

$$j_i^p = -\frac{C_2^i - C_1^i\, e^{-\frac{q_i \Delta V}{kT}}}{1 - e^{-\frac{q_i \Delta V}{kT}}} \, \frac{\omega_i \, q_i \, \Delta V}{L}.$$

4. A l'équilibre thermodynamique, $j_i^p = 0$, on a donc :

$$C_2^i - C_1^i\, e^{-\frac{q_i \Delta V}{kT}} = 0 \Rightarrow \frac{C_2^i}{C_1^i} = e^{-\frac{q_i \Delta V}{kT}}.$$

Soit :

$$\Delta V = V_2 - V_1 = -\frac{kT}{q_i} \ln \frac{C_2^i}{C_1^i} \quad \text{avec } e^{-\frac{q_i \Delta V}{kT}} \text{ le facteur de Boltzmann.}$$

5. La densité de courant électrique a pour expression : $j^{p^{el}} = q\, j^p$.

Soit, pour chaque type d'ion i : $j_i^{p^{el}} = q_i \, j_i^p$ avec $q_i = +e$ pour Na^+ et K^+ et $q_i = -e$ pour Cl^-.

On obtient donc :

$$j_{Na}^{p^{el}} = -\frac{C_2^{Na} - C_1^{Na}\, e^{-\frac{e \Delta V}{kT}}}{1 - e^{-\frac{e \Delta V}{kT}}} \, \omega_{Na} \frac{e^2 \, \Delta V}{L}$$

$$j_K^{p^{el}} = -\frac{C_2^K - C_1^K e^{-\frac{e\,\Delta V}{kT}}}{1 - e^{-\frac{e\,\Delta V}{kT}}}\,\omega_K\,\frac{e^2\,\Delta V}{L}$$

$$j_{Cl}^{p^{el}} = -\frac{C_2^{Cl} - C_1^{Cl} e^{\frac{e\,\Delta V}{kT}}}{1 - e^{\frac{e\,\Delta V}{kT}}}\,\omega_{Cl}\,\frac{e^2\,\Delta V}{L}$$

$$= -\frac{C_2^{Cl} e^{-\frac{e\,\Delta V}{kT}} - C_1^{Cl}}{e^{-\frac{e\,\Delta V}{kT}} - 1}\,\omega_{Cl}\,\frac{e^2\,\Delta V}{L}$$

$$= -\frac{C_1^{Cl} - C_2^{Cl} e^{-\frac{e\,\Delta V}{kT}}}{1 - e^{-\frac{e\,\Delta V}{kT}}}\,\omega_{Cl}\,\frac{e^2\,\Delta V}{L}.$$

La densité de courant électrique totale : $j_{tot}^{p^{el}} = j_{Na}^{p^{el}} + j_K^{p^{el}} + j_{Cl}^{p^{el}}$.

$$j_{tot}^{p^{el}} = \frac{\frac{e^2\,\Delta V}{L}}{e^{-\frac{e\,\Delta V}{kT}} - 1}\left[\left(\omega_{Na}\,C_2^{Na} - \omega_{Na}\,C_1^{Na}\,e^{-\frac{e\,\Delta V}{kT}}\right) + \left(\omega_K\,C_2^K - \omega_K\,C_1^K\,e^{-\frac{e\,\Delta V}{kT}}\right) + \left(\omega_{Cl}\,C_1^{Cl} - \omega_{Cl}\,C_2^{Cl}\,e^{-\frac{e\,\Delta V}{kT}}\right)\right].$$

6. La charge totale se conserve, donc $j_{tot}^{p^{el}} = 0$.

Cela signifie que :

$$\left(\omega_{Na}\,C_2^{Na} - \omega_{Na}\,C_1^{Na}\,e^{-\frac{e\,\Delta V}{kT}}\right) + \left(\omega_K\,C_2^K - \omega_K\,C_1^K\,e^{-\frac{e\,\Delta V}{kT}}\right) + \left(\omega_{Cl}\,C_1^{Cl} - \omega_{Cl}\,C_2^{Cl}\,e^{-\frac{e\,\Delta V}{kT}}\right) = 0.$$

Soit $$\frac{\omega_{Na}\,C_2^{Na} + \omega_K\,C_2^K + \omega_{Cl}\,C_1^{Cl}}{\omega_{Na}\,C_1^{Na} + \omega_K\,C_1^K + \omega_{Cl}\,C_2^{Cl}} = e^{-\frac{e\,\Delta V}{kT}}.$$

On en déduit :

$$\Delta V = V_2 - V_1 = -\frac{kT}{e}\ln\left(\frac{\omega_{Na}\, C_2^{Na} + \omega_K\, C_2^K + \omega_{Cl}\, C_1^{Cl}}{\omega_{Na}\, C_1^{Na} + \omega_K\, C_1^K + \omega_{Cl}\, C_2^{Cl}}\right)$$

il s'agit de l'équation de *Goldman*.

7. L'expression de j_i^p trouvée à la question 3 est celle de la densité de flux dans un canal.

Le flux dans un canal s'écrit : $J_i^p = s_i\, j_i^p$.

La densité de flux pour toute la membrane est donnée par : $j_i = n_i J_i^p = n_i s_i\, j_i^p$.

Donc $$j_i = \frac{n_i\, s_i\, \omega_i\, q_i\, \Delta V}{L}\; \frac{C_2^i - C_1^i\, e^{-\frac{q_i\,\Delta V}{kT}}}{e^{-\frac{q_i\,\Delta V}{kT}} - 1}.$$

Or $$P_{di} = \frac{n_i\, s_i\, D_i}{L} = \frac{n_i\, s_i\, \omega_i\, kT}{L},$$

donc $$\frac{n_i\, s_i\, \omega_i\, q_i\, \Delta V}{L} = \frac{P_{di}\, q_i\, \Delta V}{kT},$$

d'où $$j_i = \frac{P_{di}\, q_i\, \Delta V}{kT}\; \frac{C_2^i - C_1^i\, e^{-\frac{q_i\,\Delta V}{kT}}}{e^{-\frac{q_i\,\Delta V}{kT}} - 1}.$$

8. La densité de courant électrique s'écrit : $j_i^{el} = q_i\, j_i$. Donc :

$$j_{tot}^{el} = e(j_{Na} + j_K - j_{Cl}),$$

avec $$j_{Na} = \frac{P_{dNa}\, e^2\, \Delta V}{kT}\; \frac{C_2^{Na} - C_1^{Na}\, e^{-\frac{e\,\Delta V}{kT}}}{e^{-\frac{e\,\Delta V}{kT}} - 1},$$

$$j_K = \frac{P_{dK}\, e^2\, \Delta V}{kT}\; \frac{C_2^K - C_1^K\, e^{-\frac{e\,\Delta V}{kT}}}{e^{-\frac{e\,\Delta V}{kT}} - 1},$$

$$j_{Cl} = \frac{P_{dCl}\, e^2\, \Delta V}{kT}\; \frac{C_2^{Cl} - C_1^{Cl}\, e^{\frac{e\,\Delta V}{kT}}}{e^{\frac{e\,\Delta V}{kT}} - 1}$$

$$= \frac{P_{dCl}\, e^2\, \Delta V}{kT}\; \frac{C_1^{Cl} - C_2^{Cl}\, e^{-\frac{e\,\Delta V}{kT}}}{e^{-\frac{e\,\Delta V}{kT}} - 1}.$$

On en déduit :

$$j_{tot}^{el} = \frac{\frac{e^2\,\Delta V}{kT}}{e^{-\frac{e\,\Delta V}{kT}}-1}\left(P_{dNa}C_2^{Na} - P_{dNa}C_1^{Na}\,e^{-\frac{e\,\Delta V}{kT}} + P_{dK}C_2^{K}\right.$$

$$\left.-P_{dK}C_1^{K}\,e^{-\frac{e\,\Delta V}{kT}} + P_{dCl}C_1^{Cl} - P_{dCl}C_2^{Cl}\,e^{-\frac{e\,\Delta V}{kT}}\right).$$

Dans le cas de la diffusion libre : $j_{tot}^{el} = 0$, donc :

$$P_{dNa}C_2^{Na} - P_{dNa}C_1^{Na}\,e^{-\frac{e\,\Delta V}{kT}} + P_{dK}C_2^{K}$$

$$-P_{dK}C_1^{K}\,e^{-\frac{e\,\Delta V}{kT}} + P_{dCl}C_1^{Cl} - P_{dCl}C_2^{Cl}\,e^{-\frac{e\,\Delta V}{kT}} = 0.$$

Soit : $$\frac{P_{dNa}C_2^{Na} + P_{dK}C_2^{K} + P_{dCl}C_1^{Cl}}{P_{dNa}C_1^{Na} + P_{dK}C_1^{K} + P_{dCl}C_2^{Cl}} = e^{-\frac{e\,\Delta V}{kT}}.$$

Finalement :

$$\Delta V = -\frac{kT}{e}\ln\left(\frac{P_{dNa}C_2^{Na} + P_{dK}C_2^{K} + P_{dCl}C_1^{Cl}}{P_{dNa}C_1^{Na} + P_{dK}C_1^{K} + P_{dCl}C_2^{Cl}}\right).$$

Il s'agit de l'expression obtenue par *Hodgkin et Katz* dans laquelle ΔV est la différence de potentiel expérimentale et les perméabilités sont des quantités ajustables.

Problème 14

1.

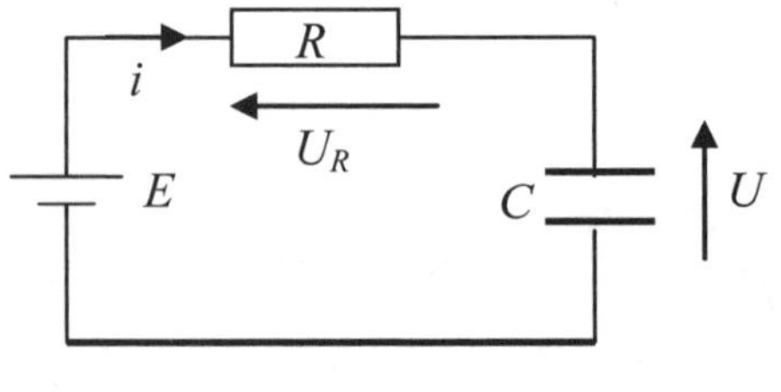

Loi des mailles :

$$E = U_R + U = Ri + U = R\frac{dq}{dt} + \frac{q}{C}.$$

Soit : $$\frac{dq}{dt} + \frac{q}{RC} = \frac{E}{R}.$$

2. Résolution de l'équation différentielle : la solution générale de cette équation différentielle est la somme de la solution générale de l'équation sans second membre et d'une solution particulière de l'équation complète.

- L'équation sans second membre est : $\frac{dq_H}{dt} + \frac{q_H}{RC} = 0$.

Elle a pour solution générale : $q_H = Ae^{-\frac{t}{RC}} = Ae^{-\frac{t}{\tau}}$ *avec* $\tau = RC$.

- Solution particulière de l'équation complète : $\frac{dq}{dt} + \frac{q}{RC} = \frac{E}{R}$.

On la cherche constante (spécificité du 2nd membre) $\Rightarrow$ solution particulière : $q_P = EC$.

- Solution générale de l'équation complète : $q = q_H + q_P = Ae^{-\frac{t}{RC}} + EC$.

Si on suppose que le condensateur est déchargé à $t = 0$, $q(t=0) = 0 \Rightarrow A = -EC$. D'où :

$$q(t) = CE\left(1 - e^{-\frac{t}{RC}}\right).$$

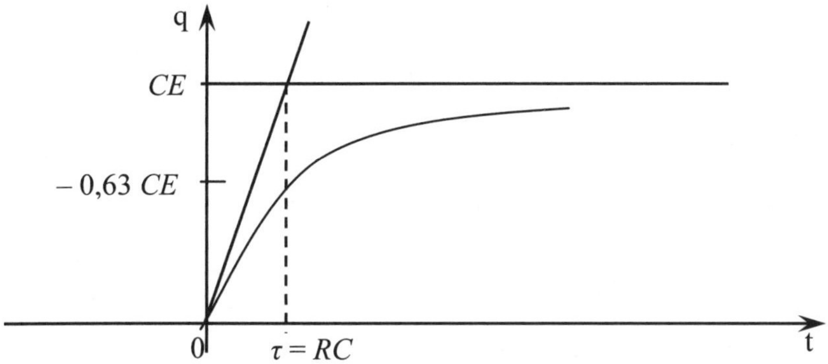

La constante de temps τ peut être déterminée de deux manières :

- la tangente à la courbe à $t = 0$, dont la pente est : $\left.\frac{dq}{dt}\right|_{t=0} = \frac{E}{R}$. Celle-ci coupe l'asymptote $q(t) = CE$ à $t = \tau = RC$.

- $T = \tau,\ q(t) = CE(1 - e^{-1}) \approx 0{,}63 \times CE$.

Intensité du courant :

$$i(t) = \frac{dq}{dt} = \frac{E}{R} e^{-\frac{t}{RC}}.$$

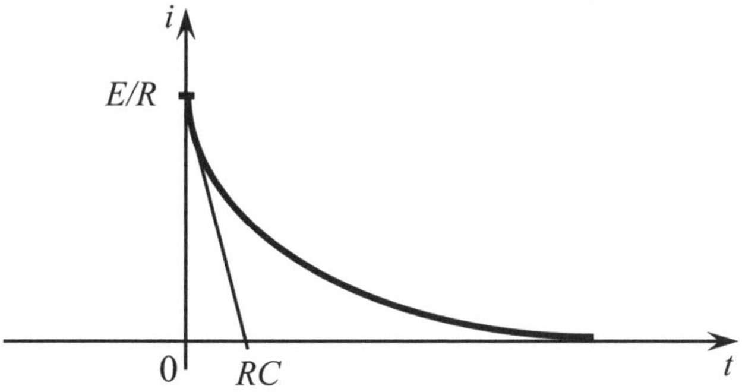

3. $U(t) = \frac{q(t)}{C} = E(1 - e^{-\frac{t}{RC}}) \Rightarrow U(t_m) = \frac{E}{m} = E(1 - e^{-\frac{t_m}{RC}})$. Soit :

$$t_m = RC \ln\left(\frac{m}{m-1}\right).$$

$m > 1$, donc pour $m = 2$:

$$t_m = 10^6 \times 10^{-5} \times \ln\left(\frac{2}{2-1}\right) = 6{,}9\ s.$$

4. Démonstration par récurrence :

$$0 \leq t \leq t_m \qquad \text{U(t)=E}\left(1 - \exp(-\frac{t}{\tau})\right)$$

$$t_m \leq t \leq 2t_m \qquad \text{U(t)=E}\left(1 - \exp(-\frac{t - t_m}{\tau})\right)$$

$$2t_m \leq t \leq 3t_m \qquad \text{U(t)=E}\left(1 - \exp(-\frac{t - 2t_m}{\tau})\right)$$

$$nt_m \leq t \leq (n+1)t_m \qquad \text{U(t)=E}\left(1 - \exp(-\frac{t - nt_m}{\tau})\right).$$

La période du phénomène est :

$$T_m = t_m = RC\ln\left(\frac{m}{m-1}\right) = -RC\ln(1 - \frac{1}{m}).$$

$$T_m = -RC\ln(1 - \frac{U_m}{E}) = RC\ln(\frac{E}{E - U_m}).$$

Energie dépensée dans chaque étincelle :

$$E = \frac{1}{2}CU^2(T) = \frac{1}{2}C\frac{E^2}{m^2}.$$

5.

5.1. T doit être égale à la période des battements cardiaques. $f = \frac{1}{T} = \frac{70}{60}$ Hz, soit $T = 0{,}86$ s.

5.2. $U_m = 0{,}75.E \Rightarrow m = \frac{4}{3}$.D'où :

$$T = t_m = -RC\ln(1 - \frac{1}{m}) = -RC\ln(1 - \frac{3}{4}) = RC\ln 4 = 2RC\ln 2.$$

Soit : $\quad R = \dfrac{T}{2C\ln 2}$

Numériquement, avec $C = 2.10^{-6}$ F, $T = 0{,}86$ s,

$$R = \frac{0{,}86}{2 \times 2 \times 10^{-6} \times 0{,}69} = 3.10^5\ \Omega.$$

Problème 15

A. Résistance de la membrane

1. La distribution de charges possède la symétrie cylindrique, donc le champ $\vec{E}(M)$ est porté par OM (O projection du point M sur l'axe des deux cylindres coaxiaux - voir schéma ci-dessous). $\vec{E}(M)$ est donc radial. La surface interne de la membrane porte $Q < 0$ (la surface externe porte donc $-Q$). $\vec{E}(M)$ étant dans le sens des potentiels décroissants, il est dirigé vers la surface interne de la

membrane. Le module de $\vec{E}$ ne dépend que de la distance à l'axe du cylindre, donc il est constant sur un cylindre de rayon $r = OM$ et de longueur D.

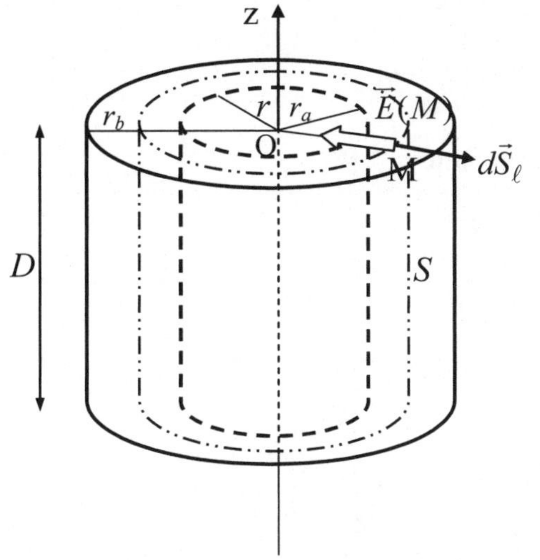

On choisit comme surface de Gauss S un cylindre fermé d'axe Oz, de rayon $r = OM$ et de hauteur D.

Compte tenu de ce qui précède, le flux de $\vec{E}(M)$ à travers S est nul sur les disques de rayon r ($\vec{E}$ étant perpendiculaire aux vecteurs surfaces élémentaires) et vaut sur la surface latérale S_ℓ du cylindre :

$$\Phi = \int_{S_\ell} \vec{E} \cdot d\vec{S}_\ell = \int_{S_\ell} E_r \cdot dS_\ell = E_r \int_{S_\ell} dS_\ell = E_r \, 2\pi r D,$$

où E_r est la composante de $\vec{E}$ suivant l'axe porté par $\overrightarrow{OM}$, celle-ci est constante sur S_ℓ, et $d\vec{S}_\ell$ le vecteur surface élémentaire à S_ℓ au point M (orienté vers l'extérieur de S).

En constatant que la charge à l'intérieur de S est Q et en négligeant les effets diélectriques, le théorème de Gauss s'écrit :

$$\Phi = \frac{Q}{\varepsilon_0} \Leftrightarrow E_r \, 2\pi r D = \frac{Q}{\varepsilon_0}.$$

Soit :

$$E_r = E(r) = \frac{Q}{2\pi r D \varepsilon_0} \quad \text{et} \quad \vec{E}(M) = E(r)\frac{\vec{r}}{r} = \frac{Q}{2\pi D \varepsilon_0 r^2}\vec{r},$$

avec $\vec{r} = \overrightarrow{OM}$.

2. On a : $\vec{E} = -\overrightarrow{grad}\, V = -\dfrac{dV}{dr}\overrightarrow{u_r}$.

En intégrant sur l'épaisseur de la membrane :

$$\int_{V_a}^{V_b} dV = -\int_{r_a}^{r_b} E(r)\, dr.$$

Soit : $$\Delta V = V_a - V_b = \frac{Q}{2\pi D \varepsilon_0} \ln\left(\frac{r_b}{r_a}\right).$$

3. Le courant total qui traverse le cylindre de rayon r et de longueur D vaut :

$$I = j\,S = \frac{Q}{\rho\, 2\pi r D \varepsilon_0} 2\pi r D \Leftrightarrow I = \frac{Q}{\rho\, \varepsilon_0}.$$

4. $R_m = \dfrac{\Delta V}{I} = \dfrac{\rho}{2\pi D} \ln\left(\dfrac{r_b}{r_a}\right).$

B. Capacité de la membrane

5. $Q = C\,\Delta V \Leftrightarrow C = \dfrac{2\pi D \varepsilon_0}{\ln\left(\dfrac{r_b}{r_a}\right)}.$

6.

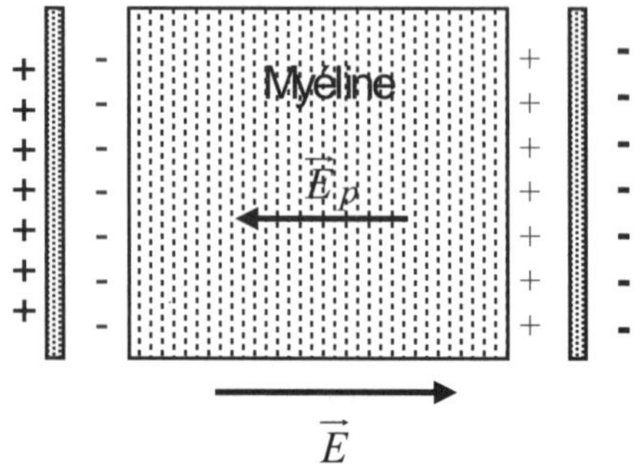

7. $\vec{E}_p = -\chi\, \vec{E}_t$ et $\vec{E}_t = \vec{E} + \vec{E}_p = \vec{E} - \chi\, \vec{E}_t$, donc :

$$\vec{E}_t = \frac{\vec{E}}{1+\chi} = \frac{\vec{E}}{\kappa} \text{ avec } \kappa = 1 + \chi.$$

8. On a la relation : $Q = C_m \Delta V'$ où $\Delta V'$ se calcule à partir de la relation : $\vec{E}_t = -\overrightarrow{grad}\, V' = -\dfrac{dV'}{dr}\vec{u}_r$.

Comme $\vec{E}_t = \dfrac{\vec{E}}{\kappa}$, on obtient $\Delta V' = \dfrac{\Delta V}{\kappa}$ et par conséquent :

$$C_m = \kappa\, C.$$

9. a) $C(\kappa_{eq}) = \kappa_{eq} \dfrac{2\pi D \varepsilon_0}{\ln\left(\dfrac{r_b}{r_a}\right)} = \kappa_{eq} \dfrac{2\pi D \varepsilon_0}{\ln\left(\dfrac{r_a + \ell}{r_a}\right)} = \kappa_{eq} \dfrac{2\pi D \varepsilon_0}{\ln\left(1 + \dfrac{\ell}{r_a}\right)}.$

Dans le cas où $\dfrac{\ell}{r_a} << 1$, :

$$C(\kappa_{eq}) \simeq \kappa_{eq} \frac{2\pi D \varepsilon_0}{\dfrac{\ell}{r_a}} \Rightarrow C(\kappa_{eq}) \simeq \kappa_{eq} \frac{2\pi r_a D \varepsilon_0}{\ell}.$$

Soit : $\qquad C(\kappa_{eq}) \simeq \kappa_{eq} \dfrac{S\,\varepsilon_0}{\ell}.$

b) La capacité d'une couche de myéline (schéma (a) ci-dessous) est égale à la capacité du condensateur constitué des couches de différentes valeurs de κ (schéma (b)). Cette capacité reste inchangée si comme en (c) on regroupe les milieux de même valeur de κ.

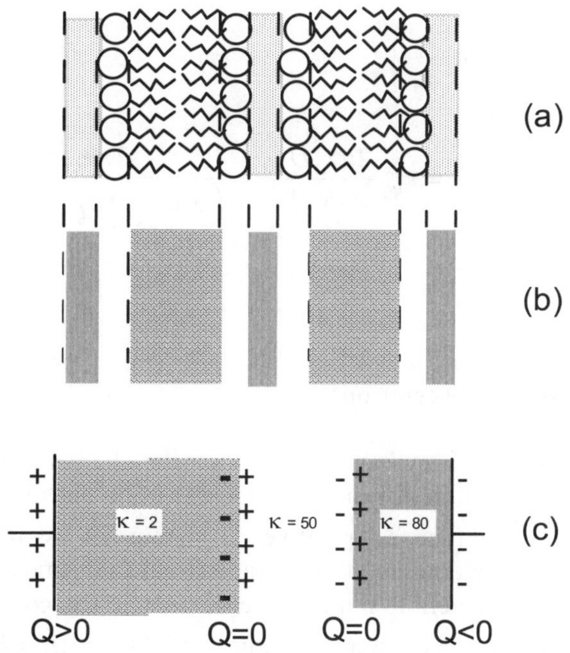

Finalement le principe de superposition permet de remplacer (c) par trois condensateurs branchés en série.

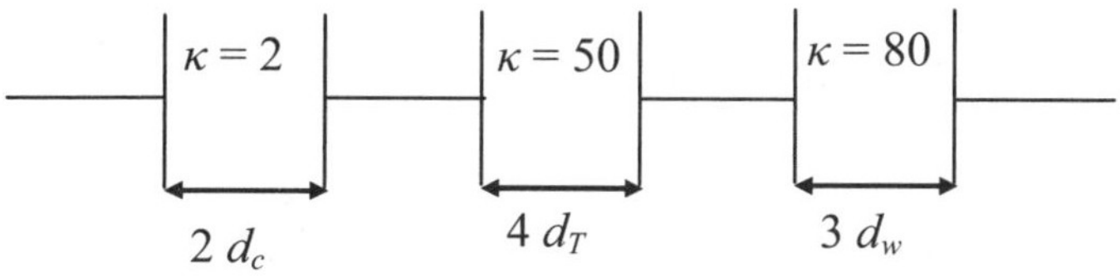

10. Association en série des condensateurs :

$$\frac{1}{C_{couche}} = \frac{1}{C_w} + \frac{1}{C_T} + \frac{1}{C_c}.$$

Soit, dans l'hypothèse du condensateur plan $\left(C\left(\kappa_{eq}\right) \simeq \kappa_{eq} \dfrac{S\,\varepsilon_0}{\ell}\right.$, où S est la surface du condensateur plan) :

$$\frac{\ell'}{\kappa_{eq}} = \frac{3d_w}{\kappa_w} + \frac{4d_T}{\kappa_T} + \frac{2d_c}{\kappa_c} \Rightarrow \kappa_{eq} = \frac{\ell'}{\dfrac{3d_w}{\kappa_w} + \dfrac{4d_T}{\kappa_T} + \dfrac{2d_c}{\kappa_c}}.$$

11.

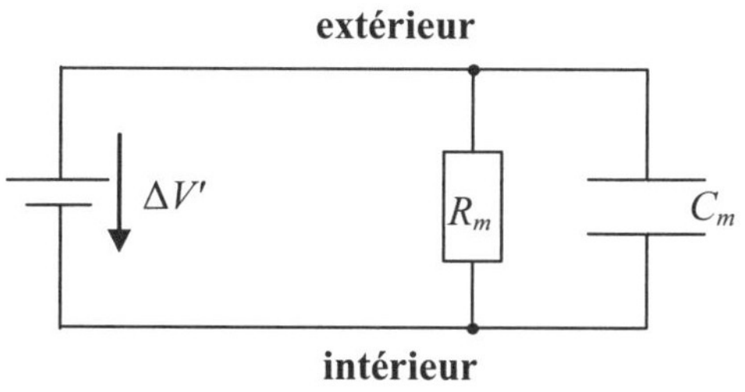

avec :

$$R_m = \frac{\rho}{2\pi D} \ln\left(\frac{r_b}{r_a}\right),$$

et :

$$C_m = \frac{C_{couche}}{N} \simeq \kappa_{eq} \frac{2\pi r_a D \varepsilon_0}{N \ell'} = \frac{2\pi r_a D \varepsilon_0}{\left(\frac{3d_w}{\kappa_w} + \frac{4d_T}{\kappa_T} + \frac{2d_c}{\kappa_c}\right) \times N}.$$

Problème 16

A- Fibres nerveuses : description

1.

1.1. Le champ créé par un cylindre chargé superficiellement, à une distance r de l'axe, est radial (Cf. question A.1 du problème 15). Si la densité de charges σ sur la face interne de la membrane est positive, le champ $\vec{E}$ est dirigé de la surface interne vers la surface externe de la membrane (figure de gauche ci-dessous). Il est dirigé du feuillet externe vers le feuillet interne dans le cas contraire (σ négative – figure de droite ci-dessous). Sur la figure suivante : $\vec{E} = \vec{E}_\sigma + \vec{E}_{-\sigma}$ (somme vectorielle des champs créés par chacune des faces de la membrane).

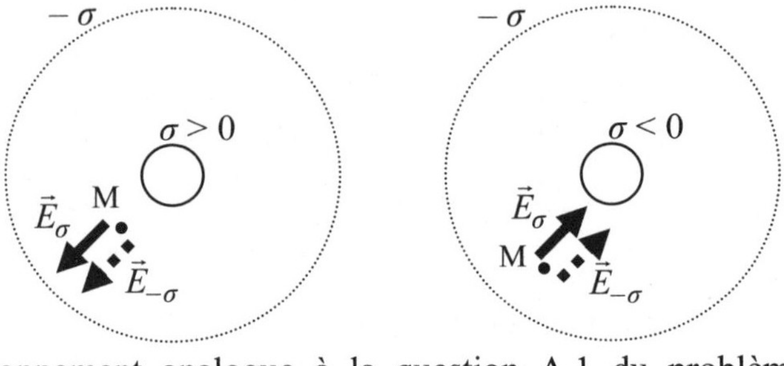

1.2. Par un raisonnement analogue à la question A.1 du problème 15 (même distribution de charges), et pour un axone de rayon externe r_{ext} et d'épaisseur de membrane b, on obtient :

$$\Phi = E_r \, 2\pi r L .$$

Le théorème de Gauss s'écrit : $\Phi = \dfrac{Q_{int}}{\varepsilon_0 \, \varepsilon_r}$. La charge contenue à l'intérieur de la surface de Gauss est celle de la face interne de la membrane, soit :

$$Q_{int} = \int_S \sigma \, dS = \sigma \int_S dS = \sigma \, 2\pi (r_{ext} - b) L$$

(σ est constant).

Soit :

$$E_r \, 2\pi r L = \frac{\sigma \, 2\pi (r_{ext} - b) L}{\varepsilon_0 \, \varepsilon_r}.$$

Finalement :

$$E_r = \frac{\sigma}{\varepsilon_0 \, \varepsilon_r} \frac{r_{ext} - b}{r} \text{ et } \vec{E} = E_r \frac{\vec{r}}{r} = \frac{\sigma}{\varepsilon_0 \, \varepsilon_r} \frac{r_{ext} - b}{r^2} \vec{r},$$

avec $\vec{r} = \overrightarrow{OM}$ où O est la projection du point M sur l'axe de l'axone (Cf. question A.1 du problème 15).

1.3. pour $r_{ext} >> b$, $r_{ext} - b \simeq r_{ext}$ et $r \simeq r_{ext}$, soit :

$$E_r = \frac{\sigma}{\varepsilon_0 \varepsilon_r},$$

on retrouve l'approximation du condensateur plan.

1.4. $\vec{E} = -\overrightarrow{grad}\, V = -\frac{dV}{dr}\overrightarrow{u_r}$. Dans l'approximation du condensateur plan :

$$\int_{V_{int}}^{V_{ext}} dV = -\int_{r_{ext}-b}^{r_{ext}} E_r\, dr = -\frac{\sigma}{\varepsilon_0 \varepsilon_r}\int_{r_{ext}-b}^{r_{ext}} dr.$$

Soit : $$V_{ext} - V_{int} = -\frac{\sigma}{\varepsilon_0\varepsilon_r} b \Leftrightarrow V_{int} - V_{ext} = \frac{\sigma}{\varepsilon_0\varepsilon_r} b.$$

1.5. On a alors : $\sigma = (V_{int} - V_{ext})\frac{\varepsilon_0\varepsilon_r}{b}$.

$\sigma = \frac{Q}{S}$ avec $S = 2\pi\left(r_{ext} - b\right)L \simeq 2\pi r_{ext} L$ (car $b << r_{ext}$), d'où :

$$Q = \sigma.S = (V_{int} - V_{ext})\frac{\varepsilon_0\varepsilon_r}{b} 2\pi\, r_{ext}\, L.$$

1.6. $C = \frac{|Q|}{|\Delta V|} = \frac{\varepsilon_0\varepsilon_r}{b} 2\pi\, r_{ext}\, L \Rightarrow c_m = \frac{C}{S} = \frac{C}{2\pi\, r_{ext}\, L} = \frac{\varepsilon_0\varepsilon_r}{b}$.

Numériquement :

$$\mathrm{c_m} = \frac{8{,}85\times 10^{-12}\times 8}{7\times 10^{-9}} = 10^{-2}\mathrm{F.m^{-2}}.$$

Résultat conforme à celui du tableau.

1.7. $\sigma = \left(V_{int} - V_{ext}\right)\frac{\varepsilon_0\varepsilon_r}{b}$ et $\left(V_{int} - V_{ext}\right) < 0 \Rightarrow \sigma < 0$. De plus :

$$\sigma = \left(V_{int} - V_{ext}\right)\frac{\varepsilon_0\varepsilon_r}{b} = \left(V_{int} - V_{ext}\right) c_m.$$

Numériquement :

$$\sigma = -\,70.10^{-3}.10^{-2} = -\,7.10^{-4}\ \mathrm{C.m^{-2}}.$$

2.

2.1. $\vec{j} = \frac{1}{\rho_m}\vec{E} = \frac{\sigma}{\rho_m \varepsilon_o \varepsilon_r}\overrightarrow{u_r}$ avec σ densité surfacique de charge, négative.

2.2. $I = j.S \Rightarrow I = \frac{2\pi\, r_{ext}\, L\sigma}{\varepsilon_0\varepsilon_r\rho_m}$ ($I < 0$ car $\sigma < 0$).

2.3. $R_m = \frac{V_{int} - V_{ext}}{I}$.

R_m est toujours positif. Ici $(V_{int} - V_{ext}) < 0$ et $I < 0$.

On a donc :

$$R_m = \frac{\sigma b}{\varepsilon_0\varepsilon_r}\,\frac{\varepsilon_0\varepsilon_r\rho_m}{2\pi\, r_{ext}\, L\sigma} = \frac{b\rho_m}{2\pi\, r_{ext}\, L}.$$

2.4. $$R_m = \frac{1{,}6\times 10^{7}\times 7\times 10^{-9}}{2\pi\times 5\times 10^{-6}\times 100\times 10^{-6}} \simeq 3{,}5.10^{7}\ \Omega.$$

2.5. La membrane n'est pas un condensateur parfait, il existe un faible courant qui décharge le condensateur. Ce courant traverse la membrane qui offre une résistance R_m non infinie (résistance de fuite). Cette résistance est soumise à la même différence de potentiel ($V_{int} - V_{ext}$) que le condensateur. Le circuit est donc équivalent à une résistance et un condensateur en parallèle.

2.6. $R_a = \rho_a \cdot \frac{L}{S} = \rho_a \cdot \frac{L}{\pi r_{ext}^2}$ avec $S = \pi(r_{ext} - b)^2 \simeq \pi {r_{ext}}^2$.

2.7. $r_a = \frac{R_a}{L} = \frac{\rho_a}{\pi r_{ext}^2}$.

Numériquement :

$$r_a = \frac{0{,}5}{\pi \cdot (5.10^{-6})^2} \simeq 6{,}4.10^9\,\Omega.\text{m}^{-1}.$$

2.8. Il y a un courant dans le sens longitudinal dans l'axoplasme, plus un courant radial dans la membrane. L'intensité n'est pas conservée dans l'axoplasme, une partie est dérivée dans la membrane (courant de fuite). D'où le montage précédent pour modéliser une portion de l'axone.

2.9. $R_m = R_a$ pour $L = L_c$, d'où :

$$\rho_m \cdot \frac{b}{2\pi r_{ext} L_c} = \rho_a \cdot \frac{L_c}{\pi r_{ext}^2} \Rightarrow L_c = \sqrt{\frac{\rho_m}{\rho_a}\frac{r_{ext} b}{2}}.$$

2.10. $L_c = \sqrt{\frac{1{,}6\times 10^7}{0{,}5} \times \frac{5\times 10^{-6} \times 7\times 10^{-9}}{2}} \simeq \sqrt{56\times 10^{-8}} \simeq 750\ \mu\text{m}$.

2.11. $L_c \propto \sqrt{\rho_m}$, donc $L_c^{'} = L_c \cdot \sqrt{300} \simeq L_c \times 17{,}3 \simeq 13\,mm$.

B- Réponse à un stimulus

1.

1.1. $V_c(t) = \Delta V - R_a\, i(t)$.

1.2. $i(t) = \frac{dq(t)}{dt} = C\,\frac{dV_c(t)}{dt} \Rightarrow V_c + R_a C \frac{dV_c}{dt} = \Delta V \Rightarrow \frac{dV_c}{dt} + \frac{V_c}{R_a C} = \frac{\Delta V}{R_a C}$.

1.3. La résolution donne : $V_c(t) = \Delta V\,(1 - e^{-t/R_a C})$.

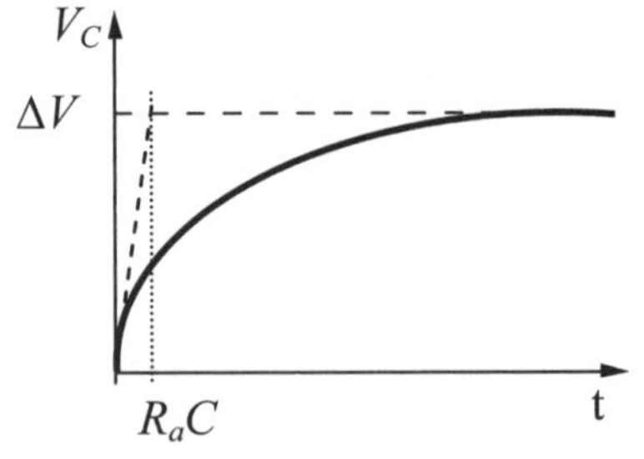

2.

2.1. $V_c = \Delta V - R_a i$ et $i = i_1 + i_2$.

De plus $V_c = R_m i_1 \Rightarrow i_1 = \frac{V_c}{R_m}$ et $i_2 = \frac{dq}{dt} = C\frac{dV_c}{dt}$.

2.2. $V_c = \Delta V - R_a i \Rightarrow V_c = \Delta V - R_a\left(\dfrac{V_c}{R_m} + C\dfrac{dV_c}{dt}\right)$, d'où :

$$\frac{dV_c}{dt} + \left(\frac{R_a + R_m}{R_a R_m C}\right)V_c = \frac{\Delta V}{R_a C}.$$

2.3. A l'équilibre : $\dfrac{dV_c}{dt} = 0 \Rightarrow V_c = \dfrac{R_m}{R_a + R_m}\Delta V$.

2.4. Pour $R_m >> R_a$, l'expression précédente devient :

$$V_c = \frac{R_m}{R_m\left(1 + \dfrac{R_a}{R_m}\right)}\Delta V \simeq \left(1 - \frac{R_a}{R_m}\right)\Delta V.$$

3. Le schéma électrique équivalent de l'axone est le suivant :

axoplasme

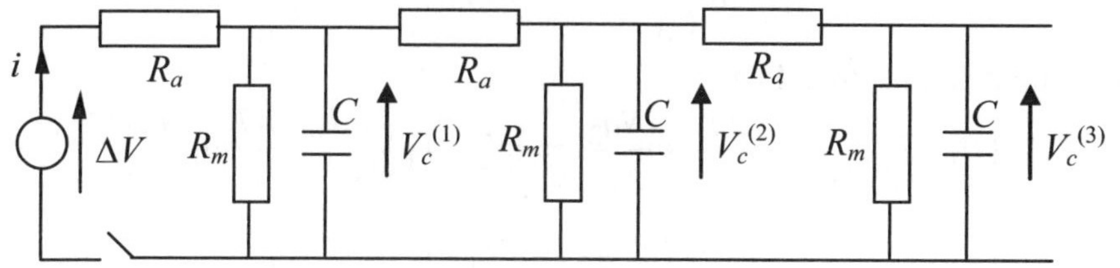

milieu extérieur

Remarque : on pourrait montrer que, pour $R_m >> R_a$, on a :

$$V_c^{(n)} \simeq \frac{1}{1 + \dfrac{n(n+1)}{2}\dfrac{R_a}{R_m}}\Delta V \simeq \left[1 - \frac{n(n+1)}{2}\frac{R_a}{R_m}\right]\Delta V.$$

Vous pouvez le vérifier pour 2 cellules ($n = 2$), et 3 cellules.

Problème 17

Partie I

A Potentiel de Donnan

1. Les deux phénomènes pouvant expliquer le passage des ions à travers la membrane sont :

- la diffusion due aux différences de concentrations de part et d'autre de la membrane
- l'entrainement dû à la force électrique résultant de la d.d.p. dans la membrane.

2. En régime permanent, la densité de flux total dans un canal s'écrit donc :

$$j_i(x) = -D_i\frac{dC_i}{dx} + C_i v_i.$$

3. En introduisant ω_i :

$$j_i(x) = -\omega_i kT\frac{dC_i}{dx} + C_i q_i \omega_i E.$$

De plus, on sait que $E = -\dfrac{dV}{dx}$, d'où :

$$j_i(x) = -\omega_i kT\frac{dC_i}{dx} - C_i q_i \omega_i \frac{dV}{dx} = -\omega_i\left(kT\frac{dC_i}{dx} + C_i q_i \frac{dV}{dx}\right).$$

4. A l'équilibre $j_i(x) = 0$.
5. D'après les 2 questions précédentes, à l'équilibre :

$$kT\frac{dC_i}{dx} + C_i q_i \frac{dV}{dx} = 0$$

$$\frac{dV}{dx} = -\frac{kT}{q_i}\frac{1}{C_i}\frac{dC_i}{dx}.$$

En intégrant cette équation sur l'épaisseur de la membrane, on obtient :

$$\int_1^2 dV = -\frac{kT}{q_i}\int_1^2 \frac{dC_i}{C_i}.$$

Soit l'expression de la d.d.p. d'équilibre de Nernst pour l'ion i :

$$(V_2 - V_1)_i = -\frac{kT}{q_i} ln\frac{C_{i2}}{C_{i1}}.$$

Pour chacun des ions on a donc:

$$(V_2 - V_1)_{Na} = -\frac{kT}{q_{Na}} ln\frac{Na_2}{Na_1} \Leftrightarrow (V_2 - V_1)_{Na} = -\frac{kT}{e} ln\frac{Na_2}{Na_1} \;;$$

$$(V_2 - V_1)_K = -\frac{kT}{q_K} ln\frac{K_2}{K_1} \Leftrightarrow (V_2 - V_1)_K = -\frac{kT}{e} ln\frac{K_2}{K_1} \;;$$

$$(V_2 - V_1)_{Cl} = -\frac{kT}{q_{Cl}} ln\frac{Cl_2}{Cl_1} \Leftrightarrow (V_2 - V_1)_{Cl} = +\frac{kT}{e} ln\frac{Cl_2}{Cl_1} = -\frac{kT}{e} ln\frac{Cl_1}{Cl_2}.$$

6. Quand les 3 ions sont à l'équilibre, la différence de potentiel transmembranaire est égale à la d.d.p. d'équilibre de Nernst de chaque ion i :

$$V_2 - V_1 = -\frac{kT}{e} ln\frac{Na_2}{Na_1} = -\frac{kT}{e} ln\frac{K_2}{K_1} = -\frac{kT}{e} ln\frac{Cl_1}{Cl_2}.$$

On en déduit :

$$\frac{Na_2}{Na_1} = \frac{K_2}{K_1} = \frac{Cl_1}{Cl_2}.$$

7. La condition d'électroneutralité dans chaque compartiment s'écrit :
dans le compartiment 1 : $Na_1 + K_1 = Cl_1$
dans le compartiment 2 : $Na_2 + K_2 = Cl_2 + P$.
8. On exprime les concentrations Na_2 et Cl_2 en fonction de K_2.

A partir de la 1ère égalité $\frac{Na_2}{Na_1} = \frac{K_2}{K_1}$ on obtient :

$$Na_2 = K_2\frac{Na_1}{K_1}.$$

A partir de la 2ième égalité $\frac{Cl_2}{Cl_1} = \frac{K_1}{K_2}$ on obtient :

$$Cl_2 = \frac{K_1.Cl_1}{K_2}.$$

En remplaçant Na_2 et Cl_2 dans la relation $Na_2 + K_2 = Cl_2 + P$, on trouve :

$$K_2\left(\frac{Na_1}{K_1}+1\right)=\frac{K_1.Cl_1}{K_2}+P.$$

Soit :

$$K_2^2.\left(\frac{Na_1}{K_1}+1\right)-P.K_2-K_1.Cl_1=0.$$

9. On remplace par les valeurs numériques du tableau et on résout l'équation du $2^{\text{ième}}$ degré :

$$K_2^2\left(\frac{140}{10}+1\right)-125K_2-10\times 150=15K_2^2-125K_2-1500=0.$$

Le discriminant est $\Delta = 125^2 + 4 \times 15 \times 1500 = 105625$, soit $\sqrt{\Delta}=325$.

K_2 est une concentration donc seule la racine positive est possible :

$$K_2=\frac{125+325}{30}=15\ \text{mmol.L}^{-1}.$$

10. Comme $Na_2=K_2\dfrac{Na_1}{K_1}$, on obtient :

$$Na_2=15\times\frac{140}{10}=210\ \text{mmol.L}^{-1}\ .$$

et

$$Cl_2 = Na_2 + K_2 - P = 210 + 15 - 125 = 100\ \text{mmol.L}^{-1}.$$

11. La valeur numérique du potentiel de Donnan est :

$$\Delta V_D=V_2-V_1=\frac{kT}{e}ln\frac{Cl_2}{Cl_1}=24{,}5\times ln\frac{100}{150}=-9{,}9\ \text{mV}.$$

B Charge membranaire

12. Comme $E=\dfrac{|\Delta V_D|}{d}=\dfrac{\sigma}{\varepsilon_0\varepsilon_r}$ on obtient :

$$\sigma=\frac{\varepsilon_0\,\varepsilon_r\,|\Delta V_D|}{d}.$$

13. L'application numérique donne :

$$\sigma=\frac{8{,}8\times 10\times 10^{-12}\times 9{,}9\times 10^{-3}}{8\times 10^{-9}}\simeq 1{,}1.10^{-4}\ \text{C}.$$

14. Comme $\Delta V_D=V_2-V_1$ est négative, alors V_2 est inférieur à V_1 et, la charge portée par la surface S de la membrane du côté du compartiment 1 (surface externe de la membrane), est positive. Elle vaut :

$$Q_M=\sigma\cdot S\simeq 1{,}1\times 10^{-4}\times\left(10^{-3}\right)^2=1{,}1.10^{-10}\ \text{C}.$$

15. La charge positive contenue dans le compartiment 1, de volume V, est :

$$Q_M=C\cdot V=150\times\left(10^{-3}\right)^3=1{,}5.10^{-7}\ \text{C}.$$

Donc le rapport $Q_M/Q\simeq 7{,}3.10^{-3}$ montre que l'on peut considérer que la charge dans les compartiments reste constante.

Partie II

1. D'après la relation d'électroneutralité dans le compartiment 2 :

$$Cl_2 = Na_2 + K_2 - P,$$

et comme K et Cl sont à l'équilibre thermodynamique :

$$Cl_2 = \frac{K_1.Cl_1}{K_2},$$

On obtient :

$$\frac{K_1.Cl_1}{K_2} = K_2 + Na_2 - P.$$

Soit :

$$K_2^2 - (P - Na_2).K_2 - K_1.Cl_1 = 0.$$

2. On remplace par les valeurs numériques du tableau et on résout l'équation du $2^{\text{ième}}$ degré :

$$K_2^2 - (125 - 12)K_2 - 10 \times 150 = K_2^2 - 113 \times K_2 - 1500 = 0.$$

Le discriminant est $\Delta = 113^2 + 4 \times 1500 = 18769$, soit $\sqrt{\Delta} = 137$.

K_2 est une concentration donc seule la racine positive est possible :

$$K_2 = \frac{113 + 137}{2} = 125 \text{ mmol.L}^{-1}.$$

On en déduit Cl_2 :

$$Cl_2 = Na_2 + K_2 - P = 12 + 125 - 125 = 12 \text{ mmol.L}^{-1}.$$

3. La valeur de la d.d.p. de Nernst des ions K^+, qui est donc égale à la d.d.p. transmembranaire puisque les ions K^+ sont à l'équilibre, est :

$$\Delta V_m = \Delta V_K = (V_2 - V_1)_K = -\frac{kT}{e} ln \frac{K_2}{K_1} = -24{,}5 \times ln \frac{125}{10} = -61{,}9 \text{ mV}.$$

Remarque : les ions chlore sont également à l'équilibre. On vérifie bien que :

$$\Delta V_{Cl} = (V_2 - V_1)_{Cl} = \frac{kT}{e} ln \frac{Cl_2}{Cl_1} = 24{,}5 \times ln \frac{12}{150} = -61{,}9 \text{ mV} = \Delta V_m.$$

La d.d.p. de Nernst des ions Na^+ est :

$$\Delta V_{Na} = (V_2 - V_1)_{Na} = -\frac{kT}{e} ln \frac{Na_2}{Na_1} = -24{,}5 \times ln \frac{12}{140} = 60{,}2 \text{ mV}.$$

$\Delta V_{Na} \neq \Delta V_m$, ce qui confirme bien que les ions Na^+ ne sont pas à l'équilibre.

De plus, d'une part Na_1 = 140 mmol.L^{-1} et Na_2 = 12 mmol.L^{-1}, donc le flux de diffusion des ions Na^+ est de 1 vers 2. D'autre part, $\Delta V_m = V_2 - V_1 < 0$, donc $V_2 < V_1$ et le flux d'entraînement des cations est de 1 vers 2 ($\vec{E}$ et par conséquent le flux d'entraînement de cations est dans le sens des potentiels décroissants). Par conséquent, en l'absence de pompe à sodium, le flux net de Na^+ serait dirigé de l'extérieur (1) vers l'intérieur (2) de la cellule. La pompe à sodium inverse donc ce sens afin de maintenir constantes les concentrations en Na^+ de chaque côté de la membrane.

Corrigés des problèmes complémentaires

Exercice 1

Partie A

1. Champ électrique créé en O (principe de superposition) :

$$\vec{E}(O) = \vec{E}_A(O) + \vec{E}_B(O) + \vec{E}_C(O)$$

$$= k\frac{q}{AO^3}\overrightarrow{AO} + k\frac{q}{BO^3}\overrightarrow{BO} + k\frac{q}{CO^3}\overrightarrow{CO}$$

donc : $\vec{E}(O) = \vec{0}$.

Potentiel $V(O)$:

$$V(O) = V_A(O) + V_B(O) + V_C(O) = k\frac{q}{OA} + k\frac{q}{OB} + k\frac{q}{OC}$$

donc : $V(O) = 3kq$.

2. En calculant $\overrightarrow{AB} = -\frac{\sqrt{3}}{2}\overrightarrow{u_x} + \frac{3}{2}\overrightarrow{u_y}$, $\overrightarrow{CB} = \frac{\sqrt{3}}{2}\overrightarrow{u_x} + \frac{3}{2}\overrightarrow{u_y}$ et $AB = CB = \sqrt{3}$, on obtient :

$$\vec{E}(B) = kq\left(\frac{\overrightarrow{AB}}{AB^3} + \frac{\overrightarrow{CB}}{CB^3}\right) = \frac{kq}{\sqrt{3}}\vec{u}_y.$$

3. $\vec{F}(B) = q_B\,\vec{E}(B)$ soit $\vec{F}(B) = \frac{kq^2}{\sqrt{3}}\overrightarrow{u_y}$.

Partie B

1. En notant D la position de q' :

$$Ep_{q'} = Ep_{q_A\leftrightarrow q'} + Ep_{q_B\leftrightarrow q'} + Ep_{q_C\leftrightarrow q'} = 3k\frac{qq'}{AD}$$

soit $$Ep_{q'} = 3k\frac{qq'}{\sqrt{1+z^2}}.$$

2. q' doit être du signe opposé de q pour que la particule soit soumise à une force attractive. Soit $\overrightarrow{F_{q'}}$ la force électrique exercée par q' sur q_A, q_B et q_C. :

$$\overrightarrow{F_{q'}} = \frac{kqq'}{\left(1+z^2\right)^{3/2}}\left[\overrightarrow{AD} + \overrightarrow{BD} + \overrightarrow{CD}\right].$$

Avec $\overrightarrow{AD} = -\frac{\sqrt{3}}{2}\overrightarrow{u_x} + \frac{1}{2}\overrightarrow{u_y} + z\overrightarrow{u_z}$, $\overrightarrow{BD} = -\overrightarrow{u_y} + z\overrightarrow{u_z}$,

$\overrightarrow{CD} = \frac{\sqrt{3}}{2}\overrightarrow{u_x} + \frac{1}{2}\overrightarrow{u_y} + z\overrightarrow{u_z}$ et $\mathrm{AD} = \mathrm{BD} = \mathrm{CD} = \sqrt{1+z^2}$,

on obtient :

$$\overrightarrow{F_{q'}} = kqq'\frac{3z}{\left(1+z^2\right)^{3/2}}\overrightarrow{u_z}.$$

3. Conservation de l'énergie totale de la particule q' :

$$Ep_{q'}(z=\infty)+Ec_{q'}(z=\infty)=Ep_{q'}(z=0)+Ec_{q'}(z=0).$$

Soit $\quad Ec_{q'}(z=0)=-\,Ep_{q'}(z=0).$

Donc $\quad v_{q'}(z=0)=\sqrt{-6\dfrac{k}{m}q\,q'}$ avec $qq'<0$.

$\overrightarrow{F_{q'}}(z=0)=\vec{0}$ donc $z=0$ est une position d'équilibre.

$\overrightarrow{F_{q'}}$ est une force de rappel (si $z\to 0^+$ alors $\overrightarrow{F_{q'}}$ est dirigé dans le sens opposé à $\overrightarrow{u_z}$, donc vers le point O et si $z\to 0^-$ alors $\overrightarrow{F_{q'}}$ est dirigé suivant $\overrightarrow{u_z}$, donc vers le point O). Donc le point O est une position d'équilibre stable.

Exercice 2

1. $\vec{E}=-\overrightarrow{grad}\,V \Leftrightarrow E_z\vec{u}_z=-\dfrac{dV}{dz}\vec{u}_z$. Soit :

$$\int_{V(0)}^{V(L)} dV=-\int_0^L E_z\cdot dz$$

$$V(L)-V(0)=-E_z\,L.$$

Et par conséquent :

$$\vec{E}=\frac{\Delta U}{L}\overrightarrow{u_z}.$$

2.

2.1. En appliquant la relation fondamentale de la dynamique à une protéine :

$$\vec{P}+\vec{P'}+\vec{F}_{elec}+\vec{F}=m\vec{a}.$$

Soit :

$$m\,\vec{g}-m'\,\vec{g}+Q\,\vec{E}-\alpha\,\vec{v}=m\,\frac{d\vec{v}}{dt}.$$

Avec $m'=\rho'\,V_{protéine}=\rho'\dfrac{m}{\rho}$:

$$m\,\frac{d\vec{v}}{dt}+\alpha\,\vec{v}=m(1-\frac{\rho'}{\rho})\,\vec{g}+Q\,\vec{E}.$$

2.2. Lorsque $\vec{v}_\infty$ est atteinte : $\dfrac{d\vec{v}}{dt}=0$. Soit :

$$\vec{v}_\infty=\frac{m\,\vec{g}}{\alpha}\left(1-\frac{\rho'}{\rho}\right)+\frac{Q\,\vec{E}}{\alpha}.$$

Ainsi :

$$\vec{v}_\infty=-\left[\frac{mg}{\alpha}\left(1-\frac{\rho'}{\rho}\right)-\frac{Q}{\alpha}\frac{\Delta U}{L}\right]\overrightarrow{u_z}$$

2.3. $\overrightarrow{v_\infty}=\vec{0} \Leftrightarrow Q>0$ (avec $\rho'<\rho$).

2.4. On a alors : $\Delta U=\dfrac{mg}{Q}\left(1-\dfrac{\rho'}{\rho}\right)L$.

3. Les protéines vont être entraînées vers le bas sous l'effet de la pesanteur d'où l'existence d'un flux d'entraînement $\vec{j}_E$ dans le sens des z descendants.

La sédimentation des protéines entraîne une inhomogénéité de la concentration et donc l'apparition d'un flux de diffusion $\vec{j}_D$ dans le sens des z ascendants.

A l'équilibre : $\vec{j}_D + \vec{j}_E = \vec{0} \Rightarrow \vec{j}_D = -\vec{j}_E$

On peut alors montrer que la concentration en protéines décroît exponentiellement avec z :

$$C(z) = C(0) \cdot e^{-z \frac{mg}{D\alpha}\left(1 - \frac{\rho'}{\rho}\right)}.$$

Exercice 3

1. Il y a dissociation totale des 2 sels :

$NaCl \rightarrow Na^+ + Cl^-$ et $PNa_{10} \rightarrow 10Na^+ + P^{10-}$.

ions	Concentration dans 1 (en $mmol.L^{-1}$)	Concentration dans 2 (en $mmol.L^{-1}$)
Na^+	$C + 10\ C_0 = 50 + 50 = 100$	$C = 50$
Cl^-	$C = 50$	$C = 50$
P^{10-}	$C_0 = 5$	0

2.

2.1. Les volumes des deux compartiments étant identiques et fixes, la conservation du nombre de particules se traduit par le fait que toute variation de concentration d'un soluté i dans un compartiment entraîne une variation égale et opposée dans l'autre compartiment, ce qui se résume par les relations proposées.

2.2. Electroneutralité dans chacun des compartiments :

compartiment 1 : $C + 10\ C_0 - x = C_0 - y + 10\ C_0$

compartiment 2 : $C + x = C + y$

Soit : $x = y$.

2.3. Equilibre thermodynamique des ions, Na^+ et Cl^-, diffusibles :

$$\frac{[Na]_2}{[Na]_1} = \frac{[Cl]_1}{[Cl]_2} \text{ d'où } \frac{C + x}{C + 10\ C_0 - x} = \frac{C - y}{C + y}.$$

3. $x = y$ soit en remplaçant dans l'équation obtenue en 2.3 :

$$\frac{C + x}{C + 10\ C_0 - x} = \frac{C - x}{C + x}$$

d'où :

$$(C + x)^2 - (C + 10\ C_0 - x)\cdot(C - x) = 0$$

$$\Leftrightarrow (4C + 10C_0)x - 10CC_0 = 0.$$

Et par conséquent :

$$x = \frac{10\ C\ C_0}{4C + 10\ C_0}.$$

4. Numériquement : $x = \dfrac{10 \times 5 \times 50}{4 \times 50 + 10 \times 5} = 10\ mmol.L^{-1}$.

A l'équilibre :

ions	Concentration dans 1 (en mmol.L^{-1})	Concentration dans 2 (en mmol.L^{-1})
Na^+	$C + 10\,C_0 - x = 90$	$C + x = 60$
Cl^-	$C - y = 40$	$C + y = 60$
P^{10-}	$C_0 = 5$	0

5. Potentiel de Donnan

$$\Delta V_D = V_1 - V_2 = -\frac{k_B T}{e} ln \frac{[Na]_1}{[Na]_2} = \frac{k_B T}{e} ln \frac{[Cl]_1}{[Cl]_2}$$

$$\Delta V_D = \frac{1{,}38 \times 10^{-23} \times 300}{1{,}6 \times 10^{-19}} ln \frac{40}{60} \simeq -10{,}9\,\text{mV}\,.$$

Exercice 4

1. le champ électrique créé en M est : $\vec{E}_1(M) = \frac{\sigma(x')}{2\varepsilon}\vec{u}_x = \frac{\rho(x')\,dx'}{2\varepsilon}\vec{u}_x$.

2. De même : $\vec{E}_2(M) = -\frac{\sigma(x')}{2\varepsilon}\vec{u}_x = -\frac{\rho(x')\,dx'}{2\varepsilon}\vec{u}_x$.

3. D'après le principe de superposition :

$$E(x) = \int E_1(x) + \int E_2(x) = \int_0^x \frac{\rho(x')}{2\varepsilon} dx' - \int_x^d \frac{\rho(x')}{2\varepsilon} dx'.$$

4. $d\,E(x) = E(x+dx) - E(x) = 2\int_x^{x+dx} \frac{\rho(x')}{2\varepsilon} dx' = \frac{\rho(x)}{\varepsilon} dx$.

Soit : $\frac{dE(x)}{dx} = \frac{\rho(x)}{\varepsilon}$.

5. $\vec{E}(M) = -\overrightarrow{grad}\, V(M) \Rightarrow \frac{d^2 V}{d x^2} = -\frac{d E}{d x} \Rightarrow \frac{d^2 V}{d x^2} = -\frac{\rho(x)}{\varepsilon}$.

6. $\rho(x) = e\left[C^+(x) - C^-(x)\right]$.

7. $j^+ = -\omega_+\left[k_B T \frac{d C^+(x)}{dx} + C^+(x) e \frac{dV(x)}{dx}\right]$,

et $j_- = -\omega_-\left[k_B T \frac{d C_-(x)}{dx} - C_-(x) e \frac{dV(x)}{dx}\right]$.

8. $j^+ = 0 \Leftrightarrow \frac{d C^+(x)}{C^+(x)} = -\frac{e}{k_B T} dV(x)$.

Soit $C^+(x) = A\,e^{-\frac{eV(x)}{k_B T}}$.

Comme : $C^+(x=0) = [KCl] = C_1$, alors

$$C^+(x) = C_1\,e^{-\frac{eV(x)}{k_B T}}.$$

De même :

$$j^- = 0 \Leftrightarrow \frac{dC^-(x)}{C^-(x)} = \frac{e}{k_B T} dV(x).$$

Soit : $$C^-(x) = C_1 \,\mathrm{e}^{\frac{eV(x)}{k_B T}}.$$

9. $$\frac{d^2 V}{d x^2} = -\frac{\rho(x)}{\varepsilon} = -\frac{e}{\varepsilon}\left[C^+(x) - C^-(x)\right],$$

soit : $$\frac{d^2 V}{d x^2} = \frac{eC_1}{\varepsilon}\left[\mathrm{e}^{\frac{eV(x)}{k_B T}} - \mathrm{e}^{-\frac{eV(x)}{k_B T}}\right].$$

10. $\frac{eV(x)}{k_B T} << 1$, on peut faire un développement limité au 1er ordre de $d^2 V/d x^2$:

$$\frac{d^2 V}{d x^2} \simeq \frac{eC_1}{\varepsilon}\left[2\frac{eV(x)}{k_B T}\right] \Leftrightarrow \frac{d^2 V}{d x^2} \simeq \frac{1}{\lambda^2} V(x) \quad \text{avec } \lambda = \sqrt{\frac{\varepsilon k_B T}{2e^2 C_1}}.$$

11. $$\lambda \simeq \sqrt{\frac{6\times 10^{-10} \times 4 \times 10^{-21}}{2\times 1{,}6^2 \times 10^{-38} \times 6 \times 10^{23} \times 200}} \simeq 6 \text{ Å}.$$

12. $$V(x) = \frac{V_2}{\left(e^{d/\lambda} - e^{-d/\lambda}\right)}\left(e^{x/\lambda} - e^{-x/\lambda}\right).$$

13. $C_2 = C_1 \,\mathrm{e}^{-\frac{eV_2}{k_B T}}$ donc $V_2 = -\frac{4\times 10^{-21}}{1{,}6\times 10^{-19}} ln\frac{0{,}8}{0{,}2} \simeq -34{,}5$ mV.

Exercice 5

1. $q_1(0) = 0$ et $q_2(0) = CE \Rightarrow u_2(0) = \frac{q_2(0)}{C} = E$.

Or $u_2(0) = R_2\, i'_2(0) \Rightarrow i'_2(0) = E/2R$.

Nous avons également : $E = u_1 + u_2$, donc $u_1(0) = 0 \Rightarrow i'_1(0) = u_1(0)/R_1 = 0$.

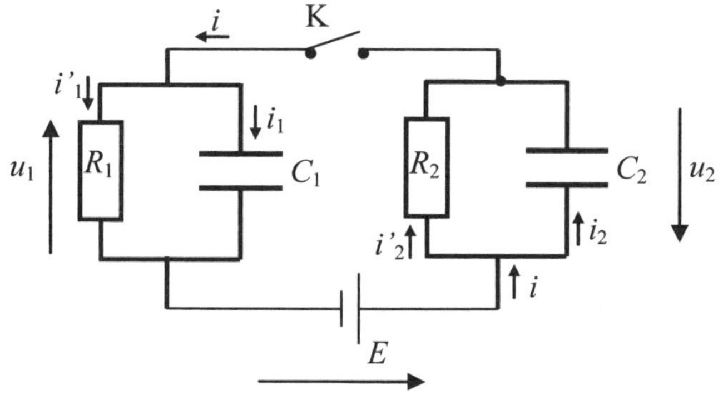

En régime permanent :

$$\frac{du_1}{dt}=\frac{du_2}{dt}=0 \Rightarrow i_1=i_2=0$$

et donc :

$$i'_1=i'_2=\frac{E}{3R}.$$

La charge finale de chacun des condensateurs est donc :

$$u_1=\frac{1}{3}E \text{ et } u_2=\frac{2}{3}E.$$

2.

2.1. A tout instant t : $E=u_1+u_2=\frac{q_1}{C_1}+\frac{q_1}{C_2}=\frac{q_1+q_2}{C}$, d'où :

$$q_2(t)=CE-q_1(t).$$

2.2. $i=i_1+i_1^{'}=i_2+i_2^{'}$

Or $\quad i_1=\frac{dq_1}{dt}, i_2=\frac{dq_2}{dt}, R_1i_1^{'}=\frac{q_1}{C}$ et $R_2i_2^{'}=\frac{q_2}{C}$.

D'où : $\quad \frac{dq_1}{dt}+\frac{q_1}{RC}=\frac{dq_2}{dt}+\frac{q_2}{2RC}$.

2.3. En dérivant l'expression obtenue à la question 2.1 : $\frac{dq_2}{dt}=-\frac{dq_1}{dt}$.

En remplaçant cette relation dans celle obtenue à la question 2.2 :

$$\frac{dq_1}{dt}+\frac{3}{4RC}q_1=\frac{E}{4R}.$$

La résolution de l'équation donne :

$$q_1(t)=\frac{CE}{3}+Ke^{-t/\tau_1} \text{ avec } \tau_1=\frac{4}{3}RC$$

La constante K s'obtient sachant que $q_1(t)=0$. On obtient finalement :

$$q_1(t)=\frac{CE}{3}(1-e^{-t/\tau_1}).$$

2.4. A partir des questions 2.1 et 2.3, on obtient :

$$q_2(t)=\frac{CE}{3}(2+e^{-t/\tau_1}).$$

2.5. D'une part $q_1(0)=0$ et $q_2(0)=CE$.

D'autre part $q_1(\infty)=CE/3$ et $q_2(\infty)=2CE/3$.

Calculons $i_1^{'}(0)$ et $i_2^{'}(0)$. On a :

$$i_1^{'}(t)=\frac{q_1(t)}{RC}=\frac{E}{3R}(1-e^{-t/\tau}) \text{ et } i_2^{'}(t)=\frac{q_2(t)}{RC}=\frac{E}{6R}(2+e^{-t/\tau}),$$

Soit : $\quad i_1^{'}(0)=0$ et $i_2^{'}(0)=E/2R$.

On retrouve les mêmes résultats qu'à la question 1.

Exercice 6

Partie A : conduction à travers la membrane

1. $\overrightarrow{j_i^D} = -D_i \dfrac{\partial C_i}{\partial r} \overrightarrow{e_r} = -\omega_i k T \dfrac{\partial C_i}{\partial r} \overrightarrow{e_r}$.

2. $\overrightarrow{j_i^E} = C_i(r) \overrightarrow{v_{\lim}^i} = C_i(r) Z_i e \omega_i E \overrightarrow{e_r}$.

3.

3.1. $\overrightarrow{j_i^D} = -\overrightarrow{j_i^E} \Leftrightarrow kT \dfrac{\partial C_i}{\partial r} = C_i(r) Z_i e E$.

3.2. $kT \dfrac{\partial C_i}{\partial r} = -C_i(r) Z_i e \dfrac{\partial V}{\partial r}$.

4. $kTdC_i = -C_i(r) Z_i e dV \Leftrightarrow \dfrac{kTdC_i}{Z_i e C_i} = -dV$. Soit :

$$U_i = V_{\text{int}} - V_{ext}\big|_{i,équilibre} = \frac{kT}{Z_i e} \ln(\frac{C_{ext}^i}{C_{\text{int}}^i}).$$

5. $U_{Na} = 57{,}5$ mV et $U_K = -80$ mV.

6.

6.1. $\vec{j_i} = q_i(\overrightarrow{j_i^D} + \overrightarrow{j_i^E}) = Z_i e\left(-\omega_i kT \dfrac{dC_i}{dr} - C_i(r) Z_i e \omega_i \dfrac{dV}{dr}\right) \overrightarrow{e_r}$. Soit :

$$<=> j_i\, dr = -\omega_i Z_i^2 e^2 C_i\, d\left(\frac{kT}{Z_i e} \ln C_i + V\right).$$

6.2. On intègre sur l'épaisseur de la membrane, soit :

$$\int_{r_{\text{int}}=a}^{r_{ext}=a+b} \frac{j_i}{C_i} dr.$$

On a donc :

$$j_i = \frac{-\omega_i Z_i^2 e^2 (U_i + V_{ext} - V_{\text{int}})}{\displaystyle\int_a^{a+b} \frac{dr}{C_i}},$$

d'où :

$$j_i = \frac{\omega_i Z_i^2 e^2 (V_{\text{int}} - V_{ext} - U_i)}{\displaystyle\int_a^{a+b} \frac{dr}{C_i}} = g_i(u - U_i).$$

6.3. $g_i = \dfrac{\omega_i Z_i^2 e^2}{\displaystyle\int_a^{a+b} \frac{dr}{C_i}}$ et $u = V_{\text{int}} - V_{ext}$. Le schéma électrocinétique est :

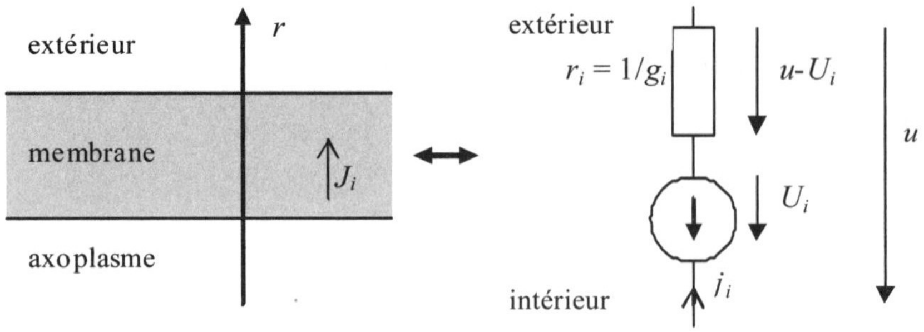

7.

7.1. $j = \sum_{i=1}^{N} j_i = \sum_{i=1}^{N} g_i(u - U_i)$. Donc :

$$g_m = (\sum_{i=1}^{N} g_i) \text{ et } U_E = \frac{\sum_{i=1}^{N} g_i U_i}{\sum_{i=1}^{N} g_i}.$$

7.2. $U_E = \frac{g_{Na}U_{Na} + g_K U_K}{g_{Na} + g_K} \Rightarrow \frac{g_{Na}}{g_K} = \frac{U_E - U_K}{U_{Na} - U_E} = 0,1$.

Partie B : Perturbation locale

1. Une longueur dz d'axone porte une surface de membrane égale à $2\pi a dz$. Soit : $dG_m = 2\ \pi\ a\ g_m\ dz$.
2. Loi des nœuds : $i(z+dz,t) - i(z,t) = \frac{\partial i}{\partial z} dz$, donc on obtient :

$$\frac{\partial i}{\partial z} = -2\pi a\ j_m = -2\pi a \left[g_m(u(z,t) - U_E) + c_m \frac{\partial u}{\partial t}(z,t) \right].$$

Loi d'Ohm : $u(z+dz) - u(z) = \frac{\partial u}{\partial z} dz = -\, r_a\ dz\ i(z) \Leftrightarrow \frac{\partial u}{\partial z} = -\, r_a\ i(z)$, d'où :

$$\frac{1}{2\pi a r_a g_m} \frac{\partial^2 u}{\partial z^2} - \left[u(z) - U_E \right] = 0 \text{ et } \lambda^2 = \frac{1}{2\pi a r_a g_m}.$$

On vérifie que $[\lambda] = L$.

3.

3.1. On a :

$$\left. \begin{aligned} u(0) &= U_E + \Delta U = U_E + \alpha + \beta \to \Delta U = \alpha + \beta \\ u(L) &= U_E = U_E + \alpha e^{L/\lambda} + \beta e^{-L/\lambda} \to 0 = \alpha e^{L/\lambda} + \beta e^{-L/\lambda} \end{aligned} \right\}$$

Donc : $$u(z) = U_E + \Delta U \left[\frac{e^{(L-z)/\lambda} - e^{-(L-z)/\lambda}}{e^{L/\lambda} - e^{-L/\lambda}} \right].$$

3.2. $i(z=L)=0$ et $u(z)=U_E+\Delta U\left[\dfrac{e^{(L-z)/\lambda}+e^{-(L-z)/\lambda}}{e^{L/\lambda}+e^{-L/\lambda}}\right]$.

4. Les ions se transmettent d'une cellule à une autre grâce aux jonctions communicantes ⇒ une jonction peut donc être modélisée par une résistance électrique R'. D'où le schéma :

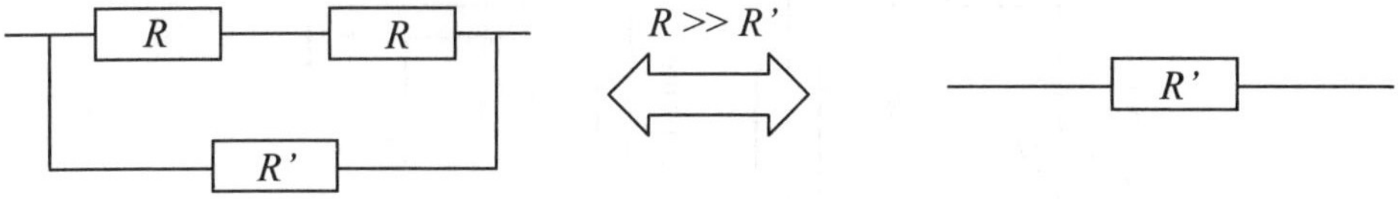

Exercice 7

1. $R_m=\dfrac{1}{G_m}=\dfrac{1}{g_m\pi d^2}\approx 1{,}33\times 10^8\,\Omega$.

2. Loi des nœuds :

$$i=i_1+i_2 \quad \text{avec } i_1=C_m\frac{du(t)}{dt} \quad \text{et} \quad u(t)=R_m\,i_2.$$

Loi des mailles :

$$E=R_E\,i+u(t)\Leftrightarrow E=R_E\left(C_m\frac{du(t)}{dt}+\frac{u(t)}{R_m}\right)+u(t)$$

$$\frac{R_m}{R_E+R_m}E=\frac{R_E\,R_m}{R_E+R_m}C_m\frac{du(t)}{dt}+u(t)\Leftrightarrow U_0=\tau\frac{du(t)}{dt}+u(t)$$

avec :

$$U_0=\frac{R_m}{R_E+R_m}E \text{ et } \tau=\frac{R_E\,R_m}{R_E+R_m}C_m.$$

Remarque : $R_E\gg R_m\Rightarrow\tau\simeq R_m\,C_m$.

3. $\tau=4\times10^{-12}\times1{,}33\times10^8\approx5\times10^{-4}\,\text{s}=0{,}5\,\text{ms}$.

4. τ' est la valeur du temps au point d'intersection entre l'asymptote à la courbe $u(t)$ et la tangente à cette courbe à l'origine. On obtient : $\tau'\simeq 0{,}28\,\text{ms}$.

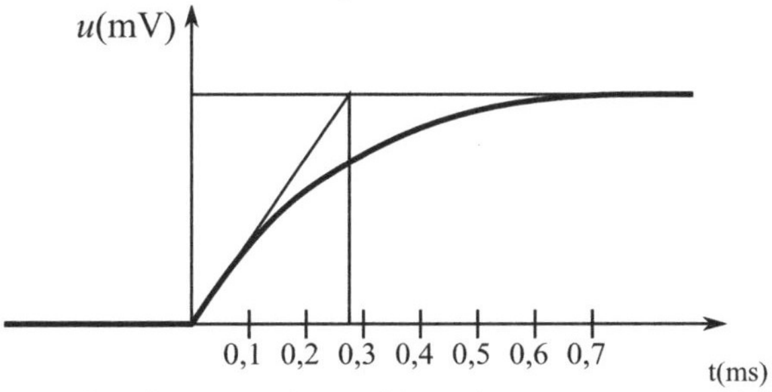

5. Les ions peuvent circuler entre les milieux intra et extra cellulaires, ce que l'on peut modéliser par une résistance R_{fuite} en parallèle avec R_m et C_m (schéma ci-après).

Par un raisonnement analogue à la question 2, on trouve $\tau' = \dfrac{R_E\, R_{eq}}{R_E + R_{eq}} C_m$ avec

$R_{eq} = \dfrac{R_m\, R_{fuite}}{R_m + R_{fuite}}$ et $R_m > R_{eq}$ car $\dfrac{1}{R_{eq}} = \dfrac{1}{R_m} + \dfrac{1}{R_{fuite}}$.

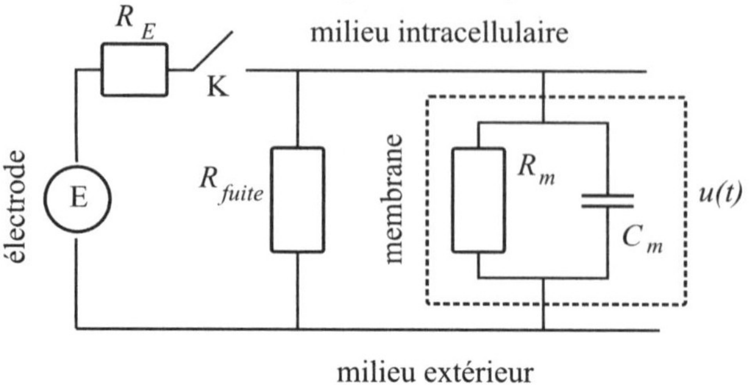

On a $\tau \simeq R_m\, C_m$ car $R_E \gg R_m$. Puisque $R_m > R_{eq}$ alors $R_E \gg R_{eq}$.
Et $\tau' = R_{eq}\, C_m$, par conséquent $\tau' < \tau$.

Exercice 8

1. A l'équilibre :

$$\vec{j} = \overrightarrow{j_D} + \overrightarrow{j_E} = \vec{0} \Leftrightarrow -D\frac{dC(r)}{dr}\overrightarrow{u_r} + C(r)\,\vec{v} = \vec{0}.$$

Soit : $$(\Delta V)_0 = (V_1 - V_2)_0 = \frac{kT}{e}\ln\frac{C_2}{C_1}.$$

Numériquement : $(\Delta V)_0 \approx 61\ \text{mV}$.

2.

2.1. $\vec{E}(r) = -\overrightarrow{grad}\, V(r)$. D'où :

$$\int_{V_1}^{V_2} dV = -\frac{Q_{1S}}{4\pi\varepsilon_0\varepsilon_r}\int_1^2 \frac{dr}{r^2} \Rightarrow (\Delta V)_0 = \frac{Q_{1S}}{4\pi\varepsilon_0\varepsilon_r}\frac{d}{a(a+d)}.$$

2.2.

2.2.1. $d << a \Rightarrow (\Delta V)_0 \approx \dfrac{Q_{1S}}{4\pi\varepsilon_0\varepsilon_r}\dfrac{d}{a^2}$ donc $(\Delta V)_0 \approx \dfrac{Q_{1S}}{\varepsilon_0\varepsilon_r}\dfrac{d}{S}$.

2.2.2. $d = \dfrac{\varepsilon_0\varepsilon_r}{\Gamma}$.

2.2.3. Numériquement : $d \approx 8\ \text{nm}$.

2.3.

2.3.1. $Q_{1S} \approx 75{,}7.10^{-16}\ \text{C}$.

2.3.2. Q_{1S} est positive $\Rightarrow$ calculons la charge totale positive Q_1 à l'intérieur de la cellule soit :

$$Q_1 = \left[Na^+\right]_1 e\frac{4}{3}\pi a^3.$$

Numériquement :

$$Q_1 \approx 74,4.10^{-12}\ \text{C et } \frac{Q_{1S}}{Q_1} \approx 10^{-4}.$$

La charge négative à l'intérieur de la cellule est portée par les ions sulfate et vaut $Q_1^- = -Q_1$. Par conséquent, l'excès Q_{1S} de charges positives est bien plus faible que Q_1^-, l'électroneutralité est donc maintenue et l'hypothèse de concentrations constantes est justifié.

3.

3.1. Circuit électrique décrit dans l'exercice et allure de $u_{Cm}(t)$ (voir expression après le tracé) :

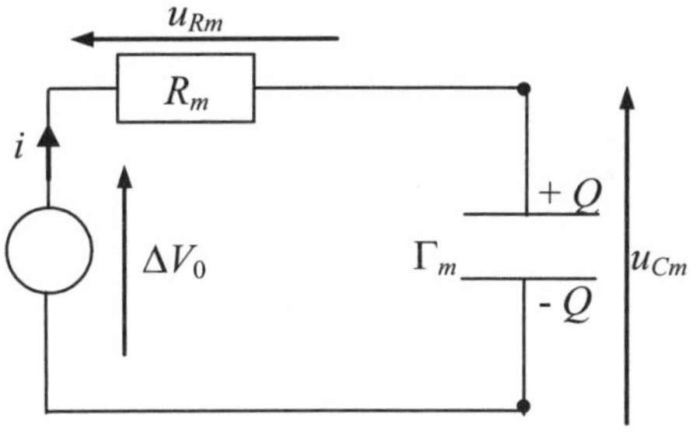

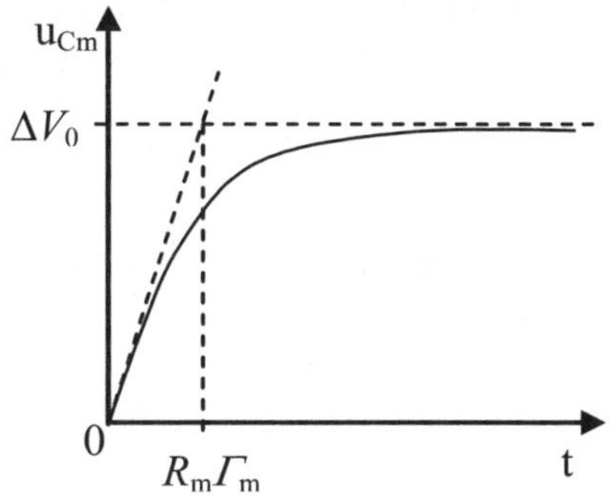

Loi des mailles : $\Delta V_0 = u_{Rm} + u_{Cm}$, soit :

$$\Delta V_0 = R_m\, i + u_{Cm}.$$

Or $$i = \frac{dQ}{dt} = \frac{d}{dt}\left(\Gamma_m\, u_{Cm}\right) = \Gamma_m \frac{du_{Cm}}{dt},$$

d'où : $$\Delta V_0 = R_m\, \Gamma_m \frac{du_{Cm}}{dt} + u_{Cm}.$$

Par conséquent :

$$u_{Cm}(t) = \Delta V_0 \left\{1 - \exp\left(-\frac{t}{R_m\, \Gamma_m}\right)\right\}.$$

3.2. $u_{Cm}(t = t_1) = 0,99\, \Delta V_0 \Leftrightarrow t_1 = 2\, R_m\, \Gamma_m \ln 10 \approx 4,6\, R_m\, \Gamma_m$.

3.3. Tous les pores sont soumis à la même d.d.p. et sont en parallèle :

$$\Gamma_m = N\, \Gamma_p \text{ et } R_m = \frac{R_p}{N}.$$

Soit : $$R_m\, \Gamma_m = R_p\, \Gamma_p.$$

3.4. Numériquement :

$$t_1 \approx 4,6\, R_m\, \Gamma_m = 4,6\, ms\ ;\ N \approx 3,14.10^7\ pores \text{ et } R_m \approx 0,8.10^{10}\ \Omega.$$

Exercice 9

1. Le flux des ions s'effectue de l'extérieur vers l'intérieur de la sphère.

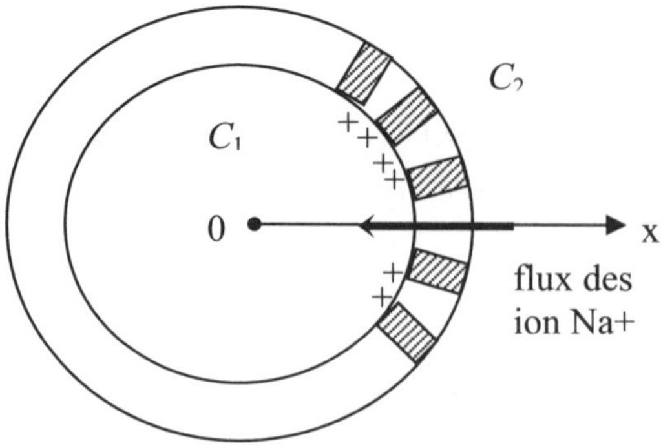

2. Le champ $\vec{E}$ dans le pore est dans le sens des potentiels décroissants donc de l'intérieur vers l'extérieur de la sphère.

3. $j_0 = -D\dfrac{\partial C}{\partial x} + \dfrac{D}{kT}CqE = 0$.

Or $E = -\dfrac{dV}{dx}$ donc $j_0 = -D\dfrac{\partial C}{\partial x} + \dfrac{D}{kT}Cq\left[-\dfrac{dV}{dx}\right] = 0$.

Par conséquent : $\displaystyle\int_{V_1}^{V_2} dV = -\frac{kT}{q}\int_1^2 \frac{dC}{C}$.

D'où la ddp transmembranaire :

$$\Delta V_0 = (V_1 - V_2)_0 = \frac{kT}{q}\ln\frac{C_2}{C_1}.$$

$C_2/C_1 > 1$, donc $\Delta V_0 = (V_1 - V_2)_0 > 0$ en accord avec le sens du champ électrique dans un pore. Numériquement : $\Delta V_0 \cong 6.\ 10^{-2}$ V.

4. $j = \underbrace{-D\dfrac{\partial C}{\partial x}}_{j_d<0} + \underbrace{\dfrac{D}{kT}CqE}_{j_E>0}$.

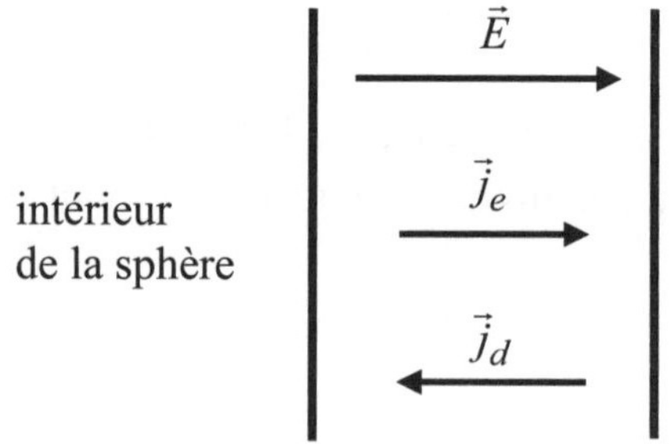

5. $Q_{1S} = C\Delta V_0 \cong 7{,}2\,10^{-17}\,\text{C}$.

6. $SO_4Na_2 \rightarrow SO_4^{2-} + 2\ Na^+$

Donc $[Na^+] = 2\ [SO_4Na_2] = 200\ \text{mmol.L}^{-1} = 200\ \text{mol.m}^{-3}$.

D'où : $Q_1 = \left[Na^+\right]e\dfrac{4}{3}\pi r^3 \cong 8\,10^{-11}\text{C}$

$$\frac{Q_{1S}}{Q_1} = 10^{-6}.$$

L'électroneutralité de la solution est donc maintenue, sauf au voisinage immédiat de la membrane et l'hypothèse de concentrations constantes était justifiée.

7.

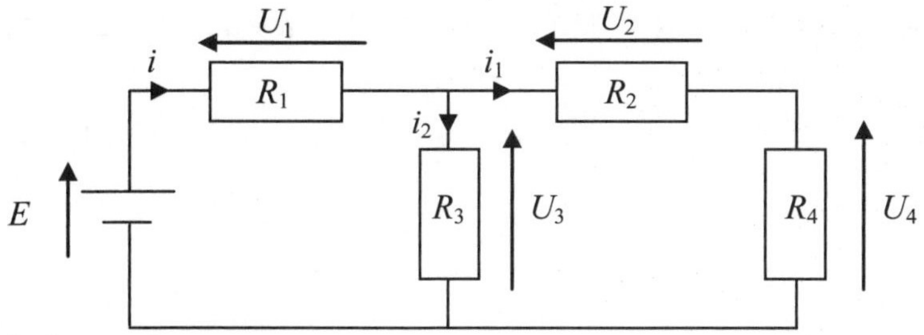

On a les relations suivantes :

$$i = i_1 + i_2$$

$$U_3 = i_2 R_3 = i_1 \left(R_2 + R_4\right) \rightarrow i_1 = i_2 \frac{R_3}{R_2 + R_4}$$

$$E = i\left(R_1 + R_3 \,/\,/ \left(R_2 + R_4\right)\right)$$

$$i = E \frac{\left(R_3 + R_2 + R_4\right)}{R_1\left(R_3 + R_2 + R_4\right) + R_3\left(R_2 + R_4\right)}$$

$$i_2 = i - i_1 = E \frac{\left(R_2 + R_4\right)}{R_1\left(R_3 + R_2 + R_4\right) + R_3\left(R_2 + R_4\right)}$$

$$U_3 = R_3 i_2 = E \frac{R_3\left(R_2 + R_4\right)}{R_1\left(R_3 + R_2 + R_4\right) + R_3\left(R_2 + R_4\right)}$$

$$i_1 = i - i_2 = E \frac{R_3}{R_1\left(R_3 + R_2 + R_4\right) + R_3\left(R_2 + R_4\right)}$$

$$U_4 = R_4 i_1 = E \frac{R_3 R_4}{R_1\left(R_3 + R_2 + R_4\right) + R_3\left(R_2 + R_4\right)}$$

Numériquement : $U_3 = 4{,}2$ V et $U_4 = 3{,}8$ V.

Exercice 10

1. $I_n = i_n + I_{n+1}$.
2. $V_n = \Delta V_{n+1} + V_{n+1}$.
3. $i_n = \dfrac{V_n}{R_B}$.
4. $I_{n+1} = \Delta V_{n+1} / R_A$.
5. On a $V_{n-1} = I_n R_A + i_n R_B$, soit :

$$I_n = \left(V_{n-1} / R_A\right) - i_n\left(R_B / R_A\right) = \left(V_{n-1} / R_A\right) - V_n / R_A .$$

En reportant cette expression dans la relation de la question 1 :

$$\left(V_{n-1} / R_A\right) - V_n / R_A = i_n + I_{n+1},$$

et compte tenu des questions 2, 3 et 4 on trouve que :

$$\left(R_A / R_B\right) = \left(V_{n-1} - 2V_n + V_{n+1}\right) / V_n$$

6. En posant $V_n = V_o e^{-(na)}$, la relation établie dans la question 5 devient :

$$\left(R_A / R_B\right) = e^{a} + e^{-a} - 2$$

Sachant que a<<1 : $\left(R_A / R_B\right) = \left(1 + a + a^2 / 2\right) + \left(1 - a + a^2 / 2\right) - 2 = a^2$,

D'où $a = \left(R_A / R_B\right)^{0,5}$.

7.

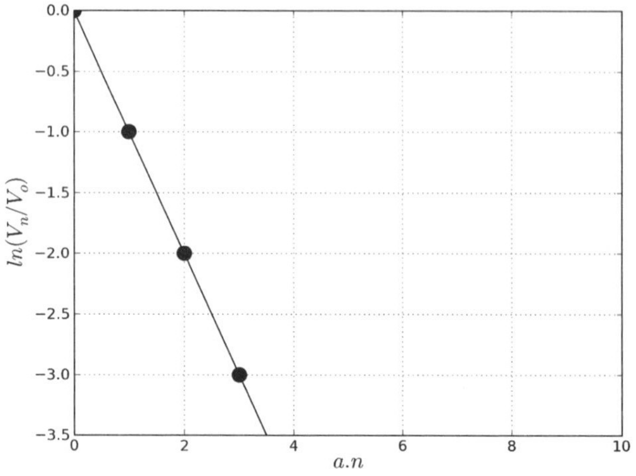

8. On a $V_n = V_o / e$ quand $n.a = 1$, c'est-à-dire pour $n = \left(R_B / R_A\right)^{0,5}$.

9. On a $\ln\left(V_n\right) = \ln\left(V_o\right) - a.n$, en mesurant la pente de droite d'après les valeurs données on a $p = -\,3{,}4.10^{-3}$ µm^{-1} = – a/d, d'où $a = 3{,}4.10^{-2}$.

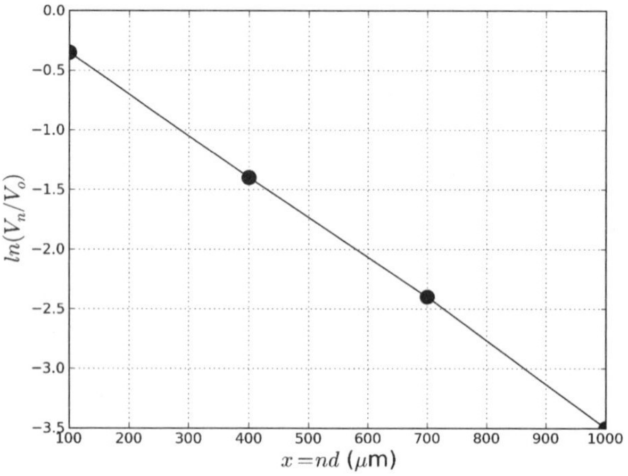

10. $a = \left(R_A / R_B\right)^{0,5} \Rightarrow R_A / R_B = 11{,}6.10^{-4}$.

ANNEXES

1. Dérivées et Différentielles

Fonction d'une variable

– Dérivée du premier ordre

Soit $y = f(x)$ une fonction définie et continue dans un certain intervalle. L'accroissement algébrique Δx de la variable x, induit un accroissement algébrique Δy de la fonction. Si elle existe, la dérivée $f'(x)$ de la fonction $f(x)$ au point x est la limite du rapport $\Delta y / \Delta x$ lorsque Δx tend vers zéro.

$$f'(x) = f_x' = \lim_{\Delta x \to 0} \frac{\Delta y}{\Delta x}.$$

La dérivée mesure le coefficient directeur de la tangente au point M(x) (figure 1.1).

– Dérivées usuelles

Les dérivées usuelles des fonctions $y = f(x)$ et $y = f(u(x))$ sont regroupées dans les tableaux suivants.

$y = f(x)$	$y' = f'(x) = f_x'$
	0
$k\,x$ k est une constante	k
x^m	$m\,x^{m-1}$
$\ln x$	$\frac{1}{x}$
e^x	e^x
$\cos x$	$-\sin x$
$\sin x$	$\cos x$
$\tan x$	$1 + \tan^2 x = \frac{1}{\cos^2 x}$

$y = f(u(x))$	$y'_x = f'_u\ u'_x$
u^m	$m\,u^{m-1}\ u'_x$
$\ln u$	$\frac{u'_x}{u}$
e^u	$e^u\ u'_x$
$\cos u$	$-\sin u\ u'_x$
$\sin u$	$\cos u\ u'_x$
$\tan u$	$\left[1 + \tan^2 u\right] u'_x = \frac{u'_x}{\cos^2 u}$

– Règles de dérivation

Soit deux fonctions $u(x)$ et $v(x)$.

$$(u + v)'_x = u'_x + v'_x$$

$$(u\ v)'_x = u'_x\, v + u\ v'_x$$

$$\left(\frac{u}{v}\right)'_x = \frac{u'_x\, v - u\ v'_x}{v^2}.$$

– Différentielle de $f(x)$

L'intérêt du calcul différentiel en physique provient du fait que l'on peut représenter un petit accroissement d'une grandeur par une différentielle.

Si $f'(x)$ existe alors $\frac{\Delta y}{\Delta x} = f'(x) + \varepsilon(\Delta x)$, où $\varepsilon(\Delta x)$ est une fonction de Δx tendant vers zéro avec Δx.

Soit encore : $\Delta y = f'(x)\Delta x + \varepsilon(\Delta x)\Delta x$.

Si Δx tend vers 0, on peut négliger le terme $\varepsilon(\Delta x)\Delta x$ qui est un infiniment petit d'ordre supérieur. On écrira au 1er ordre : $\Delta y \approx f'(x)\Delta x$.

On appelle différentielle de la variable x, et différentielle de la fonction $y = f(x)$, les quantités dx et dy reliées par la relation :

$$dy = f'(x)\,dx.$$

L'accroissement de f est $\Delta y = \overline{PN}$, la différentielle de f est $dy = \overline{PQ}$ (accroissement de la tangente en x). Leur différence est d'autant plus petite que Δx est petit (figure 1.1).

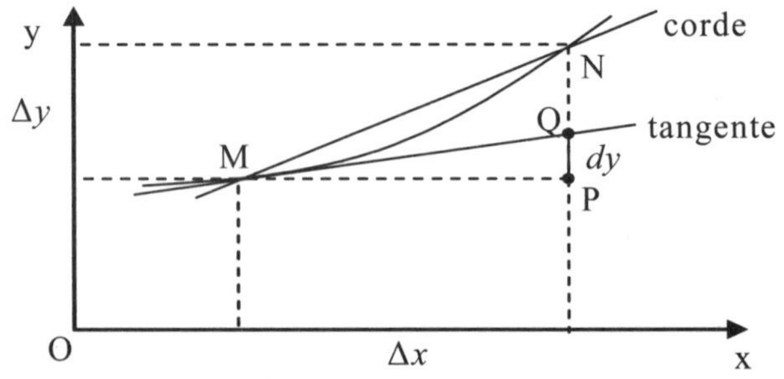

Figure 1.1. Courbe représentative de la fonction $y = f(x)$. Courbe tangente en M(x) à $f(x)$. L'accroissement Δx de la variable x induit un accroissement Δy de la fonction $f(x)$ et un accroissement dy de la tangente en M appelé différentielle de y.

Exemples de calcul de différentielles

Il suffit de calculer la dérivée de la fonction et de la multiplier par la différentielle de la variable.

$$y = x \Rightarrow dy = dx$$

$$y = (ax+b)^m \text{ où } m = cte \Rightarrow dy = m\,a\,(ax+b)^{m-1}\,dx$$

$$y = \cos(ax+b) \Rightarrow dy = -a\sin(ax+b)\,dx.$$

Exemple d'application du calcul différentiel

On souhaite calculer le travail W d'une force de rappel d'un ressort lorsqu'on allonge celui ci d'une longueur ℓ par rapport à sa longueur à vide. L'axe du ressort est l'axe Ox.

Cette force est proportionnelle à l'allongement x du ressort : $\vec{f} = -k\,x\,\vec{u}_x$ où k est la constante de raideur du ressort.

Pour un allongement du ressort ℓ, la force de rappel s'écrit donc $\vec{f} = -k\,\ell\,\vec{u}_x$. On ne peut pas écrire que le travail est alors égal à $\vec{f}\cdot\vec{\ell} = -k\,\ell^2$ car $\vec{f}$ n'est pas constante mais varie tout le long du déplacement.

Plaçons-nous en un endroit quelconque du déplacement x. La composante selon l'axe Ox de la force de rappel est à cet endroit $f(x)$. Donnons à x un accroissement dx tellement petit qu'on peut considérer f constant sur ce déplacement dx. Le travail élémentaire de cette force pendant le déplacement dx sera alors :

$$dW = \vec{f}\cdot(dx\,\vec{u}_x) = [f(x)\vec{u}_x]\cdot(dx\,\vec{u}_x) = f(x)dx = -k\,x\,dx\,.$$

On obtient le travail W pour allongement ℓ en intégrant le travail élémentaire entre $x = 0$ (ressort à vide) et $x = \ell$:

$$W = \int dW = \int_0^\ell f(x)dx = -k\int_0^\ell x\,dx = -k\left[\frac{x^2}{2}\right]_0^\ell = -\frac{1}{2}k\,\ell^2\,.$$

– Dérivées d'ordres supérieures

Pour une fonction $f(x)$ continue et n fois dérivable, il est possible de définir des dérivées d'ordres 2,3,… et n, que l'on note respectivement :

$$f''(x) = \frac{d^2f}{dx^2}, f'''(x) = \frac{d^3f}{dx^3}, \ldots f^{(n)}(x) = \frac{d^nf}{dx^n}\,.$$

Fonction à plusieurs variables

– Dérivées partielles

Considérons une fonction de 3 variables $f(x,y,z)$. La dérivée partielle du premier ordre de f par rapport à x est obtenue en dérivant la fonction f, en maintenant les autres paramètres constants (ici y et z) :

$$f'_x = \left(\frac{\partial f}{\partial x}\right)_{y,z}\,.$$

De même, on définit les dérivées partielles de f par rapport respectivement à y et à z :

$$f'_y = \left(\frac{\partial f}{\partial y}\right)_{x,z} \quad \text{et} \quad f'_z = \left(\frac{\partial f}{\partial z}\right)_{x,y}\,.$$

Comme pour les dérivées, on peut définir des dérivées partielles d'ordre supérieur à 1. Si l'on considère par exemple une fonction de deux variables $g(x,y)$, celle-ci possède quatre dérivées partielles du deuxième ordre :

$$g'_{xx} = \frac{\partial^2 f}{\partial x^2}\;;\; g'_{yy} = \frac{\partial^2 f}{\partial y^2}\;;$$

$$g'_{yx} = \frac{\partial^2 f}{\partial y \partial x} = \frac{\partial}{\partial \mathrm{y}}\left(\frac{\partial f}{\partial x}\right) \text{ et } g'_{xy} = \frac{\partial^2 f}{\partial x \partial y} = \frac{\partial}{\partial \mathrm{x}}\left(\frac{\partial f}{\partial y}\right).$$

– Différentielle de $f(x,y,z)$

La différentielle de $f(x,y,z)$ représente l'accroissement de la fonction quand les différentes variables reçoivent un accroissement :

$$df = \left(\frac{\partial f}{\partial x}\right)_{y,z} dx + \left(\frac{\partial f}{\partial y}\right)_{x,z} dy + \left(\frac{\partial f}{\partial z}\right)_{x,y} dz \;=\; f'_x\,dx + f'_y\,dy + f'_z\,dz\,.$$

Exemple 1

On souhaite calculer la différentielle de $u(x,y)=\dfrac{y}{\left(x^2+y^2\right)^{1/2}}$.

On commence par calculer les dérivées partielles du premier ordre de $u(x,y)$:

$$\left(\frac{\partial u}{\partial x}\right)_y=-\frac{x\,y}{\left(x^2+y^2\right)^{3/2}} \text{ et } \left(\frac{\partial u}{\partial y}\right)_x=\frac{x^2}{\left(x^2+y^2\right)^{3/2}}.$$

On obtient alors :

$$du(x,y)=\left(\frac{\partial u}{\partial x}\right)_y dx+\left(\frac{\partial u}{\partial y}\right)_x dy=\frac{x}{\left(x^2+y^2\right)^{3/2}}(-y\,dy+x\,dx).$$

Exemple 2

On souhaite calculer la différentielle de $C(x,t)=\dfrac{A}{\sqrt{t}}\,e^{-\frac{x^2}{4Dt}}$.

Les dérivées partielles du premier ordre de $C(x,t)$ s'écrivent :

$$\left(\frac{\partial C}{\partial x}\right)_t=-\frac{A\,x}{2\,D\,t^{3/2}}e^{-\frac{x^2}{4Dt}} \text{ et } \left(\frac{\partial C}{\partial t}\right)_x=\frac{A}{2\,t^{3/2}}\left[-1+\frac{x^2}{2\,D\,t}\right]e^{-\frac{x^2}{4Dt}}.$$

D'où : $$dC=\frac{A}{2\,t^{3/2}}e^{-\frac{x^2}{4Dt}}\left\{-\frac{x}{D}dx+\left[-1+\frac{x^2}{2\,D\,t}\right]dt\right\}.$$

2. Développements limités : séries de Taylor

On peut montrer que pour toute fonction $f(x)$ continue et n fois dérivable, il est possible d'approcher sa valeur **au voisinage de x_0**, c'est-à-dire en $x = x_0 + \Delta x$ avec $\Delta x << 1$, par une série de Taylor (ou développement polynomial) à l'ordre n :

$$f(x)=f(x_0+\Delta x)\approx f(x_o)+\frac{1}{1!}\cdot\left(\frac{\partial f}{\partial x}\right)_{x_o}(\Delta x)+\frac{1}{2!}\cdot\left(\frac{\partial^2 f}{\partial x^2}\right)_{x_o}(\Delta x)^2+\ldots$$

$$+\frac{1}{n!}\cdot\left(\frac{\partial^n f}{\partial x^n}\right)_{x_o}(\Delta x)^n,$$

ou encore :

$$f(x)\approx f(x_o)+\sum_{p=1}^{n}\frac{1}{p!}\cdot\left(\frac{\partial^p f}{\partial x^p}\right)_{x_o}(\Delta x)^p,$$

où par définition :

$$p!=1\cdot 2\cdot 3\cdot 4\cdot\ldots\cdot(p-2)\cdot(p-1)\cdot p$$

et $0!=1$.

Cette série de Taylor est appelée développement limité à l'ordre n de la fonction $f(x)$ au voisinage de x_0.

L'approximation la plus simple (d'ordre 0) consiste à écrire : $f(x_o + \Delta x) \approx f(x_o)$.
C'est simplement la valeur de la fonction $f(x)$ en $x = x_0$.
Une meilleure estimation (d'ordre 1) est :

$$f(x_o + \Delta x) = f(x_o) + \left(\frac{\partial f}{\partial x}\right)_{x_o} \Delta x ,$$

etc (figure 2.1).

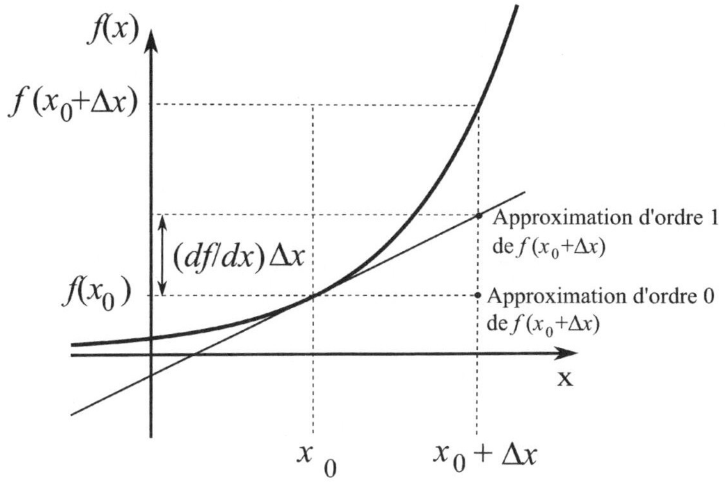

Figure 2.1. Courbe représentative de la fonction $f(x)$. Approximation de $f(x)$ au voisinage de x_0 aux ordres 0 et 1.

Lorsque le développement limité est au voisinage de $x = 0$, on obtient :

$$f(x) \approx f(0) + \frac{x}{1!} f'(0) + \frac{x^2}{2!} f''(0) + \ldots + \frac{x^n}{n!} f^{(n)}(0) .$$

C'est la formule de Mac Laurin.

Exemple

Développement limité à l'ordre 3 et au voisinage de $x_0 = 0$ de la fonction e^{3x}.

$$f(0) = 1 ; \left(\frac{\partial f}{\partial x}\right)_0 = 3 ; \left(\frac{\partial^2 f}{\partial x^2}\right)_0 = 9 ; \left(\frac{\partial^3 f}{\partial x^3}\right)_0 = 27$$

En remplaçant dans la série de Taylor (à l'ordre 3) on obtient :

$$e^{3x} \approx 1 + 3x + \frac{9}{2} x^2 + \frac{27}{6} x^3 .$$

La figure 2.2 représente la courbe représentative de la fonction $f(x) = e^{3x}$, ainsi que les approximations **au voisinage de $x_0 = 0$** et aux ordres 1, 2 et 3.

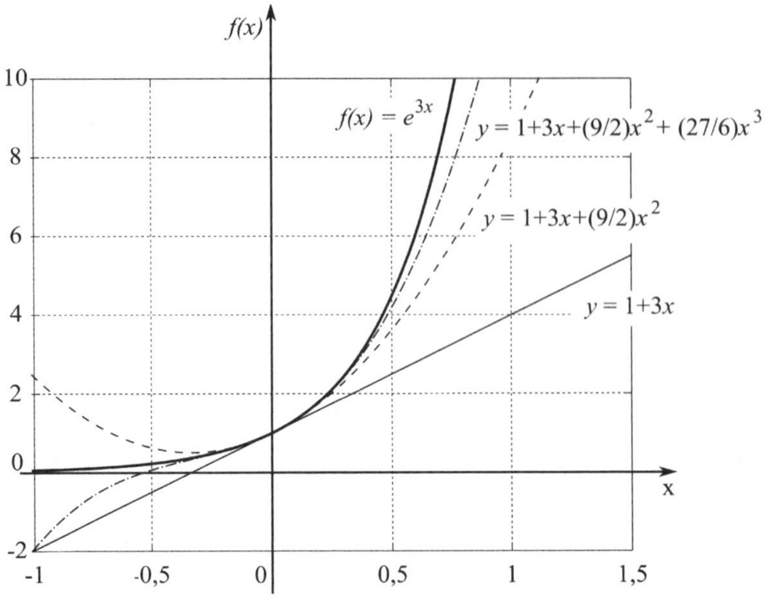

Figure 2.2. Courbe représentative de la fonction $f(x) = e^{3x}$. Approximation de $f(x)$ au voisinage de $x_0 = 0$ et aux ordres 1, 2 et 3.

Développements limités utiles au voisinage de $x_0 = 0$.

$$\sin(x) = x - \frac{x^3}{3!} + \frac{x^5}{5!} - \frac{x^7}{7!} + \ldots$$

$$\cos(x) = 1 - \frac{x^2}{2!} + \frac{x^4}{4!} - \frac{x^6}{6!} + \ldots$$

$$(1+x)^m = 1 + mx + \frac{m(m-1)}{2}x^2 + \frac{m(m-1)(m-2)}{3!}x^3$$
$$+ \frac{m(m-1)(m-2)(m-3)}{4!}x^4 + \ldots$$

$$(a+x)^m = a^m\left(1+\frac{x}{m}\right)^m = a^m + m\frac{a^{m-1}}{1!}x^1 + m(m-1)\frac{a^{m-2}}{2!}x^2$$
$$+ m(m-1)(m-2)\frac{a^{m-3}}{3!}x^3 + \cdots$$

où m est un réel quelconque.

$$\ln(1+x) = \frac{x}{1} - \frac{x^2}{2} + \frac{x^3}{3} - \frac{x^4}{4} + \cdots$$

$$e^x = 1 + \frac{x}{1!} + \frac{x^2}{2!} + \frac{x^3}{3!} + \frac{x^4}{4!} + \cdots$$

3. Vecteurs

Propriétés générales

Un vecteur $\vec{A}$ est une grandeur définie par sa direction, par son sens et par sa longueur, appelée module, norme, valeur, amplitude ou intensité ($A = \|\vec{A}\|$).

Géométriquement il est représenté par une flèche qui indique sa direction et son sens.
$-\vec{A}$ est le vecteur opposé à $\vec{A}$. Il a la même norme, la même direction que $\vec{A}$ mais un sens contraire. On a $\vec{A} + (-\vec{A}) = \vec{0}$.

Opérations géométriques

Pour additionner deux vecteurs on place le début de la flèche du second à la fin de celle du premier (figure 3.1) :

$$\vec{C} = \vec{A} + \vec{B} = \vec{B} + \vec{A}.$$

La somme s'obtient alors en rejoignant le début de la flèche du premier vecteur à la fin de celle du deuxième.

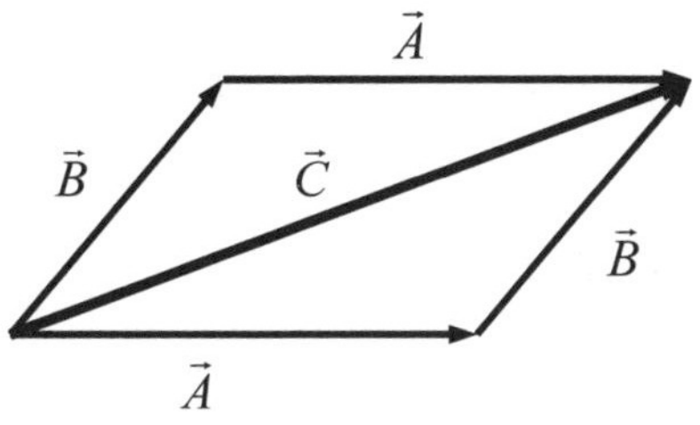

Figure 3.1. Construction géométrique de $\vec{C} = \vec{A} + \vec{B} = \vec{B} + \vec{A}$.

Composantes d'un vecteur dans une base orthonormée

Considérons un vecteur $\vec{A}$ appartenant à un plan contenant deux axes orthogonaux Ox et Oy (figure 3.2). Ce vecteur est la somme de deux vecteurs $\vec{A}_x$ et $\vec{A}_y$ qui sont colinéaires respectivement à chacun des deux axes.
On écrit :

$$\vec{A} = \vec{A}_x + \vec{A}_y = A_x \vec{u}_x + A_y \vec{u}_y,$$

où $\vec{u}_x$ et $\vec{u}_y$ sont les vecteurs unitaires respectivement selon Ox et Oy. A_x et A_y sont les composantes du vecteur $\vec{A}$ respectivement selon Ox et Oy. On peut également écrire symboliquement : $\vec{A}(A_x, A_y)$.

Si le vecteur $\vec{A}$, de module A, fait un angle φ (compris entre 0 et $\pi/2$) avec l'axe des x alors les modules des composantes s'écrivent :

$$|A_x| = A\cos\varphi,$$

$$|A_y| = A\sin\varphi.$$

Evidemment $\left(A_x\right)^2+\left(A_y\right)^2=A^2$ (Théorème de Pythagore).

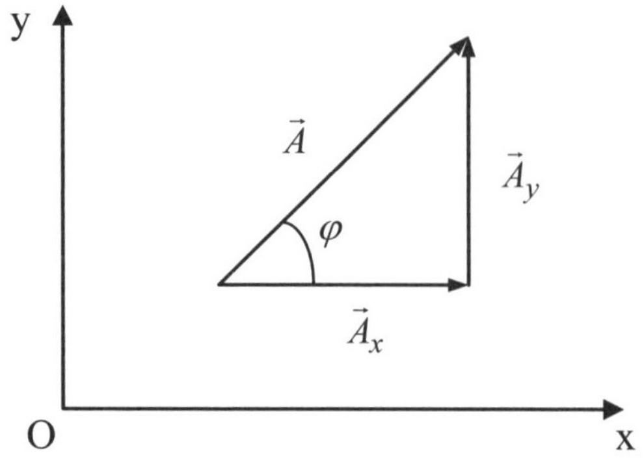

Figure 3.2. Le vecteur $\vec{A}$ est la somme de deux vecteurs $\vec{A}_x$ et $\vec{A}_y$ colinéaires respectivement à Ox et Oy.

Somme de deux vecteurs

Soit $\vec{A}(A_x,A_y)$ et $\vec{B}(B_x,B_y)$. La somme $\vec{C}=\vec{A}+\vec{B}$ peut s'écrire :

$$\vec{C}=C_x\vec{u}_x+C_y\vec{u}_y=A_x\vec{u}_x+A_y\vec{u}_y+B_x\vec{u}_x+B_y\vec{u}_y,$$

ou encore :

$$\vec{C}=\left(A_x+B_x\right)\vec{u}_x+\left(A_y+B_y\right)\vec{u}_y.$$

Soit :

$$C_x=A_x+B_x \text{ et } C_y=A_y+B_y.$$

On généralisera aisément à trois dimensions.

Produit scalaire

Par définition, le produit scalaire entre deux vecteurs $\vec{A}$ et $\vec{B}$ s'écrit :

$$\vec{A}\cdot\vec{B}=AB\cos(\theta),$$

où θ est l'angle entre $\vec{A}$ et $\vec{B}$.

Dans la base orthonormée $\left(\vec{u}_x,\vec{u}_y\right)$, si $\vec{A}(A_x,A_y)$ et $\vec{B}(B_x,B_y)$, alors :

$$\vec{A}\cdot\vec{B}=AB\cos(\theta)=\left(A_x\vec{u}_x+A_y\vec{u}_y\right)\cdot\left(B_x\vec{u}_x+B_y\vec{u}_y\right).$$

Puisque $\vec{u}_x\cdot\vec{u}_y=\vec{u}_y\cdot\vec{u}_x=0$, $\vec{u}_x\cdot\vec{u}_x=u_x{}^2=1$ et $\vec{u}_y\cdot\vec{u}_y=u_y{}^2=1$:

$$\vec{A}\cdot\vec{B}=A_x B_x+A_y B_y.$$

On a évidement : $\vec{A}\cdot\vec{A}=A^2$.

Vecteurs position, vitesse et accélération

Soit le vecteur position qui dépend du temps t : $\vec{R}(t) = X(t)\vec{u}_x + Y(t)\vec{u}_y + Z(t)\vec{u}_z$.

Alors le vecteur vitesse est :

$$\vec{v} = \frac{d\vec{R}}{dt} = \frac{dX}{dt}\vec{u}_x + \frac{dY}{dt}\vec{u}_y + \frac{dZ}{dt}\vec{u}_z$$

et le vecteur accélération :

$$\vec{a} = \frac{d\vec{v}}{dt} = \frac{d^2X}{dt^2}\vec{u}_x + \frac{d^2Y}{dt^2}\vec{u}_y + \frac{d^2Z}{dt^2}\vec{u}_z .$$

Vecteur gradient

Le vecteur gradient d'une fonction scalaire $f(x, y, z)$ s'écrit :

$$\overrightarrow{grad}\, f = \vec{\nabla} f = \frac{\partial f}{\partial x}\vec{u}_x + \frac{\partial f}{\partial y}\vec{u}_y + \frac{\partial f}{\partial z}\vec{u}_z ,$$

où l'opérateur vectoriel « Nabla » s'écrit : $\vec{\nabla} = \frac{\partial}{\partial x}\vec{u}_x + \frac{\partial}{\partial y}\vec{u}_y + \frac{\partial}{\partial z}\vec{u}_z$.

Divergence

La divergence d'un vecteur $\vec{A}(x, y, z)$ s'écrit :

$$div\,\vec{A} = \vec{\nabla} \cdot \vec{A} = \frac{\partial A_x}{\partial x} + \frac{\partial A_y}{\partial y} + \frac{\partial A_z}{\partial z}$$

4. Intégrales

Intégrales indéfinies ou primitives

Dans le calcul intégral, la connaissance de la différentielle dy d'une fonction à une variable permettra de remonter à la fonction $y = f(x)$. On dit que y est une fonction primitive et que l'on effectue une intégration de dy, ce qui s'écrit symboliquement :

$$\int dy = y + C ,$$

où C est une constante.

Ainsi à partir de la différentielle $dy = 2\,x\,dx$ on remonte à la fonction $y = x^2 + C$:

$$\int 2x\,dx = \int d\left(x^2\right) = x^2 + C .$$

Propriétés des primitives

$$\int k\,dy = \int d(k\,y) = k\,y + C$$ où k est une constante.

$$\int (du + dv + dw) = \int du + \int dv + \int dw.$$

Attention, ce résultat ne peut pas être généralisé à d'autres opérations : l'intégrale d'un produit (ou d'un quotient) n'est pas égale au produit (ou au quotient) des intégrales.

Primitives fondamentales

Si $F(x)$ est une primitive de $f(x)$, alors :

$$\int f(x)\,dx = F(x) + C \qquad \text{où } C \text{ est une constante.}$$

Le tableau ci-dessous regroupe les primitives $F(x)$ de fonctions usuelles $f(x)$.

$\int f(x)\,dx$	$F(x)+C$
$\int \cos(x)\,dx$	$\sin(x)+C$
$\int \sin(x)\,dx$	$-\cos(x)+C$
$\int \frac{dx}{\cos^2(x)}$	$\tan(x)+C$
$\int \frac{dx}{x}$	$\ln(x)+C$
$\int e^x\,dx$	e^x+C
$\int x^m\,dx;\ m \neq -1$	$\frac{x^{m+1}}{m+1}+C$
$\int \frac{dx}{x}$	$\ln(x)+C$

Signification géométrique de l'intégrale – intégrale définie

Soit la fonction $y = f(x)$ continue et définie sur l'intervalle [a, b]. Considérons l'aire S comprise entre la courbe représentative de $f(x)$ et l'axe des x, et limitée par les droites $x = a$ et $x = b$. Décomposons l'intervalle [a, b] en un ensemble de n petits rectangles de longueur Δx et de hauteurs respectives $y_1, y_2, y_3, \ldots, y_n$ (figure 4.1). La surface de tous ces rectangles n'est pas égale à S. Pour que ce soit le cas, il faut que Δx tende vers zéro, c'est-à-dire que le nombre de rectangles n tende vers infini. On appelle intégrale définie de la fonction $f(x)$ entre a et b, la limite de la somme

$\sum_{i=1}^{n} f(x_i)\Delta x = \sum_{i=1}^{n} y_i\,\Delta x$, quand n tend vers l'infini et tous Δx tend vers 0.

Cette limite se note :

$$S = \int_a^b f(x)\, dx .$$

Une intégrale est une somme des quantités infiniment petites.

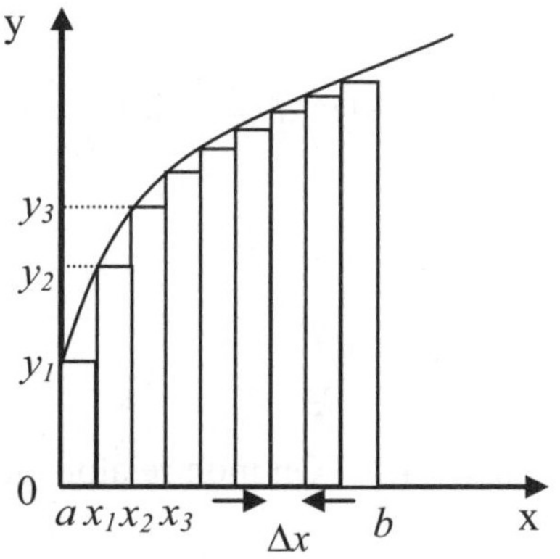

Figure 4.1. Courbe représentative de la fonction $f(x)$. On découpe l'aire S comprise entre cette courbe, l'axe des x, et les droites $x = a$ et $x = b$, en n petits rectangles de longueur Δx et de hauteurs respectives $y_1, y_2, y_3, \ldots, y_n$. La valeur de S est la somme des aires de tous ces petits rectangles quand n tend vers l'infini et Δx tend vers 0. S est l'intégrale de a à b de $f(x)$.

Propriétés des intégrales définies

$$\int_a^b y\, dx = -\int_b^a y\, dx .$$

$$\int_a^b y\, dx = \int_a^c y\, dx + \int_c^b y\, dx$$ quel que soit c compris ou non entre a et b.

Attention ! Les surfaces sous l'axe des x sont comptées négativement. Si l'on veut la surface totale limitée par la courbe représentative de $y = f(x)$, l'axe des x, les droites $x = a$ et $x = b$, il faudra prendre les valeurs absolues pour toutes les valeurs négatives d'intégrales.

Procédés d'intégration

– Intégration par changement de variable (ou substitution)

Le but est de ramener l'intégrale à calculer à l'une des intégrales fondamentales. La démarche consiste à remplacer astucieusement un terme choisi de l'intégrale par un autre qu'on appelle u. pour ensuite calculer du. Si le changement de variable est bien choisi, on calcule facilement les primitives en fonction de la variable u. Dans le cas d'une intégrale indéfinie, on revient ensuite à la variable de départ en éliminant la variable auxiliaire u. Dans le cas d'une intégrale définie, on applique le changement de variable aux bornes avant de calculer la valeur de l'intégrale.

Exemple 1

Nous souhaitons calculer :

$$I = \int \cos(3x)\,dx\,.$$

Le terme à intégrer ressemble à *cos*(*u*)*u*, mais la différentielle de $3x$ n'est pas dx. Posons $3x = u$. En différenciant cette égalité, on obtient : $3\ dx = du$, soit $dx = du/3$. L'intégrale devient :

$$I = \int \cos(u)\frac{du}{3} = \frac{1}{3}\int \cos(u)\,du = \frac{1}{3}\sin(u) + C = \frac{1}{3}\sin(3x) + C\,.$$

Exemple 2

On veut calculer :

$$I = \int \frac{dx}{\sqrt{1-4x}}\,.$$

En posant $u = 1 - 4x$, on a $du = -4dx$. On montre alors que :

$$I = -\frac{1}{4}\int \frac{du}{\sqrt{u}} = -\frac{1}{4}2\sqrt{u} + C = -\frac{1}{2}\sqrt{1-4x} + C\,.$$

Exemple 3

On cherche à déterminer la valeur de :

$$I = \int_0^1 e^{2x}dx$$

On pose $u = 2x$, d'où $du = 2\ dx$ ou $dx = \dfrac{du}{2}$.

Et pour les bornes d'intégration, le changement de variable donne :

$$\begin{cases} u(x=0) = 0 \\ \mathrm{u(x=1) = 2.} \end{cases}$$

Finalement :

$$I = \int_0^2 e^u \frac{du}{2} = \frac{1}{2}\int_0^2 e^u du = \frac{1}{2}\left[e^u\right]_0^2 = \frac{1}{2}\left(e^2 - 1\right).$$

– Intégration par parties

Soit $u(x)$ et $v(x)$ deux fonctions de la variable x. La différentielle du produit $(u\ v)$ est égale à :

$$d(u\,v) = v\,du + u\,dv\,,$$

soit

$$u\,dv = d(u\,v) - v\,du\,.$$

Intégrons cette dernière équation :

$$\int u\,dv = \int d(u\,v) - \int v\,du\,.$$

On obtient finalement la relation :

$$\int u\,dv = u\,v - \int v\,du \text{ (à une constante additive près).}$$

Donc si l'intégrant $f(x)$ dx peut se mettre sous la forme u dv, on écrira :

$$\int f(x)\,\mathrm{dx} = u\,v - \int v\,du\,.$$

Exemple 1

Nous voulons calculer :

$$I = \int \frac{\ln(x)}{x} dx\,.$$

Posons $\ln x = u$ et $\dfrac{dx}{x} = dv$. On aura alors $du = \dfrac{1}{x}dx$ et $v = \ln x$.

L'intégrale devient :

$$I = \ln(x)\ln(x) - \int \ln(x)\frac{dx}{x} = \left(\ln(x)\right)^2 - I\,.$$

Soit :

$$I = \frac{1}{2}\left(\ln(x)\right)^2 + C\,.$$

Exemple 2

Considérons l'intégrale suivante :

$$I = \int e^{2x} x\,dx\,.$$

Posons $x = u$ et $e^{2x} = dv$. On a alors $du = dx$ et $v = \dfrac{1}{2}e^{2x}$. Il vient :

$$I = x\frac{1}{2}e^{2x} - \int \frac{1}{2}e^{2x}dx = x\frac{1}{2}e^{2x} - \frac{1}{4}e^{2x} + C = \frac{e^{2x}}{2}\left(x - \frac{1}{2}\right) + C\,.$$

5. Equations différentielles

Nous nous limiterons aux types d'équations différentielles rencontrées dans ce livre. En particulier, nous n'aborderons que les équations différentielles du premier et du deuxième ordre.

Equations différentielles à coefficients constants

On considère une équation différentielle de la forme :

$$b_2 \frac{d^2 y}{dt^2} + b_1 \frac{dy}{dt} + b_0 y = c\,,$$

où les coefficients b_0, b_1 et b_2 sont des constantes.

On appelle c le second membre de l'équation différentielle. On se limitera au cas où c est une constante.

Si $b_2 \neq 0$, on parle d'équation différentielle du deuxième ordre. Si $b_2 = 0$ et $b_1 \neq 0$, on parle d'équation différentielle du premier ordre.
Si $c = 0$, alors on dit que l'équation est homogène.

La résolution d'une équation différentielle se fait en deux temps. On pose d'abord que $c = 0$ et on résout l'équation homogène :

$$b_2 \frac{d^2 y}{dt^2} + b_1 \frac{dy}{dt} + b_0 y = 0 .$$

– Solution générale de l'équation homogène
On remarque que :

$$\frac{d}{dt}\left(e^{rt}\right) = r e^{rt} \text{ et } \frac{d^2}{dt^2}\left(e^{rt}\right) = r^2 e^{rt} .$$

Donc si l'on pose $y = A e^{rt}$, alors l'équation homogène devient :

$$A\left[b_2 r^2 + b_1 r + b_0\right] e^{rt} = 0 .$$

Cette équation est satisfaite à la condition que le polynôme entre crochets soit nul. L'équation $b_2 r^2 + b_1 r + b_0$ s'appelle l'équation caractéristique. Si l'équation caractéristique possède 2 solutions (racines) r_1 et r_2, chaque terme $y_n = A_n e^{r_n t}$ (où $n = 1$ ou 2 et A_n sont des constantes) est solution de l'équation homogène et la solution générale y_h de l'équation homogène est la somme des y_n :

$$y(t) = A_1 e^{r_1 t} + A_2 e^{r_2 t} .$$

– Solution particulière de l'équation complète $b_2 \frac{d^2 y}{dt^2} + b_1 \frac{dy}{dt} + b_0 y = c$

Le second membre c étant constant, on cherche cette solution particulière sous la forme d'une constante, soit y_p = cte. On a alors $dy_p/dt = 0$. y_p étant solution de l'équation différentielle complète, on a : $b_0 y_p = c$, ce qui donne :

$$y_p = \frac{c}{b_0} .$$

– Solution générale de l'équation complète
On montre que la solution y(t) la plus générale de l'équation inhomogène est égale à la solution de l'équation homogène (y_h) plus une solution particulière de l'équation complète (y_p). Soit :

$$y(t) = A_1 e^{r_1 t} + A_2 e^{r_2 t} + \frac{c}{b_0} ,$$

où A_1 et A_2 sont des constantes déterminées de manière à satisfaire des conditions propres au problème posé.
Notons que si l'équation différentielle est sans second membre ($c = 0$), alors $y = y_h$.

Exemple 1
Considérons l'équation différentielle du premier ordre :

$$\frac{dy}{dt} + by = 0 .$$

Elle a pour équation caractéristique :

$$r + b = 0 \text{ ou } r = -b$$

La solution de l'équation homogène est donc :

$$y(t) = Ae^{-bt},$$

où A est une constante.

Exemple 2

Considérons à présent l'équation différentielle du premier ordre :

$$\frac{dy}{dt} + by = a.$$

On vient de voir que l'équation homogène associée a pour solution $y_h = Ae^{-bt}$. Une solution particulière de l'équation complète est $y_p = a/b$. La solution générale de l'équation est donc :

$$y = Ae^{-bt} + \frac{a}{b}.$$

Si on pose la condition initiale $y(0) = 0$, alors $0 = A + \frac{a}{b}$ et on obtient $A = -b/a$.

Finalement :

$$y(t) = \frac{a}{b}\left(1 - e^{-bt}\right).$$

Exemple 3

On cherche à résoudre l'équation différentielle du deuxième ordre :

$$\frac{d^2V}{dx^2} = \frac{V}{\lambda^2}$$

pour tout x positif, où λ est une constante positive. On souhaite obtenir la solution vérifiant les conditions propres :

$$\begin{cases} V(x = 0) = V_0 \\ V(x \to \infty) = 0. \end{cases}$$

L'équation différentielle a pour polynôme caractéristique : $r^2 = 1/\lambda^2$, dont les racines sont : $r_1 = -1/\lambda$ et $r_2 = -1/\lambda$. La solution générale de cette équation est donc :

$$V(x) = A_1 e^{x/\lambda} + A_2 e^{-x/\lambda}.$$

On peut déterminer les constantes A_1 et A_2 vérifiant les conditions propres ci-dessus.

On veut que $V(x \to \infty) = 0$. Or $\lim_{x \to \infty} e^{x/\lambda} = \infty$ et $\lim_{x \to \infty} e^{-x/\lambda} = 0$. Donc $A_1 = 0$.

De plus $V(x = 0) = V_0$ implique $A_2 = V_0$.

Finalement la solution recherchée s'écrit :

$$V(x) = V_0 e^{-x/\lambda}.$$

Exemple 4

Considérons maintenant l'équation différentielle du second ordre :

$$\frac{d^2y}{dt^2}+b_1\frac{dy}{dt}+b_0y=0.$$

Elle a pour équation caractéristique $r^2+b_1r+b_0=0$.
La solution de l'équation différentielle est :

$$y(t)=A_1\,e^{r_1t}+A_2\,e^{r_2t},$$

avec r_1 et r_2 les deux racines de l'équation caractéristique.

Les valeurs de r_1 et de r_2 dépendent du signe du discriminant $\Delta=b_1^2-4b_0$ de cette équation. Considérons les deux cas suivants.

- Si $b_1^2-4b_0>0$

Les racines de l'équation caractéristique sont réelles et distinctes :

$$r_1=\frac{-b_1+\sqrt{b_1^2-4b_0}}{2}\text{ et }r_2=\frac{-b_1-\sqrt{b_1^2-4b_0}}{2}.$$

- Si $b_1^2-4b_0<0$

On pose $\Delta=i^2\left(4b_0-b_1^2\right)$ avec $4b_0-b_1^2>0$.

Les racines de l'équation caractéristique sont complexes conjuguées :

$$r_1=\frac{-b_1+i\sqrt{4b_0-b_1^2}}{2}\text{ et }r_2=\frac{-b_1-i\sqrt{4b_0-b_1^2}}{2}.$$

En posant $\alpha=b_1/2$ et $\omega=\sqrt{4b_0-b_1^2}\Big/2$, on obtient : $r_1=\alpha+i\omega$ et $r_2=\alpha-i\omega$. La solution de l'équation différentielle peut donc se réécrire :

$$y(t)=e^{at}\left(A_1\,e^{i\omega t}+A_2\,e^{-i\omega t}\right).$$

On peut montrer que cette solution peut également se mettre sous la forme :

$$y(t)=A\,e^{-at}\sin(\omega t+\varphi),$$

où A et φ sont deux constantes à déterminer avec des conditions propres au problème posé.

Equations différentielles de la forme : $b_1(t)\dfrac{dy}{dt}+b_0y=c$

Le coefficient $b_1(t)$ est une fonction de la variable t.

– Solution générale de l'équation homogène $b_1(t)\dfrac{dy}{dt}+b_0y=0$

Cette équation est à variable séparable et peut se réécrire :

$$\frac{dy}{y}=-\frac{b_0}{b_1(t)}dt.$$

En intégrant les deux membres de cette égalité :

$$\ln\left|\frac{y}{A}\right|=-\int\frac{b_0}{b_1(t)}dt,$$

où K est une constante.
Soit :

$$y_h(t) = B \exp\left(-\int \frac{b_0}{b_1(t)} dt \right),$$

où B est une constante.

– Solution particulière de l'équation complète

Le second membre c étant constant, on peut chercher cette solution particulière sous la forme d'une constante. On obtient facilement :

$$y_p = \frac{c}{b_0}.$$

– Solution générale de l'équation complète

On a : $y(t) = y_h(t) + y_p$, ce qui donne :

$$y(t) = B \exp\left(-\int \frac{b_0}{b_1(t)} dt \right) + \frac{c}{b_0}.$$

Exemple

On veut résoudre l'équation $(\frac{1}{x} + x)\frac{dy}{dx} + 3y = 3$.

Commençons par déterminer la solution générale de l'équation homogène associée :

$(\frac{1}{x} + x)\frac{dy}{dx} + 3\ y = 0$.

On sépare les variables x et y :

$$\frac{dy}{y} = -\frac{3x}{(1 + x^2)}.$$

En intégrant cette relation, on obtient :

$$\ln\left|\frac{y}{A}\right| = -\frac{3}{2}\ln(1 + x^2),$$

où A est une constante.

Soit :

$$y_h(x) = B\left(1 + x^2\right)^{3/2},$$

où B est une constante.

Une solution particulière de l'équation complète est :

$$y_p(x) = 1.$$

La solution générale de l'équation complète, $y(t) = y_h(t) + y_p$ est donc :

$$y(x) = B\left(1 + x^2\right)^{3/2} + 1.$$

6. Unités et analyse dimensionnelle

Pour la valeur des constantes fondamentales et les conversions voir aussi : http://physics.nist.gov/cuu/Constants/index.html

Dimension et grandeurs fondamentales

La dimension caractérise les grandeurs de même nature (toutes les forces, toutes les longueurs, etc.). Les grandeurs fondamentales et leur dimension sont regroupées dans le tableau suivant.

Grandeur	**dimension**
longueur	L
masse	M
temps	T
courant électrique	I
température thermodynamique	Θ

Grandeurs dérivées

Une loi de Physique est une relation entre grandeurs mesurables permettant de décrire un phénomène observé. Une égalité entre deux expressions ne peut constituer une loi de Physique que si ces deux expressions ont la même dimension. En Physique, ne peuvent être comparées que des grandeurs ayant la même dimension. Par exemple, il est possible de comparer deux longueurs entre elles, mais pas une longueur et un temps.

L'analyse dimensionnelle permet de déterminer la dimension d'une grandeur dite dérivée dans la base des dimensions des grandeurs fondamentales.

Par exemple, la dimension d'une vitesse v est une longueur (L) divisée par une durée (T). On dit aussi que la vitesse est homogène à une longueur divisée par une durée. On note ceci de manière abrégée par une équation aux dimensions :

$$[v]=\frac{[l]}{[t]}=LT^{-1}.$$

Autre exemple, la force F a la dimension d'une masse (M) multipliée par une longueur (L) et divisée par une durée (T) au carré. L'équation aux dimensions s'écrit :

$$[F]=[m][a]=MLT^{-2}.$$

L'analyse dimensionnelle permet de vérifier l'homogénéité de formules. Par exemple, on peut vérifier aisément que l'expression $\mathrm{E} = m v^2/2 + m g z$ donnant l'énergie mécanique d'une masse m, de vitesse v situé à une altitude z du sol dans le champ de pesanteur g est bien homogène. L'équation aux dimensions du terme à droite de l'égalité donne :

$$\left[\frac{m v^2}{2}+m g z\right]=M\left(LT^{-1}\right)^2+M\left(LT^{-2}\right)L=ML^2T^{-2},$$

qui est bien la dimension d'une énergie.

Système International d'unités (SI)

Le Système international d'unités, inspiré du système métrique, est un système d'unités décimal (on passe d'une unité à ses multiples ou sous-multiples à l'aide de puissances de 10).

Ce système est composé de sept unités de base :

Quantité	Nom	Unité
longueur	mètre	m
masse	kilogramme	kg
temps	seconde	s
courant électrique	ampère	A
température thermodynamique	kelvin	K
quantité de substance	mole	mol
intensité lumineuse	candela	cd

Remarques sur les unités de base

Longueur

Le mètre (m) est la distance parcourue par la lumière dans le vide en 1/299792458 seconde.

1 kilomètre (km) $=10^3$ m

1 centimètre (cm) = 10^{-2} m

1 millimètre (mm) = 10^{-3} m

1 micromètre (μm) = 10^{-6} m

1 nanomètre (nm) = 10^{-9} m

1 angström (Å) = 10^{-10} m

Masse

Le kilogramme (kg) est défini comme la masse d'un cylindre en platine iridié (90% platine et 10% iridium) de 39,17 mm de diamètre et 39,17 mm de haut.

1gramme (g) = 10^{-3} kg

1 milligramme (mg) = 10^{-3} g

Temps

La seconde (s) est la durée de 9192631770 périodes de la radiation correspondant à la transition entre les niveaux hyperfins F =3 et F = 4 de l'état fondamental 6S½ de l'atome de césium 133.

1 miliseconde (ms) = 10^{-3} s

1 microseconde (μs) = 10^{-6} s

Courant électrique

L'ampère (A ou Amp) est l'intensité d'un courant constant qui, s'il est maintenu dans deux conducteurs linéaires et parallèles, de longueurs infinies, de sections négligeables, et distants d'un mètre dans le vide, produirait entre ces deux conducteurs, une force égale à 2.10^{-7} newton par mètre linéaire.

Température

Le Kelvin (K) est la fraction 1/273,16 de la température thermodynamique du point triple de l'eau. Une variation de température de 1 K est équivalente à une variation de 1°C. Toutefois, à la différence du degré Celsius, le kelvin est une mesure absolue de la température qui a été introduite grâce au troisième principe de la thermodynamique. La température de 0 K est égale à -273,15°C et correspond au zéro absolu.

Unités dérivées

Des unités de base on en déduit des unités dérivées, par exemple l'unité de vitesse du système international, le mètre par seconde. Certaines de ces unités possèdent un nom particulier.

Force
1 newton (N) = 1 J/m = 1 kg.m.s^{-2}
1dyne = 1erg/cm = 10^{-5} newton

Energie – Travail
1 joule (J) = 1 newton-mètre =1 watt-seconde =1 volt-coulomb = 1 kg.m^2.s^{-2}
1erg = 10^7 joules
1calorie = 4,180 joules

Puissance
1 watt (W) = 1 joule/seconde =1volt-ampère = 1 kg.m^2.s^{-3}

Charge électrique
1 coulomb (C) = 1 ampère-seconde.
1 unité électrostatique (esu) = 3,336.10^{-10} C
1 charge élémentaire (e) = 1,6.10^{-19} C
1 faraday (F) = $N_{av}e$ = 96500 C

Potentiel électrique
1 volt (V) = 1 joule/coulomb =1 watt/ampère

Champ Electrique
1volt/mètre = 1 newton/coulomb

Résistance
1 ohm (Ω) = 1 volt/ampère
1 Mégohm (MΩ) =10^6 ohms

Conductance
1 siemens (Ω^{-1}) = ampère/volt (parfois appelé mho)

Résistivité électrique
1 ohm/mètre (Ω.m) = (1 V/m)/(1 A/m^2)

Conductivité
1 mho/mètre = (1 A/m^2)/(1 volt/m)

Capacité
1 farad (F) = coulomb/volt
1 picofarad = 10^{-12} F

Pression
1 pascal (Pa) = N/m^2= 10 dynes/cm^2
1 atmosphère (atm) = 1bar =1,013.10^5 N/m^2 = 760 mm Hg =106 dynes/cm^2

Viscosité
1 poiseuille (Pl) = 1 N.s.m^{-2} = 1 Pa.s
1 poise = 0,1 poiseuille = 1 dyne.s.cm^{-2}

L'analyse dimensionnelle permet de passer d'un système d'unités à un autre pour exprimer l'unité d'une grandeur. En physique, cela permet d'utiliser un système d'unités adaptées à une étude donnée. Par exemple, une tension de surface γ a la dimension d'une pression de surface, ses unités S.I. sont les newton/m. Les tensions de surface des liquides sont parfois exprimées en dyn/cm (unités CGS – centimètre, gramme, seconde). Pour obtenir la relation entre les N/m et les dyn/cm, on cherche tout d'abord à exprimer le dyn dans le système d'unités de base CGS. L'équation aux dimensions pour γ s'écrit :

$$[\gamma] = \frac{[F]}{[L]} = M\,L\,T^{-2}L^{-1}.$$

On en déduit :

$$1 \text{ dyn} = 1 \text{g.cm.s}^{-2}.$$

On a donc :

$$\frac{[1 \text{ N/m}]}{[1 \text{ dyn/cm}]} = \frac{1 \text{ kg} \times 1 \text{ m}}{1\, s^2 \times 1 \text{ m}} \frac{1\, s^2 \times 1 \text{ cm}}{1 \text{ g} \times 1 \text{ cm}} = \left[\frac{1 \text{ kg}}{1 \text{ g}}\right] = 10^3.$$

Par conséquent :

$$1 \text{ dyn/cm} = 10^{-3} \text{ N/m}.$$

BIBLIOGRAPHIE

G.B. Benedek, F.M.H. Villars, Physics with illustrative examples from medicine and biology – Statistical physics, second edition, Springer, New York

R.K. Hobbie, B.J. Roth, Intermediate physics for medicine and biology, fourth edition, Springer, New York

F. Grémy, J. Perrin, Eléments de Biophysique, Flammarion, Paris

Achevé d'imprimer par Corlet, Imprimeur, S.A. - 14110 Condé-sur-Noireau
N° d'Imprimeur : 142692 - Dépôt légal : novembre 2011 - *Imprimé en France*